中国极地科学考察
水文数据图集——南极分册（二）

陈红霞　朱建钢　林丽娜　李升贵　程文芳　编著

海洋出版社

2017年·北京

图书在版编目 (CIP) 数据

中国极地科学考察水文数据图集 . 南极分册 . 2 / 陈红霞等编著 . — 北京 : 海洋出版社 , 2016.12

ISBN 978-7-5027-9645-7

Ⅰ. ①中… Ⅱ. ①陈… Ⅲ. ①南极 - 科学考察 - 水文资料 - 图集 Ⅳ. ① P941.6-64 ② P337-64

中国版本图书馆 CIP 数据核字 (2016) 第 297089 号

责任编辑：王　溪　苏　勤
责任印制：赵麟苏

海洋出版社 出版发行
http://www.oceanpress.com.cn
北京市海淀区大慧寺路 8 号　邮编：100081
北京画中画印刷有限公司印刷　新华书店经销
2017 年 1 月第 1 版　2017 年 1 月北京第 1 次印刷
开本：889mm × 1194mm　1/16　印张：19.75
字数：230 千字　定价：160.00 元
发行部：010-62132549　邮购部：010-68038093　总编室：010-62114335

前言 Foreword

自1984年我国对南极半岛附近海域开展海洋综合调查以来，迄今已完成了31次南极科学考察任务。南大洋考察作为历次南极科学考察的主要内容有力地推动我国南极海洋研究的开展。自“八五”以来，我国制定并实施多项针对南大洋的国家重点科技计划。围绕“南大洋环流与水团变异”“生物地球化学循环与碳通量”“南大洋生物生态学”“南极海冰观测与研究”“海－冰－气相互作用”等，以普里兹湾及其临近海区为重点调查区域，进行了长期固定断面的调查，使我国成为这一地区掌握资料最全面的国家之一。我国南大洋科学考察的主要范围包括：南大洋德雷克海峡断面、南大洋珀斯/霍巴特－中山站断面、普里兹湾、南极半岛附近海域、威德尔海及其他环南极大陆周边海域。

为了对业已完成的考察工作进行全面的总结，并便于海洋研究人员全面系统掌握和利用水文数据开展相关研究及分析工作，以南北极物理海洋学考察中获得的CTD水文观测数据为基础，编制了中国极地科学考察水文图集。希冀受益者不仅是参加了各次考察的物理海洋组成员，也包括相关专业的科研人员、组织单位与数据管理人员。

水文数据图集南极分册涵盖中国首次至第30次南极考察获得的CTD数据，以记录表、站位图、剖面图、平面图、断面图等形式加以体现，并配以简要的说明文字。

本数据报告的表格和图件经过了反复核对，并从专业视角进行审查。但由于时间仓促，数量巨大，难免存在一些错误；另外，数据是基于中国南北极数据中心提供的原始数据进行初步处理，并非最终分析结果，仅供参考。

在撰写与出版本书的过程中，极地专项“南极周边海域物理海洋和海洋气象考察（CHINARE-01-01）”、国家海洋公益性科研专项“极地海洋环境监测网系统研发及应用示范（201405031）”、极地专项“南极周边海域海洋环境综合分析与评价（CHINARE-04-01）”、国家科技基础条件平台地球系统科学数据平台等项目予以热情资助，中国极地研究中心李升贵、汪大力、张洁、李丙瑞等专业人士给予了大力支持。对此，笔者一并表示衷心谢意！

囿于篇幅限制，对于中国南极科学考察一般性概述、中国历次南极科学考察水文数据介绍、中国首次至第15次南极科学考察水文图集收录在南极分册（一）中，中国第16次至第25次南极科学考察水文图集收录在南极分册（二）中，极地专项启动以来的第26次至第30次南极科学考察水文图集收录在南极分册（三）中。

所有分册中：在站点要素剖面图中，纵轴为水深，单位是m，横轴代表不同要素，不同要素的剖面曲线及坐标由要素示意图表示；在各要素断面图中，纵坐标为水深，单位是m，横坐标为距离断面起始站点的距离，单位是km；在各要素的大面图中，纵横坐标分别为经纬度。温度单位是℃、密度单位是 $\times 10^3 kg/m^3$、声速单位是m/s。

限于作者知识水平与资料关系，书中错误之处，请读者不吝批评指正！

陈红霞(Email: chenhx@fio.org.cn)

2015年6月于国家海洋局第一海洋研究所（青岛）

目录 Contents

第一章

中国第16次南极科学考察水文图集

第一节　航次站位情况及TS点聚图

中国第 16 次南极科学考察共完成海洋考察 CTD 站位 23 个，站位信息见表 1.1。

表1.1　中国第16次南极考察CTD观测站位信息表

序号	站位	日期	时间	纬度 (° S)	经度 (° W)	水深 (m)	最大观测深度 (m)
1	D104	2000–01–19	20:12:57	66.005 0	75.500 0	200	201
2	D105	2000–01–19	20:38:52	66.014 2	75.479 7	2 800	2 789
3	D106	2000–01–20	05:20:53	64.996 9	75.480 6	2 800	2 651
4	D107	2000–01–20	18:02:18	63.018 6	75.501 4	3 200	3 057
5	D108	2000–01–21	03:00:11	62.018 6	75.515 0	3 200	3 257
6	D109	2000–01–22	01:01:20	62.629 7	73.119 7	3 200	3 061
7	D110	2000–01–22	15:11:21	64.993 3	70.523 6	2 600	2 754
8	D111	2000–01–22	22:21:26	64.010 0	70.516 7	3 000	3 075
9	D112	2000–01–23	05:26:30	63.010 0	70.486 1	3 200	3 500
10	D113	2000–01–23	13:48:24	62.010 0	70.507 2	3 200	3 500
11	D114	2000–01–23	23:15:22	61.997 2	72.983 6	3 200	2 878
12	D115	2000–01–24	05:36:25	62.977 2	72.994 4	3 200	2 847
13	D116	2000–01–24	13:37:25	63.996 1	73.023 9	3 200	3 062
14	D117	2000–01–24	20:59:49	64.979 4	72.996 4	2 600	3 053
15	D118	2000–01–25	06:04:36	65.985 6	72.972 5	2 000	2 232
16	D119	2000–01–25	11:43:34	66.491 9	72.989 4	1 300	1 321
17	D120	2000–01–25	15:44:00	66.968 3	73.005 3	400	403
18	D121	2000–01–25	21:22:16	67.503 1	72.985 0	500	510
19	D122	2000–01–26	01:22:55	67.991 9	73.028 6	500	548
20	D123	2000–01–26	10:06:24	67.991 9	72.888 9	500	558
21	D124	2000–01–26	13:19:52	68.001 4	72.987 2	500	556
22	D125	2000–01–26	21:31:58	67.974 4	72.869 4	450	462
23	D126	2000–01–27	01:36:50	67.992 5	72.971 4	500	556

本航次的 TS 点聚图如图 1.1 所示。

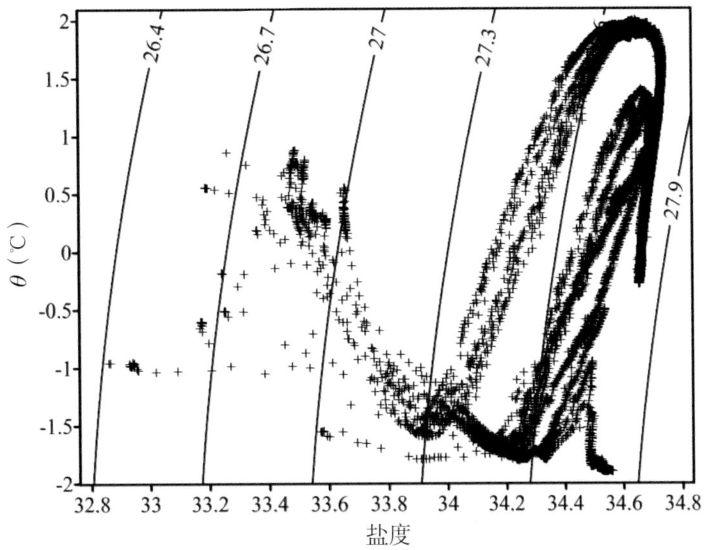

图1.1 中国第16次南极考察TS点聚图

第二节 航次站点剖面图

本航次各站点的 CTD 测量要素温度、盐度、密度、声速剖面分布如图 1.2 所示。

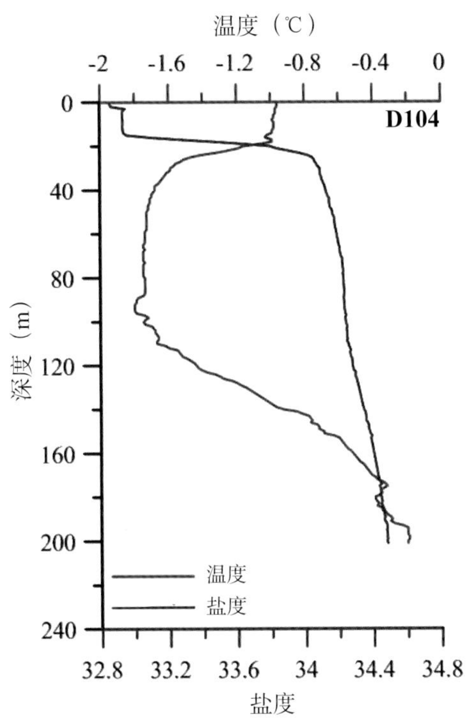

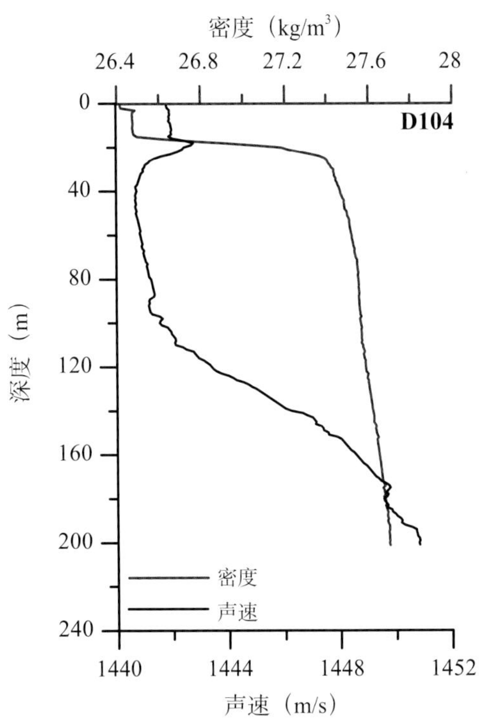

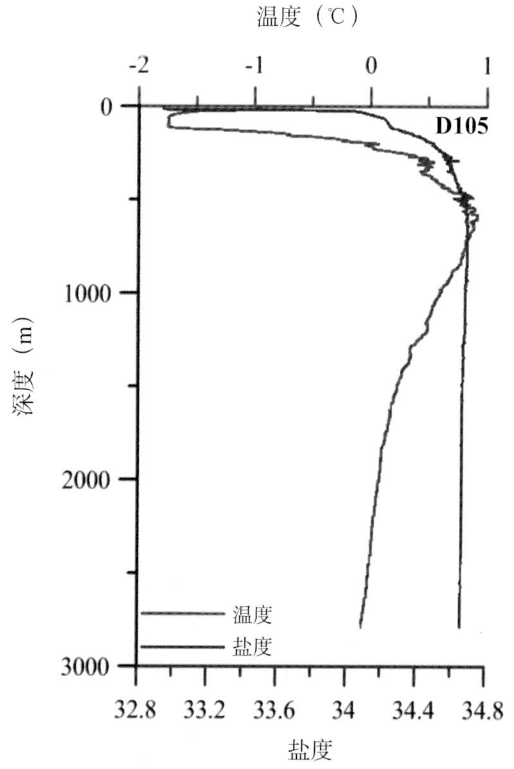
温度（℃）
-2
-1
0
1
0
1000
2000
3000
深度（m）
D105
温度
盐度
32.8
33.2
33.6
34
34.4
34.8
盐度

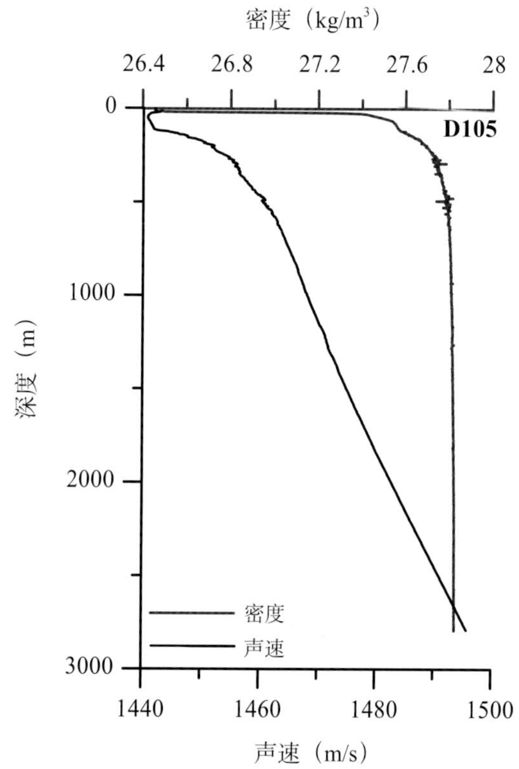
密度（kg/m³）
26.4
26.8
27.2
27.6
28
0
1000
2000
3000
深度（m）
D105
密度
声速
1440
1460
1480
1500
声速（m/s）

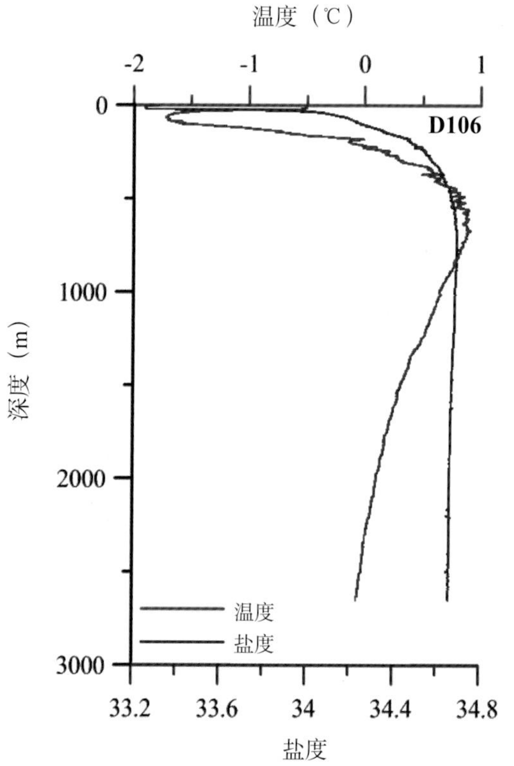
温度（℃）
-2
-1
0
1
0
1000
2000
3000
深度（m）
D106
温度
盐度
33.2
33.6
34
34.4
34.8
盐度

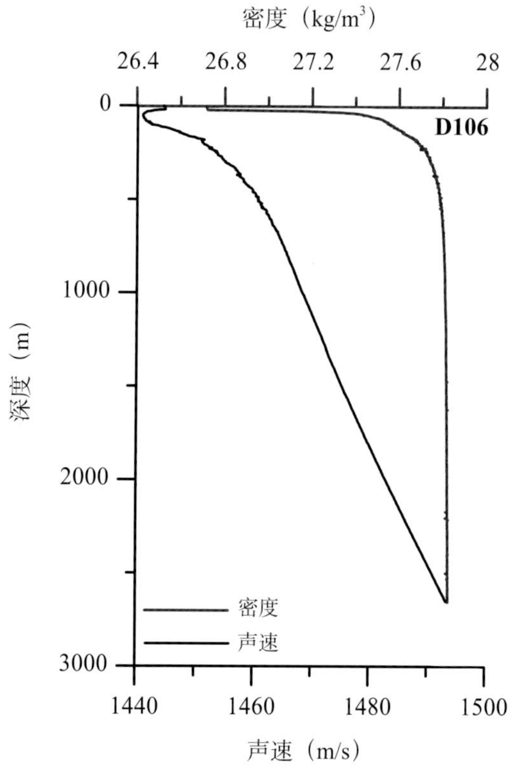
密度（kg/m³）
26.4
26.8
27.2
27.6
28
0
1000
2000
3000
深度（m）
D106
密度
声速
1440
1460
1480
1500
声速（m/s）

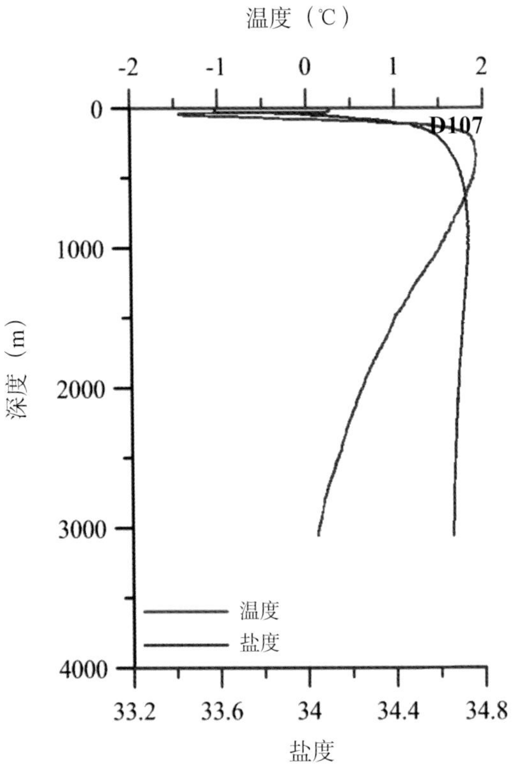
温度（℃）
-2 -1 0 1 2
D107
0 1000 2000 3000 4000
深度（m）
温度
盐度
33.2 33.6 34 34.4 34.8
盐度

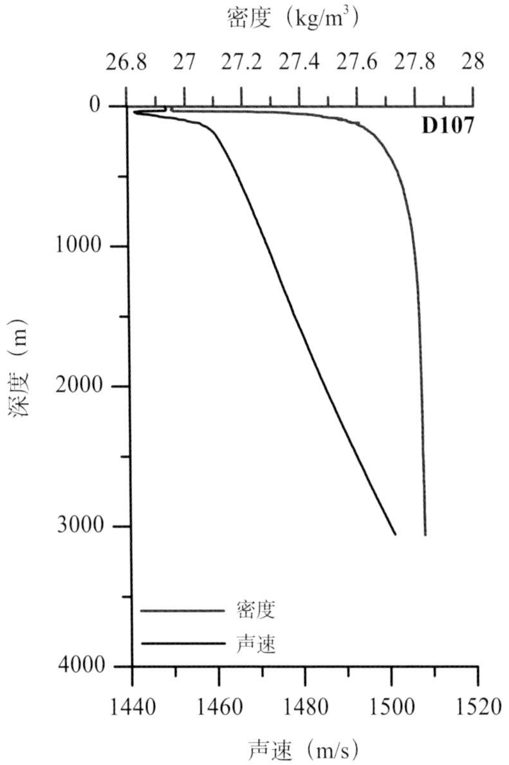
密度（kg/m³）
26.8 27 27.2 27.4 27.6 27.8 28
D107
0 1000 2000 3000 4000
深度（m）
密度
声速
1440 1460 1480 1500 1520
声速（m/s）

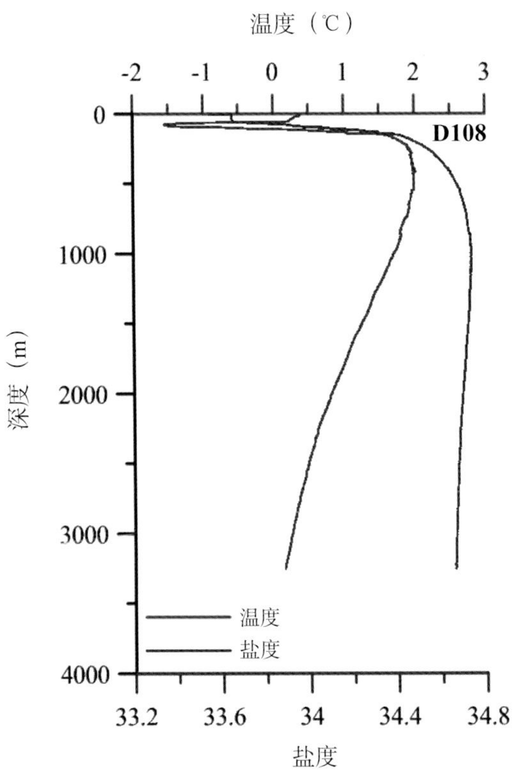
温度（℃）
-2 -1 0 1 2 3
D108
0 1000 2000 3000 4000
深度（m）
温度
盐度
33.2 33.6 34 34.4 34.8
盐度

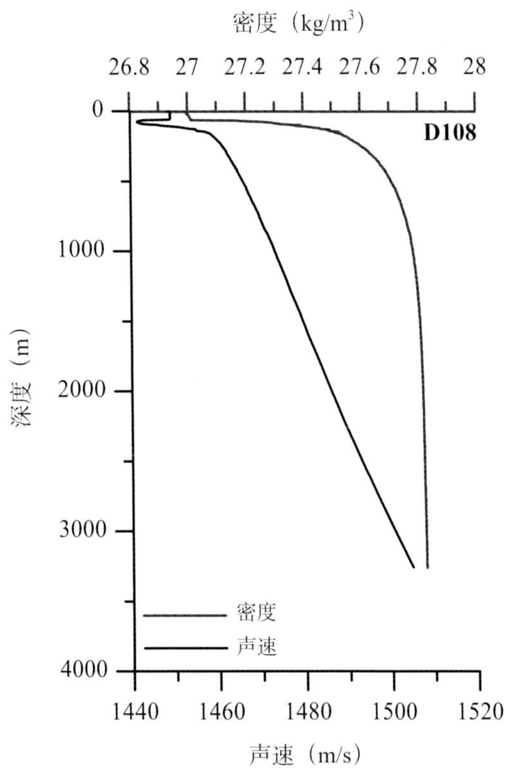
密度（kg/m³）
26.8 27 27.2 27.4 27.6 27.8 28
D108
0 1000 2000 3000 4000
深度（m）
密度
声速
1440 1460 1480 1500 1520
声速（m/s）

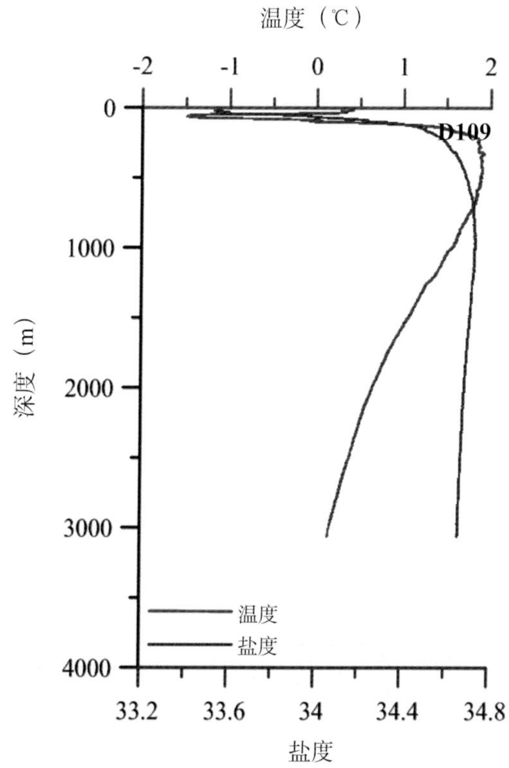
温度（℃）
-2
-1
0
1
2
D109
深度（m）
0
1000
2000
3000
4000
温度
盐度
33.2
33.6
34
34.4
34.8
盐度

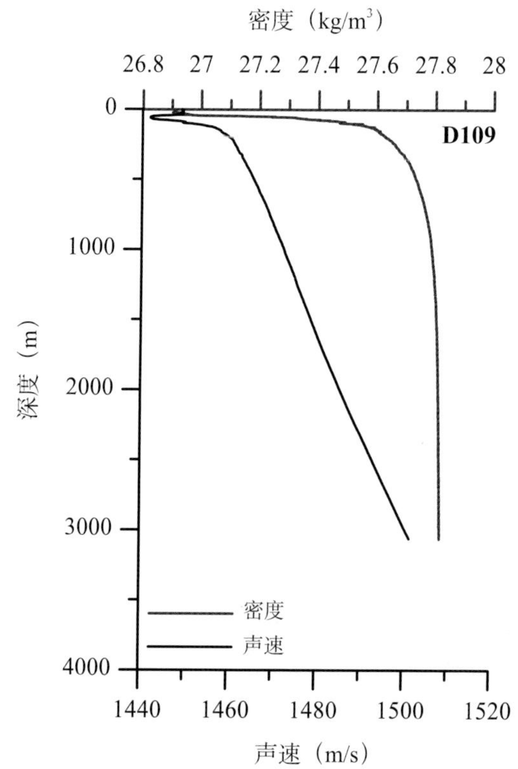
密度（kg/m3）
26.8
27
27.2
27.4
27.6
27.8
28
D109
深度（m）
0
1000
2000
3000
4000
密度
声速
1440
1460
1480
1500
1520
声速（m/s）

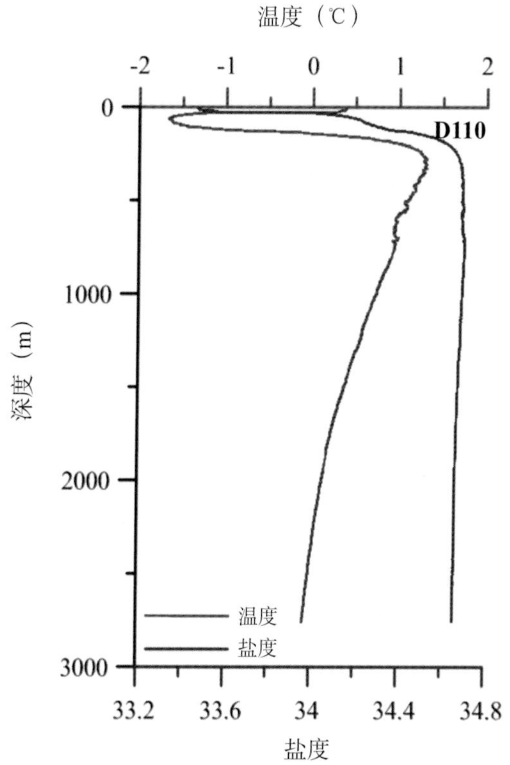
温度（℃）
-2
-1
0
1
2
D110
深度（m）
0
1000
2000
3000
温度
盐度
33.2
33.6
34
34.4
34.8
盐度

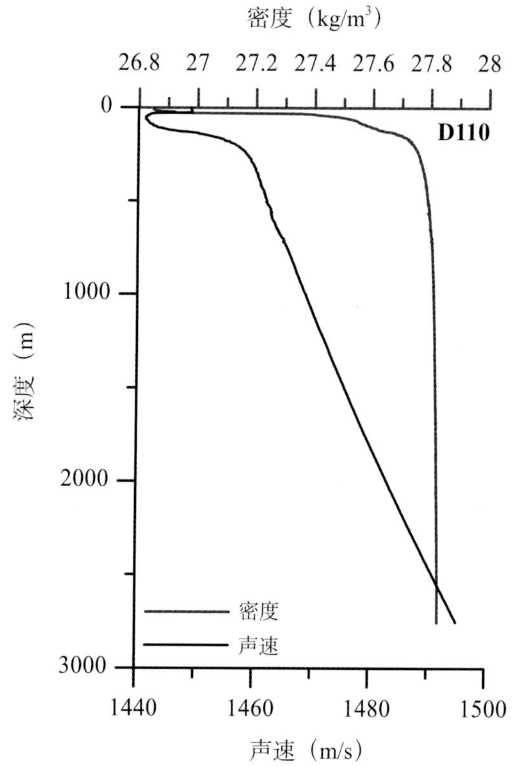
密度（kg/m3）
26.8
27
27.2
27.4
27.6
27.8
28
D110
深度（m）
0
1000
2000
3000
密度
声速
1440
1460
1480
1500
声速（m/s）

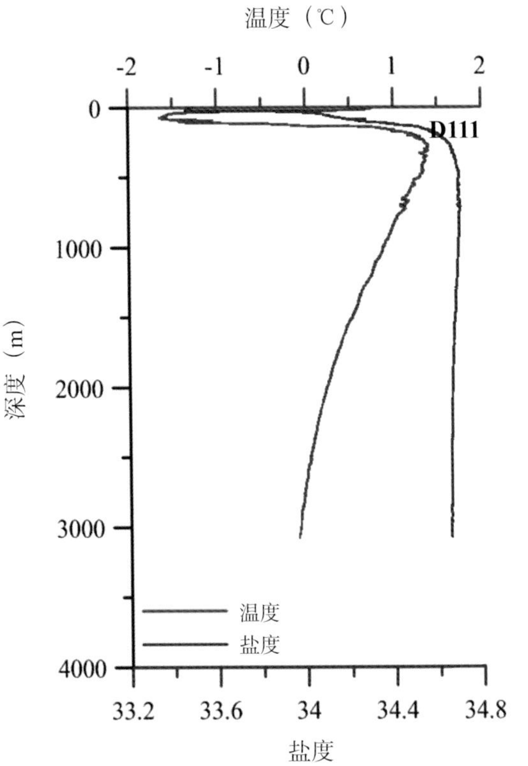
温度（℃）
-2
-1
0
1
2
0
1000
2000
3000
4000
深度（m）
D111
温度
盐度
33.2
33.6
34
34.4
34.8
盐度

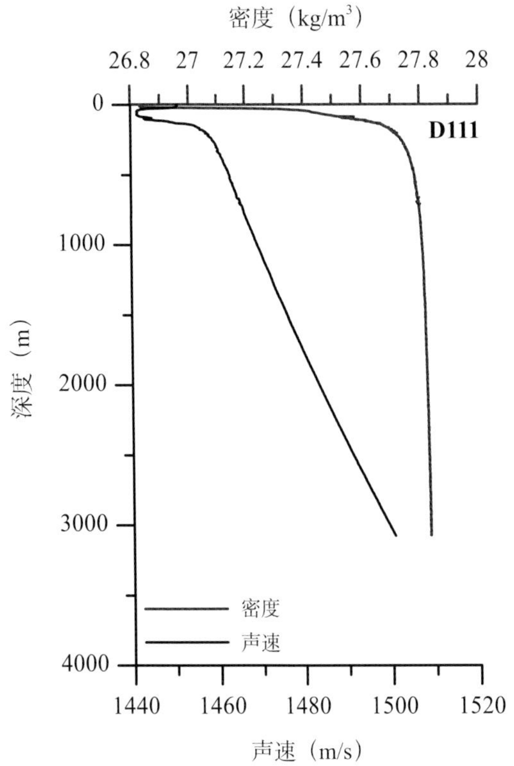
密度（kg/m³）
26.8
27
27.2
27.4
27.6
27.8
28
0
1000
2000
3000
4000
深度（m）
D111
密度
声速
1440
1460
1480
1500
1520
声速（m/s）

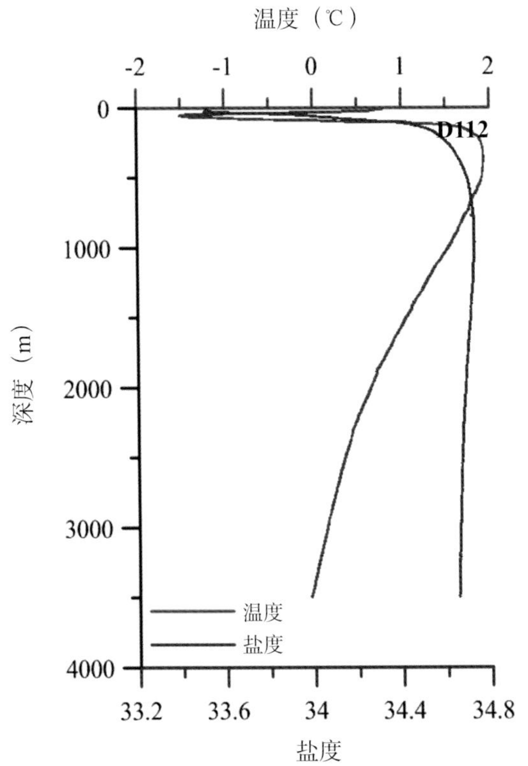
温度（℃）
-2
-1
0
1
2
0
1000
2000
3000
4000
深度（m）
D112
温度
盐度
33.2
33.6
34
34.4
34.8
盐度

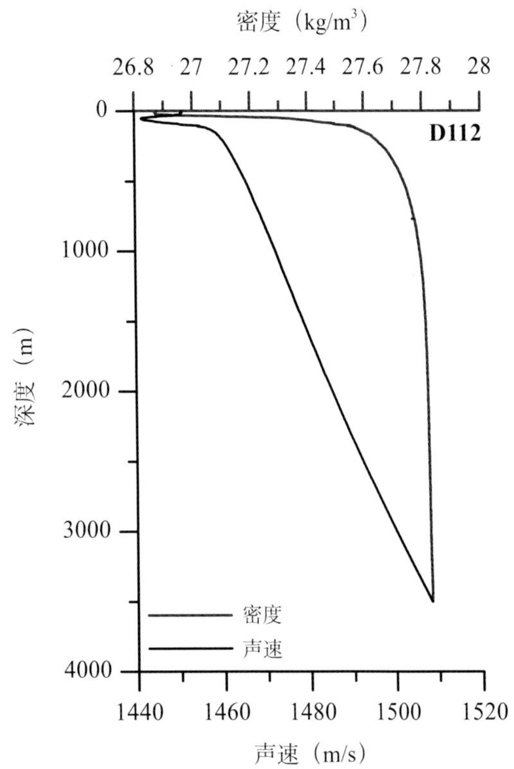
密度（kg/m³）
26.8
27
27.2
27.4
27.6
27.8
28
0
1000
2000
3000
4000
深度（m）
D112
密度
声速
1440
1460
1480
1500
1520
声速（m/s）

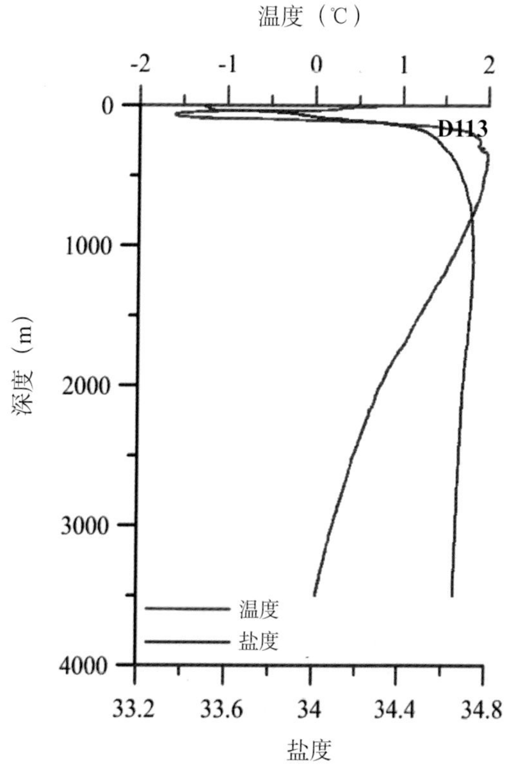
温度（℃）
-2
-1
0
1
2
D113
0
1000
2000
3000
4000
深度（m）
温度
盐度
33.2
33.6
34
34.4
34.8
盐度

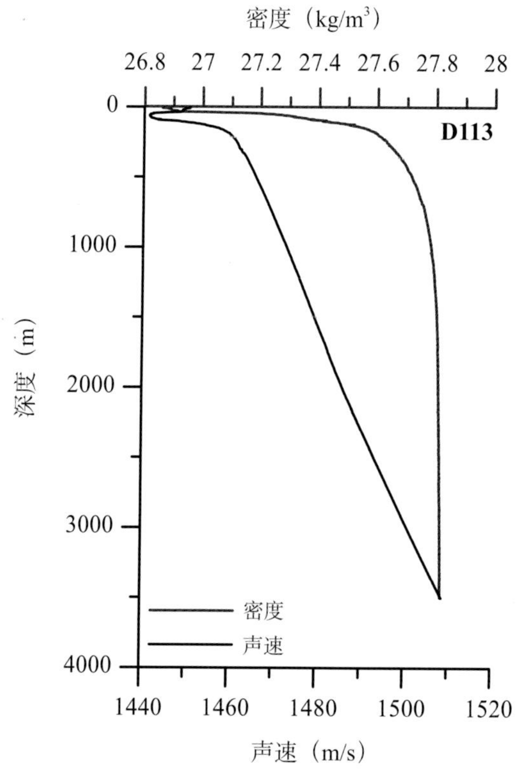
密度（kg/m3）
26.8
27
27.2
27.4
27.6
27.8
28
D113
0
1000
2000
3000
4000
深度（m）
密度
声速
1440
1460
1480
1500
1520
声速（m/s）

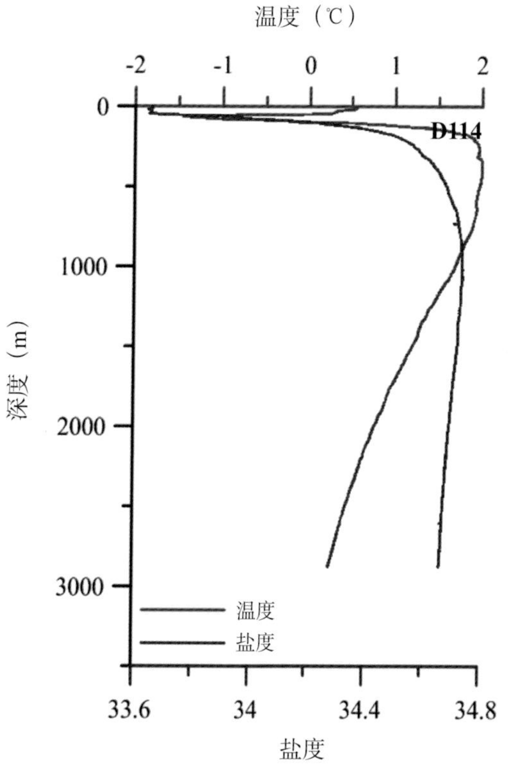
温度（℃）
-2
-1
0
1
2
D114
0
1000
2000
3000
深度（m）
温度
盐度
33.6
34
34.4
34.8
盐度

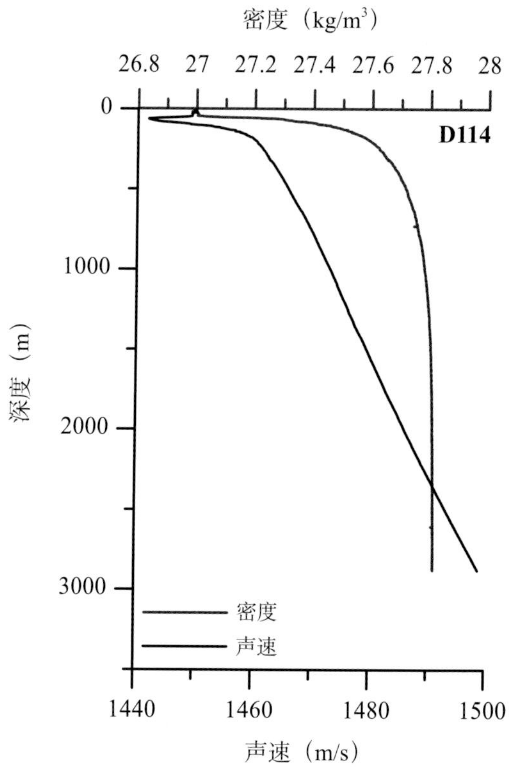
密度（kg/m3）
26.8
27
27.2
27.4
27.6
27.8
28
D114
0
1000
2000
3000
深度（m）
密度
声速
1440
1460
1480
1500
声速（m/s）

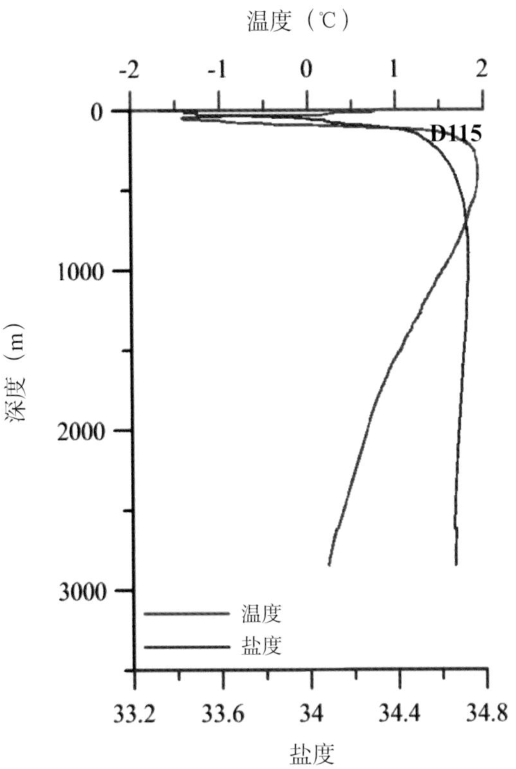
温度（℃）
-2
-1
0
1
2
0
1000
2000
3000
深度（m）
D115
温度
盐度
33.2
33.6
34
34.4
34.8
盐度

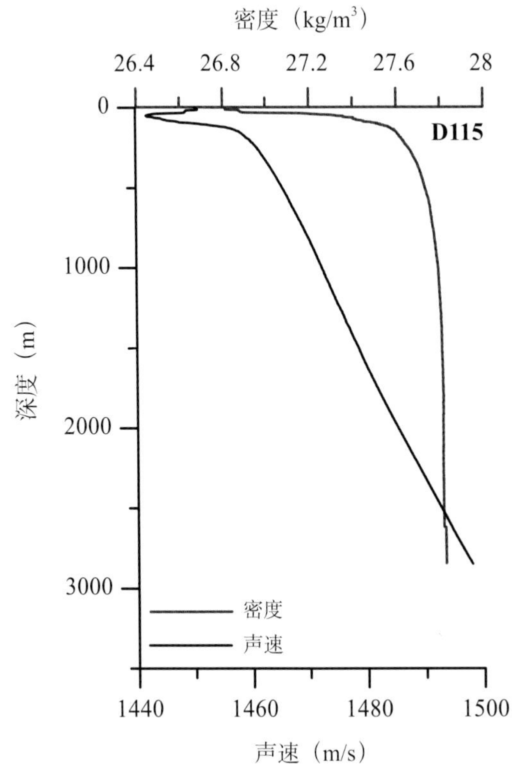
密度（kg/m³）
26.4
26.8
27.2
27.6
28
0
1000
2000
3000
深度（m）
D115
密度
声速
1440
1460
1480
1500
声速（m/s）

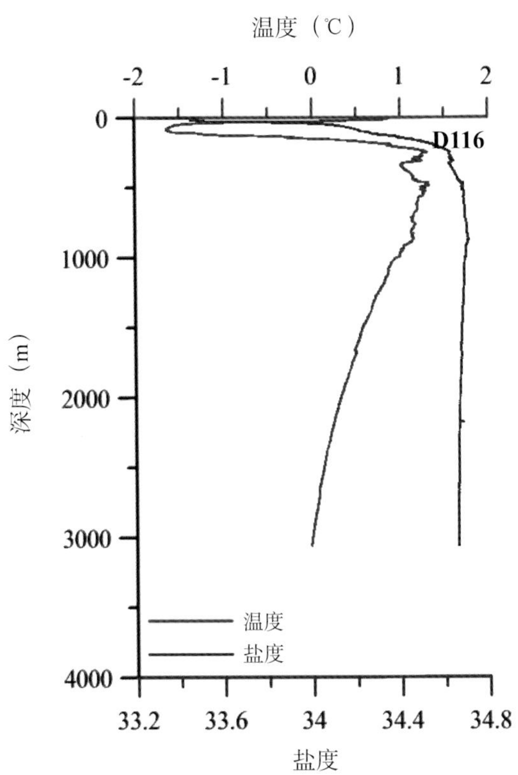
温度（℃）
-2
-1
0
1
2
0
1000
2000
3000
4000
深度（m）
D116
温度
盐度
33.2
33.6
34
34.4
34.8
盐度

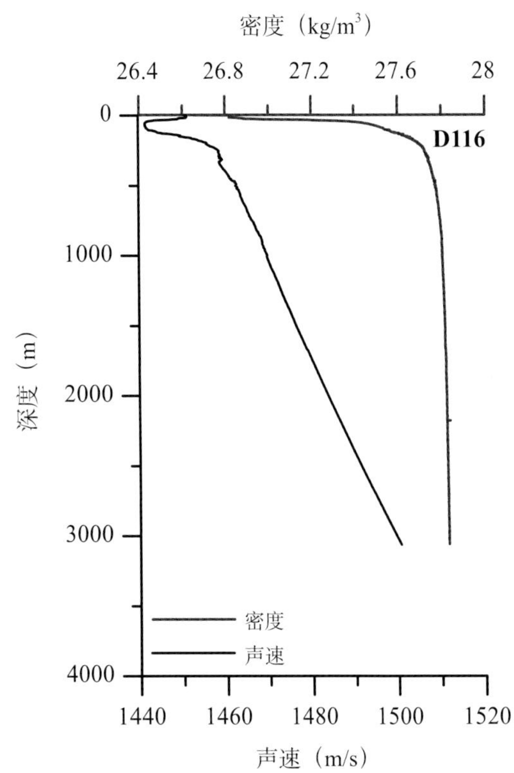
密度（kg/m³）
26.4
26.8
27.2
27.6
28
0
1000
2000
3000
4000
深度（m）
D116
密度
声速
1440
1460
1480
1500
1520
声速（m/s）

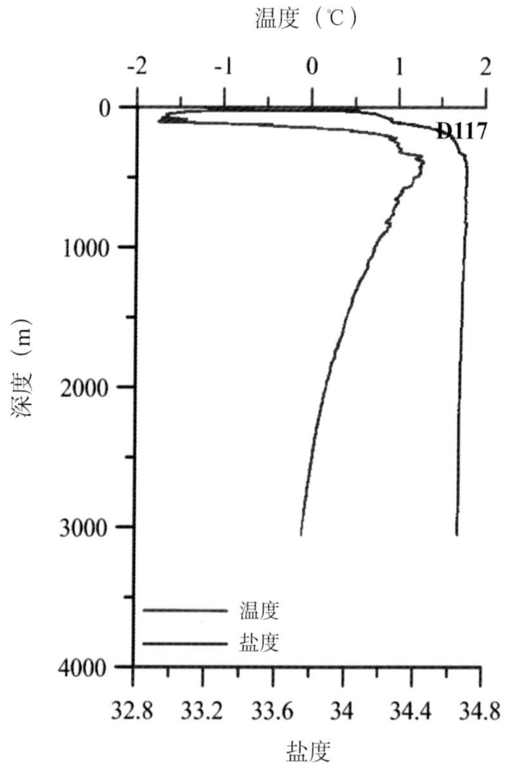
温度（℃）
-2
-1
0
1
2
D117
深度（m）
0
1000
2000
3000
4000
温度
盐度
32.8
33.2
33.6
34
34.4
34.8
盐度

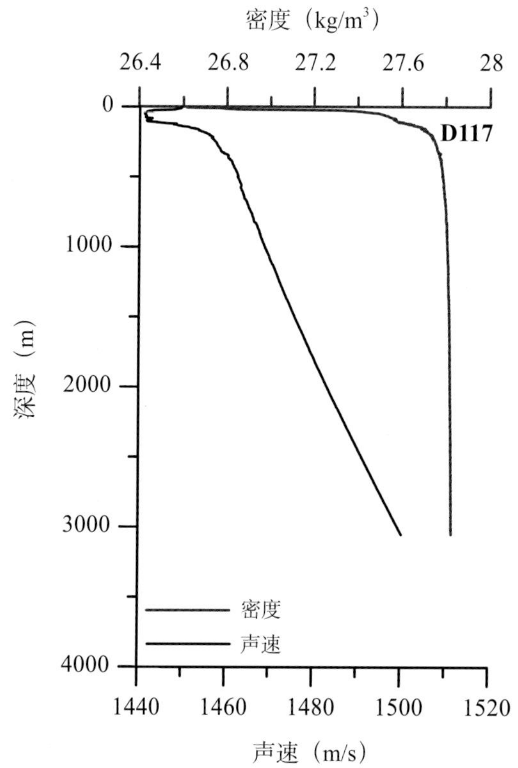
密度（kg/m³）
26.4
26.8
27.2
27.6
28
D117
深度（m）
0
1000
2000
3000
4000
密度
声速
1440
1460
1480
1500
1520
声速（m/s）

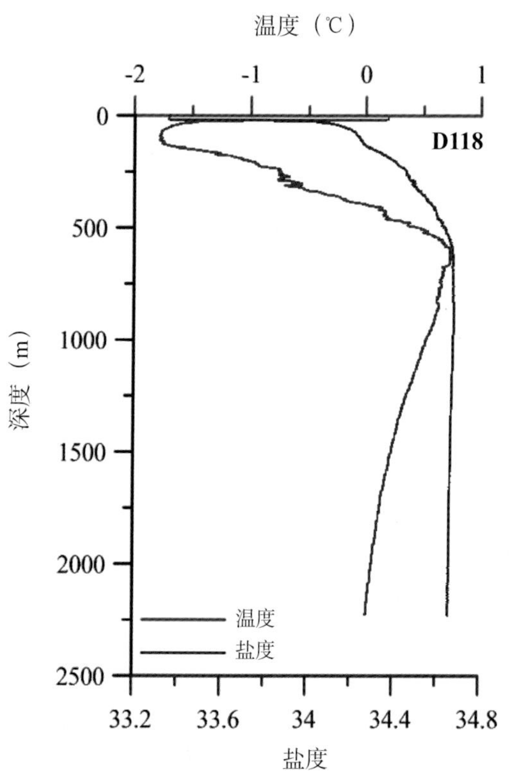
温度（℃）
-2
-1
0
1
D118
深度（m）
0
500
1000
1500
2000
2500
温度
盐度
33.2
33.6
34
34.4
34.8
盐度

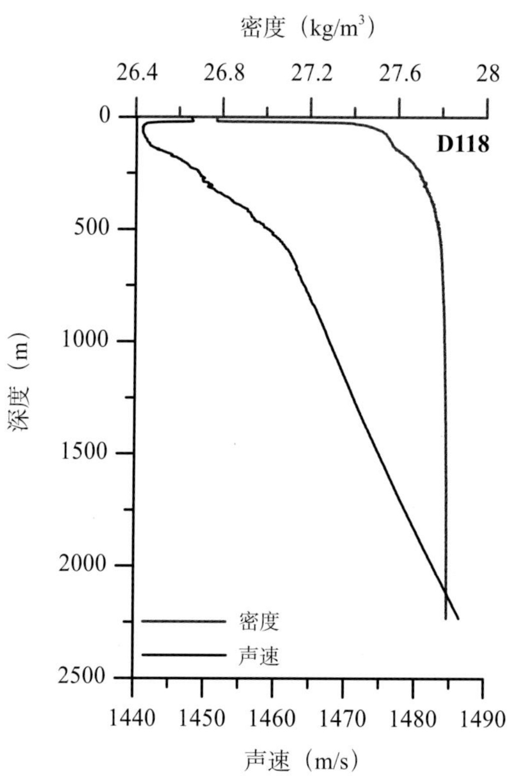
密度（kg/m³）
26.4
26.8
27.2
27.6
28
D118
深度（m）
0
500
1000
1500
2000
2500
密度
声速
1440
1450
1460
1470
1480
1490
声速（m/s）

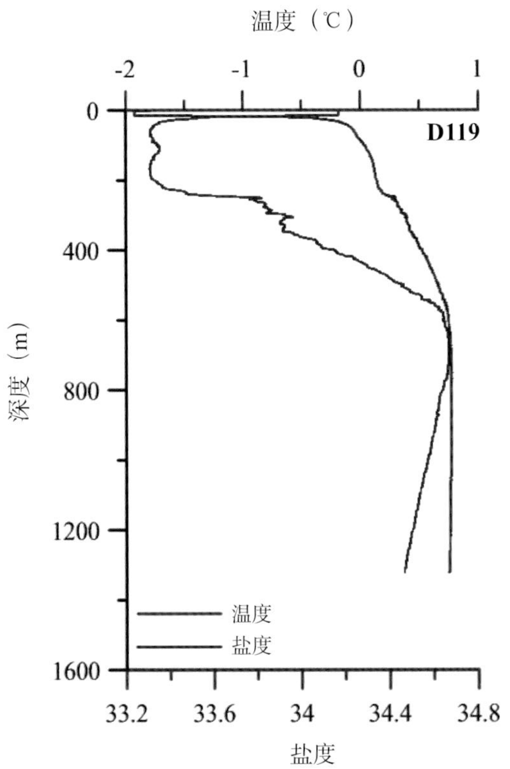
温度（℃）
-2 -1 0 1
D119
0 400 800 1200 1600
深度（m）
温度
盐度
33.2 33.6 34 34.4 34.8
盐度

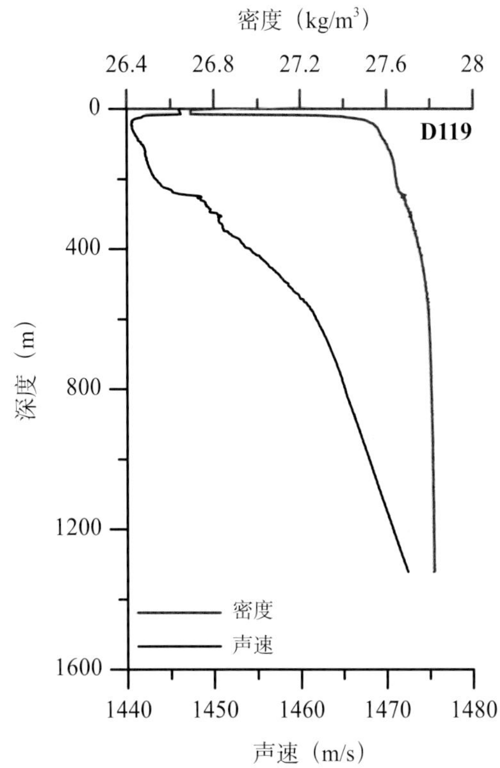
密度（kg/m3）
26.4 26.8 27.2 27.6 28
D119
0 400 800 1200 1600
深度（m）
密度
声速
1440 1450 1460 1470 1480
声速（m/s）

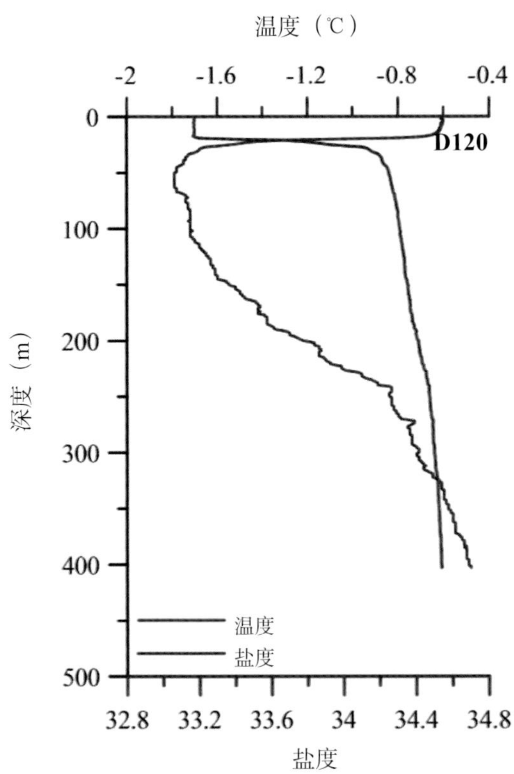
温度（℃）
-2 -1.6 -1.2 -0.8 -0.4
D120
0 100 200 300 400 500
深度（m）
温度
盐度
32.8 33.2 33.6 34 34.4 34.8
盐度

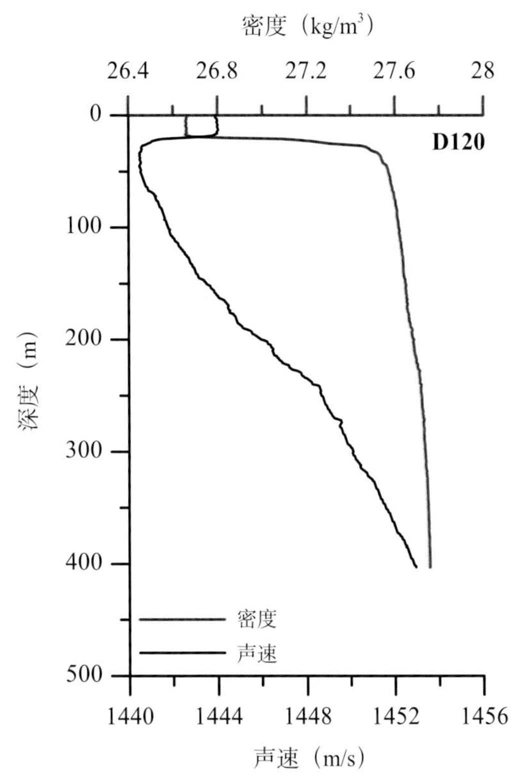
密度（kg/m3）
26.4 26.8 27.2 27.6 28
D120
0 100 200 300 400 500
深度（m）
密度
声速
1440 1444 1448 1452 1456
声速（m/s）

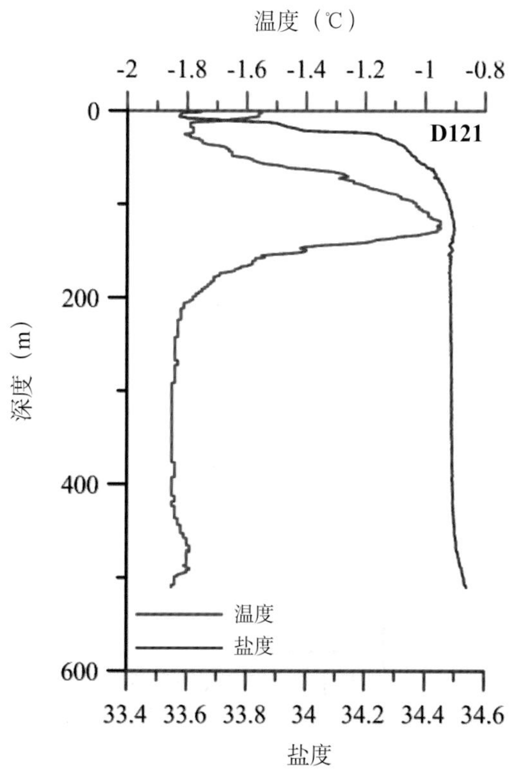
温度（℃）
-2
-1.8
-1.6
-1.4
-1.2
-1
-0.8
D121
0
200
400
600
深度（m）
温度
盐度
33.4
33.6
33.8
34
34.2
34.4
34.6
盐度

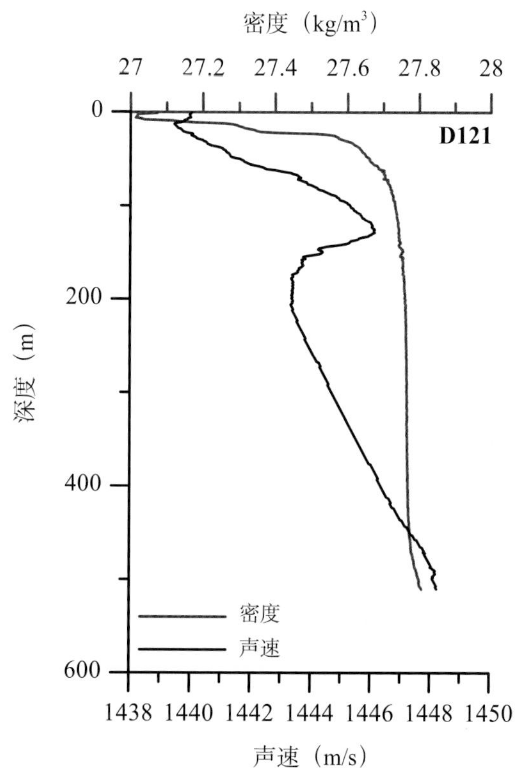
密度（kg/m³）
27
27.2
27.4
27.6
27.8
28
D121
0
200
400
600
深度（m）
密度
声速
1438
1440
1442
1444
1446
1448
1450
声速（m/s）

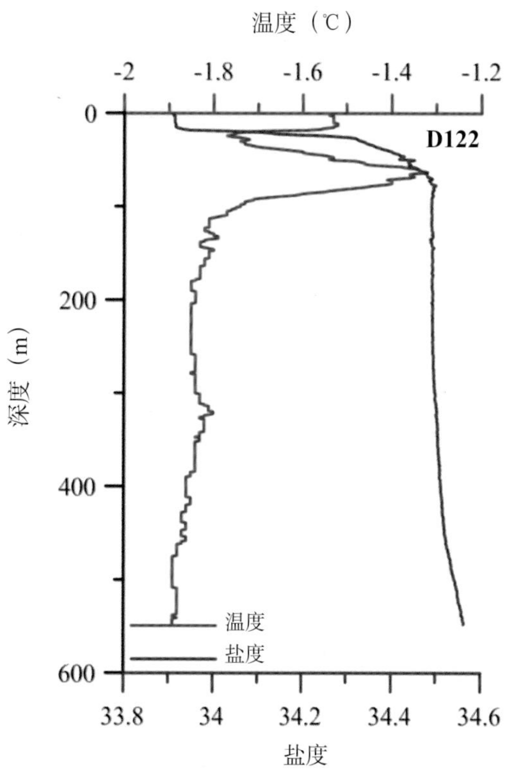
温度（℃）
-2
-1.8
-1.6
-1.4
-1.2
D122
0
200
400
600
深度（m）
温度
盐度
33.8
34
34.2
34.4
34.6
盐度

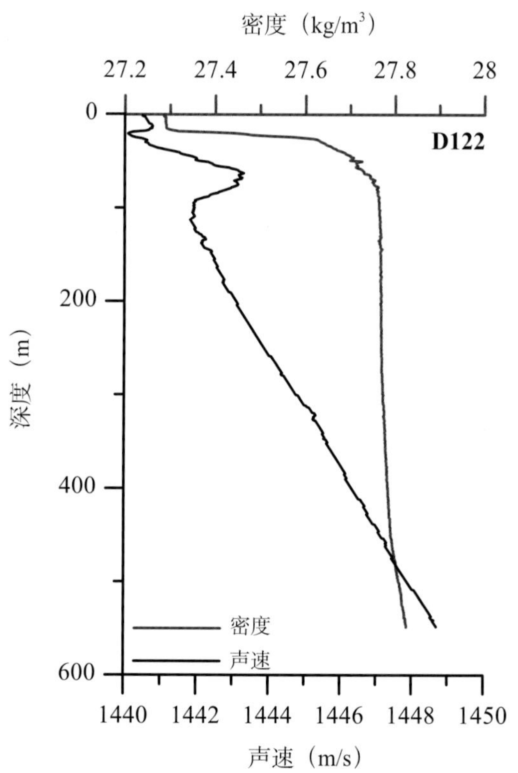
密度（kg/m³）
27.2
27.4
27.6
27.8
28
D122
0
200
400
600
深度（m）
密度
声速
1440
1442
1444
1446
1448
1450
声速（m/s）

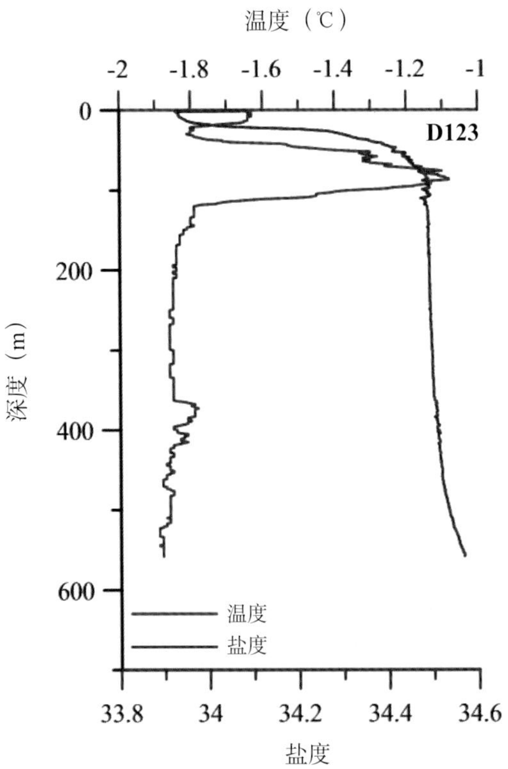
温度（℃）
-2 -1.8 -1.6 -1.4 -1.2 -1
D123
0 200 400 600
深度（m）
温度
盐度
33.8 34 34.2 34.4 34.6
盐度

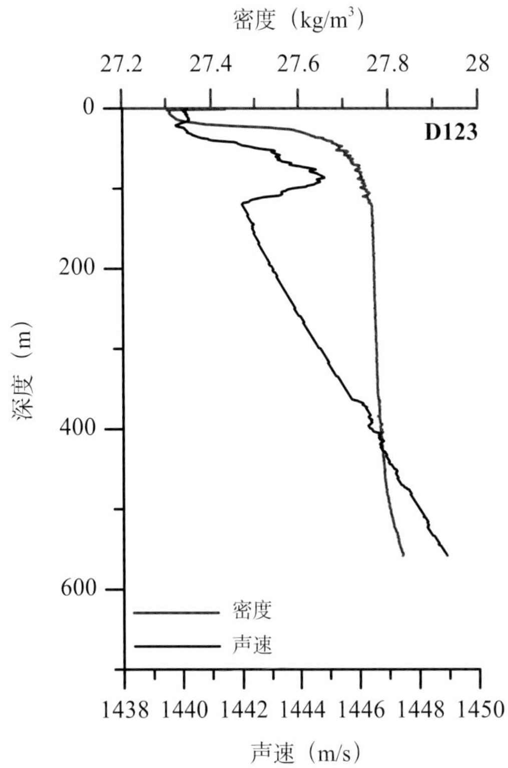
密度（kg/m³）
27.2 27.4 27.6 27.8 28
D123
0 200 400 600
深度（m）
密度
声速
1438 1440 1442 1444 1446 1448 1450
声速（m/s）

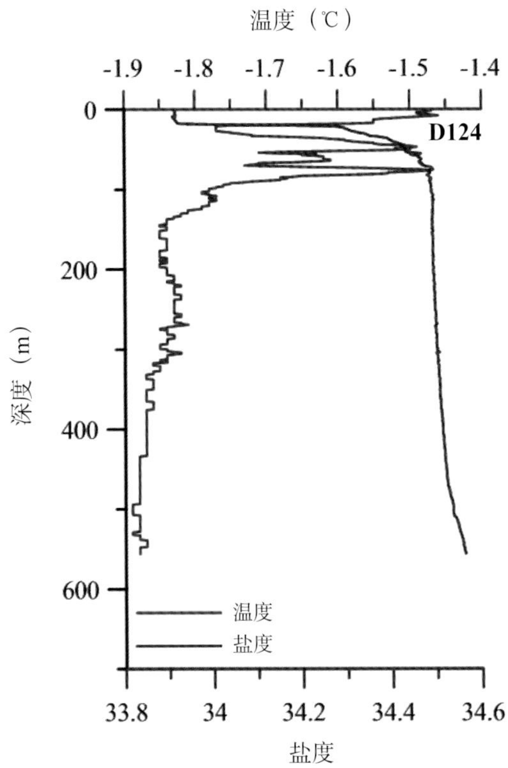
温度（℃）
-1.9 -1.8 -1.7 -1.6 -1.5 -1.4
D124
0 200 400 600
深度（m）
温度
盐度
33.8 34 34.2 34.4 34.6
盐度

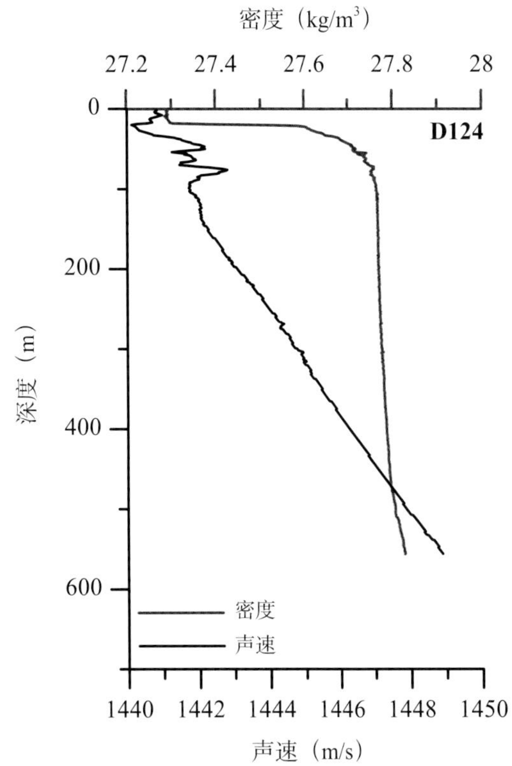
密度（kg/m³）
27.2 27.4 27.6 27.8 28
D124
0 200 400 600
深度（m）
密度
声速
1440 1442 1444 1446 1448 1450
声速（m/s）

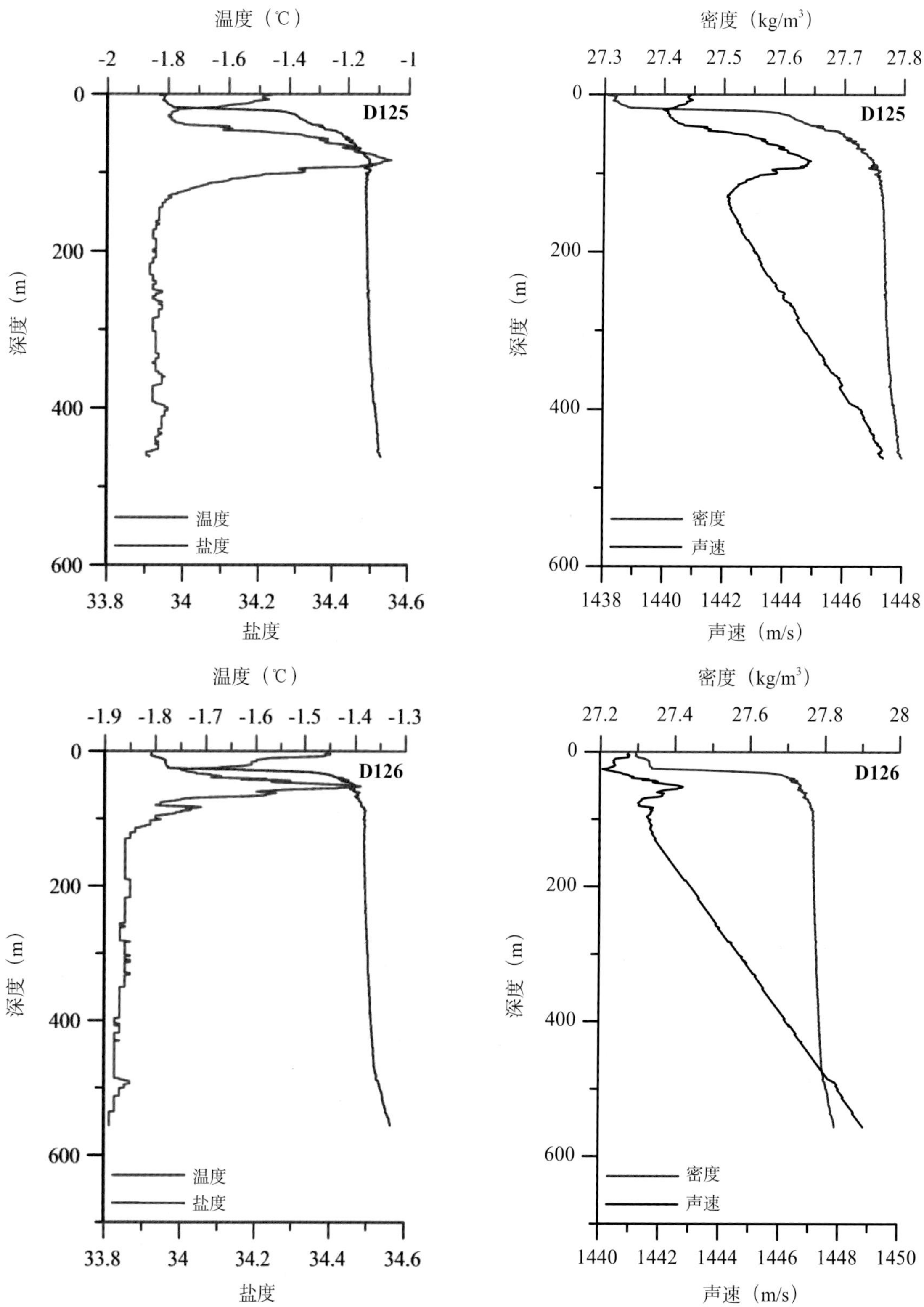

图1.2 CTD 测量要素温度、盐度、密度、声速剖面分布图

第三节　航次断面图

本航次站位布设较为规则，可以构成 3 条经向断面，从东向西依次命名为断面 1、断面 2、断面 3。这些断面从南向北的全深度和 500 m 以上的温度、盐度、密度、声速断面分布如图 1.3 至图 1.5 所示。

（1）断面 1 温度、盐度、密度、声速分布图

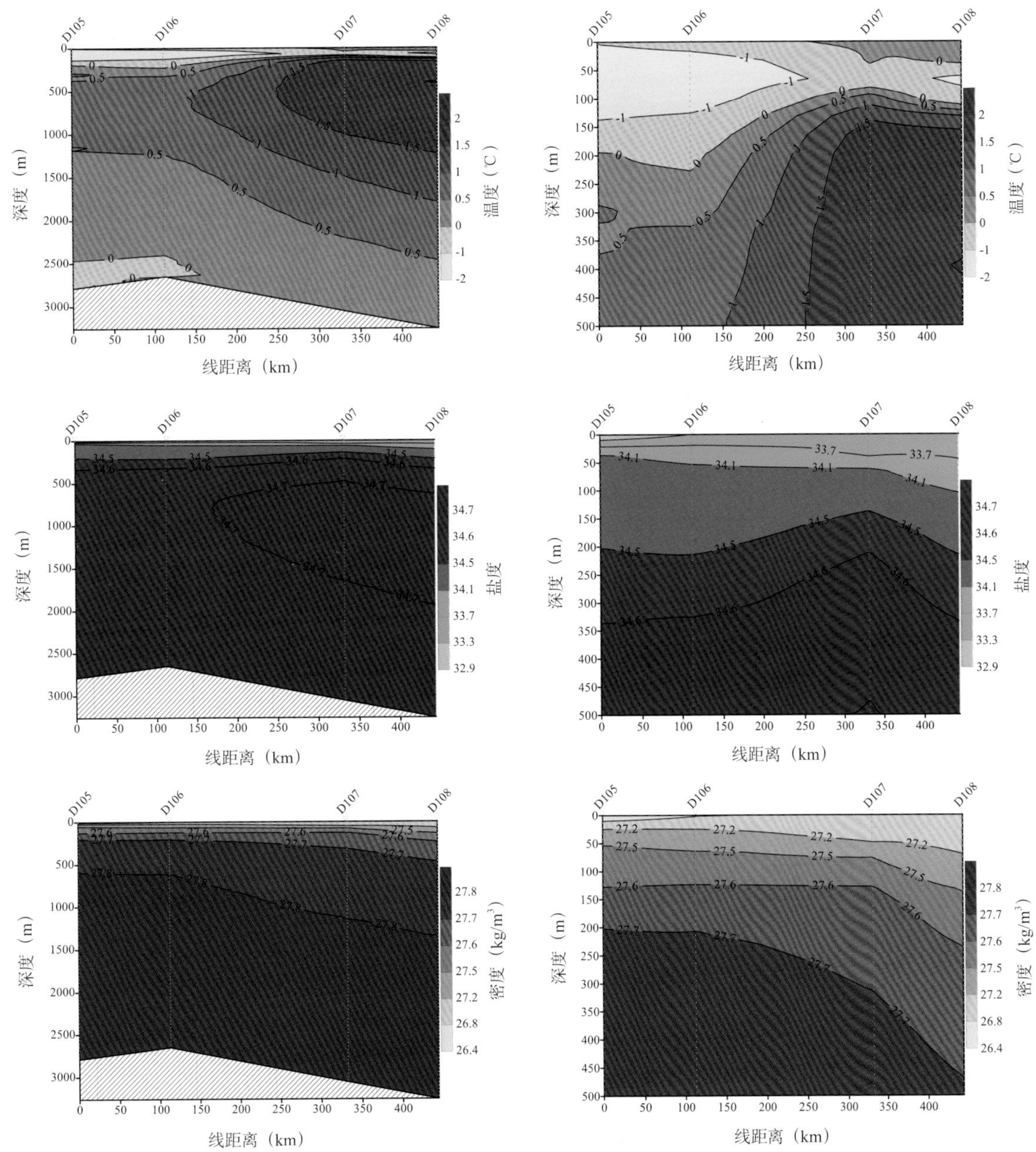

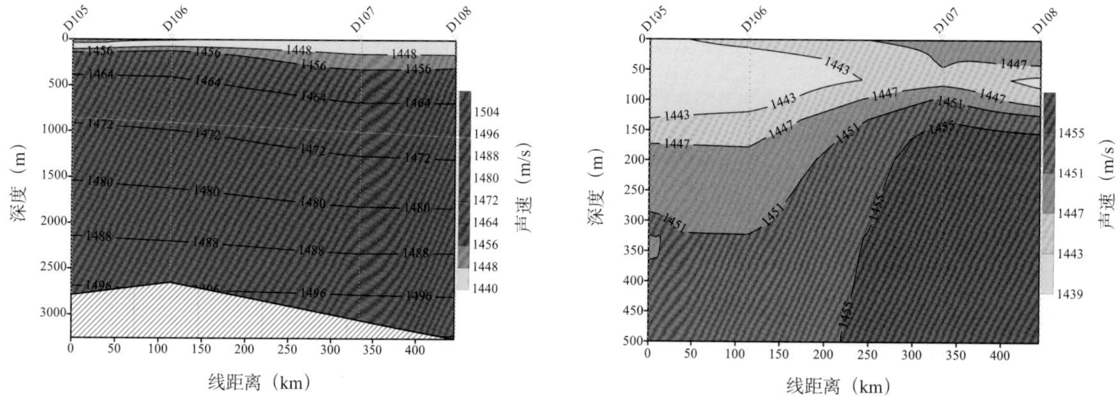

图1.3 断面1温度、盐度、密度、声速分布图

（2）断面2温度、盐度、密度、声速分布图

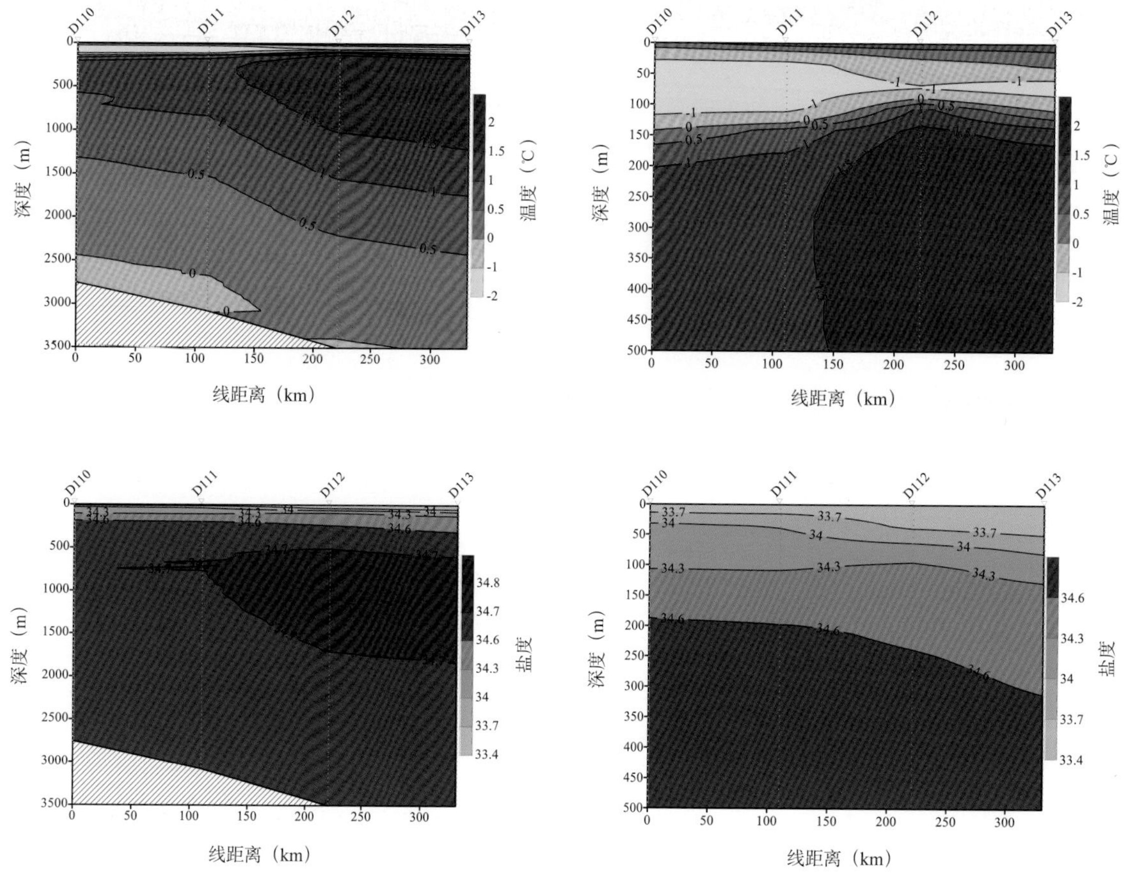

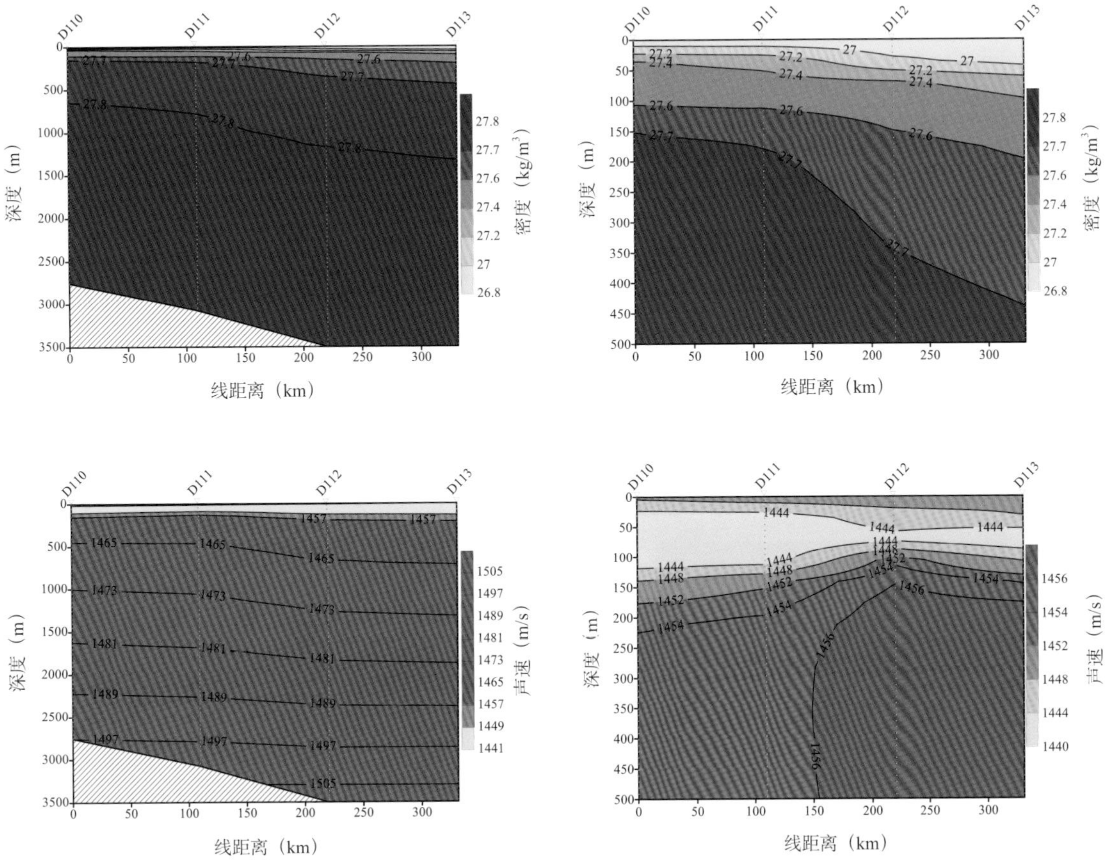

图1.4 断面2温度、盐度、密度、声速分布图

（3）断面3温度、盐度、密度、声速分布图

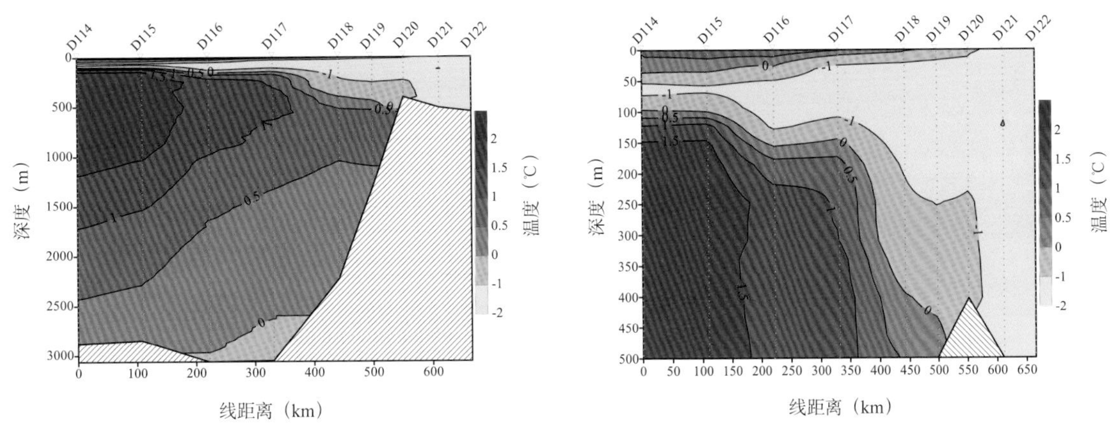

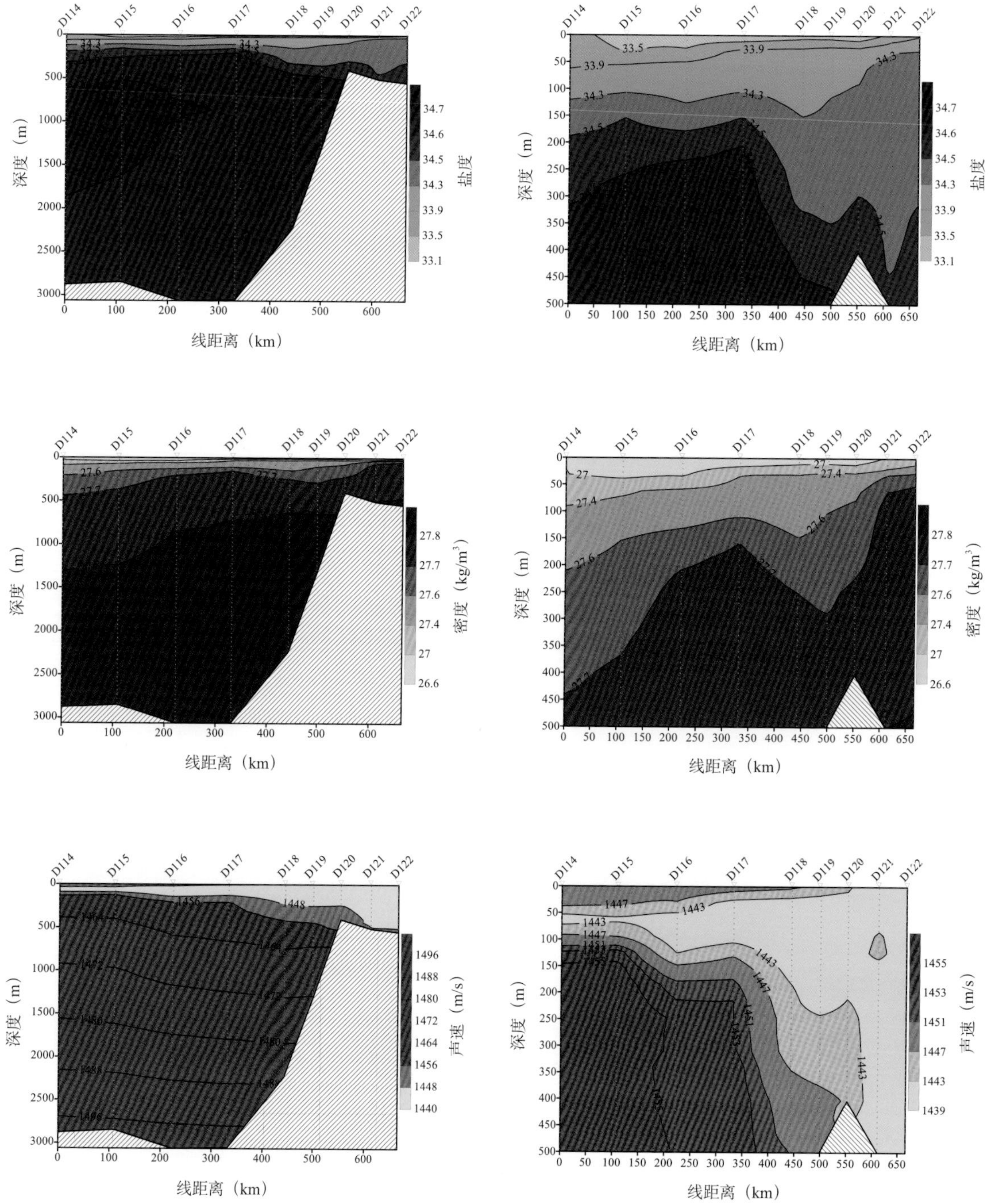

图1.5 断面3温度、盐度、密度、声速分布图

第四节 航次大面剖面图

本航次5条平行的断面和其他站位可以构成南极半岛附近海域的大面观测，10 m层、50 m层、100 m层、500 m层上的温度、盐度、密度、声速分布情况如图1.6至图1.9所示。

（1）10 m层温度、盐度、密度、声速分布图（等值线间隔依次为0.5，0.1，0.1，2）

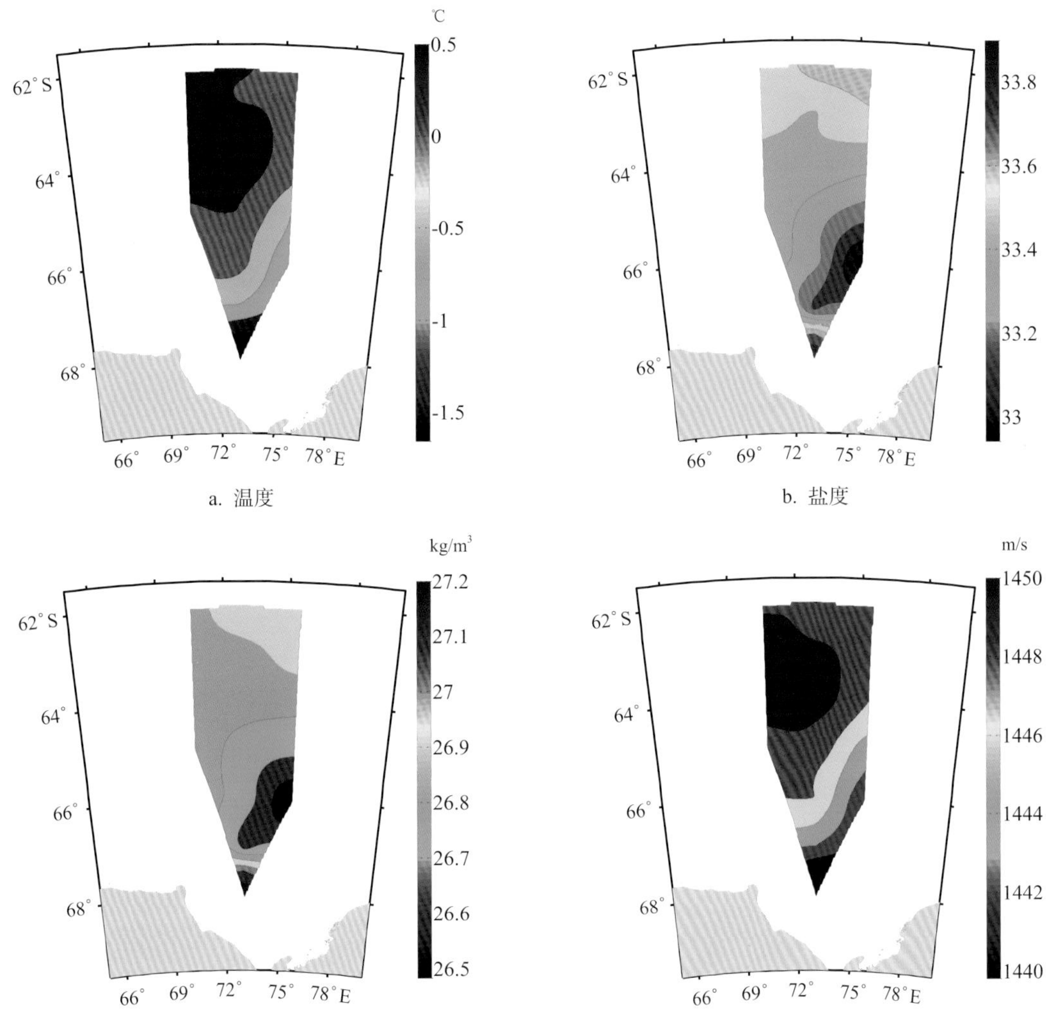

a. 温度

b. 盐度

c. 密度

d. 声速

图1.6 10 m层温度、盐度、密度、声速分布图

（2）50 m层温度、盐度、密度、声速分布图（等值线间隔依次为0.2，0.1，0.1，1）

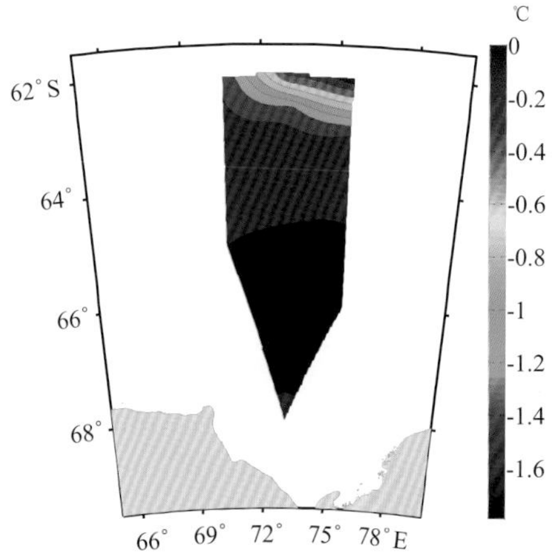

a. 温度

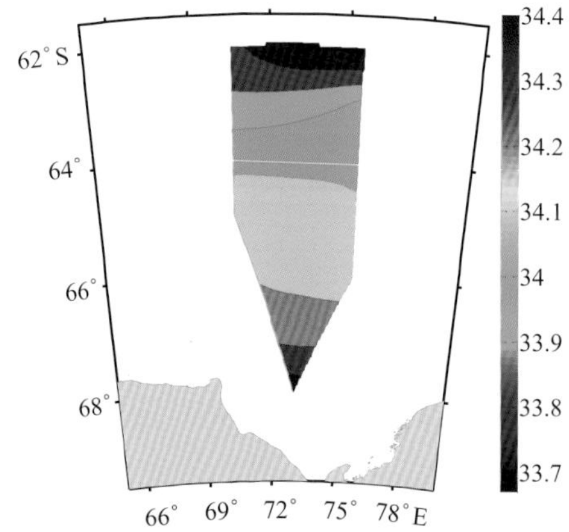

b. 盐度

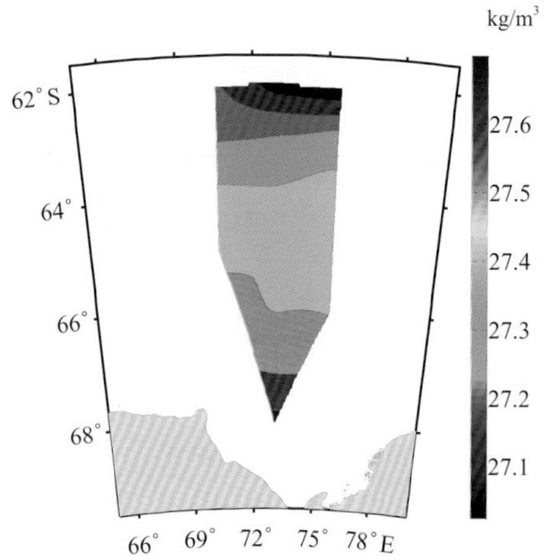

c. 密度

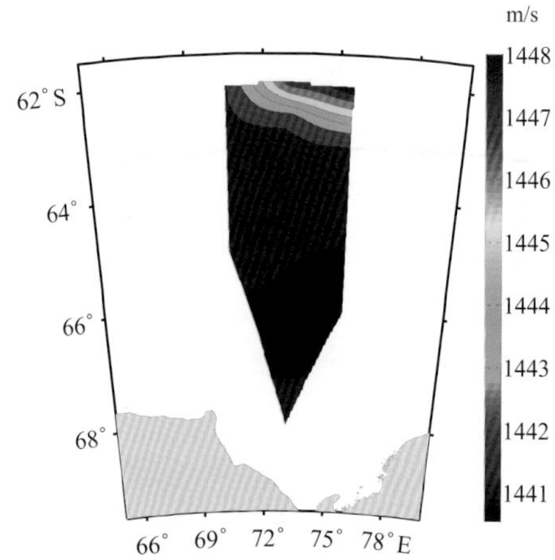

d. 声速

图1.7　50 m层温度、盐度、密度、声速分布图

（3）100 m层温度、盐度、密度、声速分布图（等值线间隔依次为0.2，0.05，0.05，1）

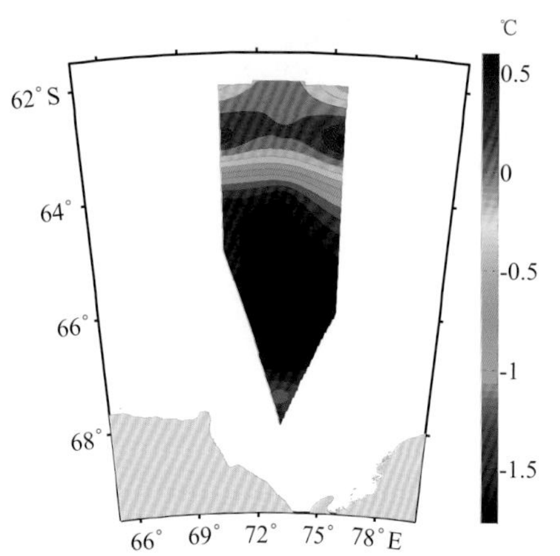

a. 温度

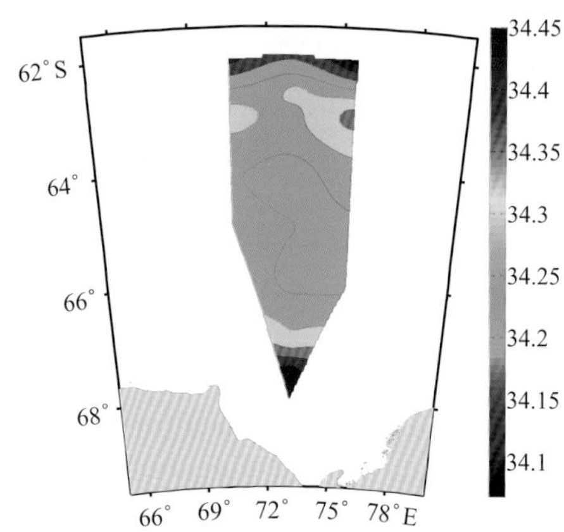

b. 盐度

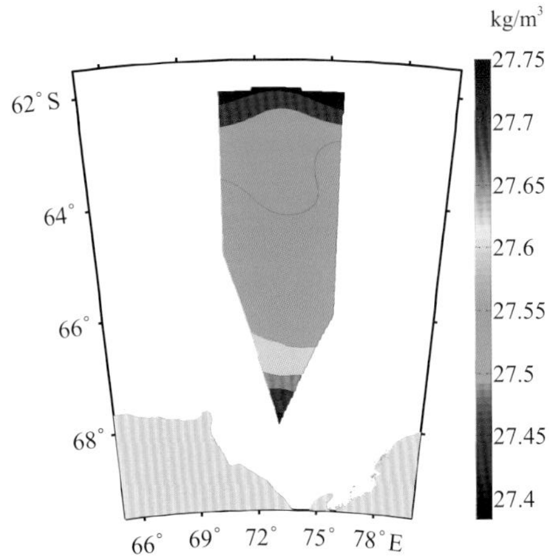

c. 密度

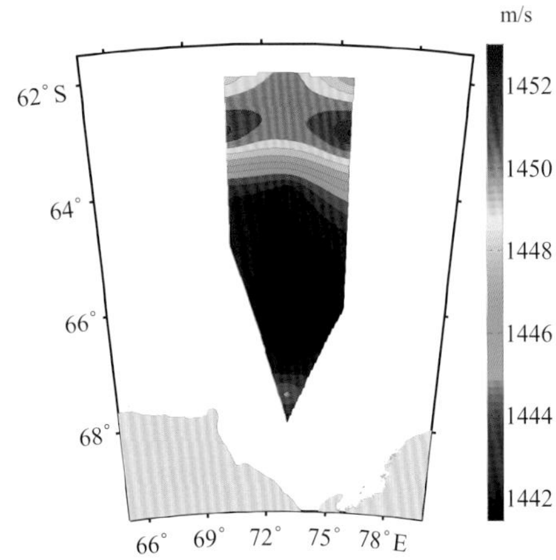

d. 声速

图1.8 100 m层温度、盐度、密度、声速分布图

（4）500 m层温度、盐度、密度、声速分布图（等值线间隔依次为0.2，0.02，0.02，1）

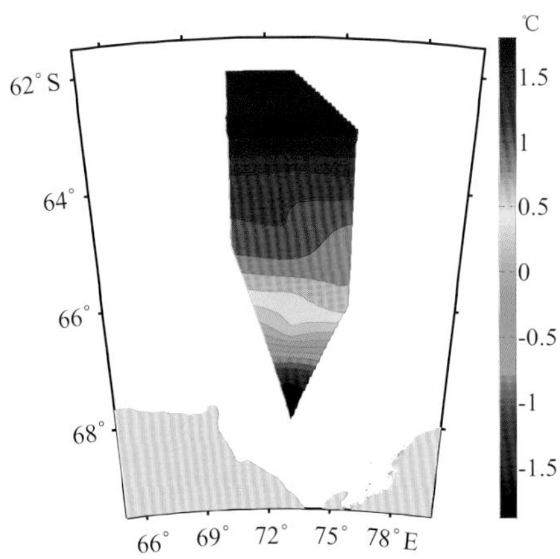

a. 温度

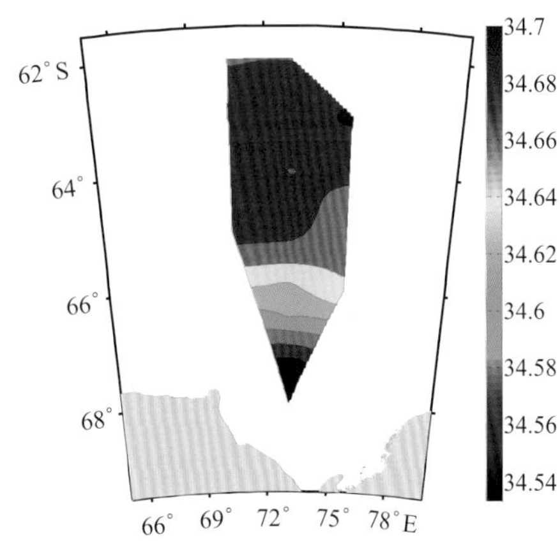

b. 盐度

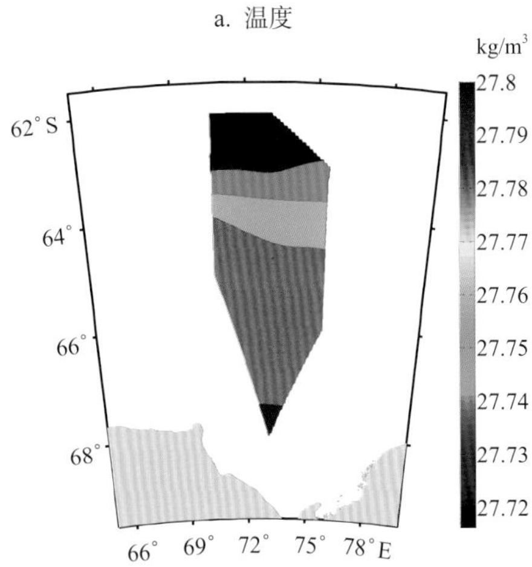

c. 密度

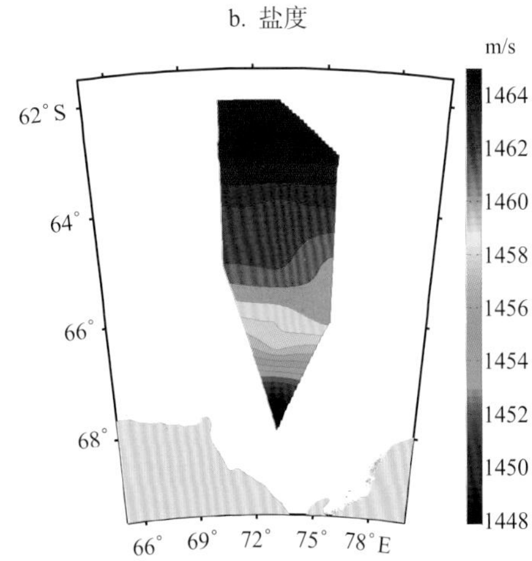

d. 声速

图1.9 500 m层温度、盐度、密度、声速分布图

第二章

中国第18次南极科学考察水文图集

第一节　航次站位情况及TS点聚图

中国第 18 次南极科学考察共完成海洋考察 CTD 站位 69 个，站位信息见表 2.1。

表2.1　中国第18次南极考察CTD观测站位信息表

序号	站位	日期	时间	纬度 (° S)	经度 (° W)	水深 (m)	最大观测深度 (m)
1	T01	2001-12-22	12:17	62.373	−39.482	>3 000	2 005.5
2	T02	2002-01-01	23:58	62.017	4.58	>3 000	1 234
3	Ⅰ-01	2002-01-5	23:44	62.01	68.507	>3 000	3 000
4	Ⅰ-02	2002-01-06	07:28	63.0	68.5	>3 000	3 001
5	Ⅰ-03	2002-01-06	15:40	64.0	68.5	>3 000	3 000
6	Ⅰ-04	2002-01-06	23:40	65.0	68.5	>3 000	2 619
7	PT1	2002-01-09	13:42	66.867	69.9	520	470
8	Ⅱ-08	2002-01-09	19:36	66.833	70.487	410	385
9	Ⅱ-07	2002-01-09	22:27	66.673	70.492	1 795	1 713
10	Ⅱ-06	2002-01-10	02:15	66.417	70.503	2 104	1 854
11	Ⅱ-05	2002-01-10	07:36	65.997	70.51	>2 500	215
12	Ⅱ-04	2002-01-10	15:14	64.972	70.515	>3 000	2 522
13	Ⅱ-03	2002-01-10	22:55	64.0	70.5	>3 000	2 803
14	Ⅱ-02	2002-01-11	06:15	63.005	70.483	>3 000	3 002.3
15	Ⅱ-01	2002-01-11	15:35	62.033	70.48	>3 000	2 853
16	Ⅳ-01	2002-01-11	22:40	62.0	72.967	>3 000	2 654
17	Ⅳ-02	2002-01-12	05:55	63.0	73.0	>3 000	3 000.8
18	Ⅳ-03	2002-01-12	12:56	64.0	73.033	>3 000	3 006
19	Ⅳ-04	2002-01-12	22:02	65.0	72.992	>3 000	2 529
20	Ⅳ-05	2002-01-13	02:37	65.525	72.943	>3 000	2 390
21	Ⅲ-01	2002-01-13	06:45	65.5	71.75	3 000	2 506
22	Ⅲ-02	2002-01-13	10:56	65.95	71.8	2 300	2 166
23	Ⅷ-11	2002-02-18	13:40	68.033	77.983	560	510
24	Ⅷ-10	2002-02-18	16:15	67.667	77.997	240	208
25	Ⅷ-09	2002-02-18	19:30	66.987	77.985	190	175

续　表

序号	站位	日期	时间	纬度 (° S)	经度 (° W)	水深 (m)	最大观测深度 (m)
26	Ⅷ-08	2002-02-19	21:20	66.667	77.98	1 130	867
27	Ⅷ-07	2002-02-19	22:42	66.582	77.962	2 030	1 882
28	Ⅷ-05	2002-02-19	02:45	66.017	78.0	>3 000	2 594
29	Ⅶ-01	2002-02-19	06:40	65.98	76.728	2 650	1 803
30	Ⅶ-02	2002-02-19	10:25	66.433	76.75	2 583	1 304
31	Ⅶ-03	2002-02-19	13:55	66.733	76.75	1 800	1 730
32	Ⅶ-05	2002-02-19	16:10	66.883	76.712	1 000	903
33	Ⅶ-06	2002-02-19	20:00	67.5	76.74	314	290
34	Ⅶ-07	2002-02-19	22:40	68	76.733	430	406
35	Ⅶ-08	2002-02-20	01:40	68.507	76.75	650	625
36	Ⅶ-09	2002-02-20	04:20	68.975	76.75	450	410
37	Ⅵ-13	2002-02-20	06:52	69.002	75.533	725	683
38	Ⅵ-12	2002-02-20	11:05	68.48	75.445	630	582
39	Ⅵ-11	2002-02-20	14:05	68.0	75.493	485	455
40	Ⅵ-10	2002-02-20	17:15	67.503	75.5	800	377
41	Ⅵ-09	2002-02-20	20:20	66.905	75.5	730	602
42	Ⅵ-08	2002-02-20	21:20	66.867	75.523	1 140	1 105.3
43	Ⅵ-07	2002-02-21	00:20	66.6	75.502	2 300	2 150.4
44	Ⅵ-06	2002-02-21	03:28	66.292	75.5	>2 300	2 300
45	Ⅵ-05	2002-02-21	06:30	66.0	75.5	>2 300	2 200
46	Ⅴ-01	2002-02-21	10:20	66.0	74.25	>2 300	1 860
47	Ⅴ-02	2002-02-21	14:44	66.473	74.267	2 285	2 102
48	Ⅴ-03	2002-02-21	18:10	66.833	74.267	1 555	1 413
49	Ⅴ-04	2002-02-21	19:45	66.917	74.35	875	765
50	Ⅴ-05	2002-02-21	23:00	67.033	74.263	445	400.2
51	Ⅴ-06	2002-02-22	01:40	67.512	74.3	488	452
53	Ⅴ-08	2002-02-22	14:35	68.493	74.33	666	600
54	Ⅳ-12	2002-02-22	18:50	68.52	73.0	710	672
55	Ⅳ-11	2002-02-23	02:30	68.012	73.013	644	600
56	Ⅳ-10	2002-02-23	08:45	67.5	72.942	596	570
57	Ⅳ-09	2002-02-23	15:00	67.018	73.012	520	485

续 表

序号	站位	日期	时间	纬度 (° S)	经度 (° W)	水深 (m)	最大观测深度 (m)
58	Ⅳ-08	2002-02-23	18:20	66.853	72.998	510	480
59	Ⅳ-07	2002-02-23	21:10	66.567	73.087	1 360	1 278
60	Ⅳ-06	2002-02-23	23:45	66.323	72.962	1 950	1 860
61	Ⅳ-06a	2002-02-24	07:25	66.017	72.992	>2 300	2 200
62	Ⅲ-01a	2002-02-24	10:56	65.967	71.8	>2 300	2 200
63	Ⅲ-02a	2002-02-24	15:35	66.233	71.75	2 050	2 003
64	Ⅲ-03	2002-02-24	18:55	66.437	71.797	1 590	1 534
65	Ⅴ-09	2002-02-25	16:35	68.987	74.242	672	620
66	Ⅴ-10	2002-02-25	19:32	69.175	74.3	780	720
67	Ⅴ-10E	2002-02-25	21:45	69.168	75.0	760	711
68	Ⅵ-14	2002-02-26	23:15	69.168	75.483	787	722
69	Ⅵ-14E	2002-02-26	01:00	69.16	76.043	570	524

本航次的TS点聚图如图2.1所示。

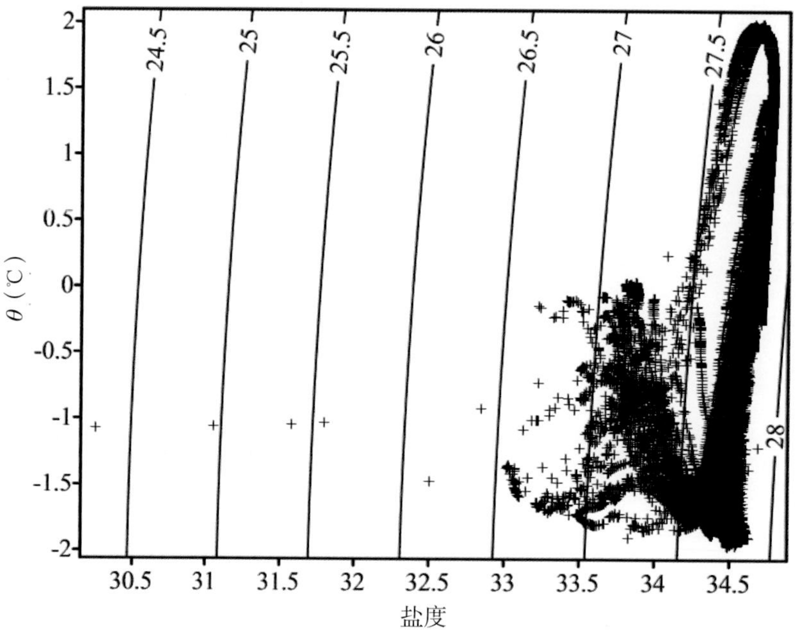

图2.1 中国第18次南极考察TS点聚图

第二节　航次站点剖面图

本航次各站点的CTD测量要素温度、盐度、密度、声速剖面分布如图2.2所示。

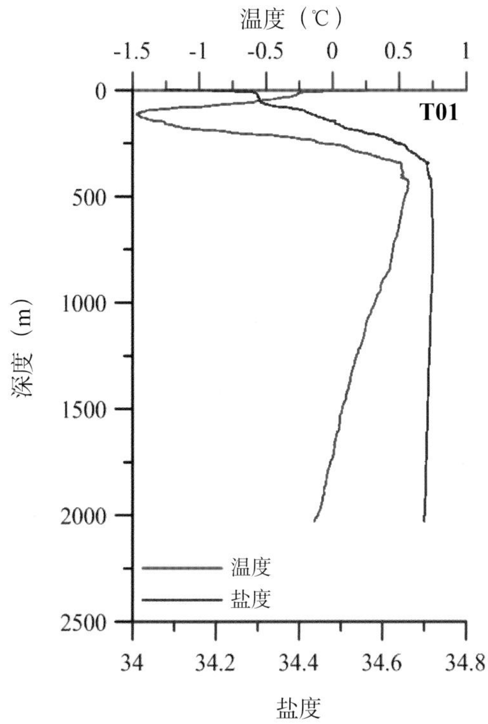

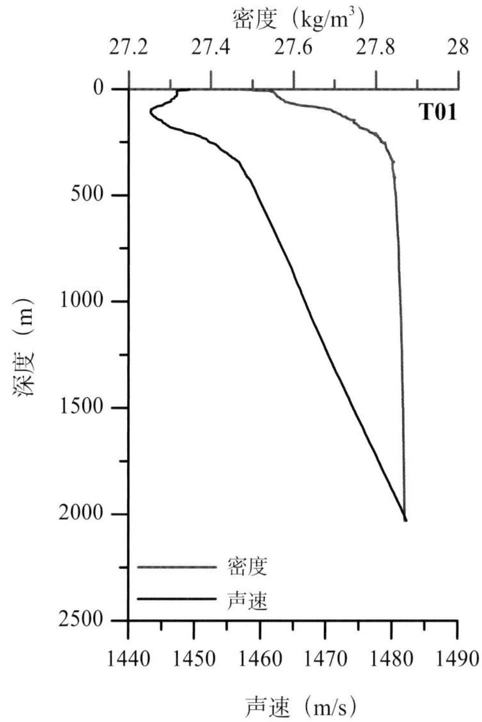

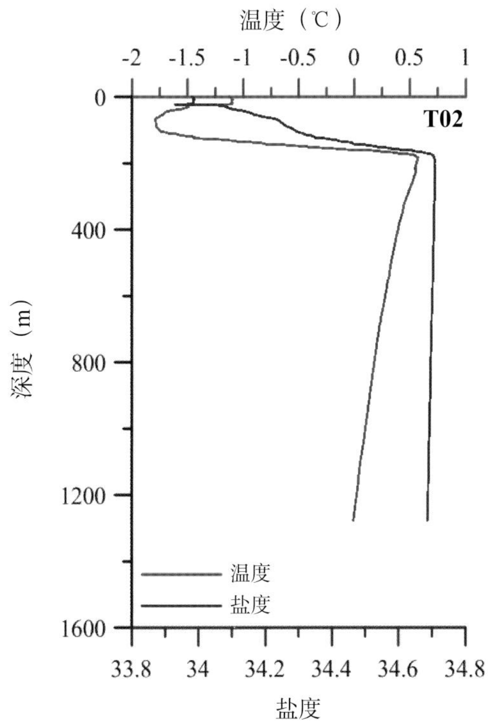

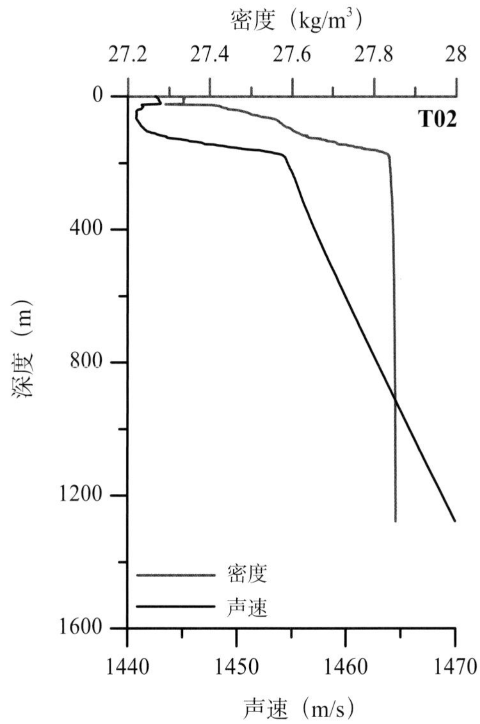

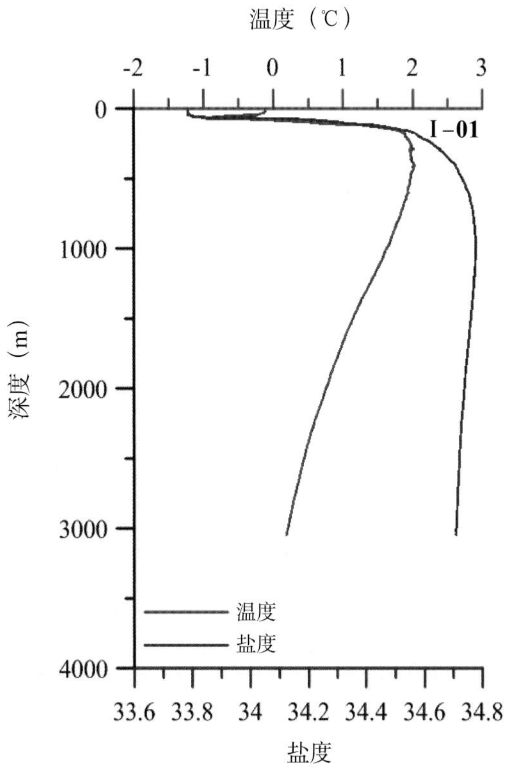
温度（℃）
-2
-1
0
1
2
3
0
1000
2000
3000
4000
深度（m）
I -01
温度
盐度
33.6
33.8
34
34.2
34.4
34.6
34.8
盐度

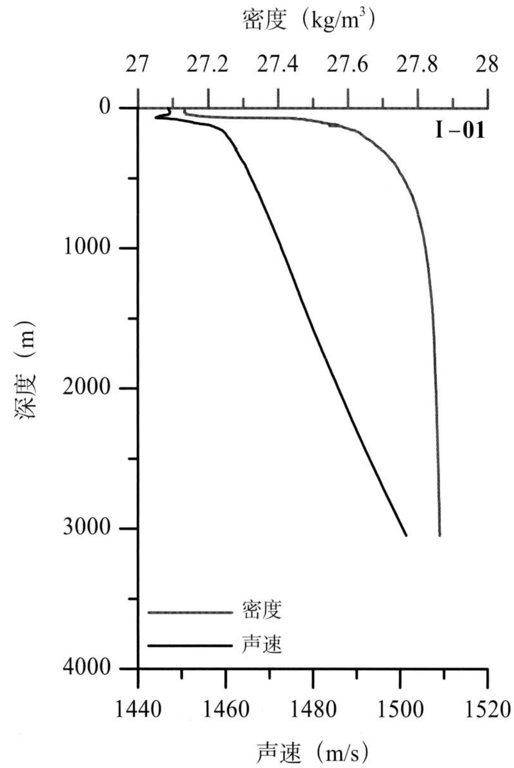
密度（kg/m³）
27
27.2
27.4
27.6
27.8
28
0
1000
2000
3000
4000
深度（m）
I -01
密度
声速
1440
1460
1480
1500
1520
声速（m/s）

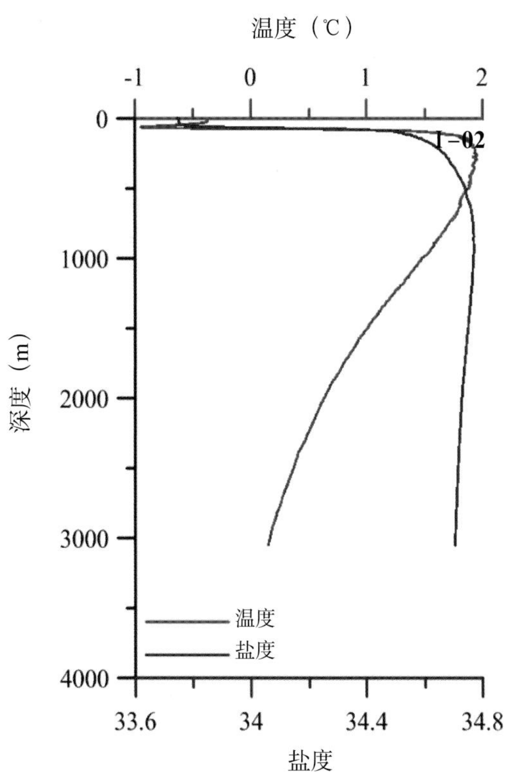
温度（℃）
-1
0
1
2
0
1000
2000
3000
4000
深度（m）
I -02
温度
盐度
33.6
34
34.4
34.8
盐度

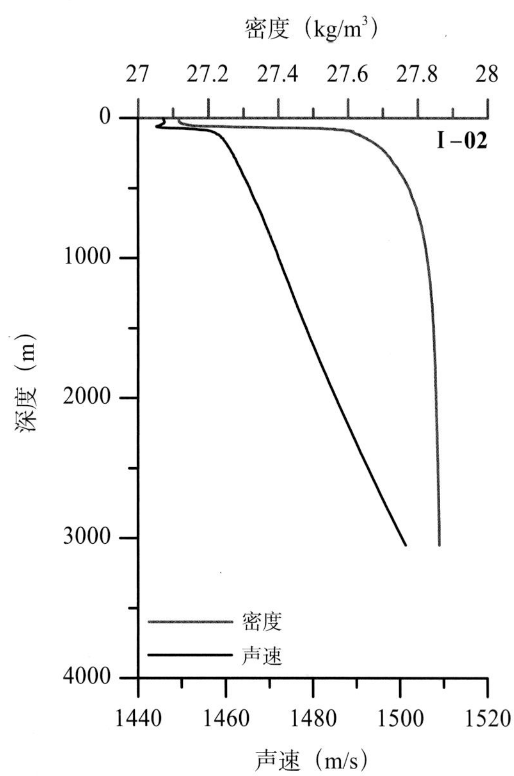
密度（kg/m³）
27
27.2
27.4
27.6
27.8
28
0
1000
2000
3000
4000
深度（m）
I -02
密度
声速
1440
1460
1480
1500
1520
声速（m/s）

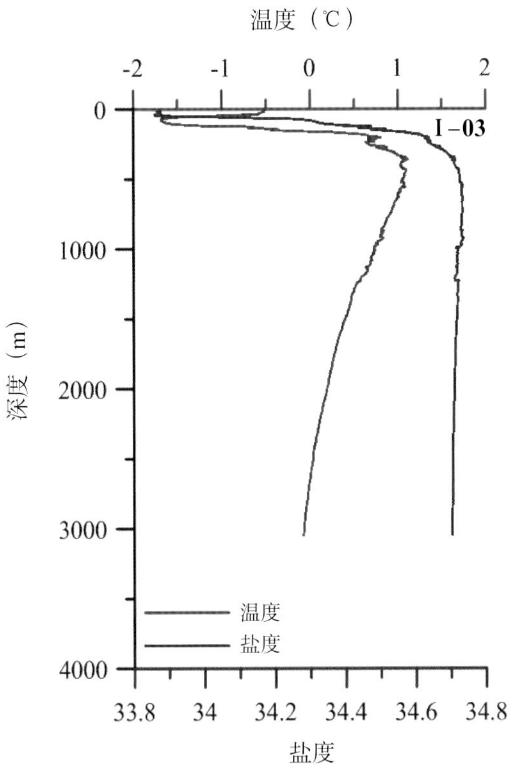
温度（℃）
-2
-1
0
1
2
0
1000
2000
3000
4000
深度（m）
I－03
温度
盐度
33.8
34
34.2
34.4
34.6
34.8
盐度

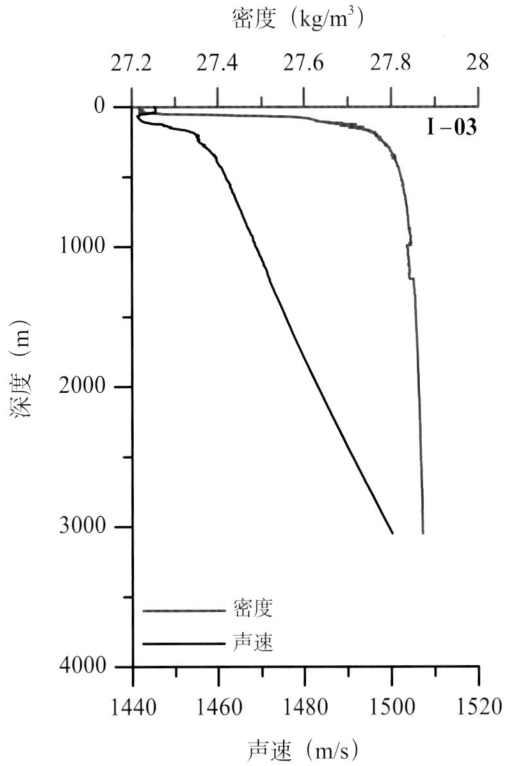
密度（kg/m³）
27.2
27.4
27.6
27.8
28
0
1000
2000
3000
4000
深度（m）
I－03
密度
声速
1440
1460
1480
1500
1520
声速（m/s）

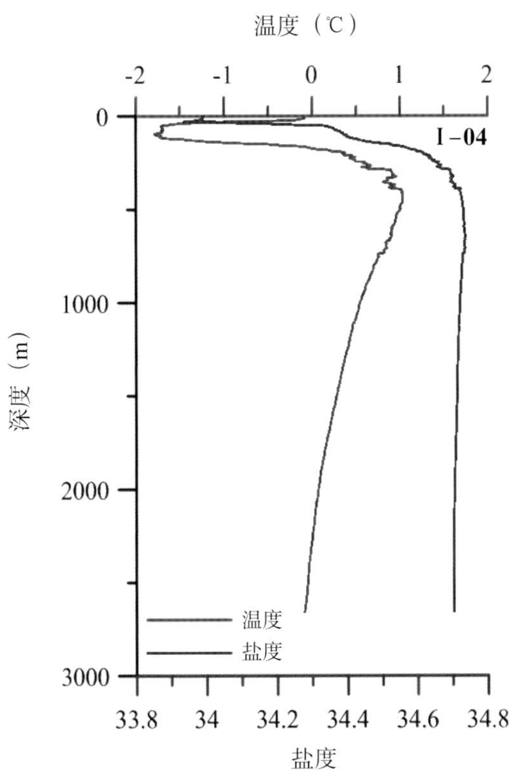
温度（℃）
-2
-1
0
1
2
0
1000
2000
3000
深度（m）
I－04
温度
盐度
33.8
34
34.2
34.4
34.6
34.8
盐度

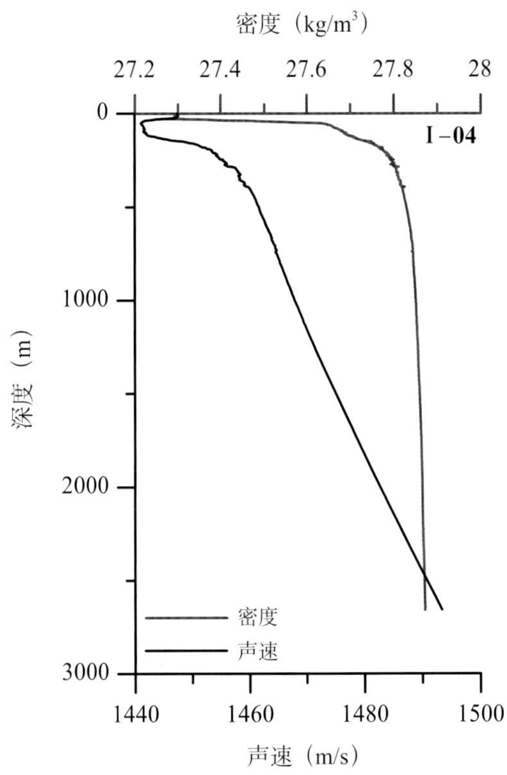
密度（kg/m³）
27.2
27.4
27.6
27.8
28
0
1000
2000
3000
深度（m）
I－04
密度
声速
1440
1460
1480
1500
声速（m/s）

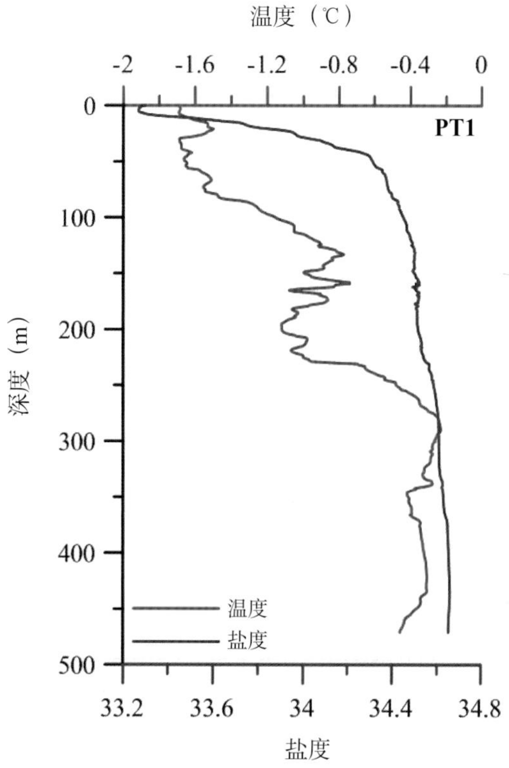
温度（℃）
-2
-1.6
-1.2
-0.8
-0.4
0
PT1
深度（m）
0
100
200
300
400
500
温度
盐度
33.2
33.6
34
34.4
34.8
盐度

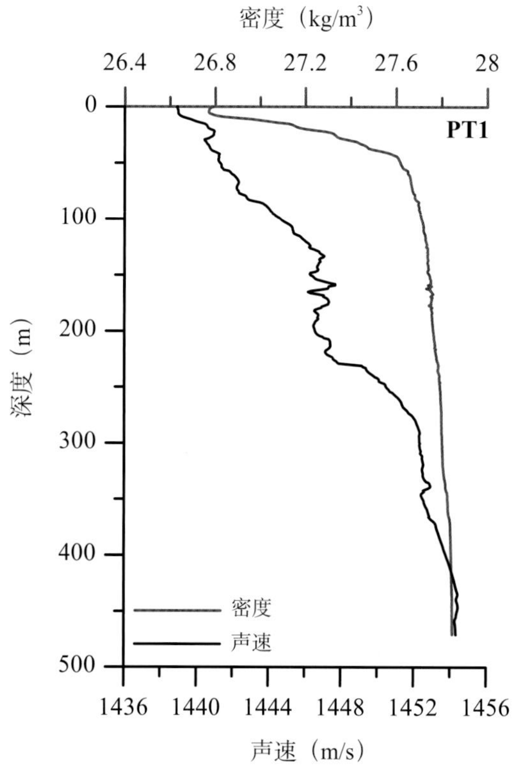
密度（kg/m3）
26.4
26.8
27.2
27.6
28
PT1
深度（m）
0
100
200
300
400
500
密度
声速
1436
1440
1444
1448
1452
1456
声速（m/s）

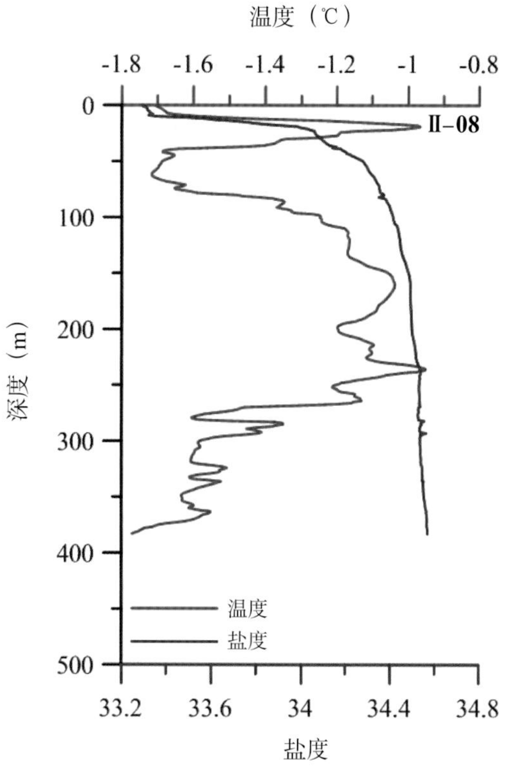
温度（℃）
-1.8
-1.6
-1.4
-1.2
-1
-0.8
Ⅱ-08
深度（m）
0
100
200
300
400
500
温度
盐度
33.2
33.6
34
34.4
34.8
盐度

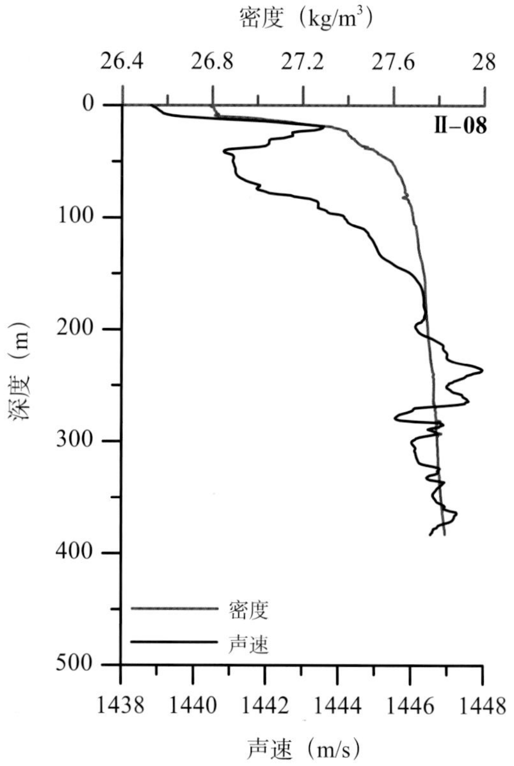
密度（kg/m3）
26.4
26.8
27.2
27.6
28
Ⅱ-08
深度（m）
0
100
200
300
400
500
密度
声速
1438
1440
1442
1444
1446
1448
声速（m/s）

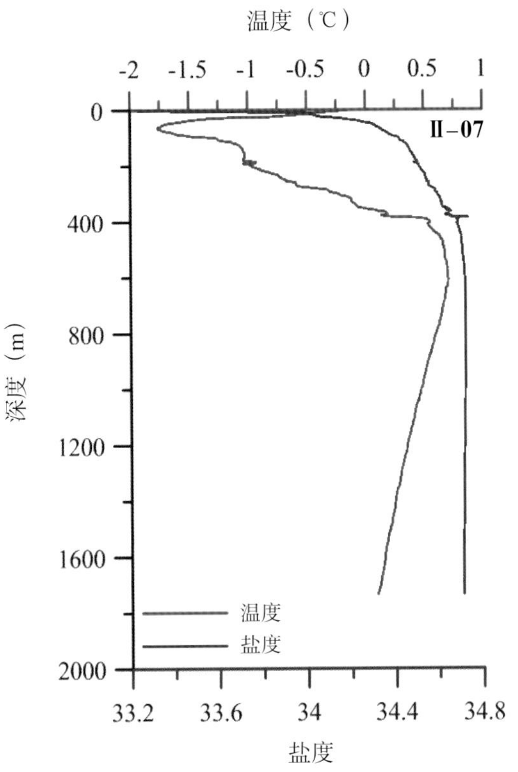
温度（℃）
-2 -1.5 -1 -0.5 0 0.5 1
Ⅱ-07
0
400
800
1200
1600
2000
深度（m）
温度
盐度
33.2 33.6 34 34.4 34.8
盐度

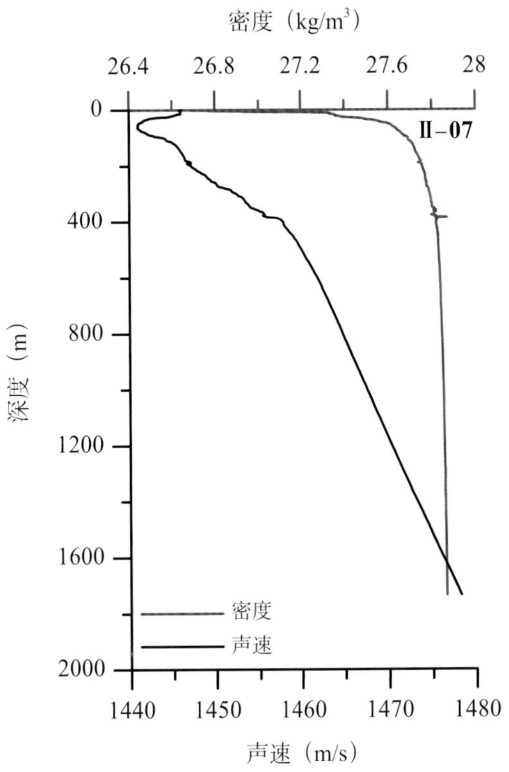
密度（kg/m³）
26.4 26.8 27.2 27.6 28
Ⅱ-07
0
400
800
1200
1600
2000
深度（m）
密度
声速
1440 1450 1460 1470 1480
声速（m/s）

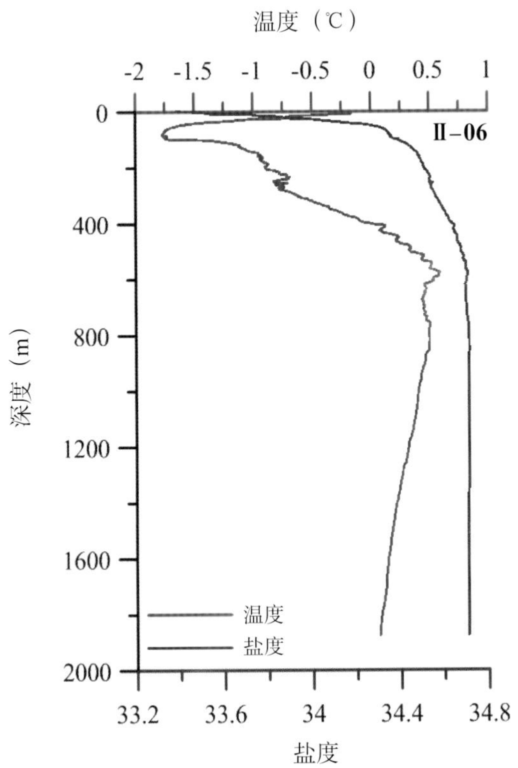
温度（℃）
-2 -1.5 -1 -0.5 0 0.5 1
Ⅱ-06
0
400
800
1200
1600
2000
深度（m）
温度
盐度
33.2 33.6 34 34.4 34.8
盐度

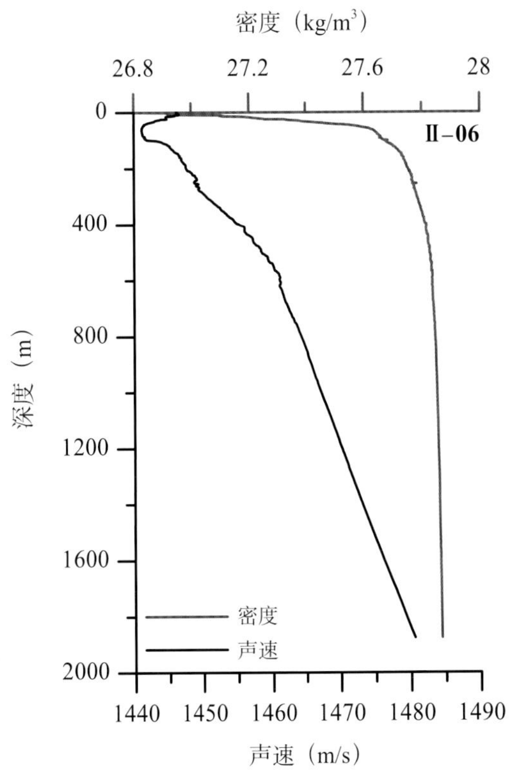
密度（kg/m³）
26.8 27.2 27.6 28
Ⅱ-06
0
400
800
1200
1600
2000
深度（m）
密度
声速
1440 1450 1460 1470 1480 1490
声速（m/s）

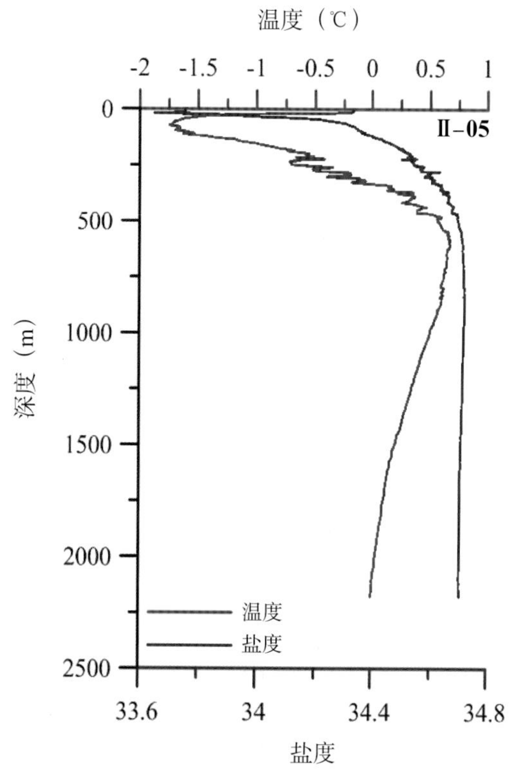
温度（℃）
-2
-1.5
-1
-0.5
0
0.5
1
Ⅱ-05
深度（m）
0
500
1000
1500
2000
2500
温度
盐度
33.6
34
34.4
34.8
盐度

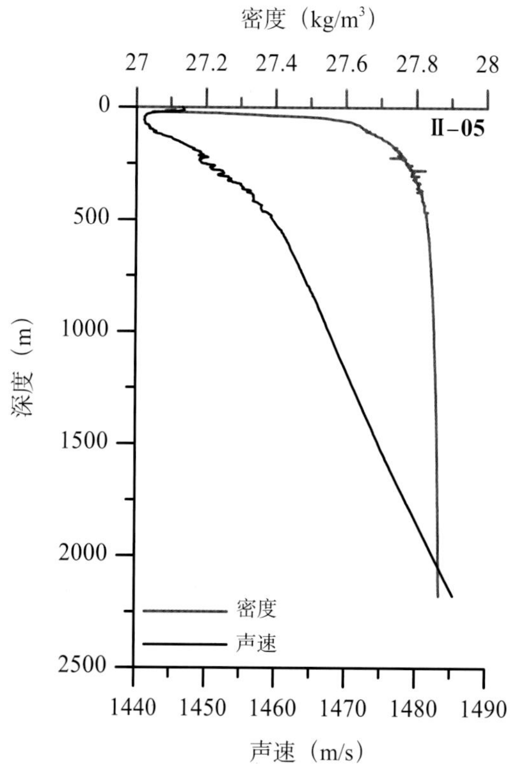
密度（kg/m³）
27
27.2
27.4
27.6
27.8
28
Ⅱ-05
深度（m）
0
500
1000
1500
2000
2500
密度
声速
1440
1450
1460
1470
1480
1490
声速（m/s）

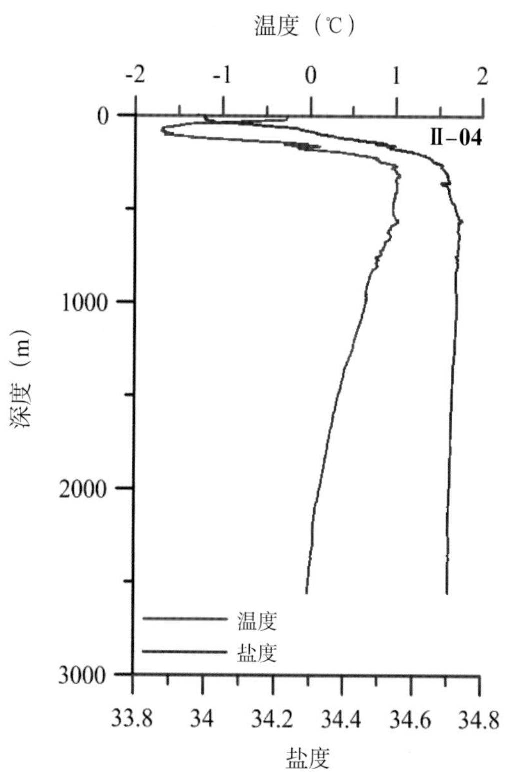
温度（℃）
-2
-1
0
1
2
Ⅱ-04
深度（m）
0
1000
2000
3000
温度
盐度
33.8
34
34.2
34.4
34.6
34.8
盐度

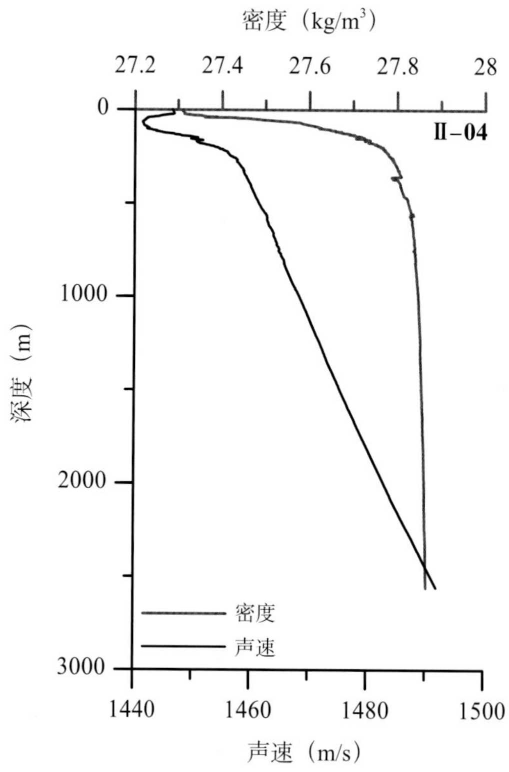
密度（kg/m³）
27.2
27.4
27.6
27.8
28
Ⅱ-04
深度（m）
0
1000
2000
3000
密度
声速
1440
1460
1480
1500
声速（m/s）

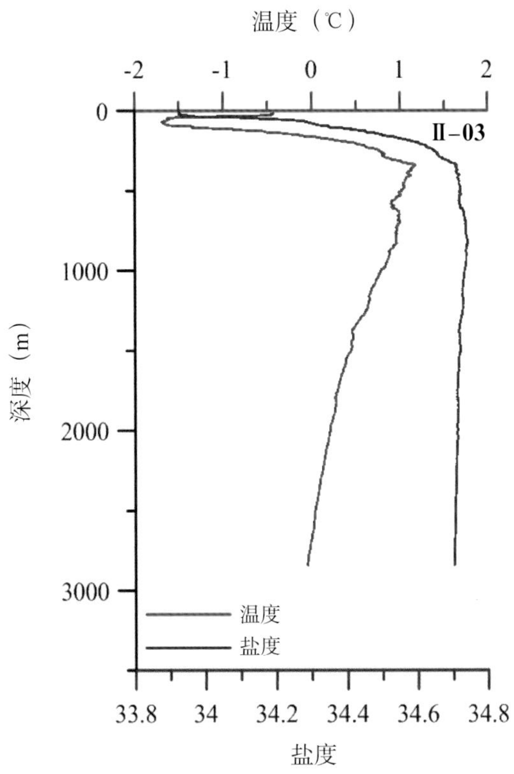
温度（℃）
-2
-1
0
1
2
0
1000
2000
3000
深度（m）
Ⅱ-03
温度
盐度
33.8
34
34.2
34.4
34.6
34.8
盐度

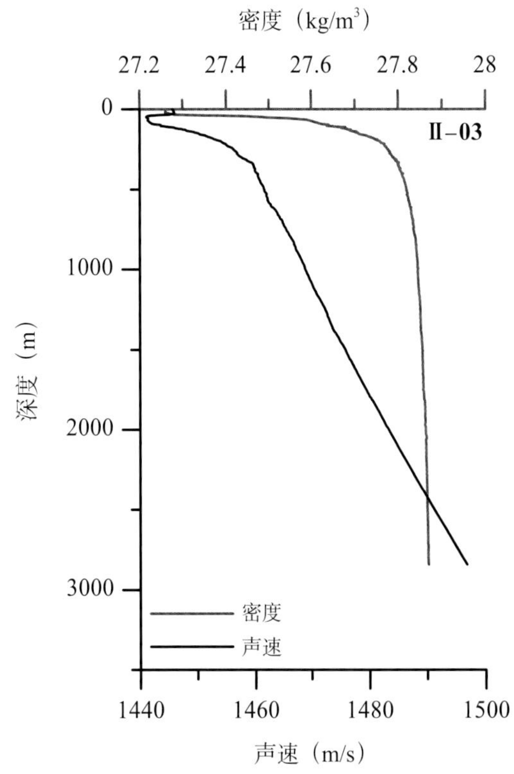
密度（kg/m³）
27.2
27.4
27.6
27.8
28
0
1000
2000
3000
深度（m）
Ⅱ-03
密度
声速
1440
1460
1480
1500
声速（m/s）

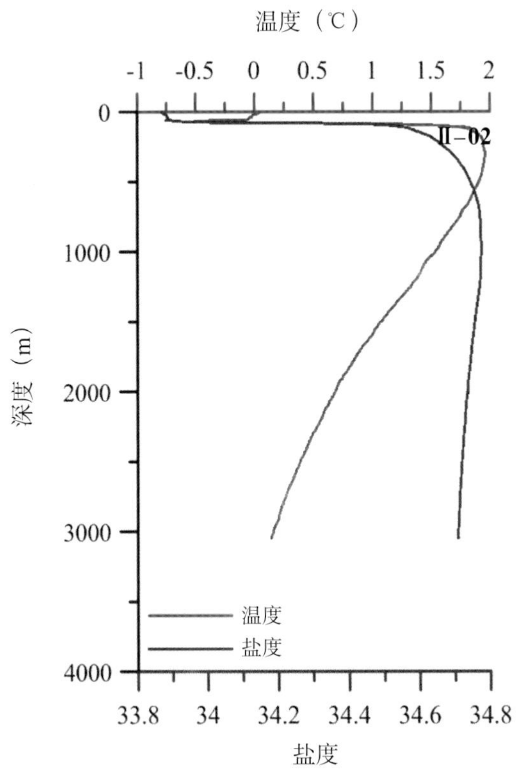
温度（℃）
-1
-0.5
0
0.5
1
1.5
2
0
1000
2000
3000
4000
深度（m）
Ⅱ-02
温度
盐度
33.8
34
34.2
34.4
34.6
34.8
盐度

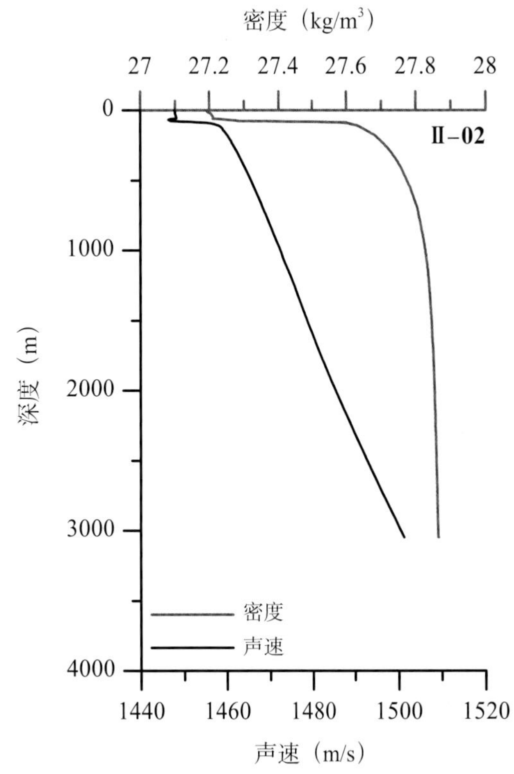
密度（kg/m³）
27
27.2
27.4
27.6
27.8
28
0
1000
2000
3000
4000
深度（m）
Ⅱ-02
密度
声速
1440
1460
1480
1500
1520
声速（m/s）

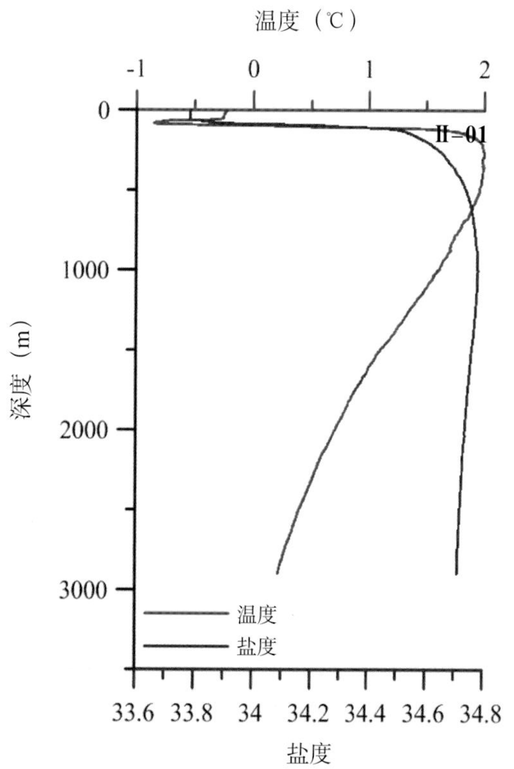
温度（℃）
-1
0
1
2
0
1000
2000
3000
深度（m）
II-01
温度
盐度
33.6
33.8
34
34.2
34.4
34.6
34.8
盐度

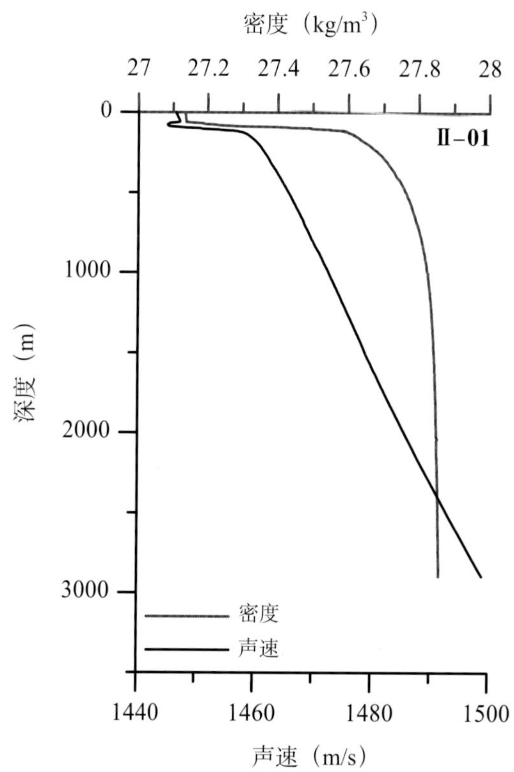
密度（kg/m³）
27
27.2
27.4
27.6
27.8
28
0
1000
2000
3000
深度（m）
II-01
密度
声速
1440
1460
1480
1500
声速（m/s）

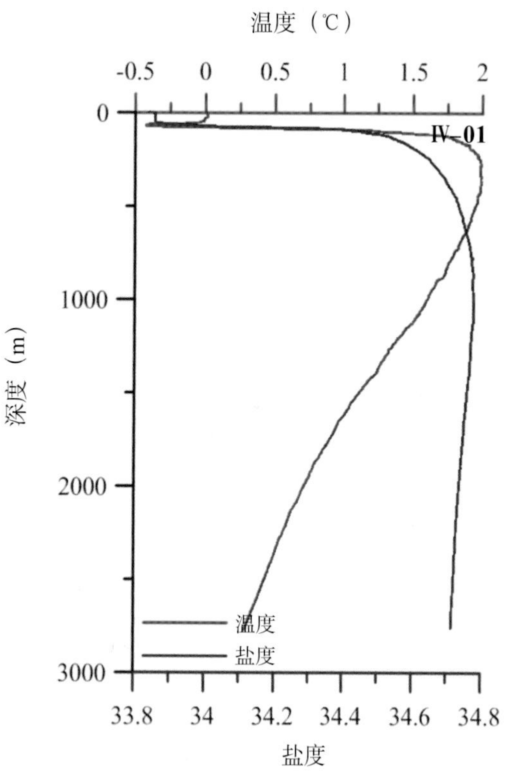
温度（℃）
-0.5
0
0.5
1
1.5
2
0
1000
2000
3000
深度（m）
IV-01
温度
盐度
33.8
34
34.2
34.4
34.6
34.8
盐度

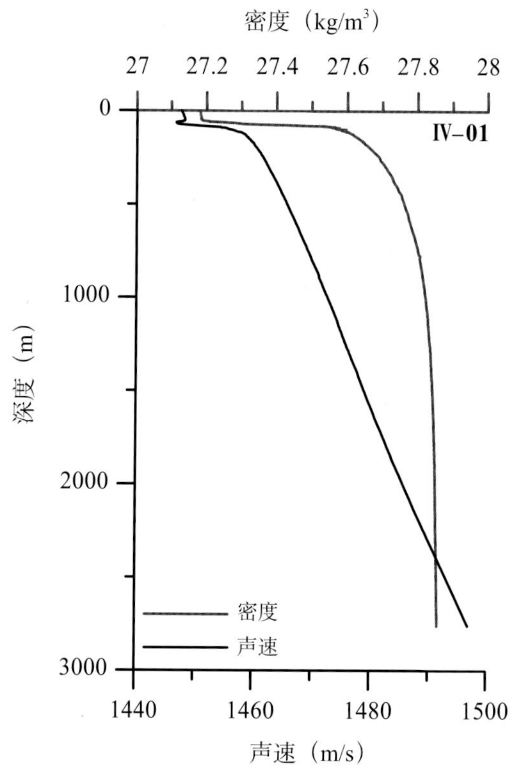
密度（kg/m³）
27
27.2
27.4
27.6
27.8
28
0
1000
2000
3000
深度（m）
IV-01
密度
声速
1440
1460
1480
1500
声速（m/s）

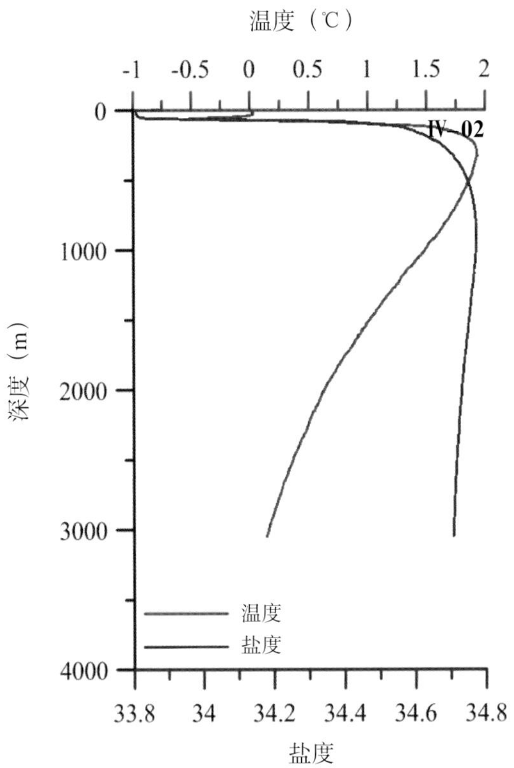
温度（℃）
-1 -0.5 0 0.5 1 1.5 2
0 1000 2000 3000 4000
深度（m）
Ⅳ-02
温度
盐度
33.8 34 34.2 34.4 34.6 34.8
盐度

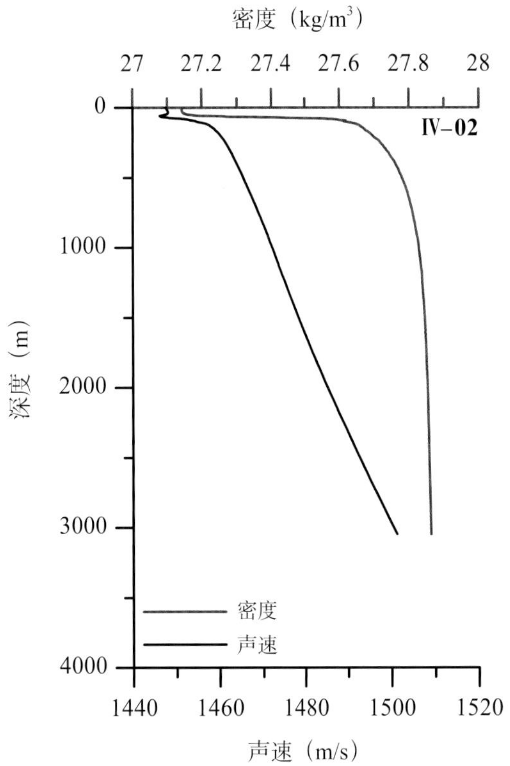
密度（kg/m³）
27 27.2 27.4 27.6 27.8 28
0 1000 2000 3000 4000
深度（m）
Ⅳ-02
密度
声速
1440 1460 1480 1500 1520
声速（m/s）

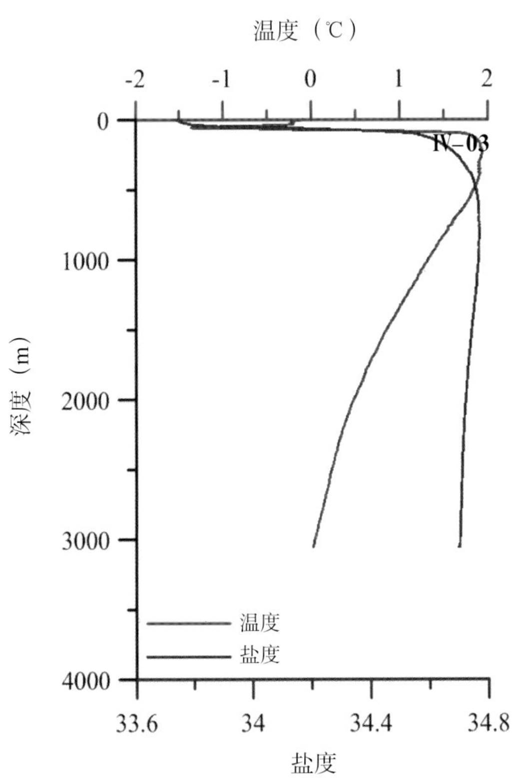
温度（℃）
-2 -1 0 1 2
0 1000 2000 3000 4000
深度（m）
Ⅳ-03
温度
盐度
33.6 34 34.4 34.8
盐度

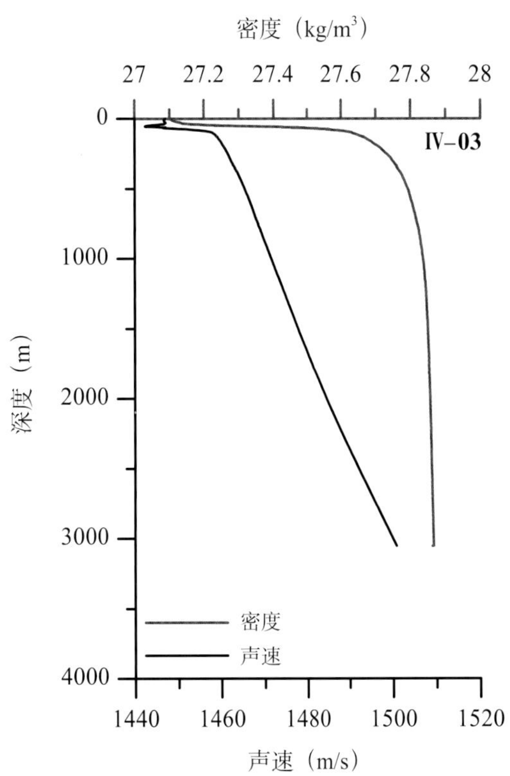
密度（kg/m³）
27 27.2 27.4 27.6 27.8 28
0 1000 2000 3000 4000
深度（m）
Ⅳ-03
密度
声速
1440 1460 1480 1500 1520
声速（m/s）

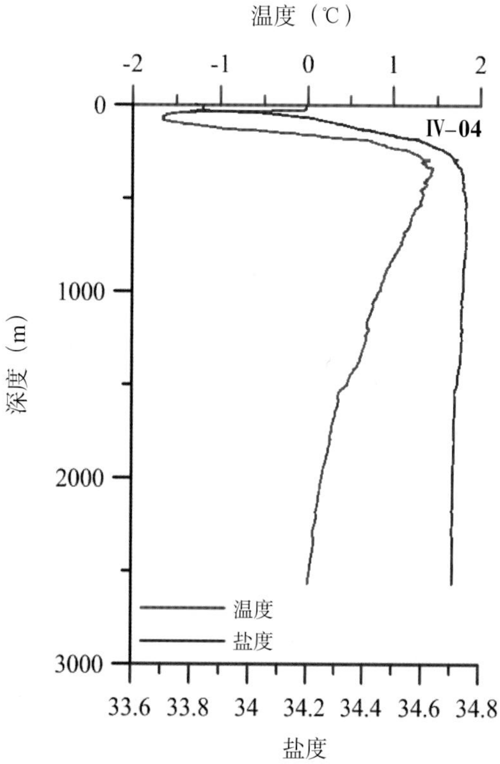
温度（℃）
-2
-1
0
1
2
0
1000
2000
3000
深度（m）
IV-04
温度
盐度
33.6
33.8
34
34.2
34.4
34.6
34.8
盐度

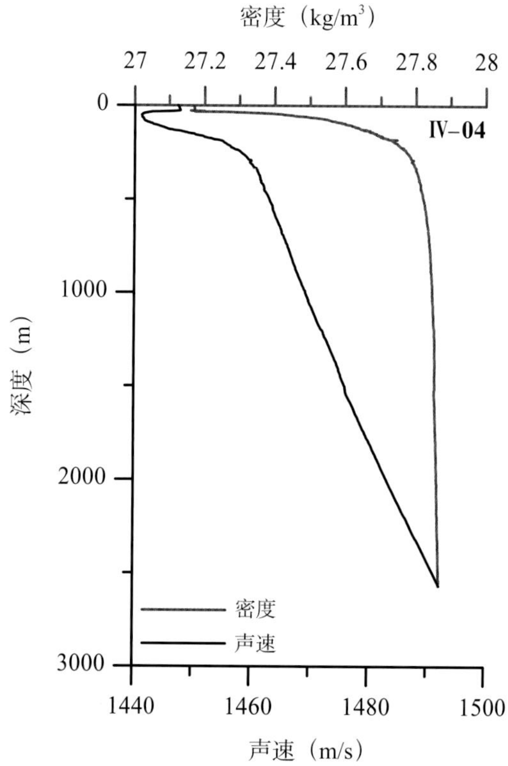
密度（kg/m³）
27
27.2
27.4
27.6
27.8
28
0
1000
2000
3000
深度（m）
IV-04
密度
声速
1440
1460
1480
1500
声速（m/s）

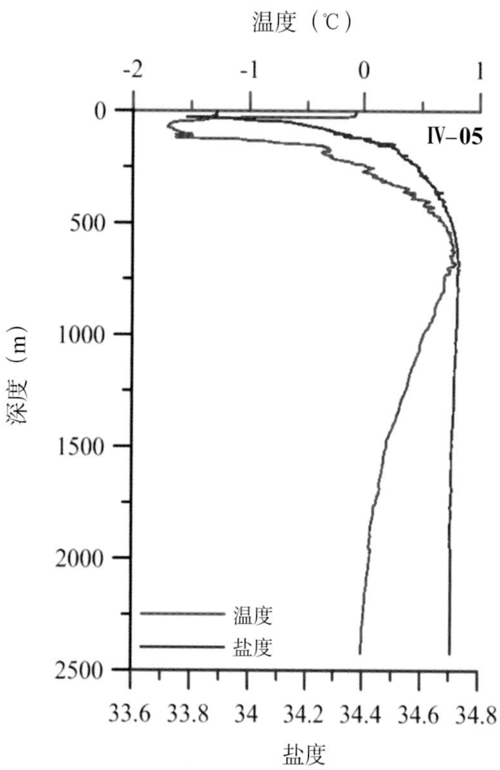
温度（℃）
-2
-1
0
1
0
500
1000
1500
2000
2500
深度（m）
IV-05
温度
盐度
33.6
33.8
34
34.2
34.4
34.6
34.8
盐度

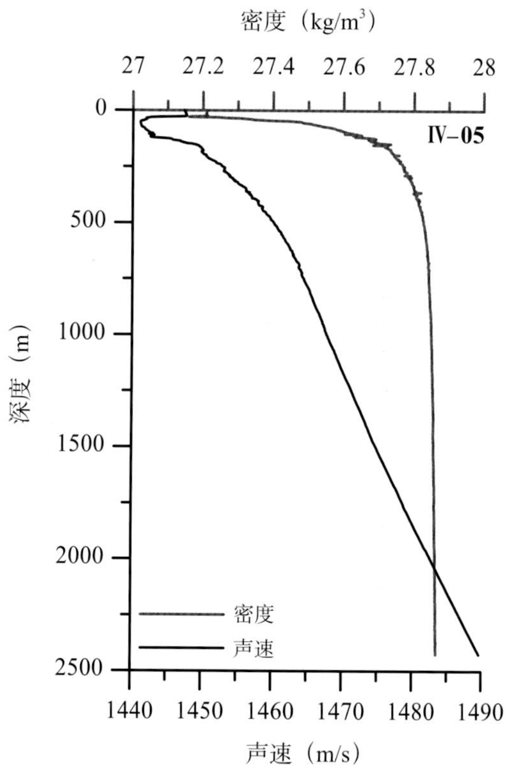
密度（kg/m³）
27
27.2
27.4
27.6
27.8
28
0
500
1000
1500
2000
2500
深度（m）
IV-05
密度
声速
1440
1450
1460
1470
1480
1490
声速（m/s）

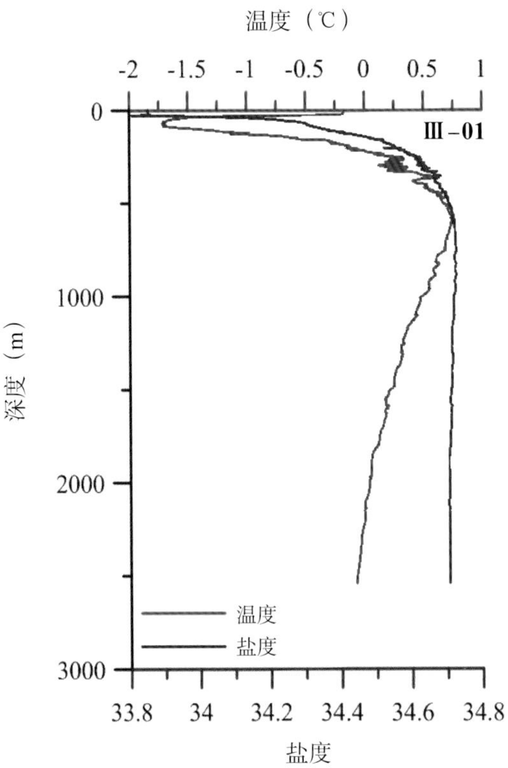
温度（℃）
-2 -1.5 -1 -0.5 0 0.5 1
0
1000
2000
3000
深度（m）
Ⅲ-01
温度
盐度
33.8 34 34.2 34.4 34.6 34.8
盐度

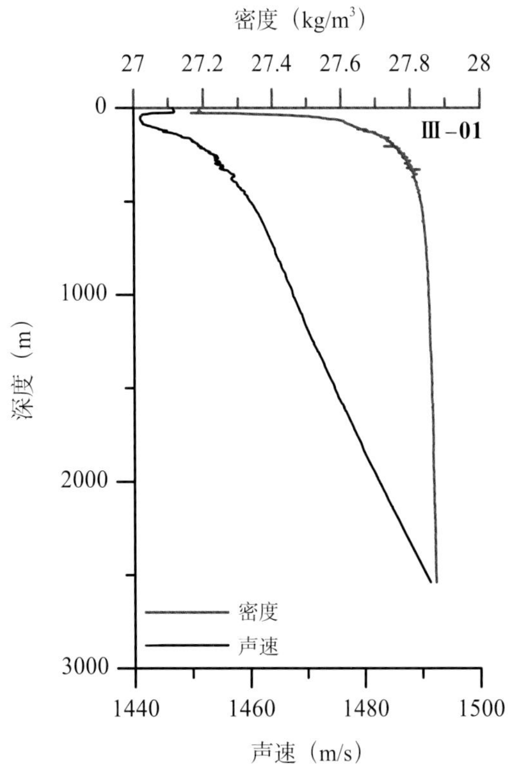
密度（kg/m³）
27 27.2 27.4 27.6 27.8 28
0
1000
2000
3000
深度（m）
Ⅲ-01
密度
声速
1440 1460 1480 1500
声速（m/s）

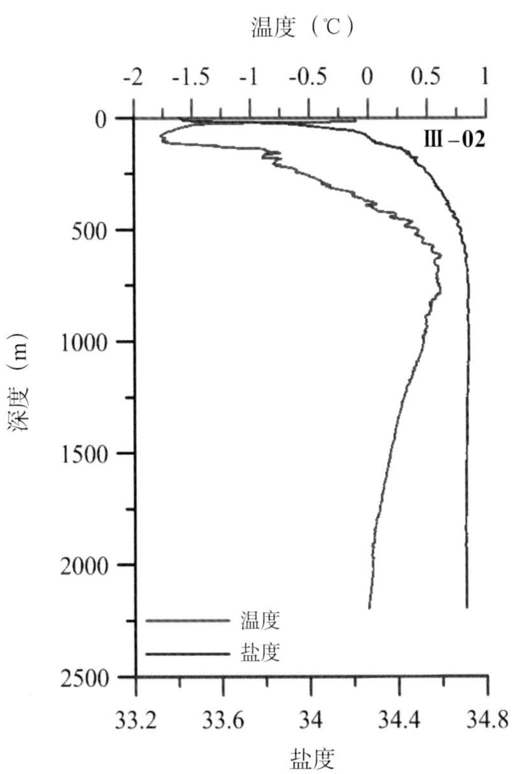
温度（℃）
-2 -1.5 -1 -0.5 0 0.5 1
0
500
1000
1500
2000
2500
深度（m）
Ⅲ-02
温度
盐度
33.2 33.6 34 34.4 34.8
盐度

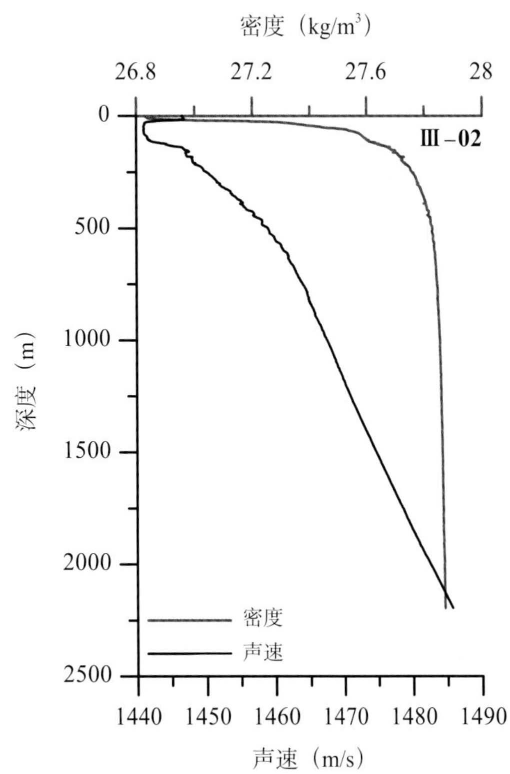
密度（kg/m³）
26.8 27.2 27.6 28
0
500
1000
1500
2000
2500
深度（m）
Ⅲ-02
密度
声速
1440 1450 1460 1470 1480 1490
声速（m/s）

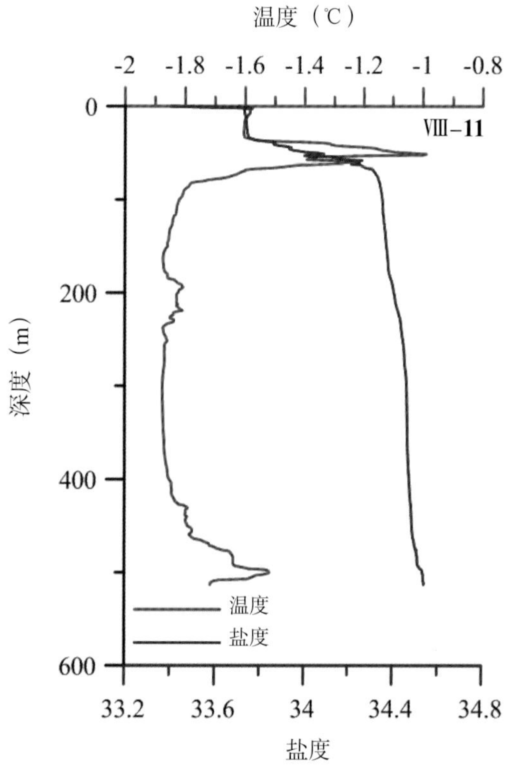
温度（℃）
-2 -1.8 -1.6 -1.4 -1.2 -1 -0.8
Ⅷ-11
0
200
400
600
深度（m）
温度
盐度
33.2 33.6 34 34.4 34.8
盐度

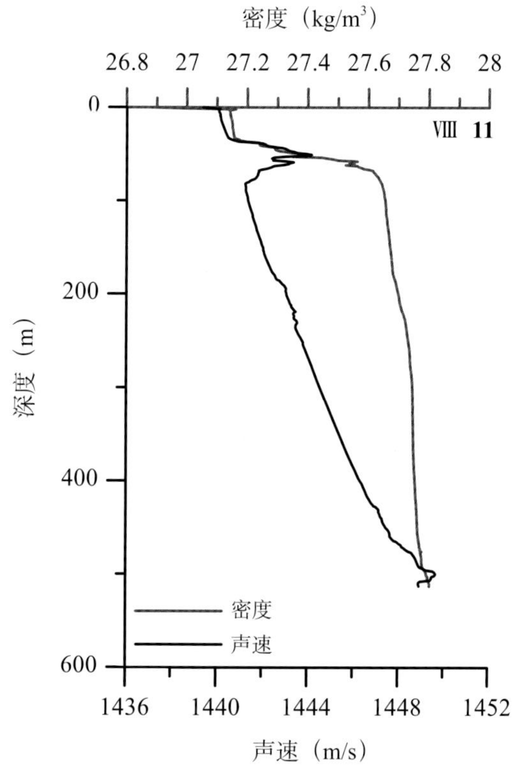
密度（kg/m³）
26.8 27 27.2 27.4 27.6 27.8 28
Ⅷ 11
0
200
400
600
深度（m）
密度
声速
1436 1440 1444 1448 1452
声速（m/s）

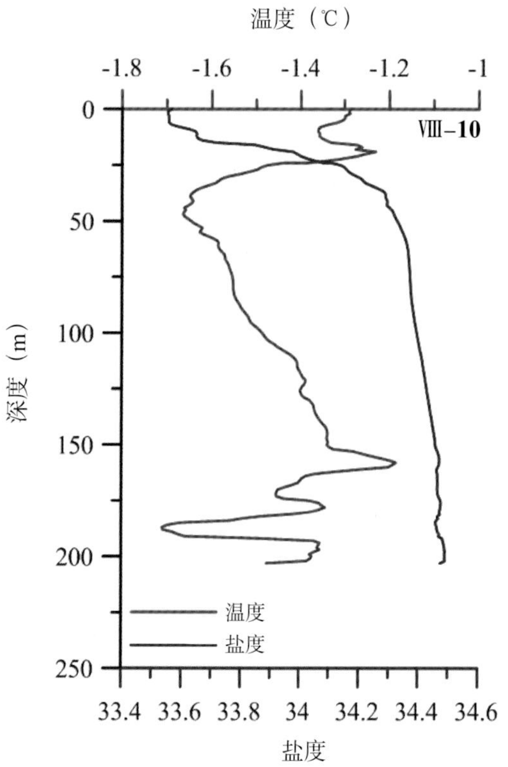
温度（℃）
-1.8 -1.6 -1.4 -1.2 -1
Ⅷ-10
0
50
100
150
200
250
深度（m）
温度
盐度
33.4 33.6 33.8 34 34.2 34.4 34.6
盐度

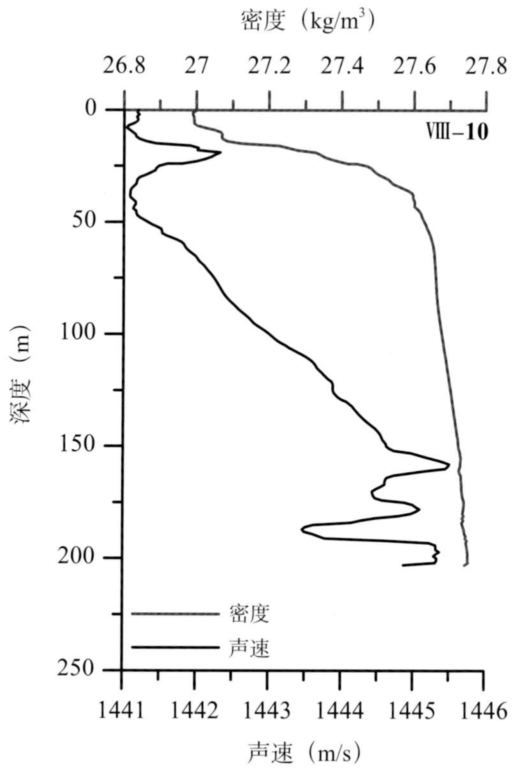
密度（kg/m³）
26.8 27 27.2 27.4 27.6 27.8
Ⅷ-10
0
50
100
150
200
250
深度（m）
密度
声速
1441 1442 1443 1444 1445 1446
声速（m/s）

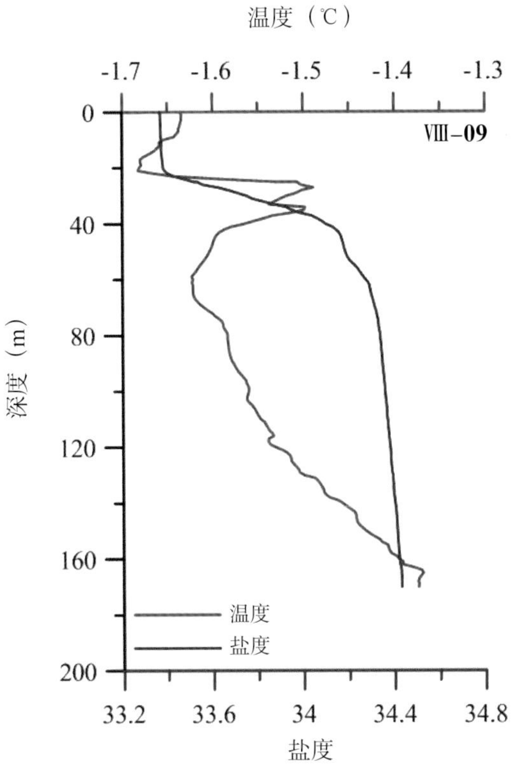
温度（℃）
-1.7 -1.6 -1.5 -1.4 -1.3
Ⅷ-09
深度（m）
0 40 80 120 160 200
温度
盐度
33.2 33.6 34 34.4 34.8
盐度

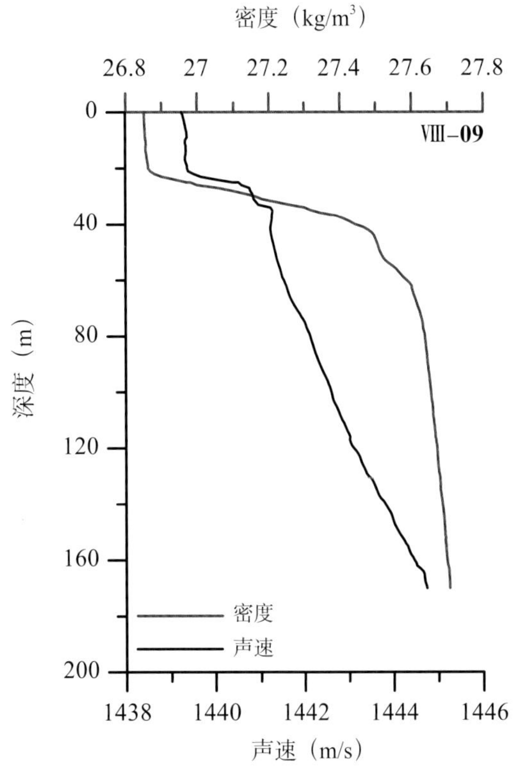
密度（kg/m³）
26.8 27 27.2 27.4 27.6 27.8
Ⅷ-09
深度（m）
0 40 80 120 160 200
密度
声速
1438 1440 1442 1444 1446
声速（m/s）

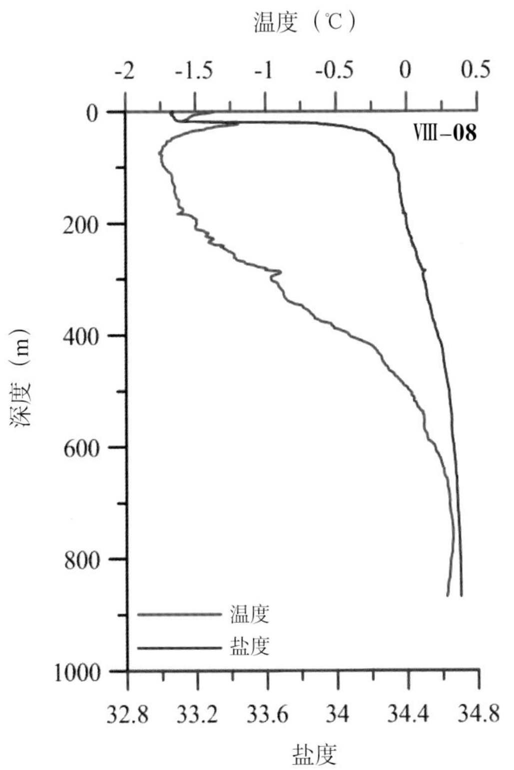
温度（℃）
-2 -1.5 -1 -0.5 0 0.5
Ⅷ-08
深度（m）
0 200 400 600 800 1000
温度
盐度
32.8 33.2 33.6 34 34.4 34.8
盐度

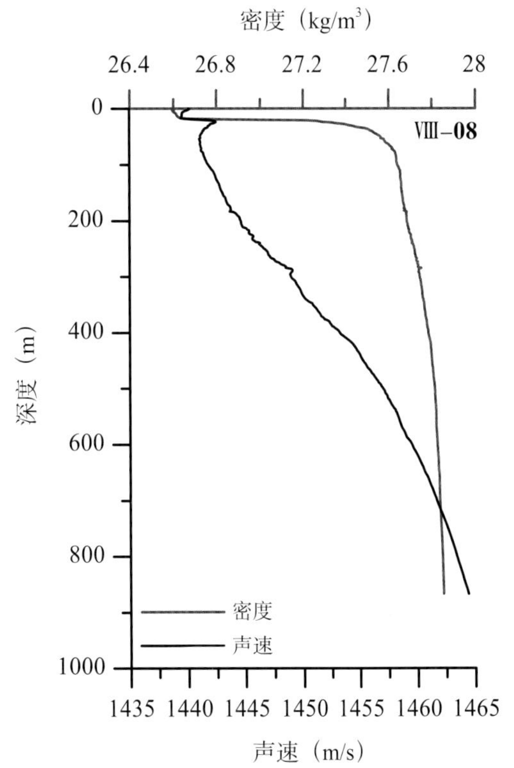
密度（kg/m³）
26.4 26.8 27.2 27.6 28
Ⅷ-08
深度（m）
0 200 400 600 800 1000
密度
声速
1435 1440 1445 1450 1455 1460 1465
声速（m/s）

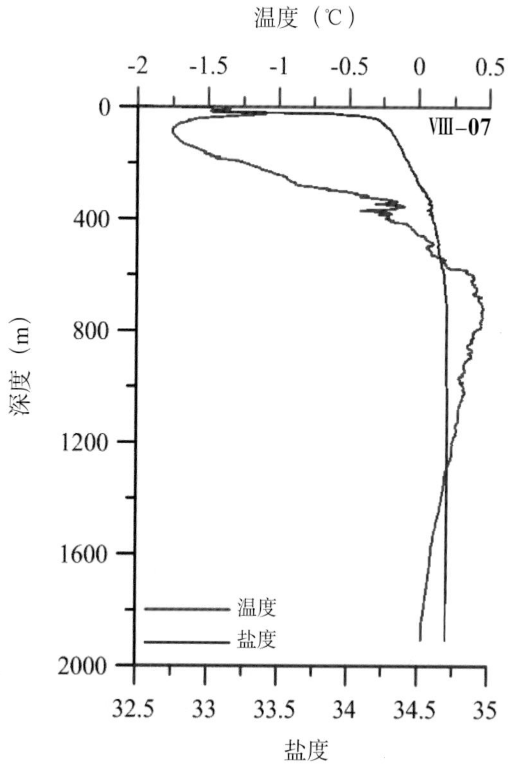
温度（℃）
-2
-1.5
-1
-0.5
0
0.5
Ⅷ-07
深度（m）
0
400
800
1200
1600
2000
温度
盐度
32.5
33
33.5
34
34.5
35
盐度

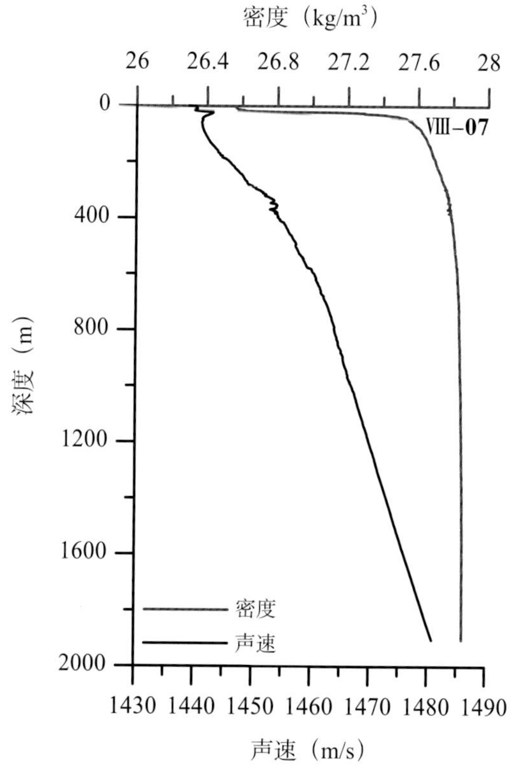
密度（kg/m³）
26
26.4
26.8
27.2
27.6
28
Ⅷ-07
深度（m）
0
400
800
1200
1600
2000
密度
声速
1430
1440
1450
1460
1470
1480
1490
声速（m/s）

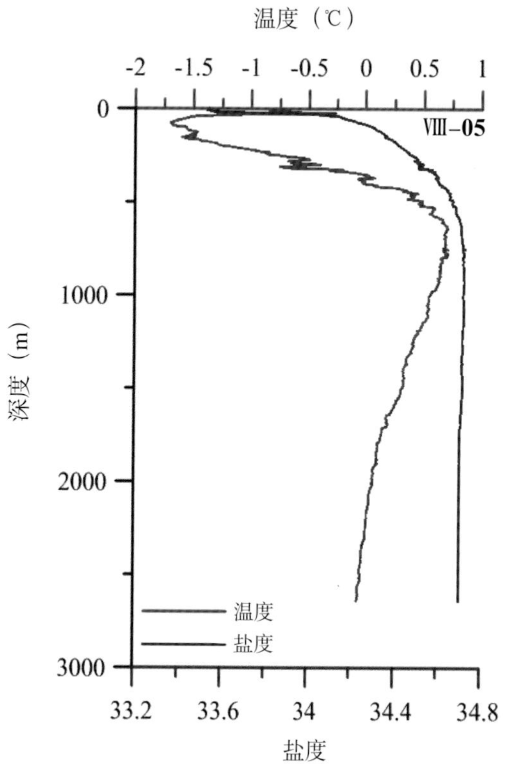
温度（℃）
-2
-1.5
-1
-0.5
0
0.5
1
Ⅷ-05
深度（m）
0
1000
2000
3000
温度
盐度
33.2
33.6
34
34.4
34.8
盐度

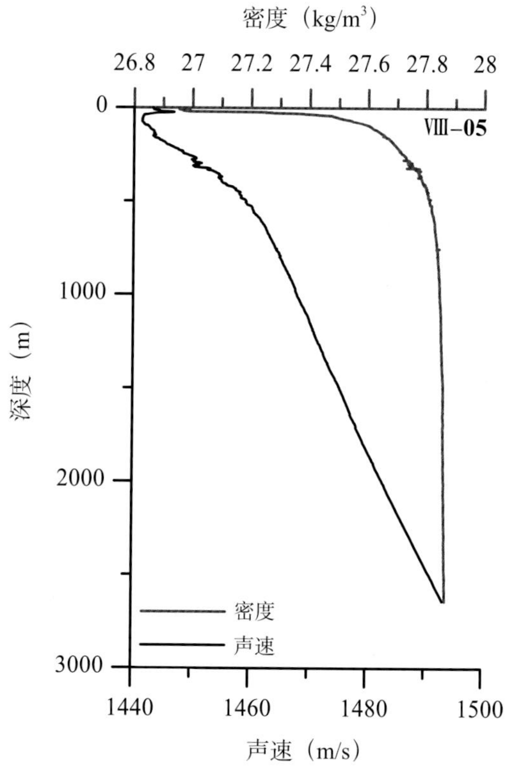
密度（kg/m³）
26.8
27
27.2
27.4
27.6
27.8
28
Ⅷ-05
深度（m）
0
1000
2000
3000
密度
声速
1440
1460
1480
1500
声速（m/s）

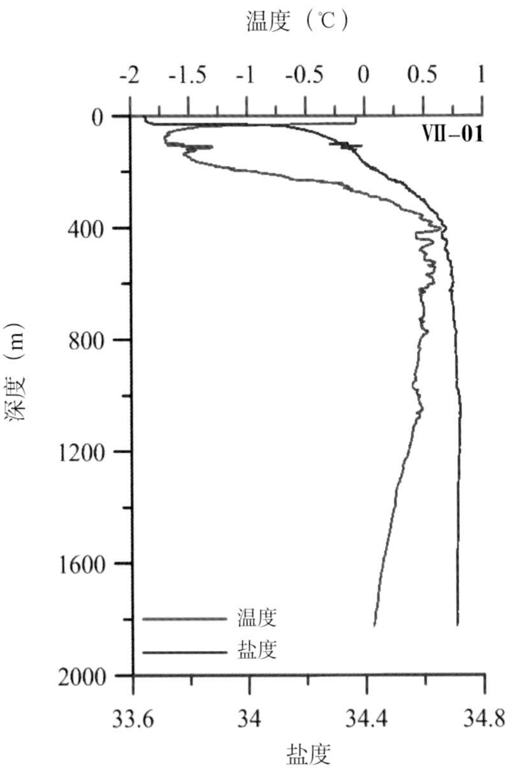
温度（℃）
-2
-1.5
-1
-0.5
0
0.5
1
0
400
800
1200
1600
2000
深度（m）
VII-01
温度
盐度
33.6
34
34.4
34.8
盐度

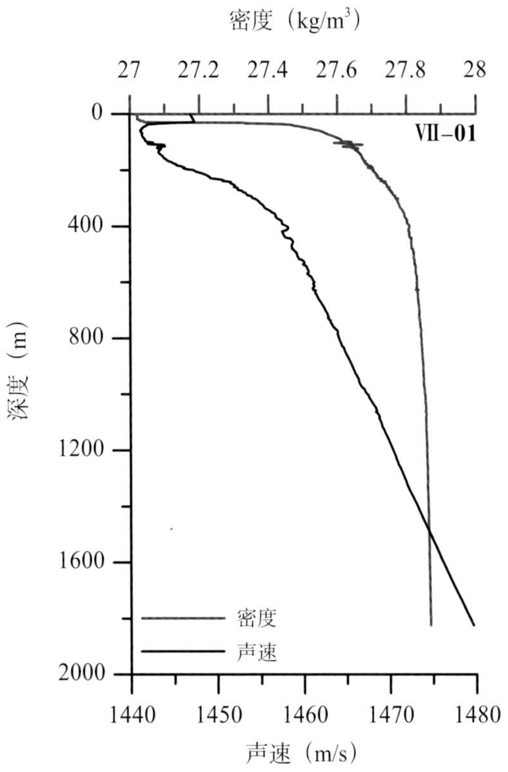
密度（kg/m³）
27
27.2
27.4
27.6
27.8
28
0
400
800
1200
1600
2000
深度（m）
VII-01
密度
声速
1440
1450
1460
1470
1480
声速（m/s）

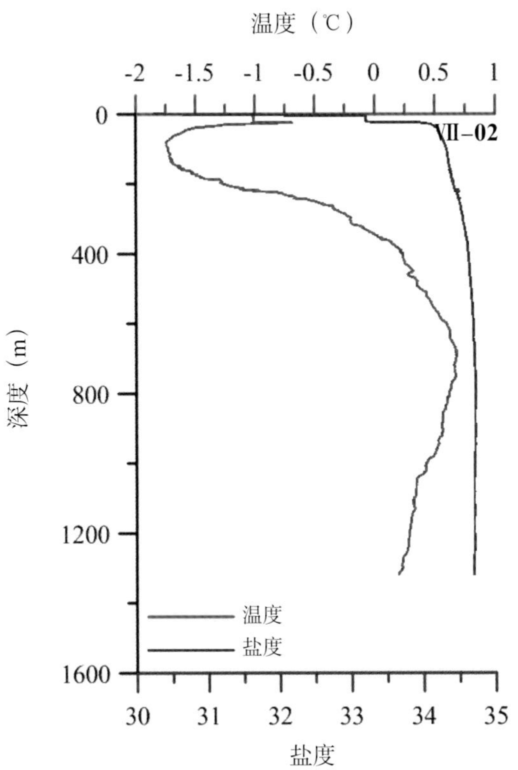
温度（℃）
-2
-1.5
-1
-0.5
0
0.5
1
0
400
800
1200
1600
深度（m）
VII-02
温度
盐度
30
31
32
33
34
35
盐度

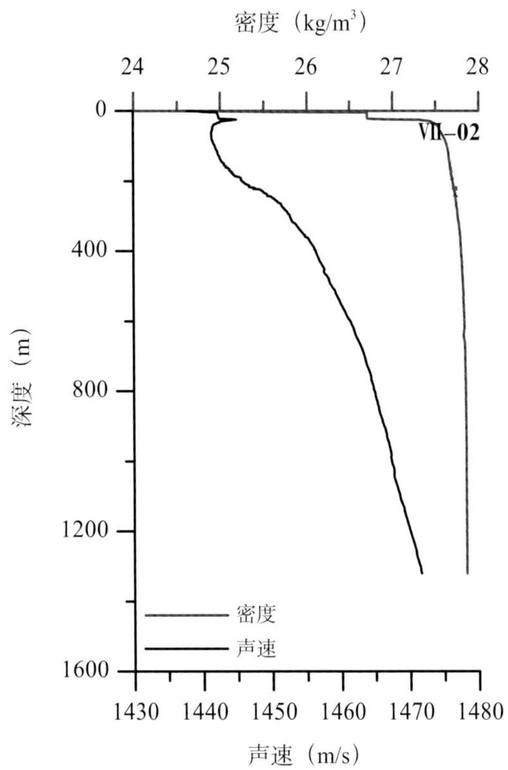
密度（kg/m³）
24
25
26
27
28
0
400
800
1200
1600
深度（m）
VII-02
密度
声速
1430
1440
1450
1460
1470
1480
声速（m/s）

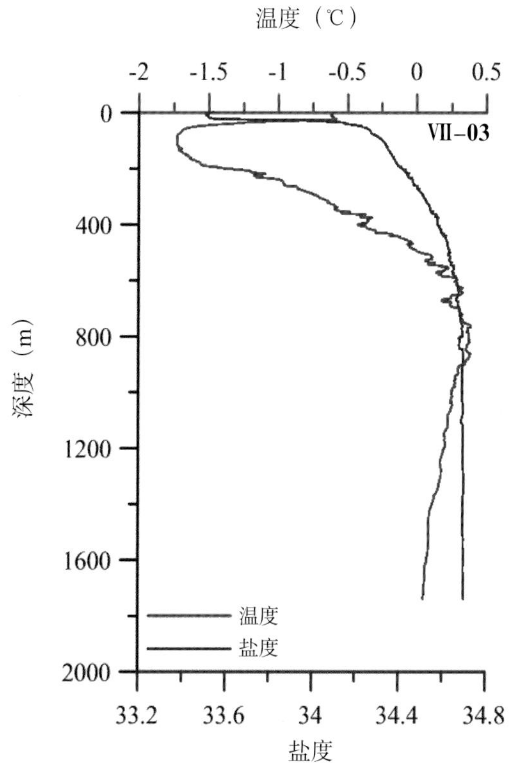
温度（℃）
-2 -1.5 -1 -0.5 0 0.5
VII-03
0
400
800
1200
1600
2000
深度（m）
温度
盐度
33.2 33.6 34 34.4 34.8
盐度

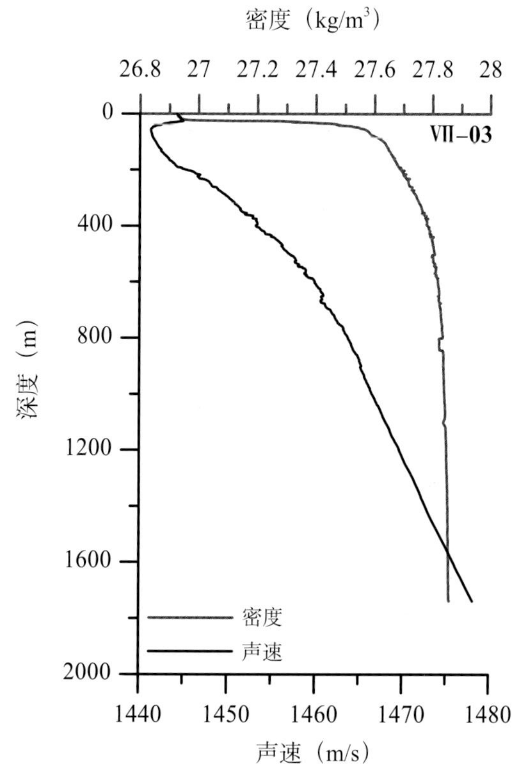
密度（kg/m³）
26.8 27 27.2 27.4 27.6 27.8 28
VII-03
0
400
800
1200
1600
2000
深度（m）
密度
声速
1440 1450 1460 1470 1480
声速（m/s）

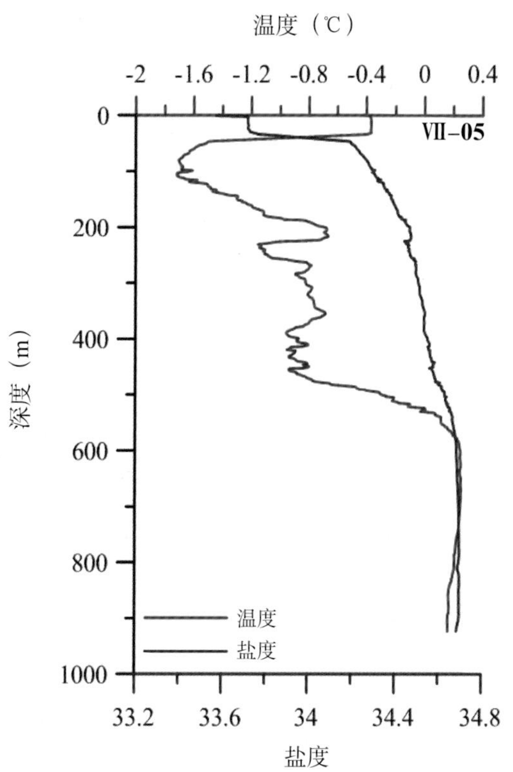
温度（℃）
-2 -1.6 -1.2 -0.8 -0.4 0 0.4
VII-05
0
200
400
600
800
1000
深度（m）
温度
盐度
33.2 33.6 34 34.4 34.8
盐度

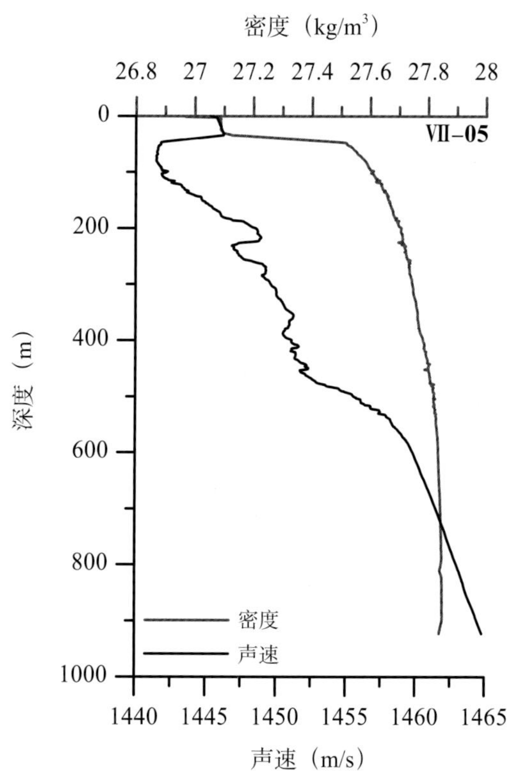
密度（kg/m³）
26.8 27 27.2 27.4 27.6 27.8 28
VII-05
0
200
400
600
800
1000
深度（m）
密度
声速
1440 1445 1450 1455 1460 1465
声速（m/s）

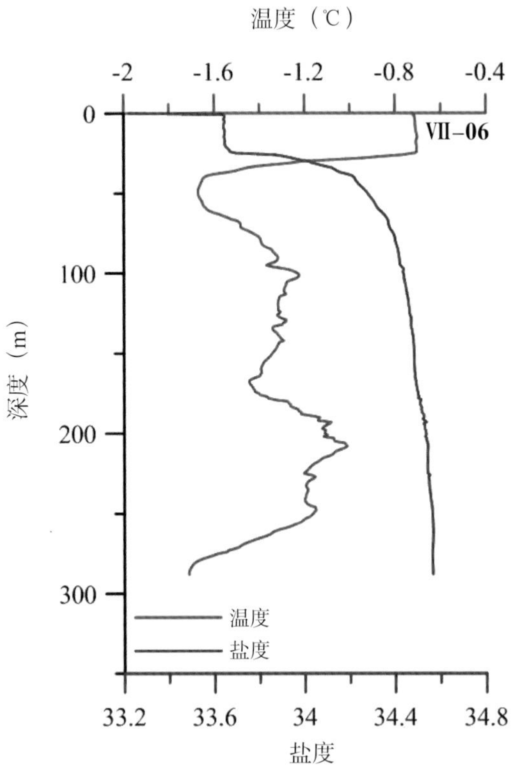
温度（℃）
-2 -1.6 -1.2 -0.8 -0.4
0 100 200 300
深度（m）
Ⅶ-06
温度
盐度
33.2 33.6 34 34.4 34.8
盐度

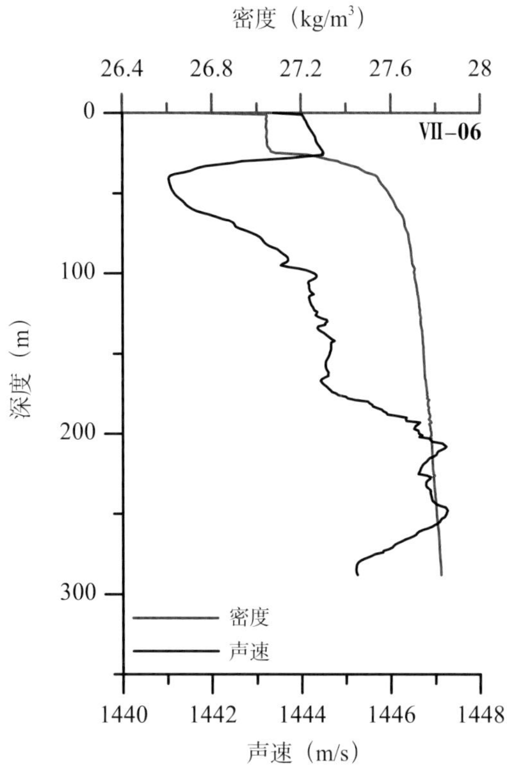
密度（kg/m3）
26.4 26.8 27.2 27.6 28
0 100 200 300
深度（m）
Ⅶ-06
密度
声速
1440 1442 1444 1446 1448
声速（m/s）

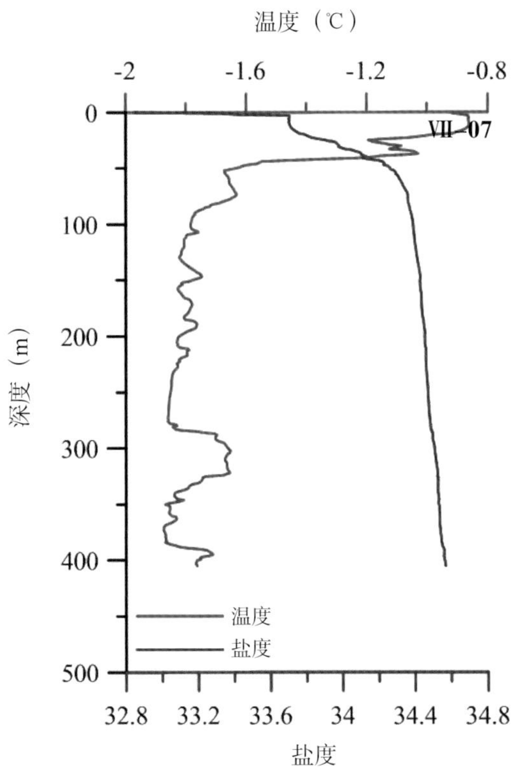
温度（℃）
-2 -1.6 -1.2 -0.8
0 100 200 300 400 500
深度（m）
Ⅶ-07
温度
盐度
32.8 33.2 33.6 34 34.4 34.8
盐度

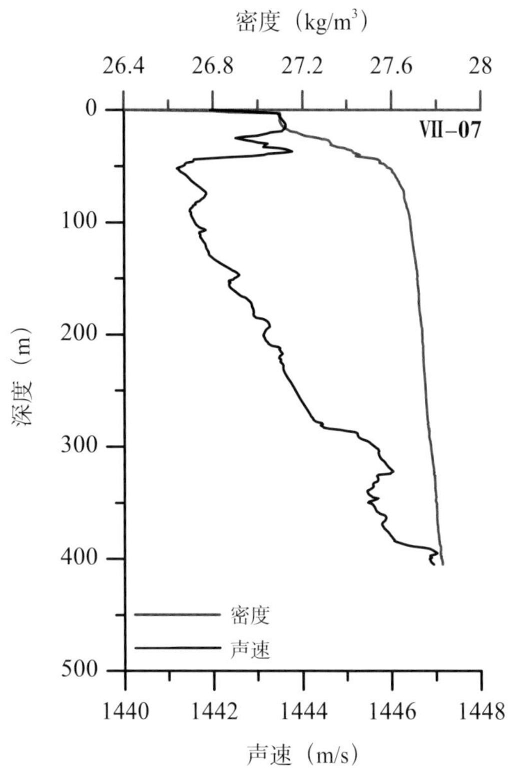
密度（kg/m3）
26.4 26.8 27.2 27.6 28
0 100 200 300 400 500
深度（m）
Ⅶ-07
密度
声速
1440 1442 1444 1446 1448
声速（m/s）

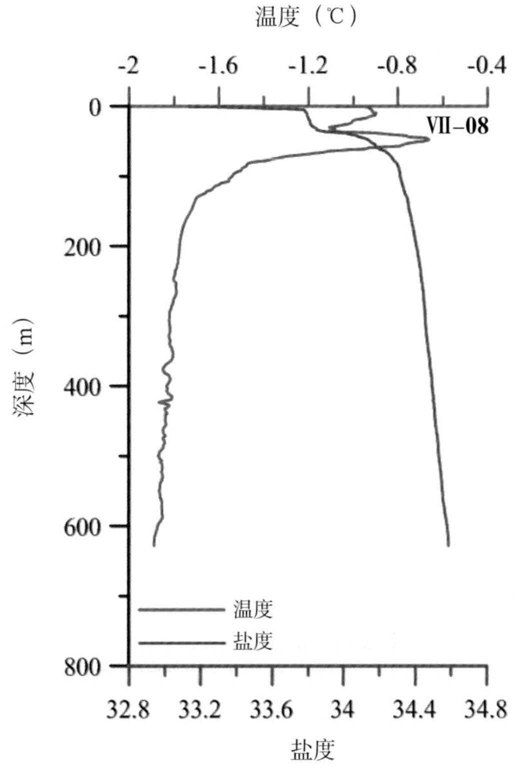
温度（℃）
-2 -1.6 -1.2 -0.8 -0.4
Ⅶ-08
深度（m）
0 200 400 600 800
温度
盐度
32.8 33.2 33.6 34 34.4 34.8
盐度

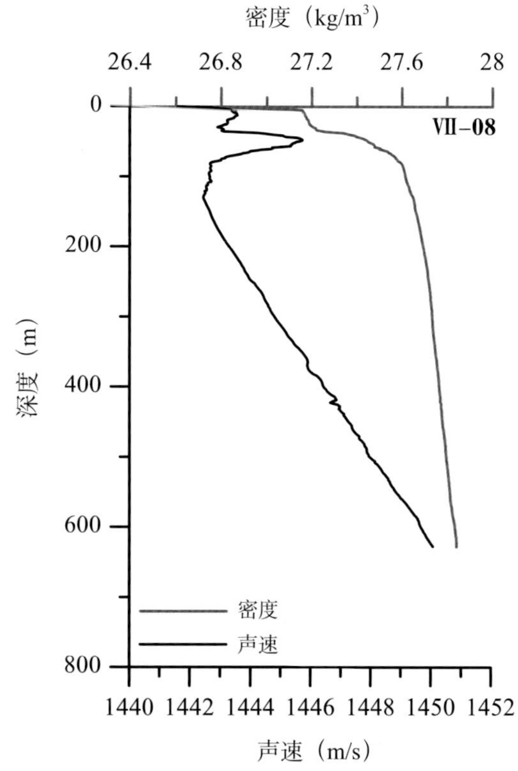
密度（kg/m³）
26.4 26.8 27.2 27.6 28
Ⅶ-08
深度（m）
0 200 400 600 800
密度
声速
1440 1442 1444 1446 1448 1450 1452
声速（m/s）

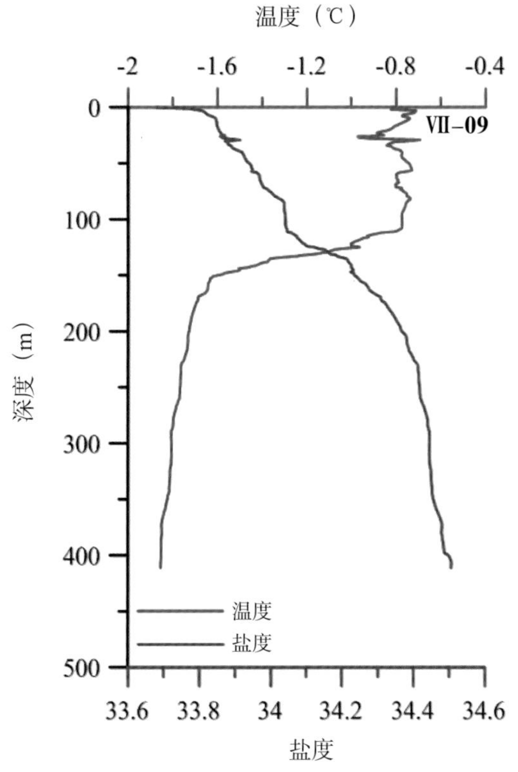
温度（℃）
-2 -1.6 -1.2 -0.8 -0.4
Ⅶ-09
深度（m）
0 100 200 300 400 500
温度
盐度
33.6 33.8 34 34.2 34.4 34.6
盐度

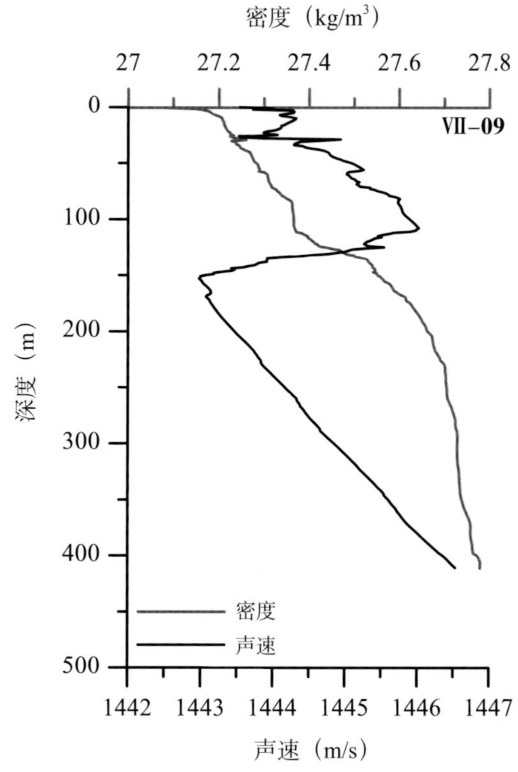
密度（kg/m³）
27 27.2 27.4 27.6 27.8
Ⅶ-09
深度（m）
0 100 200 300 400 500
密度
声速
1442 1443 1444 1445 1446 1447
声速（m/s）

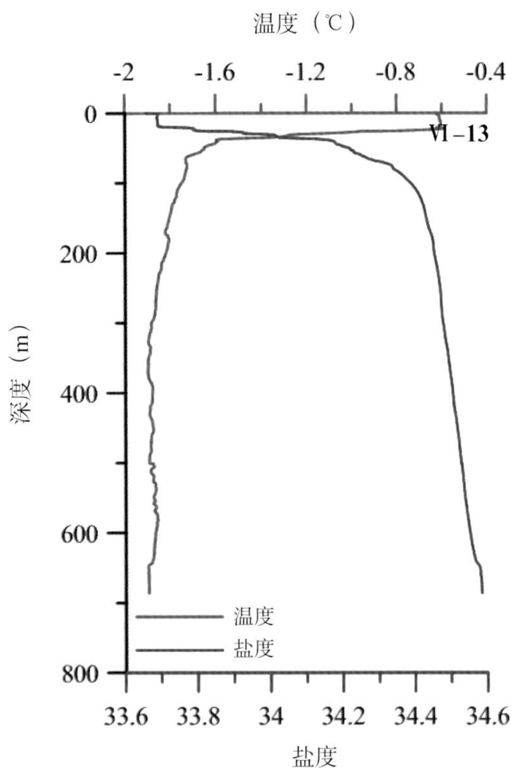
温度（℃）
-2
-1.6
-1.2
-0.8
-0.4
0
200
400
600
800
深度（m）
Ⅵ-13
温度
盐度
33.6
33.8
34
34.2
34.4
34.6
盐度

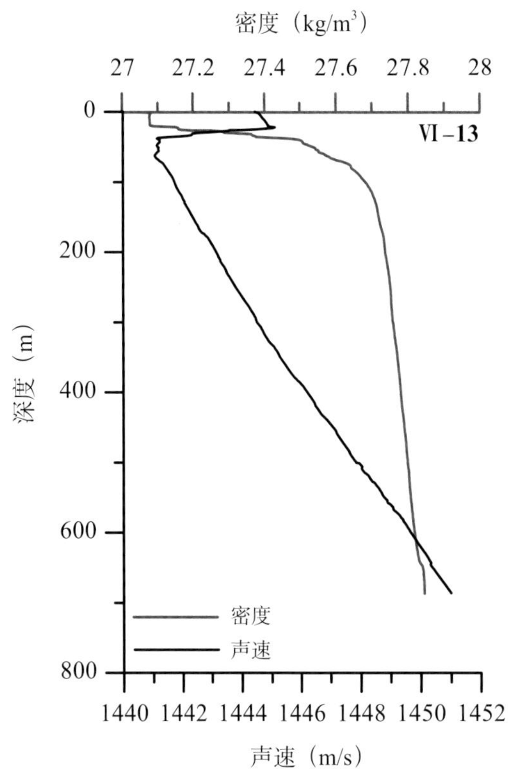
密度（kg/m³）
27
27.2
27.4
27.6
27.8
28
0
200
400
600
800
深度（m）
Ⅵ-13
密度
声速
1440
1442
1444
1446
1448
1450
1452
声速（m/s）

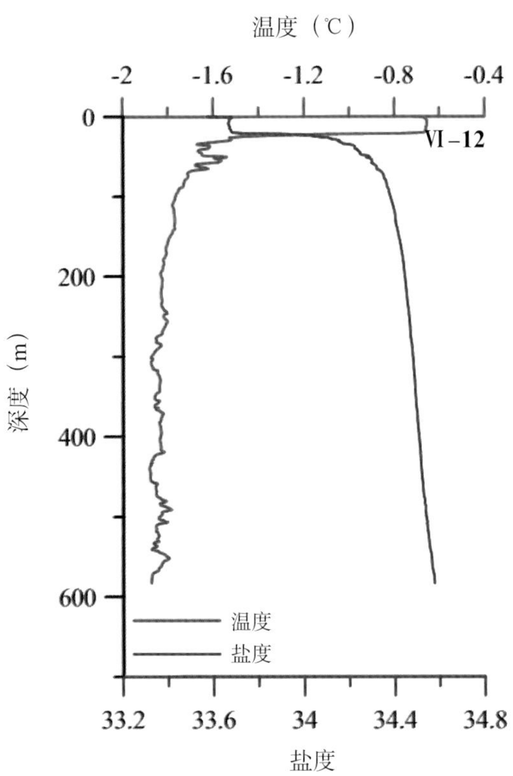
温度（℃）
-2
-1.6
-1.2
-0.8
-0.4
0
200
400
600
深度（m）
Ⅵ-12
温度
盐度
33.2
33.6
34
34.4
34.8
盐度

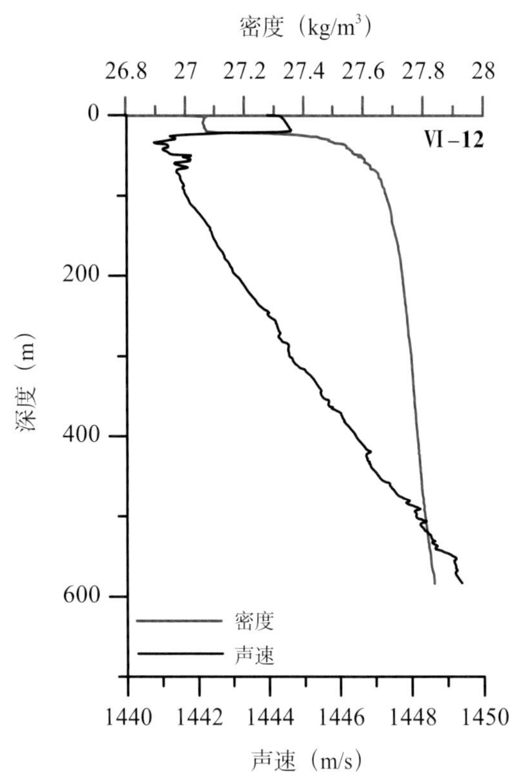
密度（kg/m³）
26.8
27
27.2
27.4
27.6
27.8
28
0
200
400
600
深度（m）
Ⅵ-12
密度
声速
1440
1442
1444
1446
1448
1450
声速（m/s）

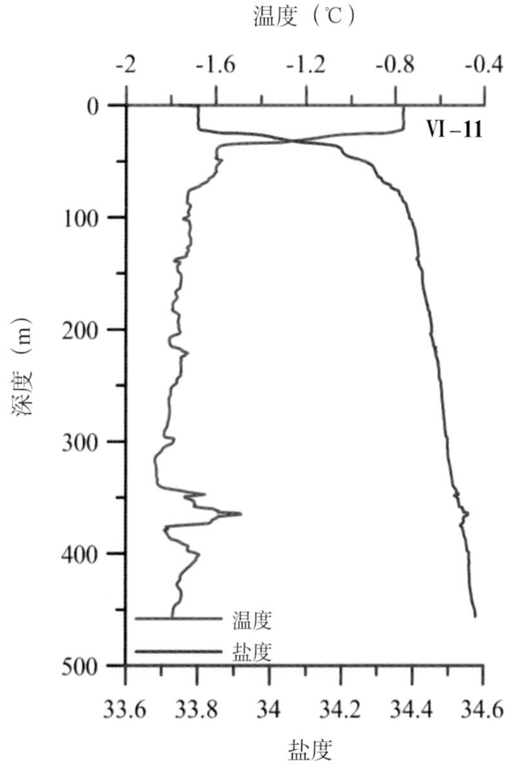
温度（℃）
-2
-1.6
-1.2
-0.8
-0.4
0
100
200
300
400
500
深度（m）
Ⅵ-11
温度
盐度
33.6
33.8
34
34.2
34.4
34.6
盐度

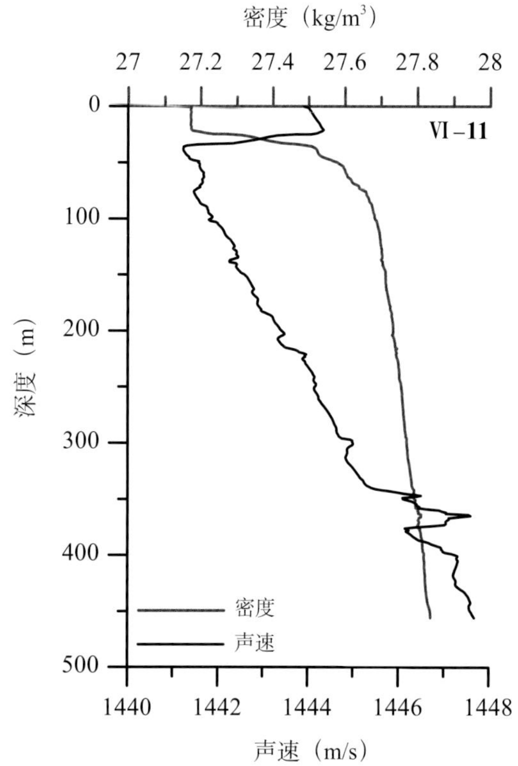
密度（kg/m³）
27
27.2
27.4
27.6
27.8
28
0
100
200
300
400
500
深度（m）
Ⅵ-11
密度
声速
1440
1442
1444
1446
1448
声速（m/s）

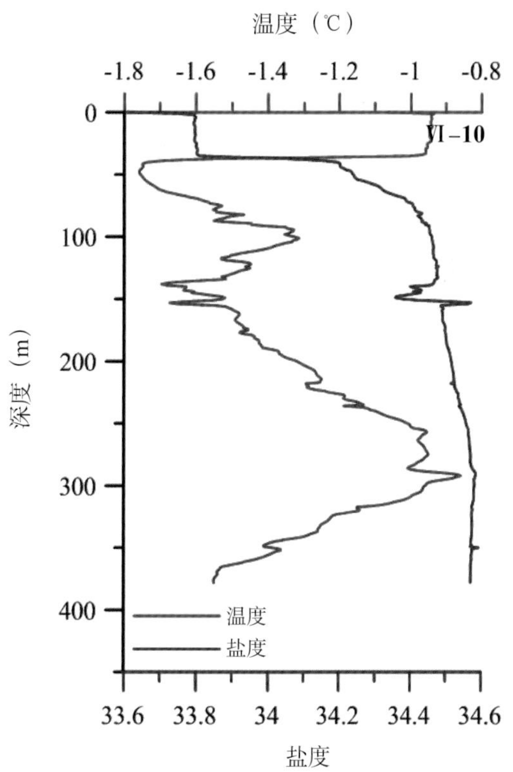
温度（℃）
-1.8
-1.6
-1.4
-1.2
-1
-0.8
0
100
200
300
400
深度（m）
Ⅵ-10
温度
盐度
33.6
33.8
34
34.2
34.4
34.6
盐度

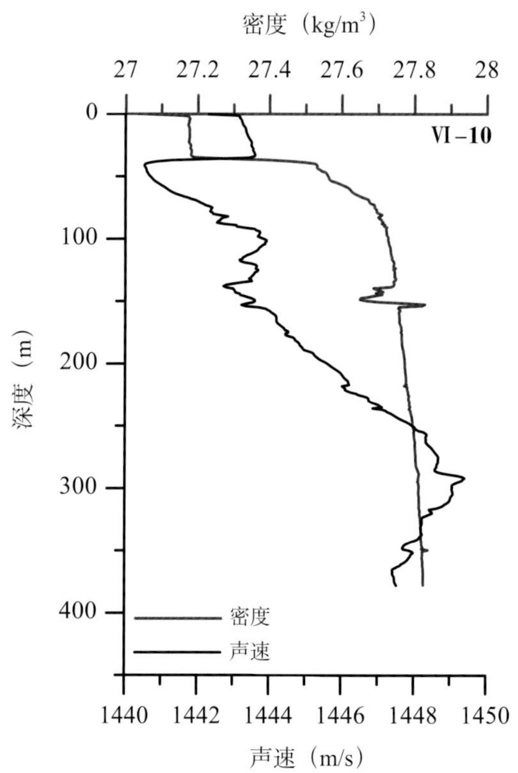
密度（kg/m³）
27
27.2
27.4
27.6
27.8
28
0
100
200
300
400
深度（m）
Ⅵ-10
密度
声速
1440
1442
1444
1446
1448
1450
声速（m/s）

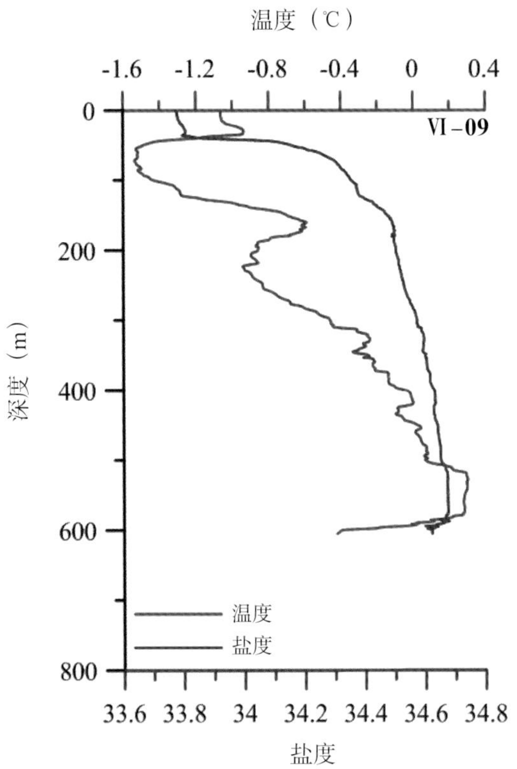
温度（℃）
-1.6 -1.2 -0.8 -0.4 0 0.4
VI-09
0
200
400
600
800
深度（m）
温度
盐度
33.6 33.8 34 34.2 34.4 34.6 34.8
盐度

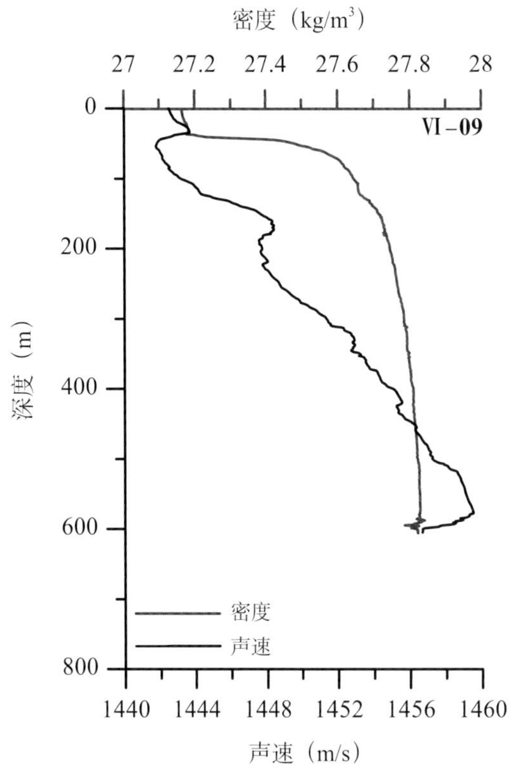
密度（kg/m³）
27 27.2 27.4 27.6 27.8 28
VI-09
0
200
400
600
800
深度（m）
密度
声速
1440 1444 1448 1452 1456 1460
声速（m/s）

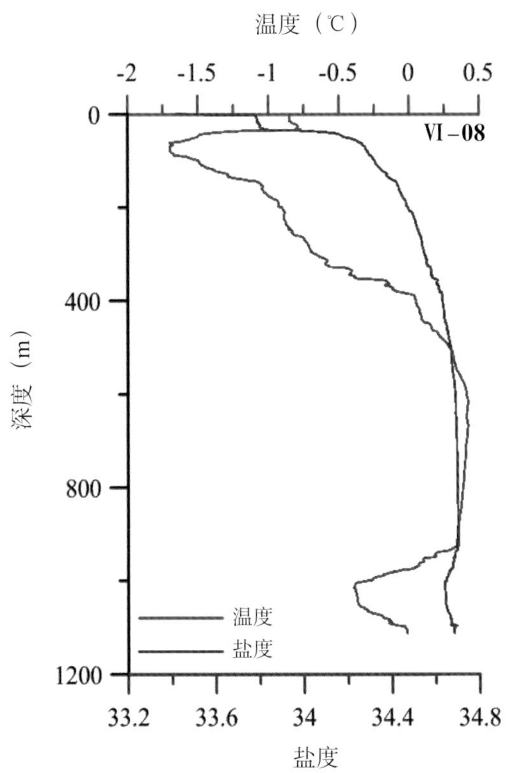
温度（℃）
-2 -1.5 -1 -0.5 0 0.5
VI-08
0
400
800
1200
深度（m）
温度
盐度
33.2 33.6 34 34.4 34.8
盐度

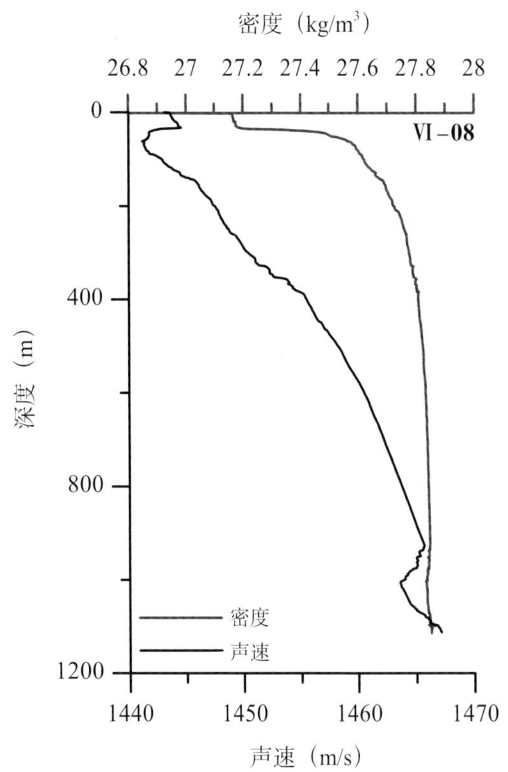
密度（kg/m³）
26.8 27 27.2 27.4 27.6 27.8 28
VI-08
0
400
800
1200
深度（m）
密度
声速
1440 1450 1460 1470
声速（m/s）

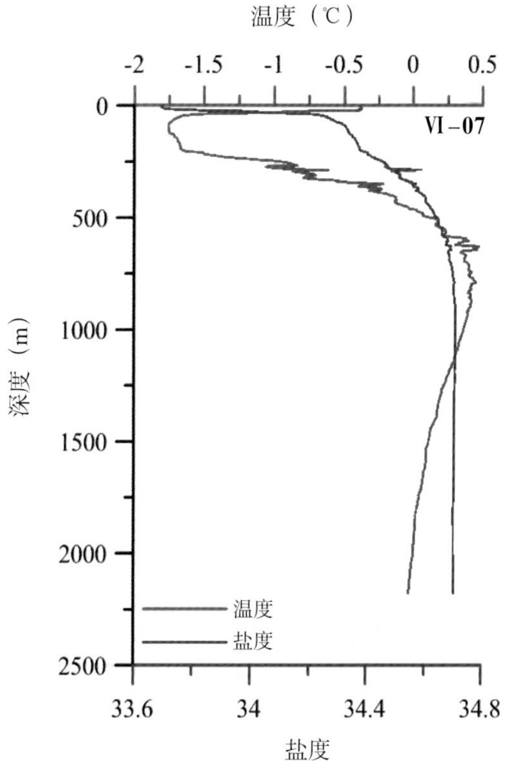
温度（℃）
-2
-1.5
-1
-0.5
0
0.5
VI－07
0
500
1000
1500
2000
2500
深度（m）
温度
盐度
33.6
34
34.4
34.8
盐度

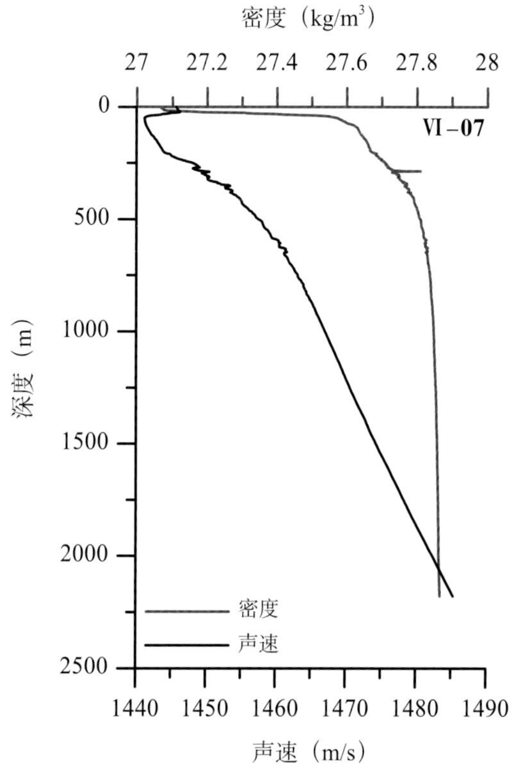
密度（kg/m³）
27
27.2
27.4
27.6
27.8
28
VI－07
0
500
1000
1500
2000
2500
深度（m）
密度
声速
1440
1450
1460
1470
1480
1490
声速（m/s）

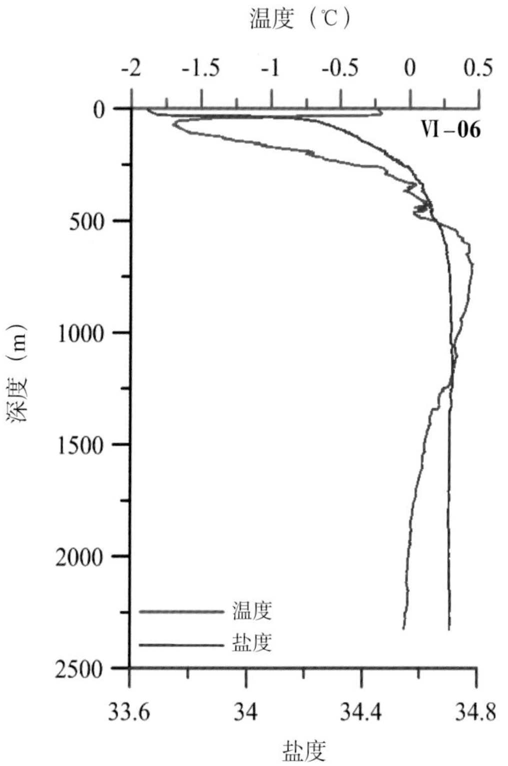
温度（℃）
-2
-1.5
-1
-0.5
0
0.5
VI－06
0
500
1000
1500
2000
2500
深度（m）
温度
盐度
33.6
34
34.4
34.8
盐度

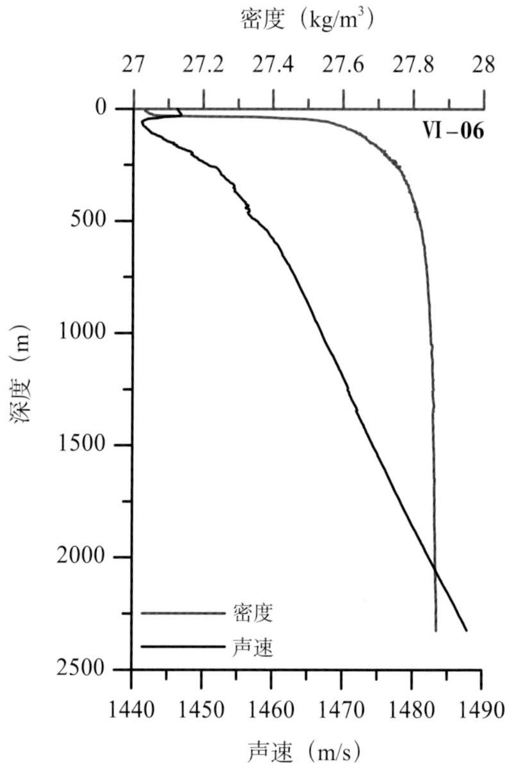
密度（kg/m³）
27
27.2
27.4
27.6
27.8
28
VI－06
0
500
1000
1500
2000
2500
深度（m）
密度
声速
1440
1450
1460
1470
1480
1490
声速（m/s）

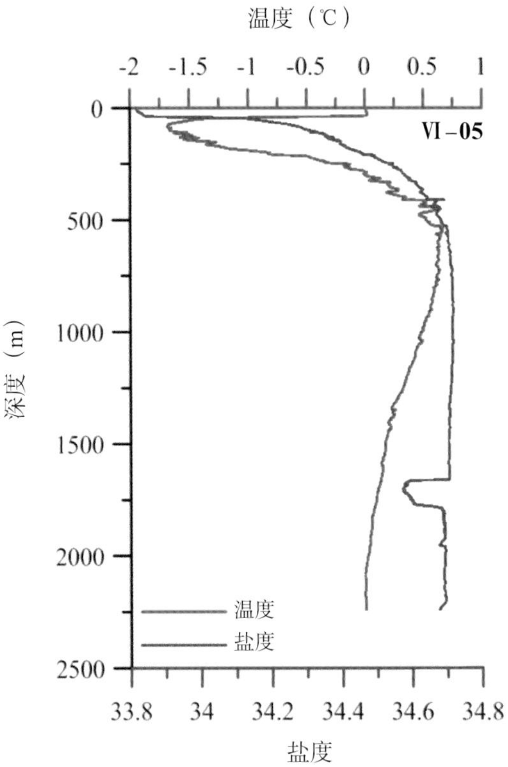
温度（℃）
-2
-1.5
-1
-0.5
0
0.5
1
0
500
1000
1500
2000
2500
深度（m）
VI－05
温度
盐度
33.8
34
34.2
34.4
34.6
34.8
盐度

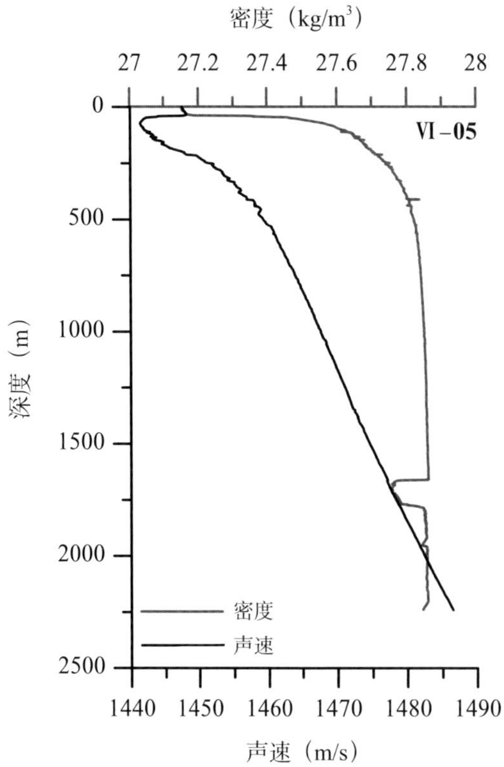
密度（kg/m³）
27
27.2
27.4
27.6
27.8
28
0
500
1000
1500
2000
2500
深度（m）
VI－05
密度
声速
1440
1450
1460
1470
1480
1490
声速（m/s）

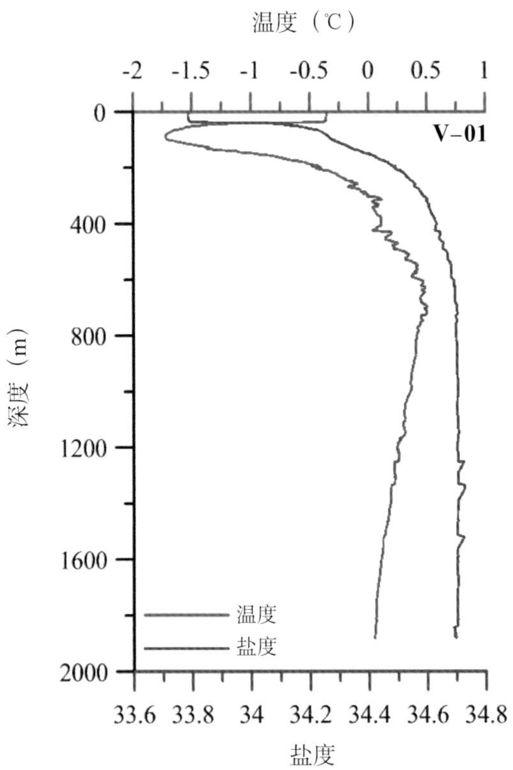
温度（℃）
-2
-1.5
-1
-0.5
0
0.5
1
0
400
800
1200
1600
2000
深度（m）
V－01
温度
盐度
33.6
33.8
34
34.2
34.4
34.6
34.8
盐度

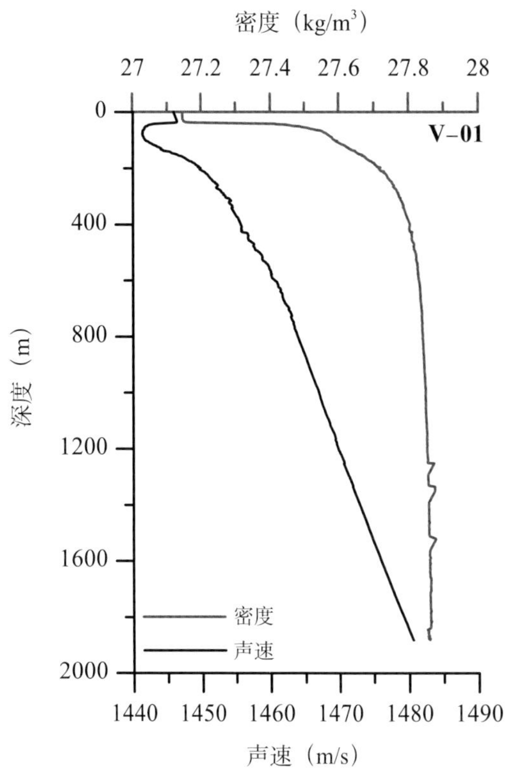
密度（kg/m³）
27
27.2
27.4
27.6
27.8
28
0
400
800
1200
1600
2000
深度（m）
V－01
密度
声速
1440
1450
1460
1470
1480
1490
声速（m/s）

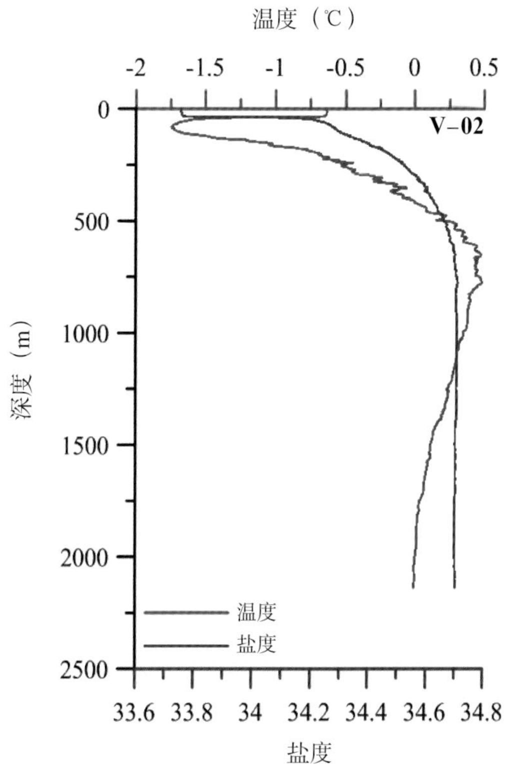
温度（℃）
-2
-1.5
-1
-0.5
0
0.5
V-02
深度（m）
0
500
1000
1500
2000
2500
温度
盐度
33.6
33.8
34
34.2
34.4
34.6
34.8
盐度

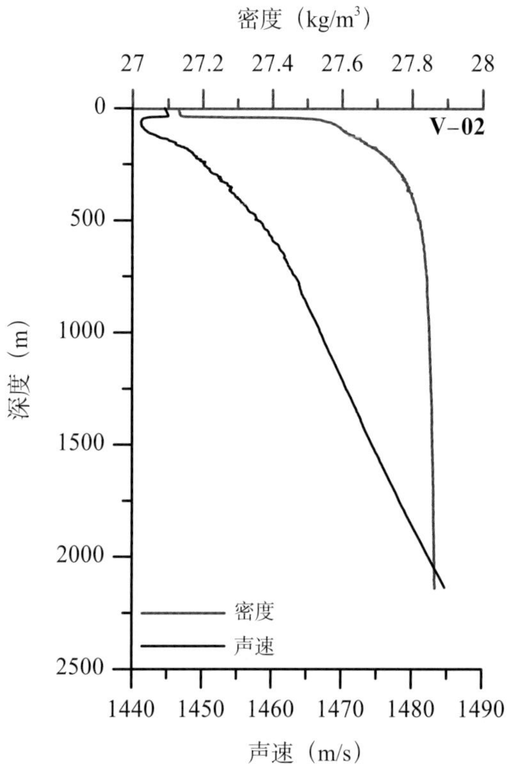
密度（kg/m³）
27
27.2
27.4
27.6
27.8
28
V-02
深度（m）
0
500
1000
1500
2000
2500
密度
声速
1440
1450
1460
1470
1480
1490
声速（m/s）

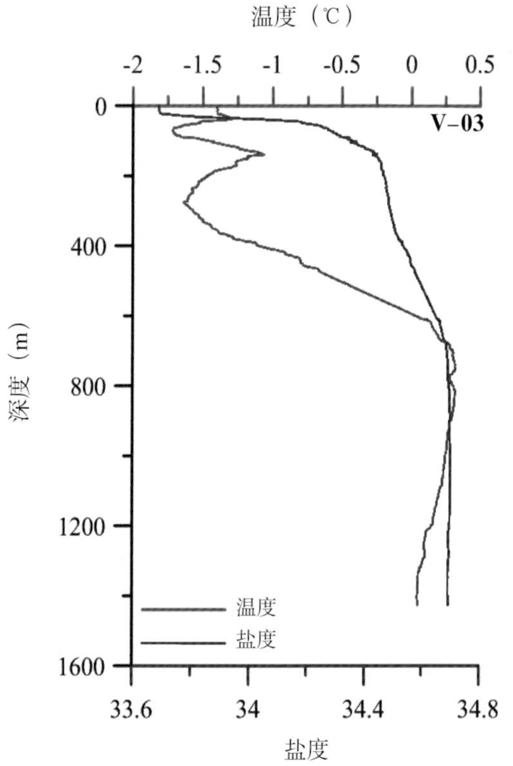
温度（℃）
-2
-1.5
-1
-0.5
0
0.5
V-03
深度（m）
0
400
800
1200
1600
温度
盐度
33.6
34
34.4
34.8
盐度

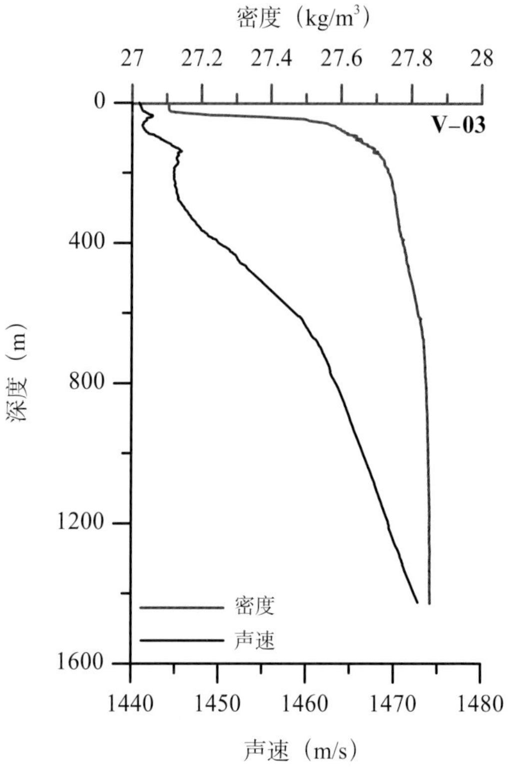
密度（kg/m³）
27
27.2
27.4
27.6
27.8
28
V-03
深度（m）
0
400
800
1200
1600
密度
声速
1440
1450
1460
1470
1480
声速（m/s）

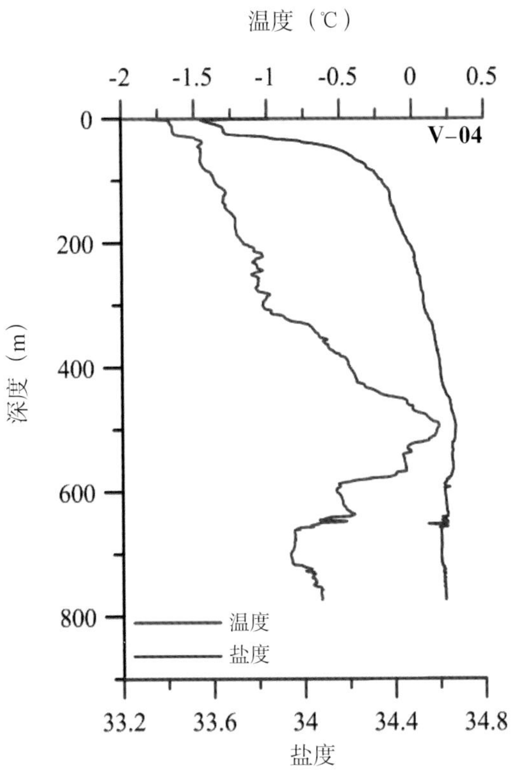
温度（℃）
-2 -1.5 -1 -0.5 0 0.5
V-04
0 200 400 600 800
深度（m）
温度
盐度
33.2 33.6 34 34.4 34.8
盐度

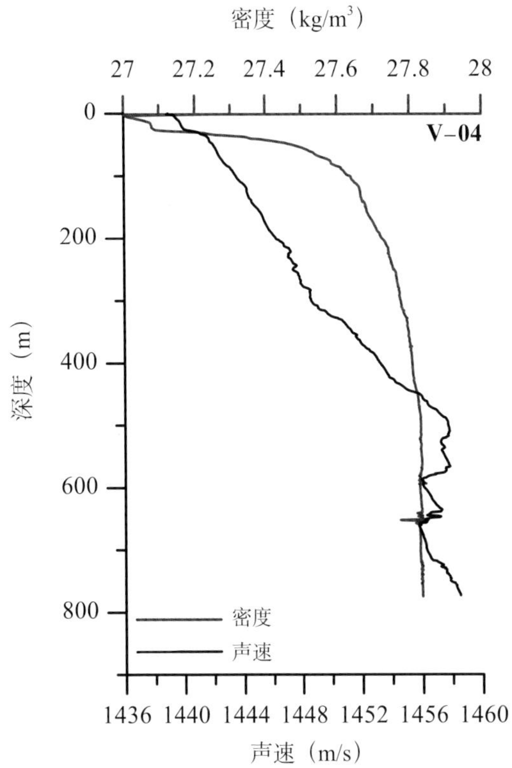
密度（kg/m³）
27 27.2 27.4 27.6 27.8 28
V-04
0 200 400 600 800
深度（m）
密度
声速
1436 1440 1444 1448 1452 1456 1460
声速（m/s）

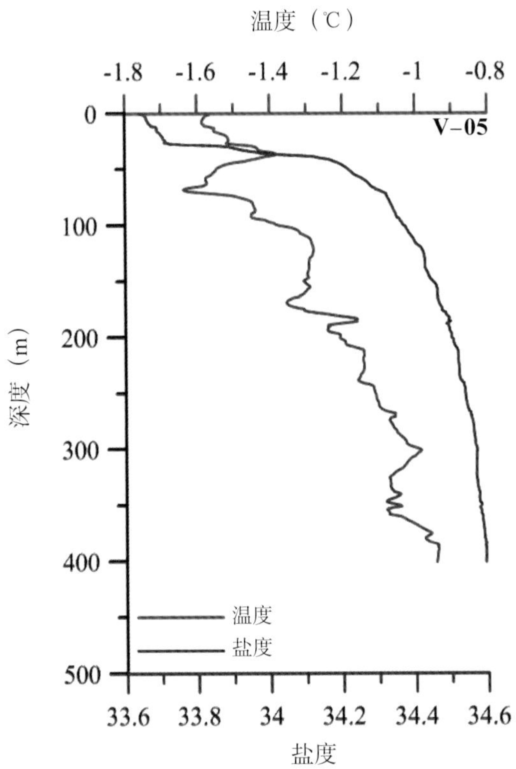
温度（℃）
-1.8 -1.6 -1.4 -1.2 -1 -0.8
V-05
0 100 200 300 400 500
深度（m）
温度
盐度
33.6 33.8 34 34.2 34.4 34.6
盐度

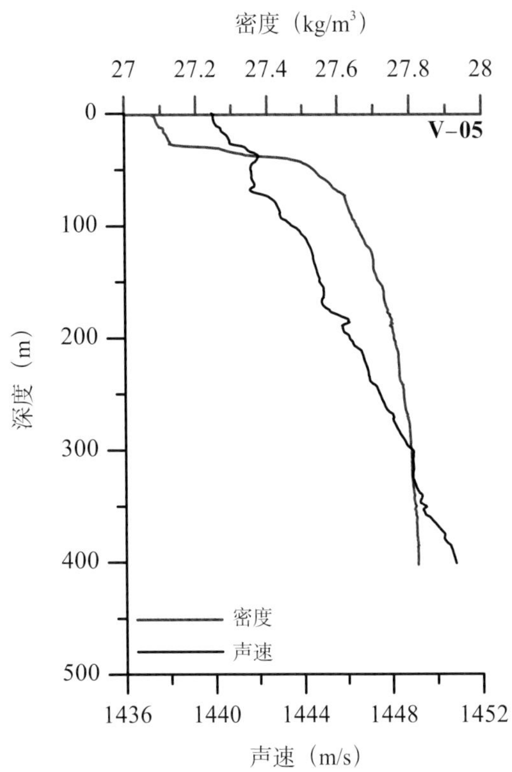
密度（kg/m³）
27 27.2 27.4 27.6 27.8 28
V-05
0 100 200 300 400 500
深度（m）
密度
声速
1436 1440 1444 1448 1452
声速（m/s）

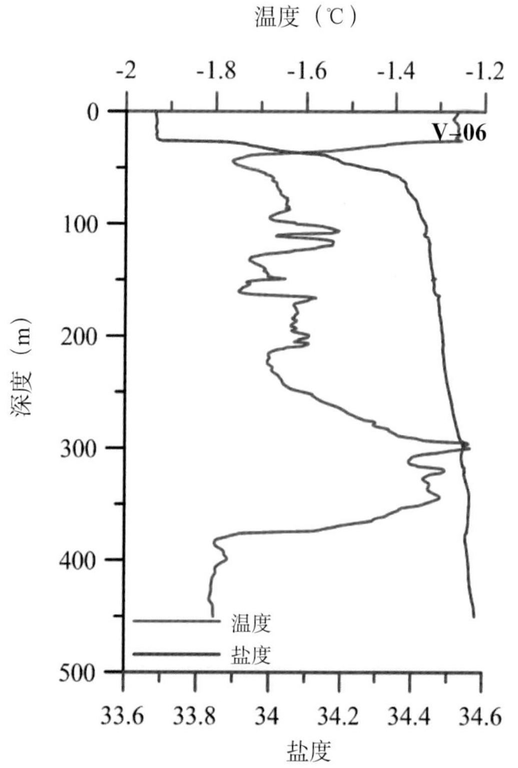
温度（℃）
-2 -1.8 -1.6 -1.4 -1.2
V-06
深度（m）
0 100 200 300 400 500
温度
盐度
33.6 33.8 34 34.2 34.4 34.6
盐度

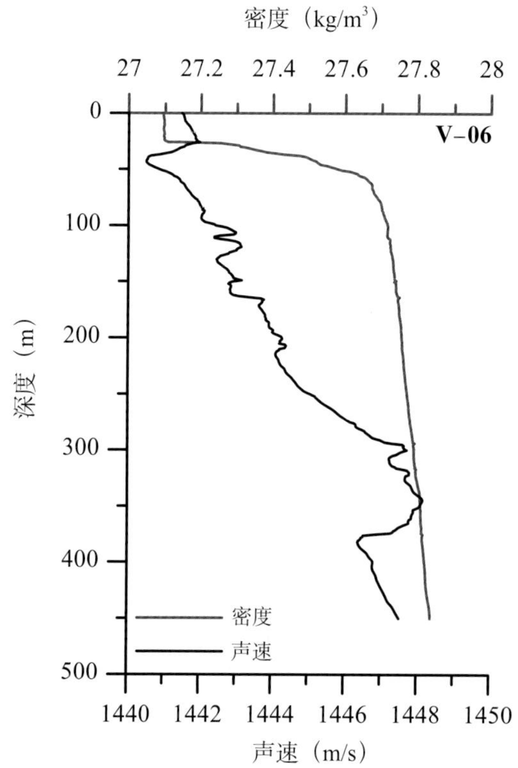
密度（kg/m³）
27 27.2 27.4 27.6 27.8 28
V-06
深度（m）
0 100 200 300 400 500
密度
声速
1440 1442 1444 1446 1448 1450
声速（m/s）

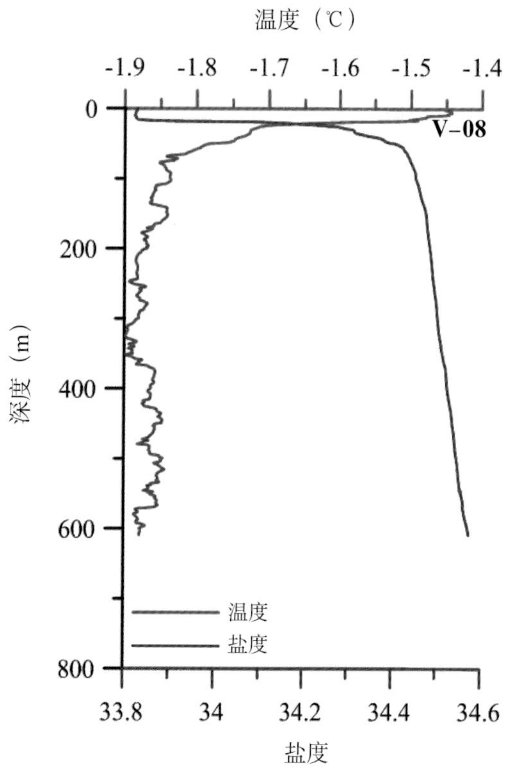
温度（℃）
-1.9 -1.8 -1.7 -1.6 -1.5 -1.4
V-08
深度（m）
0 200 400 600 800
温度
盐度
33.8 34 34.2 34.4 34.6
盐度

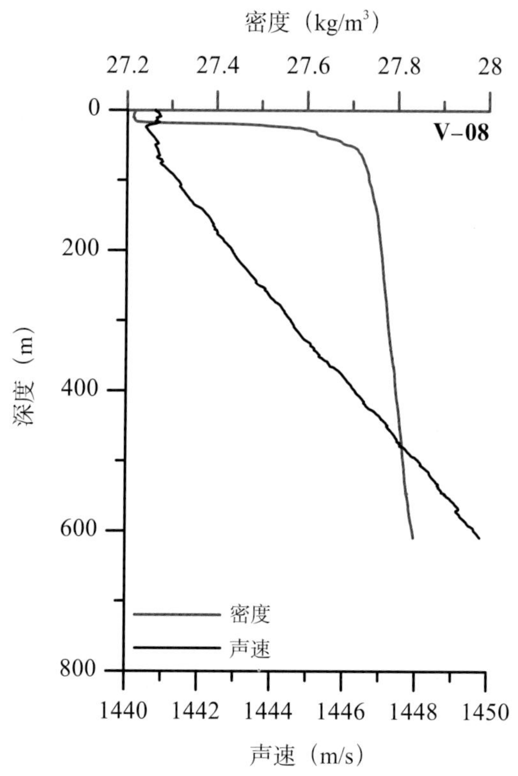
密度（kg/m³）
27.2 27.4 27.6 27.8 28
V-08
深度（m）
0 200 400 600 800
密度
声速
1440 1442 1444 1446 1448 1450
声速（m/s）

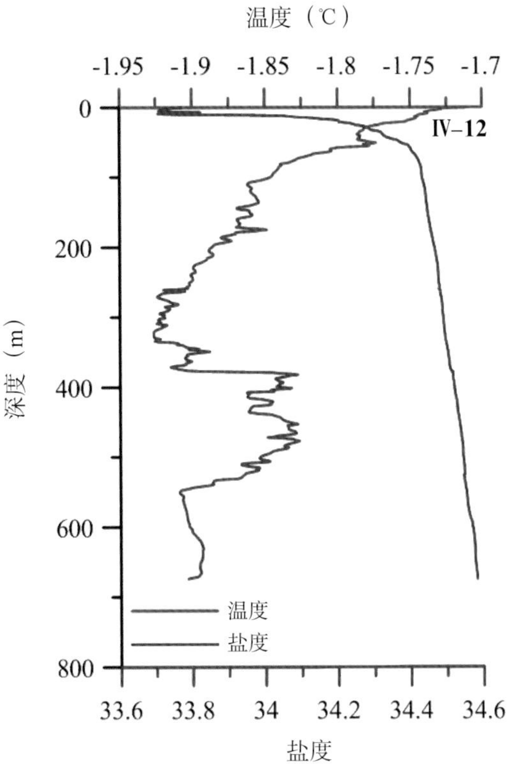
温度（℃）
-1.95 -1.9 -1.85 -1.8 -1.75 -1.7
0 200 400 600 800
深度（m）
IV-12
温度
盐度
33.6 33.8 34 34.2 34.4 34.6
盐度

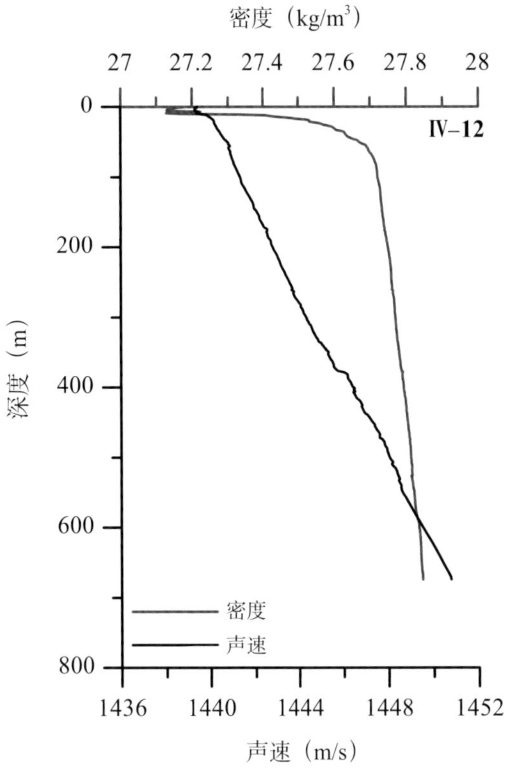
密度（kg/m³）
27 27.2 27.4 27.6 27.8 28
0 200 400 600 800
深度（m）
IV-12
密度
声速
1436 1440 1444 1448 1452
声速（m/s）

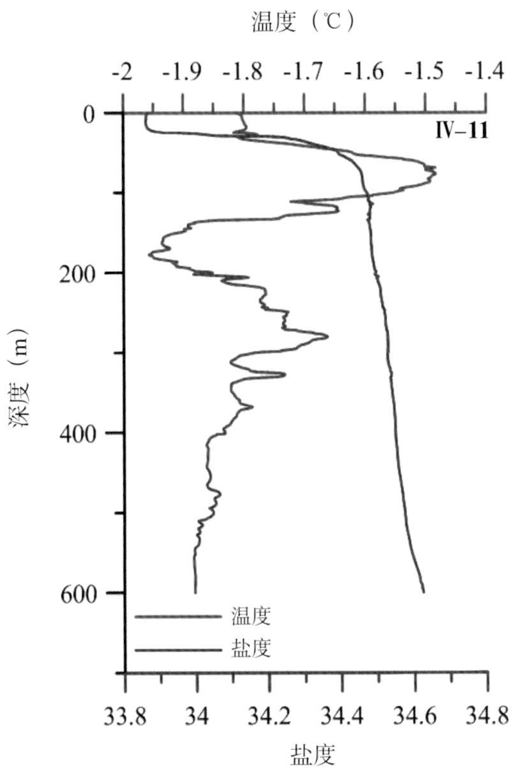
温度（℃）
-2 -1.9 -1.8 -1.7 -1.6 -1.5 -1.4
0 200 400 600
深度（m）
IV-11
温度
盐度
33.8 34 34.2 34.4 34.6 34.8
盐度

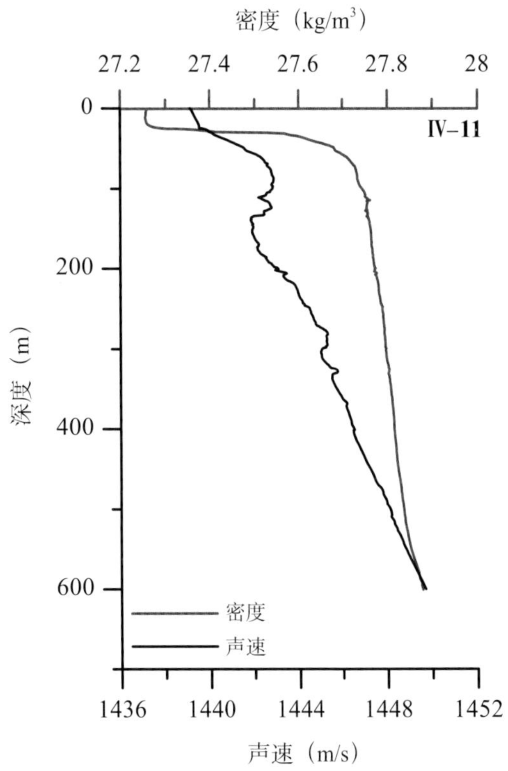
密度（kg/m³）
27.2 27.4 27.6 27.8 28
0 200 400 600
深度（m）
IV-11
密度
声速
1436 1440 1444 1448 1452
声速（m/s）

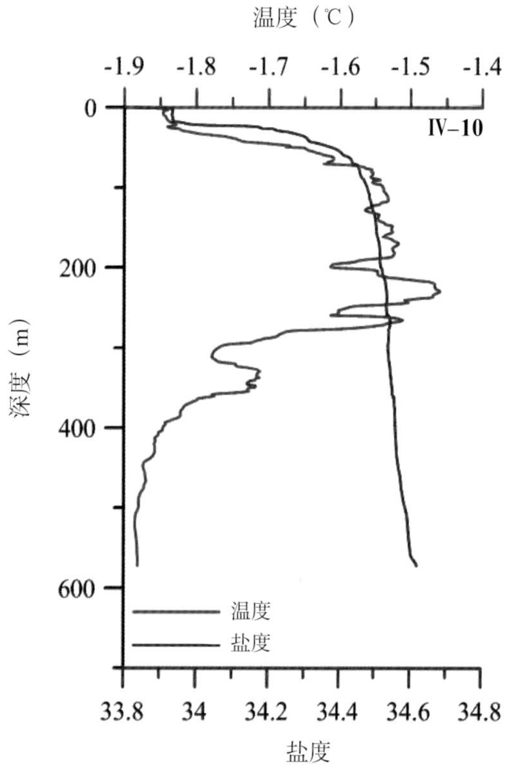
温度（℃）
-1.9 -1.8 -1.7 -1.6 -1.5 -1.4
0
200
400
600
深度（m）
Ⅳ-10
温度
盐度
33.8 34 34.2 34.4 34.6 34.8
盐度

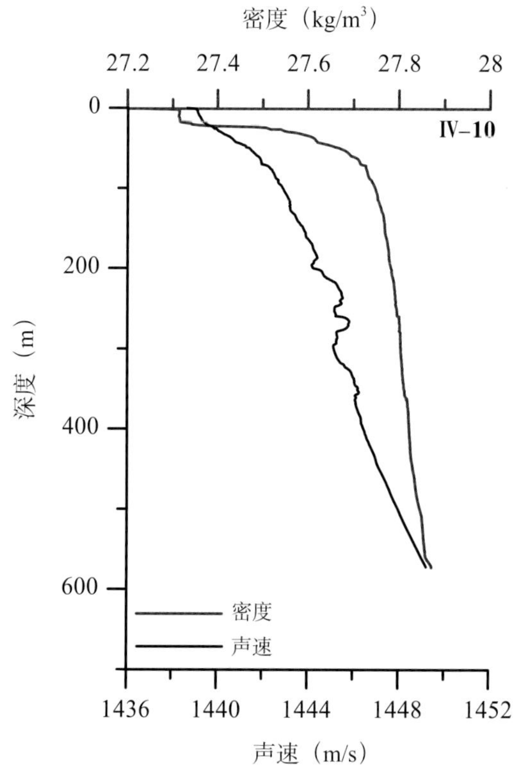
密度（kg/m³）
27.2 27.4 27.6 27.8 28
0
200
400
600
深度（m）
Ⅳ-10
密度
声速
1436 1440 1444 1448 1452
声速（m/s）

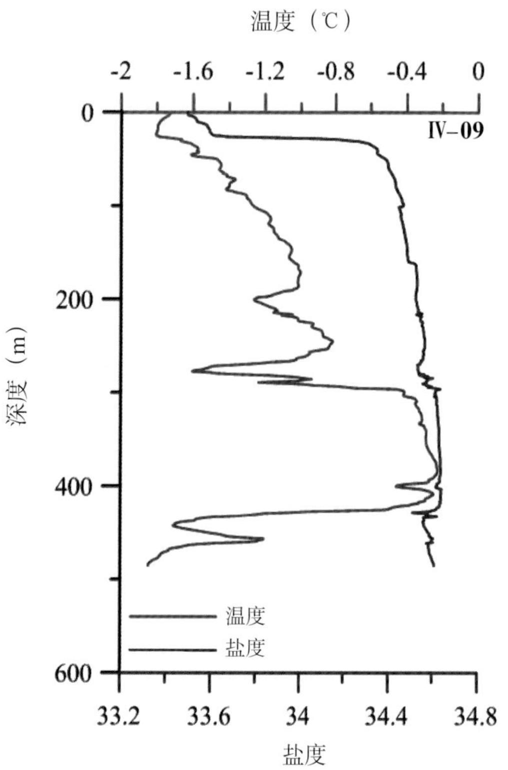
温度（℃）
-2 -1.6 -1.2 -0.8 -0.4 0
0
200
400
600
深度（m）
Ⅳ-09
温度
盐度
33.2 33.6 34 34.4 34.8
盐度

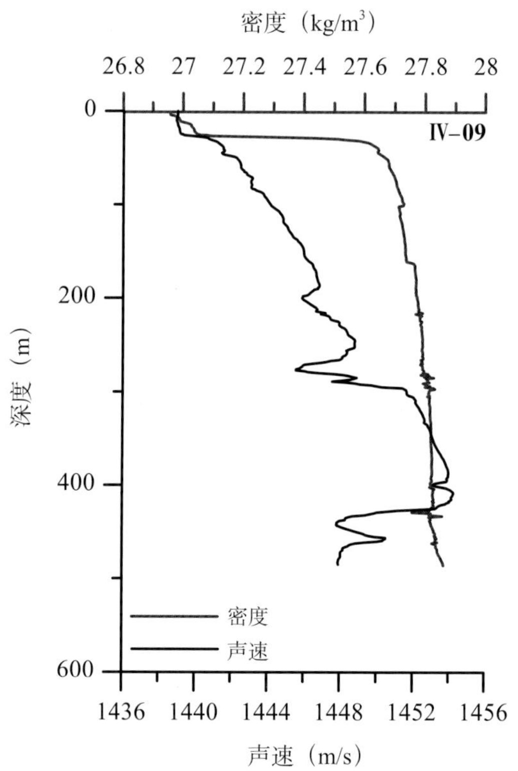
密度（kg/m³）
26.8 27 27.2 27.4 27.6 27.8 28
0
200
400
600
深度（m）
Ⅳ-09
密度
声速
1436 1440 1444 1448 1452 1456
声速（m/s）

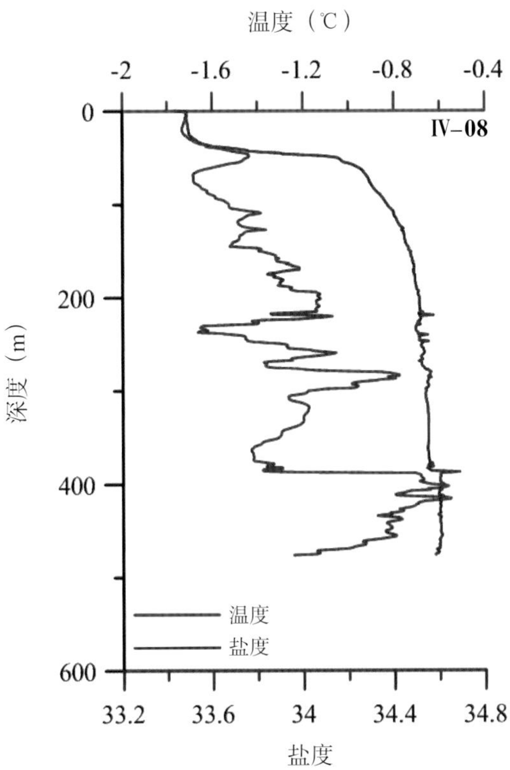
温度（℃）
-2 -1.6 -1.2 -0.8 -0.4
IV-08
深度（m）
0 200 400 600
温度
盐度
33.2 33.6 34 34.4 34.8
盐度

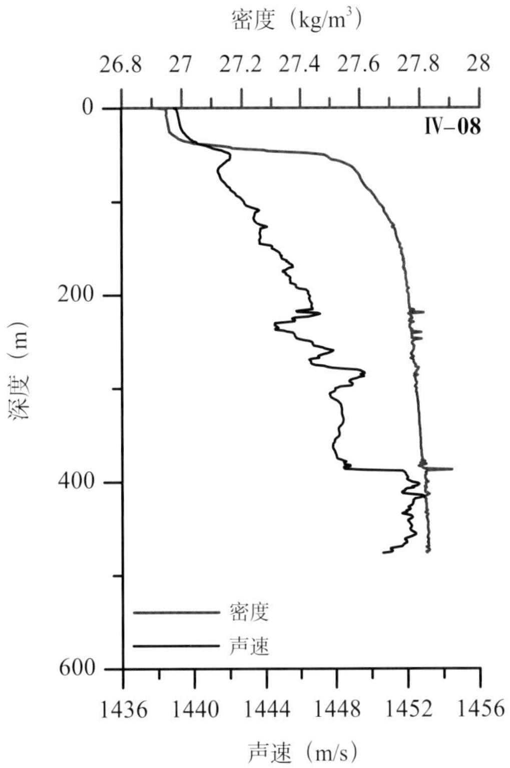
密度（kg/m³）
26.8 27 27.2 27.4 27.6 27.8 28
IV-08
深度（m）
0 200 400 600
密度
声速
1436 1440 1444 1448 1452 1456
声速（m/s）

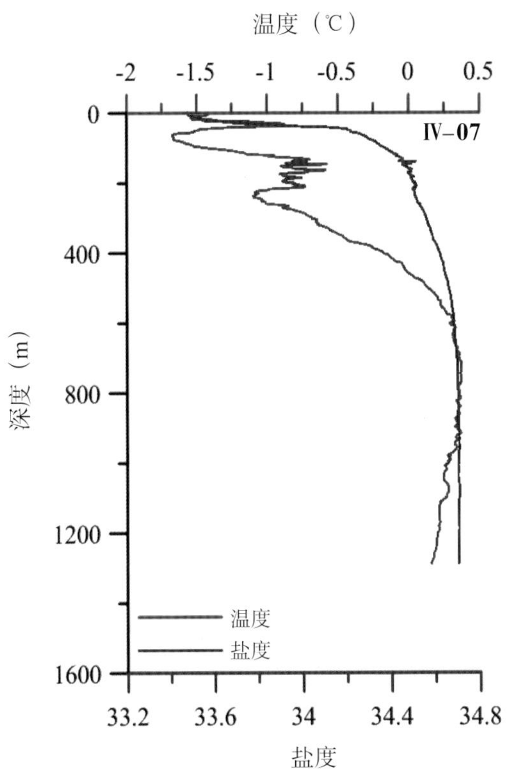
温度（℃）
-2 -1.5 -1 -0.5 0 0.5
IV-07
深度（m）
0 400 800 1200 1600
温度
盐度
33.2 33.6 34 34.4 34.8
盐度

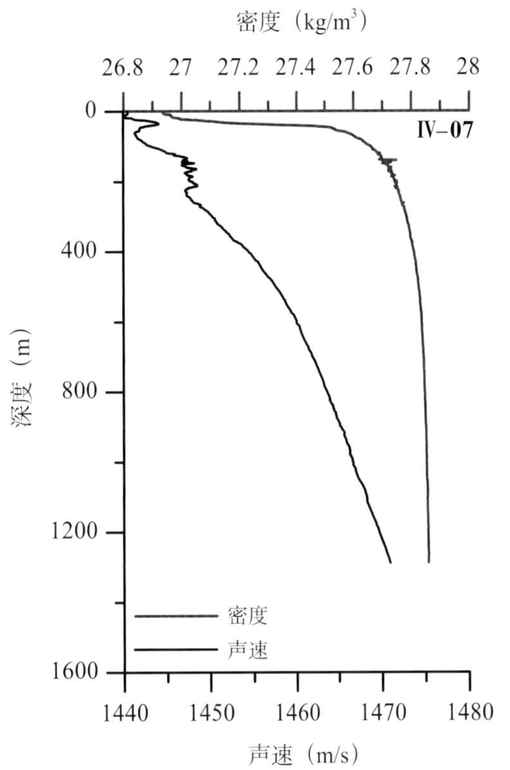
密度（kg/m³）
26.8 27 27.2 27.4 27.6 27.8 28
IV-07
深度（m）
0 400 800 1200 1600
密度
声速
1440 1450 1460 1470 1480
声速（m/s）

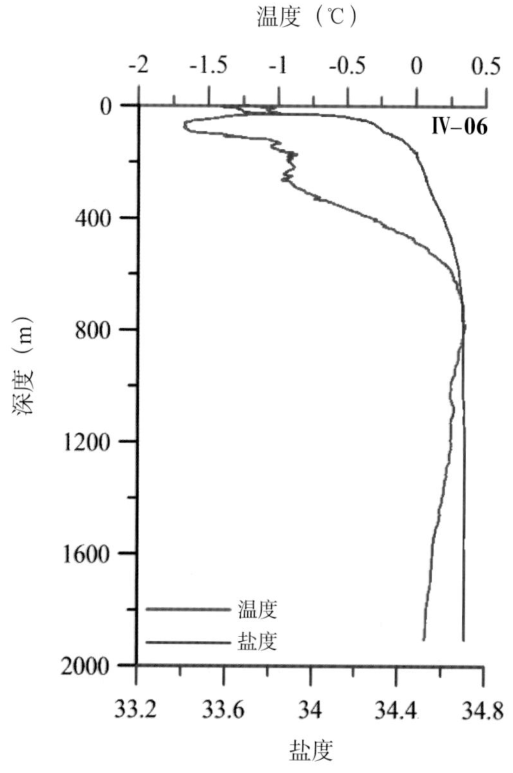
温度（℃）
-2
-1.5
-1
-0.5
0
0.5
Ⅳ-06
深度（m）
0
400
800
1200
1600
2000
温度
盐度
33.2
33.6
34
34.4
34.8
盐度

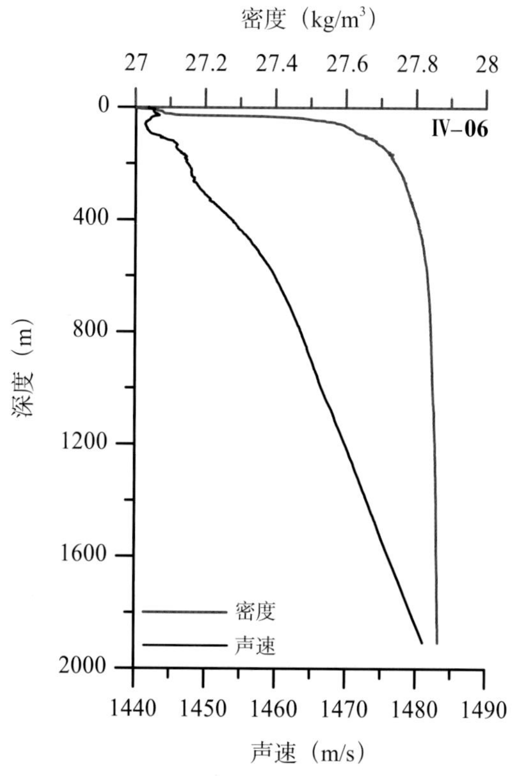
密度（kg/m3）
27
27.2
27.4
27.6
27.8
28
Ⅳ-06
深度（m）
0
400
800
1200
1600
2000
密度
声速
1440
1450
1460
1470
1480
1490
声速（m/s）

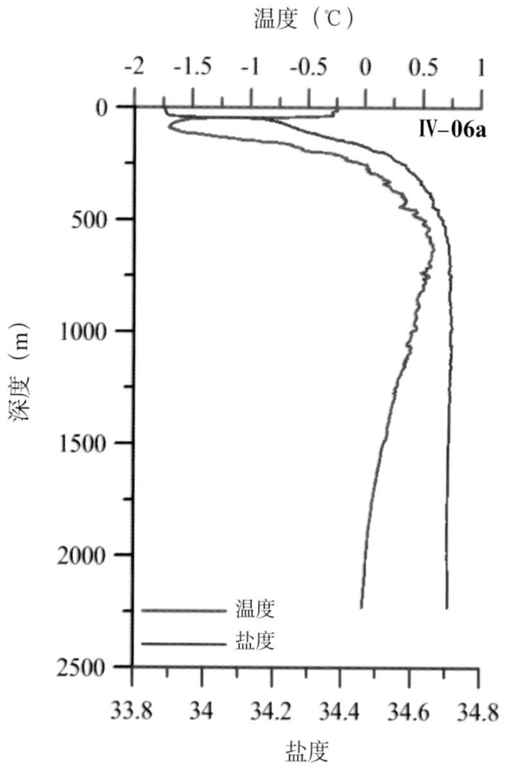
温度（℃）
-2
-1.5
-1
-0.5
0
0.5
1
Ⅳ-06a
深度（m）
0
500
1000
1500
2000
2500
温度
盐度
33.8
34
34.2
34.4
34.6
34.8
盐度

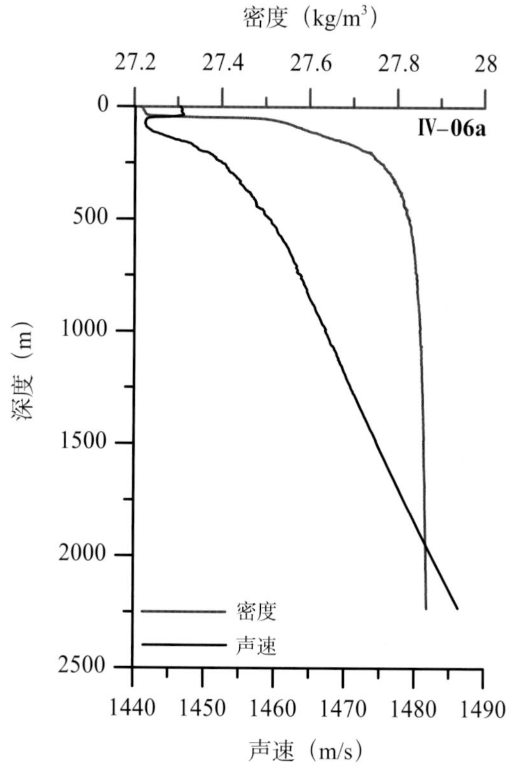
密度（kg/m3）
27.2
27.4
27.6
27.8
28
Ⅳ-06a
深度（m）
0
500
1000
1500
2000
2500
密度
声速
1440
1450
1460
1470
1480
1490
声速（m/s）

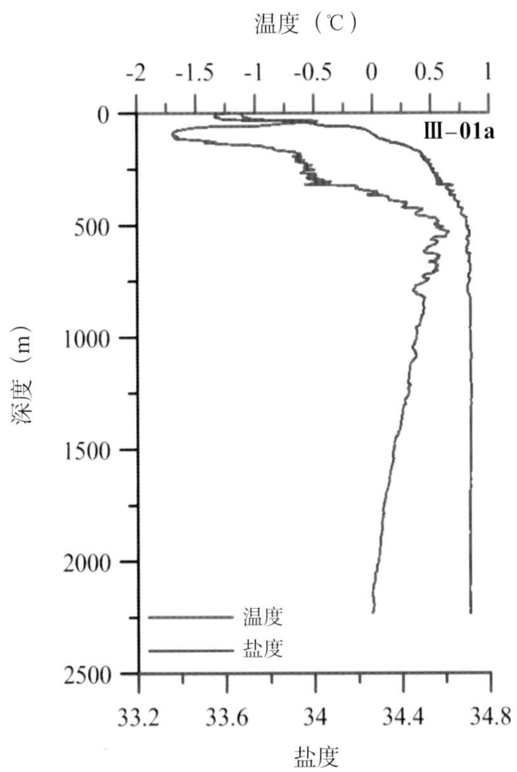
温度（℃）
-2 -1.5 -1 -0.5 0 0.5 1
0 500 1000 1500 2000 2500
深度（m）
Ⅲ-01a
温度
盐度
33.2 33.6 34 34.4 34.8
盐度

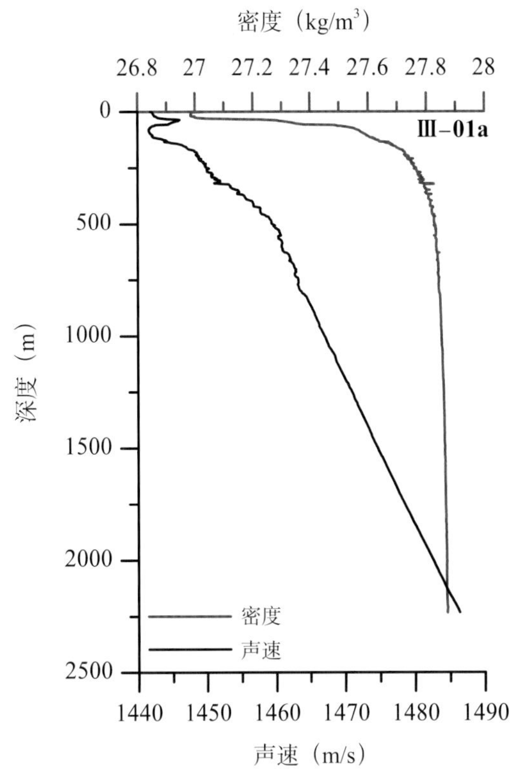
密度（kg/m³）
26.8 27 27.2 27.4 27.6 27.8 28
0 500 1000 1500 2000 2500
深度（m）
Ⅲ-01a
密度
声速
1440 1450 1460 1470 1480 1490
声速（m/s）

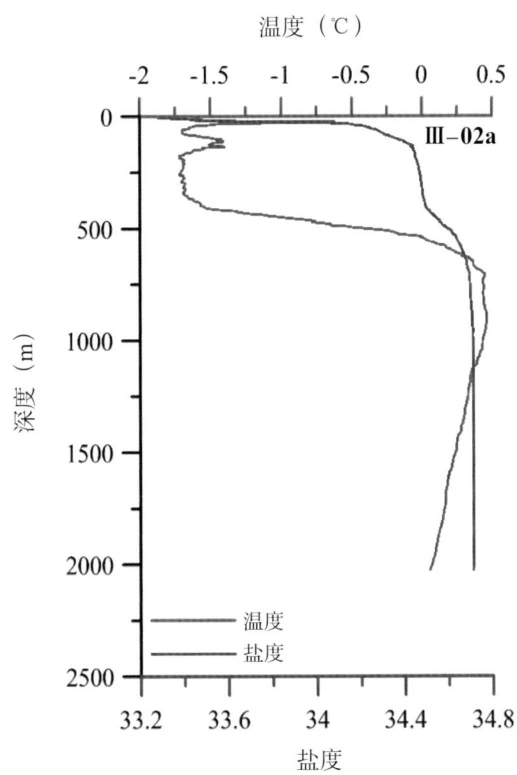
温度（℃）
-2 -1.5 -1 -0.5 0 0.5
0 500 1000 1500 2000 2500
深度（m）
Ⅲ-02a
温度
盐度
33.2 33.6 34 34.4 34.8
盐度

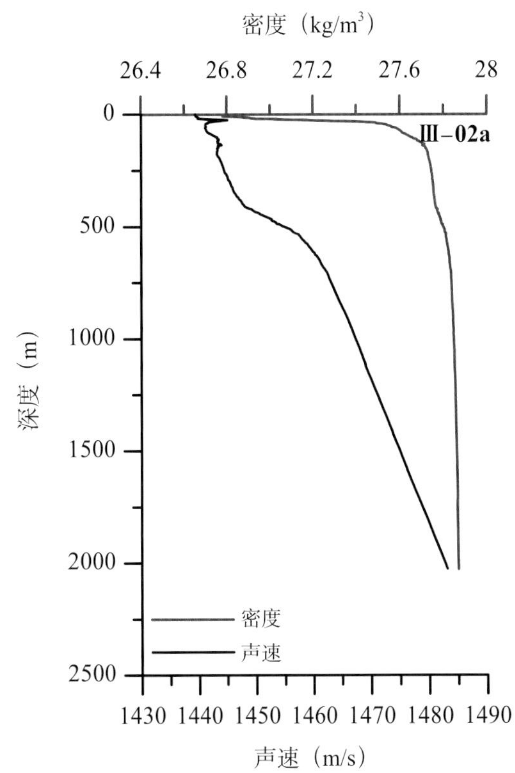
密度（kg/m³）
26.4 26.8 27.2 27.6 28
0 500 1000 1500 2000 2500
深度（m）
Ⅲ-02a
密度
声速
1430 1440 1450 1460 1470 1480 1490
声速（m/s）

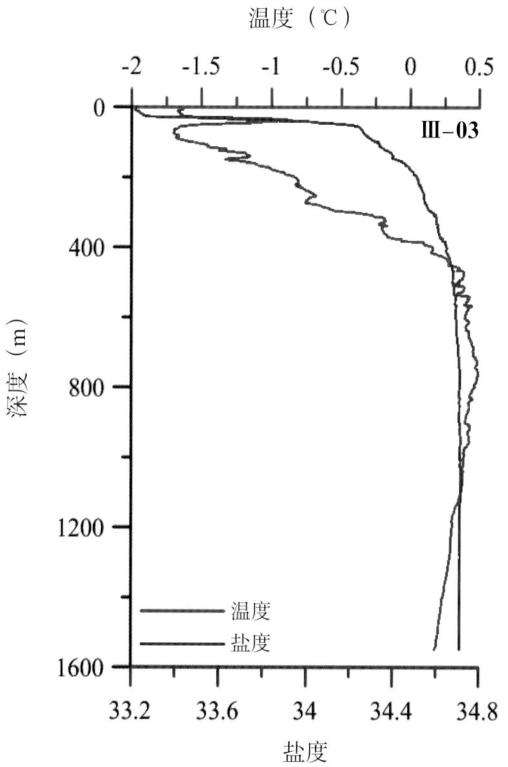
温度（℃）
-2
-1.5
-1
-0.5
0
0.5
Ⅲ-03
0
400
800
1200
1600
深度（m）
温度
盐度
33.2
33.6
34
34.4
34.8
盐度

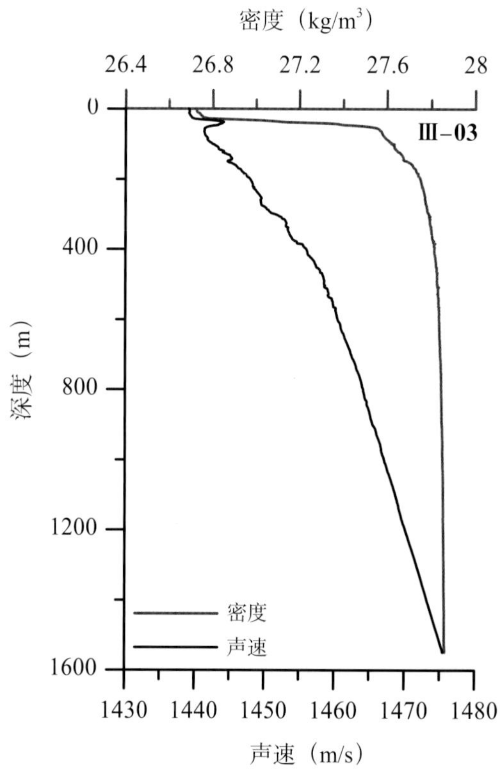
密度（kg/m3）
26.4
26.8
27.2
27.6
28
Ⅲ-03
0
400
800
1200
1600
深度（m）
密度
声速
1430
1440
1450
1460
1470
1480
声速（m/s）

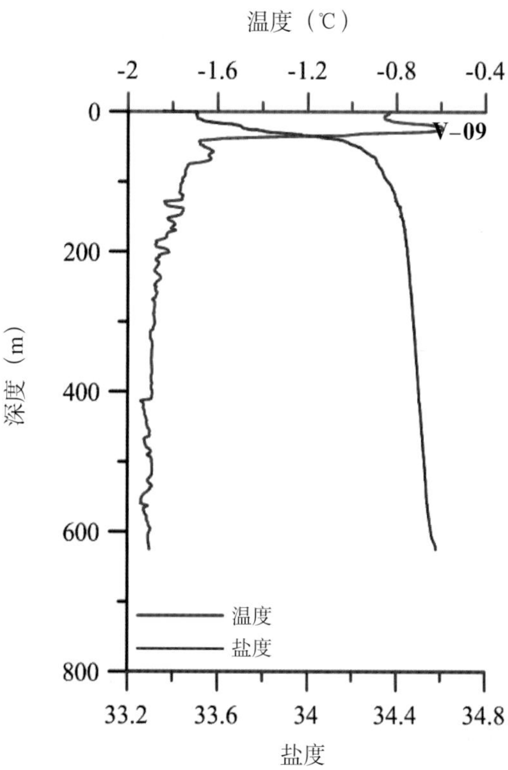
温度（℃）
-2
-1.6
-1.2
-0.8
-0.4
V-09
0
200
400
600
800
深度（m）
温度
盐度
33.2
33.6
34
34.4
34.8
盐度

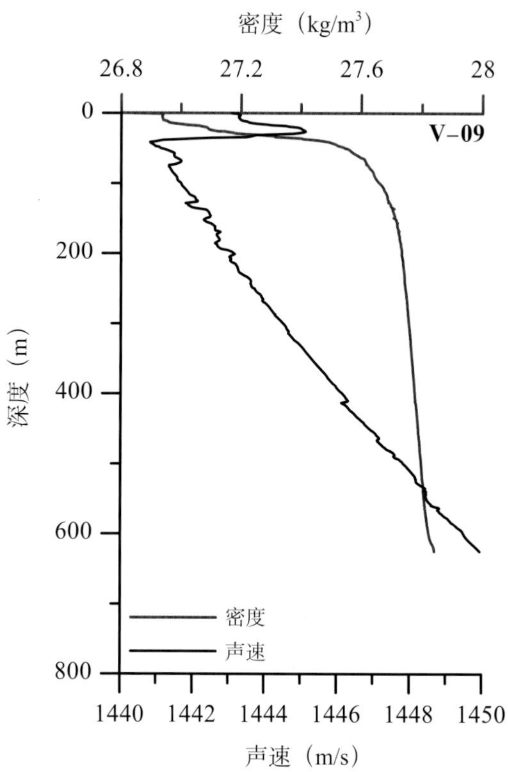
密度（kg/m3）
26.8
27.2
27.6
28
V-09
0
200
400
600
800
深度（m）
密度
声速
1440
1442
1444
1446
1448
1450
声速（m/s）

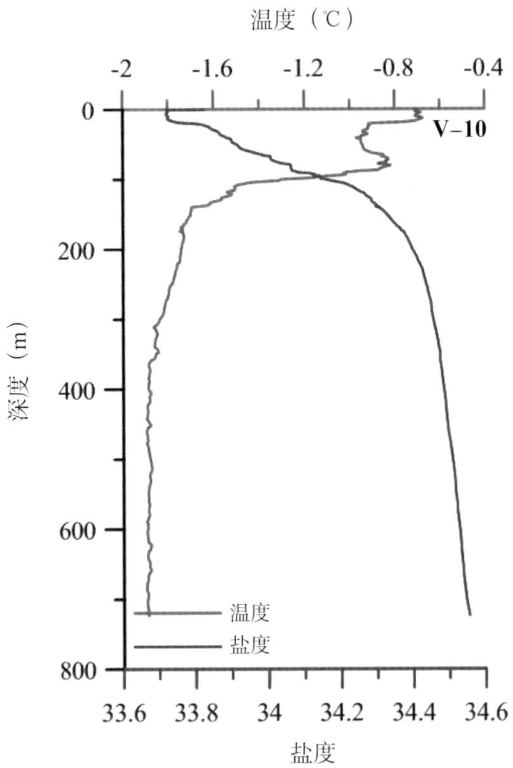
温度（℃）
-2
-1.6
-1.2
-0.8
-0.4
0
200
400
600
800
深度（m）
V-10
温度
盐度
33.6
33.8
34
34.2
34.4
34.6
盐度

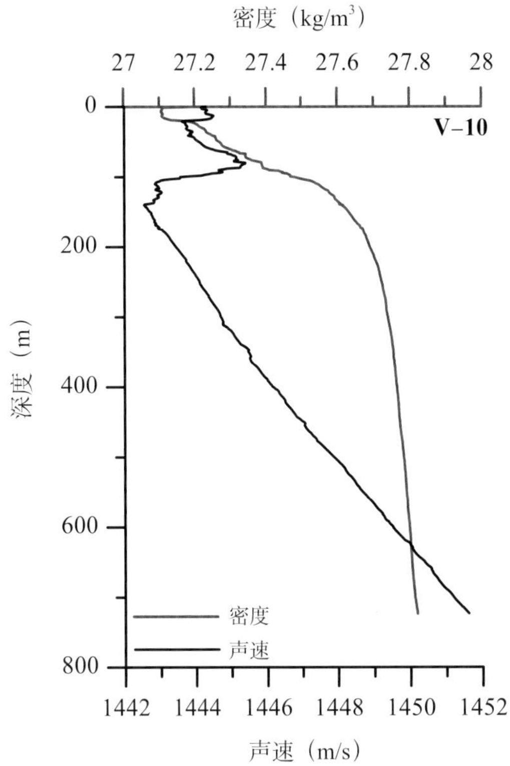
密度（kg/m³）
27
27.2
27.4
27.6
27.8
28
0
200
400
600
800
深度（m）
V-10
密度
声速
1442
1444
1446
1448
1450
1452
声速（m/s）

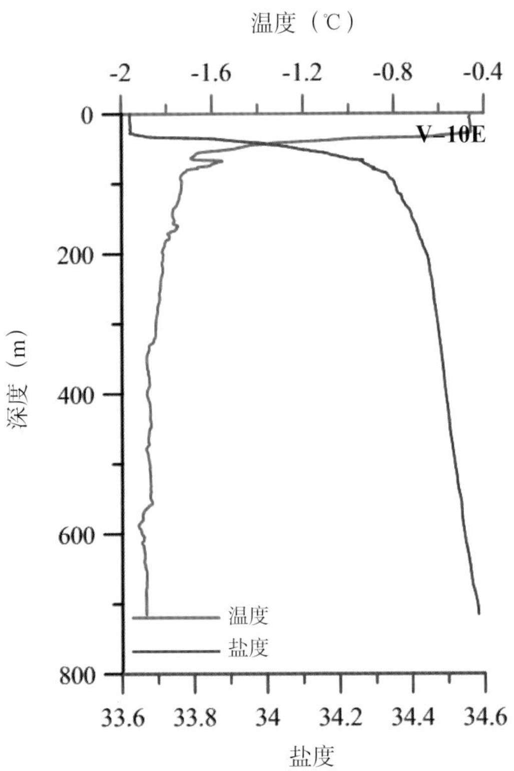
温度（℃）
-2
-1.6
-1.2
-0.8
-0.4
0
200
400
600
800
深度（m）
V-10E
温度
盐度
33.6
33.8
34
34.2
34.4
34.6
盐度

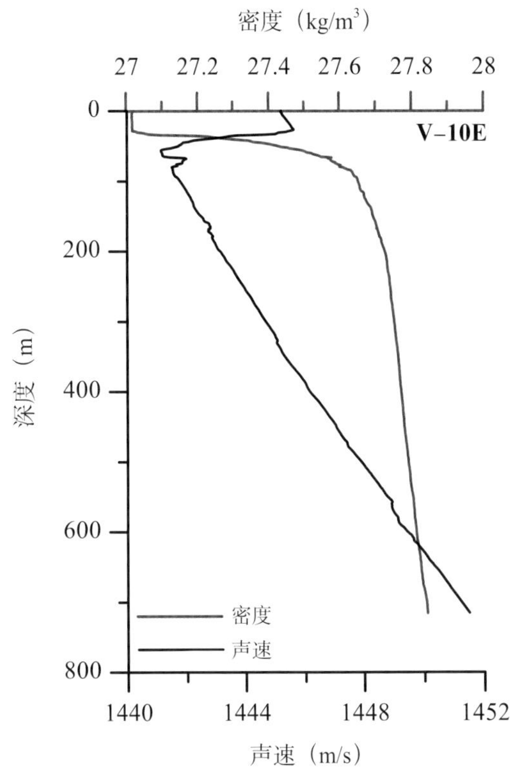
密度（kg/m³）
27
27.2
27.4
27.6
27.8
28
0
200
400
600
800
深度（m）
V-10E
密度
声速
1440
1444
1448
1452
声速（m/s）

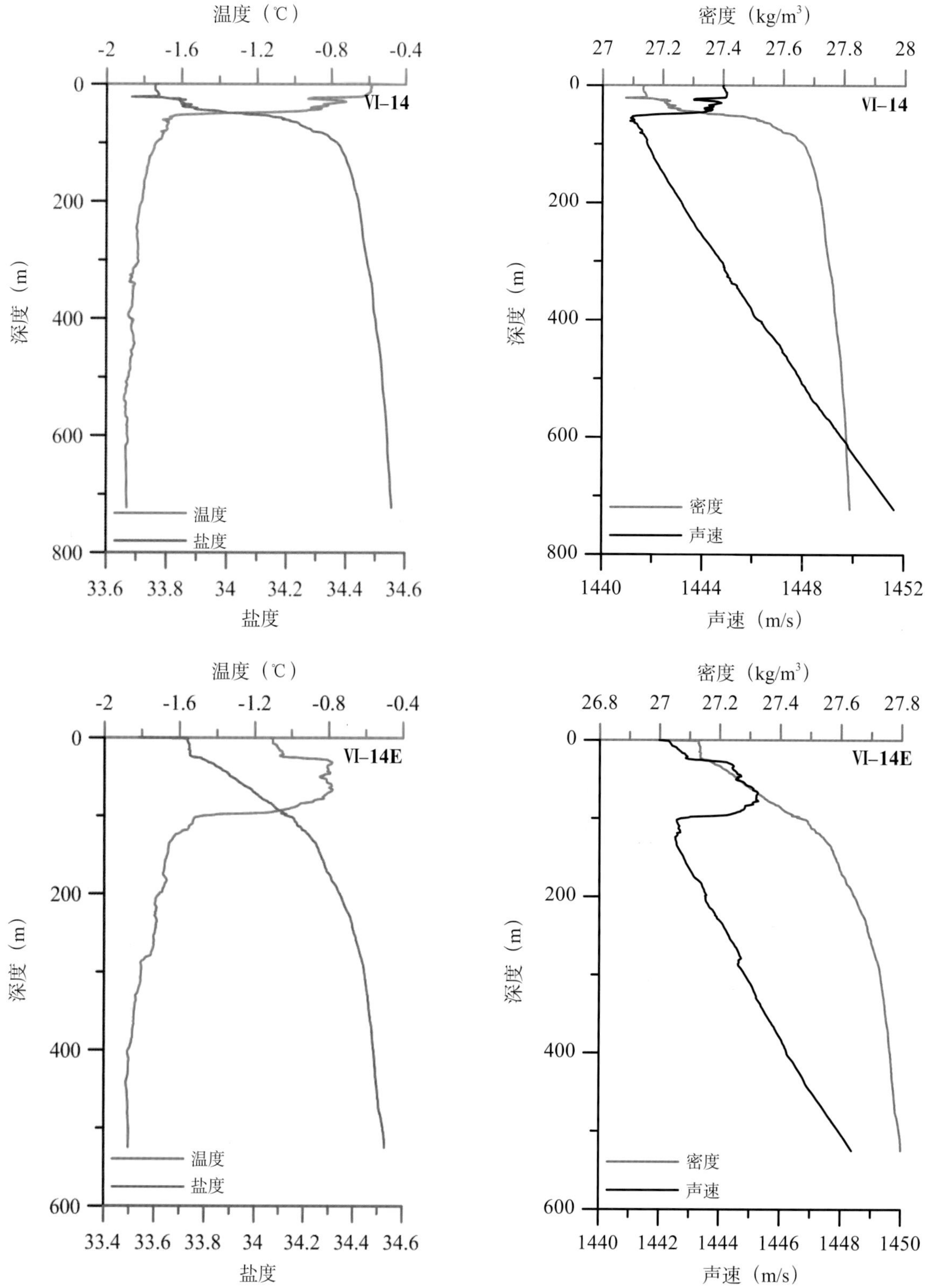

图2.2　CTD 测量要素温度、盐度、密度、声速剖面分布图

第三节 航次断面图

本航次站位布设较为规则，可以构成 8 条横跨深水海盆、陆坡、陆架的经向断面，依次为Ⅰ~Ⅷ。这些断面上全深度和 500 m 以上的温度、盐度、密度、声速断面分布如图 2.3 至图 2.10 所示。

（1）断面Ⅰ温度、盐度、密度、声速分布图

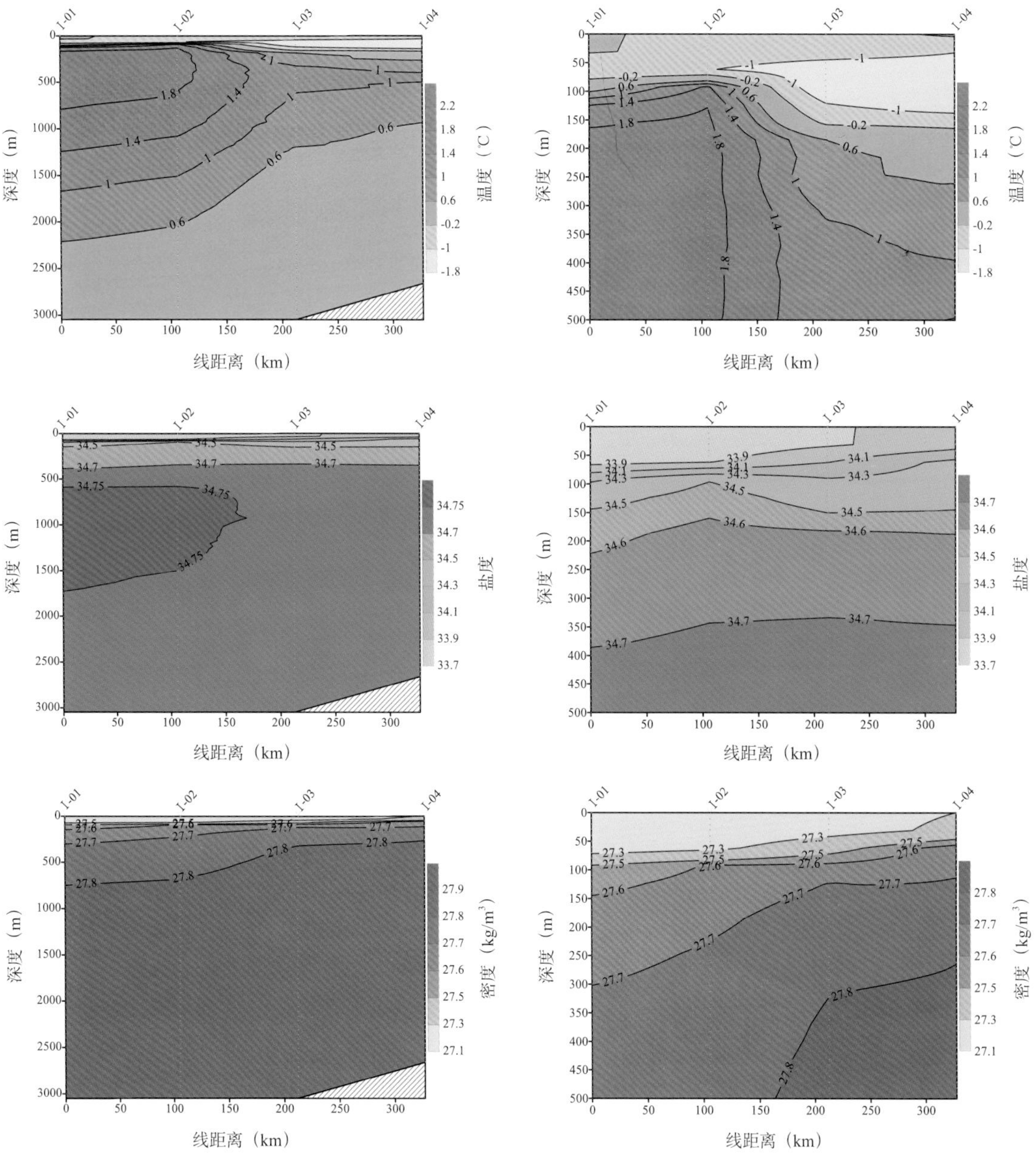

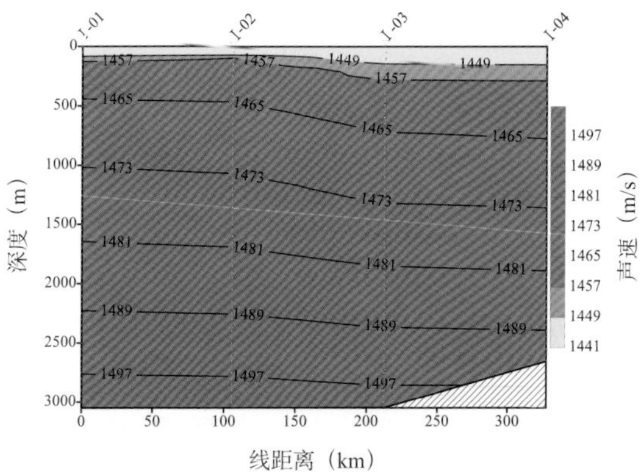

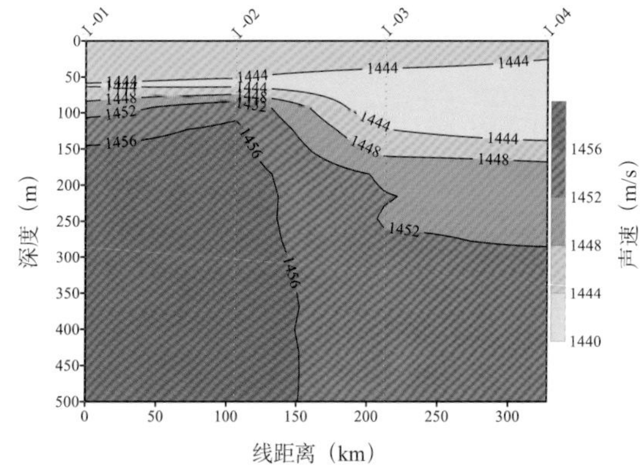

图2.3　断面Ⅰ温度、盐度、密度、声速分布图

（2）断面Ⅱ温度、盐度、密度、声速分布图

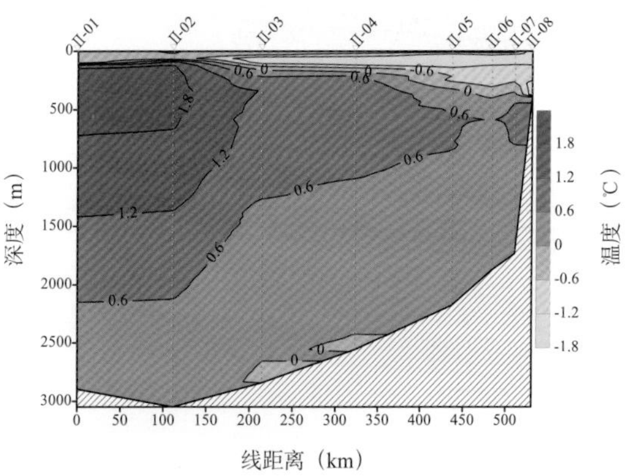

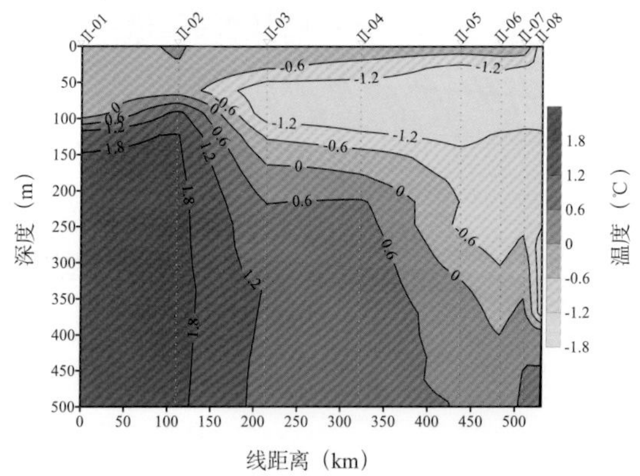

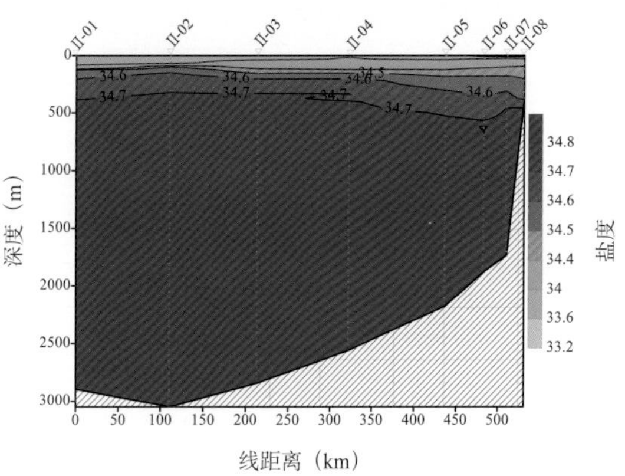

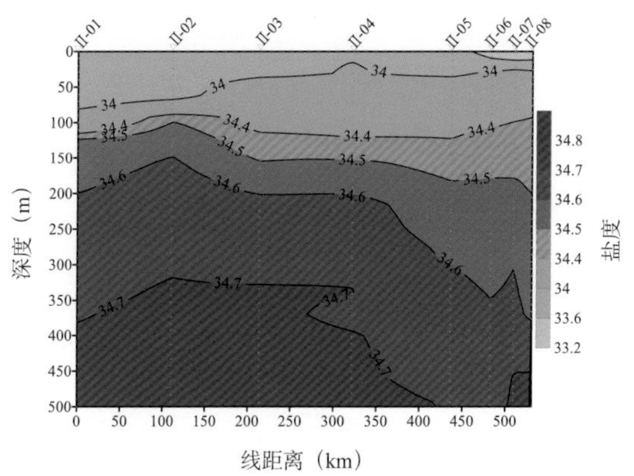

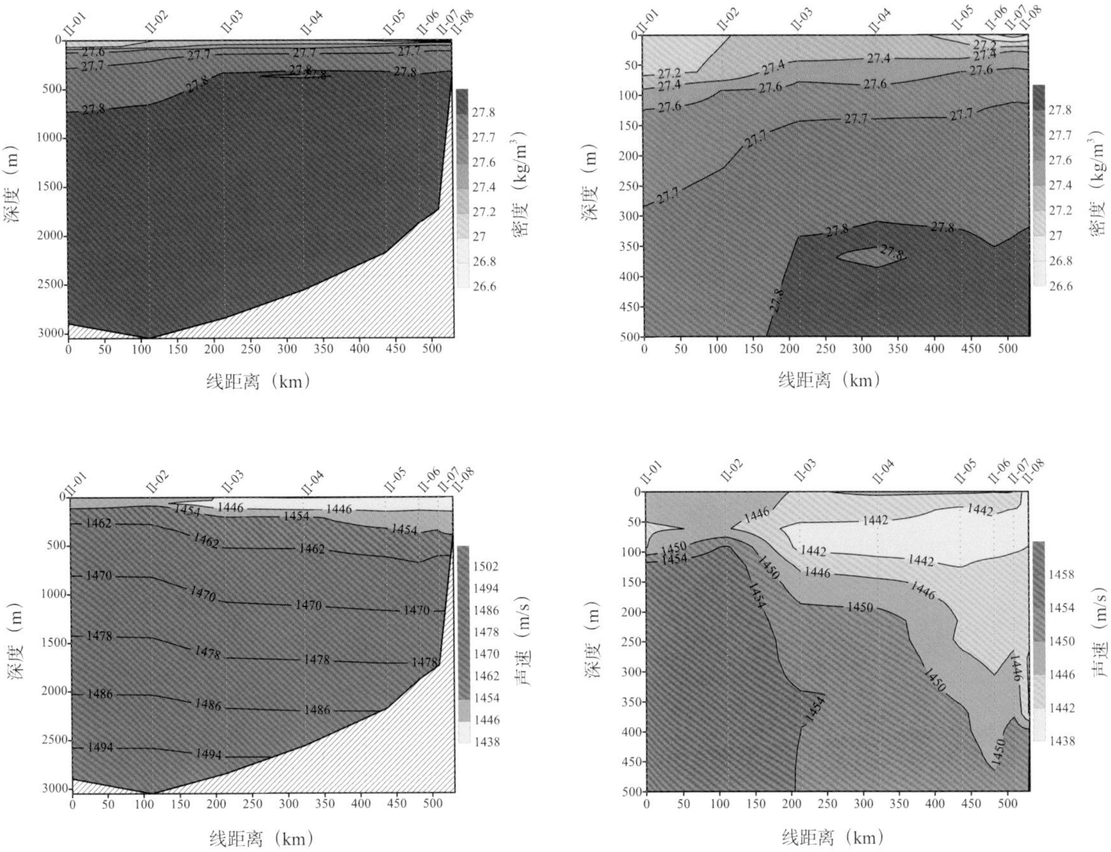

图2.4　断面Ⅱ温度、盐度、密度、声速分布图

（3）断面Ⅲ温度、盐度、密度、声速分布图

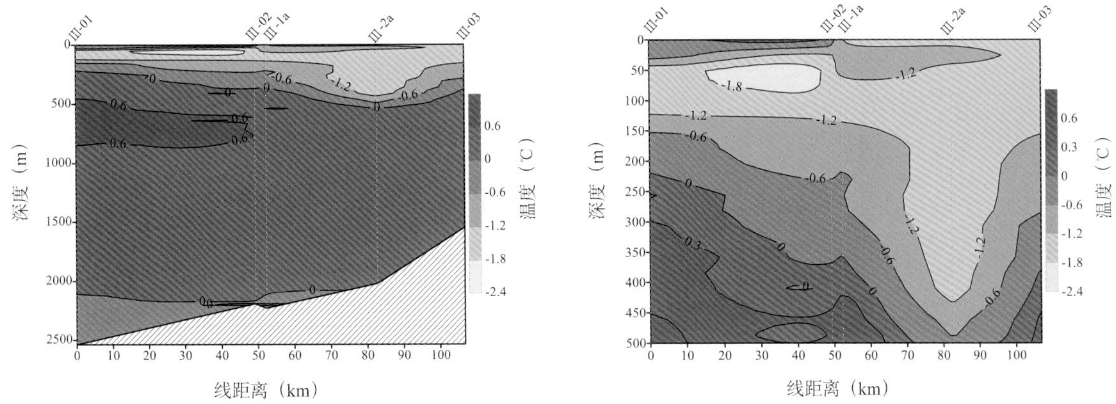

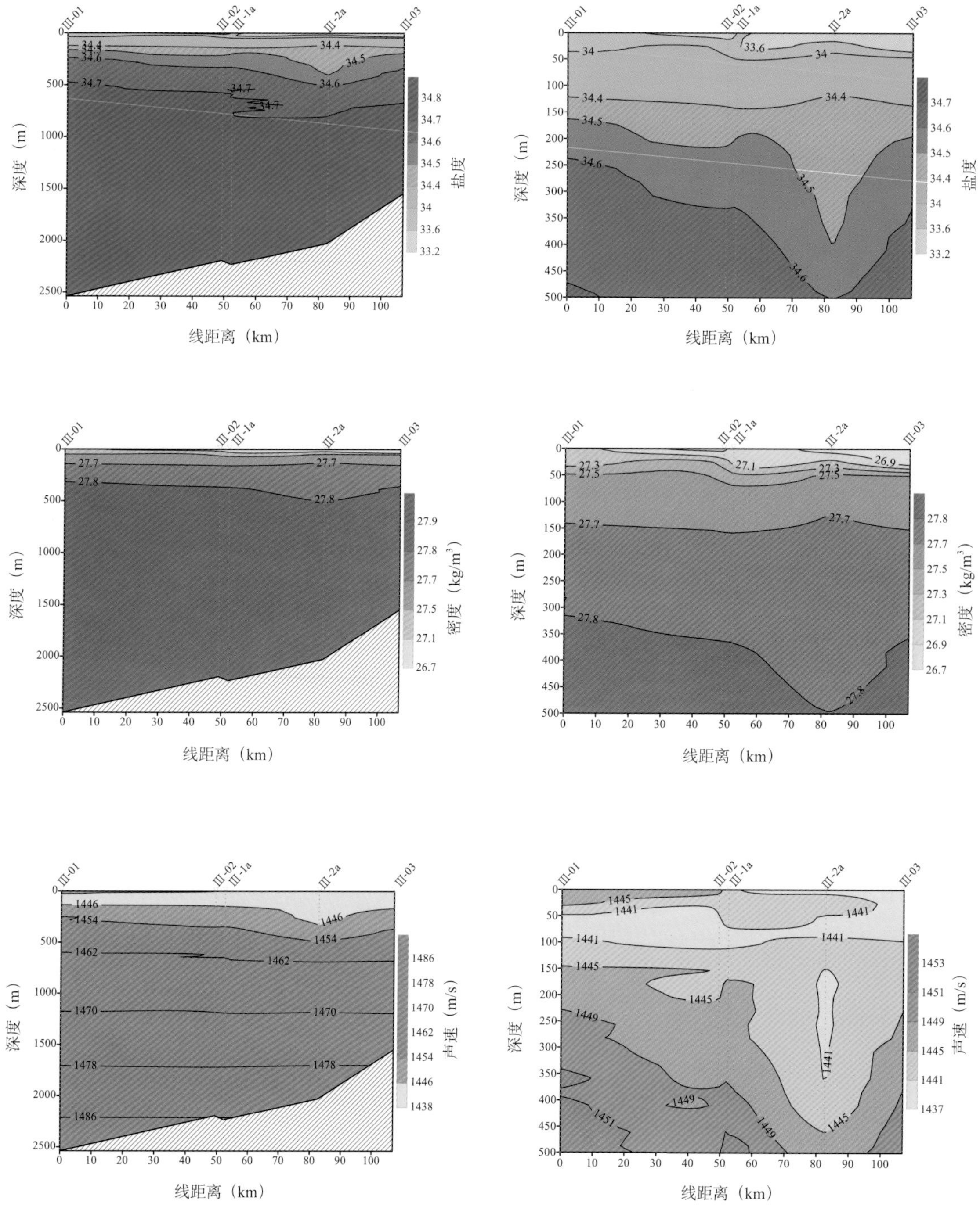

图2.5　断面Ⅲ温度、盐度、密度、声速分布图

（4）断面Ⅳ温度、盐度、密度、声速分布图

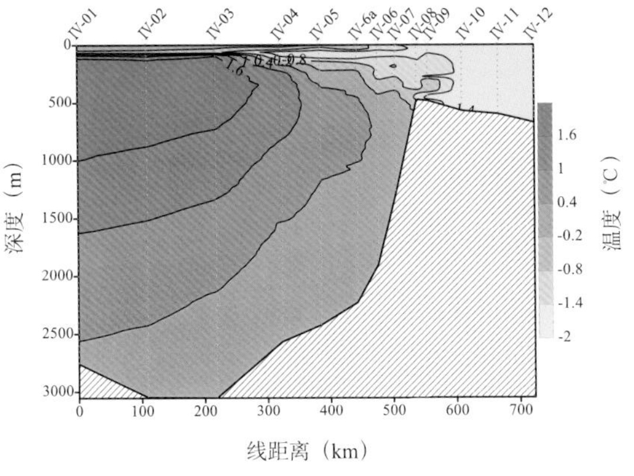

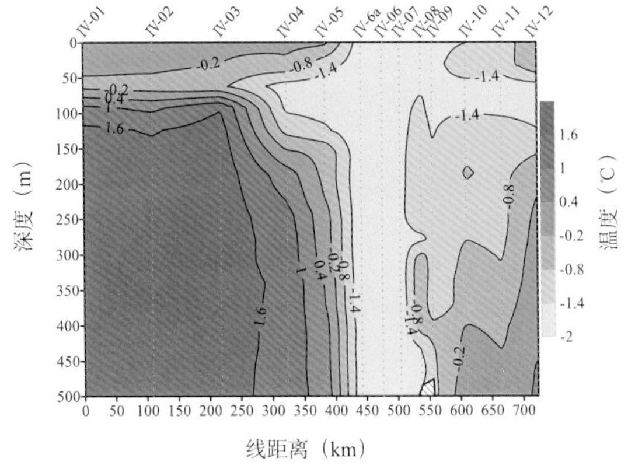

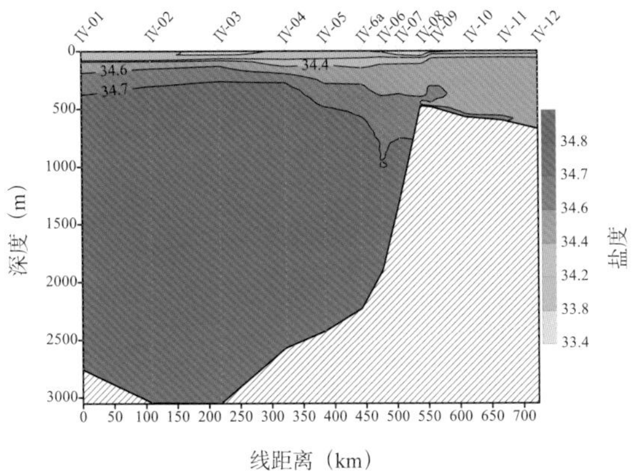

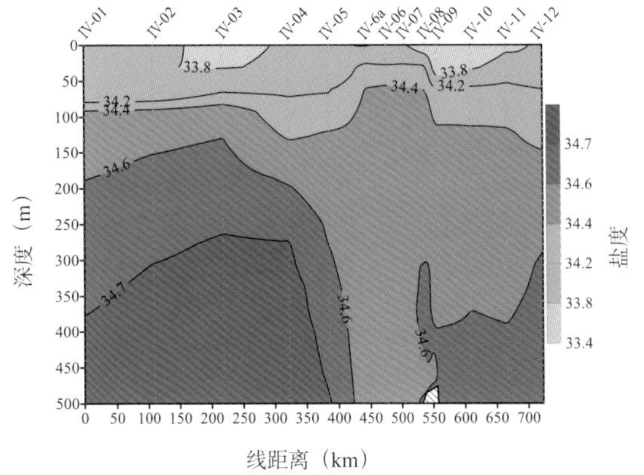

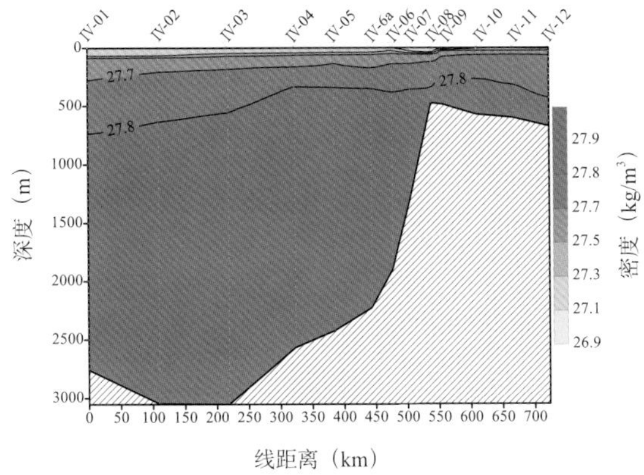

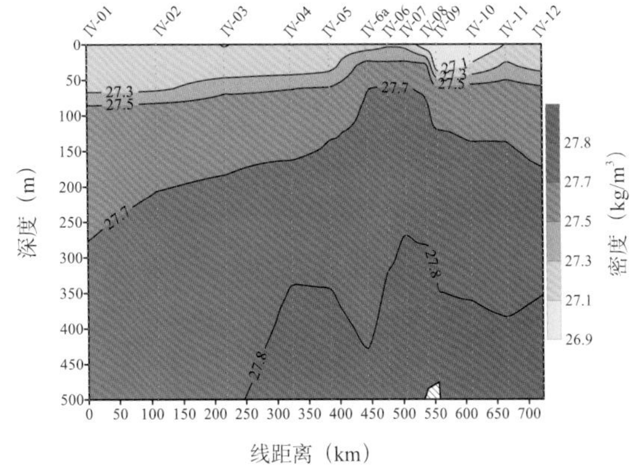

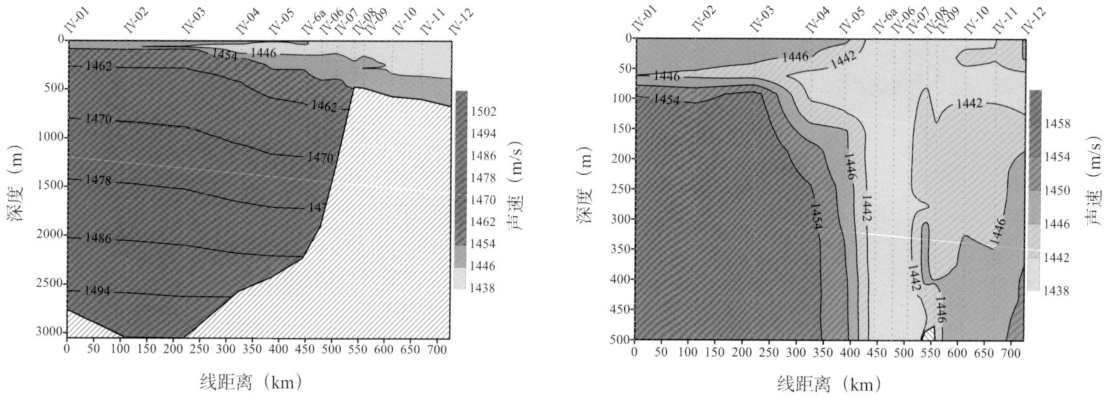

图2.6　断面Ⅳ温度、盐度、密度、声速分布图

（5）断面Ⅴ温度、盐度、密度、声速分布图

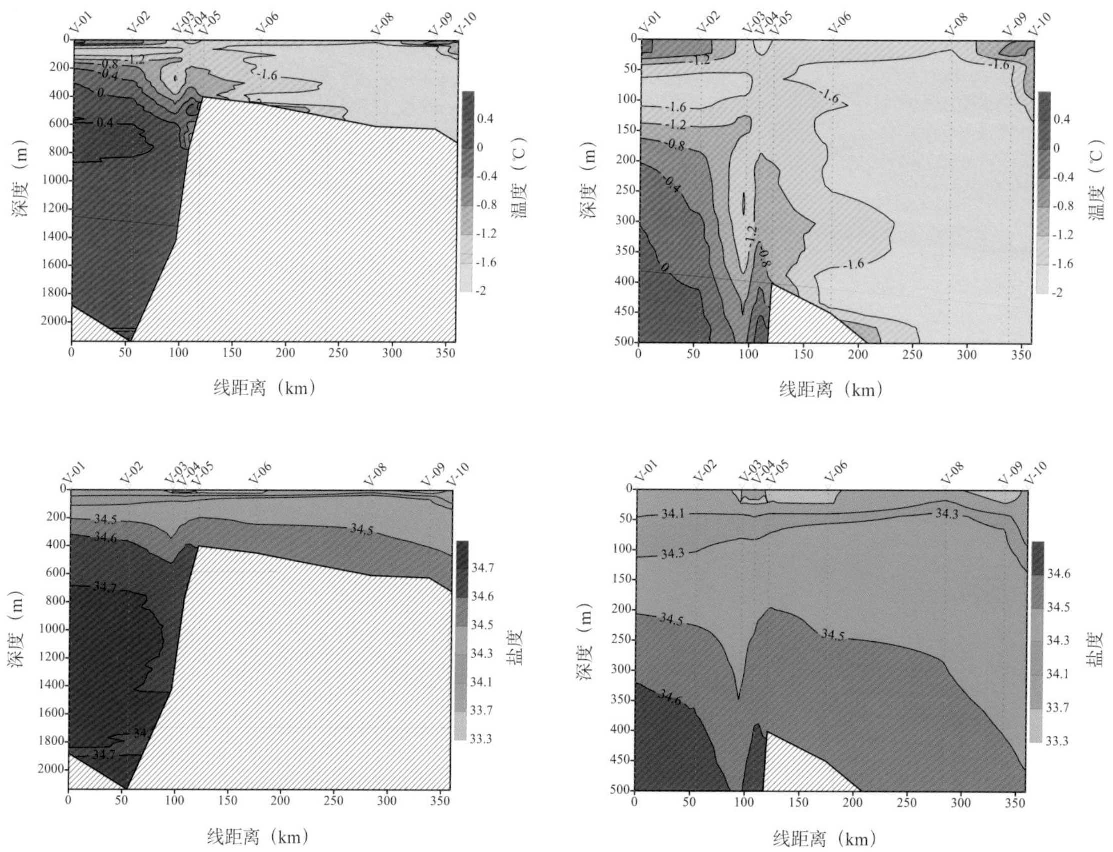

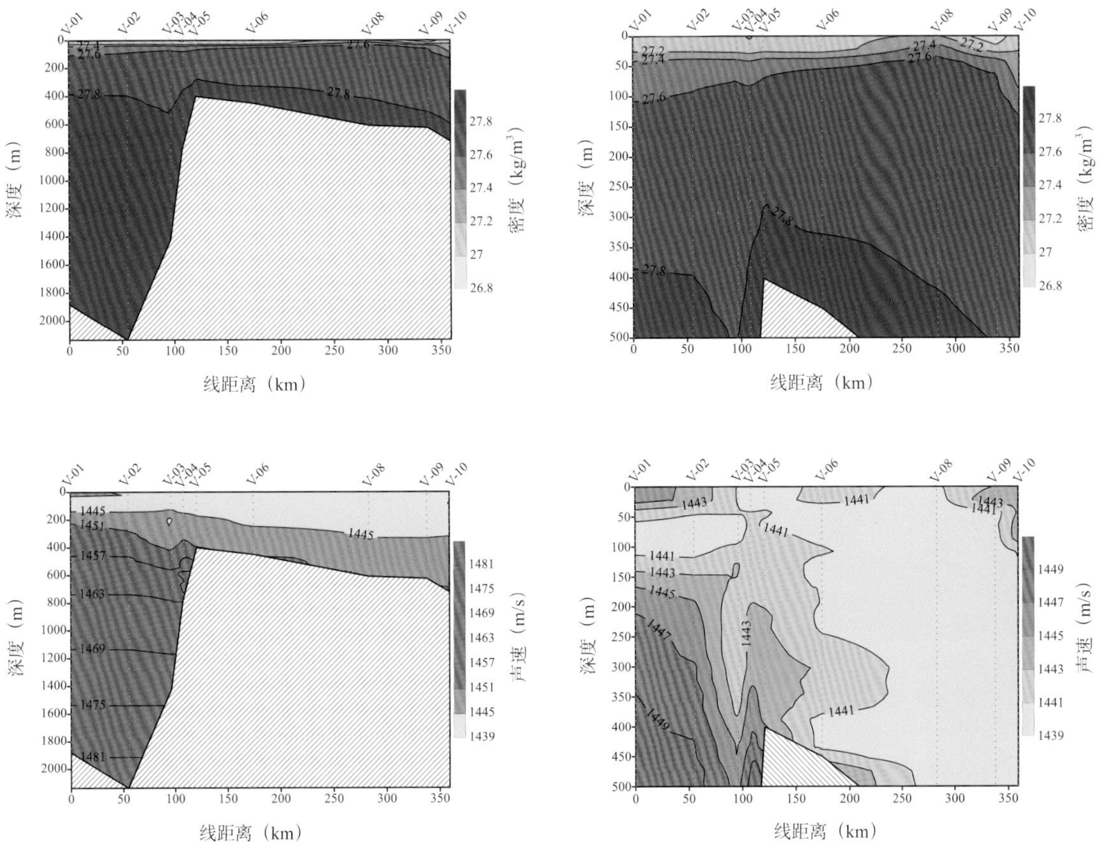

图2.7　断面Ⅴ温度、盐度、密度、声速分布图

（6）断面Ⅵ温度、盐度、密度、声速分布图

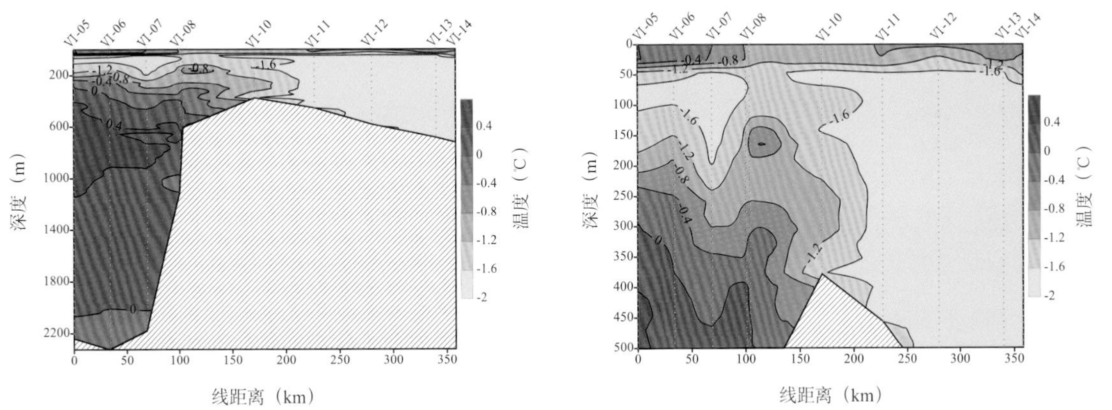

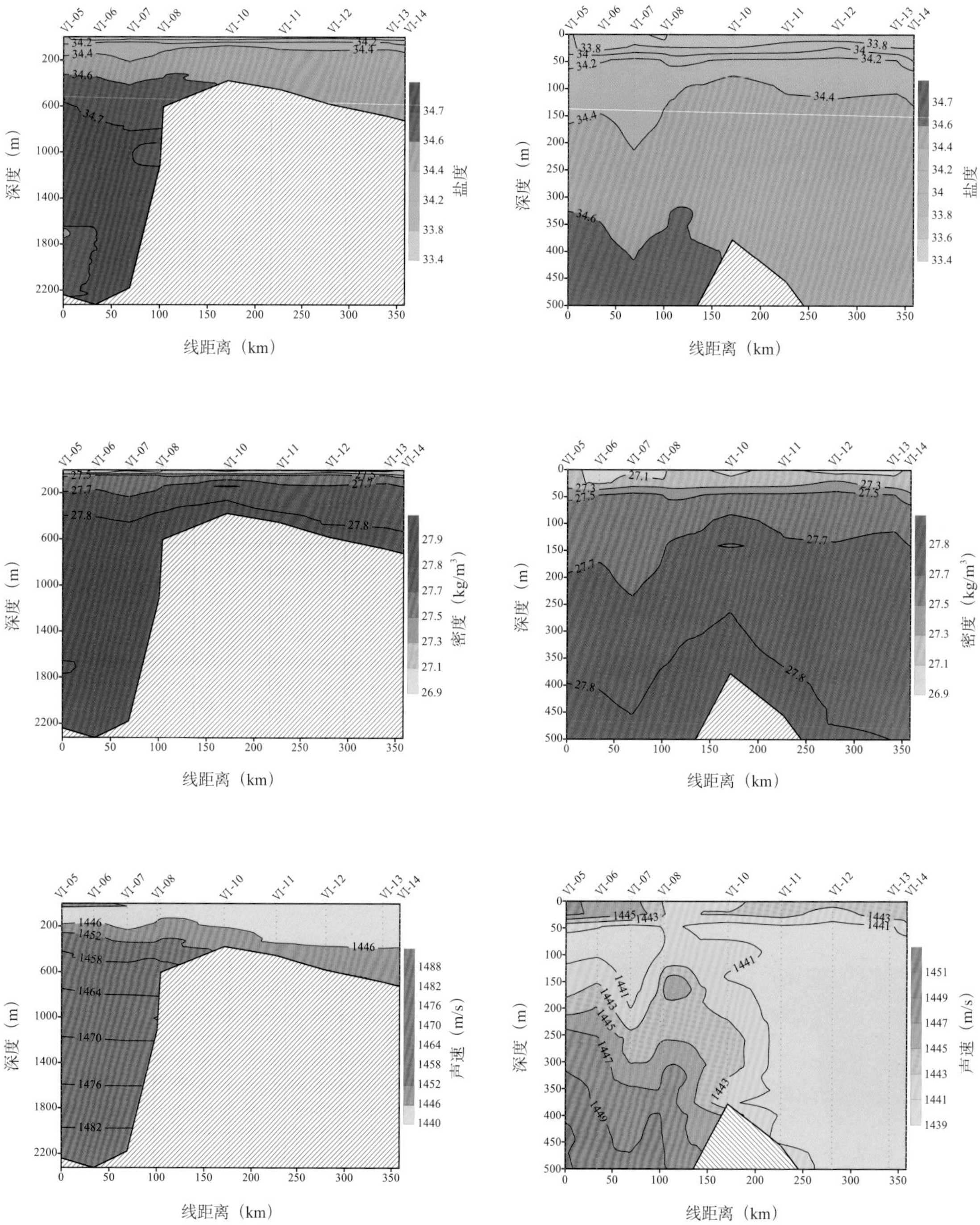

图2.8　断面Ⅵ温度、盐度、密度、声速分布图

（7）断面Ⅶ温度、盐度、密度、声速分布图

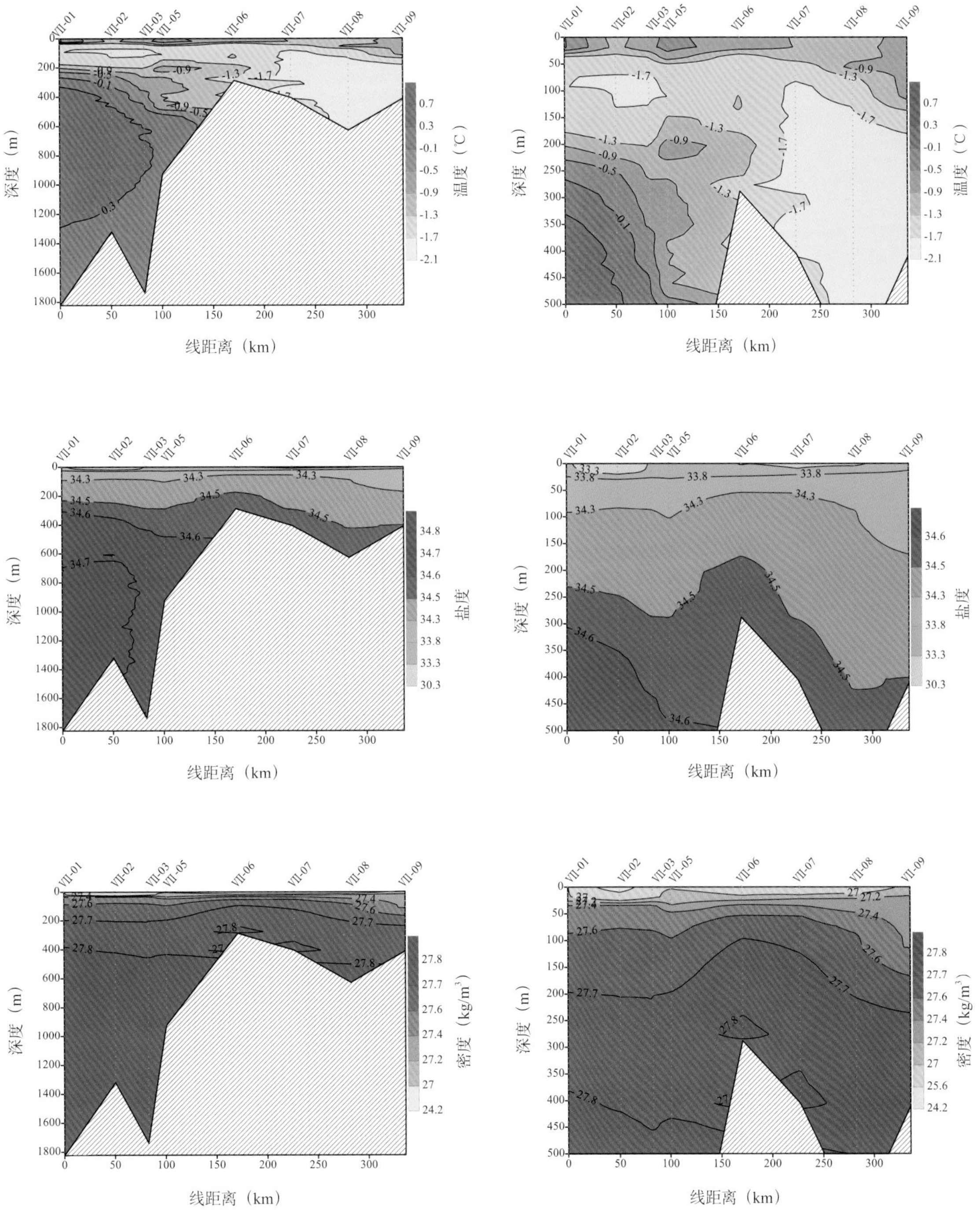

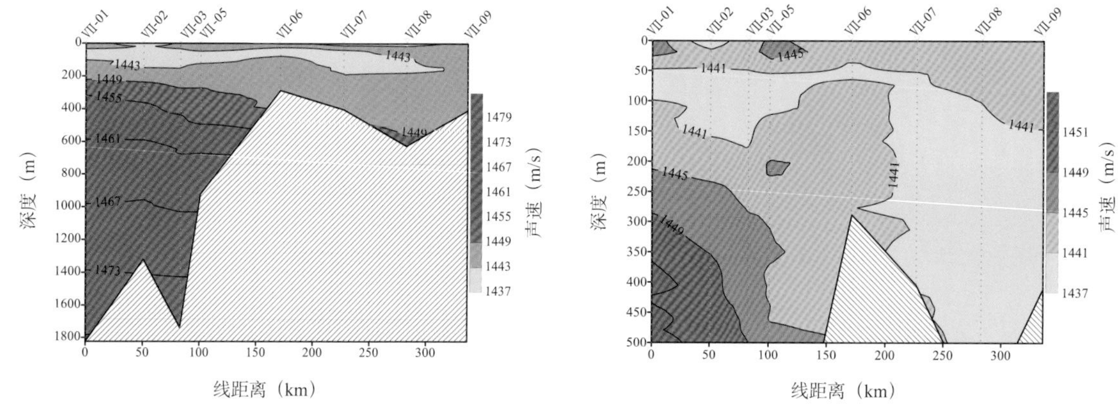

图2.9　断面Ⅶ温度、盐度、密度、声速分布图

（8）断面Ⅷ温度、盐度、密度、声速分布图

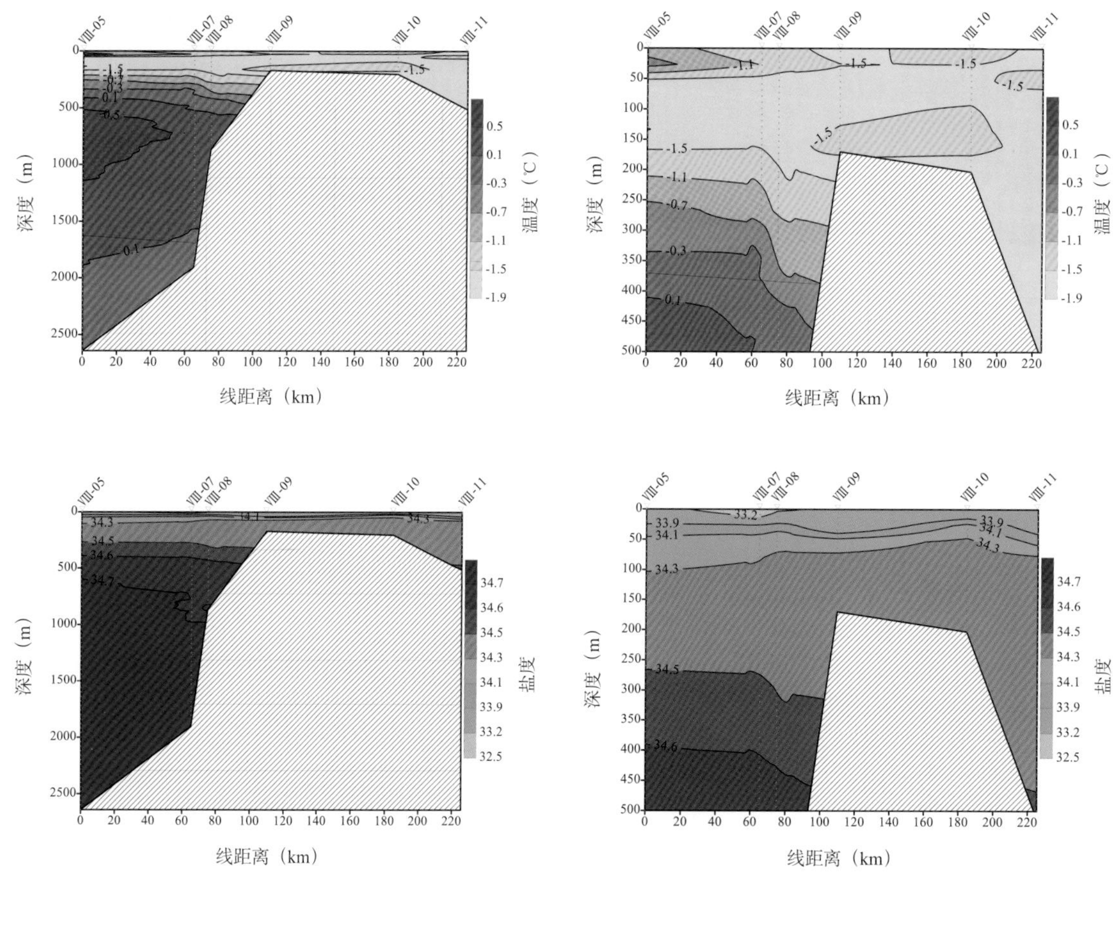

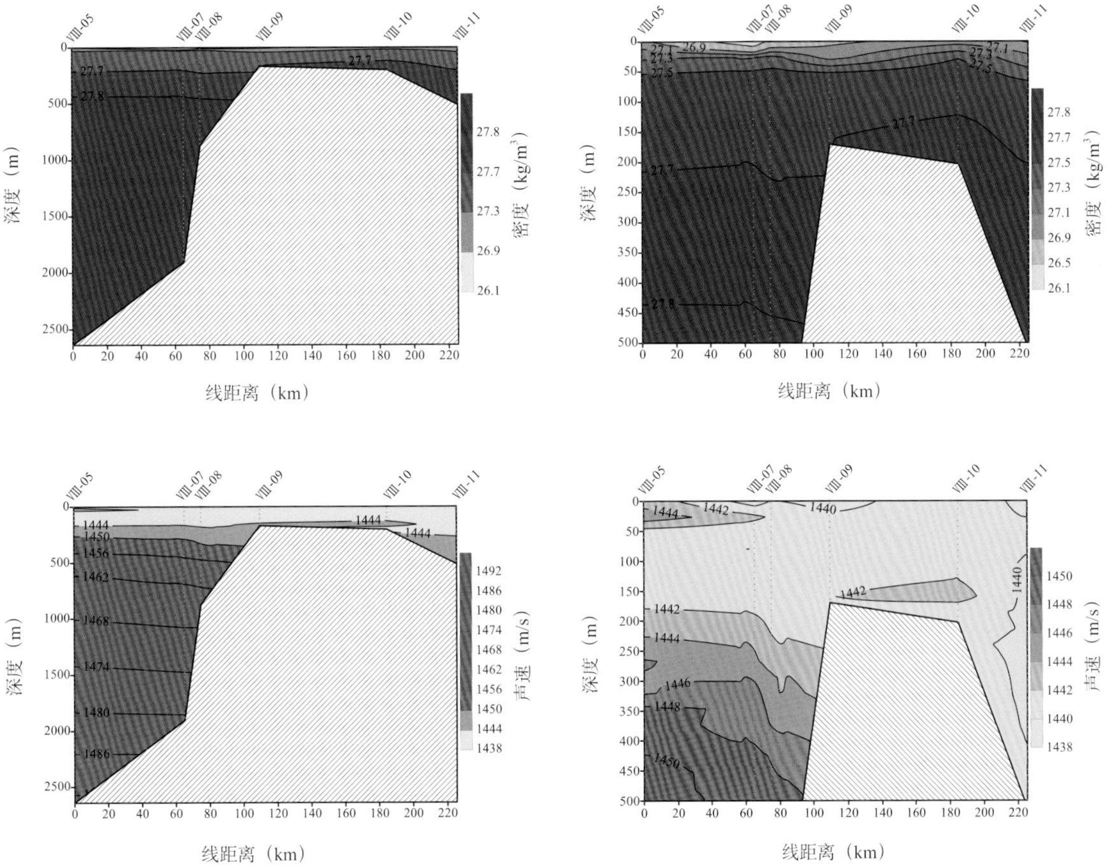

图2.10　断面Ⅷ温度、盐度、密度、声速分布图

第四节　航次大面剖面图

本航次 5 条平行的断面和其他站位可以构成南极半岛附近海域的大面观测，10 m 层、50 m 层、100 m 层、500 m 层上的温度、盐度、密度、声速分布情况如图 2.11 至图 2.14 所示。

（1）10 m 层温度、盐度、密度、声速分布图（等值线间隔依次为 0.2，0.1，0.1，1）

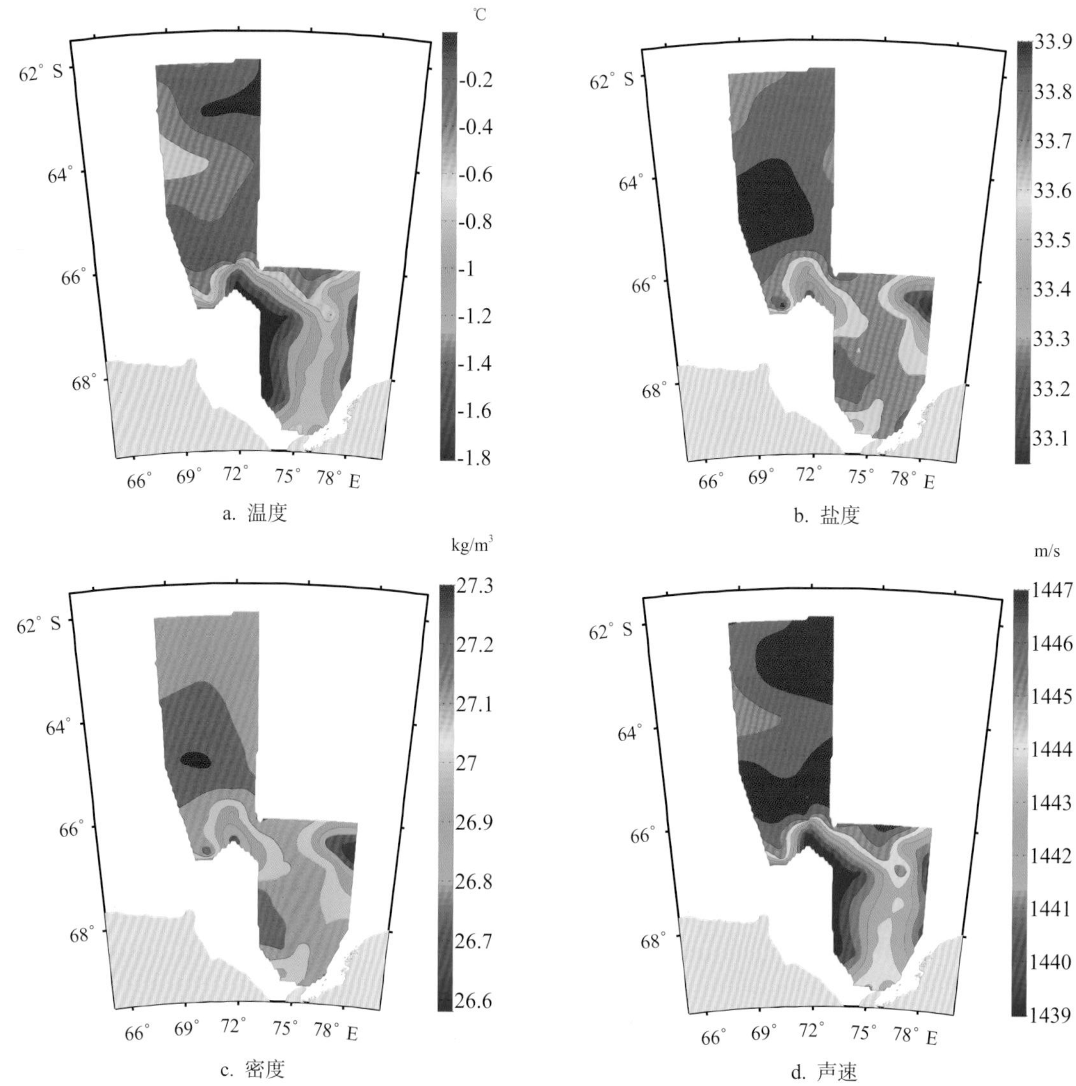

图2.11　10 m 层温度、盐度、密度、声速分布图

（2）50 m 层温度、盐度、密度、声速分布图（等值线间隔依次为 0.2，0.1，0.1，1）

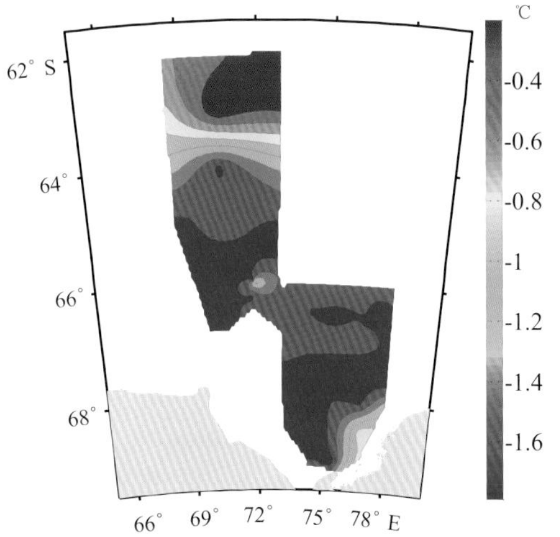

a. 温度

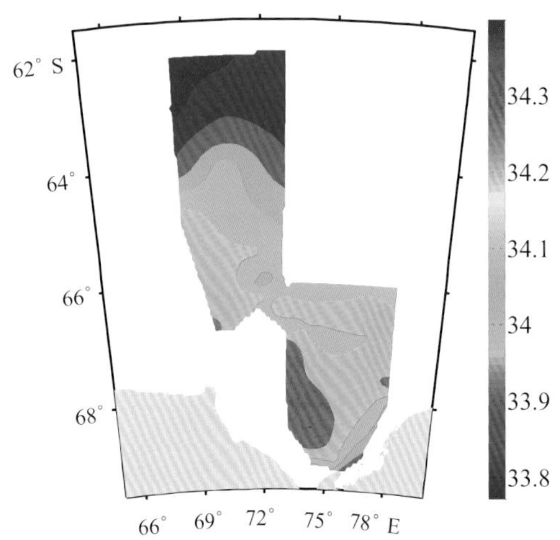

b. 盐度

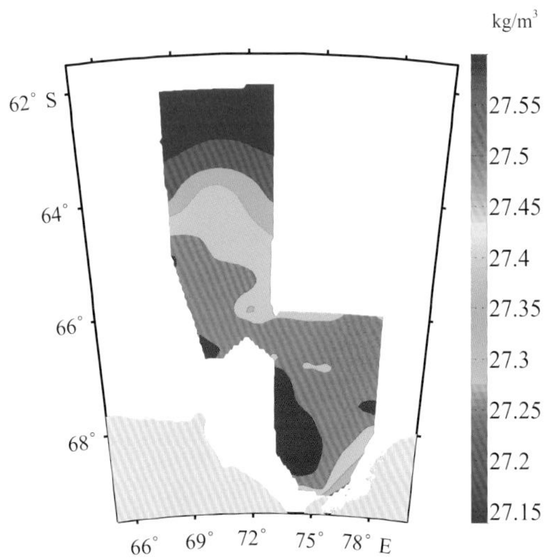

c. 密度

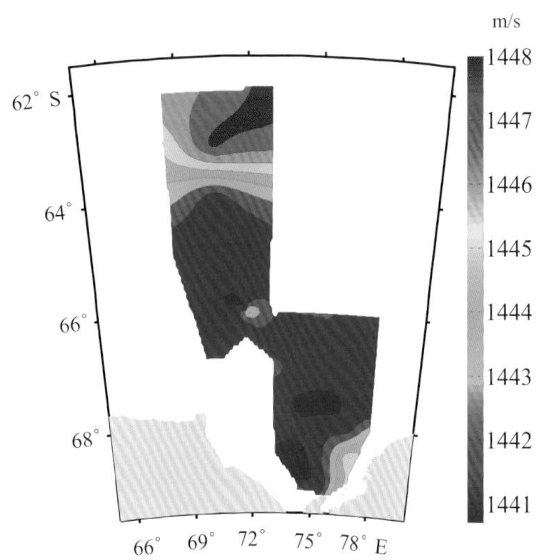

d. 声速

图2.12　50 m 层温度、盐度、密度、声速分布图

（3）100 m层温度、盐度、密度、声速分布图（等值线间隔依次为0.2，0.05，0.05，1）

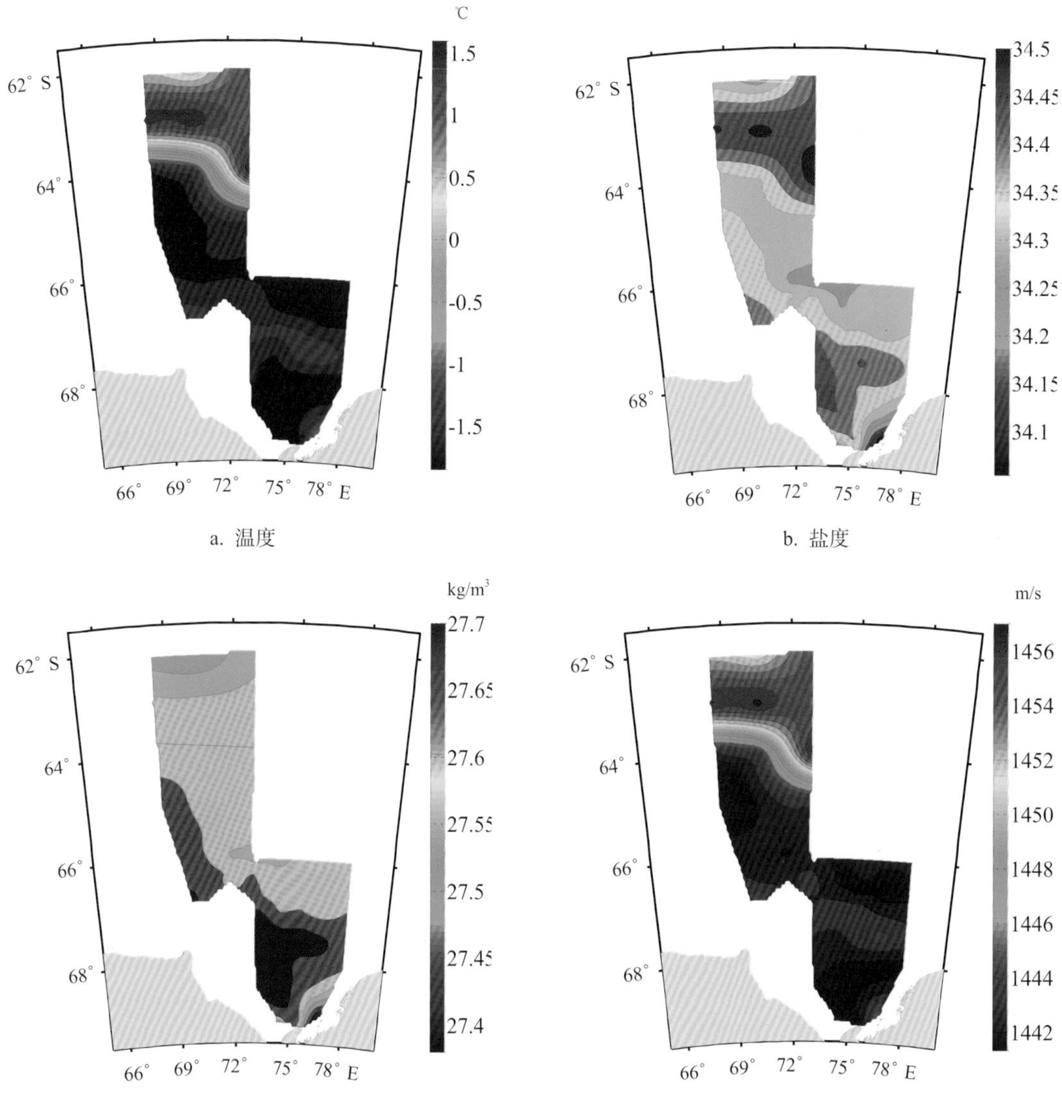

a. 温度　　b. 盐度

c. 密度　　d. 声速

图2.13　100 m层温度、盐度、密度、声速分布图

（4）500 m层温度、盐度、密度、声速分布图（等值线间隔依次为0.2，0.02，0.01，1）

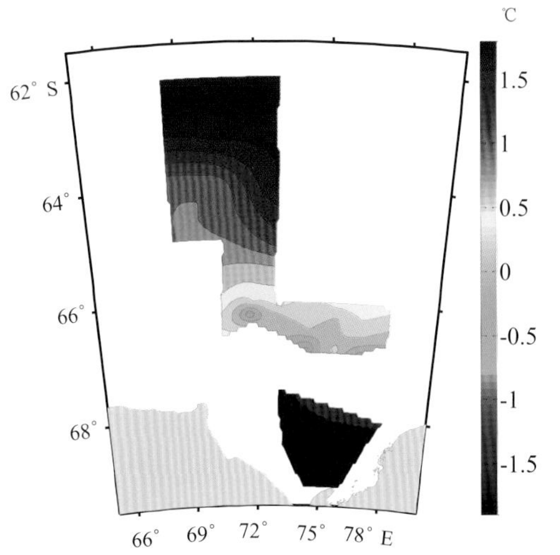

a. 温度

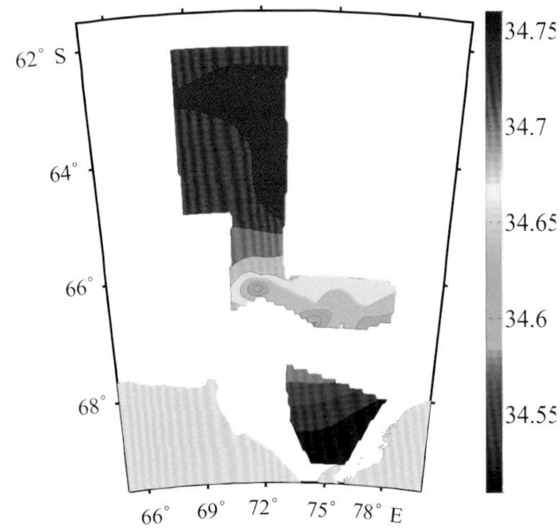

b. 盐度

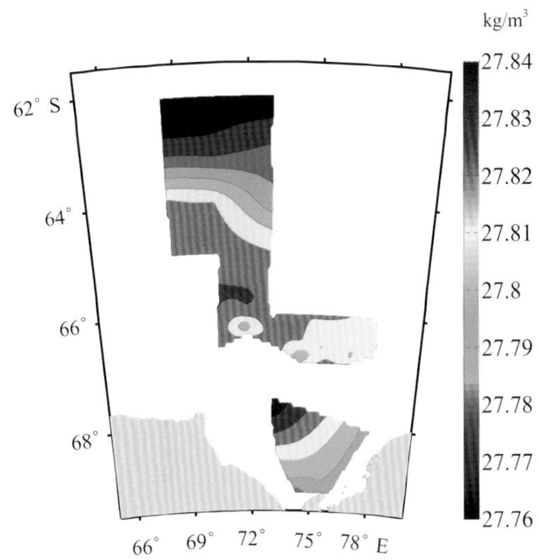

c. 密度

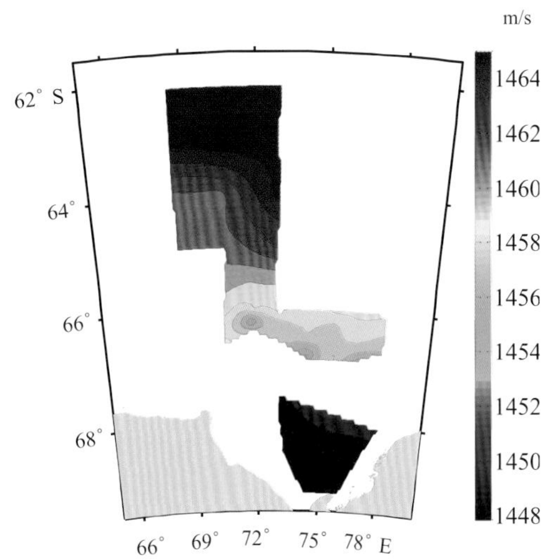

d. 声速

图2.14　500 m层温度、盐度、密度、声速分布图

第三章

中国第19次南极科学考察水文图集

第一节 航次站位情况及TS点聚图

中国第 19 次南极科学考察共完成海洋考察 CTD 站位 43 个，站位信息见表 3.1。

表3.1 中国第19次南极考察CTD观测站位信息表

序号	站位	日期	时间	纬度 (° S)	经度 (° W)	水深 (m)	最大观测深度 (m)
1	D1-05	2003-01-14	01:55:05	66.000	68.000	2 700	2 492
2	D1-06	2003-01-14	07:08:00	66.500	68.000	3 000	2 516
3	D1-07	2003-01-14	13:41:10	66.750	68.000	2 300	2 026
4	D1-08	2003-01-14	15:55:35	66.917	68.000	1 800	1 649
5	D1-09	2003-01-14	18:42:48	67.000	68.000	1 550	1 470
6	D1-10	2003-01-14	20:49:43	67.250	68.000	170	144
7	D1-11	2003-01-15	00:09:02	67.500	68.000	260	242
8	D1-12	2003-01-15	02:28:55	67.667	68.000	450	455
9	IS-01	2003-02-03	18:48:04	69.435	75.422	450	421
10	IS-02	2003-02-03	20:34:17	69.314	74.983	800	752
11	IS-03	2003-02-03	22:33:11	69.285	74.499	800	775
12	IS-04	2003-02-04	00:25:45	69.171	74.106	700	651
13	IS-05	2003-02-04	03:00:45	69.002	73.841	700	682
14	IS-06	2003-02-04	05:15:34	68.723	73.169	787	763
15	IS-07	2003-02-04	06:55:24	68.605	72.721	512	486
16	IS-08	2003-02-04	09:14:02	68.518	72.284	503	472
17	IS-09	2003-02-04	11:12:24	68.572	71.867	446	431
18	IS-11	2003-02-04	14:54:21	68.551	71.044	596	609
19	IS-12	2003-02-04	16:59:57	68.431	70.673	902	811
20	IS-13	2003-02-04	22:39:24	68.317	70.202	250	222
21	D2-14	2003-02-04	18:46:42	68.450	70.507	745	794
22	D2-13	2003-02-04	21:36:28	68.313	70.467	300	285
23	D2-12	2003-02-05	00:59:30	68.000	70.503	490	1 520
24	D2-11	2003-02-05	04:04:17	67.617	70.608	270	828
25	D2-10	2003-02-05	06:58:47	67.174	70.654	290	1 116
26	D2-09	2003-02-05	08:51:42	66.994	70.487	—	284
27	D2-08	2003-02-05	12:54:40	66.826	70.506	—	632
28	D2-07	2003-02-05	13:47:21	66.669	70.503	1 900	2 773

续 表

序号	站位	日期	时间	纬度 (° S)	经度 (° W)	水深 (m)	最大观测深度 (m)
29	D2-06	2003-02-05	16:49:39	66.417	70.501	2 125	2 552
30	D2-05	2003-02-05	22:57:42	66.019	70.486	2 300	2 175
31	D2-04	2003-02-06	05:48:00	65.000	70.486	3 200	2 897
32	D3-08	2003-02-06	15:18:06	65.000	73.003	3 000	2 863
33	D3-09	2003-02-07	00:27:43	65.511	73.008	3 000	2 510
34	D3-10	2003-02-07	06:28:29	66.000	73.000	2 300	2 167
35	D3-11	2003-02-07	12:16:54	66.333	73.000	1 920	1 933
36	D3-12	2003-02-07	15:28:07	66.500	73.000	1 510	1 508
37	D3-13	2003-02-07	17:41:28	66.667	73.000	1 067	1 033
38	D3-14	2003-02-07	19:51:41	66.833	73.000	508	482
39	D3-15	2003-02-07	23:07:12	67.000	73.000	502	493
40	D3-16	2003-02-08	03:03:32	67.533	73.000	587	569
41	D3-17	2003-02-08	08:58:20	68.000	73.004	—	624
42	D3-19	2003-02-08	14:15:30	68.500	73.004	—	615
43	D3-20	2003-02-08	17:03:46	68.683	73.000	697	602

注：“—”表示数据缺失。

本航次的 TS 点聚图如图 3.1 所示。

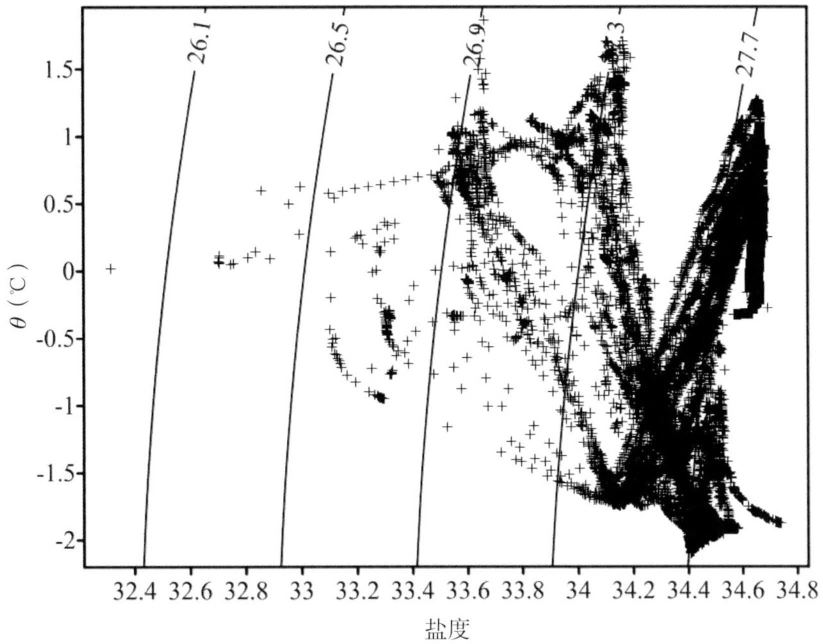

图3.1 中国第19次南极考察TS点聚图

第二节　航次站点剖面图

由于仪器记录显著故障，站位 D2-04、D2-05、D2-07 处的温度、盐度、密度、声速剖面图单独给出，如图 3.2 所示。

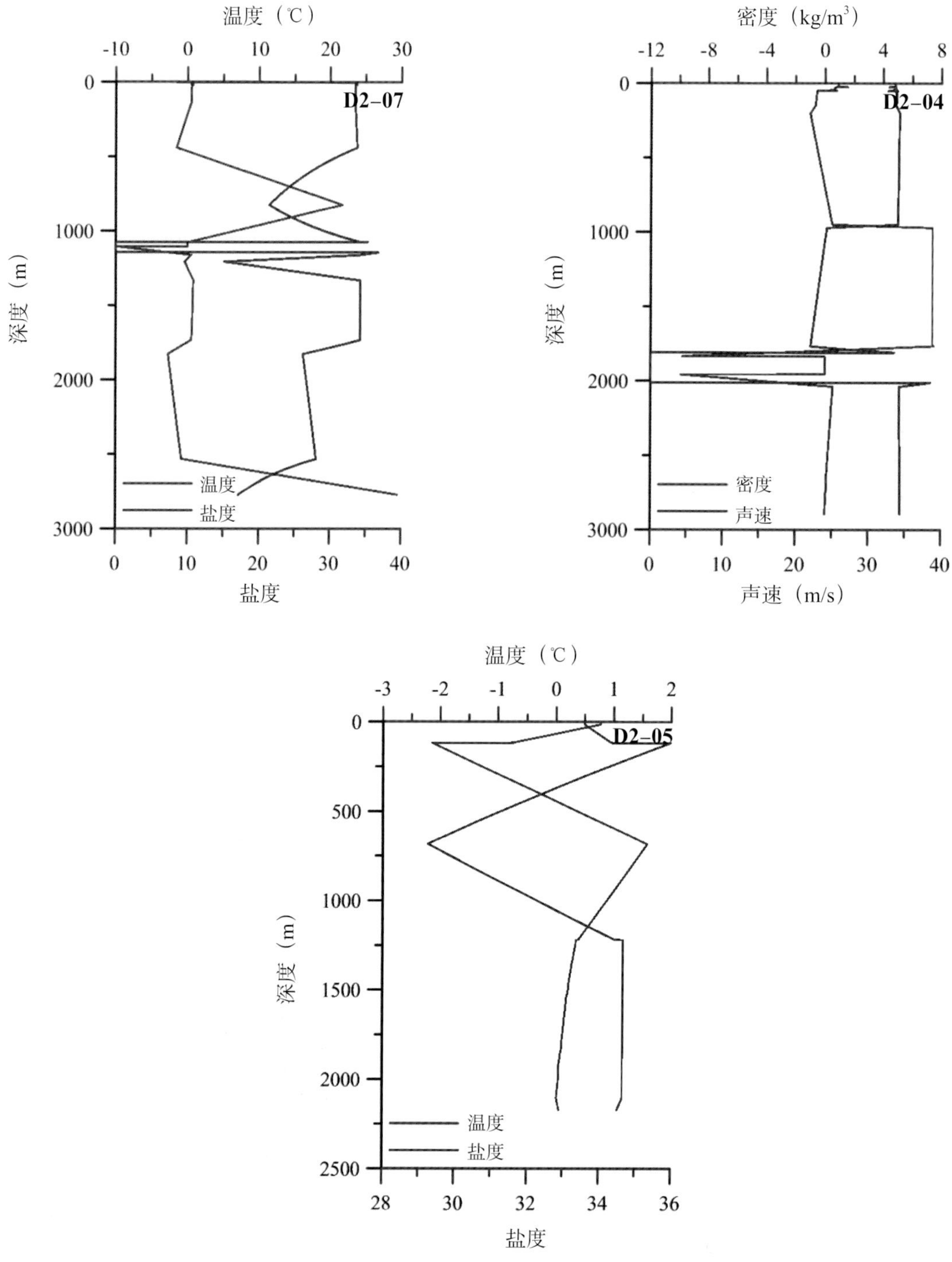

图3.2　站位D2-04、D2-05、D2-07温度、盐度、密度、声速剖面分布图

本航次其他各站点的CTD测量要素温度、盐度、密度、声速剖面分布如图3.3所示。

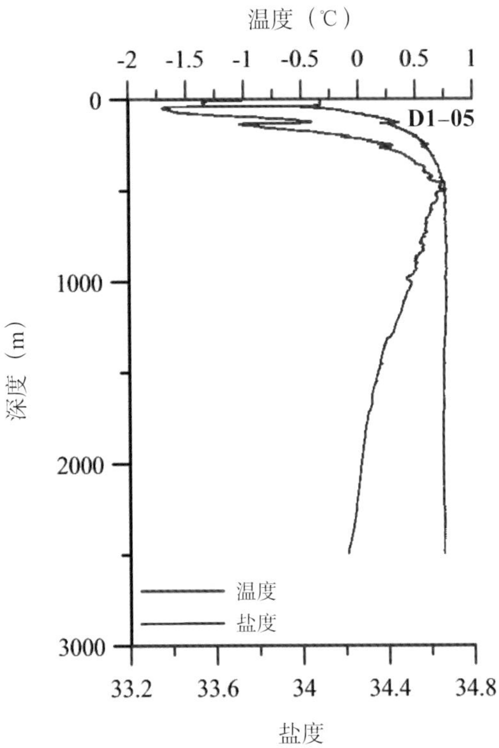

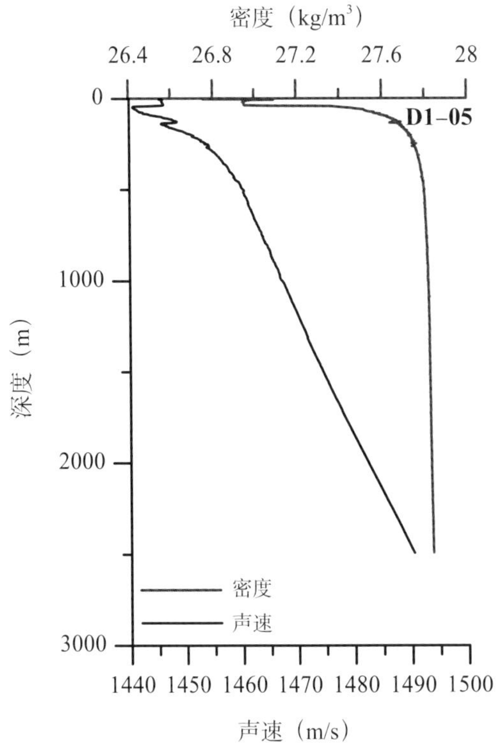

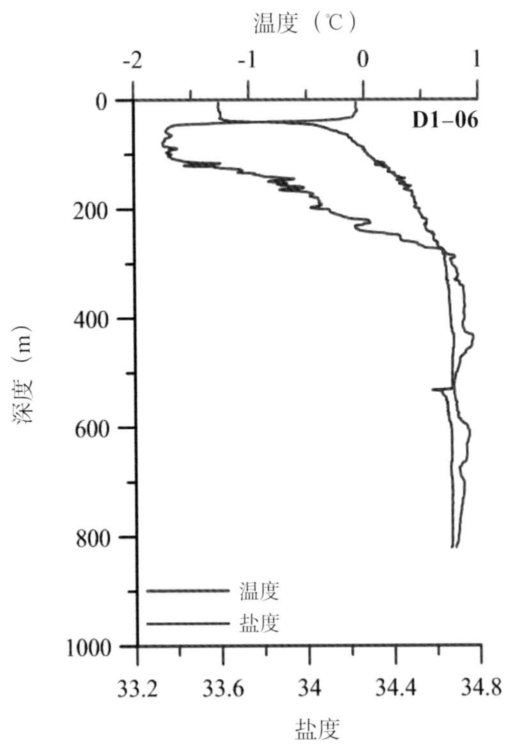

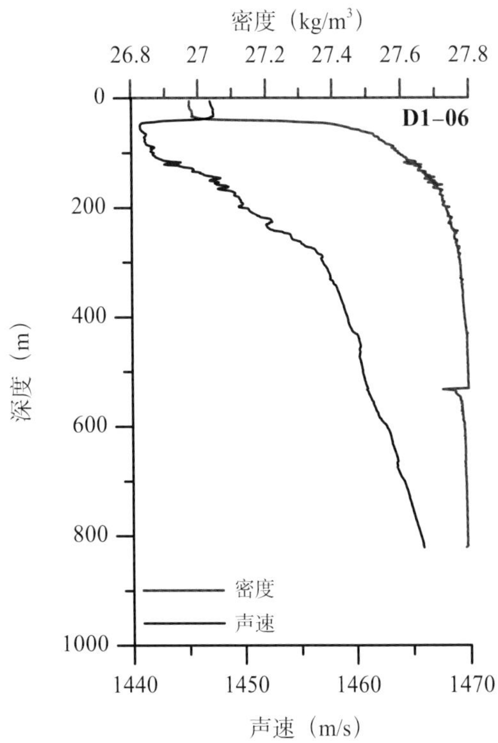

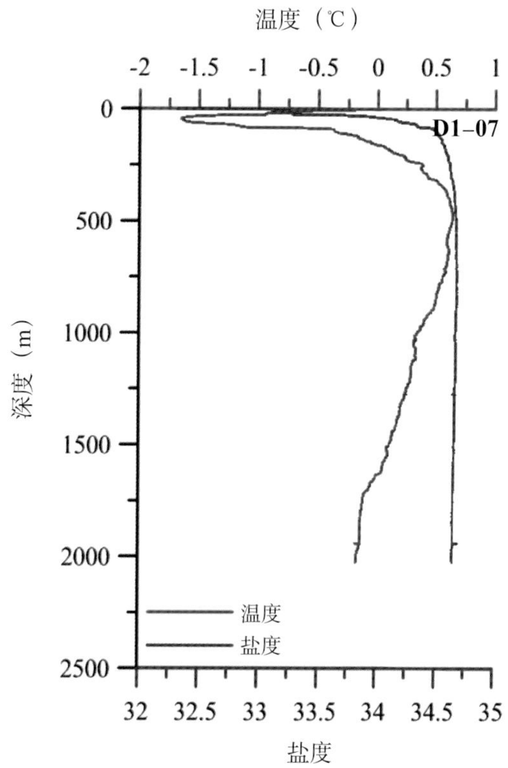
温度（℃）
-2 -1.5 -1 -0.5 0 0.5 1
0 500 1000 1500 2000 2500
深度（m）
D1-07
温度
盐度
32 32.5 33 33.5 34 34.5 35
盐度

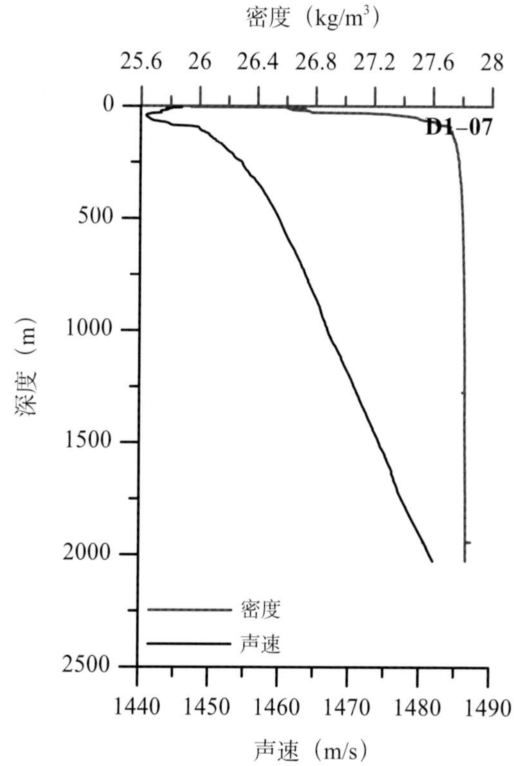
密度（kg/m3）
25.6 26 26.4 26.8 27.2 27.6 28
0 500 1000 1500 2000 2500
深度（m）
D1-07
密度
声速
1440 1450 1460 1470 1480 1490
声速（m/s）

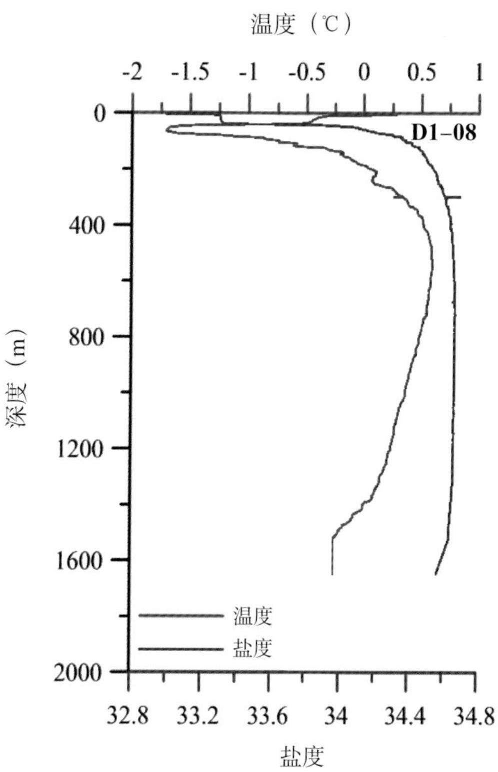
温度（℃）
-2 -1.5 -1 -0.5 0 0.5 1
0 400 800 1200 1600 2000
深度（m）
D1-08
温度
盐度
32.8 33.2 33.6 34 34.4 34.8
盐度

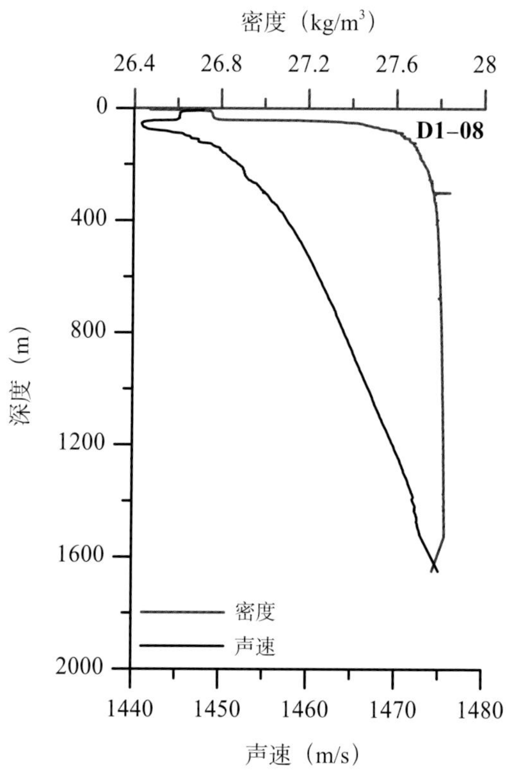
密度（kg/m3）
26.4 26.8 27.2 27.6 28
0 400 800 1200 1600 2000
深度（m）
D1-08
密度
声速
1440 1450 1460 1470 1480
声速（m/s）

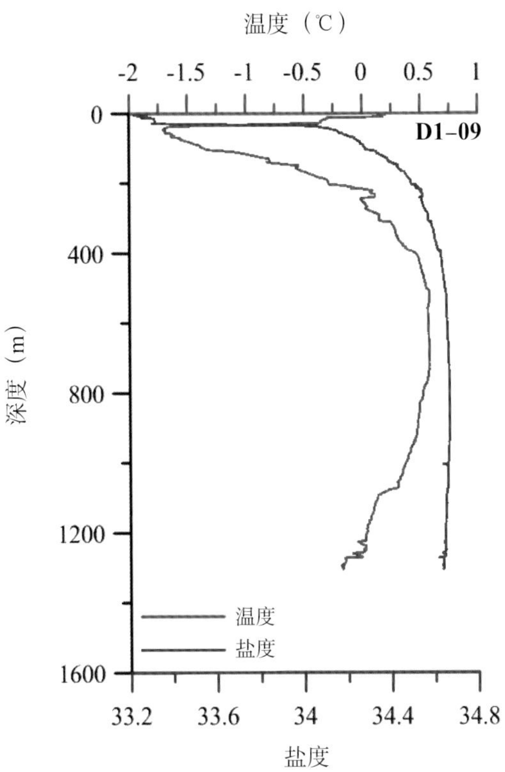
温度（℃）
-2 -1.5 -1 -0.5 0 0.5 1
D1-09
0
400
800
1200
1600
深度（m）
温度
盐度
33.2 33.6 34 34.4 34.8
盐度

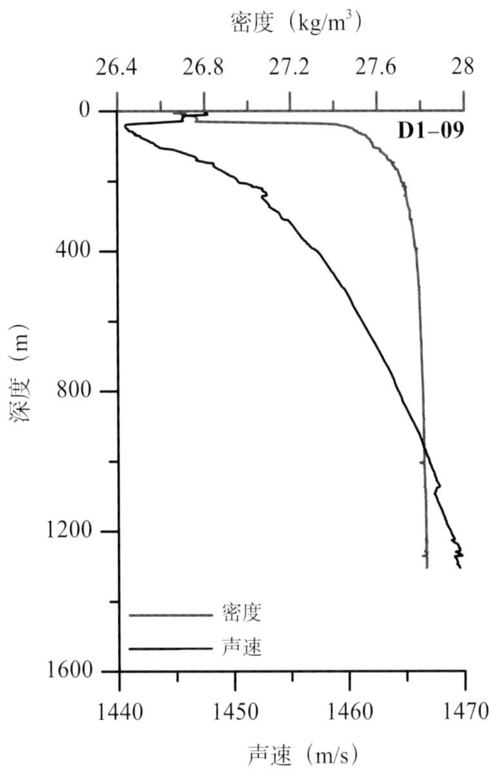
密度（kg/m³）
26.4 26.8 27.2 27.6 28
D1-09
0
400
800
1200
1600
深度（m）
密度
声速
1440 1450 1460 1470
声速（m/s）

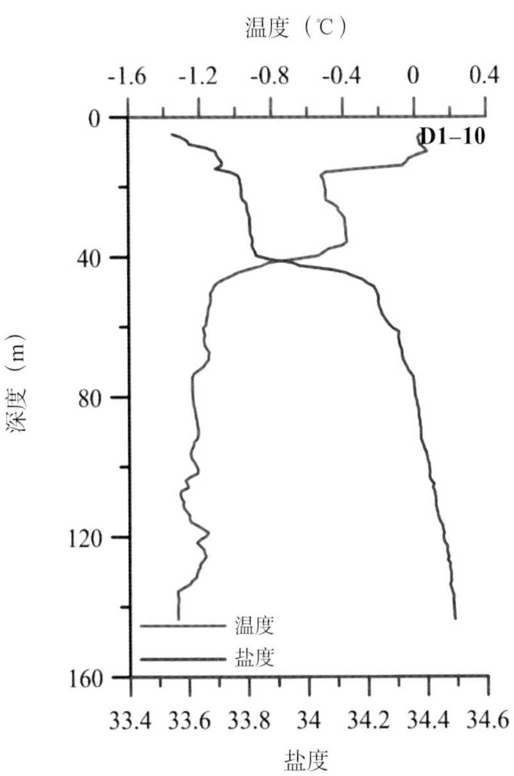
温度（℃）
-1.6 -1.2 -0.8 -0.4 0 0.4
D1-10
0
40
80
120
160
深度（m）
温度
盐度
33.4 33.6 33.8 34 34.2 34.4 34.6
盐度

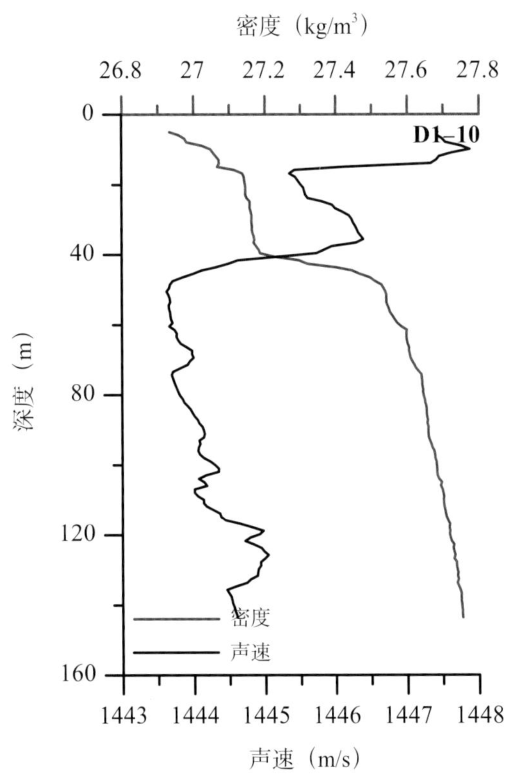
密度（kg/m³）
26.8 27 27.2 27.4 27.6 27.8
D1-10
0
40
80
120
160
深度（m）
密度
声速
1443 1444 1445 1446 1447 1448
声速（m/s）

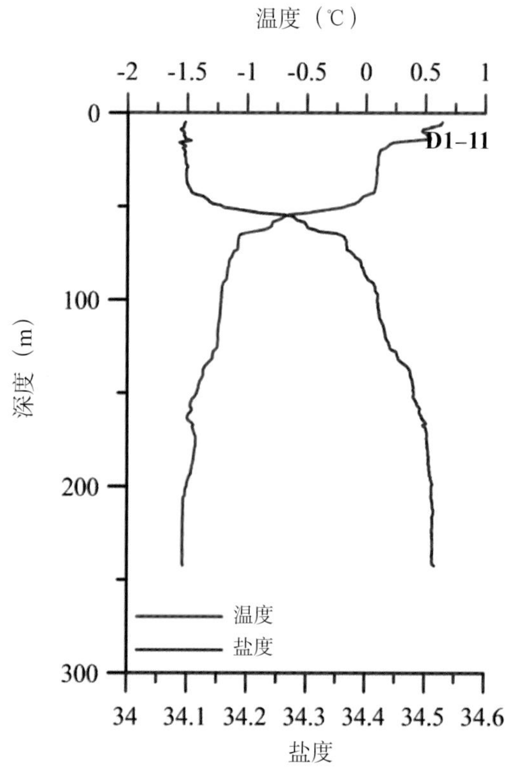
温度（℃）
-2 -1.5 -1 -0.5 0 0.5 1
D1-11
深度（m）
0 100 200 300
温度
盐度
34 34.1 34.2 34.3 34.4 34.5 34.6
盐度

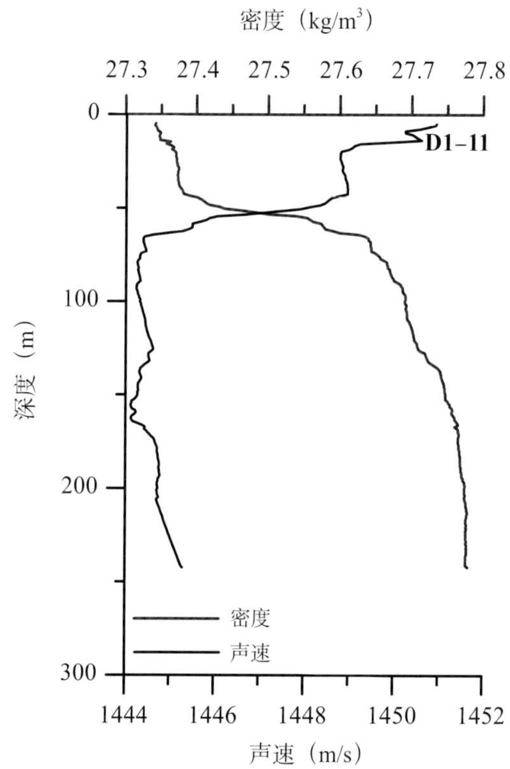
密度（kg/m³）
27.3 27.4 27.5 27.6 27.7 27.8
D1-11
深度（m）
0 100 200 300
密度
声速
1444 1446 1448 1450 1452
声速（m/s）

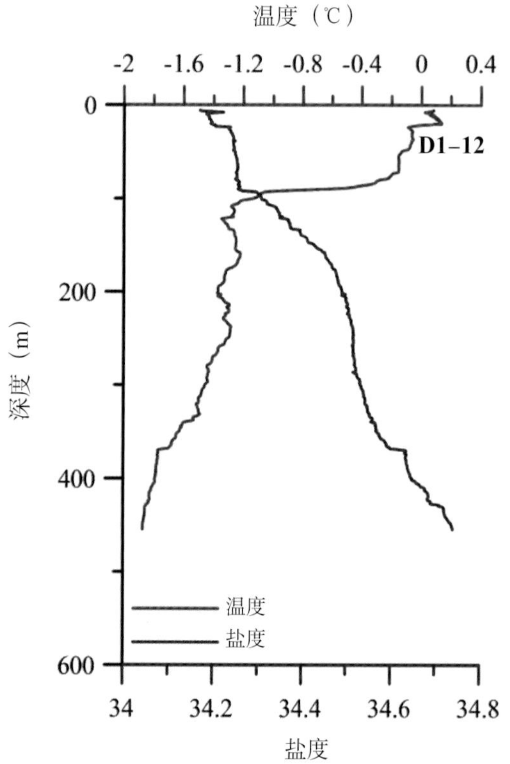
温度（℃）
-2 -1.6 -1.2 -0.8 -0.4 0 0.4
D1-12
深度（m）
0 200 400 600
温度
盐度
34 34.2 34.4 34.6 34.8
盐度

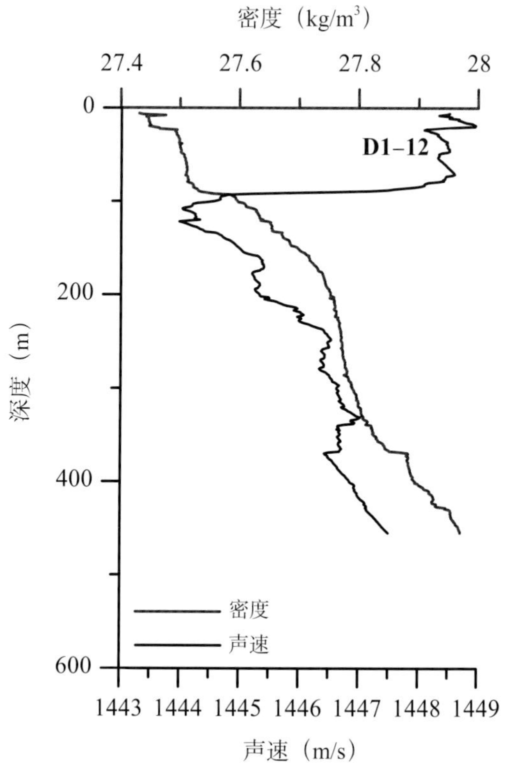
密度（kg/m³）
27.4 27.6 27.8 28
D1-12
深度（m）
0 200 400 600
密度
声速
1443 1444 1445 1446 1447 1448 1449
声速（m/s）

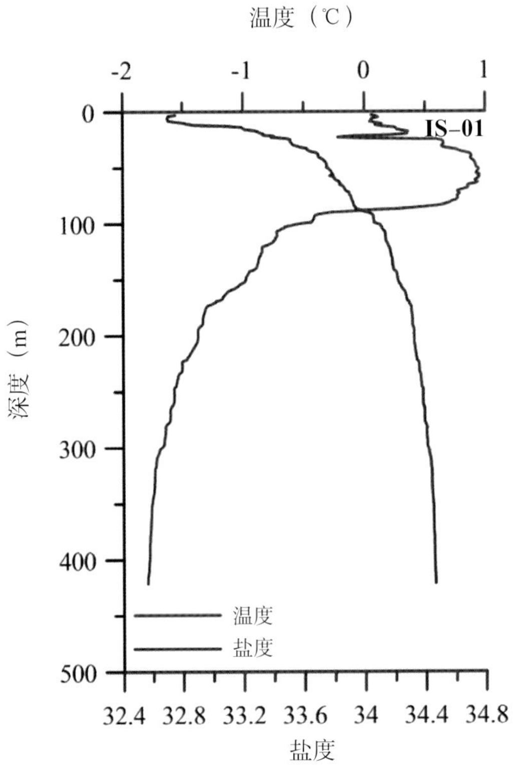
温度（℃）
-2
-1
0
1
IS-01
0
100
200
300
400
500
深度（m）
温度
盐度
32.4
32.8
33.2
33.6
34
34.4
34.8
盐度

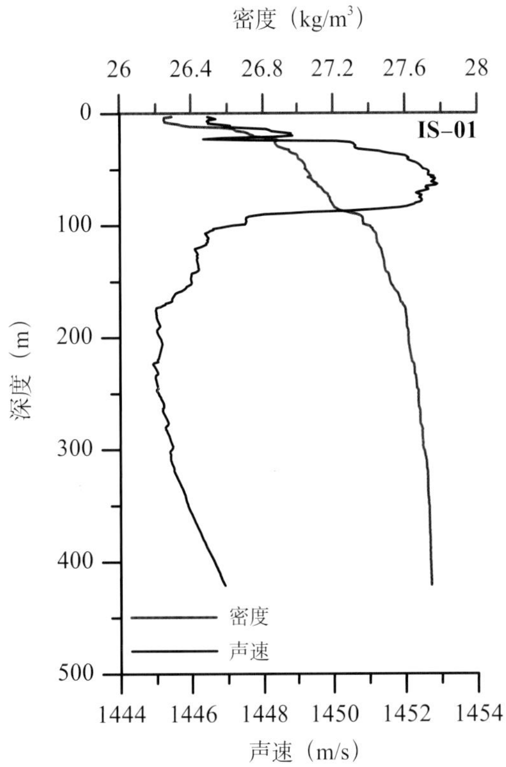
密度（kg/m³）
26
26.4
26.8
27.2
27.6
28
IS-01
0
100
200
300
400
500
深度（m）
密度
声速
1444
1446
1448
1450
1452
1454
声速（m/s）

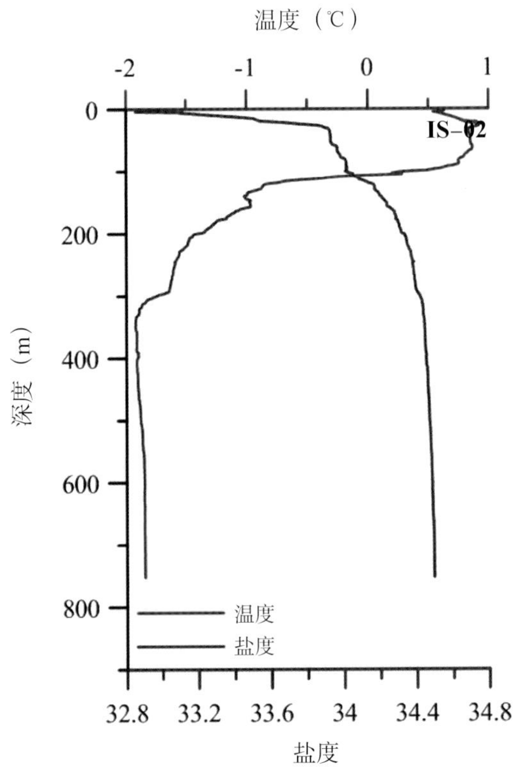
温度（℃）
-2
-1
0
1
IS-02
0
200
400
600
800
深度（m）
温度
盐度
32.8
33.2
33.6
34
34.4
34.8
盐度

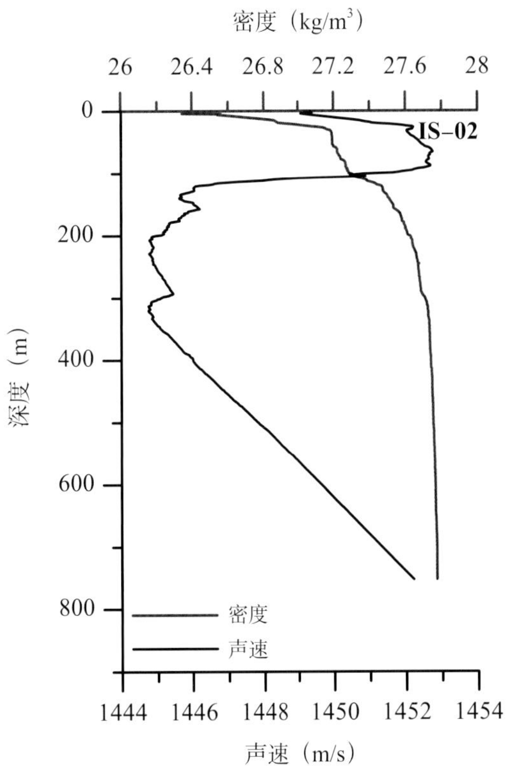
密度（kg/m³）
26
26.4
26.8
27.2
27.6
28
IS-02
0
200
400
600
800
深度（m）
密度
声速
1444
1446
1448
1450
1452
1454
声速（m/s）

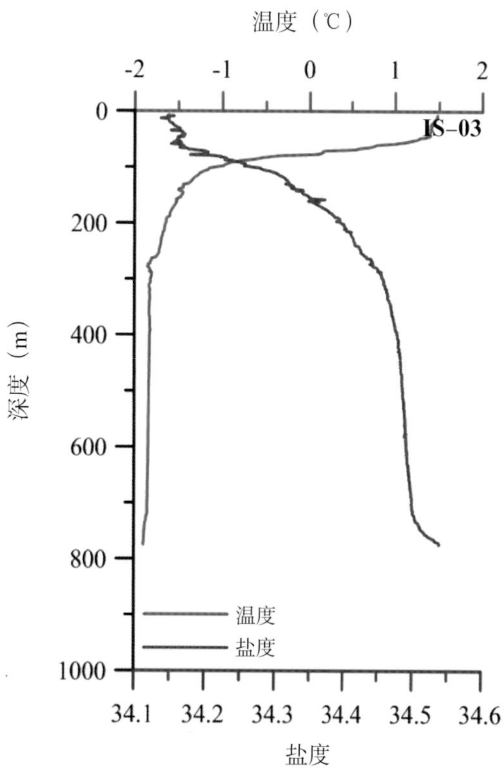
温度（℃）
-2
-1
0
1
2
IS-03
0
200
400
600
800
1000
深度（m）
温度
盐度
34.1
34.2
34.3
34.4
34.5
34.6
盐度

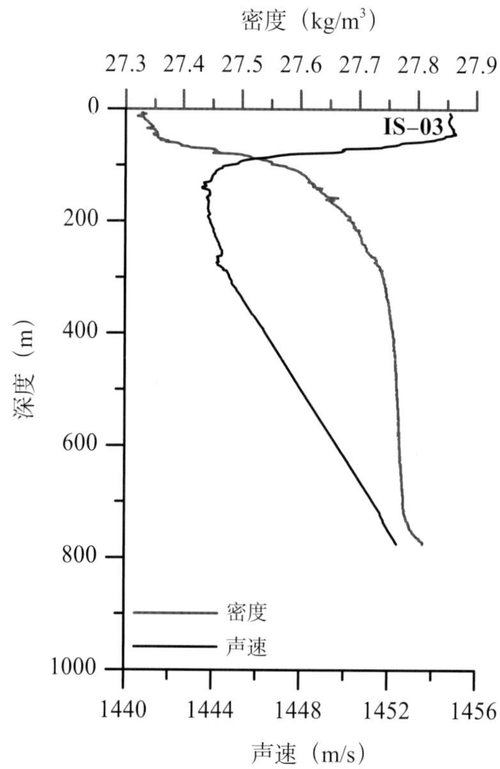
密度（kg/m³）
27.3
27.4
27.5
27.6
27.7
27.8
27.9
IS-03
0
200
400
600
800
1000
深度（m）
密度
声速
1440
1444
1448
1452
1456
声速（m/s）

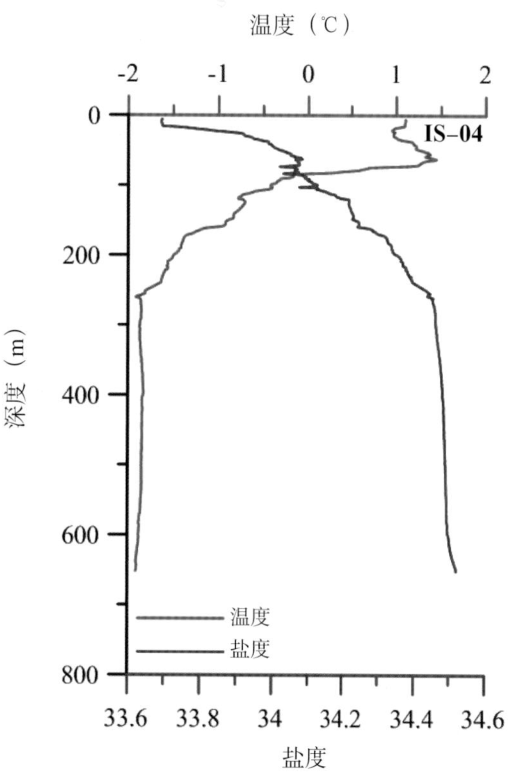
温度（℃）
-2
-1
0
1
2
IS-04
0
200
400
600
800
深度（m）
温度
盐度
33.6
33.8
34
34.2
34.4
34.6
盐度

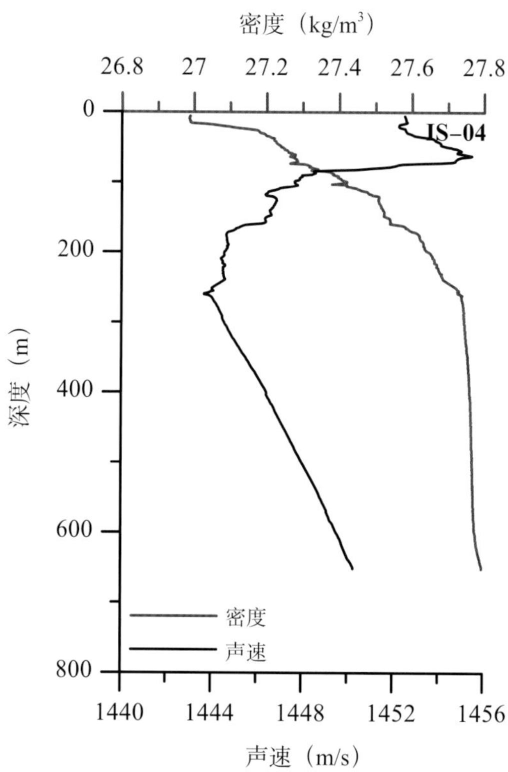
密度（kg/m³）
26.8
27
27.2
27.4
27.6
27.8
IS-04
0
200
400
600
800
深度（m）
密度
声速
1440
1444
1448
1452
1456
声速（m/s）

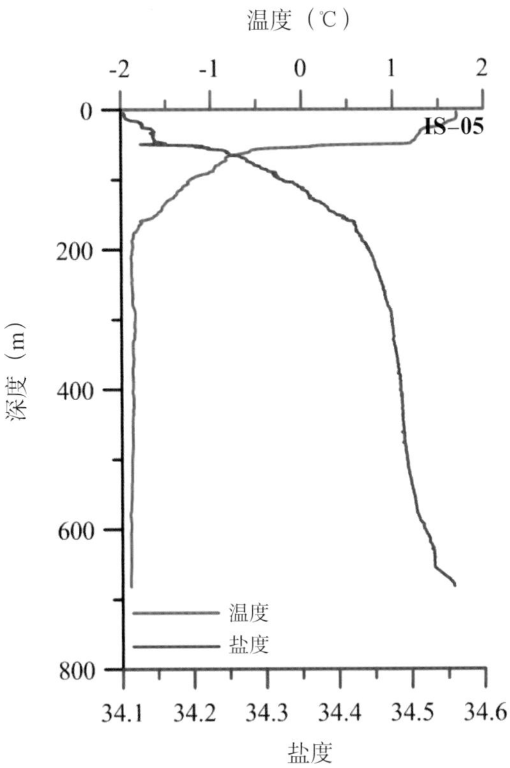
温度（℃）
-2
-1
0
1
2
0
200
400
600
800
深度（m）
IS-05
温度
盐度
34.1
34.2
34.3
34.4
34.5
34.6
盐度

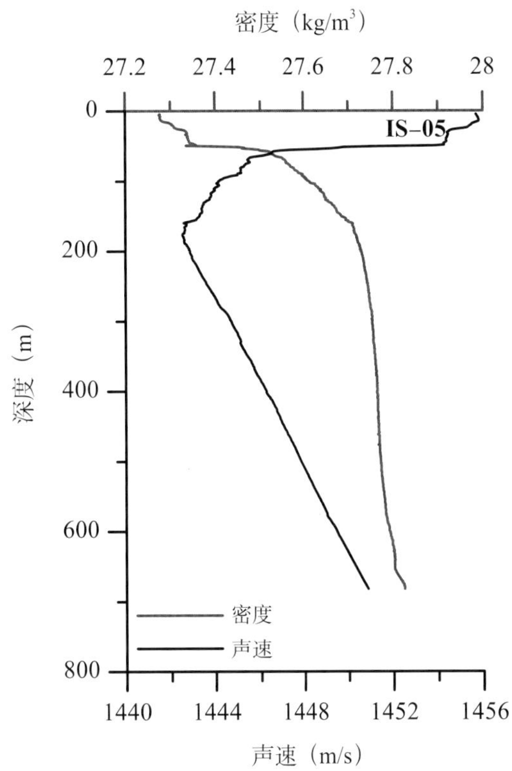
密度（kg/m³）
27.2
27.4
27.6
27.8
28
0
200
400
600
800
深度（m）
IS-05
密度
声速
1440
1444
1448
1452
1456
声速（m/s）

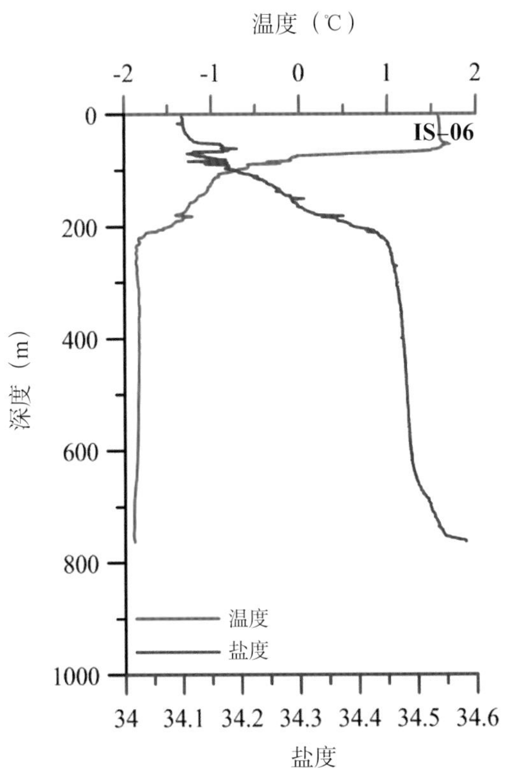
温度（℃）
-2
-1
0
1
2
0
200
400
600
800
1000
深度（m）
IS-06
温度
盐度
34
34.1
34.2
34.3
34.4
34.5
34.6
盐度

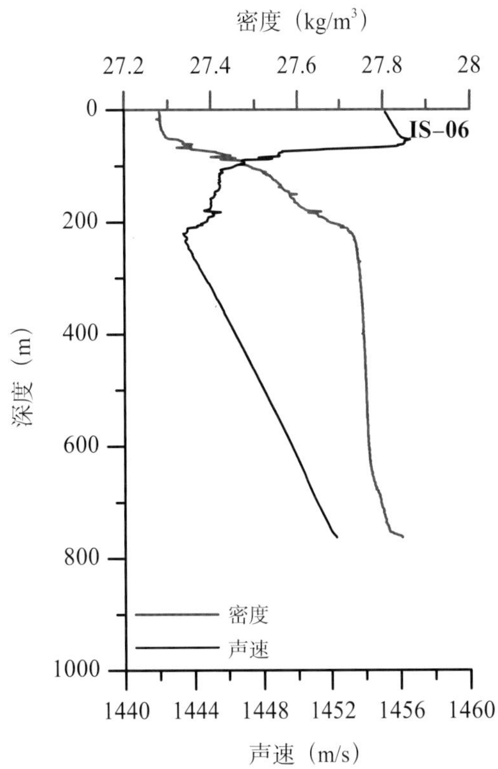
密度（kg/m³）
27.2
27.4
27.6
27.8
28
0
200
400
600
800
1000
深度（m）
IS-06
密度
声速
1440
1444
1448
1452
1456
1460
声速（m/s）

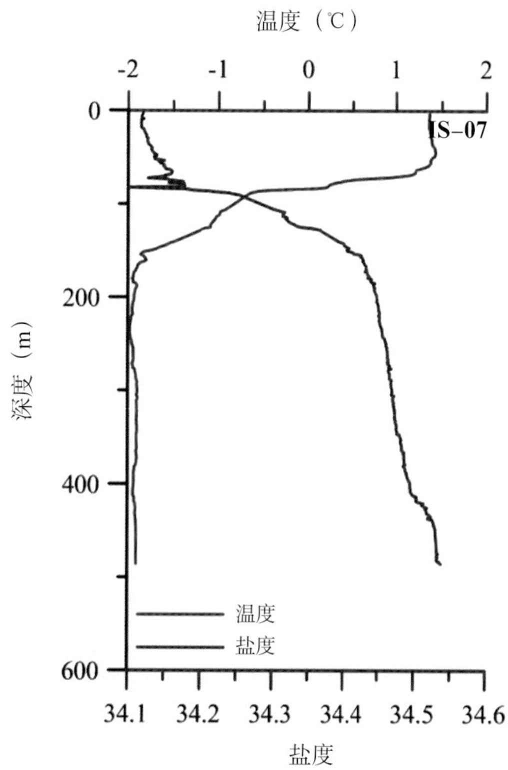
温度（℃）
-2 -1 0 1 2
IS-07
0
200
400
600
深度（m）
温度
盐度
34.1 34.2 34.3 34.4 34.5 34.6
盐度

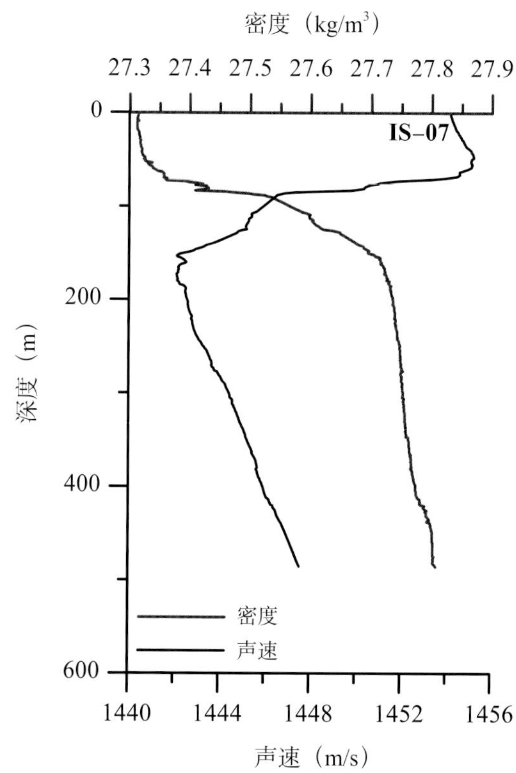
密度（kg/m³）
27.3 27.4 27.5 27.6 27.7 27.8 27.9
IS-07
0
200
400
600
深度（m）
密度
声速
1440 1444 1448 1452 1456
声速（m/s）

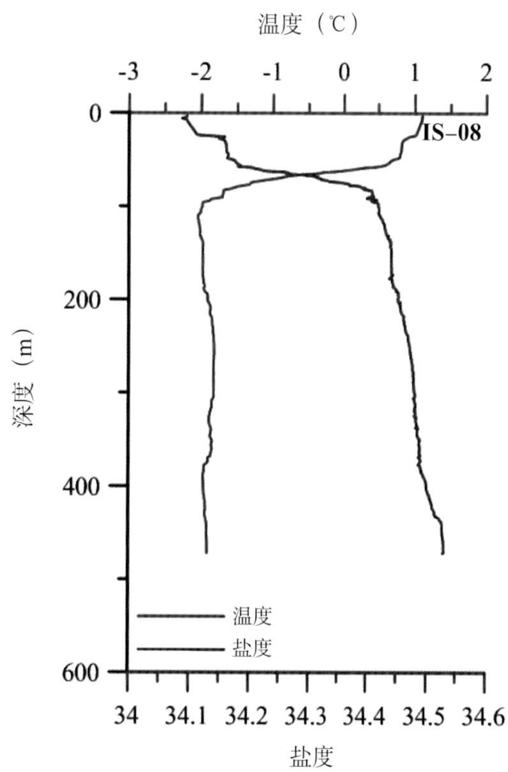
温度（℃）
-3 -2 -1 0 1 2
IS-08
0
200
400
600
深度（m）
温度
盐度
34 34.1 34.2 34.3 34.4 34.5 34.6
盐度

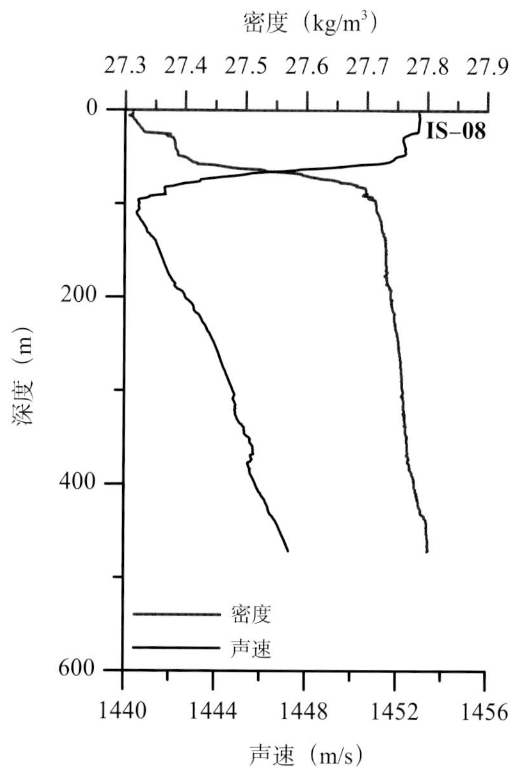
密度（kg/m³）
27.3 27.4 27.5 27.6 27.7 27.8 27.9
IS-08
0
200
400
600
深度（m）
密度
声速
1440 1444 1448 1452 1456
声速（m/s）

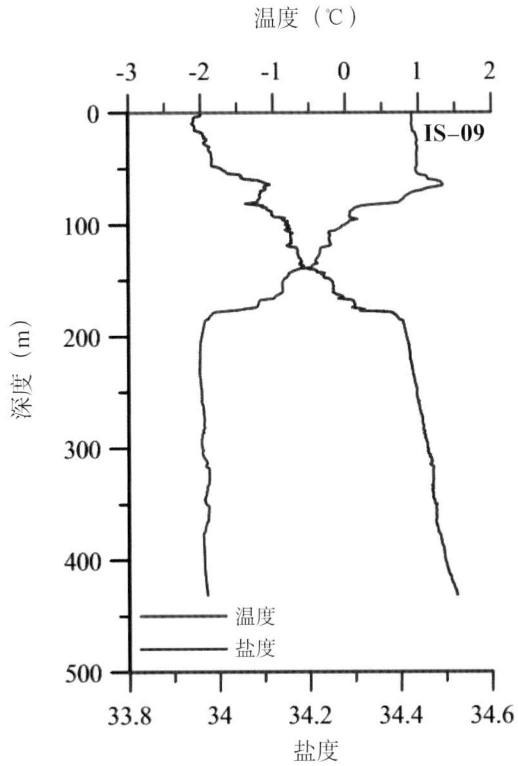
温度（℃）
-3 -2 -1 0 1 2
IS-09
0
100
200
300
400
500
深度（m）
温度
盐度
33.8 34 34.2 34.4 34.6
盐度

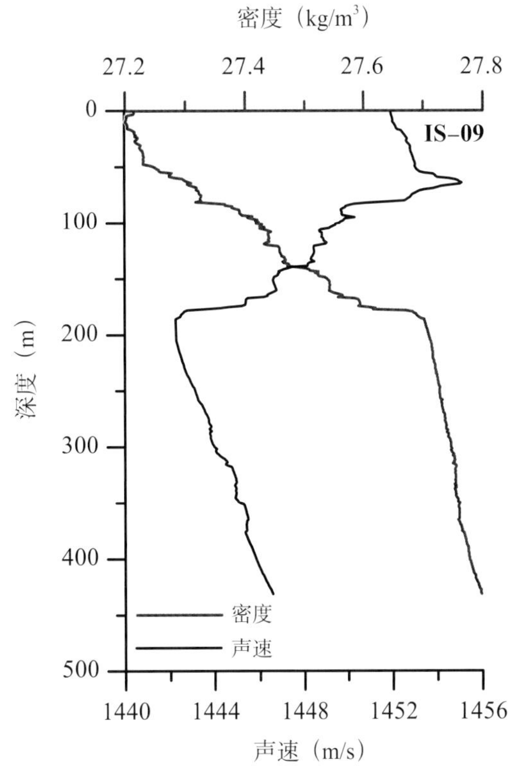
密度（kg/m³）
27.2 27.4 27.6 27.8
IS-09
0
100
200
300
400
500
深度（m）
密度
声速
1440 1444 1448 1452 1456
声速（m/s）

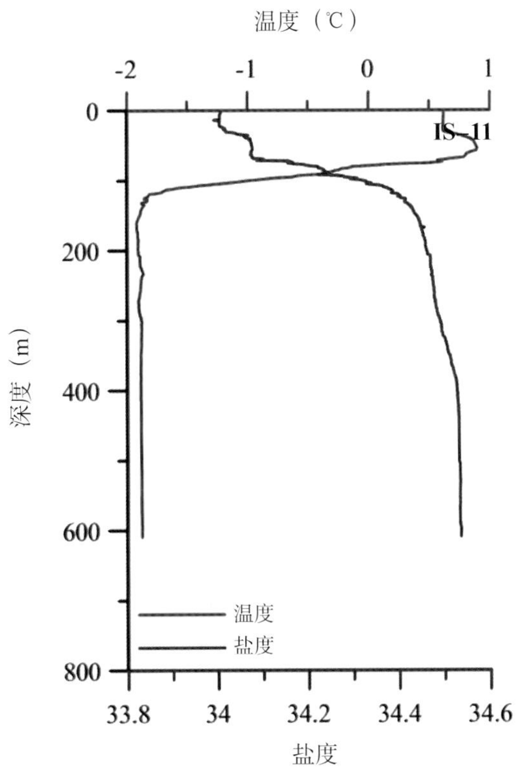
温度（℃）
-2 -1 0 1
IS-11
0
200
400
600
800
深度（m）
温度
盐度
33.8 34 34.2 34.4 34.6
盐度

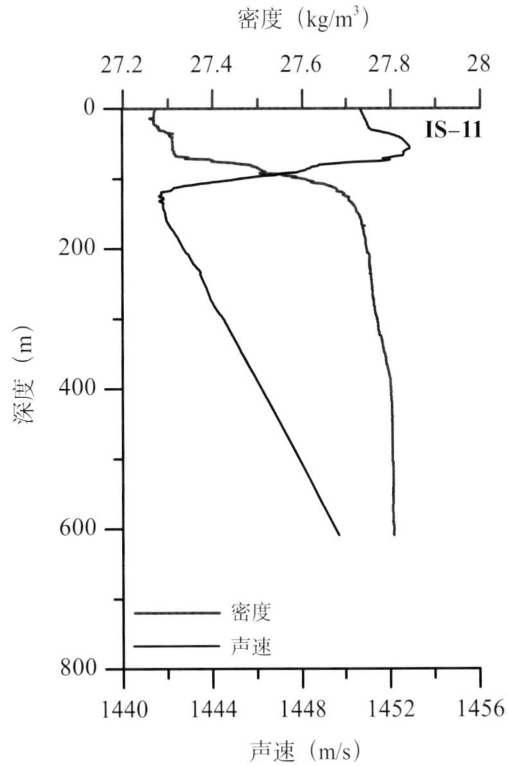
密度（kg/m³）
27.2 27.4 27.6 27.8 28
IS-11
0
200
400
600
800
深度（m）
密度
声速
1440 1444 1448 1452 1456
声速（m/s）

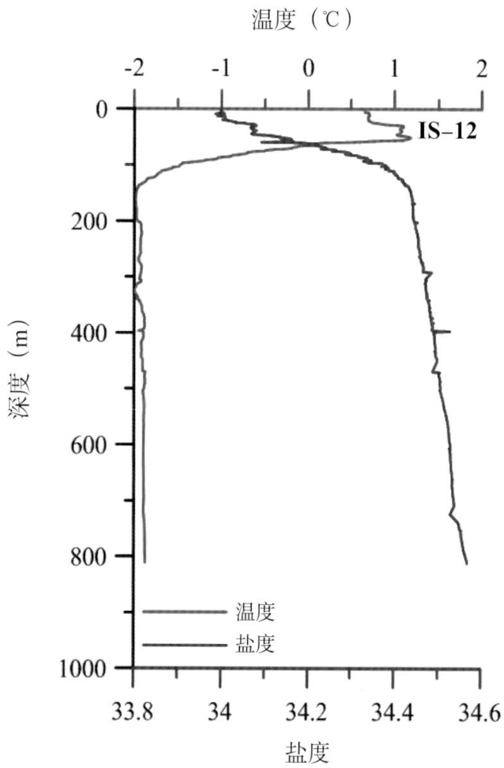
温度（℃）
-2
-1
0
1
2
IS-12
深度（m）
0
200
400
600
800
1000
温度
盐度
33.8
34
34.2
34.4
34.6
盐度

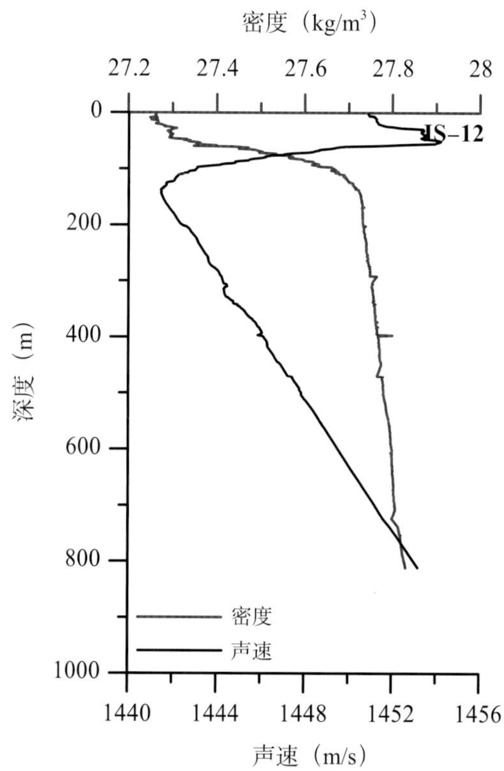
密度（kg/m³）
27.2
27.4
27.6
27.8
28
IS-12
深度（m）
0
200
400
600
800
1000
密度
声速
1440
1444
1448
1452
1456
声速（m/s）

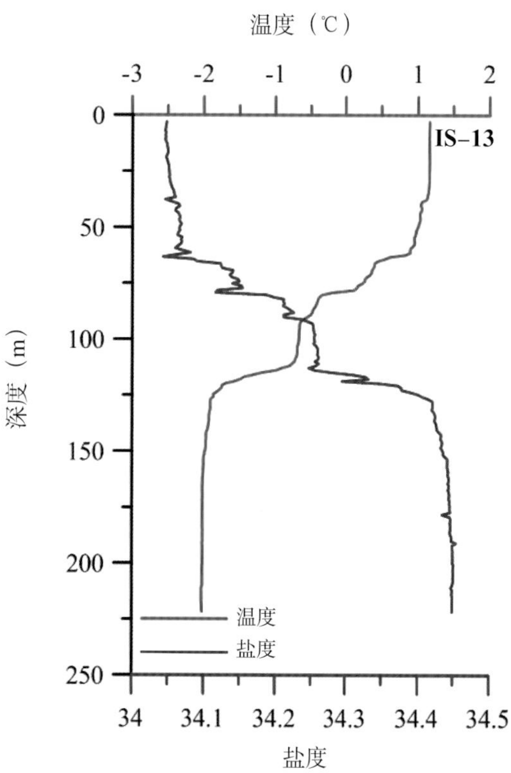
温度（℃）
-3
-2
-1
0
1
2
IS-13
深度（m）
0
50
100
150
200
250
温度
盐度
34
34.1
34.2
34.3
34.4
34.5
盐度

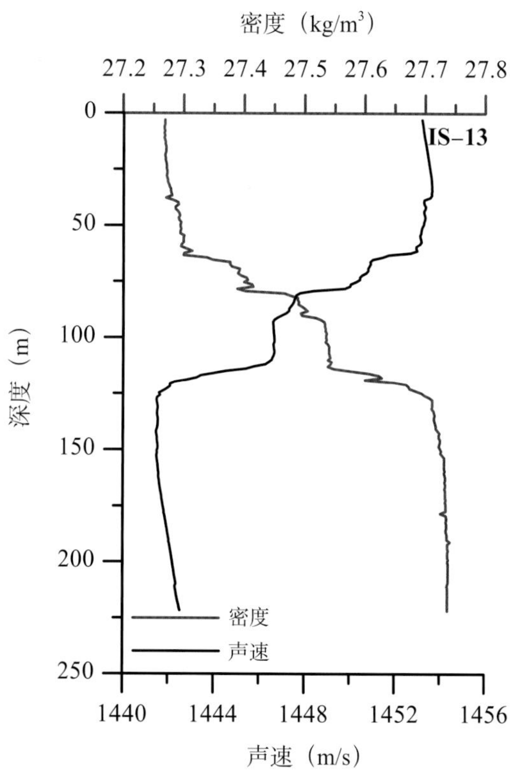
密度（kg/m³）
27.2
27.3
27.4
27.5
27.6
27.7
27.8
IS-13
深度（m）
0
50
100
150
200
250
密度
声速
1440
1444
1448
1452
1456
声速（m/s）

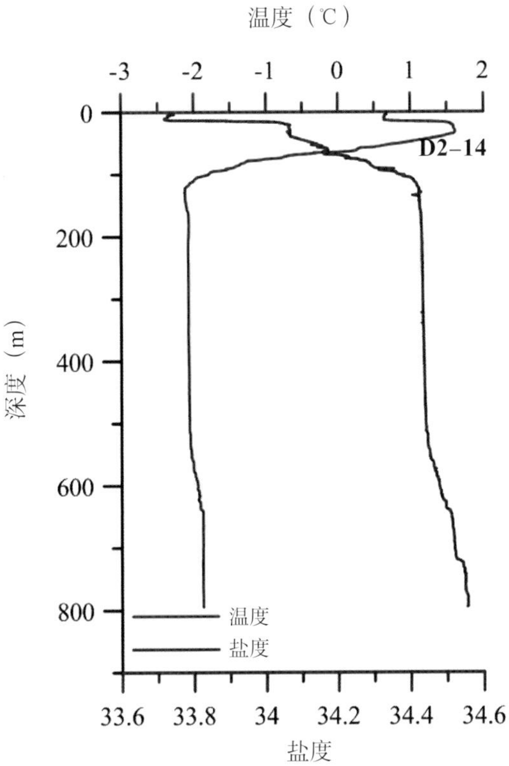
温度（℃）
-3 -2 -1 0 1 2
0 200 400 600 800
深度（m）
D2-14
温度
盐度
33.6 33.8 34 34.2 34.4 34.6
盐度

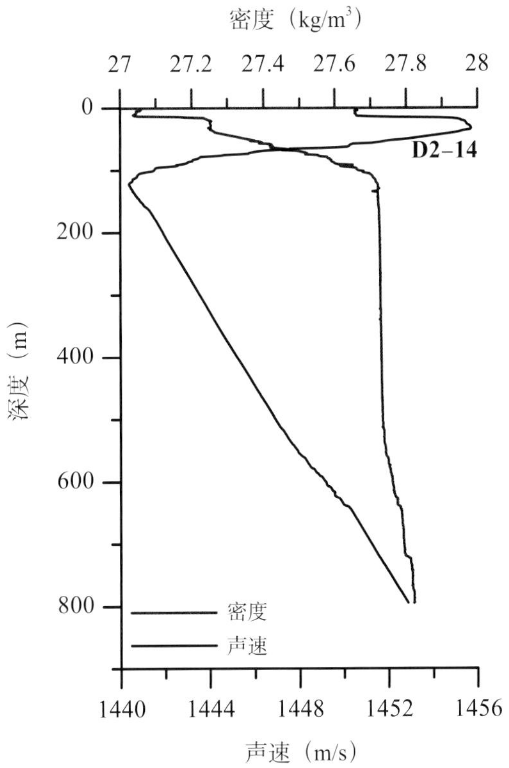
密度（kg/m³）
27 27.2 27.4 27.6 27.8 28
0 200 400 600 800
深度（m）
D2-14
密度
声速
1440 1444 1448 1452 1456
声速（m/s）

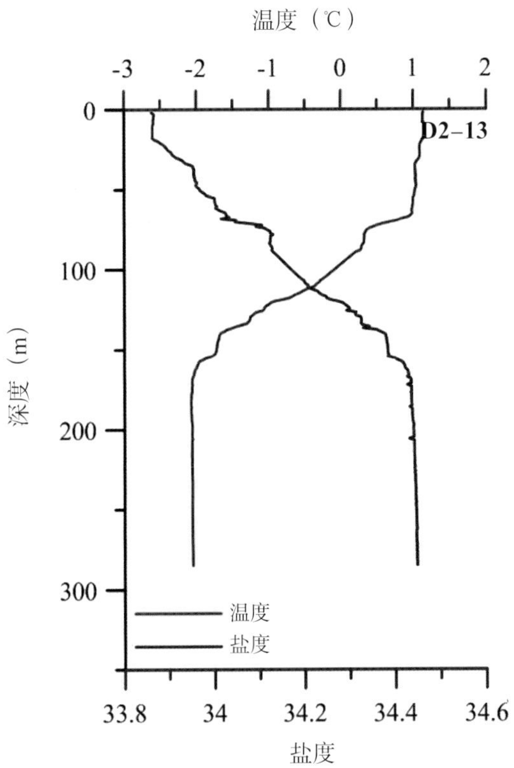
温度（℃）
-3 -2 -1 0 1 2
0 100 200 300
深度（m）
D2-13
温度
盐度
33.8 34 34.2 34.4 34.6
盐度

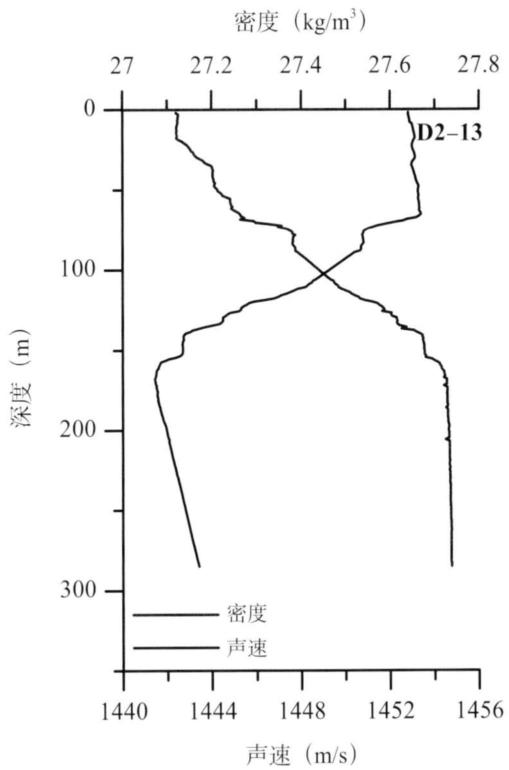
密度（kg/m³）
27 27.2 27.4 27.6 27.8
0 100 200 300
深度（m）
D2-13
密度
声速
1440 1444 1448 1452 1456
声速（m/s）

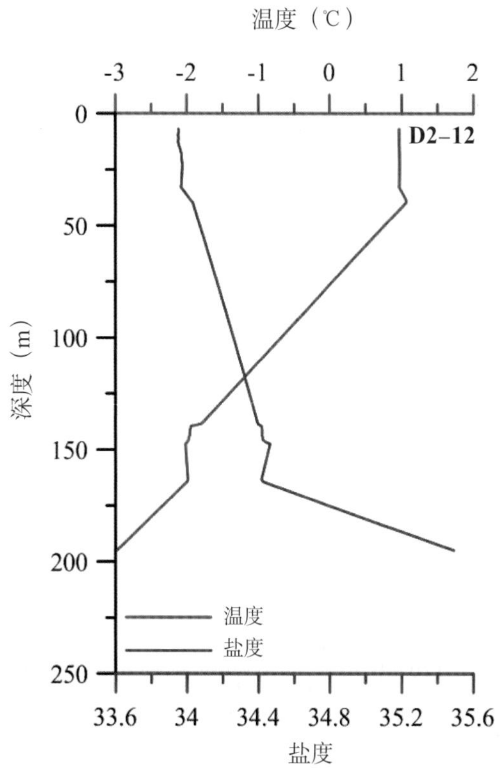
温度（℃）
-3 -2 -1 0 1 2
D2-12
0 50 100 150 200 250
深度（m）
温度
盐度
33.6 34 34.4 34.8 35.2 35.6
盐度

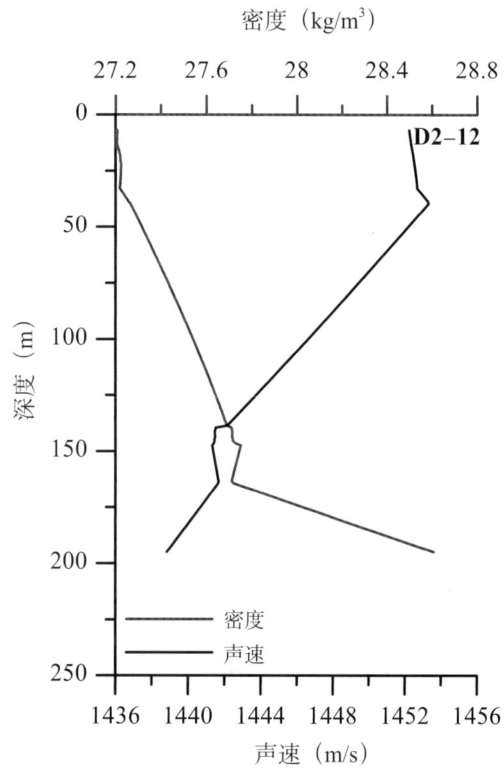
密度（kg/m³）
27.2 27.6 28 28.4 28.8
D2-12
0 50 100 150 200 250
深度（m）
密度
声速
1436 1440 1444 1448 1452 1456
声速（m/s）

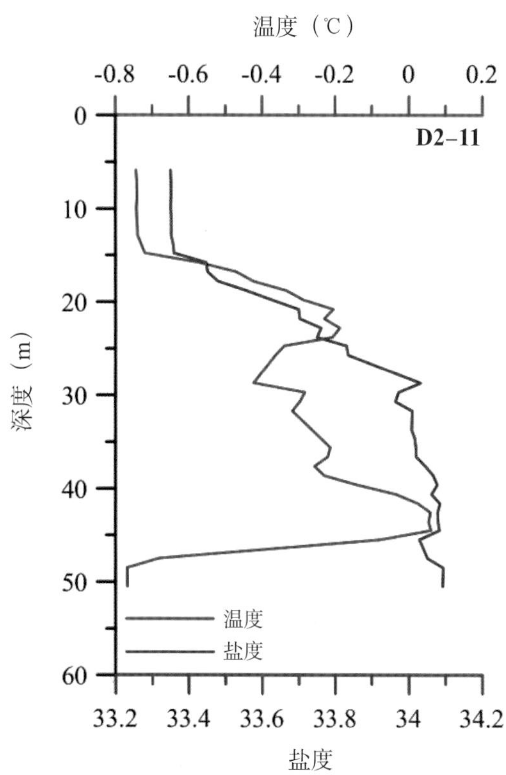
温度（℃）
-0.8 -0.6 -0.4 -0.2 0 0.2
D2-11
0 10 20 30 40 50 60
深度（m）
温度
盐度
33.2 33.4 33.6 33.8 34 34.2
盐度

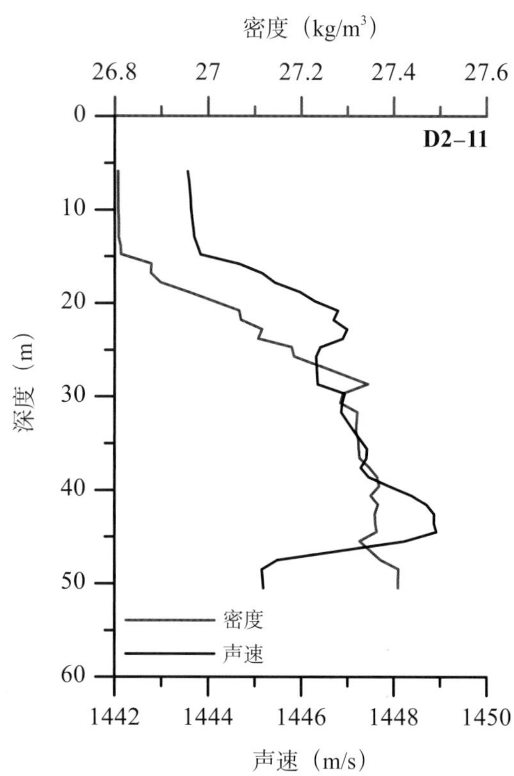
密度（kg/m³）
26.8 27 27.2 27.4 27.6
D2-11
0 10 20 30 40 50 60
深度（m）
密度
声速
1442 1444 1446 1448 1450
声速（m/s）

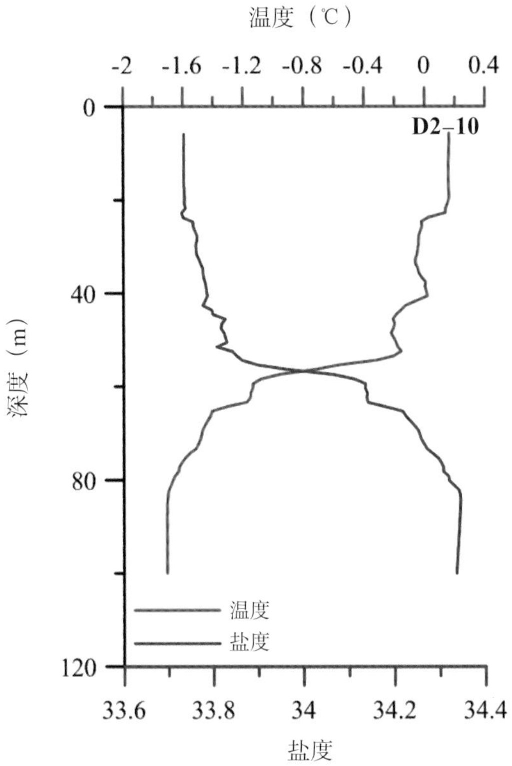
温度（℃）
-2 -1.6 -1.2 -0.8 -0.4 0 0.4
D2-10
0
40
80
120
深度（m）
温度
盐度
33.6 33.8 34 34.2 34.4
盐度

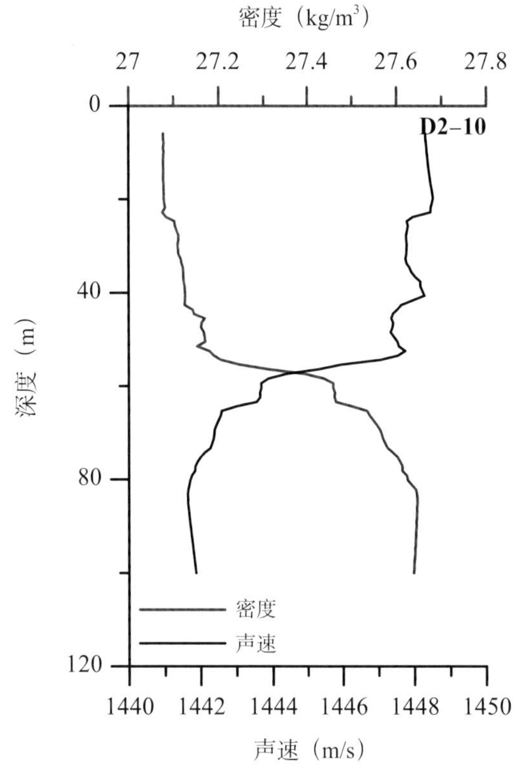
密度（kg/m³）
27 27.2 27.4 27.6 27.8
D2-10
0
40
80
120
深度（m）
密度
声速
1440 1442 1444 1446 1448 1450
声速（m/s）

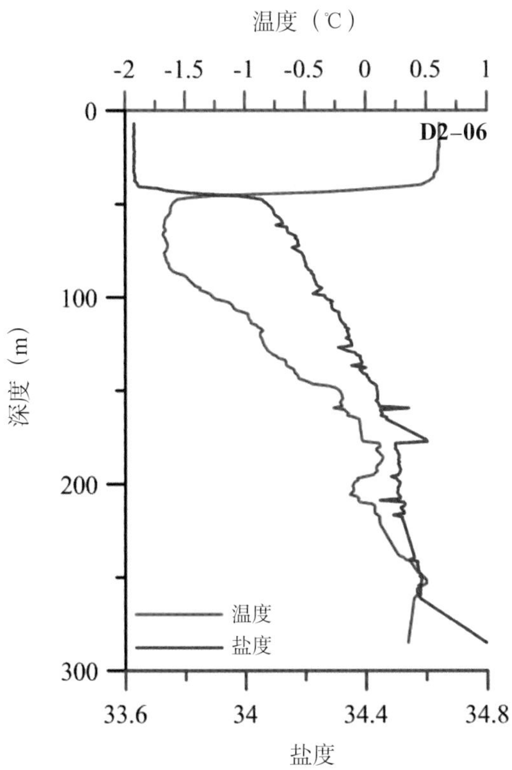
温度（℃）
-2 -1.5 -1 -0.5 0 0.5 1
D2-06
0
100
200
300
深度（m）
温度
盐度
33.6 34 34.4 34.8
盐度

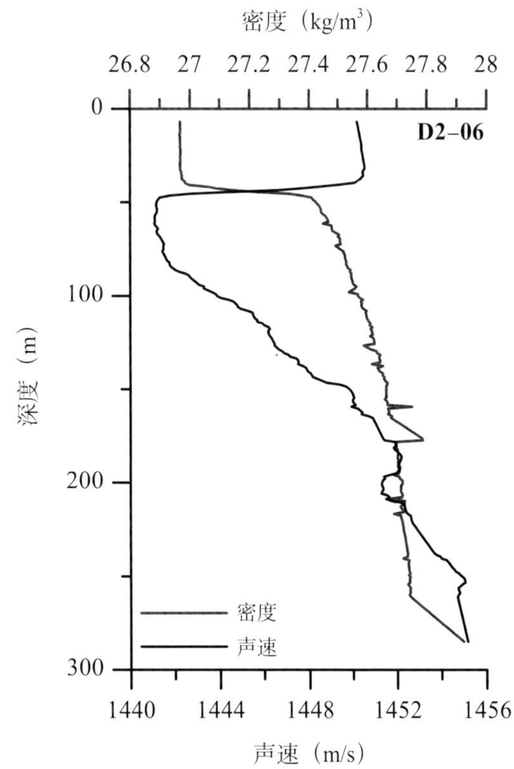
密度（kg/m³）
26.8 27 27.2 27.4 27.6 27.8 28
D2-06
0
100
200
300
深度（m）
密度
声速
1440 1444 1448 1452 1456
声速（m/s）

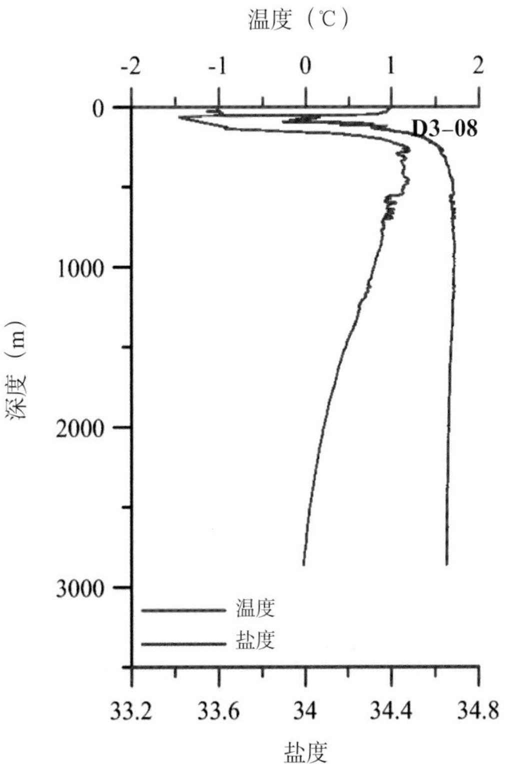
温度（℃）
-2
-1
0
1
2
0
1000
2000
3000
D3-08
深度（m）
温度
盐度
33.2
33.6
34
34.4
34.8
盐度

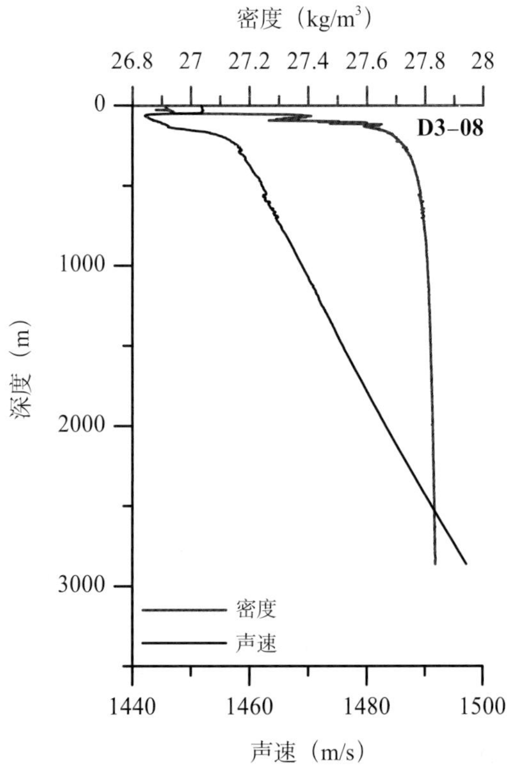
密度（kg/m³）
26.8
27
27.2
27.4
27.6
27.8
28
0
1000
2000
3000
D3-08
深度（m）
密度
声速
1440
1460
1480
1500
声速（m/s）

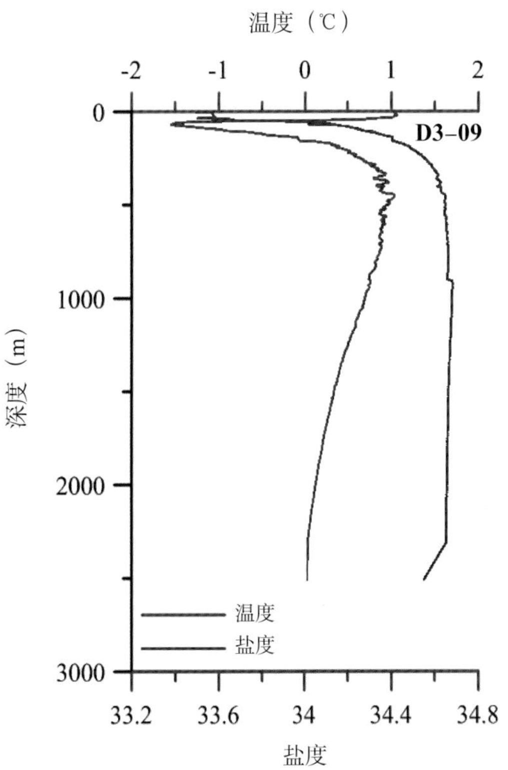
温度（℃）
-2
-1
0
1
2
0
1000
2000
3000
D3-09
深度（m）
温度
盐度
33.2
33.6
34
34.4
34.8
盐度

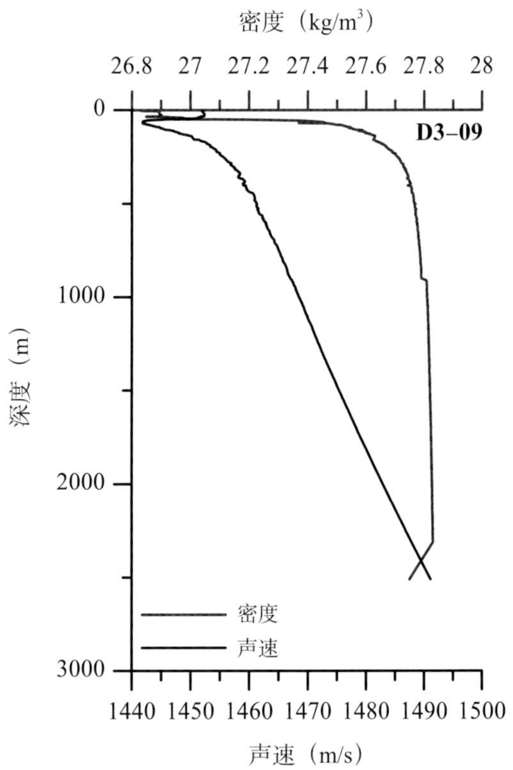
密度（kg/m³）
26.8
27
27.2
27.4
27.6
27.8
28
0
1000
2000
3000
D3-09
深度（m）
密度
声速
1440
1450
1460
1470
1480
1490
1500
声速（m/s）

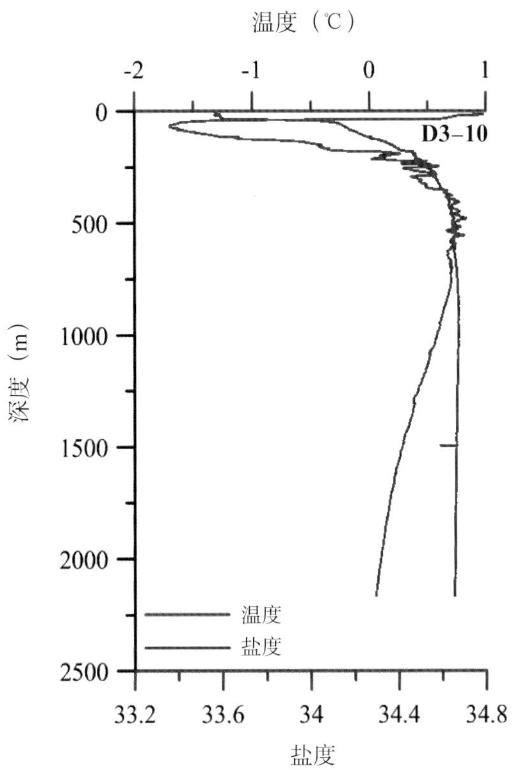
温度（℃）
-2 -1 0 1
D3-10
深度（m）
0 500 1000 1500 2000 2500
温度
盐度
33.2 33.6 34 34.4 34.8
盐度

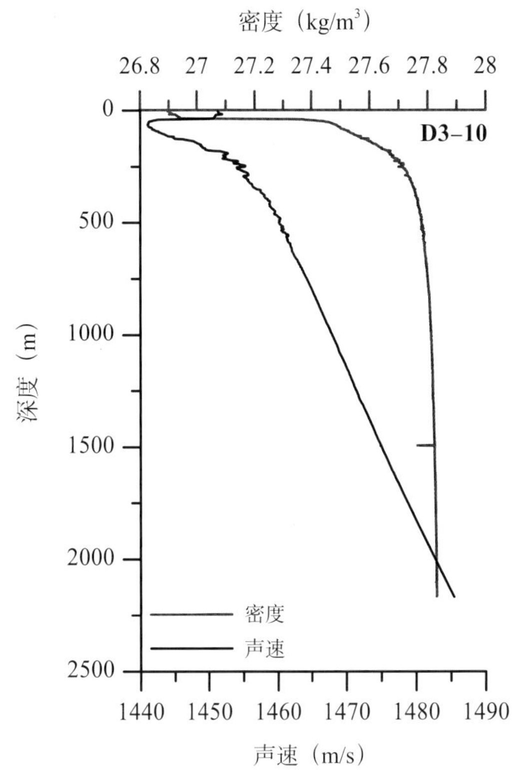
密度（kg/m³）
26.8 27 27.2 27.4 27.6 27.8 28
D3-10
深度（m）
0 500 1000 1500 2000 2500
密度
声速
1440 1450 1460 1470 1480 1490
声速（m/s）

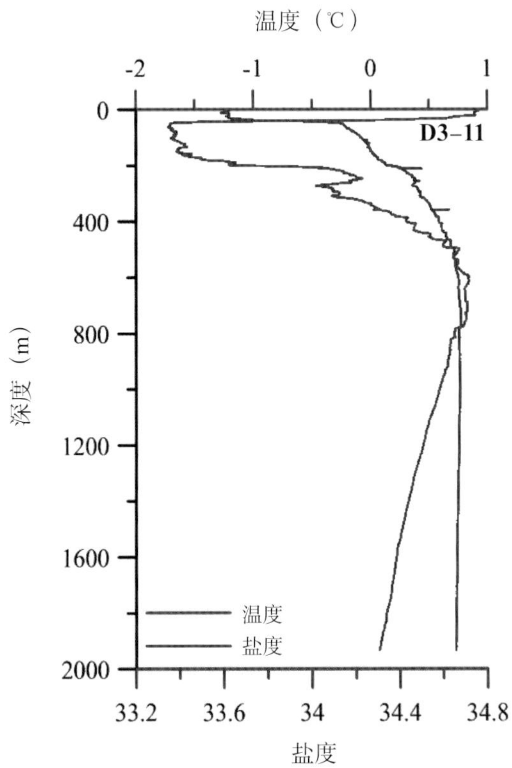
温度（℃）
-2 -1 0 1
D3-11
深度（m）
0 400 800 1200 1600 2000
温度
盐度
33.2 33.6 34 34.4 34.8
盐度

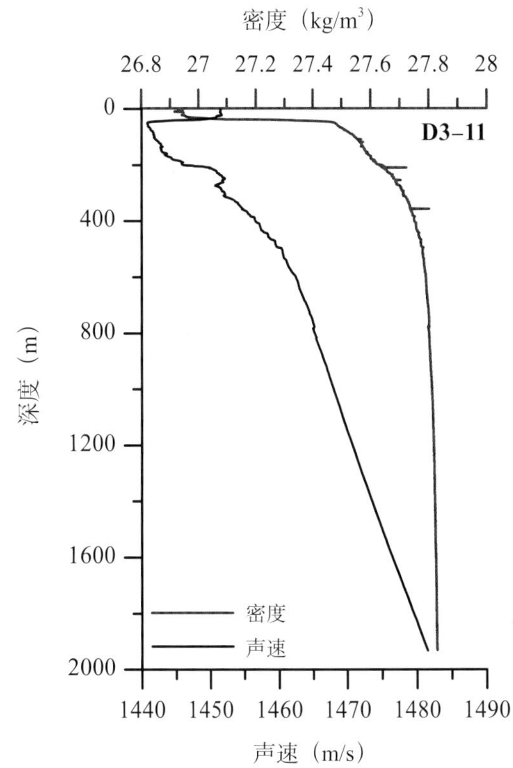
密度（kg/m³）
26.8 27 27.2 27.4 27.6 27.8 28
D3-11
深度（m）
0 400 800 1200 1600 2000
密度
声速
1440 1450 1460 1470 1480 1490
声速（m/s）

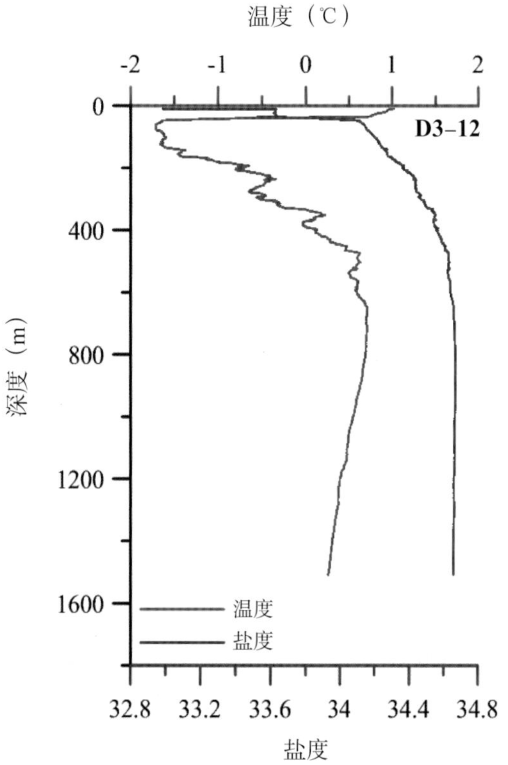
温度（℃）
-2
-1
0
1
2
0
400
800
1200
1600
D3-12
深度（m）
温度
盐度
32.8
33.2
33.6
34
34.4
34.8
盐度

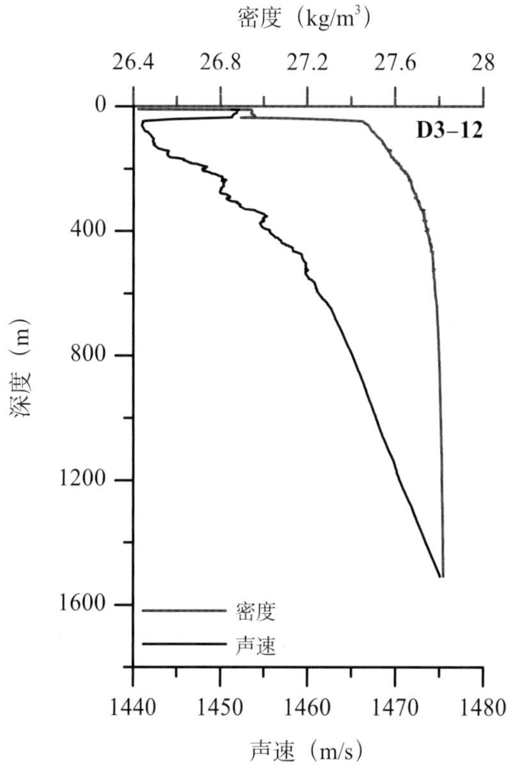
密度（kg/m3）
26.4
26.8
27.2
27.6
28
0
400
800
1200
1600
D3-12
深度（m）
密度
声速
1440
1450
1460
1470
1480
声速（m/s）

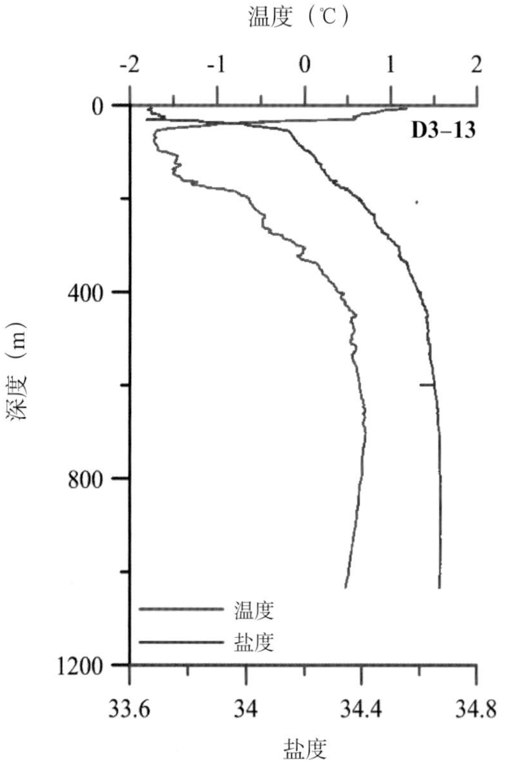
温度（℃）
-2
-1
0
1
2
0
400
800
1200
D3-13
深度（m）
温度
盐度
33.6
34
34.4
34.8
盐度

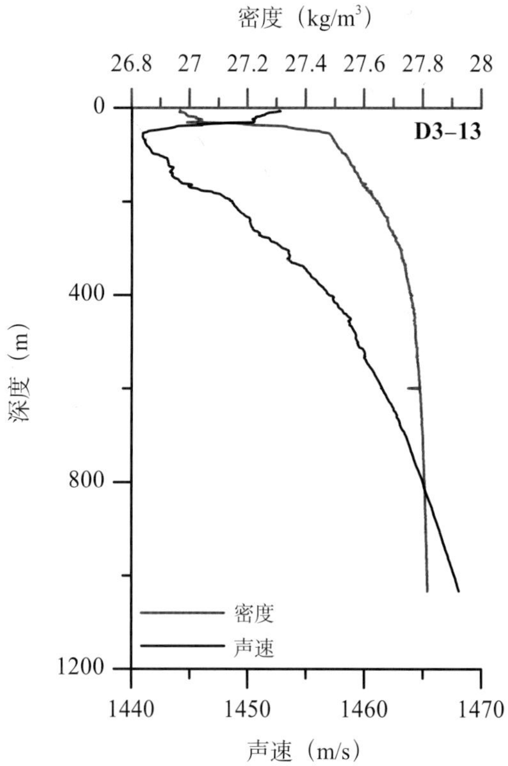
密度（kg/m3）
26.8
27
27.2
27.4
27.6
27.8
28
0
400
800
1200
D3-13
深度（m）
密度
声速
1440
1450
1460
1470
声速（m/s）

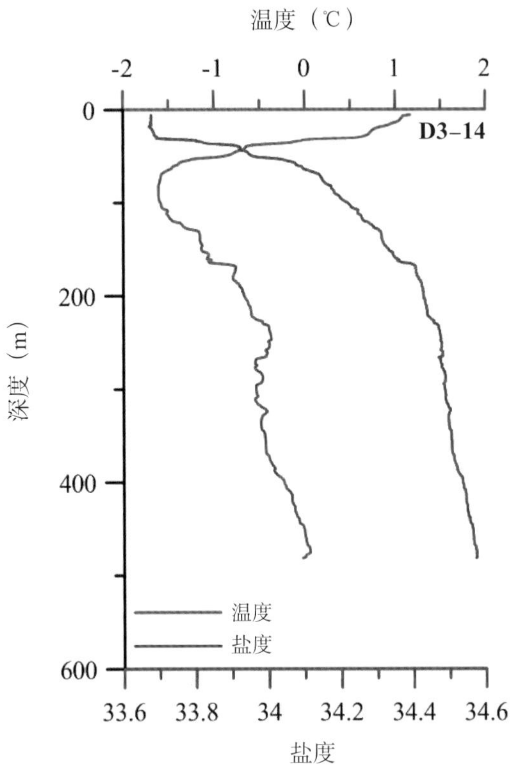
温度（℃）
-2
-1
0
1
2
0
200
400
600
深度（m）
D3-14
温度
盐度
33.6
33.8
34
34.2
34.4
34.6
盐度

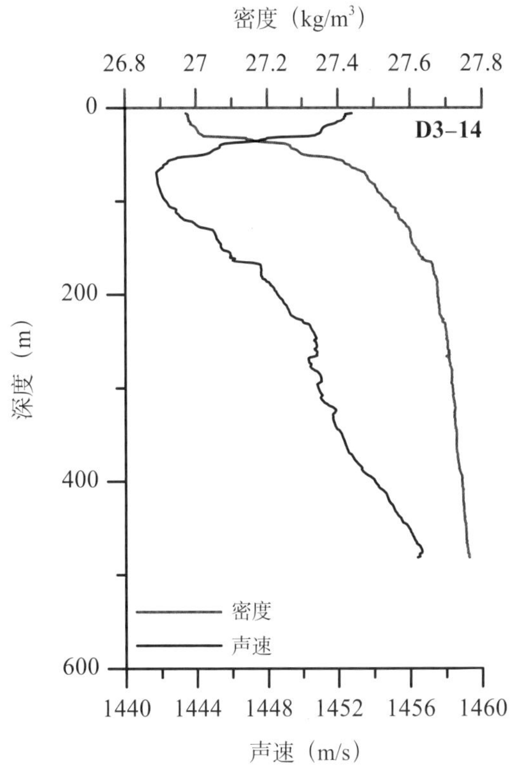
密度（kg/m³）
26.8
27
27.2
27.4
27.6
27.8
0
200
400
600
深度（m）
D3-14
密度
声速
1440
1444
1448
1452
1456
1460
声速（m/s）

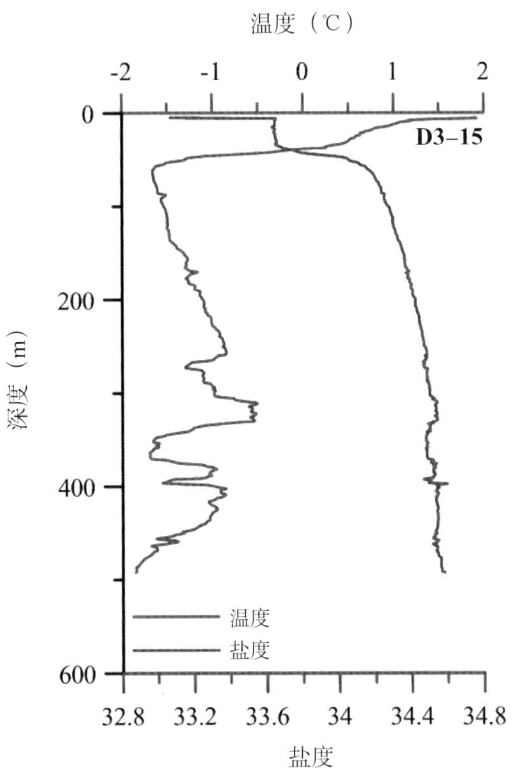
温度（℃）
-2
-1
0
1
2
0
200
400
600
深度（m）
D3-15
温度
盐度
32.8
33.2
33.6
34
34.4
34.8
盐度

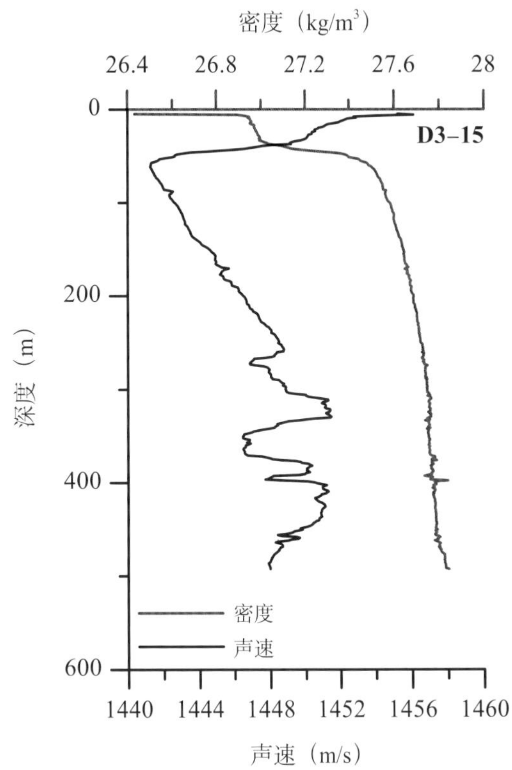
密度（kg/m³）
26.4
26.8
27.2
27.6
28
0
200
400
600
深度（m）
D3-15
密度
声速
1440
1444
1448
1452
1456
1460
声速（m/s）

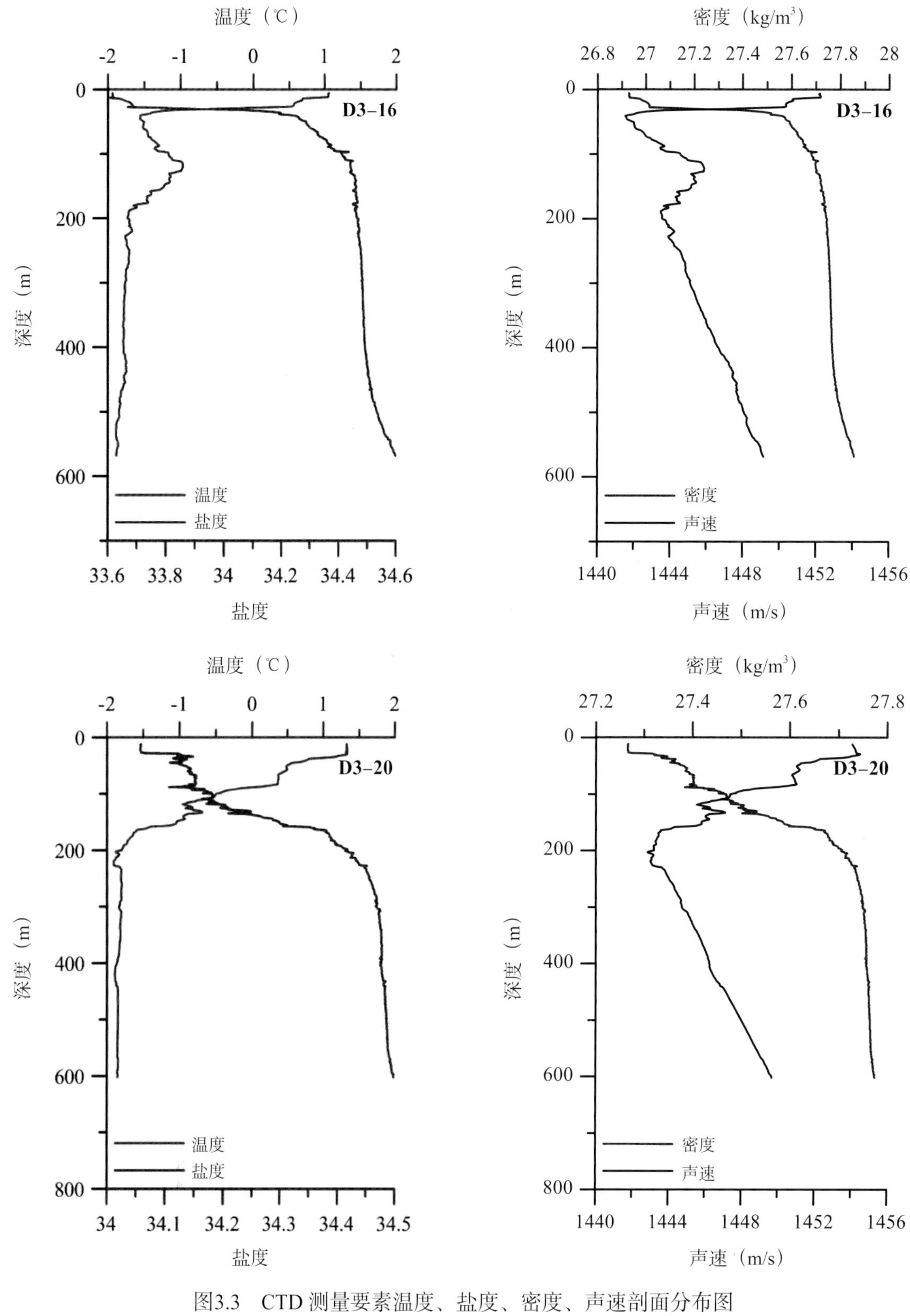

图3.3 CTD测量要素温度、盐度、密度、声速剖面分布图

第三节 航次断面图

依据断面的走向，本航次站位可以构成3条横跨深水海盆、陆坡、陆架的经向断面，依次为Ⅰ、Ⅱ、Ⅲ断面（对应着D1、D2、D3断面），和1条冰架前缘IS断面。这些断面上全深度和500 m以上的温度、盐度、密度、声速断面分布如图3.4至图3.7所示，其中断面I和断面IS采用的是剔除显著错误的MARK III CTD记录，断面II、III采用的是SBE 911 Plus CTD记录。

（1）断面Ⅰ温度、盐度、密度、声速分布图

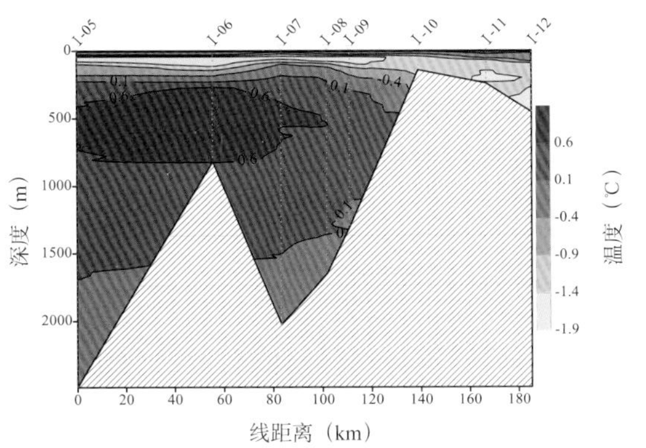

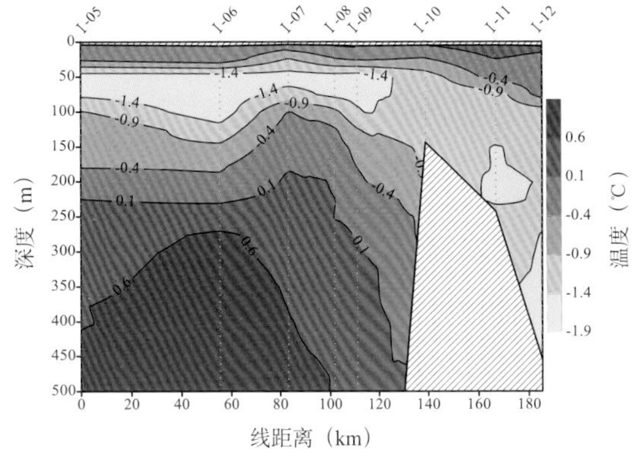

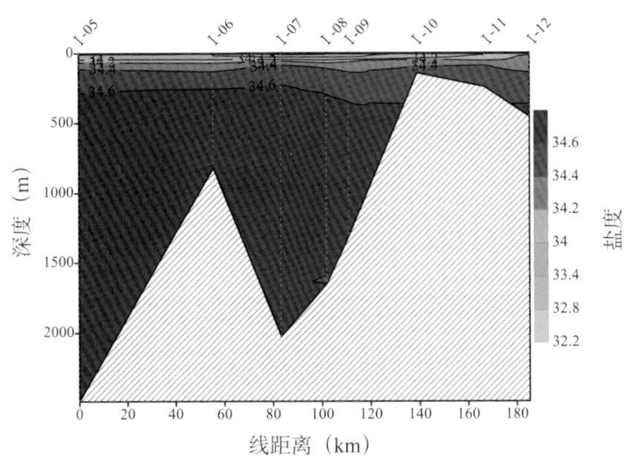

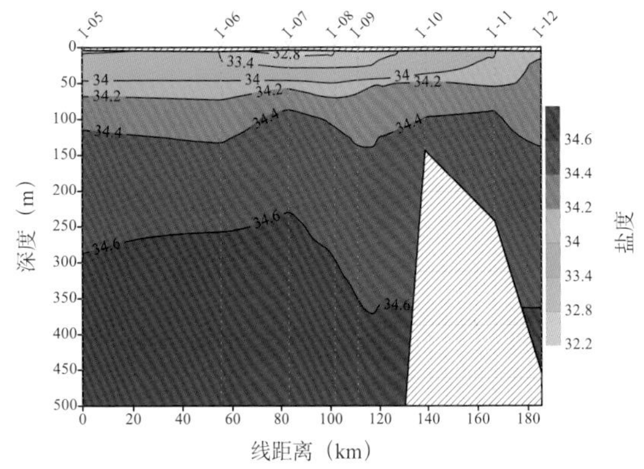

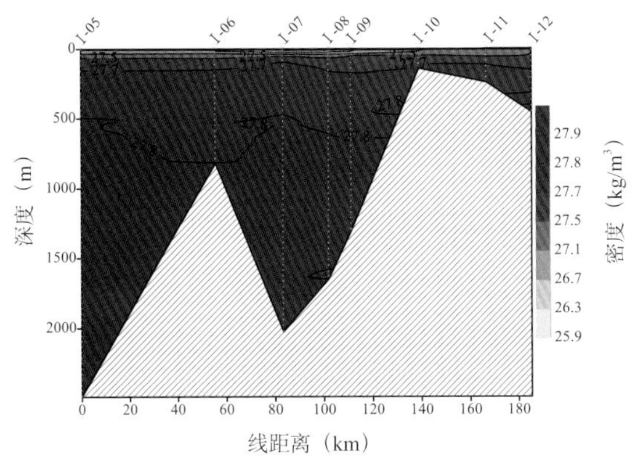

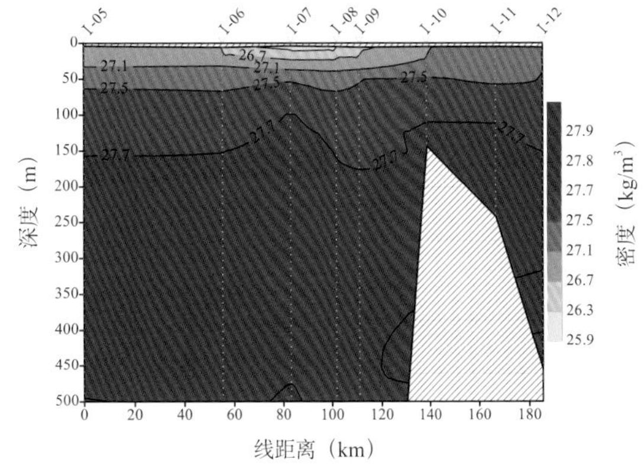

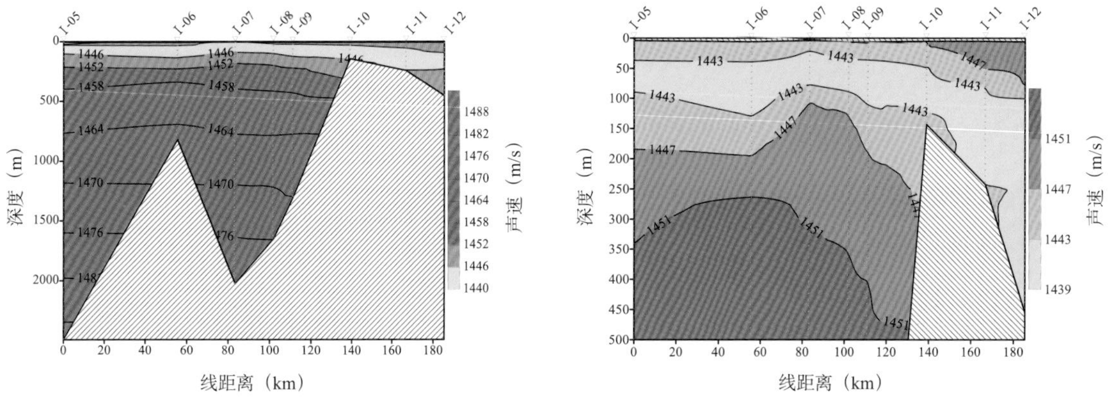

图3.4　断面 I 温度、盐度、密度、声速分布图

（2）断面 IS 温度、盐度、密度、声速分布图

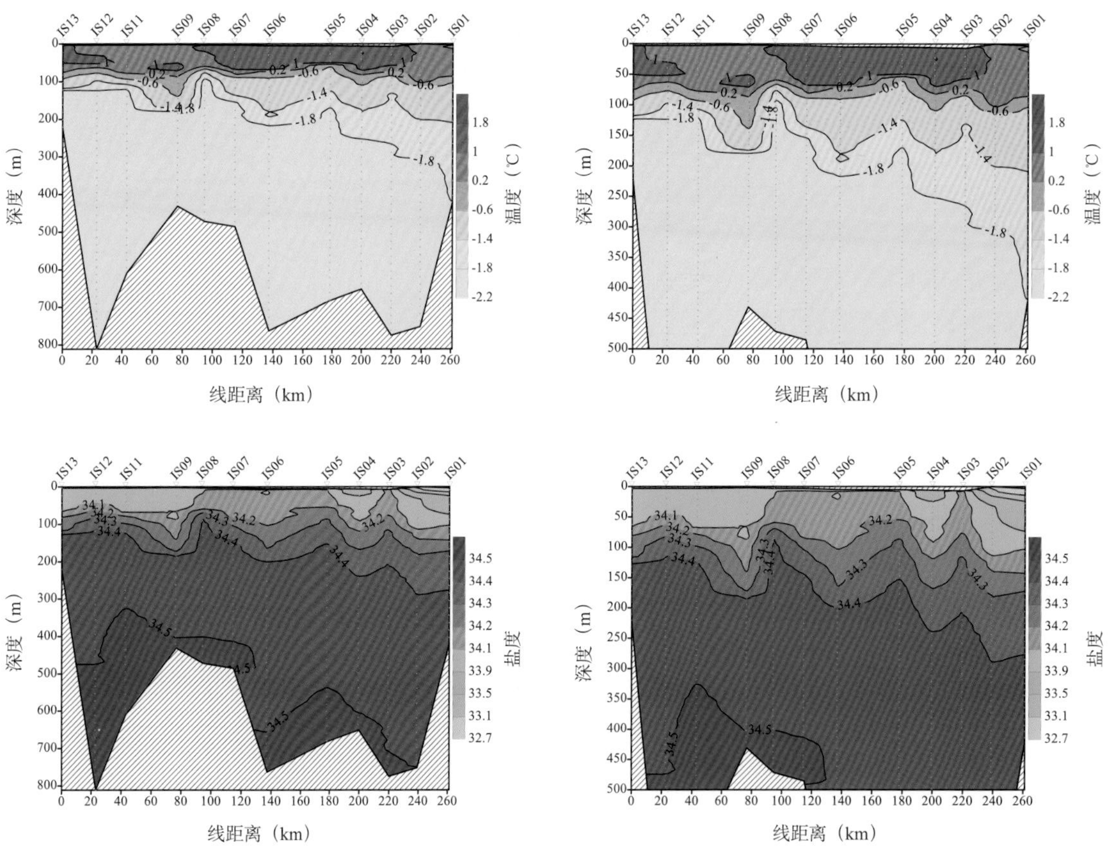

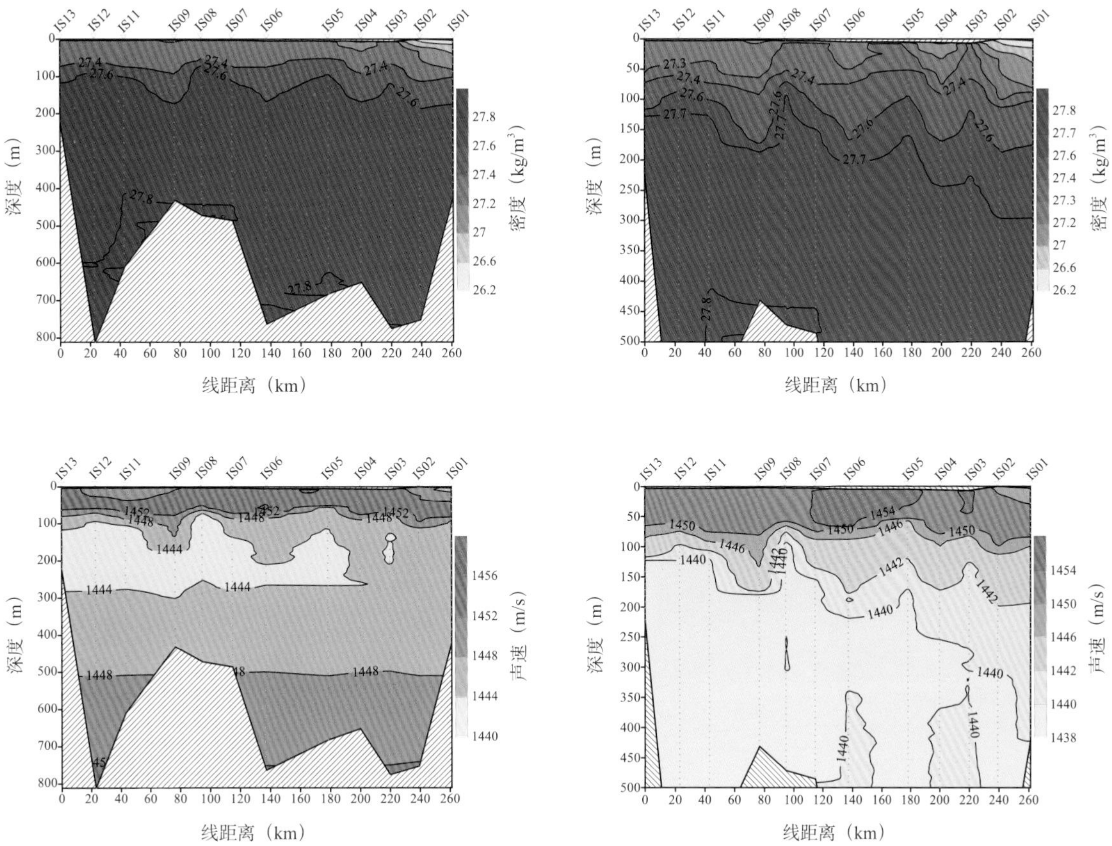

图3.5 断面IS温度、盐度、密度、声速分布图

（3）断面Ⅱ温度、盐度、密度、声速分布图

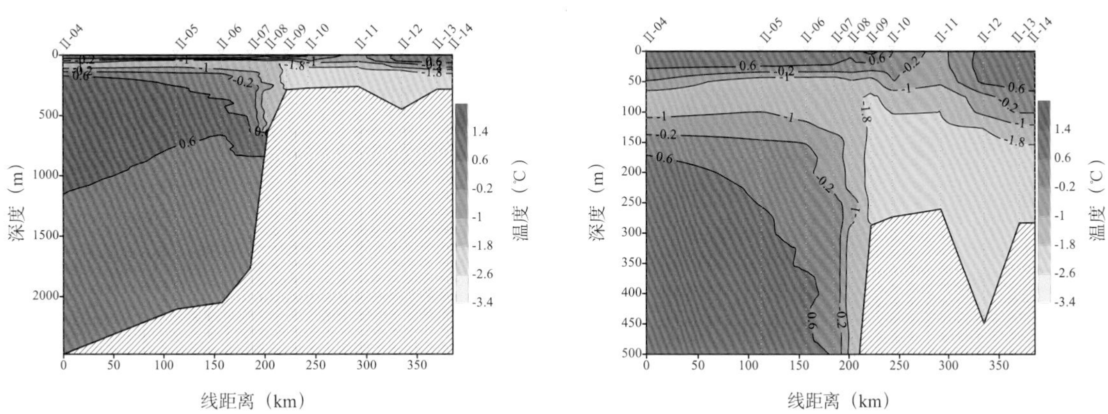

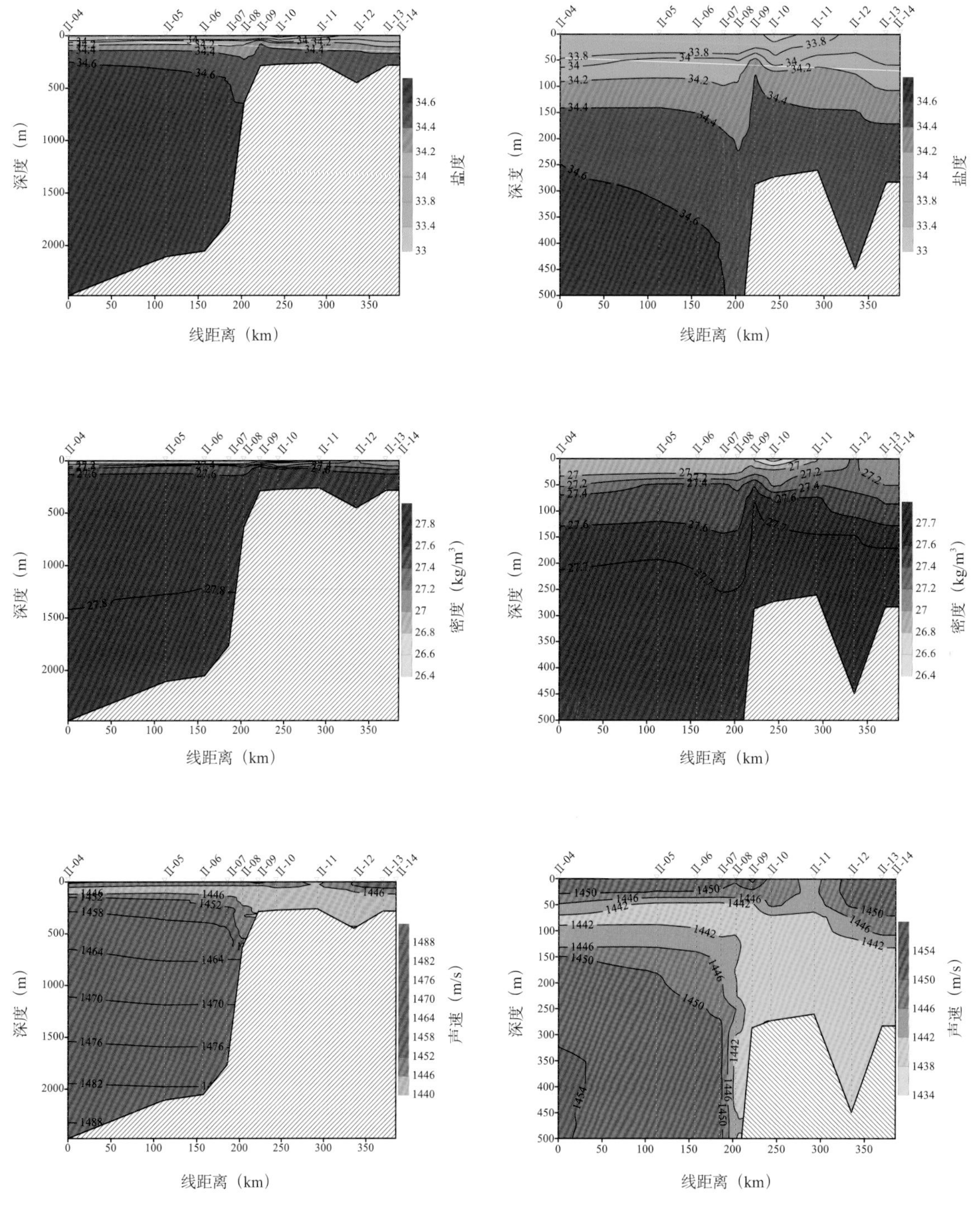

图3.6　断面Ⅱ温度、盐度、密度、声速分布图

（4）断面Ⅲ温度、盐度、密度、声速分布图

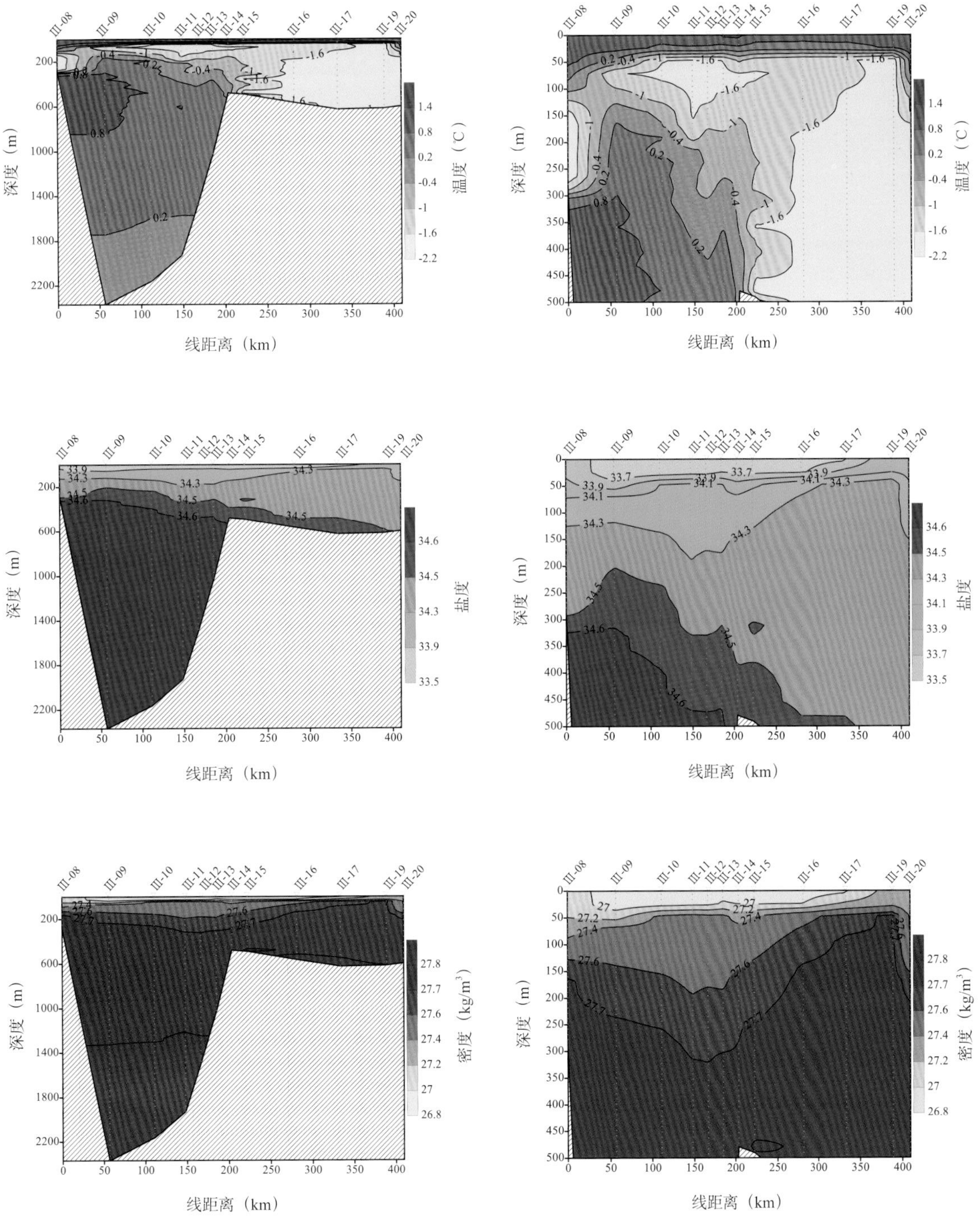

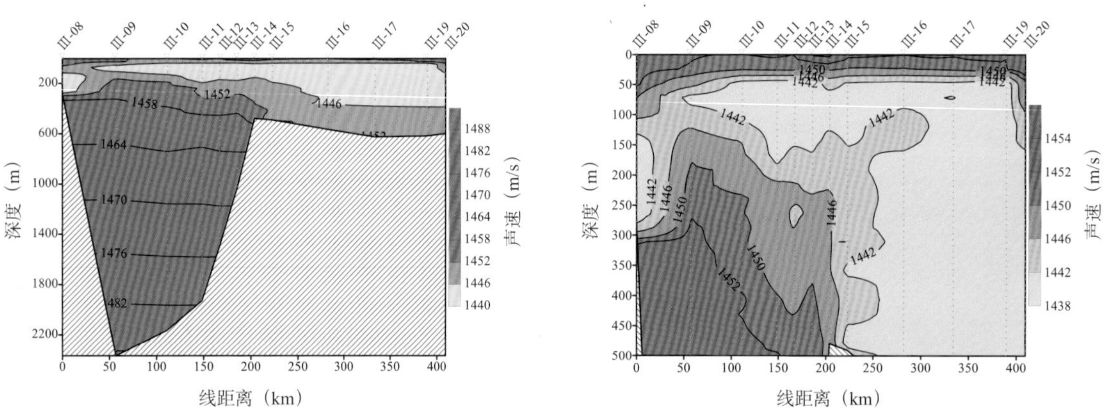

图3.7　断面Ⅲ温度、盐度、密度、声速分布图

第四节 航次大面剖面图

本航次5条平行的断面和其他站位可以构成南极半岛附近海域的大面观测，10 m层、50 m层、100 m层、500 m层上的温度、盐度、密度、声速分布情况如图3.8至图3.11所示。

（1）10 m层温度、盐度、密度、声速分布图（等值线间隔依次为0.2，0.1，0.1，1）

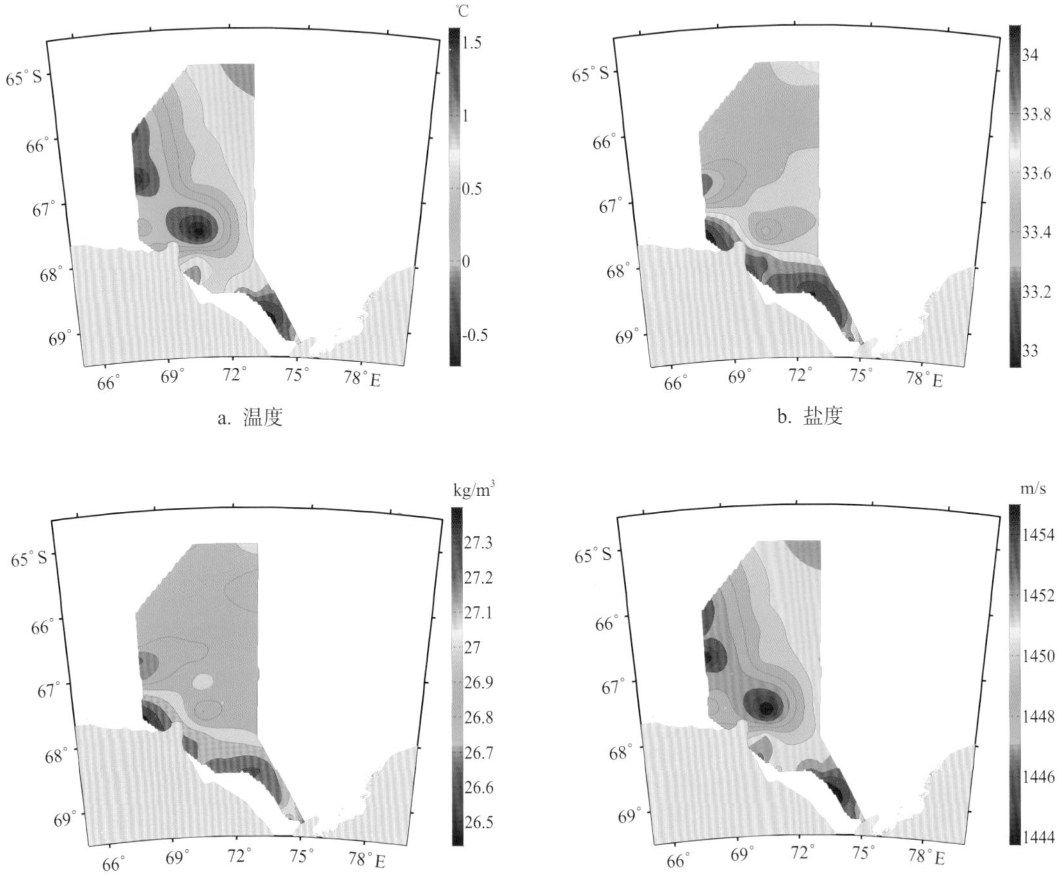

a. 温度 b. 盐度

c. 密度 d. 声速

图3.8 10 m层温度、盐度、密度、声速分布图

（2）50 m 层温度、盐度、密度、声速分布图（等值线间隔依次为 0.2，0.1，0.1，1）

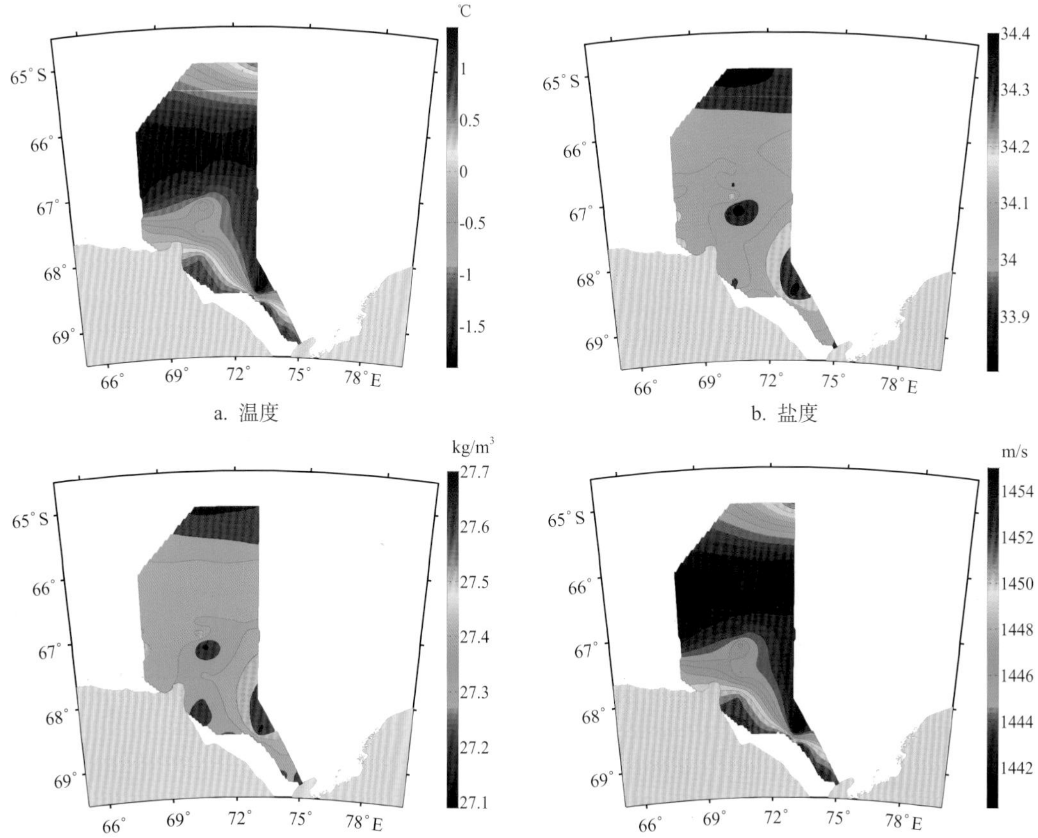

a. 温度　b. 盐度　c. 密度　d. 声速

图3.9　50 m层温度、盐度、密度、声速分布图

（3）100 m 层温度、盐度、密度、声速分布图（等值线间隔依次为 0.2，0.05，0.05，1）

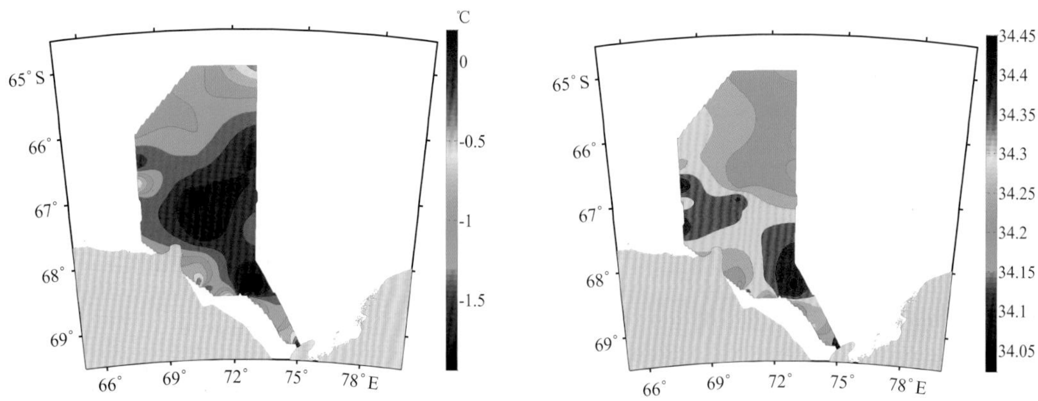

a. 温度　b. 盐度

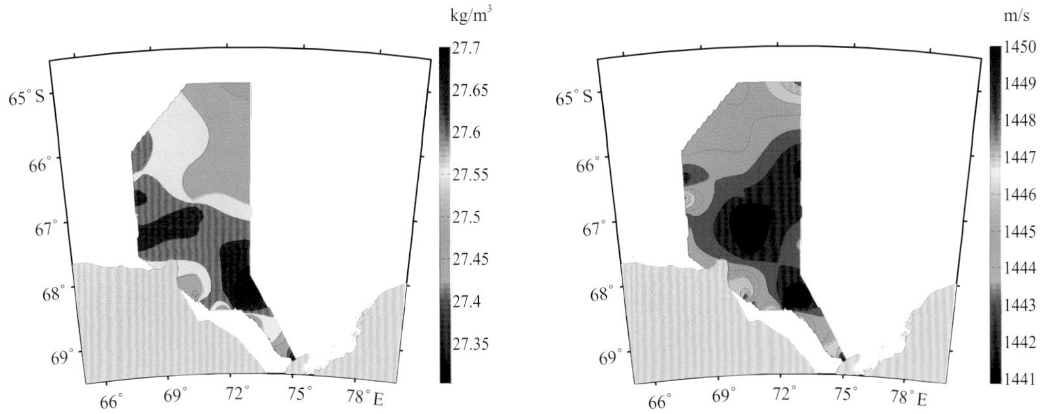

c. 密度　　d. 声速

图3.10　100 m层温度、盐度、密度、声速分布图

（4）500 m层温度、盐度、密度、声速分布图（等值线间隔依次为0.2，0.05，0.01，1）

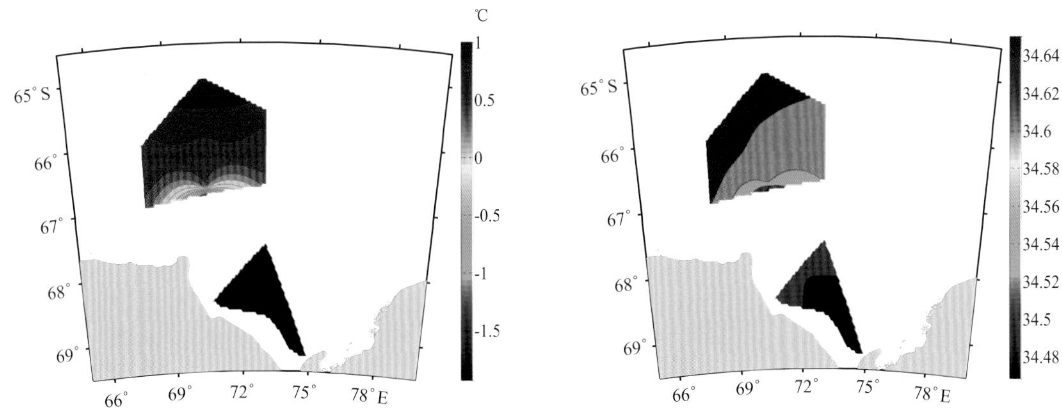

a. 温度　　b. 盐度

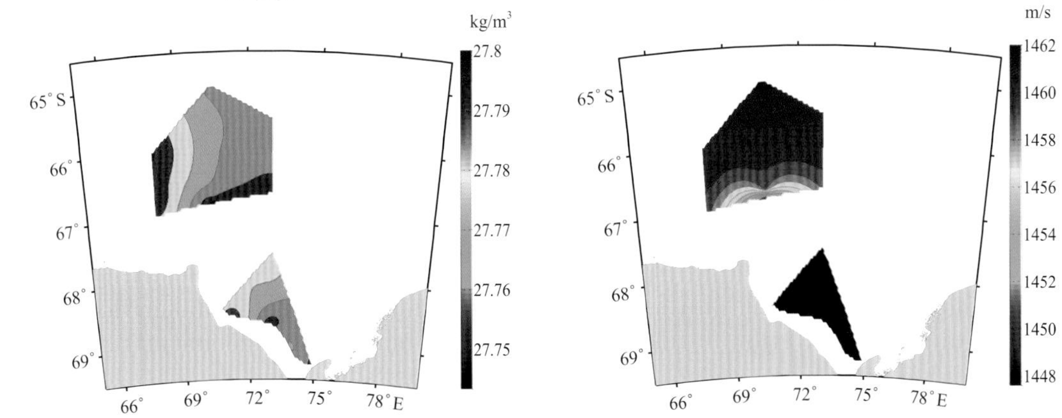

c. 密度　　d. 声速

图3.11　500 m层温度、盐度、密度、声速分布图

第四章

中国第21次南极科学考察水文图集

第一节　航次站位情况及TS点聚图

中国第 21 次南极科学考察共完成海洋考察 CTD 站位 91 个，站位信息见表 4.1。

表4.1　中国第21次南极考察CTD观测站位信息表

序号	站位	日期	时间	纬度 (° S)	经度 (° W)	水深 (m)	最大观测深度 (m)
1	Ⅲ-11	2004-12-07	23:05	67.067	73.000	550	519
2	Ⅲ-10	2004-12-08	05:22	66.833	72.968	518	513
3	Ⅲ-09	2004-12-08	08:14	66.667	73.167	1 080	1 034
4	Ⅲ-08	2004-12-08	10:18	66.498	73.002	1 553	1 515
5	Ⅲ-07	2004-12-08	13:03	66.308	73.000	2 053	1 983
6	Ⅲ-06	2004-12-08	16:16	65.998	73.008	2 300	2 259
7	Ⅲ-05	2004-12-08	21:24	65.514	73.000	2 500	2 336
8	Ⅲ-03	2004-12-09	08:49	63.983	73.017	3 300	2 967
9	Ⅲ-02	2004-12-09	15:30	63.000	73.000	3 500	3 063
10	Ⅲ-01	2004-12-09	22:10	61.992	73.000	3 900	3 106
11	Ⅰ-01	2004-12-10	12:16	62.000	68.000	4 300	1 003
12	Ⅱ-02	2004-12-10	20:45	62.998	70.422	4 000	2 090
13	Ⅰ-02	2004-12-11	03:28	63.000	67.993	4 000	1 808
14	ZG-01	2004-12-11	17:19	63.713	61.547	4 200	2 558
15	ZG-02	2004-12-12	05:50	63.733	55.247	4 500	2 751
16	ZG-03	2004-12-12	21:19	63.327	48.033	4 200	2 509
17	ZG-04	2004-12-13	13:06	62.547	40.467	5 000	3 018
18	ZG-06	2004-12-14	21:00	61.531	26.124	5 100	2 513
19	ZG-08	2004-12-16	06:46	61.983	11.333	4 500	2 110
20	ZG-10	2004-12-17	10:29	62.183	-2.984	5 000	2 046
21	ZG-11	2004-12-18	06:40	60.079	-10.113	4 000	1 202
22	ZG-12	2004-12-19	06:46	59.687	-17.408	2 082	2 032
23	ZG-13	2004-12-20	02:14	60.049	-24.540	4 120	2 089
24	ZG-14	2004-12-21	00:51	60.688	-31.930	2 332	580
25	ZG-17	2004-12-21	01:59	60.703	-32.018	2 230	2 006
26	ZG-15	2004-12-22	00:06	60.977	-39.258	3 400	1 518
27	ZG-16	2004-12-22	18:28	60.166	-46.428	2 000	1 721
28	WA-01	2005-01-12	11:16	59.997	-56.461	2 500	2 151

续 表

序号	站位	日期	时间	纬度 (° S)	经度 (° W)	水深 (m)	最大观测深度 (m)
29	WA-02	2005-01-12	19:15	60.717	-53.482	555	505
30	WA-04	2005-01-13	09:51	62.154	-47.611	2 200	2 105
31	WA-05	2005-01-13	17:33	62.503	-44.507	2 200	2 153
32	WA-06	2005-01-14	00:24	62.493	-41.515	3 300	2 685
33	WA-07	2005-01-14	08:34	62.513	-38.496	3 700	2 804
34	WA-08	2005-01-15	18:33	62.502	-35.643	3 500	2 088
35	WA-09	2005-01-15	06:37	62.837	-32.512	3 544	3 005
36	WA-10	2005-01-15	16:50	63.508	-29.488	4 000	2 706
37	WA-11	2005-01-16	01:44	63.672	-26.481	3 800	2 818
38	WA-12	2005-01-16	18:48	63.606	-24.418	3 500	3 000
39	WA-13	2005-01-17	17:39	63.518	-24.126	4 300	1 950
40	WA-14	2005-01-18	02:39	64.990	-18.007	5 000	2 100
41	WA-15	2005-01-18	08:28	66.038	-18.040	4 900	2 205
42	WA-16	2005-01-18	14:25	66.993	-17.990	4 600	2 105
43	WA-17	2005-01-18	20:28	67.998	-17.991	4 800	3 006
44	WA-18	2005-01-19	02:25	68.988	-17.992	4 500	2 750
45	WA-19	2005-01-19	08:20	69.997	-18.000	4 500	2 809
46	CZ-01	2005-01-19	22:43	70.388	-9.225	440	430
47	CZ-02	2005-01-20	16:45	69.357	-0.802	2 338	2 249
48	CZ-03	2005-01-21	13:20	69.545	10.384	1 480	1 453
49	CZ-04	2005-01-22	15:12	68.313	16.715	3 100	3 007
50	CZ-05	2005-01-23	15:00	67.860	31.217	2 000	2 050
51	CZ-06	2005-01-24	15:02	67.918	38.679	2 000	1 958
52	CZ-07	2005-01-25	15:15	66.324	47.156	1 800	1 757
53	CZ-71	2005-01-25	17:45	66.320	47.165	1 830	911
54	CZ-72	2005-01-25	21:08	66.341	47.206	1 800	759
55	CZ-73	2005-01-25	23:53	66.347	47.293	1 476	703
56	CZ-74	2005-01-26	02:50	66.311	47.333	1 400	500
57	CZ-75	2005-01-26	06:25	66.276	47.014	2 255	1 008
58	CZ-08	2005-01-27	13:05	64.732	57.187	3 500	2 202
59	Ⅰ-03	2005-01-28	09:56	63.993	67.983	3 500	2 728
60	Ⅱ-03	2005-01-28	16:47	64.004	70.520	3 300	2 600
61	Ⅱ-04	2005-01-28	23:22	64.987	70.505	3 000	2 653
62	Ⅰ-04	2005-01-29	05:20	65.012	67.960	2 300	2 110

续 表

序号	站位	日期	时间	纬度 (° S)	经度 (° W)	水深 (m)	最大观测深度 (m)
63	Ⅰ-05	2005-01-29	10:45	66.001	67.967	2 500	2 100
64	Ⅰ-06	2005-01-29	14:46	66.484	68.013	2 700	2 241
65	Ⅰ-07	2005-01-29	17:40	66.748	68.032	2 130	851
66	Ⅰ-08	2005-01-29	19:50	66.902	68.002	1 878	906
67	Ⅰ-09	2005-01-29	20:55	66.952	67.997	1 500	931
68	Ⅱ-05	2005-01-30	03:58	66.001	70.503	2 000	1 078
69	Ⅱ-06	2005-01-30	07:15	66.416	70.490	2 122	1 012
70	Ⅱ-07	2005-01-30	09:06	66.662	70.497	1 865	1 008
71	Ⅱ-08	2005-01-30	10:50	66.831	70.487	475	421
72	Ⅱ-09	2005-01-30	13:06	66.883	70.636	416	363
73	Ⅱ-10	2005-01-30	18:20	67.118	71.485	538	475
74	Ⅲ-12	2005-01-31	07:28	67.493	72.998	587	550
75	Ⅲ-13	2005-01-31	13:10	67.998	73.124	658	603
76	Ⅲ-14	2005-01-31	18:07	68.493	73.003	656	603
77	IS-08	2005-01-31	20:18	68.513	72.283	500	455
78	IS-09	2005-02-01	00:23	68.558	71.824	448	403
79	IS-10	2005-02-01	02:07	68.549	71.389	556	510
80	IS-11	2005-02-01	03:55	68.543	71.043	624	580
81	IS-12	2005-02-01	05:51	68.434	70.700	886	802
82	Ⅱ-13	2005-02-01	07:26	68.343	70.543	301	260
83	Ⅱ-14	2005-02-01	11:50	68.662	70.434	475	396
84	IS-07	2005-02-01	18:13	68.618	72.773	585	533
85	IS-06	2005-02-01	20:28	68.710	73.201	795	743
86	IS-05	2005-02-01	23:26	68.851	73.839	750	703
87	IS-04	2005-02-02	01:29	68.900	74.079	678	630
88	IS-03	2005-02-02	04:18	68.922	74.483	750	712
89	IS-02	2005-02-02	13:02	68.997	74.875	752	716
90	IS-01	2005-02-02	17:04	68.972	75.412	705	350
91	IS-14	2005-02-02	18:26	68.960	75.756	722	683

本航次的 TS 点聚图如图 4.1 所示。

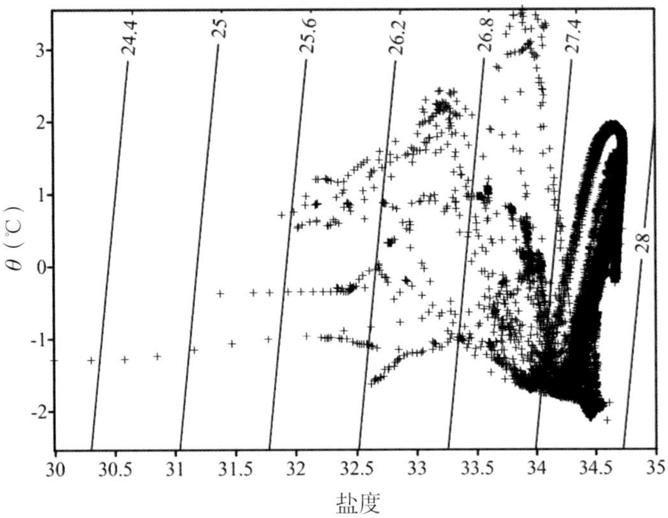

图4.1 中国第21次南极考察TS点聚图

第二节 航次站点剖面图

本航次各站点的 CTD 测量要素温度、盐度、密度、声速剖面分布如图 4.2 所示。

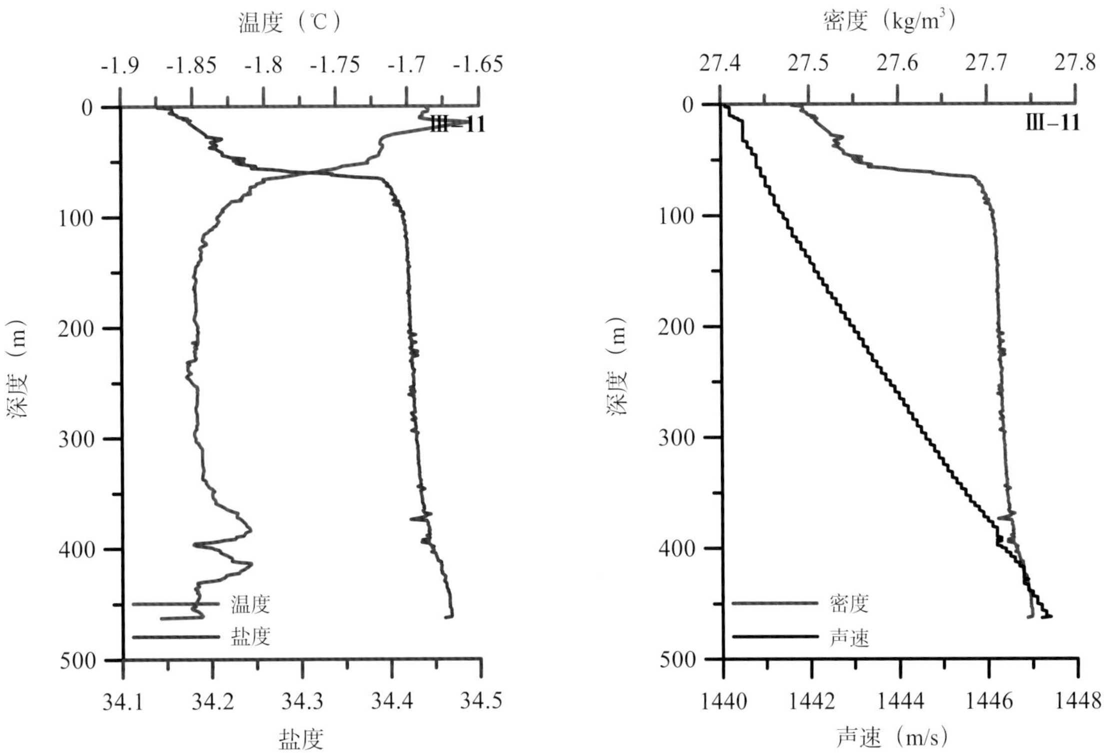

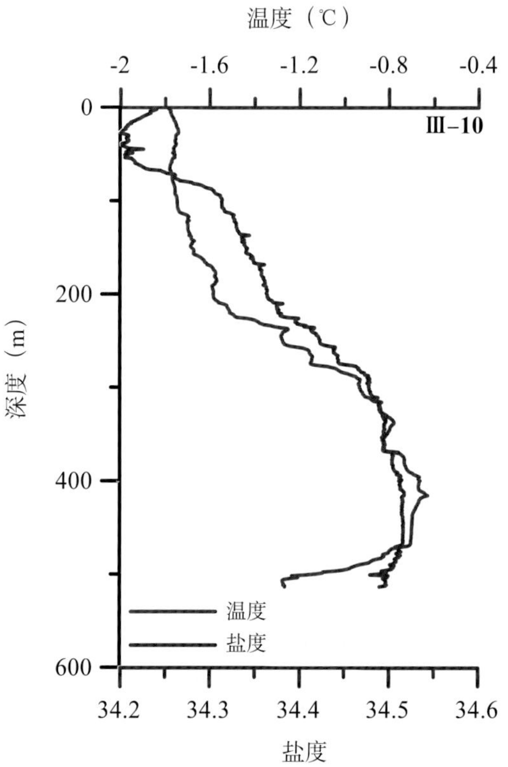
温度（℃）
-2
-1.6
-1.2
-0.8
-0.4
Ⅲ-10
深度（m）
0
200
400
600
温度
盐度
34.2
34.3
34.4
34.5
34.6
盐度

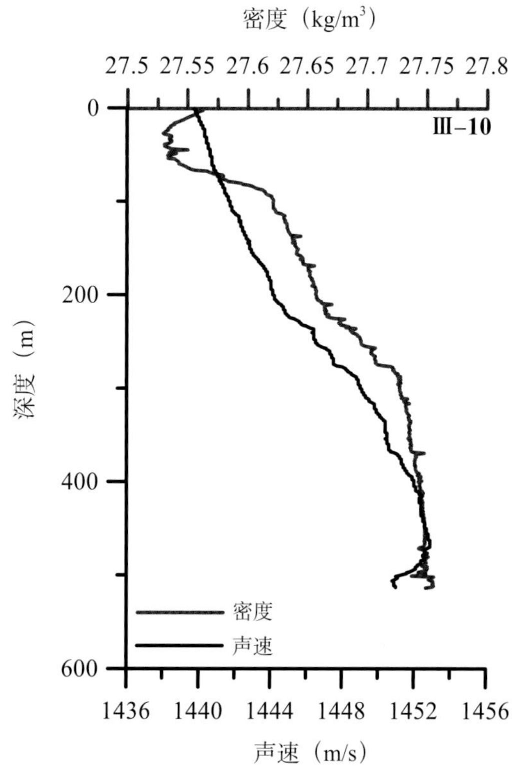
密度（kg/m³）
27.5
27.55
27.6
27.65
27.7
27.75
27.8
Ⅲ-10
深度（m）
0
200
400
600
密度
声速
1436
1440
1444
1448
1452
1456
声速（m/s）

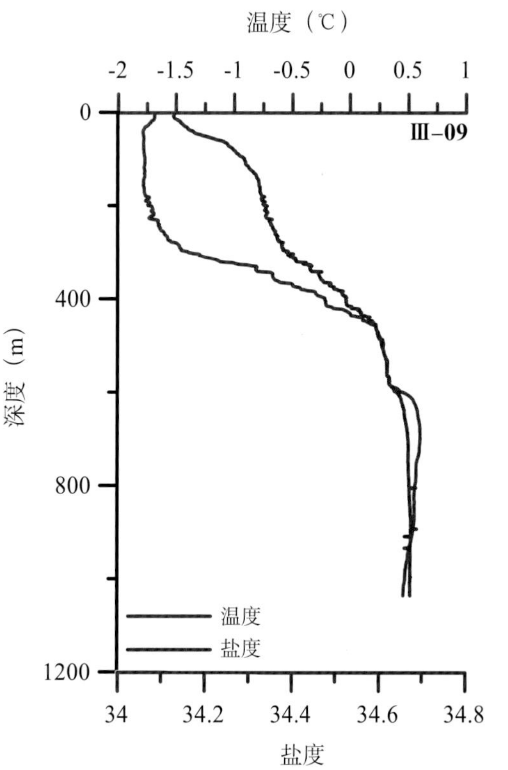
温度（℃）
-2
-1.5
-1
-0.5
0
0.5
1
Ⅲ-09
深度（m）
0
400
800
1200
温度
盐度
34
34.2
34.4
34.6
34.8
盐度

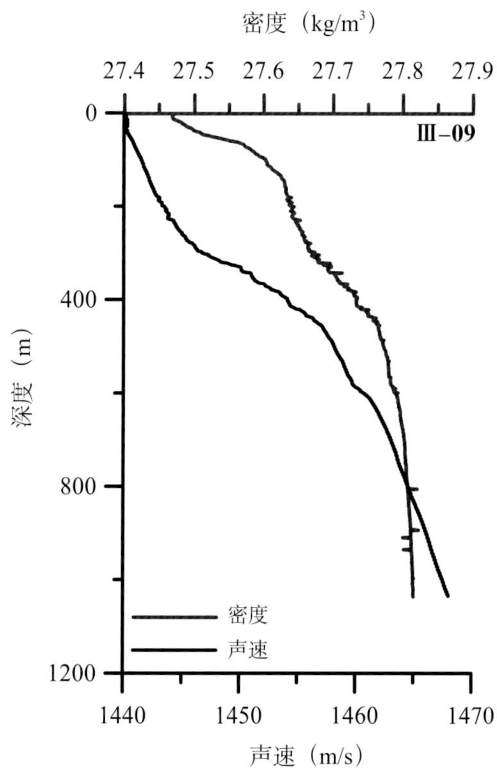
密度（kg/m³）
27.4
27.5
27.6
27.7
27.8
27.9
Ⅲ-09
深度（m）
0
400
800
1200
密度
声速
1440
1450
1460
1470
声速（m/s）

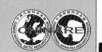

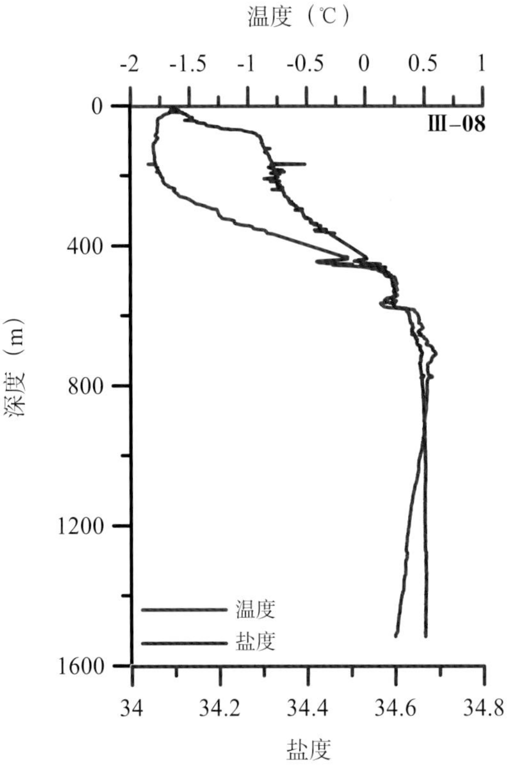
温度（℃）
-2 -1.5 -1 -0.5 0 0.5 1
Ⅲ-08
0
400
800
1200
1600
深度（m）
温度
盐度
34 34.2 34.4 34.6 34.8
盐度

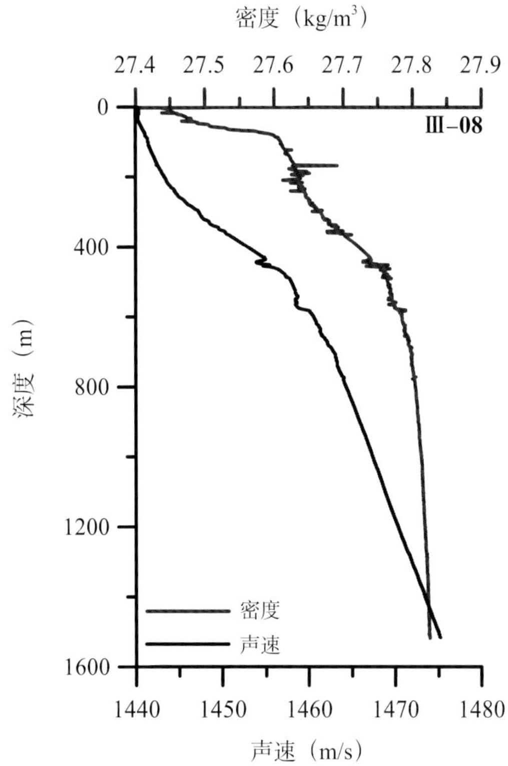
密度（kg/m³）
27.4 27.5 27.6 27.7 27.8 27.9
Ⅲ-08
0
400
800
1200
1600
深度（m）
密度
声速
1440 1450 1460 1470 1480
声速（m/s）

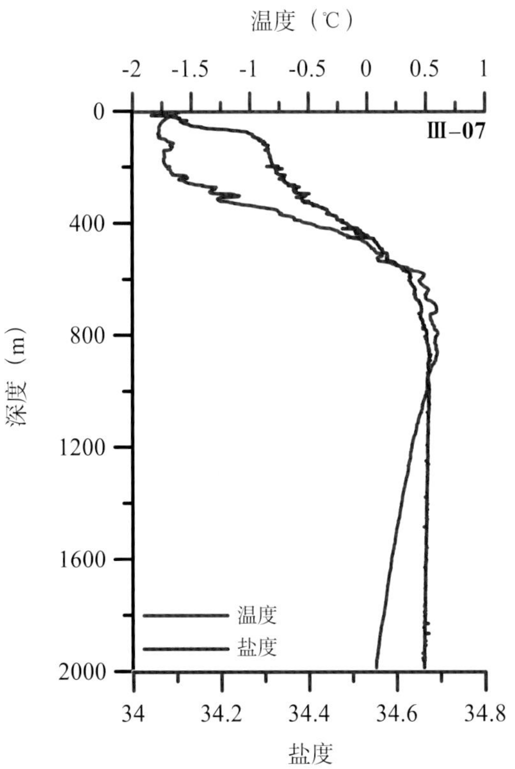
温度（℃）
-2 -1.5 -1 -0.5 0 0.5 1
Ⅲ-07
0
400
800
1200
1600
2000
深度（m）
温度
盐度
34 34.2 34.4 34.6 34.8
盐度

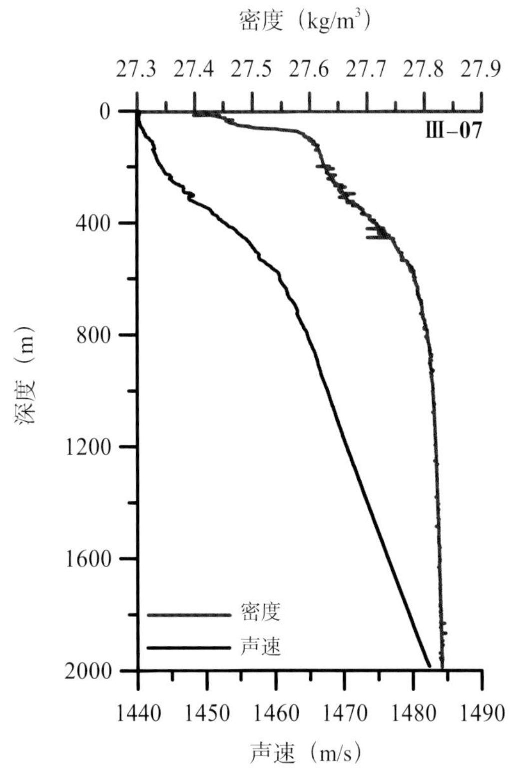
密度（kg/m³）
27.3 27.4 27.5 27.6 27.7 27.8 27.9
Ⅲ-07
0
400
800
1200
1600
2000
深度（m）
密度
声速
1440 1450 1460 1470 1480 1490
声速（m/s）

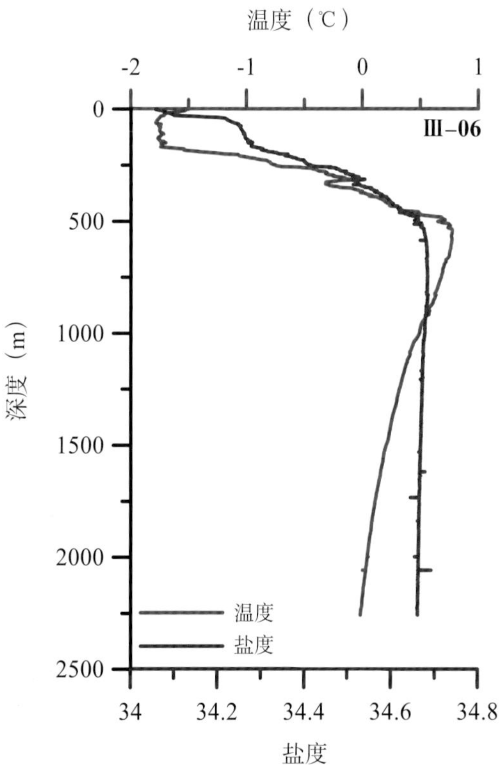
温度（℃）
-2
-1
0
1
0
500
1000
1500
2000
2500
深度（m）
Ⅲ-06
温度
盐度
34
34.2
34.4
34.6
34.8
盐度

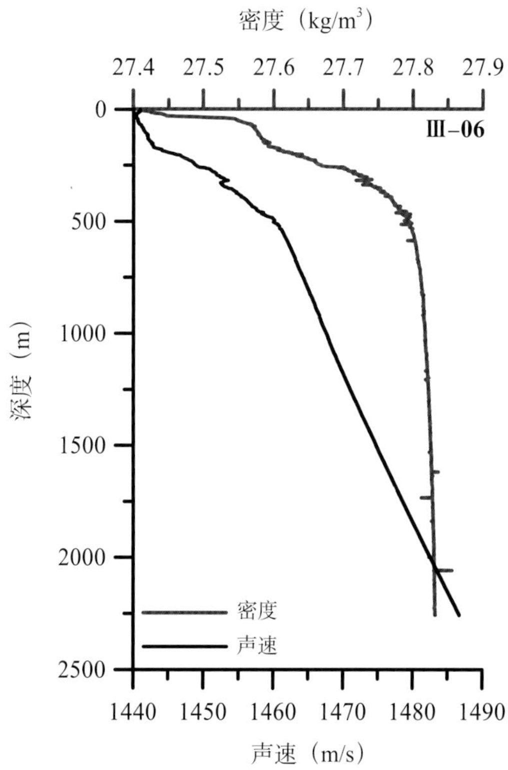
密度（kg/m3）
27.4
27.5
27.6
27.7
27.8
27.9
0
500
1000
1500
2000
2500
深度（m）
Ⅲ-06
密度
声速
1440
1450
1460
1470
1480
1490
声速（m/s）

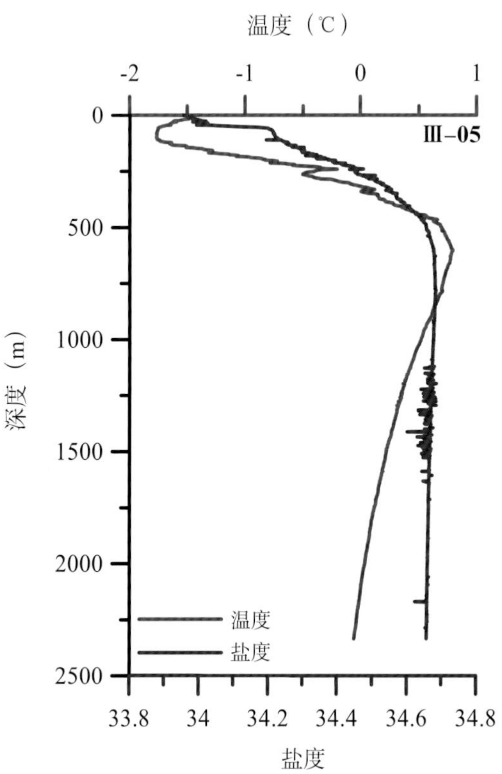
温度（℃）
-2
-1
0
1
0
500
1000
1500
2000
2500
深度（m）
Ⅲ-05
温度
盐度
33.8
34
34.2
34.4
34.6
34.8
盐度

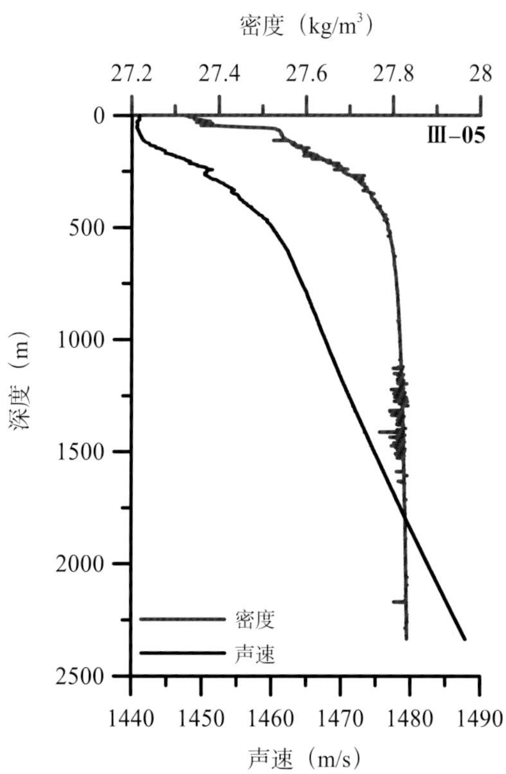
密度（kg/m3）
27.2
27.4
27.6
27.8
28
0
500
1000
1500
2000
2500
深度（m）
Ⅲ-05
密度
声速
1440
1450
1460
1470
1480
1490
声速（m/s）

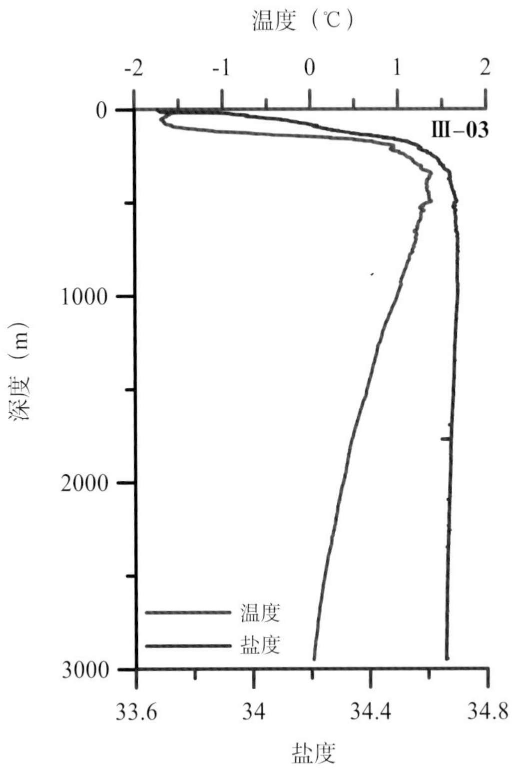
温度（℃）
-2
-1
0
1
2
0
1000
2000
3000
深度（m）
Ⅲ-03
温度
盐度
33.6
34
34.4
34.8
盐度

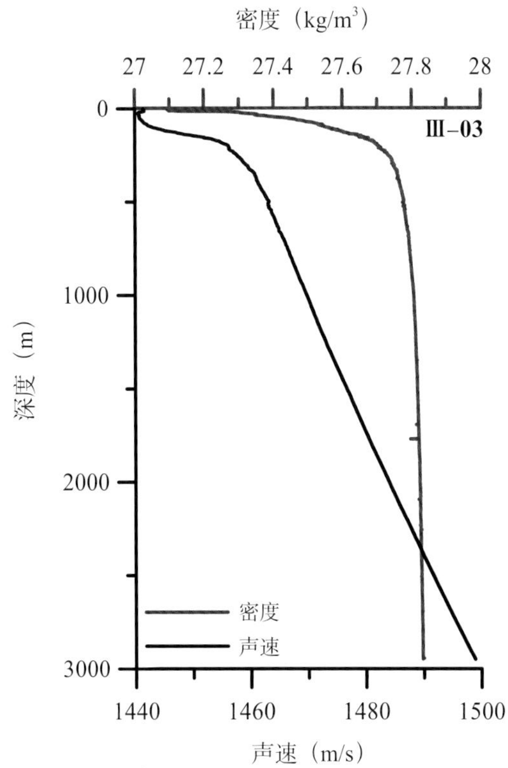
密度（kg/m³）
27
27.2
27.4
27.6
27.8
28
0
1000
2000
3000
深度（m）
Ⅲ-03
密度
声速
1440
1460
1480
1500
声速（m/s）

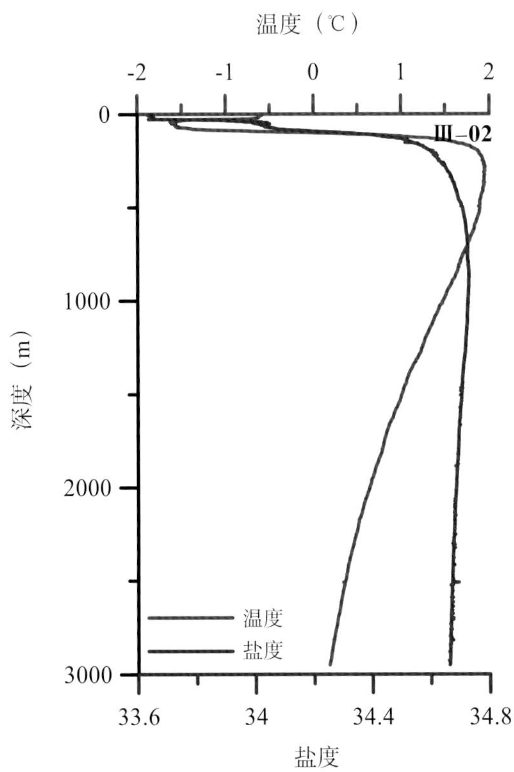
温度（℃）
-2
-1
0
1
2
0
1000
2000
3000
深度（m）
Ⅲ-02
温度
盐度
33.6
34
34.4
34.8
盐度

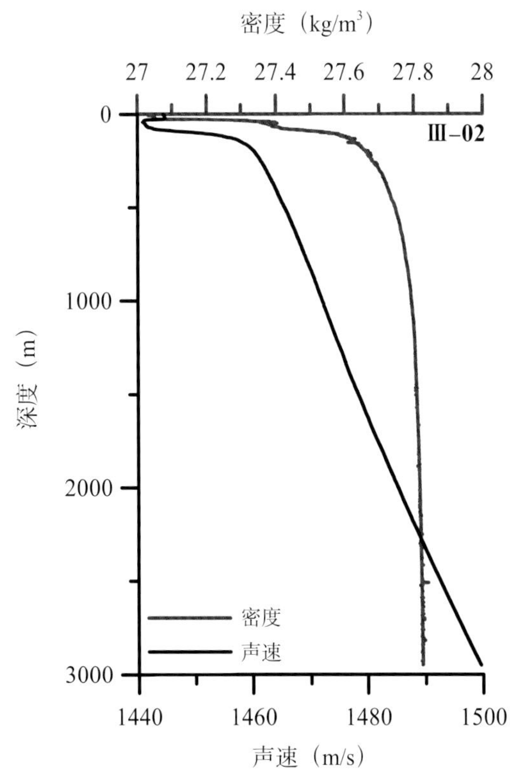
密度（kg/m³）
27
27.2
27.4
27.6
27.8
28
0
1000
2000
3000
深度（m）
Ⅲ-02
密度
声速
1440
1460
1480
1500
声速（m/s）

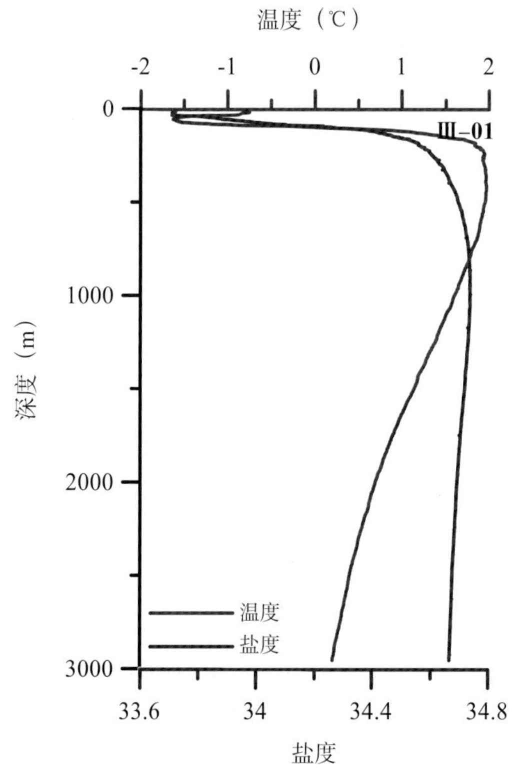
温度（℃）
-2
-1
0
1
2
0
1000
2000
3000
深度（m）
Ⅲ-01
温度
盐度
33.6
34
34.4
34.8
盐度

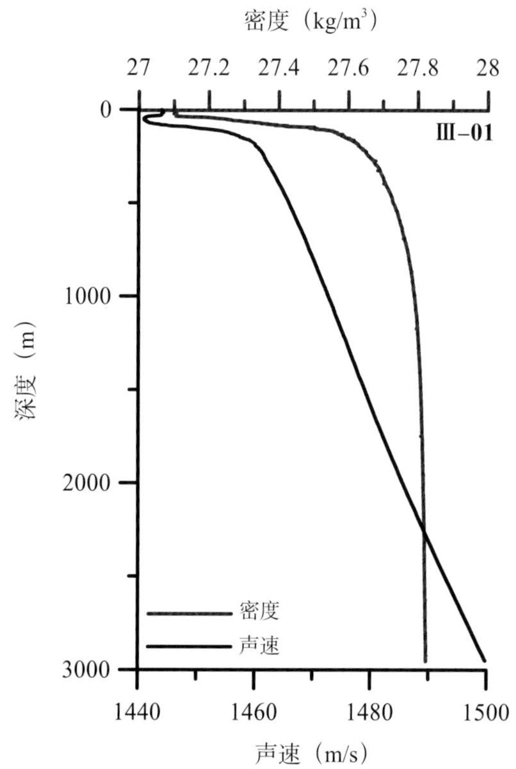
密度（kg/m3）
27
27.2
27.4
27.6
27.8
28
0
1000
2000
3000
深度（m）
Ⅲ-01
密度
声速
1440
1460
1480
1500
声速（m/s）

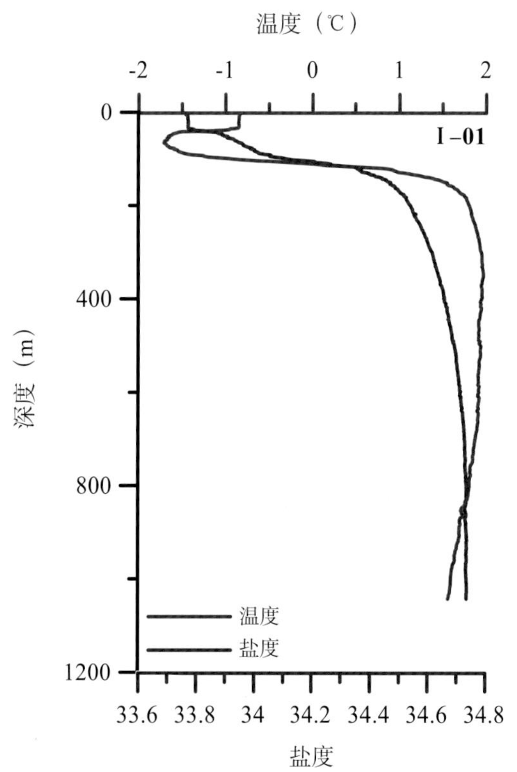
温度（℃）
-2
-1
0
1
2
0
400
800
1200
深度（m）
Ⅰ-01
温度
盐度
33.6
33.8
34
34.2
34.4
34.6
34.8
盐度

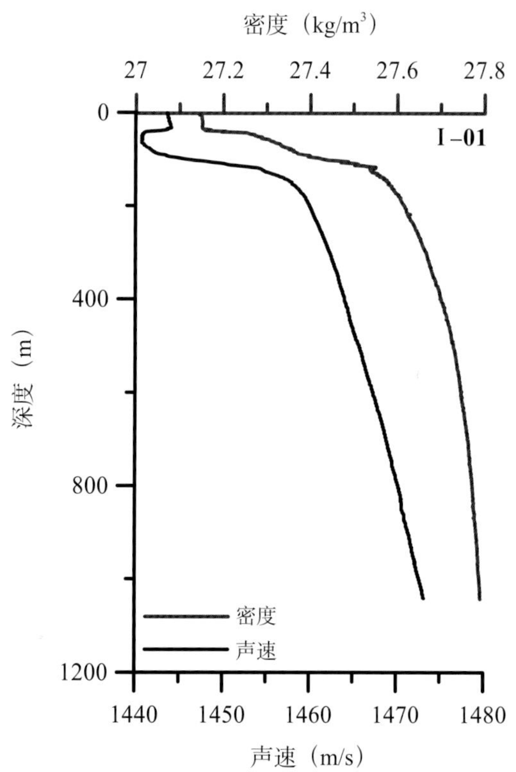
密度（kg/m3）
27
27.2
27.4
27.6
27.8
0
400
800
1200
深度（m）
Ⅰ-01
密度
声速
1440
1450
1460
1470
1480
声速（m/s）

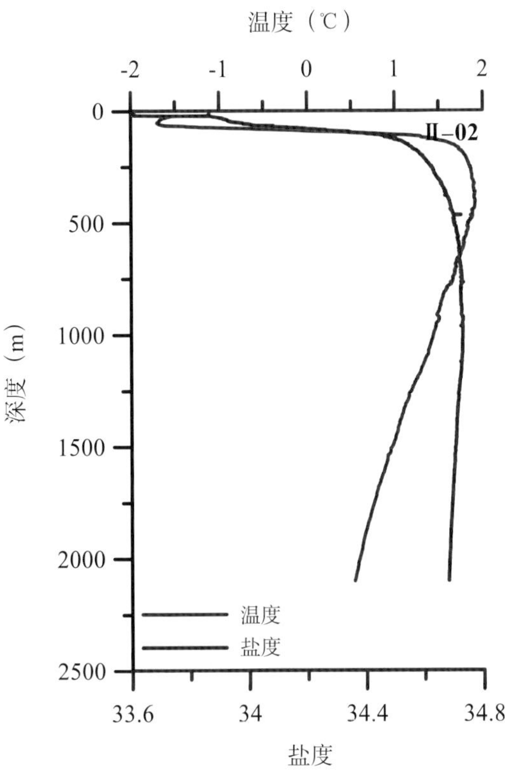
温度（℃）
-2
-1
0
1
2
Ⅱ-02
0
500
1000
1500
2000
2500
深度（m）
温度
盐度
33.6
34
34.4
34.8
盐度

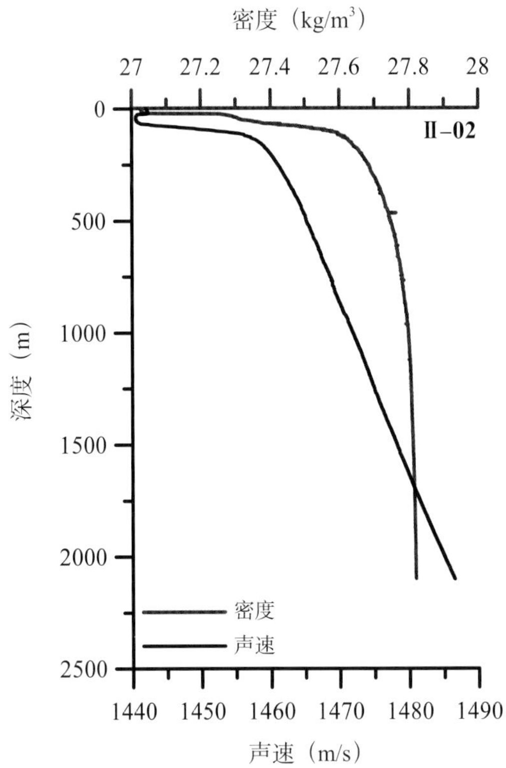
密度（kg/m³）
27
27.2
27.4
27.6
27.8
28
Ⅱ-02
0
500
1000
1500
2000
2500
深度（m）
密度
声速
1440
1450
1460
1470
1480
1490
声速（m/s）

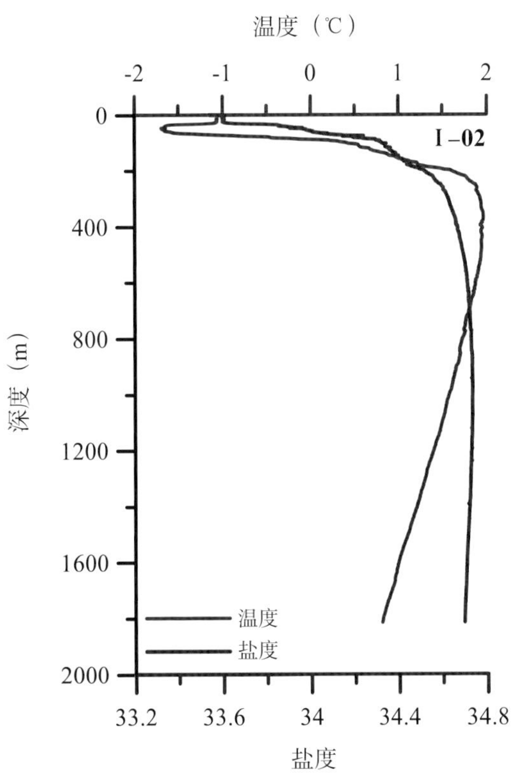
温度（℃）
-2
-1
0
1
2
Ⅰ-02
0
400
800
1200
1600
2000
深度（m）
温度
盐度
33.2
33.6
34
34.4
34.8
盐度

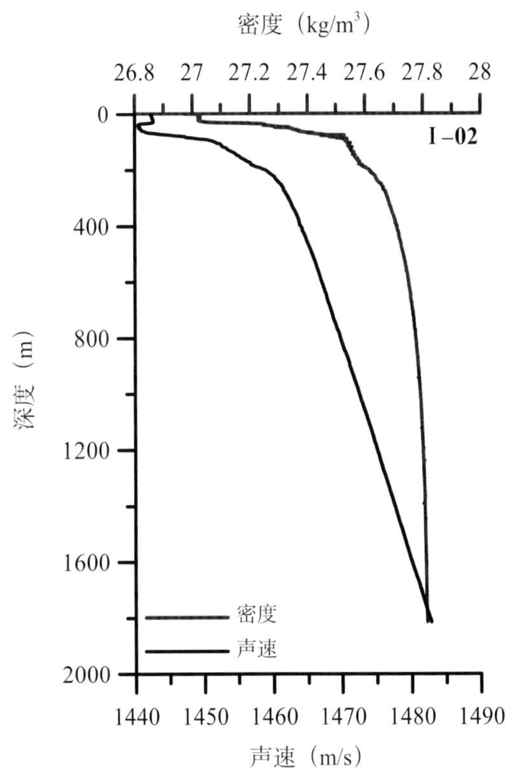
密度（kg/m³）
26.8
27
27.2
27.4
27.6
27.8
28
Ⅰ-02
0
400
800
1200
1600
2000
深度（m）
密度
声速
1440
1450
1460
1470
1480
1490
声速（m/s）

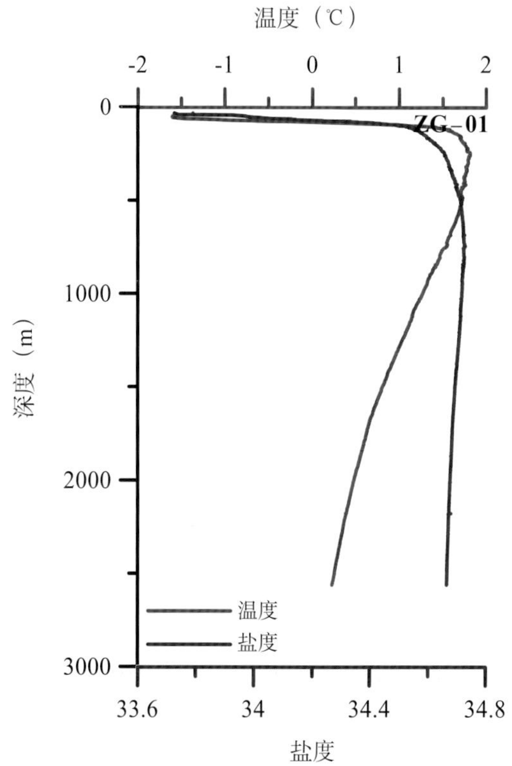
温度（℃）
-2
-1
0
1
2
ZG-01
深度（m）
0
1000
2000
3000
温度
盐度
33.6
34
34.4
34.8
盐度

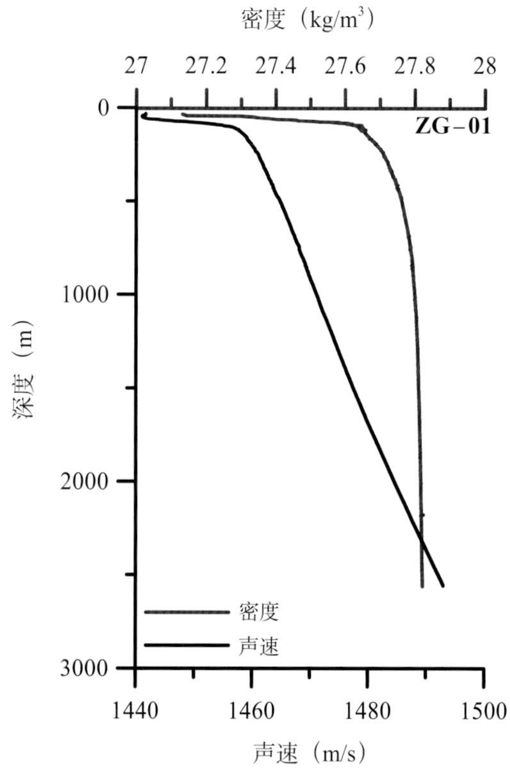
密度（kg/m3）
27
27.2
27.4
27.6
27.8
28
ZG-01
深度（m）
0
1000
2000
3000
密度
声速
1440
1460
1480
1500
声速（m/s）

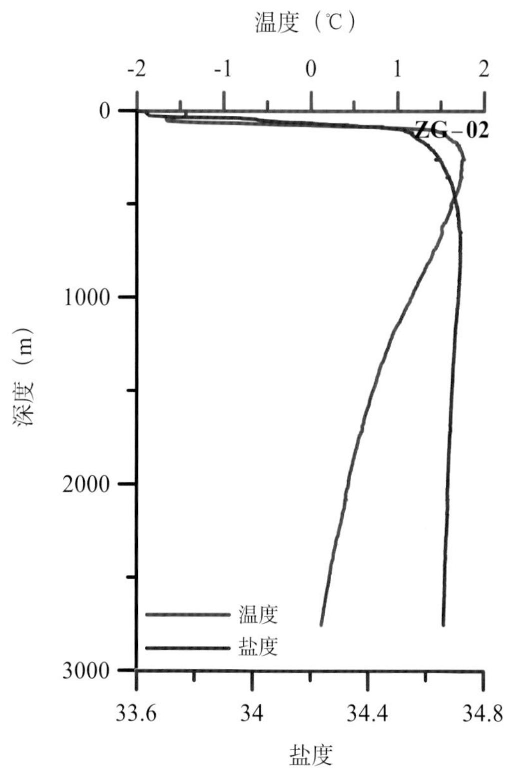
温度（℃）
-2
-1
0
1
2
ZG-02
深度（m）
0
1000
2000
3000
温度
盐度
33.6
34
34.4
34.8
盐度

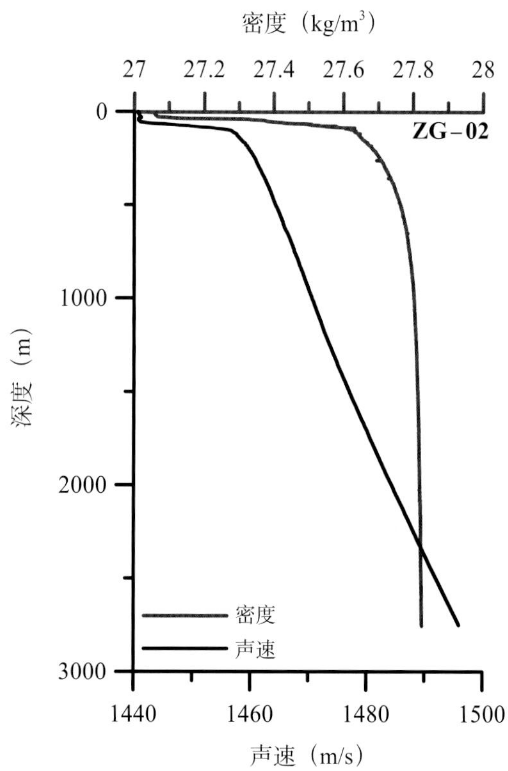
密度（kg/m3）
27
27.2
27.4
27.6
27.8
28
ZG-02
深度（m）
0
1000
2000
3000
密度
声速
1440
1460
1480
1500
声速（m/s）

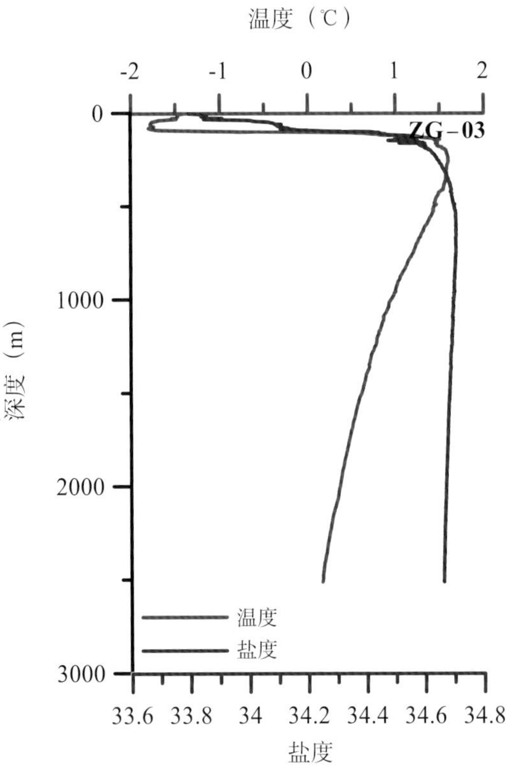
温度（℃）
-2 -1 0 1 2
0 1000 2000 3000
深度（m）
ZG－03
温度
盐度
33.6 33.8 34 34.2 34.4 34.6 34.8
盐度

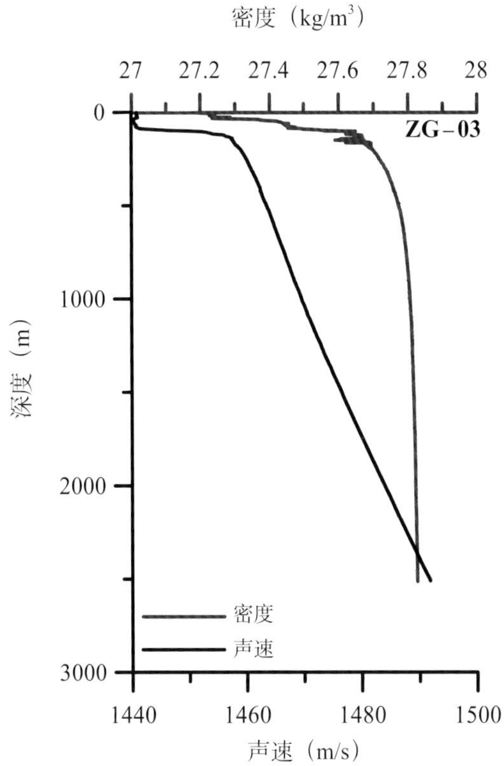
密度（kg/m³）
27 27.2 27.4 27.6 27.8 28
0 1000 2000 3000
深度（m）
ZG－03
密度
声速
1440 1460 1480 1500
声速（m/s）

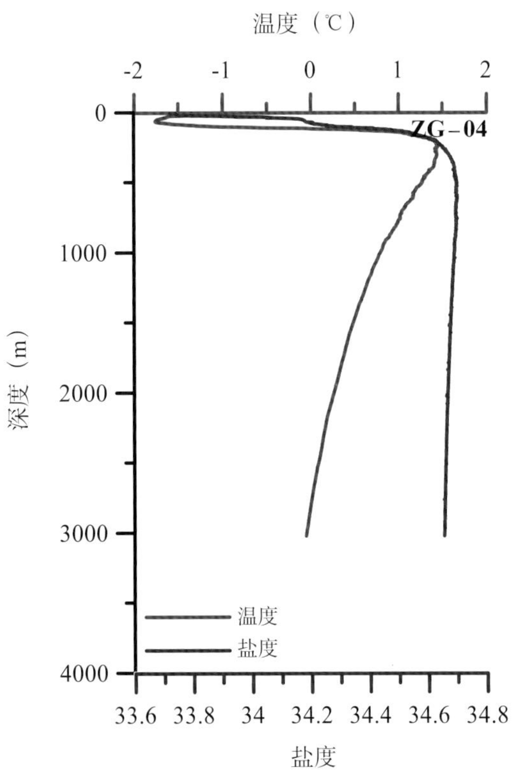
温度（℃）
-2 -1 0 1 2
0 1000 2000 3000 4000
深度（m）
ZG－04
温度
盐度
33.6 33.8 34 34.2 34.4 34.6 34.8
盐度

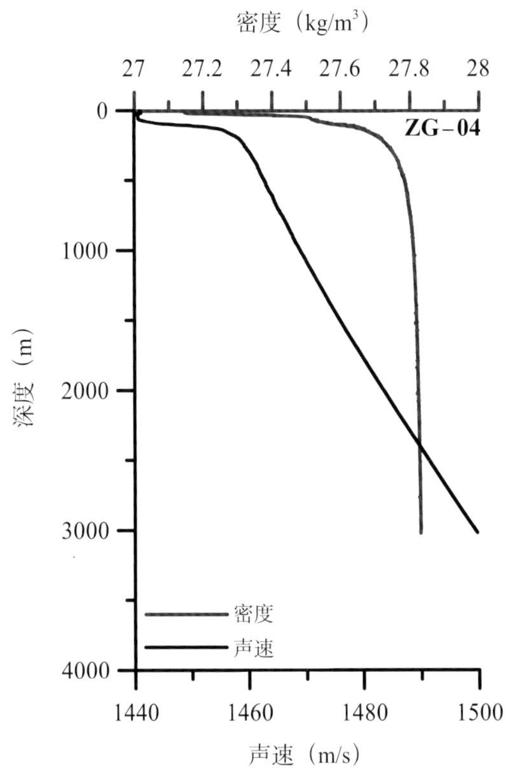
密度（kg/m³）
27 27.2 27.4 27.6 27.8 28
0 1000 2000 3000 4000
深度（m）
ZG－04
密度
声速
1440 1460 1480 1500
声速（m/s）

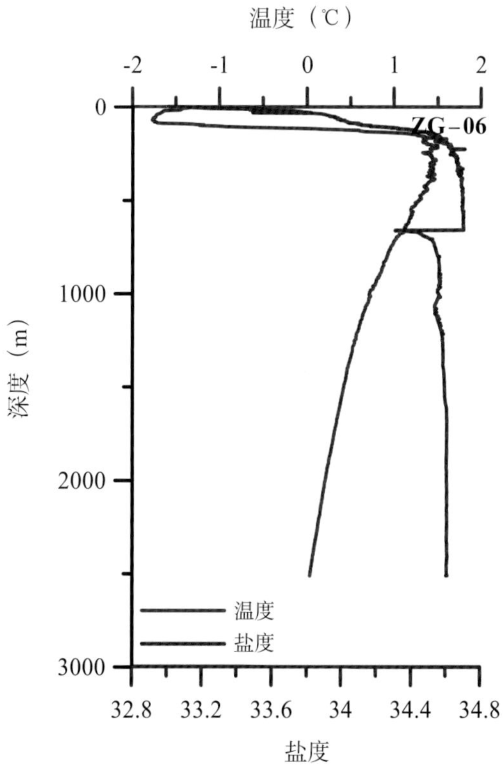
温度（℃）
-2
-1
0
1
2
ZG-06
0
1000
2000
3000
深度（m）
温度
盐度
32.8
33.2
33.6
34
34.4
34.8
盐度

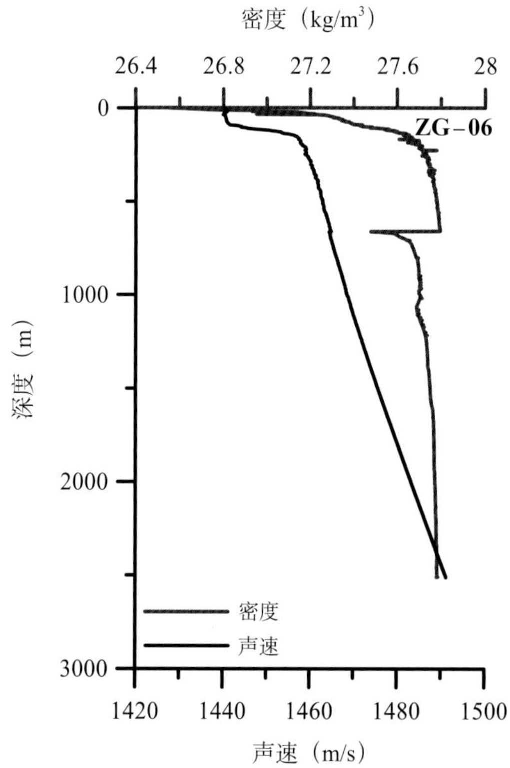
密度（kg/m3）
26.4
26.8
27.2
27.6
28
ZG-06
0
1000
2000
3000
深度（m）
密度
声速
1420
1440
1460
1480
1500
声速（m/s）

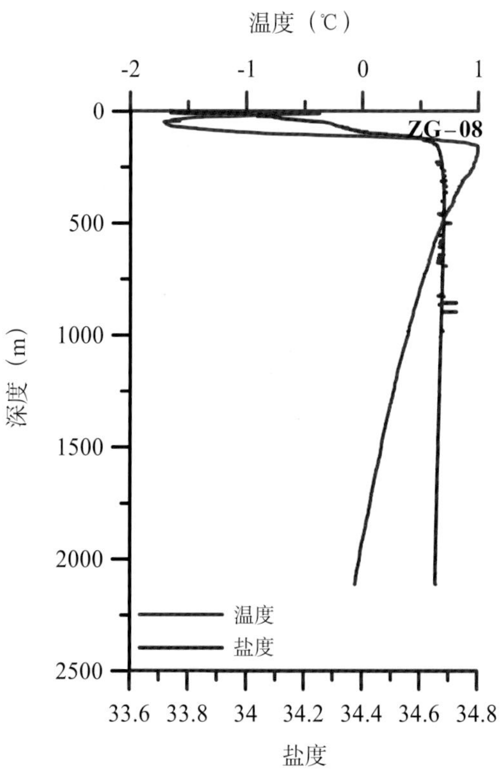
温度（℃）
-2
-1
0
1
ZG-08
0
500
1000
1500
2000
2500
深度（m）
温度
盐度
33.6
33.8
34
34.2
34.4
34.6
34.8
盐度

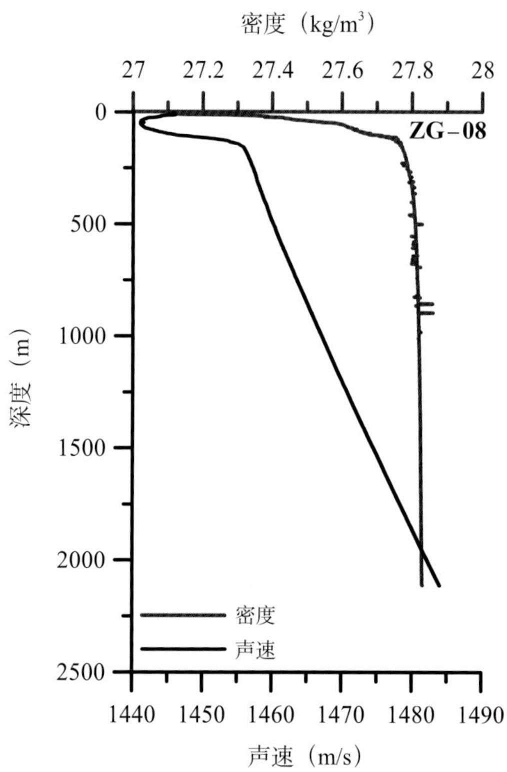
密度（kg/m3）
27
27.2
27.4
27.6
27.8
28
ZG-08
0
500
1000
1500
2000
2500
深度（m）
密度
声速
1440
1450
1460
1470
1480
1490
声速（m/s）

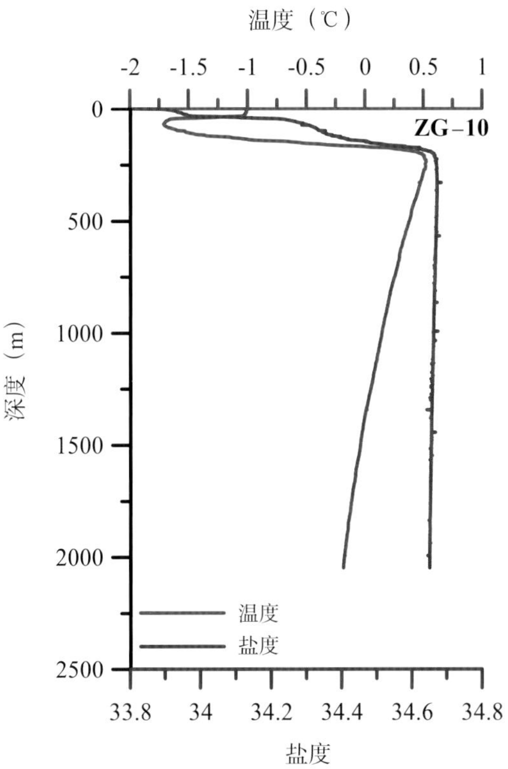
温度（℃）
-2 -1.5 -1 -0.5 0 0.5 1
ZG-10
深度（m）
0 500 1000 1500 2000 2500
温度
盐度
33.8 34 34.2 34.4 34.6 34.8
盐度

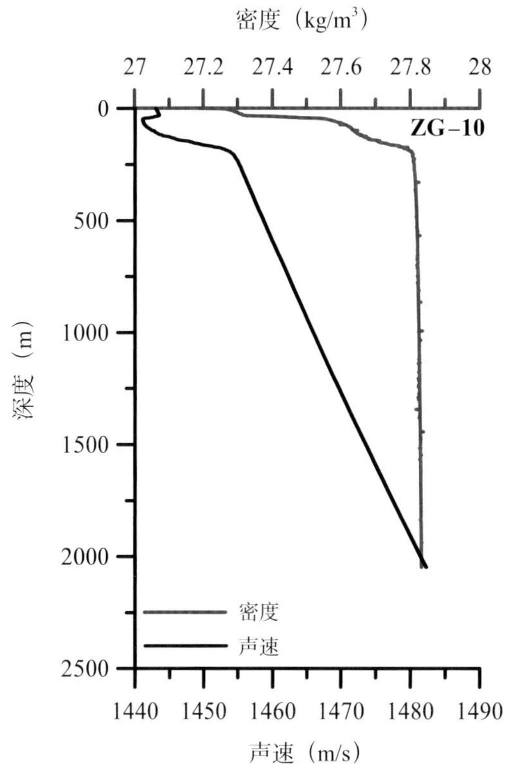
密度（kg/m3）
27 27.2 27.4 27.6 27.8 28
ZG-10
深度（m）
0 500 1000 1500 2000 2500
密度
声速
1440 1450 1460 1470 1480 1490
声速（m/s）

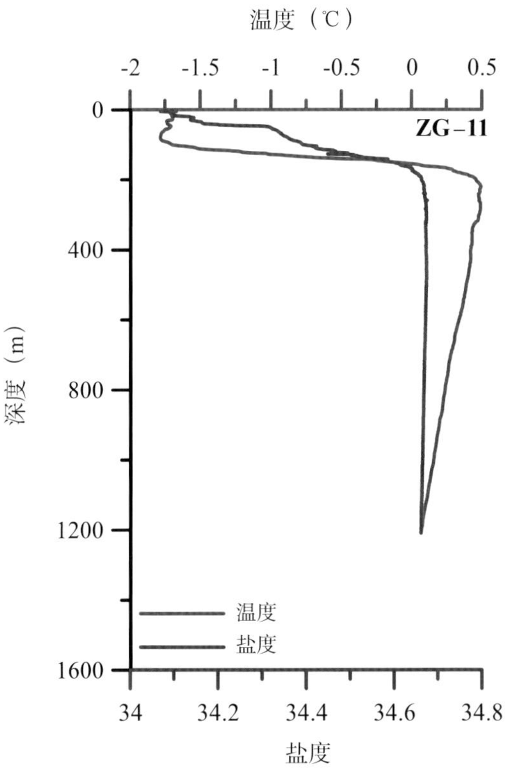
温度（℃）
-2 -1.5 -1 -0.5 0 0.5
ZG-11
深度（m）
0 400 800 1200 1600
温度
盐度
34 34.2 34.4 34.6 34.8
盐度

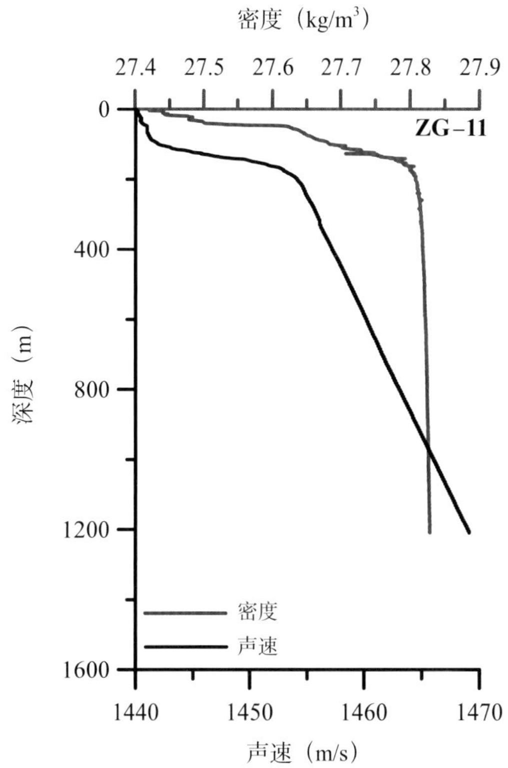
密度（kg/m3）
27.4 27.5 27.6 27.7 27.8 27.9
ZG-11
深度（m）
0 400 800 1200 1600
密度
声速
1440 1450 1460 1470
声速（m/s）

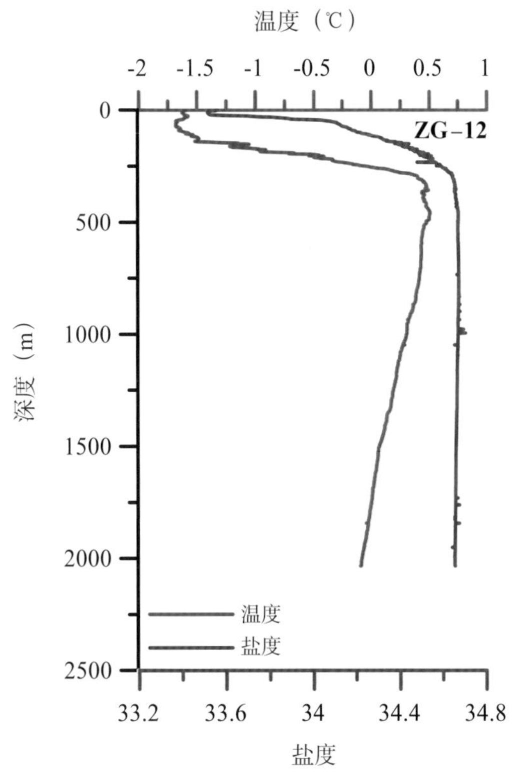
温度（℃）
-2
-1.5
-1
-0.5
0
0.5
1
ZG-12
深度（m）
0
500
1000
1500
2000
2500
温度
盐度
33.2
33.6
34
34.4
34.8
盐度

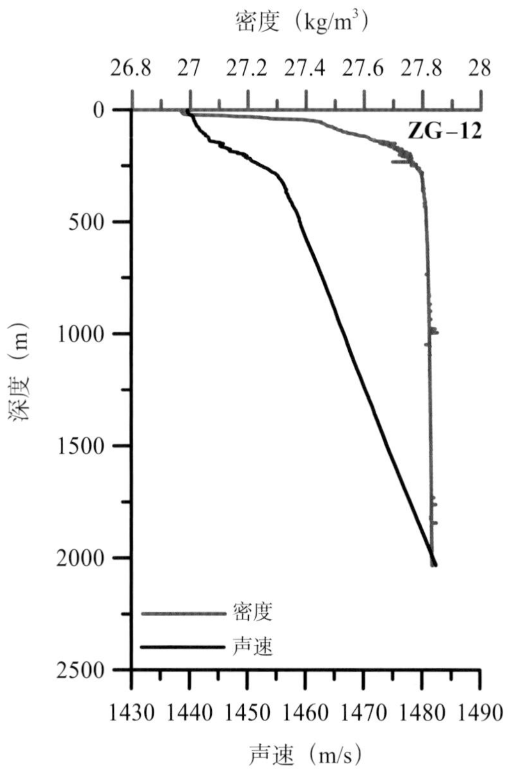
密度（kg/m³）
26.8
27
27.2
27.4
27.6
27.8
28
ZG-12
深度（m）
0
500
1000
1500
2000
2500
密度
声速
1430
1440
1450
1460
1470
1480
1490
声速（m/s）

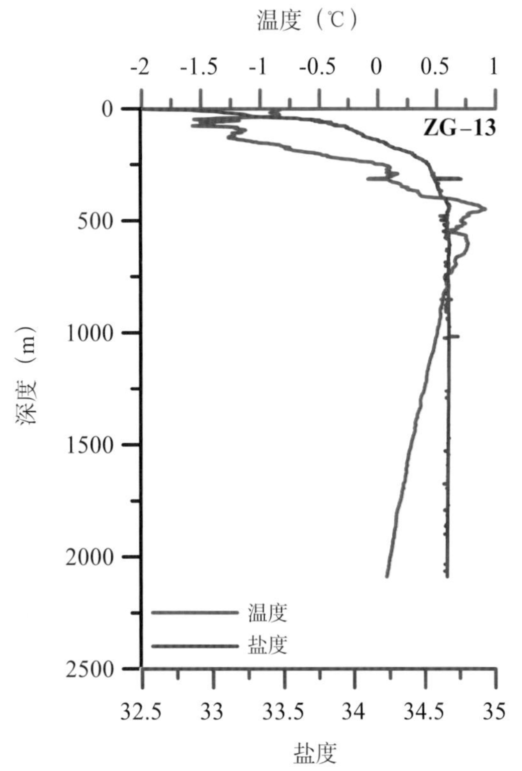
温度（℃）
-2
-1.5
-1
-0.5
0
0.5
1
ZG-13
深度（m）
0
500
1000
1500
2000
2500
温度
盐度
32.5
33
33.5
34
34.5
35
盐度

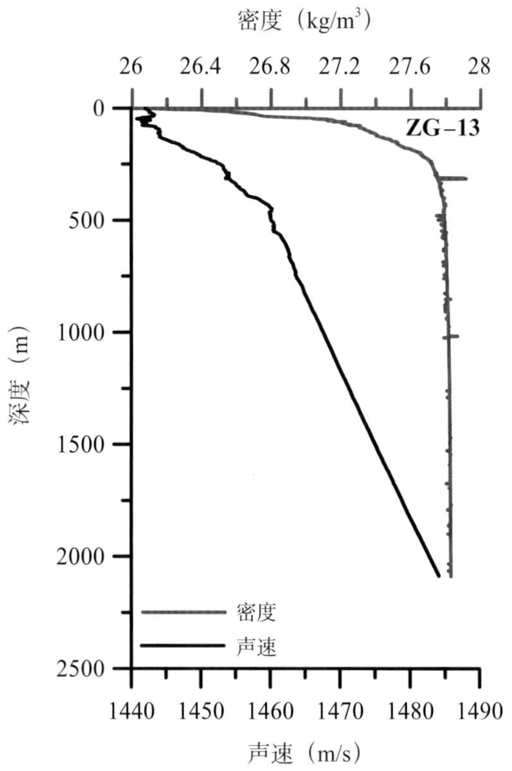
密度（kg/m³）
26
26.4
26.8
27.2
27.6
28
ZG-13
深度（m）
0
500
1000
1500
2000
2500
密度
声速
1440
1450
1460
1470
1480
1490
声速（m/s）

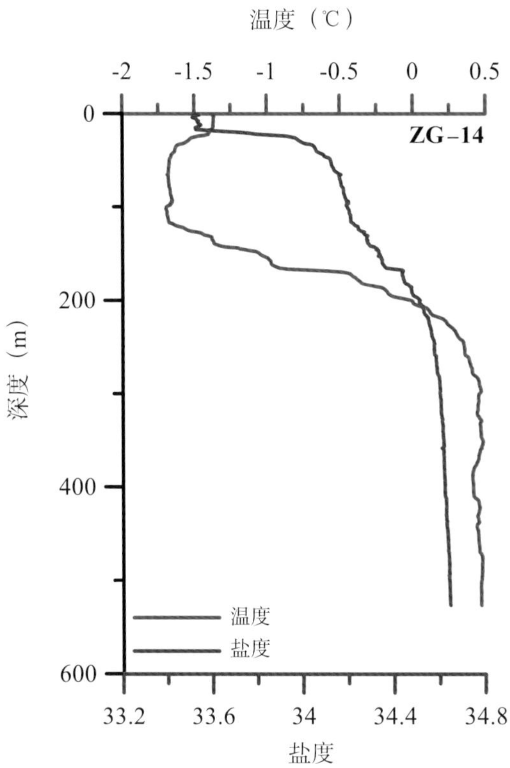
温度（℃）
-2
-1.5
-1
-0.5
0
0.5
ZG-14
0
200
400
600
深度（m）
温度
盐度
33.2
33.6
34
34.4
34.8
盐度

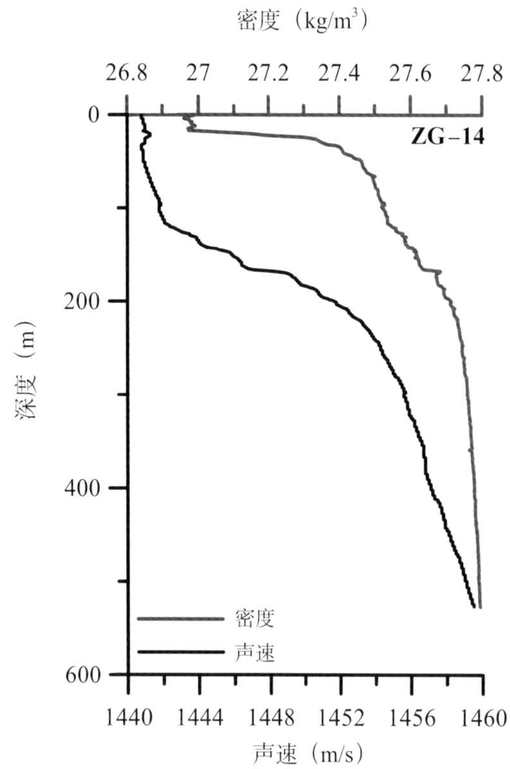
密度（kg/m3）
26.8
27
27.2
27.4
27.6
27.8
ZG-14
0
200
400
600
深度（m）
密度
声速
1440
1444
1448
1452
1456
1460
声速（m/s）

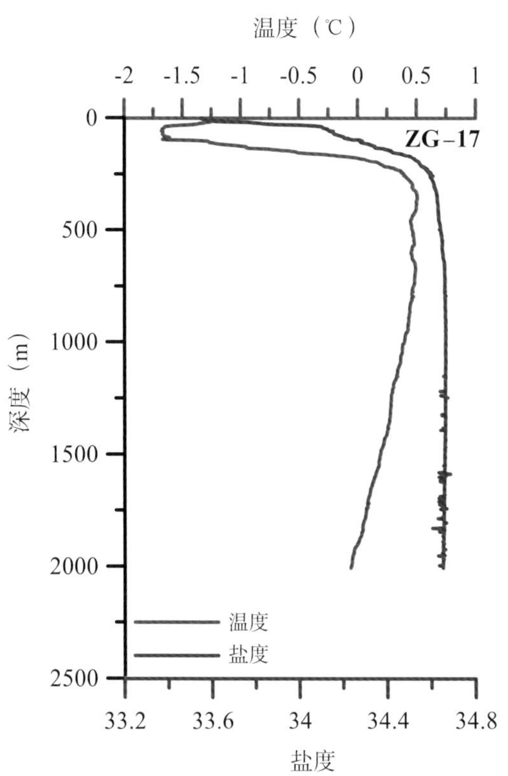
温度（℃）
-2
-1.5
-1
-0.5
0
0.5
1
ZG-17
0
500
1000
1500
2000
2500
深度（m）
温度
盐度
33.2
33.6
34
34.4
34.8
盐度

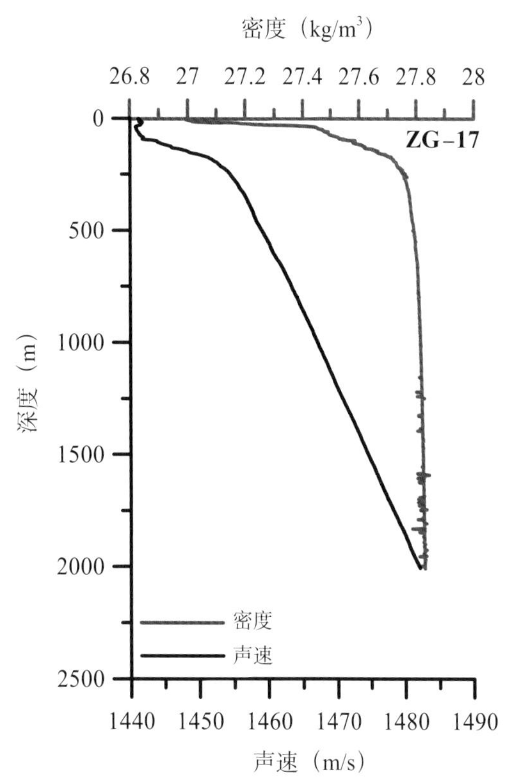
密度（kg/m3）
26.8
27
27.2
27.4
27.6
27.8
28
ZG-17
0
500
1000
1500
2000
2500
深度（m）
密度
声速
1440
1450
1460
1470
1480
1490
声速（m/s）

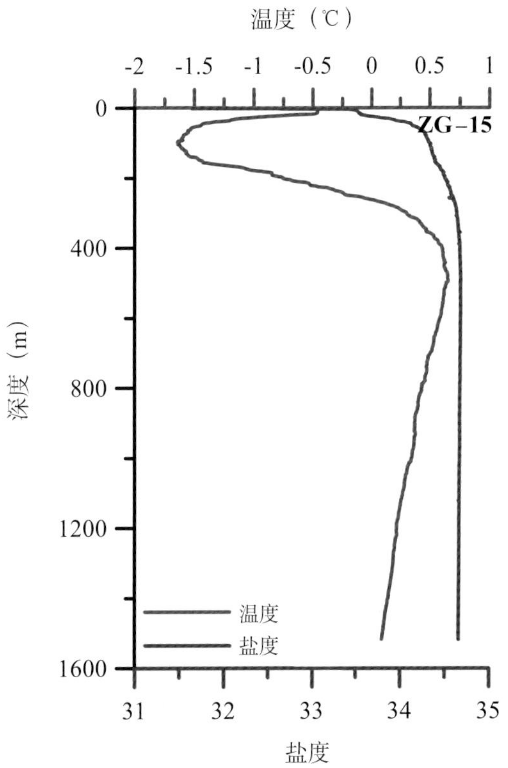
温度（℃）
-2 -1.5 -1 -0.5 0 0.5 1
0
400
800
1200
1600
深度（m）
ZG-15
温度
盐度
31 32 33 34 35
盐度

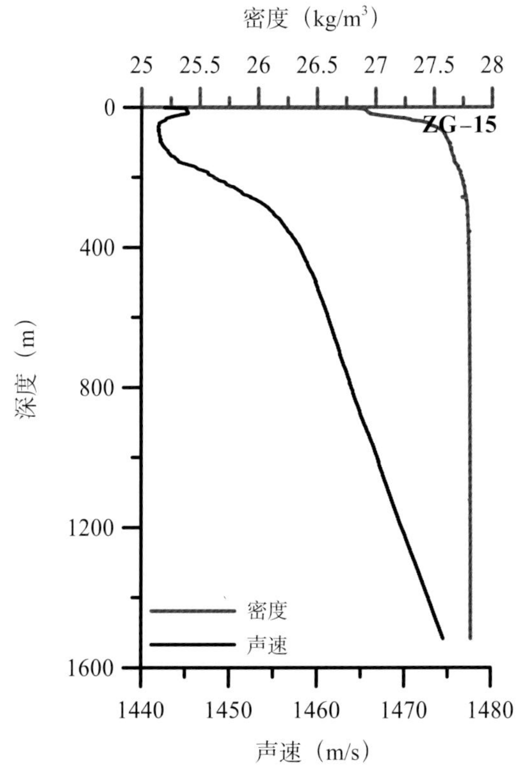
密度（kg/m³）
25 25.5 26 26.5 27 27.5 28
0
400
800
1200
1600
深度（m）
ZG-15
密度
声速
1440 1450 1460 1470 1480
声速（m/s）

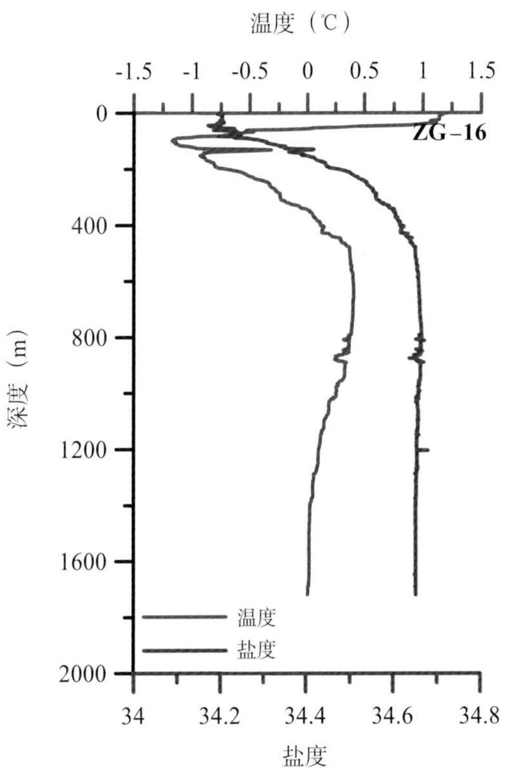
温度（℃）
-1.5 -1 -0.5 0 0.5 1 1.5
0
400
800
1200
1600
2000
深度（m）
ZG-16
温度
盐度
34 34.2 34.4 34.6 34.8
盐度

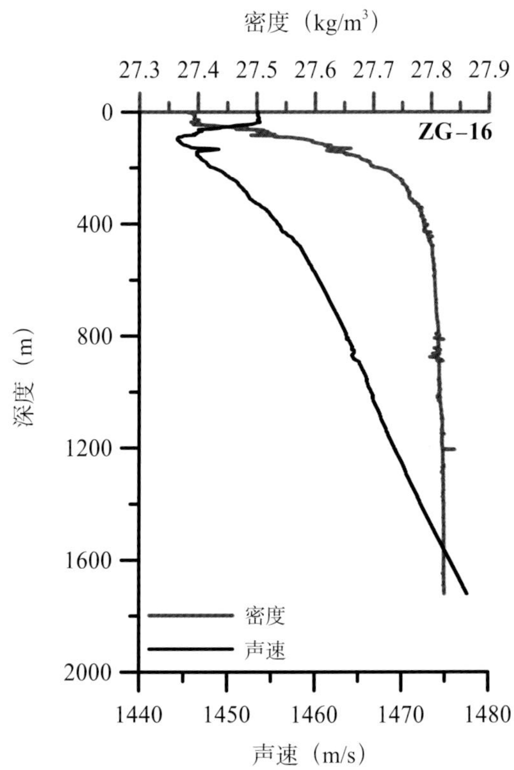
密度（kg/m³）
27.3 27.4 27.5 27.6 27.7 27.8 27.9
0
400
800
1200
1600
2000
深度（m）
ZG-16
密度
声速
1440 1450 1460 1470 1480
声速（m/s）

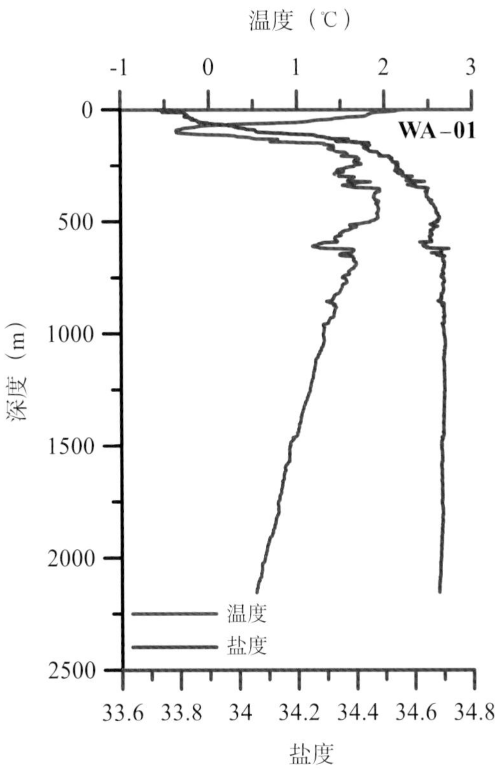
温度（℃）
-1 0 1 2 3
WA-01
0 500 1000 1500 2000 2500
深度（m）
温度
盐度
33.6 33.8 34 34.2 34.4 34.6 34.8
盐度

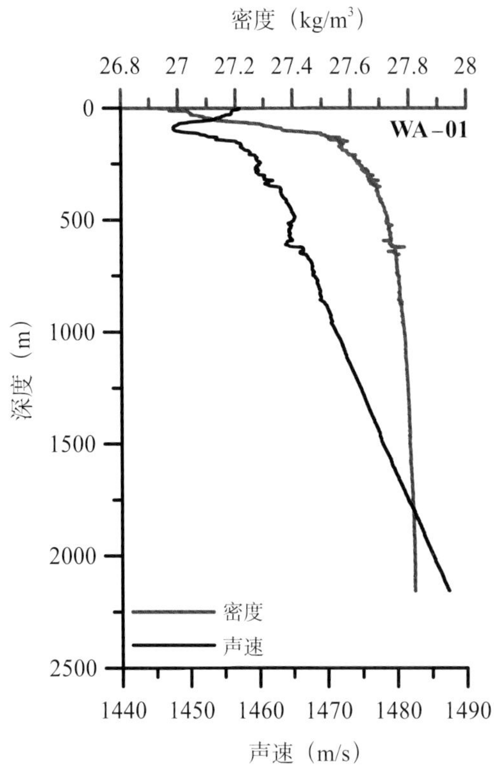
密度（kg/m³）
26.8 27 27.2 27.4 27.6 27.8 28
WA-01
0 500 1000 1500 2000 2500
深度（m）
密度
声速
1440 1450 1460 1470 1480 1490
声速（m/s）

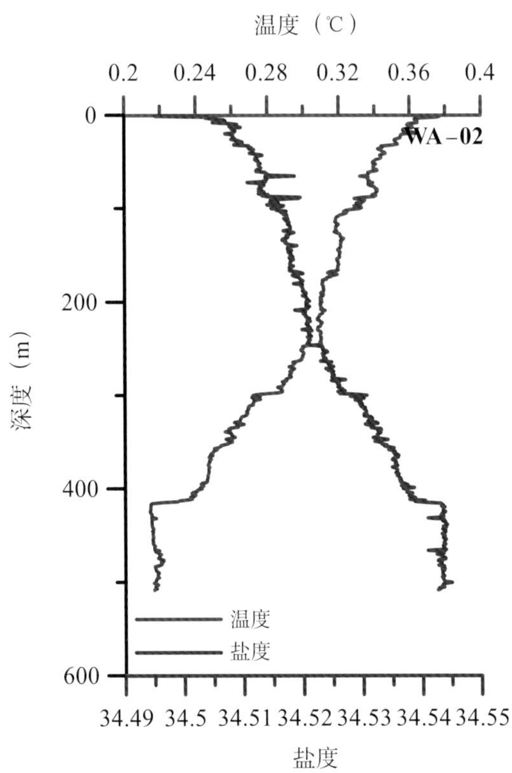
温度（℃）
0.2 0.24 0.28 0.32 0.36 0.4
WA-02
0 200 400 600
深度（m）
温度
盐度
34.49 34.5 34.51 34.52 34.53 34.54 34.55
盐度

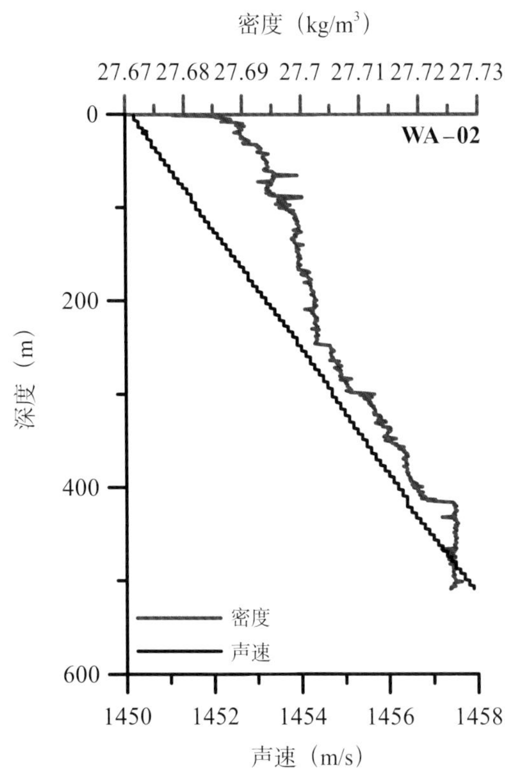
密度（kg/m³）
27.67 27.68 27.69 27.7 27.71 27.72 27.73
WA-02
0 200 400 600
深度（m）
密度
声速
1450 1452 1454 1456 1458
声速（m/s）

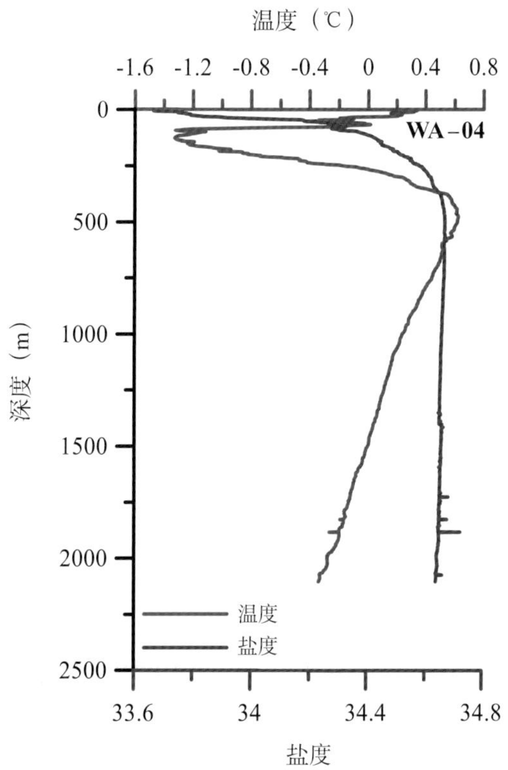
温度（℃）
-1.6 -1.2 -0.8 -0.4 0 0.4 0.8
WA-04
0
500
1000
1500
2000
2500
深度（m）
温度
盐度
33.6 34 34.4 34.8
盐度

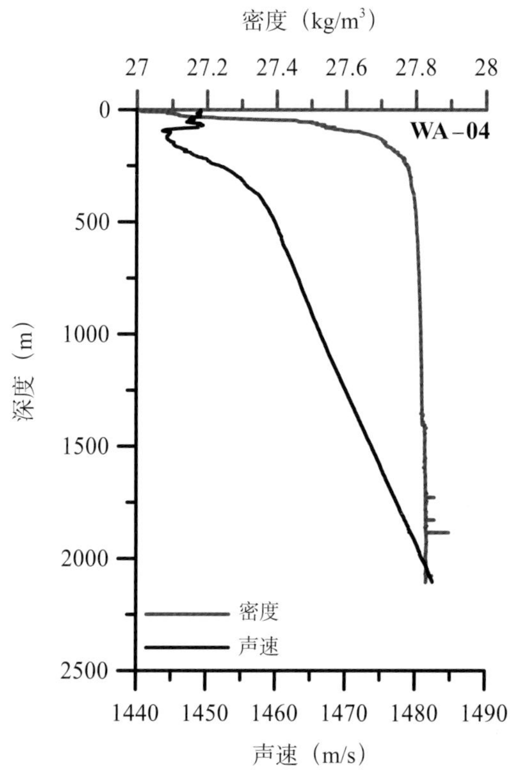
密度（kg/m³）
27 27.2 27.4 27.6 27.8 28
WA-04
0
500
1000
1500
2000
2500
深度（m）
密度
声速
1440 1450 1460 1470 1480 1490
声速（m/s）

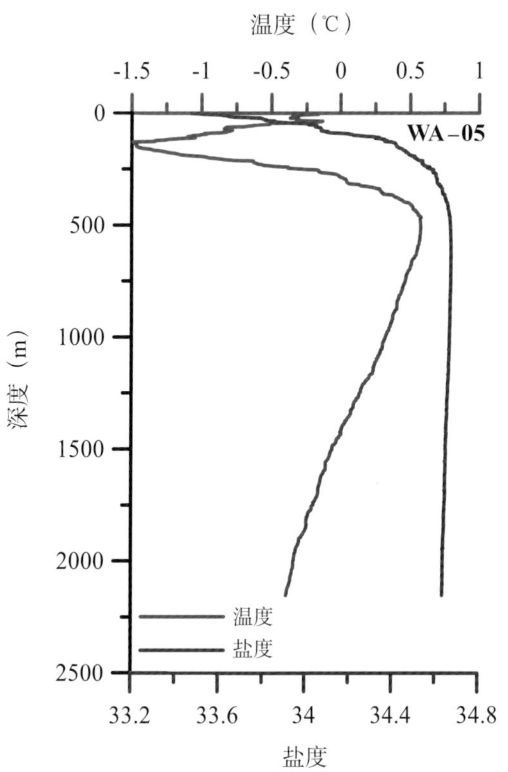
温度（℃）
-1.5 -1 -0.5 0 0.5 1
WA-05
0
500
1000
1500
2000
2500
深度（m）
温度
盐度
33.2 33.6 34 34.4 34.8
盐度

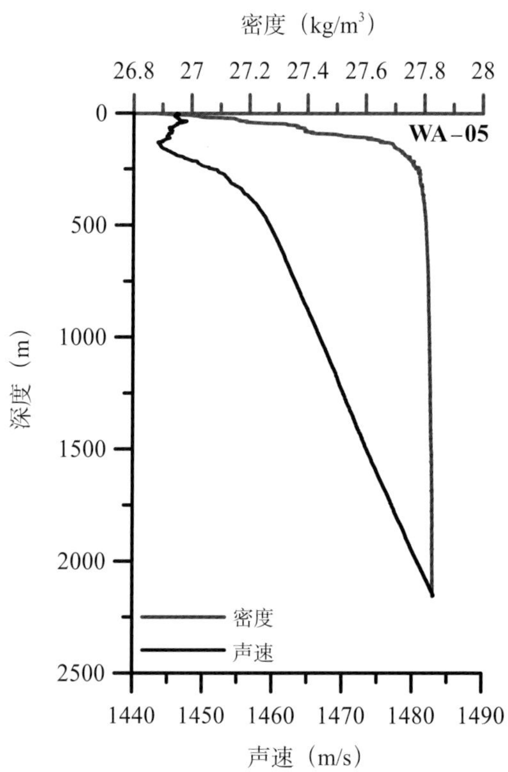
密度（kg/m³）
26.8 27 27.2 27.4 27.6 27.8 28
WA-05
0
500
1000
1500
2000
2500
深度（m）
密度
声速
1440 1450 1460 1470 1480 1490
声速（m/s）

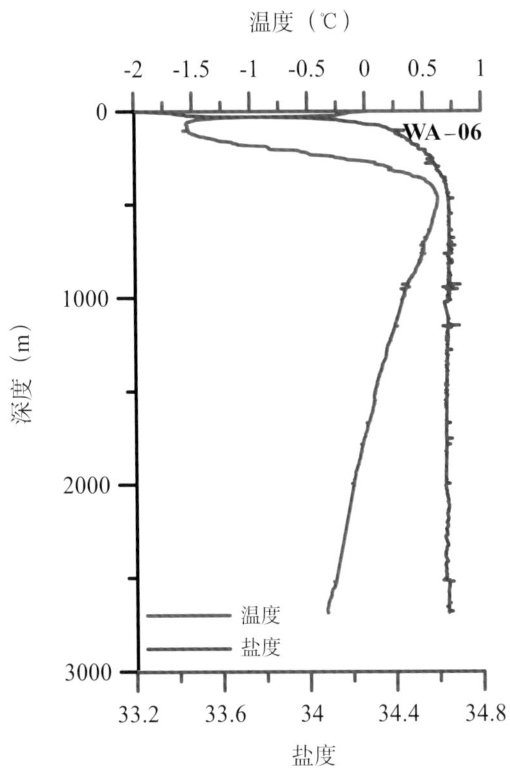
温度（℃）
-2 -1.5 -1 -0.5 0 0.5 1
WA－06
0
1000
2000
3000
深度（m）
温度
盐度
33.2 33.6 34 34.4 34.8
盐度

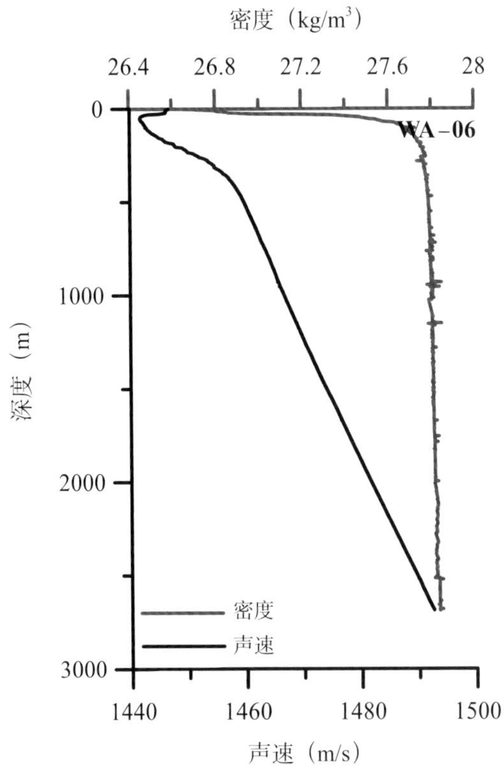
密度（kg/m3）
26.4 26.8 27.2 27.6 28
WA－06
0
1000
2000
3000
深度（m）
密度
声速
1440 1460 1480 1500
声速（m/s）

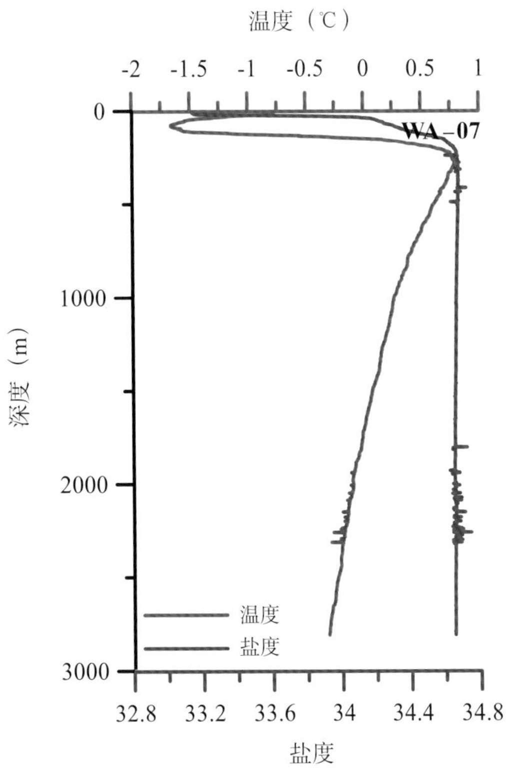
温度（℃）
-2 -1.5 -1 -0.5 0 0.5 1
WA－07
0
1000
2000
3000
深度（m）
温度
盐度
32.8 33.2 33.6 34 34.4 34.8
盐度

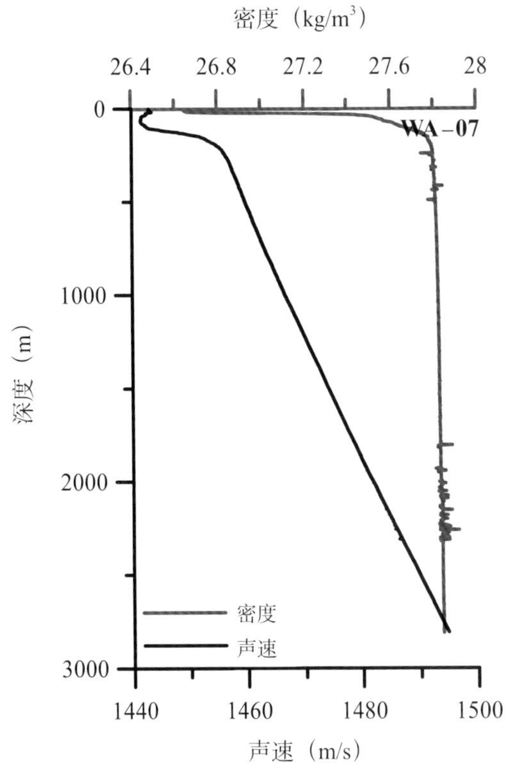
密度（kg/m3）
26.4 26.8 27.2 27.6 28
WA－07
0
1000
2000
3000
深度（m）
密度
声速
1440 1460 1480 1500
声速（m/s）

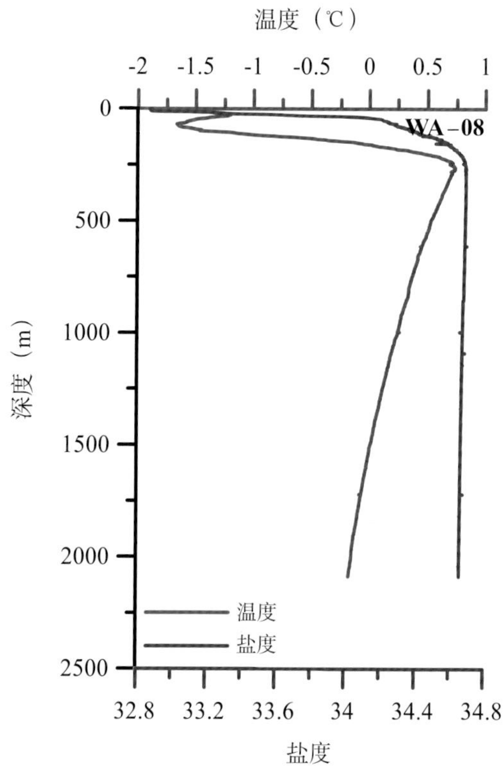
温度（℃）
-2 -1.5 -1 -0.5 0 0.5 1
WA-08
深度（m）
0 500 1000 1500 2000 2500
温度
盐度
32.8 33.2 33.6 34 34.4 34.8
盐度

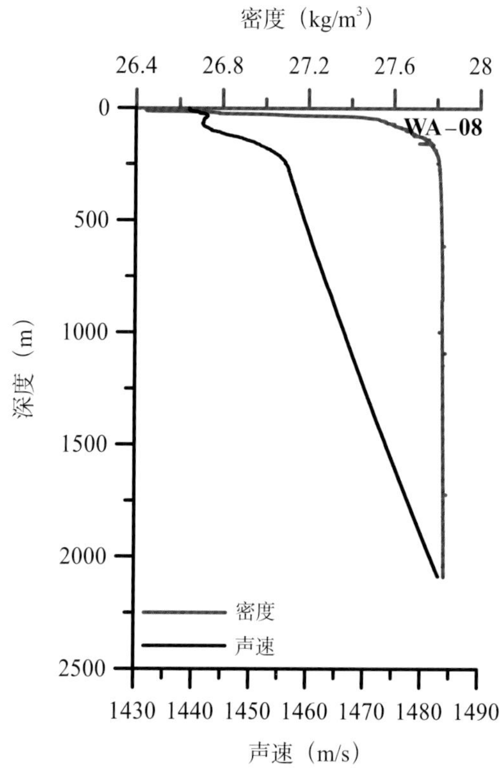
密度（kg/m³）
26.4 26.8 27.2 27.6 28
WA-08
深度（m）
0 500 1000 1500 2000 2500
密度
声速
1430 1440 1450 1460 1470 1480 1490
声速（m/s）

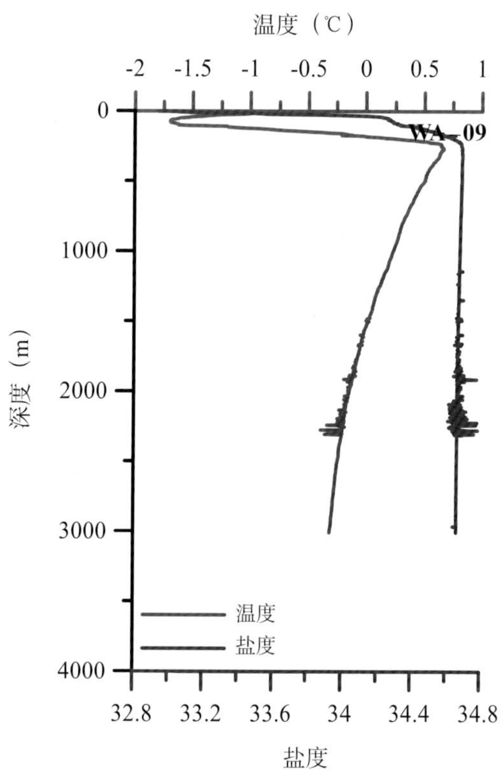
温度（℃）
-2 -1.5 -1 -0.5 0 0.5 1
WA-09
深度（m）
0 1000 2000 3000 4000
温度
盐度
32.8 33.2 33.6 34 34.4 34.8
盐度

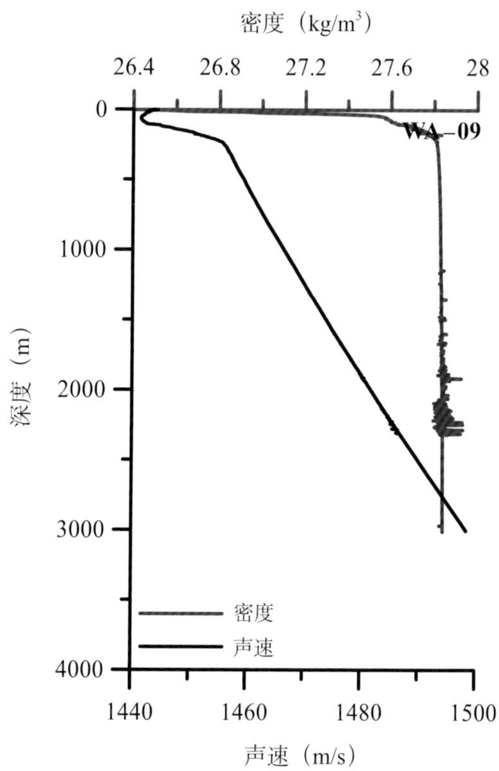
密度（kg/m³）
26.4 26.8 27.2 27.6 28
WA-09
深度（m）
0 1000 2000 3000 4000
密度
声速
1440 1460 1480 1500
声速（m/s）

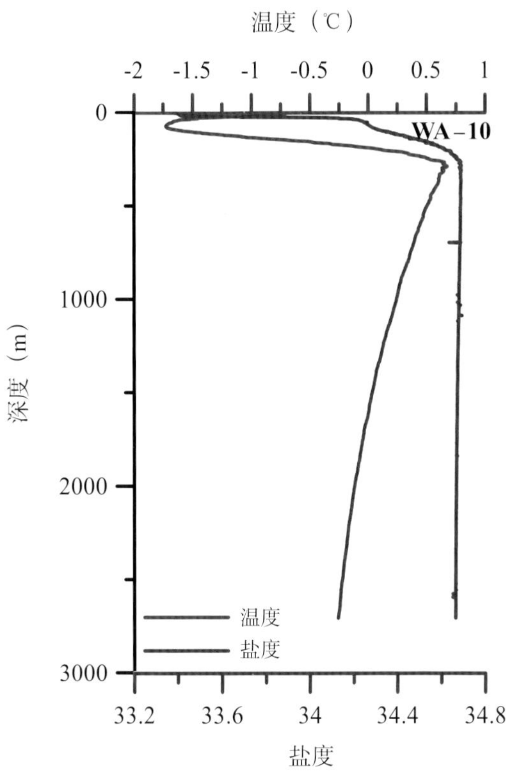
温度（℃）
-2 -1.5 -1 -0.5 0 0.5 1
WA-10
0
1000
2000
3000
深度（m）
温度
盐度
33.2 33.6 34 34.4 34.8
盐度

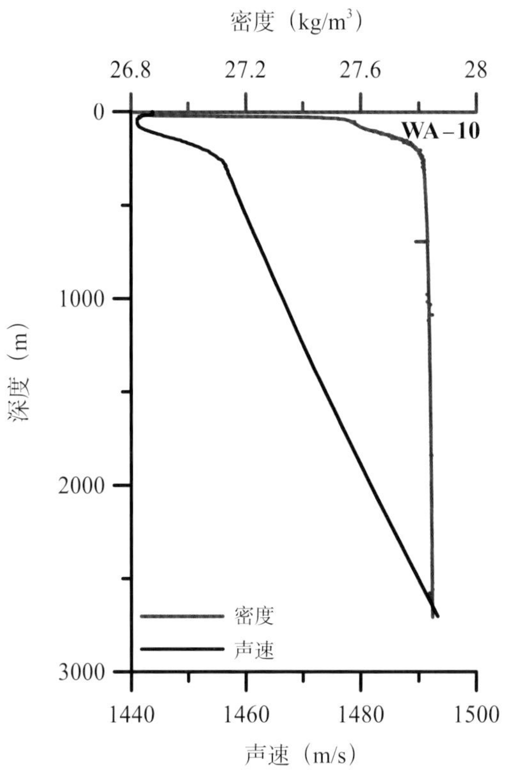
密度（kg/m³）
26.8 27.2 27.6 28
WA-10
0
1000
2000
3000
深度（m）
密度
声速
1440 1460 1480 1500
声速（m/s）

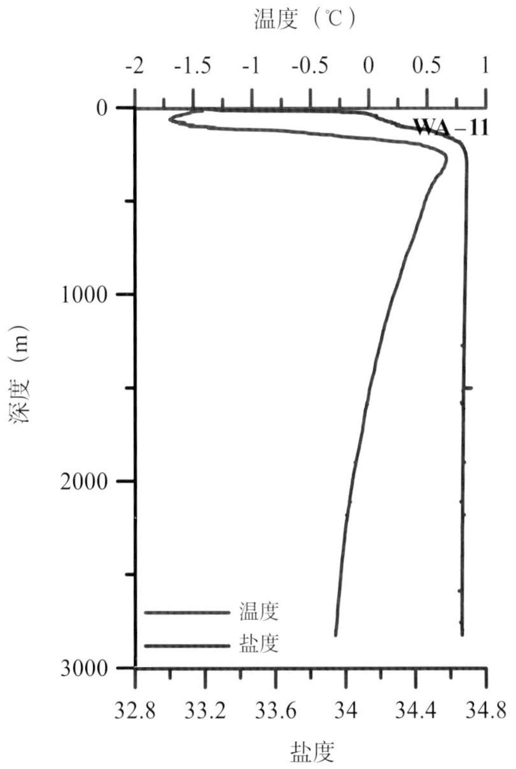
温度（℃）
-2 -1.5 -1 -0.5 0 0.5 1
WA-11
0
1000
2000
3000
深度（m）
温度
盐度
32.8 33.2 33.6 34 34.4 34.8
盐度

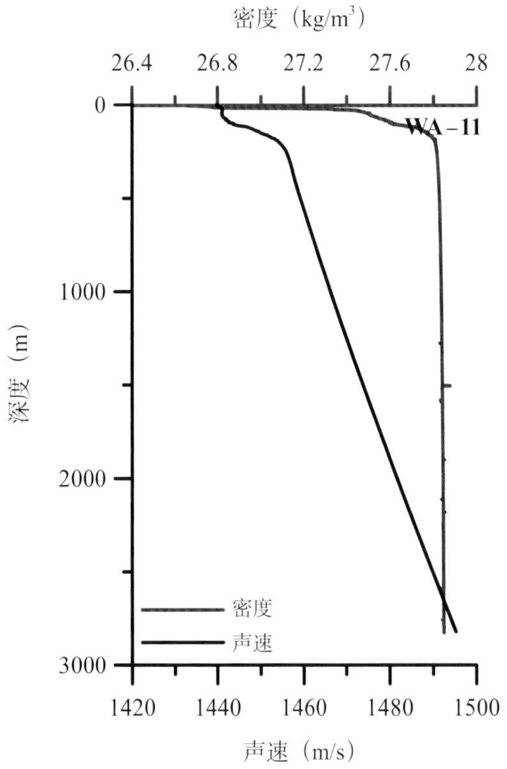
密度（kg/m³）
26.4 26.8 27.2 27.6 28
WA-11
0
1000
2000
3000
深度（m）
密度
声速
1420 1440 1460 1480 1500
声速（m/s）

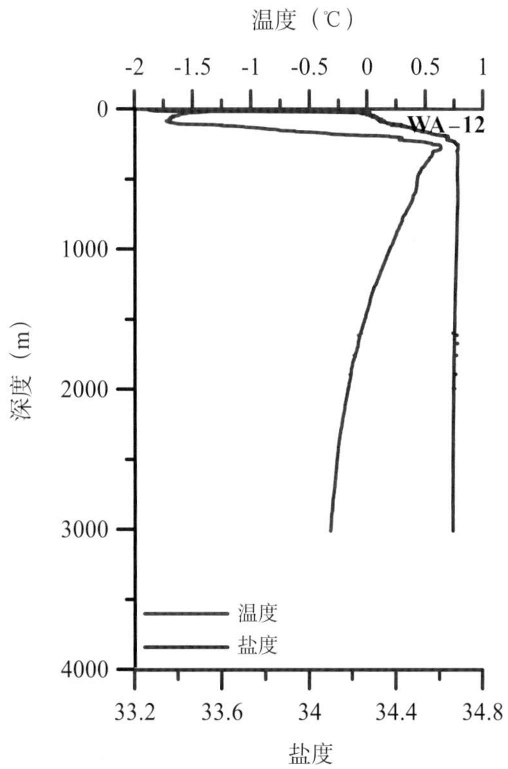
温度（℃）
-2 -1.5 -1 -0.5 0 0.5 1
WA-12
0
1000
2000
3000
4000
深度（m）
温度
盐度
33.2 33.6 34 34.4 34.8
盐度

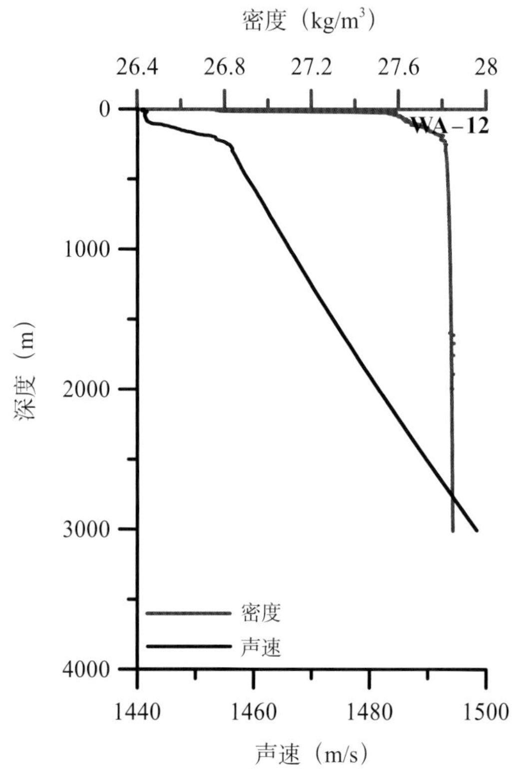
密度（kg/m³）
26.4 26.8 27.2 27.6 28
WA-12
0
1000
2000
3000
4000
深度（m）
密度
声速
1440 1460 1480 1500
声速（m/s）

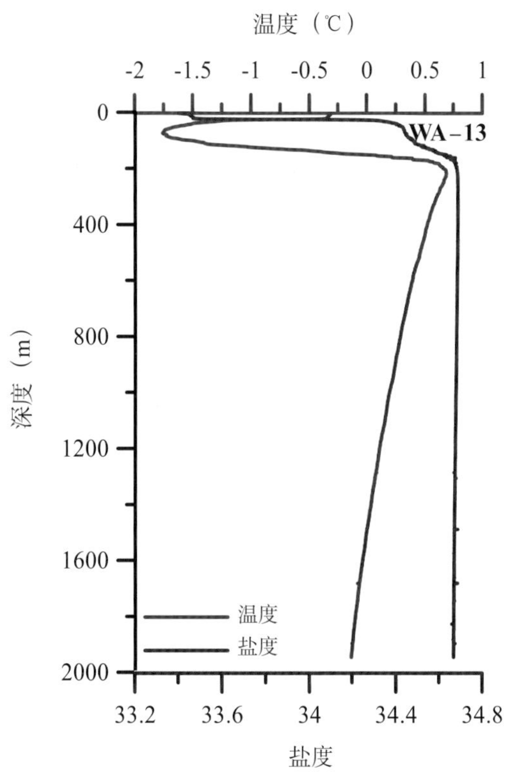
温度（℃）
-2 -1.5 -1 -0.5 0 0.5 1
WA-13
0
400
800
1200
1600
2000
深度（m）
温度
盐度
33.2 33.6 34 34.4 34.8
盐度

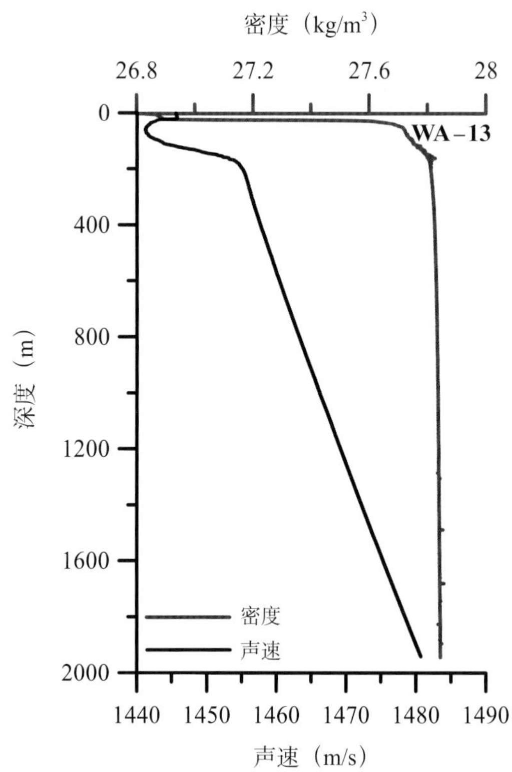
密度（kg/m³）
26.8 27.2 27.6 28
WA-13
0
400
800
1200
1600
2000
深度（m）
密度
声速
1440 1450 1460 1470 1480 1490
声速（m/s）

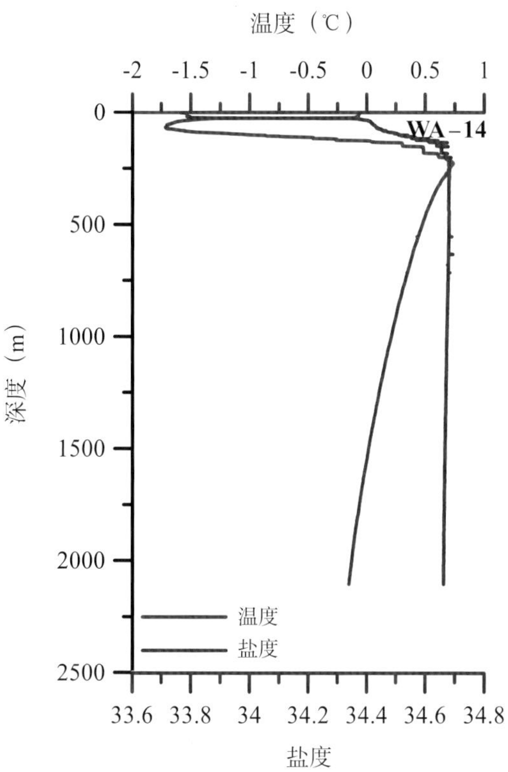
温度（℃）
-2 -1.5 -1 -0.5 0 0.5 1
WA-14
0 500 1000 1500 2000 2500
深度（m）
温度
盐度
33.6 33.8 34 34.2 34.4 34.6 34.8
盐度

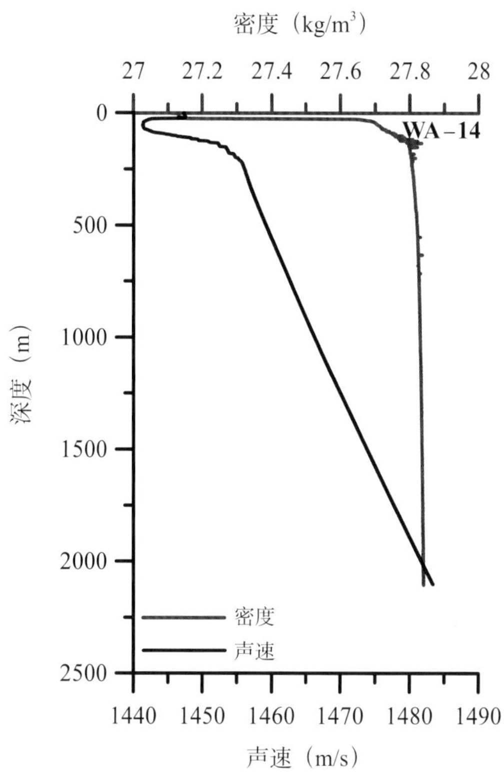
密度（kg/m³）
27 27.2 27.4 27.6 27.8 28
WA-14
0 500 1000 1500 2000 2500
深度（m）
密度
声速
1440 1450 1460 1470 1480 1490
声速（m/s）

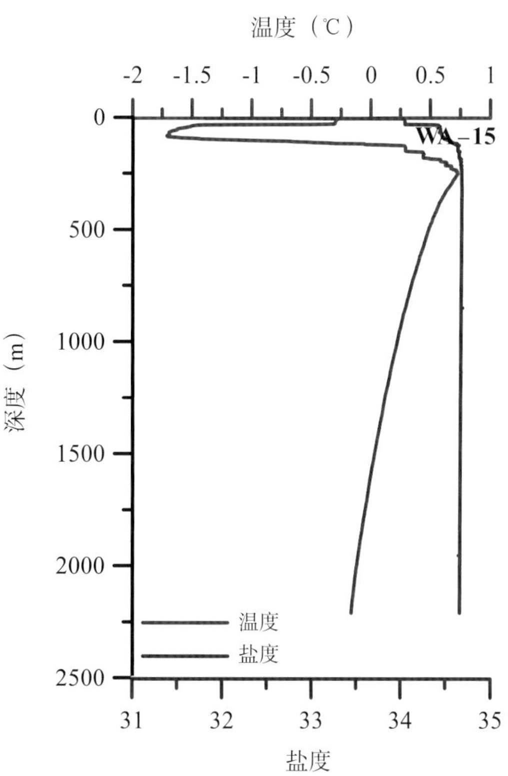
温度（℃）
-2 -1.5 -1 -0.5 0 0.5 1
WA-15
0 500 1000 1500 2000 2500
深度（m）
温度
盐度
31 32 33 34 35
盐度

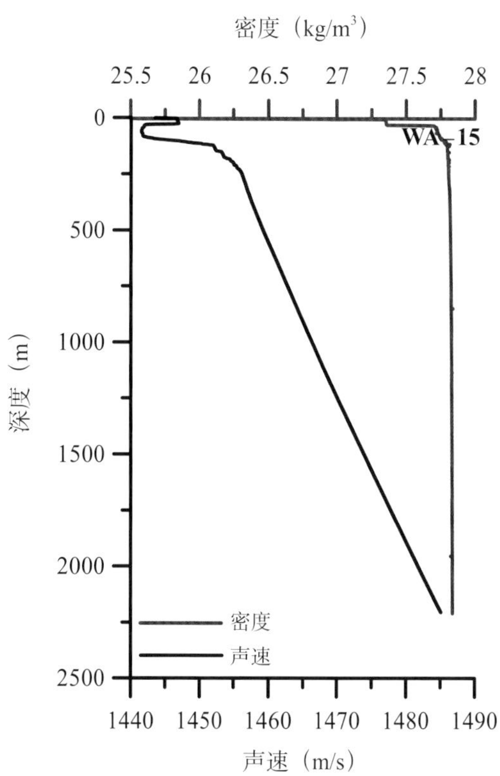
密度（kg/m³）
25.5 26 26.5 27 27.5 28
WA-15
0 500 1000 1500 2000 2500
深度（m）
密度
声速
1440 1450 1460 1470 1480 1490
声速（m/s）

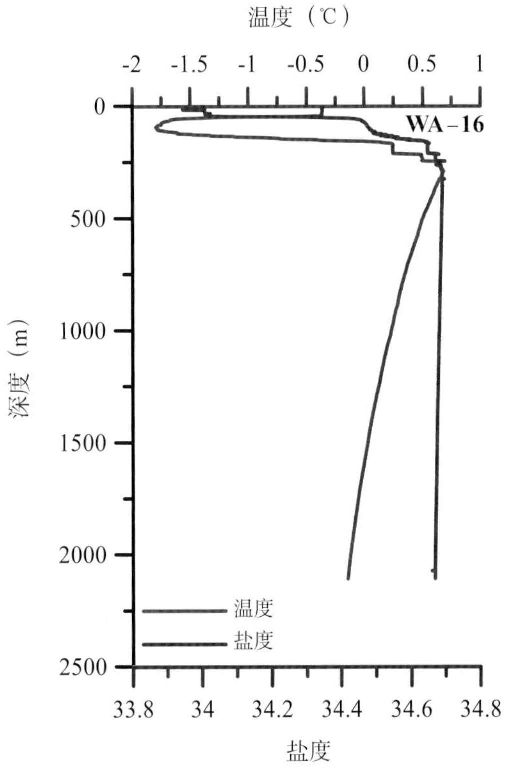
温度（℃）
-2 -1.5 -1 -0.5 0 0.5 1
WA-16
深度（m）
0 500 1000 1500 2000 2500
温度
盐度
33.8 34 34.2 34.4 34.6 34.8
盐度

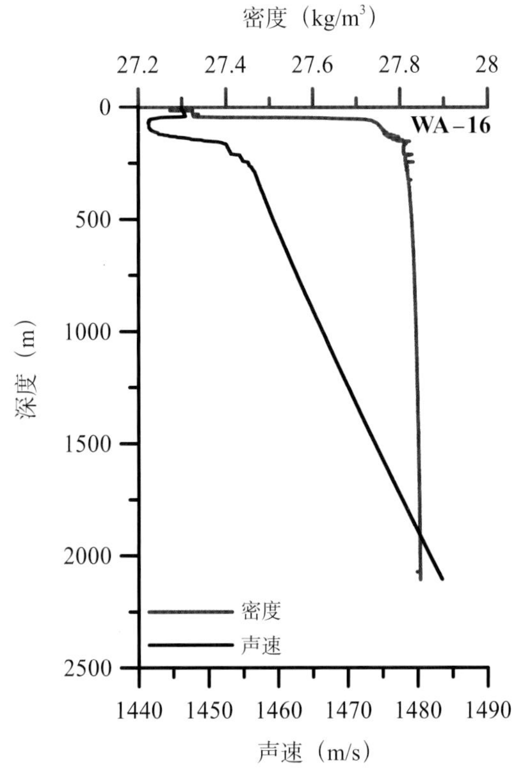
密度（kg/m³）
27.2 27.4 27.6 27.8 28
WA-16
深度（m）
0 500 1000 1500 2000 2500
密度
声速
1440 1450 1460 1470 1480 1490
声速（m/s）

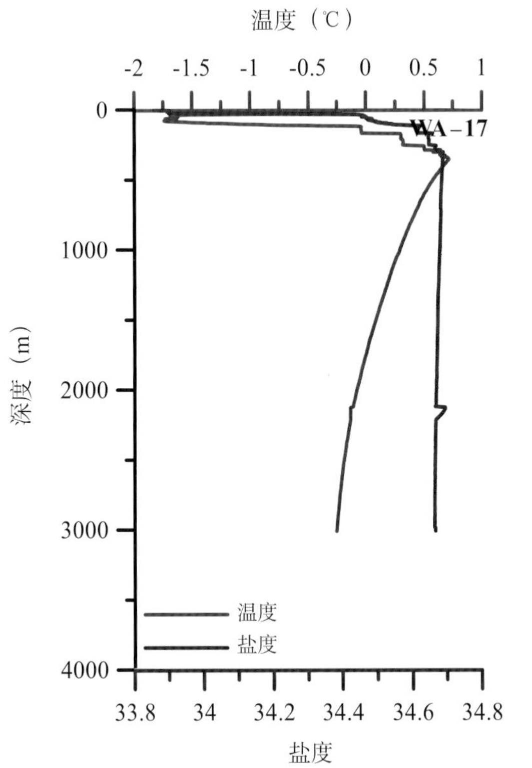
温度（℃）
-2 -1.5 -1 -0.5 0 0.5 1
WA-17
深度（m）
0 1000 2000 3000 4000
温度
盐度
33.8 34 34.2 34.4 34.6 34.8
盐度

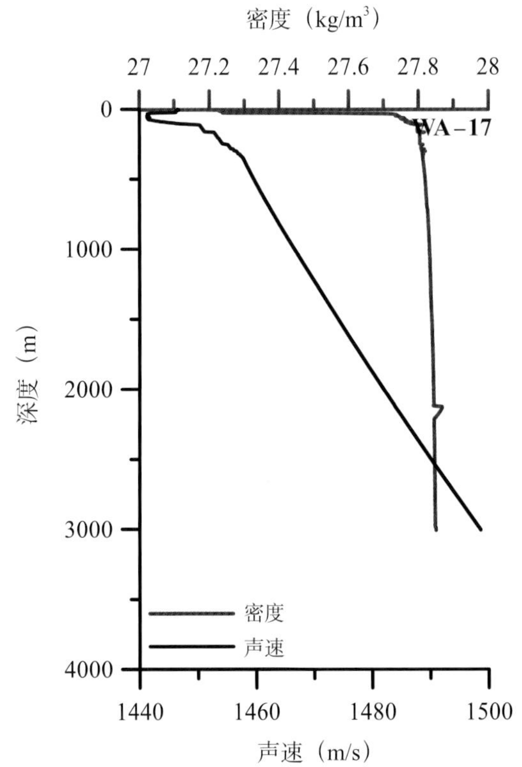
密度（kg/m³）
27 27.2 27.4 27.6 27.8 28
WA-17
深度（m）
0 1000 2000 3000 4000
密度
声速
1440 1460 1480 1500
声速（m/s）

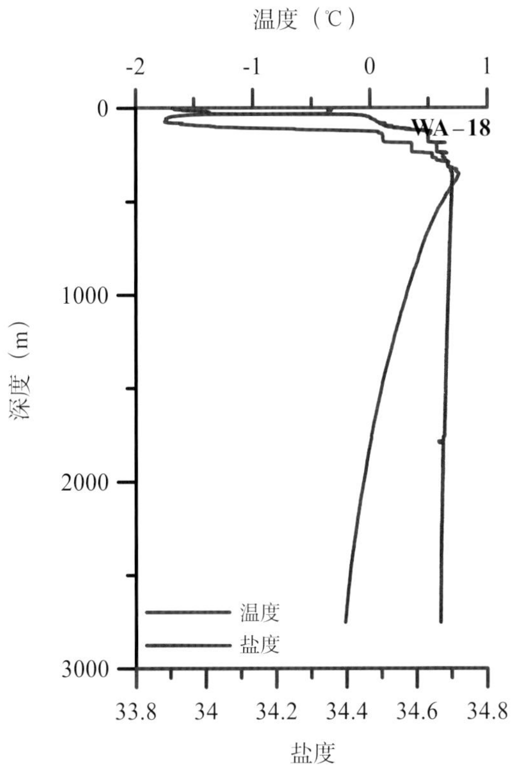
温度（℃）
-2
-1
0
1
0
1000
2000
3000
深度（m）
WA－18
温度
盐度
33.8
34
34.2
34.4
34.6
34.8
盐度

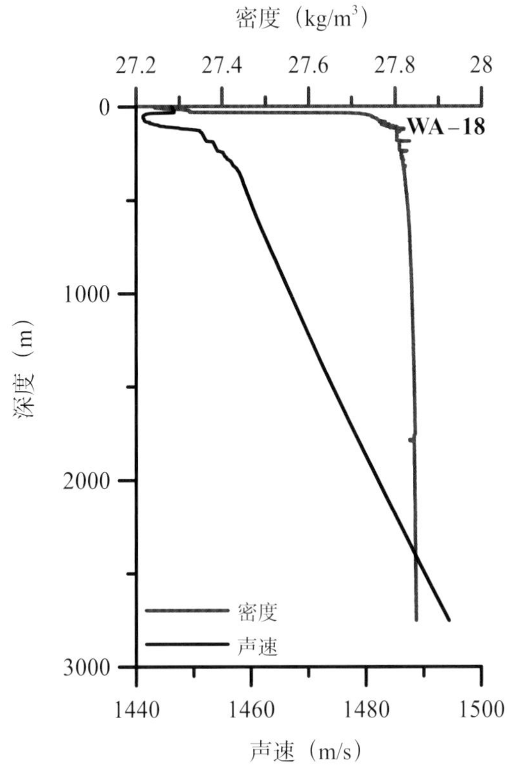
密度（kg/m³）
27.2
27.4
27.6
27.8
28
0
1000
2000
3000
深度（m）
WA－18
密度
声速
1440
1460
1480
1500
声速（m/s）

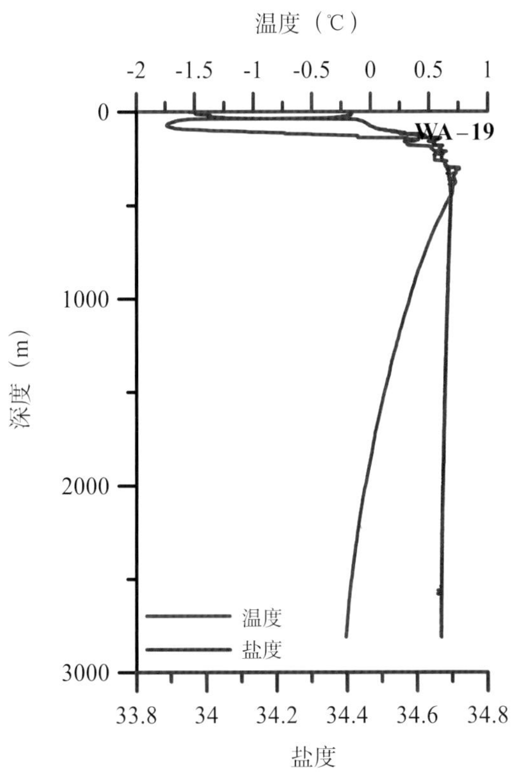
温度（℃）
-2
-1.5
-1
-0.5
0
0.5
1
0
1000
2000
3000
深度（m）
WA－19
温度
盐度
33.8
34
34.2
34.4
34.6
34.8
盐度

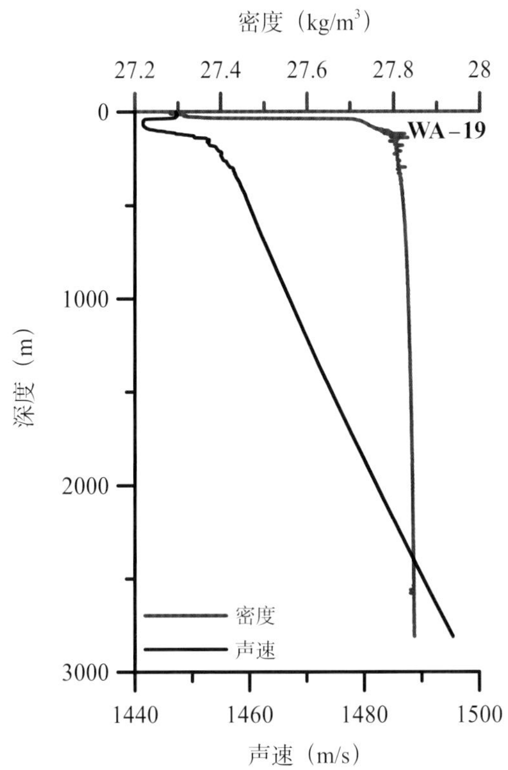
密度（kg/m³）
27.2
27.4
27.6
27.8
28
0
1000
2000
3000
深度（m）
WA－19
密度
声速
1440
1460
1480
1500
声速（m/s）

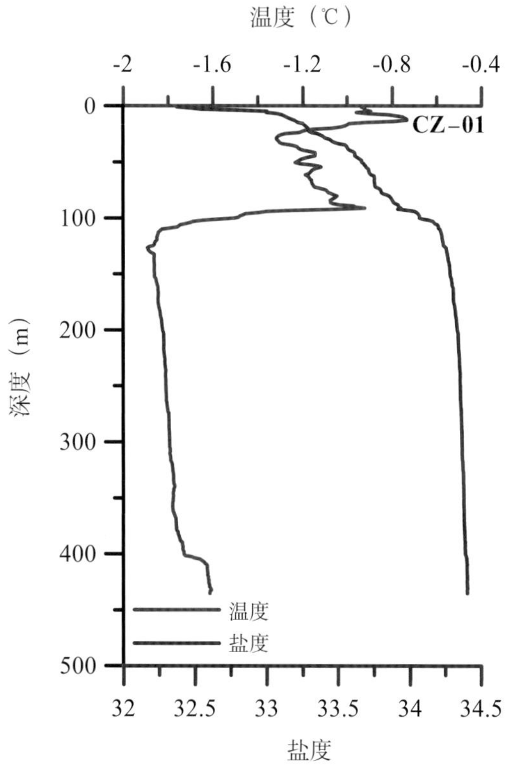
温度（℃）
-2
-1.6
-1.2
-0.8
-0.4
CZ-01
深度（m）
0
100
200
300
400
500
温度
盐度
32
32.5
33
33.5
34
34.5
盐度

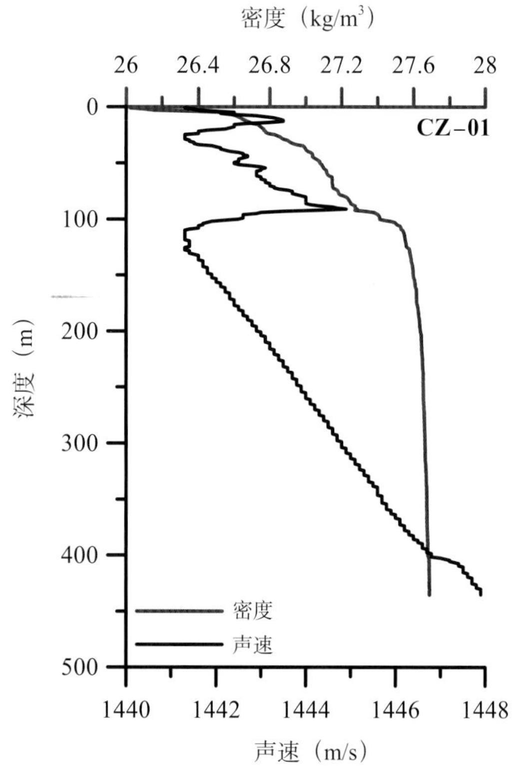
密度（kg/m³）
26
26.4
26.8
27.2
27.6
28
CZ-01
深度（m）
0
100
200
300
400
500
密度
声速
1440
1442
1444
1446
1448
声速（m/s）

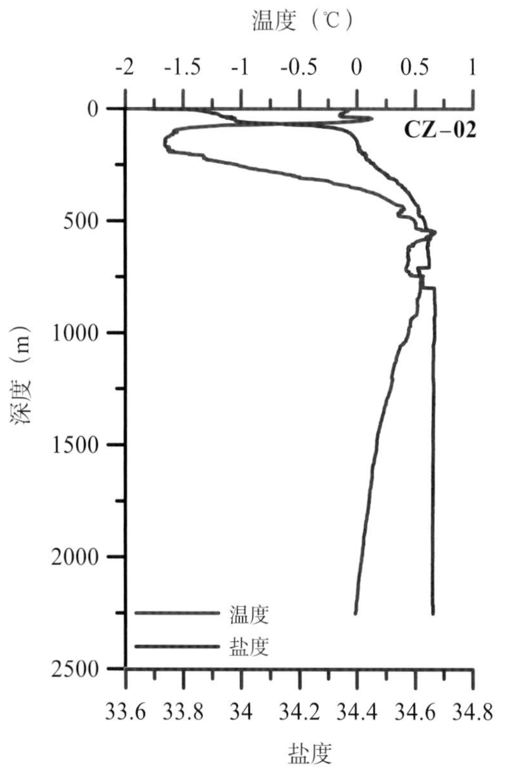
温度（℃）
-2
-1.5
-1
-0.5
0
0.5
1
CZ-02
深度（m）
0
500
1000
1500
2000
2500
温度
盐度
33.6
33.8
34
34.2
34.4
34.6
34.8
盐度

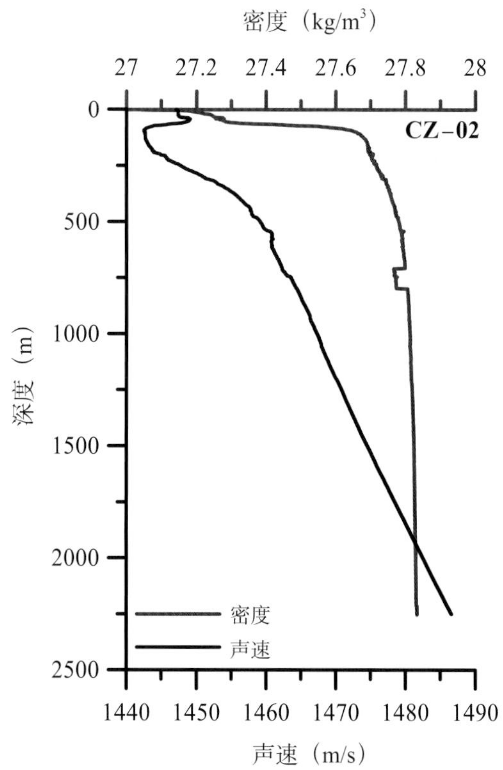
密度（kg/m³）
27
27.2
27.4
27.6
27.8
28
CZ-02
深度（m）
0
500
1000
1500
2000
2500
密度
声速
1440
1450
1460
1470
1480
1490
声速（m/s）

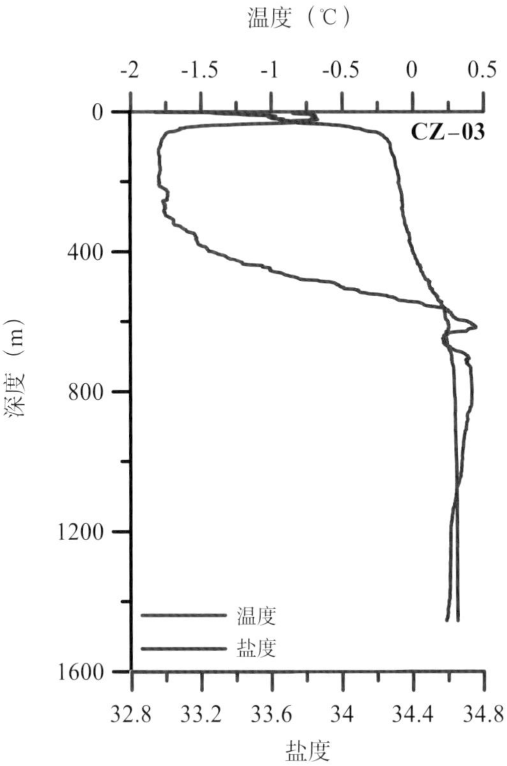

温度（℃）
-2 -1.5 -1 -0.5 0 0.5
CZ-03
深度（m）
0 400 800 1200 1600
温度
盐度
32.8 33.2 33.6 34 34.4 34.8
盐度

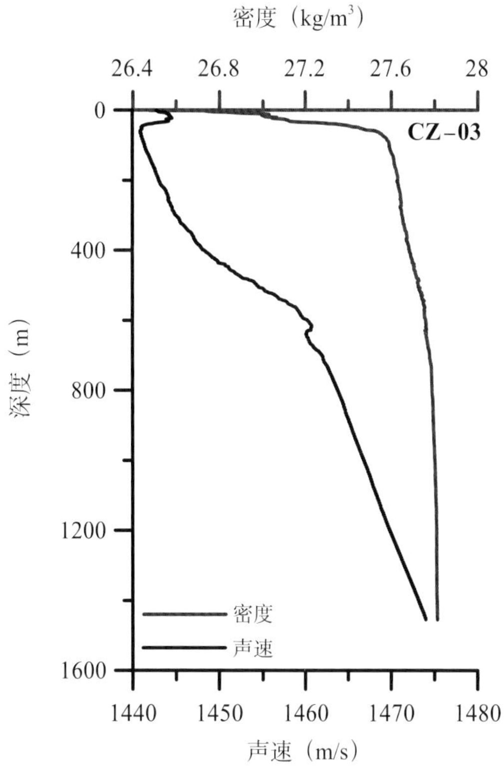

密度（kg/m³）
26.4 26.8 27.2 27.6 28
CZ-03
深度（m）
0 400 800 1200 1600
密度
声速
1440 1450 1460 1470 1480
声速（m/s）

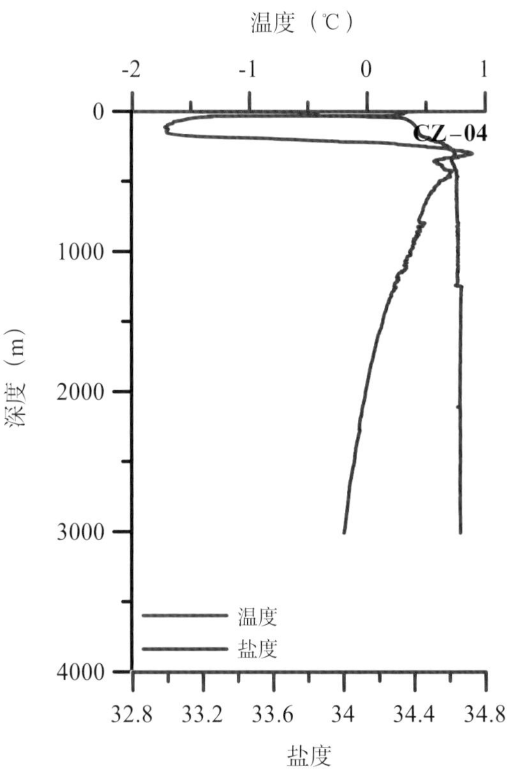

温度（℃）
-2 -1 0 1
CZ-04
深度（m）
0 1000 2000 3000 4000
温度
盐度
32.8 33.2 33.6 34 34.4 34.8
盐度

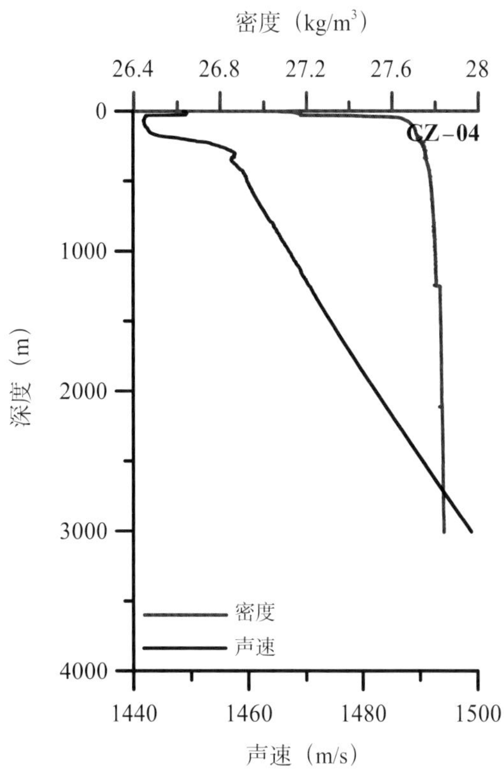

密度（kg/m³）
26.4 26.8 27.2 27.6 28
CZ-04
深度（m）
0 1000 2000 3000 4000
密度
声速
1440 1460 1480 1500
声速（m/s）

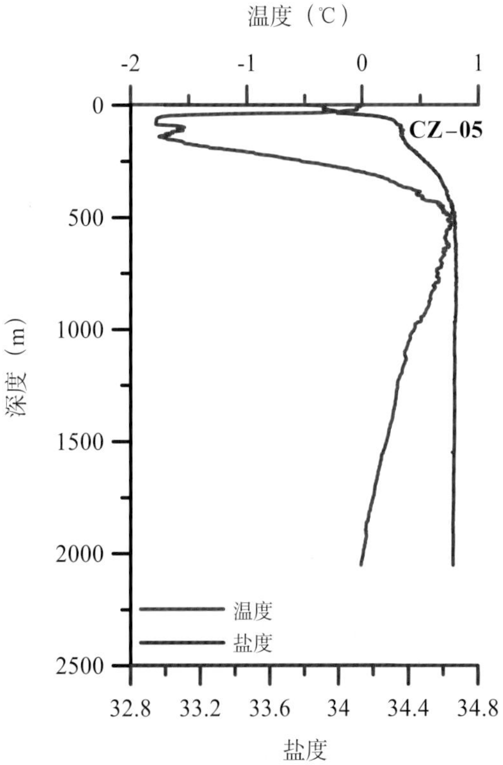
温度（℃）
-2 -1 0 1
CZ-05
深度（m）
0 500 1000 1500 2000 2500
温度
盐度
32.8 33.2 33.6 34 34.4 34.8
盐度

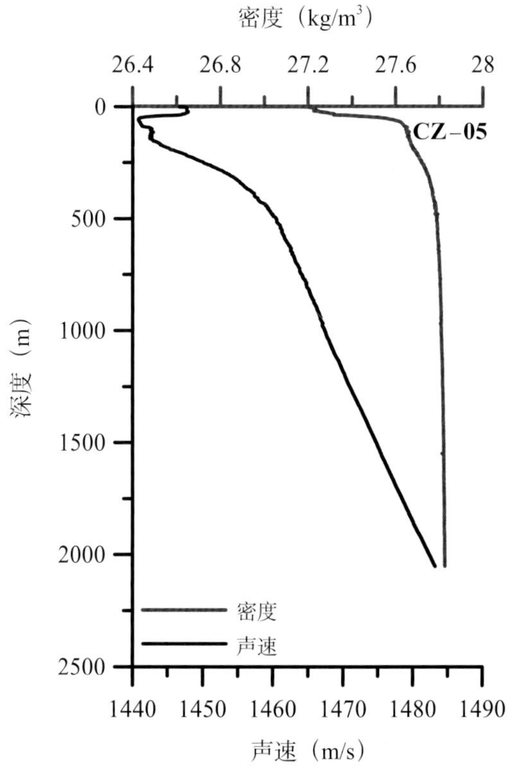
密度（kg/m³）
26.4 26.8 27.2 27.6 28
CZ-05
深度（m）
0 500 1000 1500 2000 2500
密度
声速
1440 1450 1460 1470 1480 1490
声速（m/s）

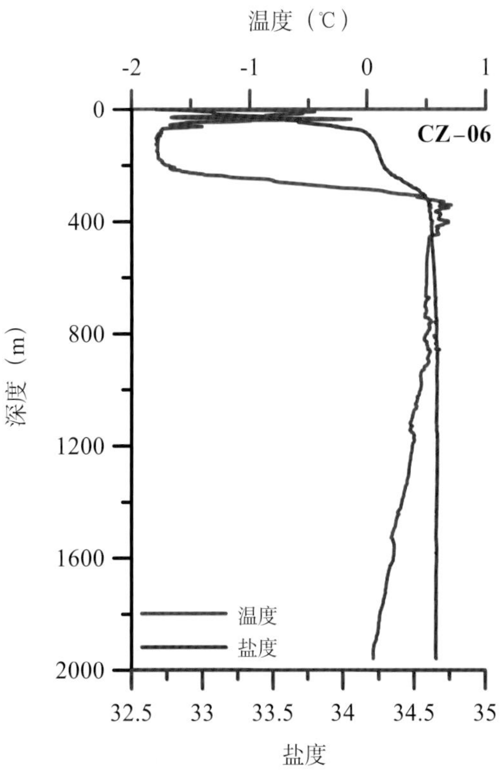
温度（℃）
-2 -1 0 1
CZ-06
深度（m）
0 400 800 1200 1600 2000
温度
盐度
32.5 33 33.5 34 34.5 35
盐度

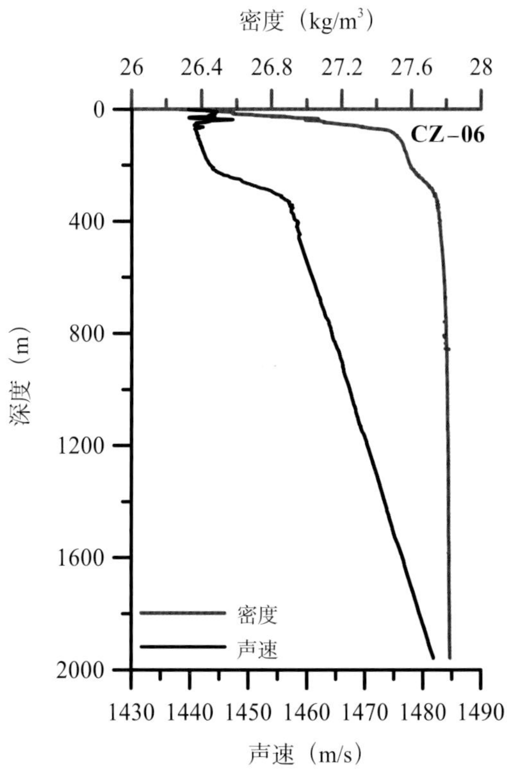
密度（kg/m³）
26 26.4 26.8 27.2 27.6 28
CZ-06
深度（m）
0 400 800 1200 1600 2000
密度
声速
1430 1440 1450 1460 1470 1480 1490
声速（m/s）

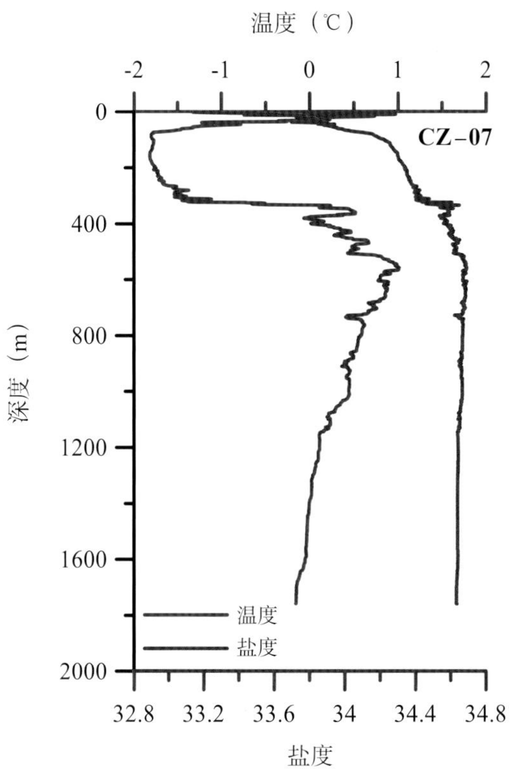
温度（℃）
-2 -1 0 1 2
CZ-07
深度（m）
0 400 800 1200 1600 2000
温度
盐度
32.8 33.2 33.6 34 34.4 34.8
盐度

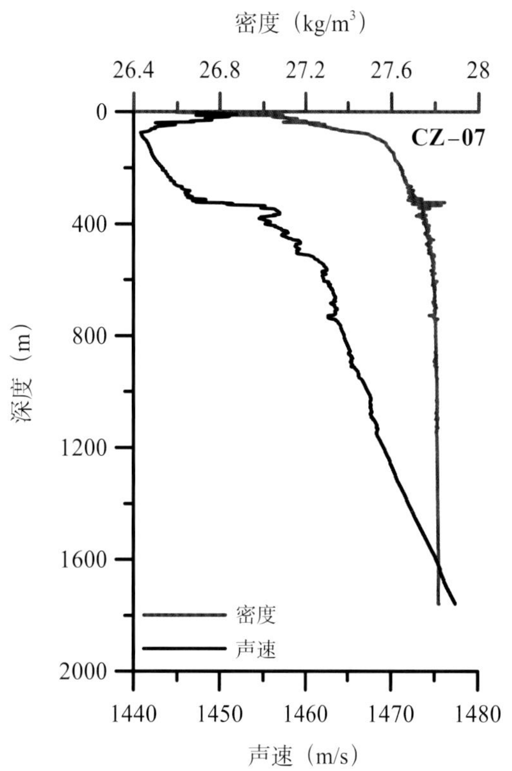
密度（kg/m³）
26.4 26.8 27.2 27.6 28
CZ-07
深度（m）
0 400 800 1200 1600 2000
密度
声速
1440 1450 1460 1470 1480
声速（m/s）

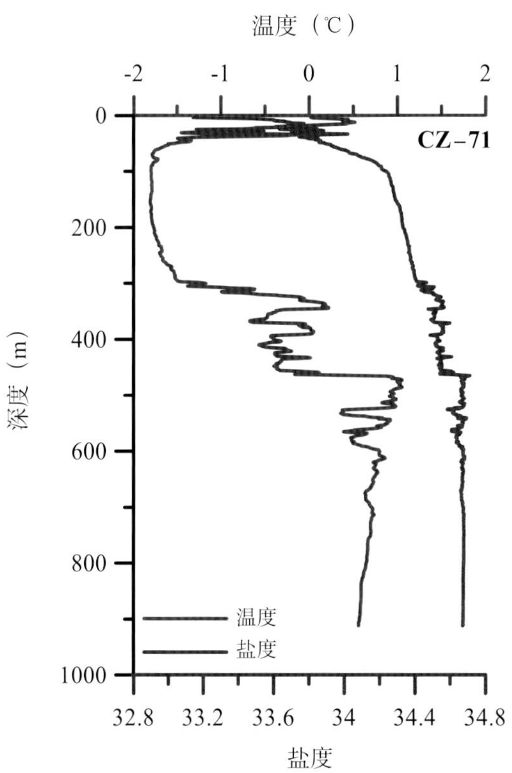
温度（℃）
-2 -1 0 1 2
CZ-71
深度（m）
0 200 400 600 800 1000
温度
盐度
32.8 33.2 33.6 34 34.4 34.8
盐度

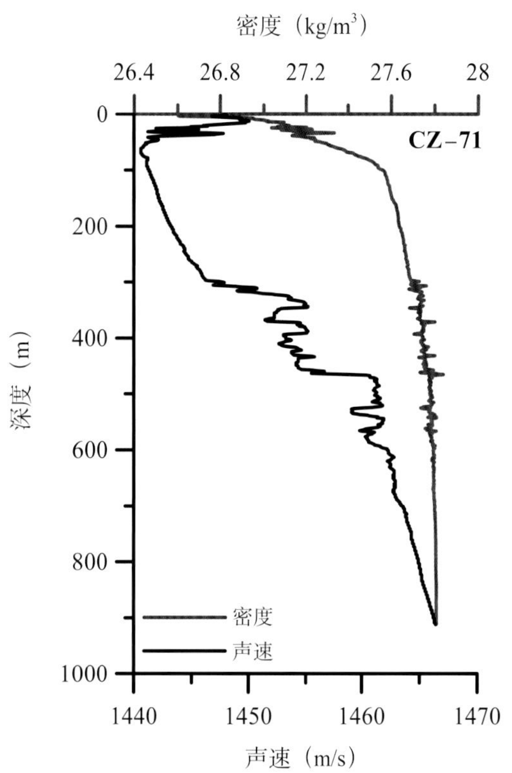
密度（kg/m³）
26.4 26.8 27.2 27.6 28
CZ-71
深度（m）
0 200 400 600 800 1000
密度
声速
1440 1450 1460 1470
声速（m/s）

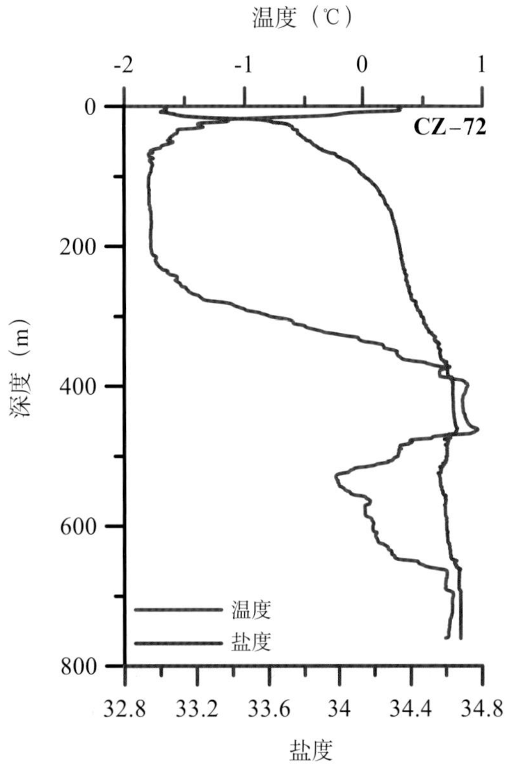
温度（℃）
-2
-1
0
1
CZ-72
0
200
400
600
800
深度（m）
温度
盐度
32.8
33.2
33.6
34
34.4
34.8
盐度

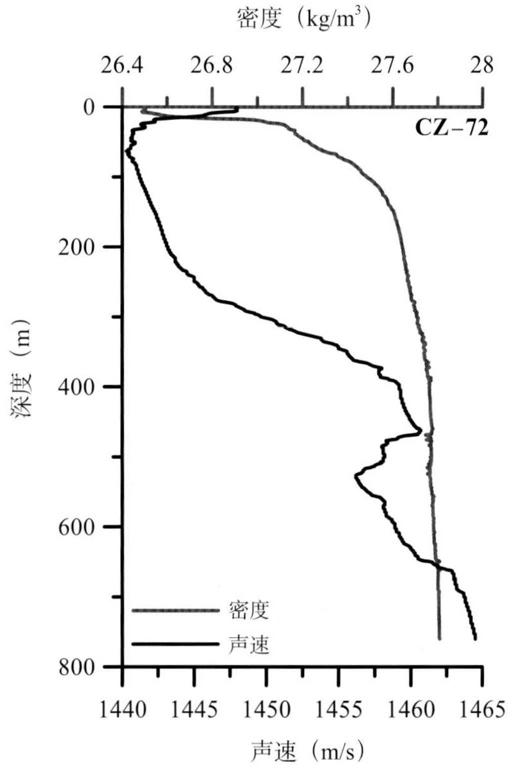
密度（kg/m³）
26.4
26.8
27.2
27.6
28
CZ-72
0
200
400
600
800
深度（m）
密度
声速
1440
1445
1450
1455
1460
1465
声速（m/s）

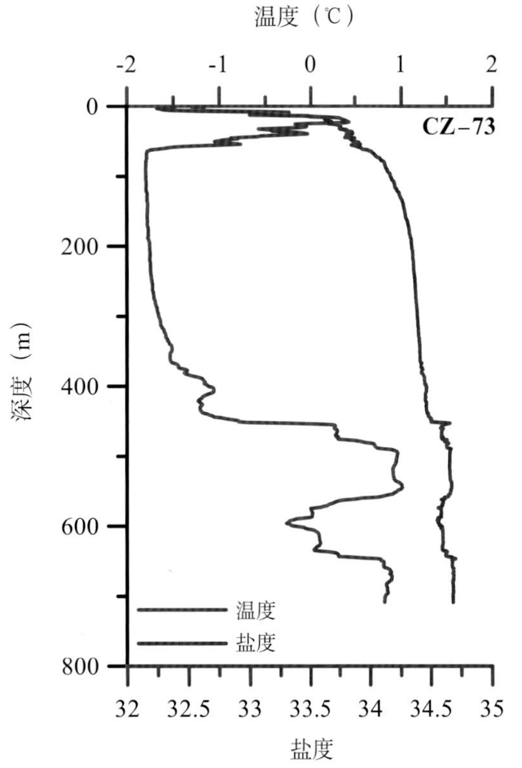
温度（℃）
-2
-1
0
1
2
CZ-73
0
200
400
600
800
深度（m）
温度
盐度
32
32.5
33
33.5
34
34.5
35
盐度

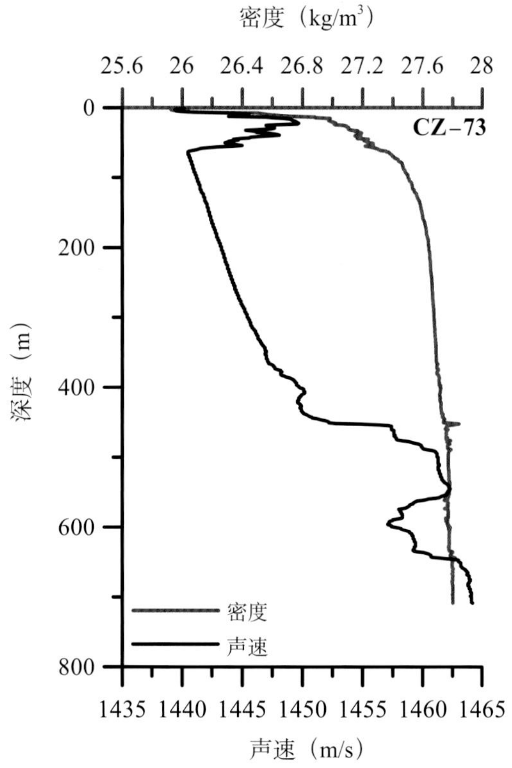
密度（kg/m³）
25.6
26
26.4
26.8
27.2
27.6
28
CZ-73
0
200
400
600
800
深度（m）
密度
声速
1435
1440
1445
1450
1455
1460
1465
声速（m/s）

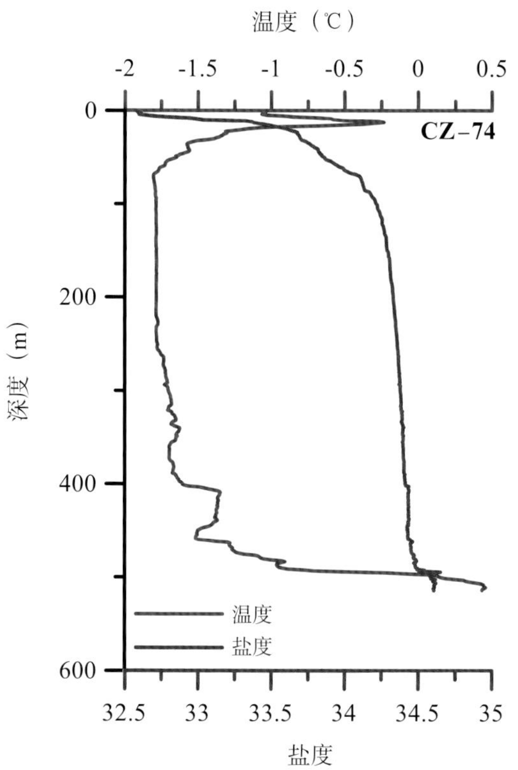
温度（℃）
-2 -1.5 -1 -0.5 0 0.5
CZ-74
0 200 400 600
深度（m）
温度
盐度
32.5 33 33.5 34 34.5 35
盐度

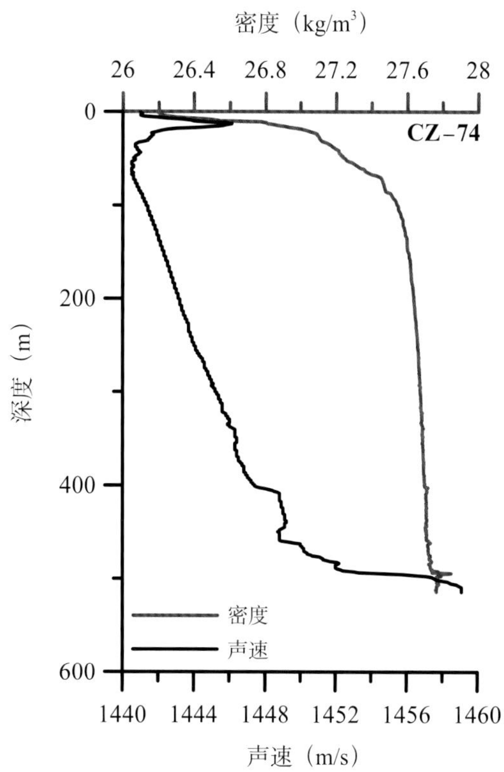
密度（kg/m³）
26 26.4 26.8 27.2 27.6 28
CZ-74
0 200 400 600
深度（m）
密度
声速
1440 1444 1448 1452 1456 1460
声速（m/s）

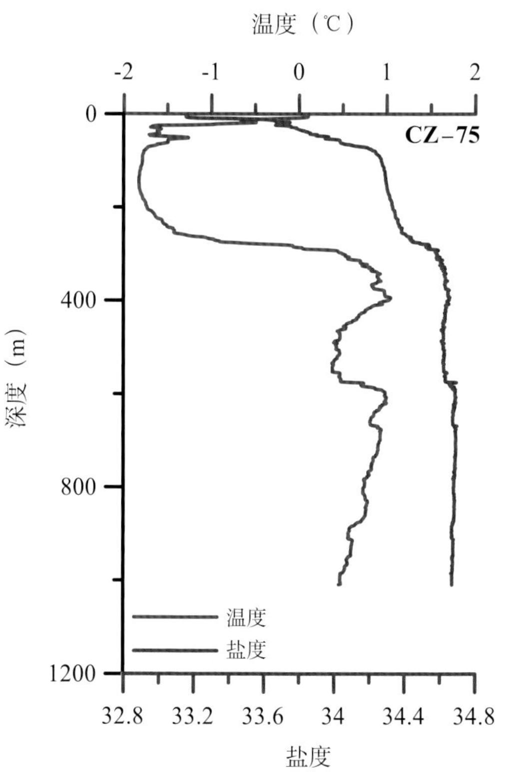
温度（℃）
-2 -1 0 1 2
CZ-75
0 400 800 1200
深度（m）
温度
盐度
32.8 33.2 33.6 34 34.4 34.8
盐度

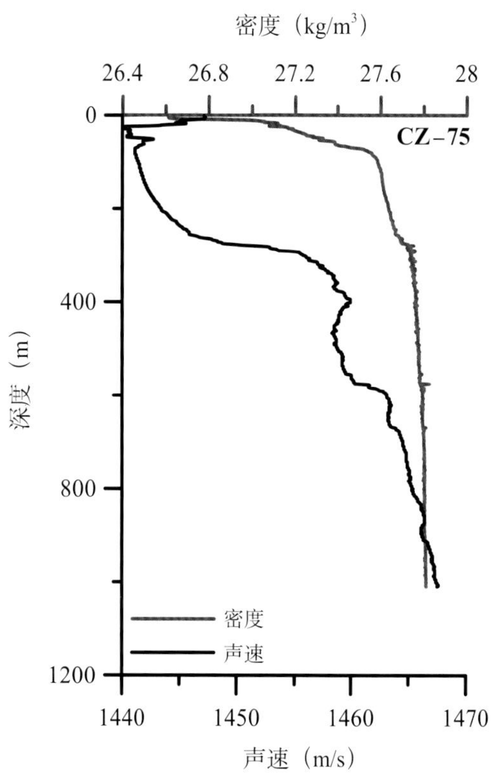
密度（kg/m³）
26.4 26.8 27.2 27.6 28
CZ-75
0 400 800 1200
深度（m）
密度
声速
1440 1450 1460 1470
声速（m/s）

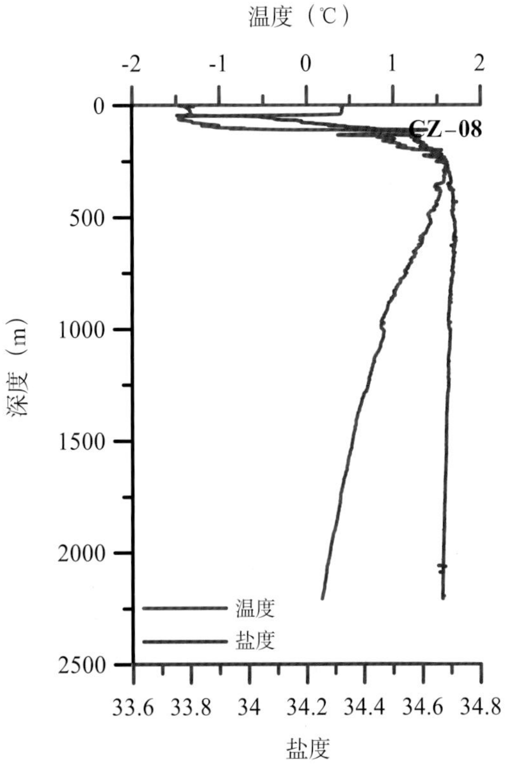
温度（℃）
-2
-1
0
1
2
CZ-08
深度（m）
0
500
1000
1500
2000
2500
温度
盐度
33.6
33.8
34
34.2
34.4
34.6
34.8
盐度

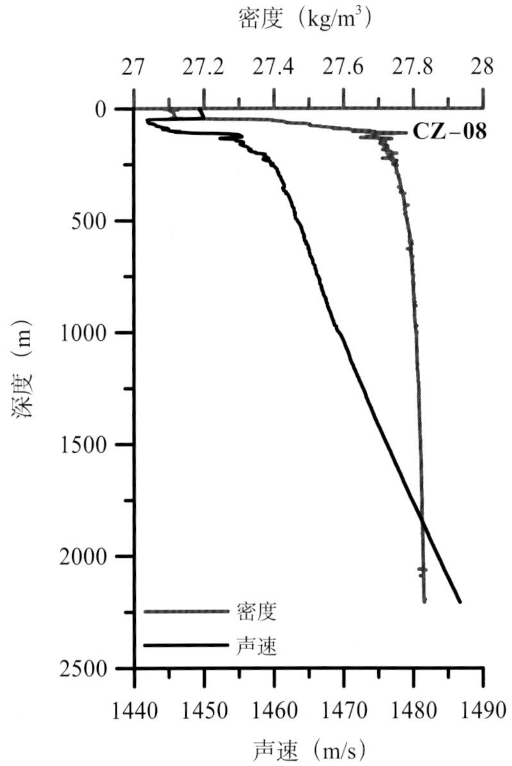
密度（kg/m³）
27
27.2
27.4
27.6
27.8
28
CZ-08
深度（m）
0
500
1000
1500
2000
2500
密度
声速
1440
1450
1460
1470
1480
1490
声速（m/s）

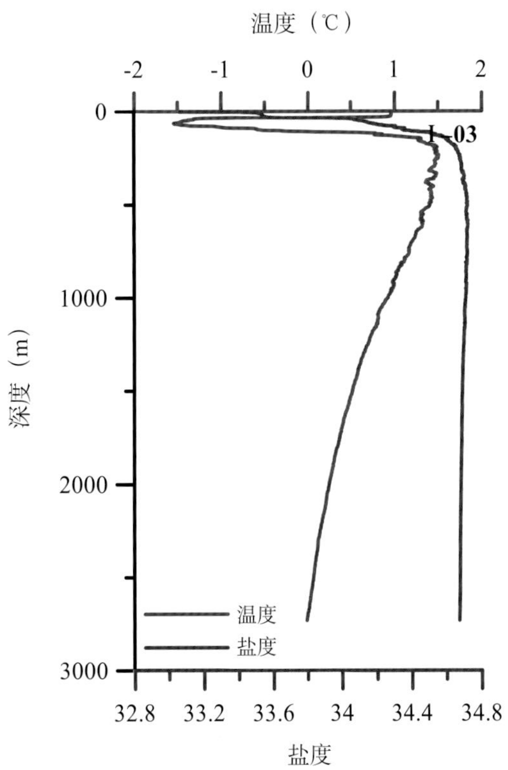
温度（℃）
-2
-1
0
1
2
I-03
深度（m）
0
1000
2000
3000
温度
盐度
32.8
33.2
33.6
34
34.4
34.8
盐度

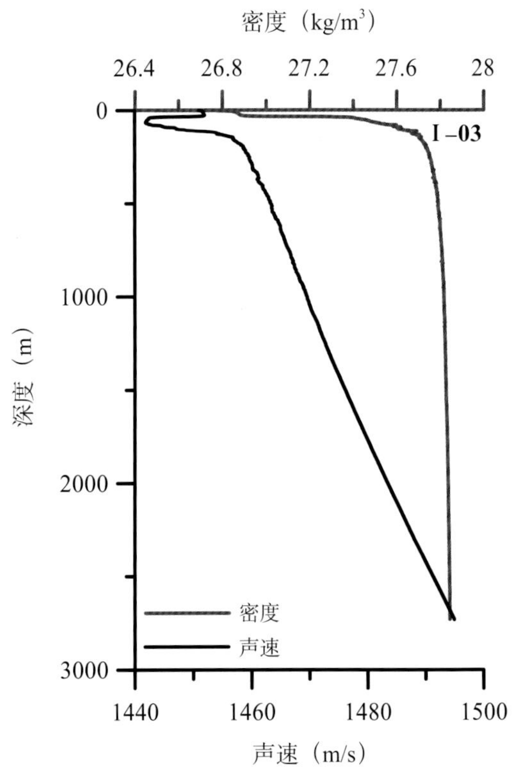
密度（kg/m³）
26.4
26.8
27.2
27.6
28
I-03
深度（m）
0
1000
2000
3000
密度
声速
1440
1460
1480
1500
声速（m/s）

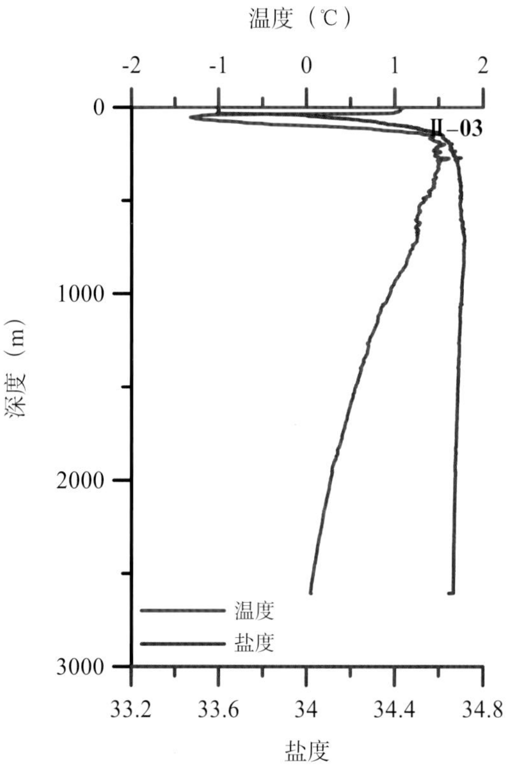
温度（℃）
-2 -1 0 1 2
Ⅱ-03
0 1000 2000 3000
深度（m）
温度
盐度
33.2 33.6 34 34.4 34.8
盐度

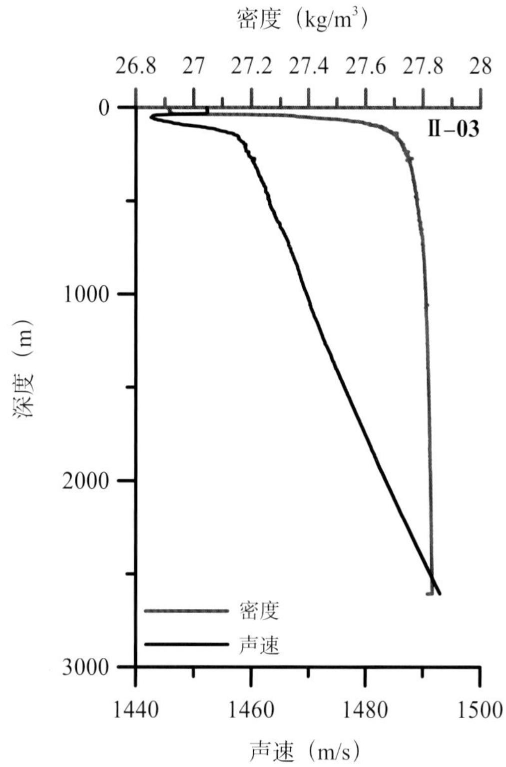
密度（kg/m³）
26.8 27 27.2 27.4 27.6 27.8 28
Ⅱ-03
0 1000 2000 3000
深度（m）
密度
声速
1440 1460 1480 1500
声速（m/s）

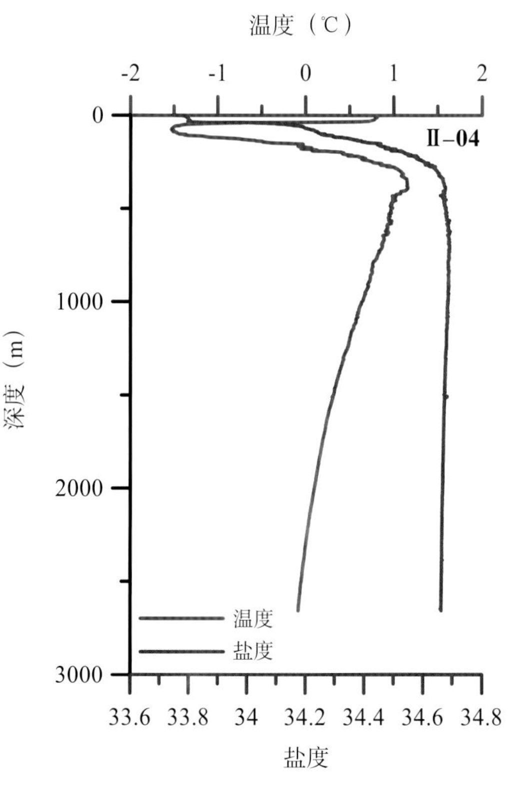
温度（℃）
-2 -1 0 1 2
Ⅱ-04
0 1000 2000 3000
深度（m）
温度
盐度
33.6 33.8 34 34.2 34.4 34.6 34.8
盐度

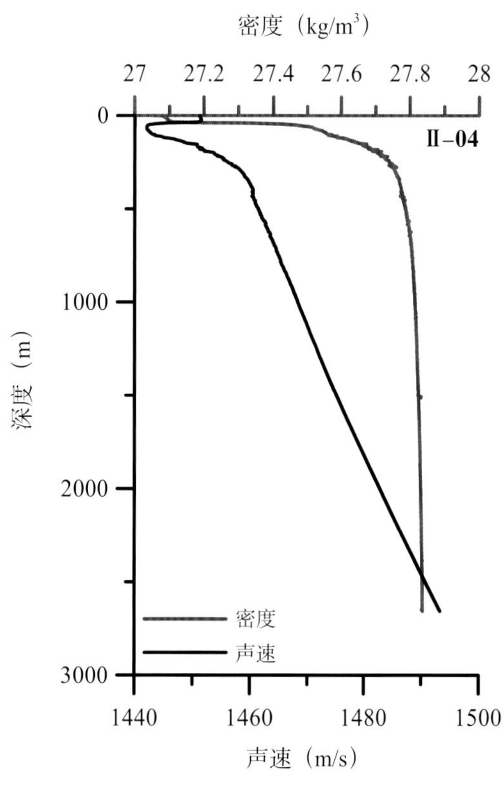
密度（kg/m³）
27 27.2 27.4 27.6 27.8 28
Ⅱ-04
0 1000 2000 3000
深度（m）
密度
声速
1440 1460 1480 1500
声速（m/s）

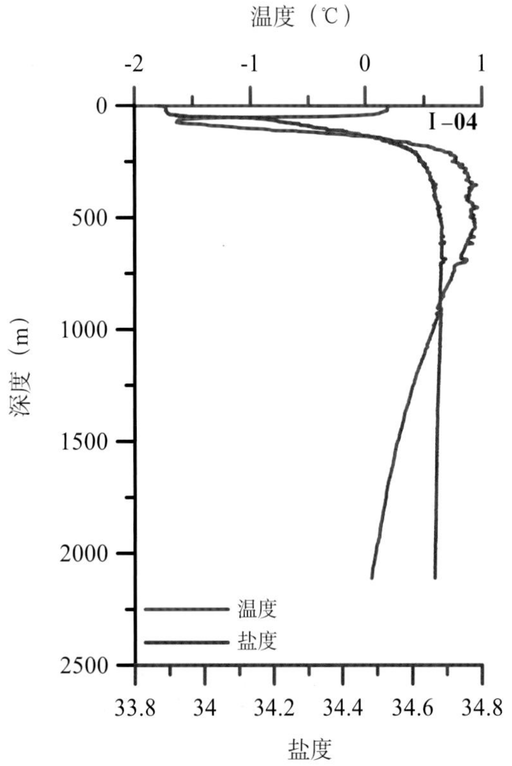
温度（℃）
-2
-1
0
1
0
500
1000
1500
2000
2500
深度（m）
I -04
温度
盐度
33.8
34
34.2
34.4
34.6
34.8
盐度

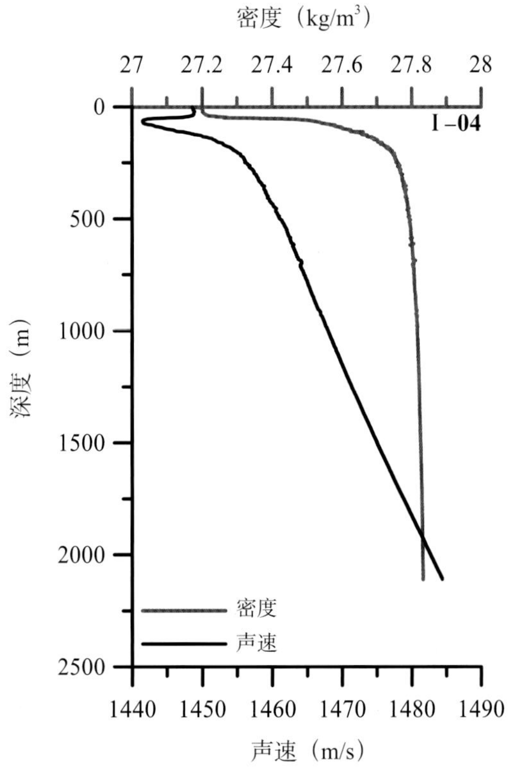
密度（kg/m³）
27
27.2
27.4
27.6
27.8
28
0
500
1000
1500
2000
2500
深度（m）
I -04
密度
声速
1440
1450
1460
1470
1480
1490
声速（m/s）

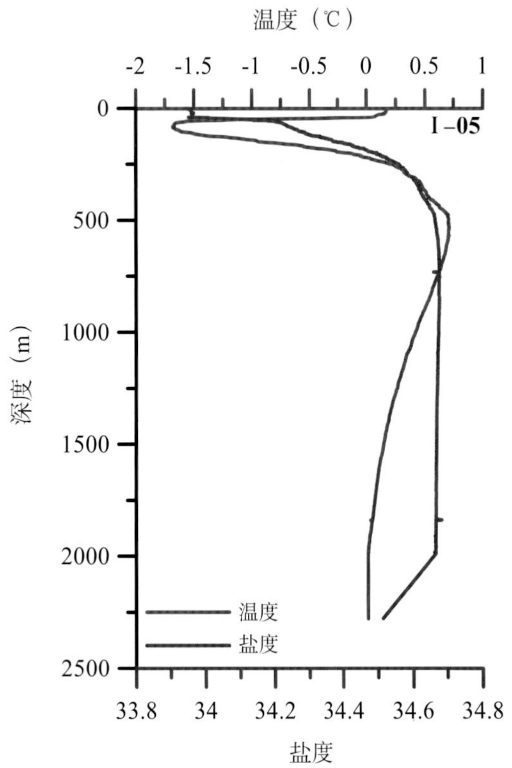
温度（℃）
-2
-1.5
-1
-0.5
0
0.5
1
0
500
1000
1500
2000
2500
深度（m）
I -05
温度
盐度
33.8
34
34.2
34.4
34.6
34.8
盐度

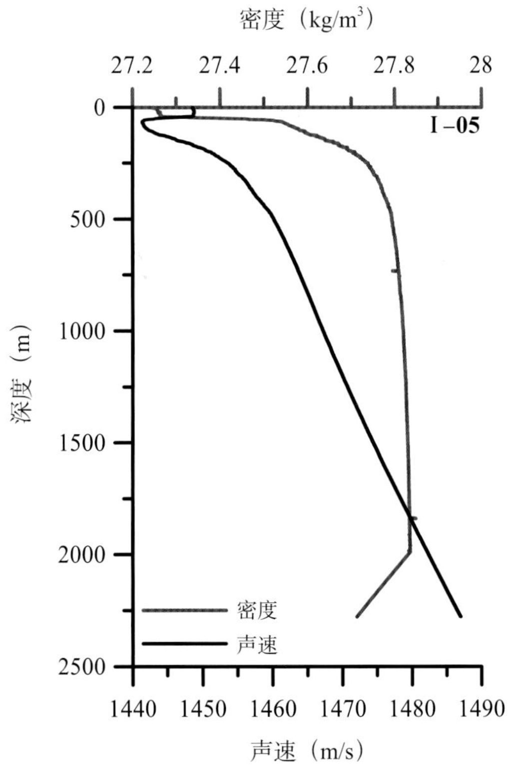
密度（kg/m³）
27.2
27.4
27.6
27.8
28
0
500
1000
1500
2000
2500
深度（m）
I -05
密度
声速
1440
1450
1460
1470
1480
1490
声速（m/s）

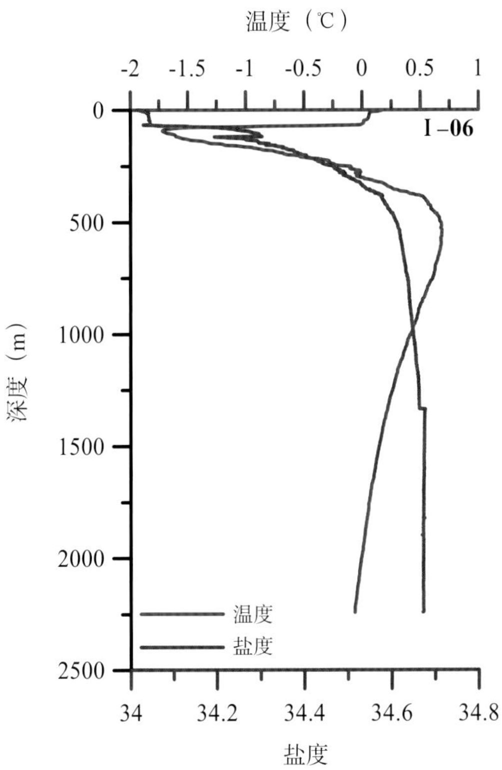
温度（℃）
-2 -1.5 -1 -0.5 0 0.5 1
I-06
深度（m）
0 500 1000 1500 2000 2500
温度
盐度
34 34.2 34.4 34.6 34.8
盐度

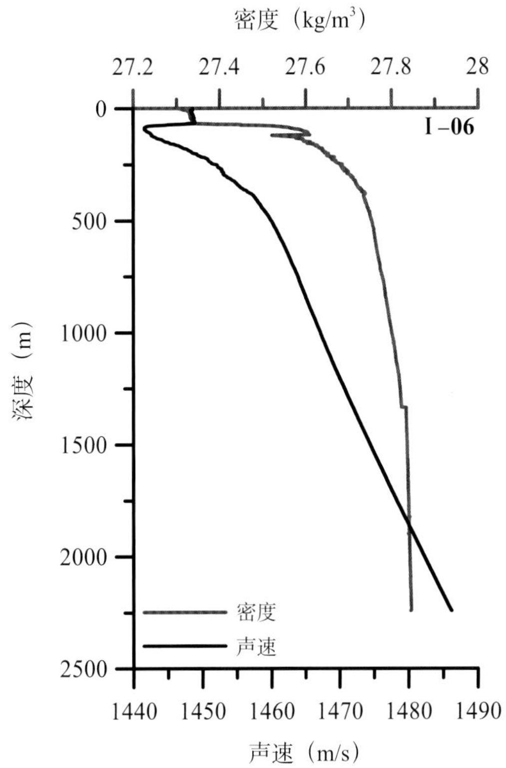
密度（kg/m³）
27.2 27.4 27.6 27.8 28
I-06
深度（m）
0 500 1000 1500 2000 2500
密度
声速
1440 1450 1460 1470 1480 1490
声速（m/s）

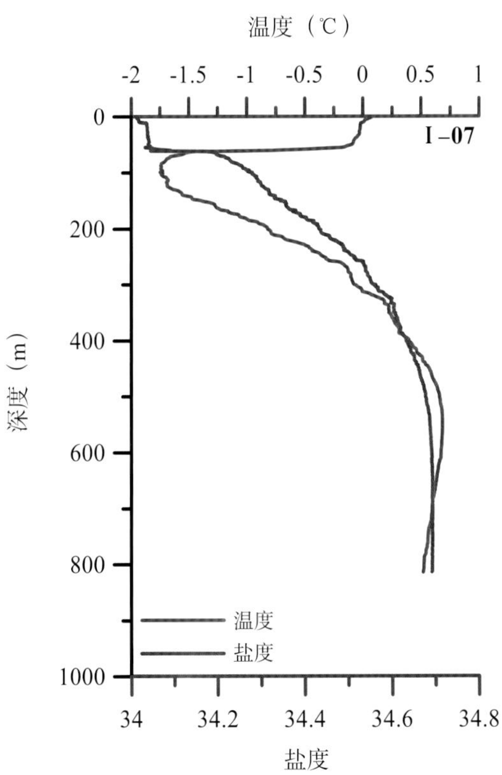
温度（℃）
-2 -1.5 -1 -0.5 0 0.5 1
I-07
深度（m）
0 200 400 600 800 1000
温度
盐度
34 34.2 34.4 34.6 34.8
盐度

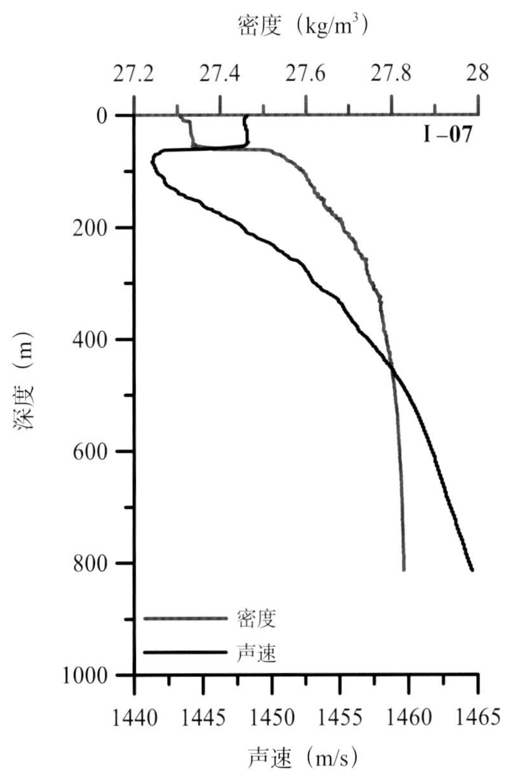
密度（kg/m³）
27.2 27.4 27.6 27.8 28
I-07
深度（m）
0 200 400 600 800 1000
密度
声速
1440 1445 1450 1455 1460 1465
声速（m/s）

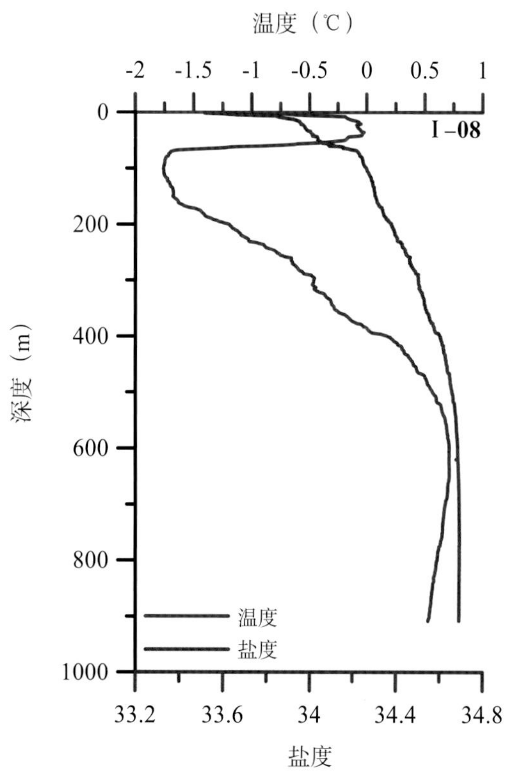
温度（℃）
-2 -1.5 -1 -0.5 0 0.5 1
I-08
深度（m）
0 200 400 600 800 1000
温度
盐度
33.2 33.6 34 34.4 34.8
盐度

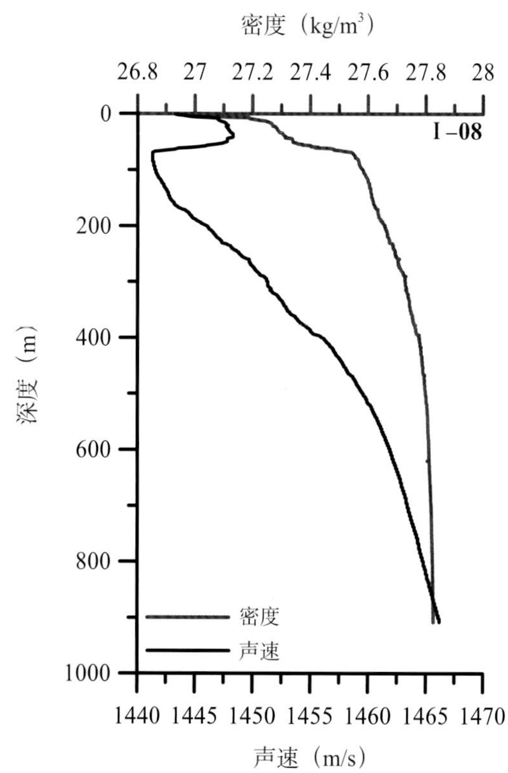
密度（kg/m³）
26.8 27 27.2 27.4 27.6 27.8 28
I-08
深度（m）
0 200 400 600 800 1000
密度
声速
1440 1445 1450 1455 1460 1465 1470
声速（m/s）

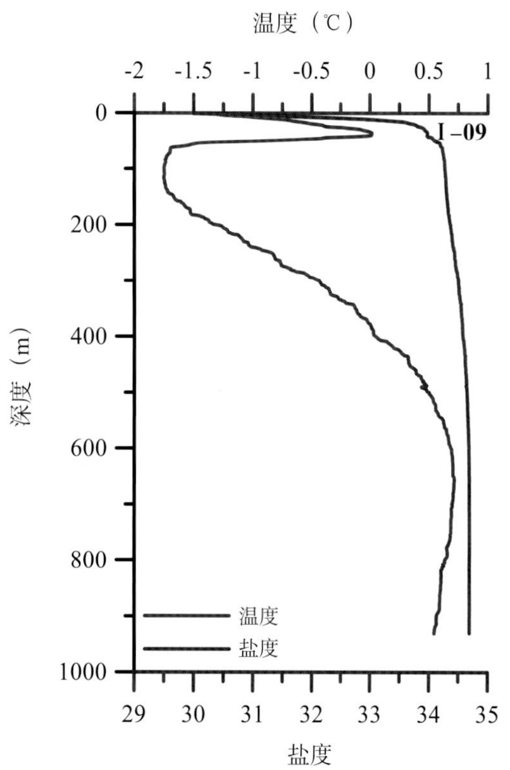
温度（℃）
-2 -1.5 -1 -0.5 0 0.5 1
I-09
深度（m）
0 200 400 600 800 1000
温度
盐度
29 30 31 32 33 34 35
盐度

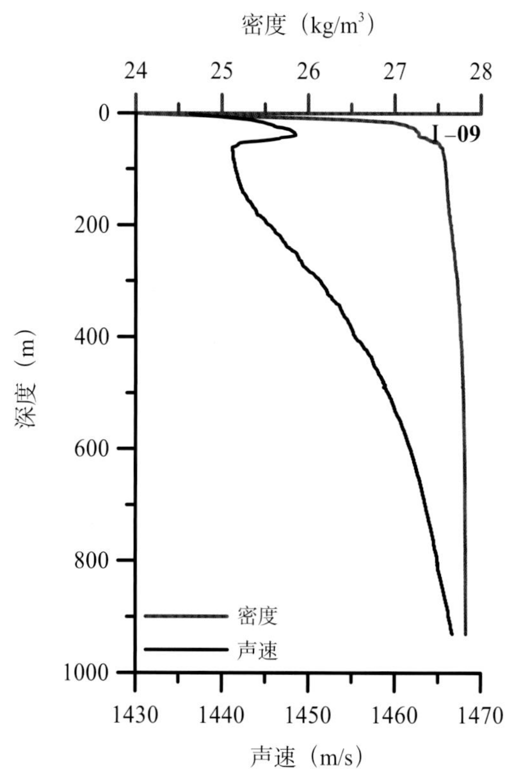
密度（kg/m³）
24 25 26 27 28
I-09
深度（m）
0 200 400 600 800 1000
密度
声速
1430 1440 1450 1460 1470
声速（m/s）

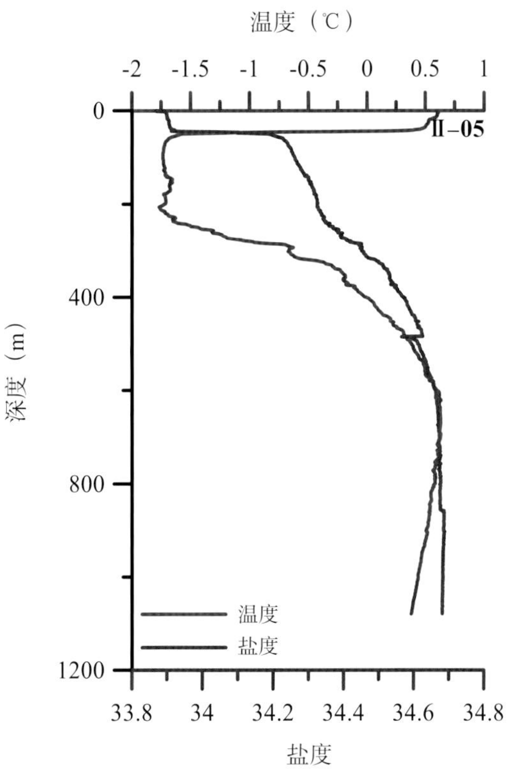
温度（℃）
-2
-1.5
-1
-0.5
0
0.5
1
Ⅱ-05
0
400
800
1200
深度（m）
温度
盐度
33.8
34
34.2
34.4
34.6
34.8
盐度

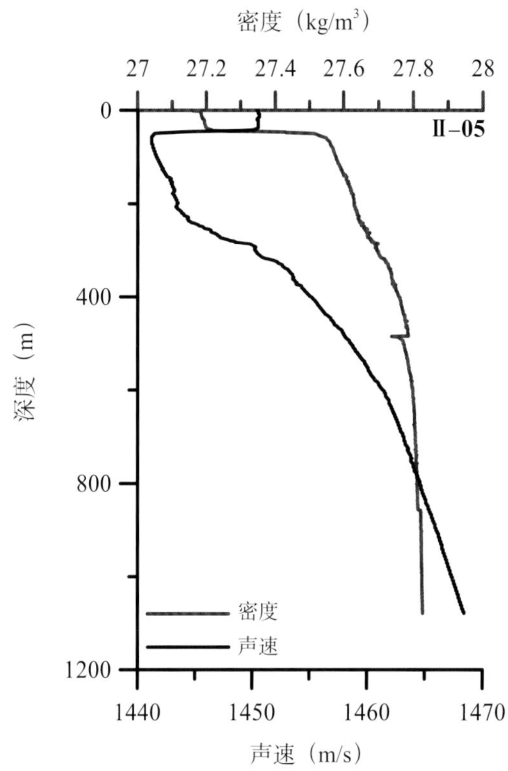
密度（kg/m3）
27
27.2
27.4
27.6
27.8
28
Ⅱ-05
0
400
800
1200
深度（m）
密度
声速
1440
1450
1460
1470
声速（m/s）

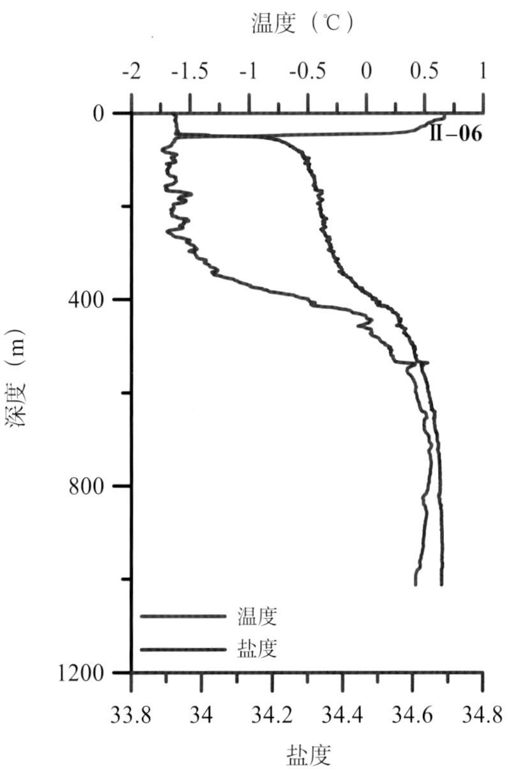
温度（℃）
-2
-1.5
-1
-0.5
0
0.5
1
Ⅱ-06
0
400
800
1200
深度（m）
温度
盐度
33.8
34
34.2
34.4
34.6
34.8
盐度

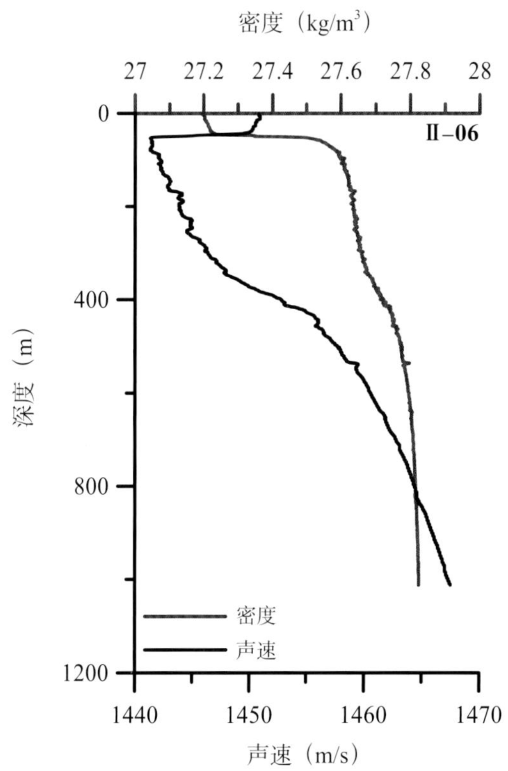
密度（kg/m3）
27
27.2
27.4
27.6
27.8
28
Ⅱ-06
0
400
800
1200
深度（m）
密度
声速
1440
1450
1460
1470
声速（m/s）

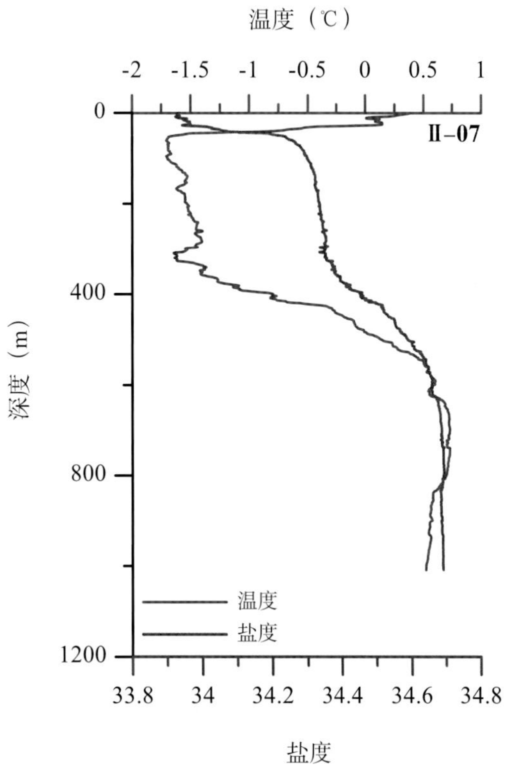
温度（℃）
-2
-1.5
-1
-0.5
0
0.5
1
0
400
800
1200
Ⅱ-07
深度（m）
温度
盐度
33.8
34
34.2
34.4
34.6
34.8
盐度

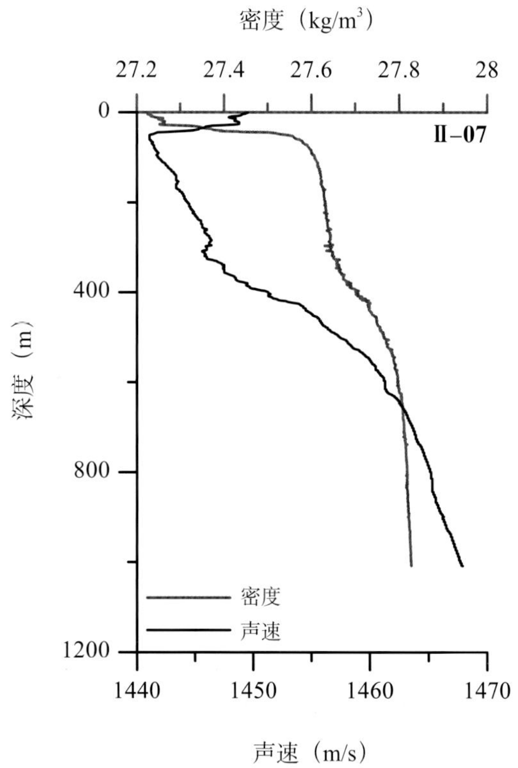
密度（kg/m³）
27.2
27.4
27.6
27.8
28
0
400
800
1200
Ⅱ-07
深度（m）
密度
声速
1440
1450
1460
1470
声速（m/s）

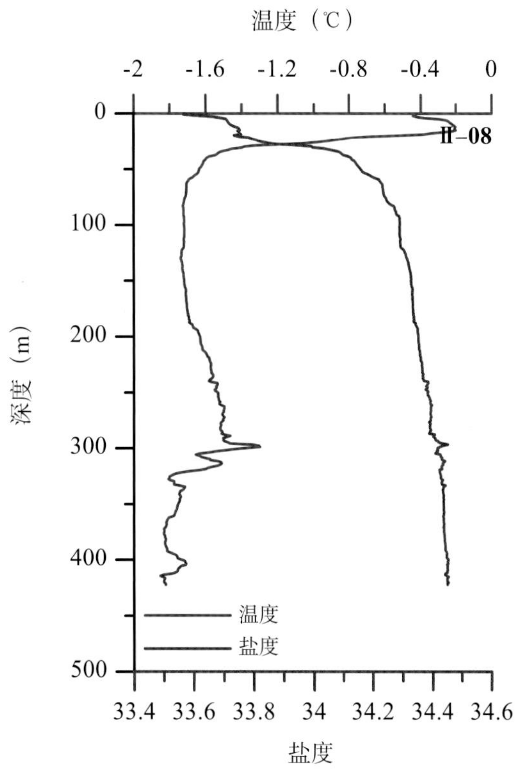
温度（℃）
-2
-1.6
-1.2
-0.8
-0.4
0
0
100
200
300
400
500
Ⅱ-08
深度（m）
温度
盐度
33.4
33.6
33.8
34
34.2
34.4
34.6
盐度

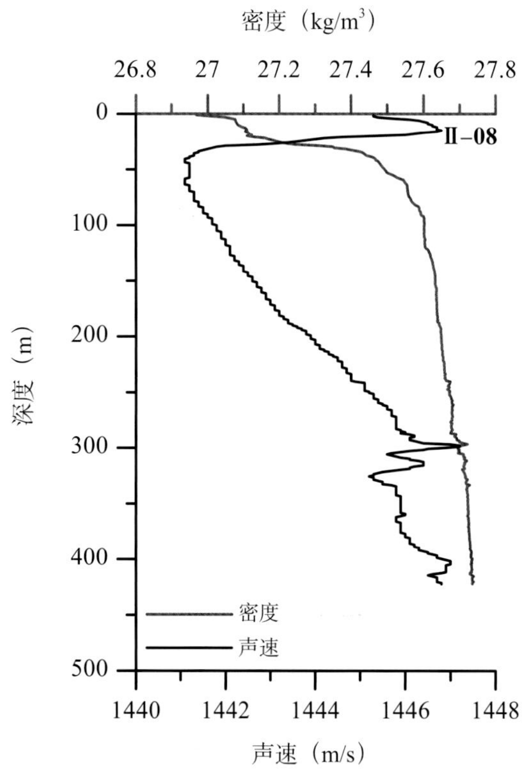
密度（kg/m³）
26.8
27
27.2
27.4
27.6
27.8
0
100
200
300
400
500
Ⅱ-08
深度（m）
密度
声速
1440
1442
1444
1446
1448
声速（m/s）

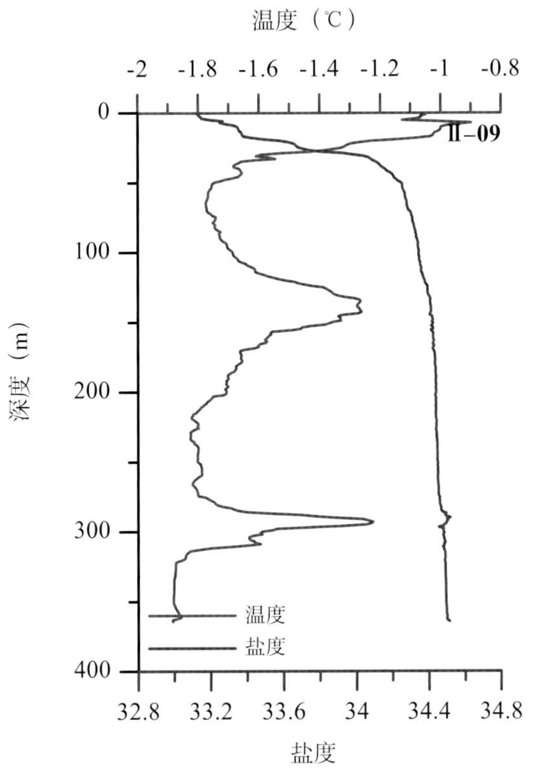
温度（℃）
-2
-1.8
-1.6
-1.4
-1.2
-1
-0.8
0
100
200
300
400
深度（m）
Ⅱ-09
温度
盐度
32.8
33.2
33.6
34
34.4
34.8
盐度

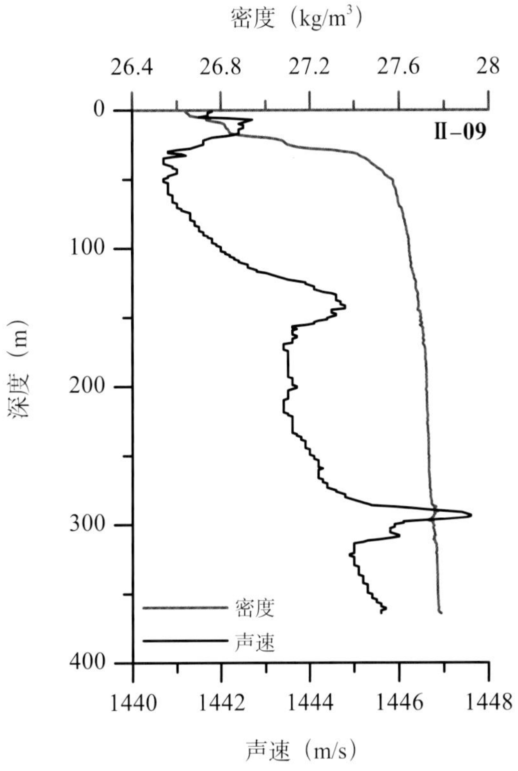
密度（kg/m3）
26.4
26.8
27.2
27.6
28
0
100
200
300
400
深度（m）
Ⅱ-09
密度
声速
1440
1442
1444
1446
1448
声速（m/s）

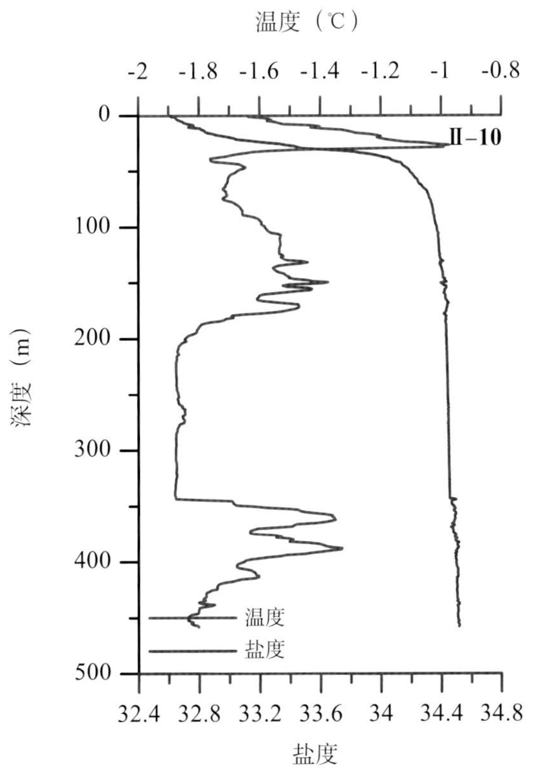
温度（℃）
-2
-1.8
-1.6
-1.4
-1.2
-1
-0.8
0
100
200
300
400
500
深度（m）
Ⅱ-10
温度
盐度
32.4
32.8
33.2
33.6
34
34.4
34.8
盐度

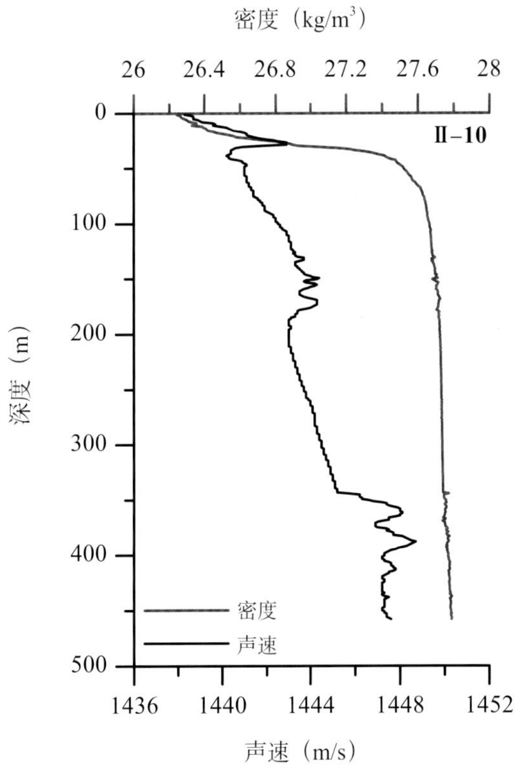
密度（kg/m3）
26
26.4
26.8
27.2
27.6
28
0
100
200
300
400
500
深度（m）
Ⅱ-10
密度
声速
1436
1440
1444
1448
1452
声速（m/s）

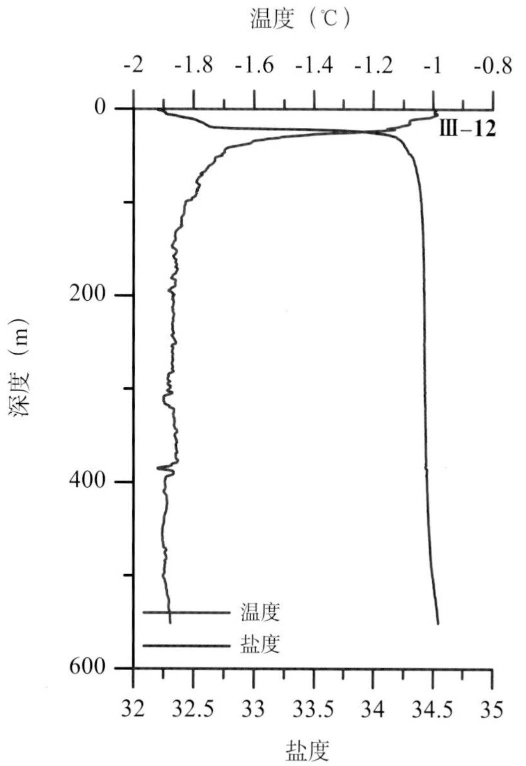
温度（℃）
-2 -1.8 -1.6 -1.4 -1.2 -1 -0.8
Ⅲ-12
深度（m）
0 200 400 600
温度
盐度
32 32.5 33 33.5 34 34.5 35
盐度

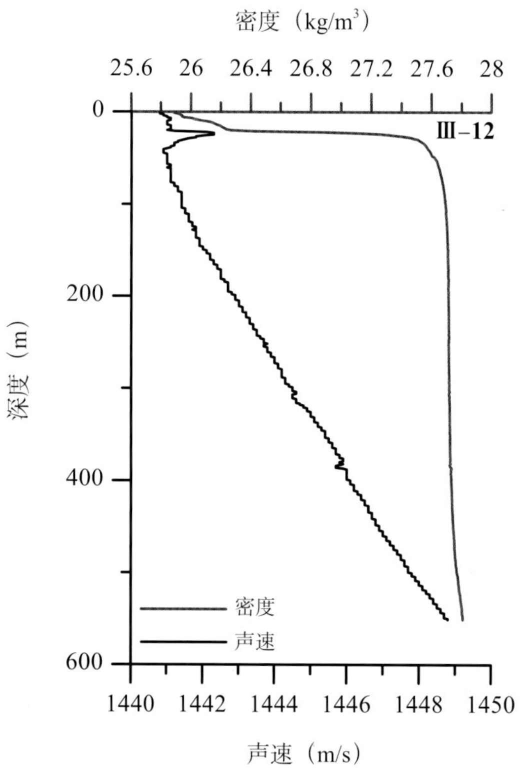
密度（kg/m³）
25.6 26 26.4 26.8 27.2 27.6 28
Ⅲ-12
深度（m）
0 200 400 600
密度
声速
1440 1442 1444 1446 1448 1450
声速（m/s）

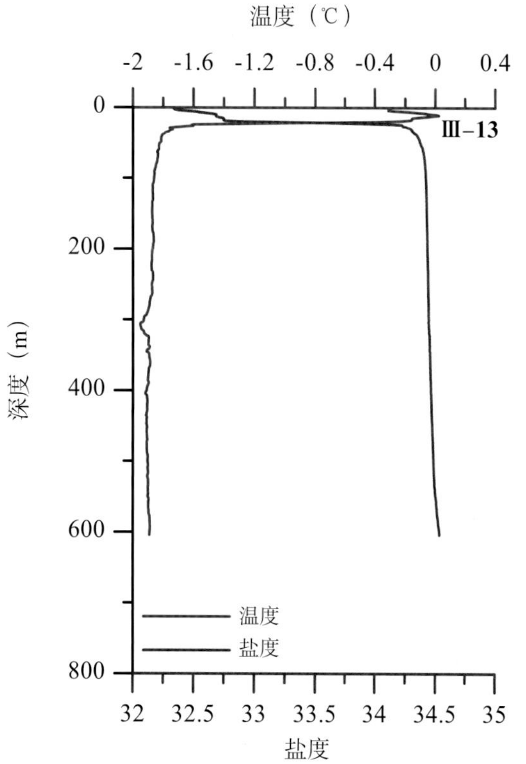
温度（℃）
-2 -1.6 -1.2 -0.8 -0.4 0 0.4
Ⅲ-13
深度（m）
0 200 400 600 800
温度
盐度
32 32.5 33 33.5 34 34.5 35
盐度

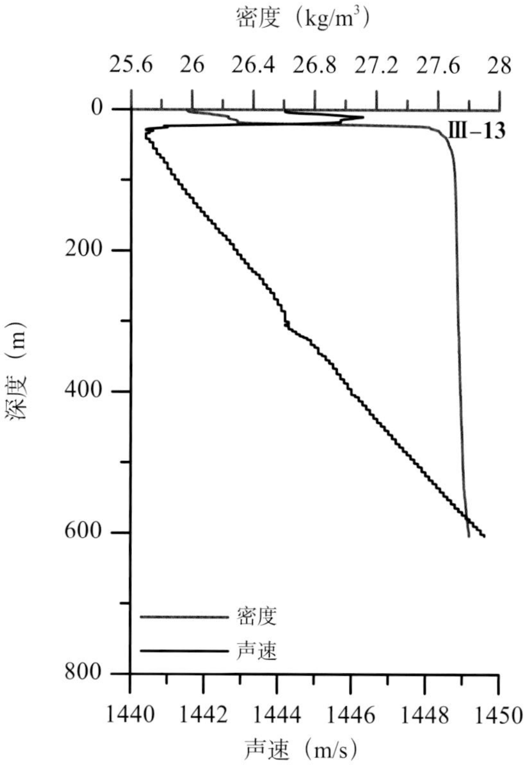
密度（kg/m³）
25.6 26 26.4 26.8 27.2 27.6 28
Ⅲ-13
深度（m）
0 200 400 600 800
密度
声速
1440 1442 1444 1446 1448 1450
声速（m/s）

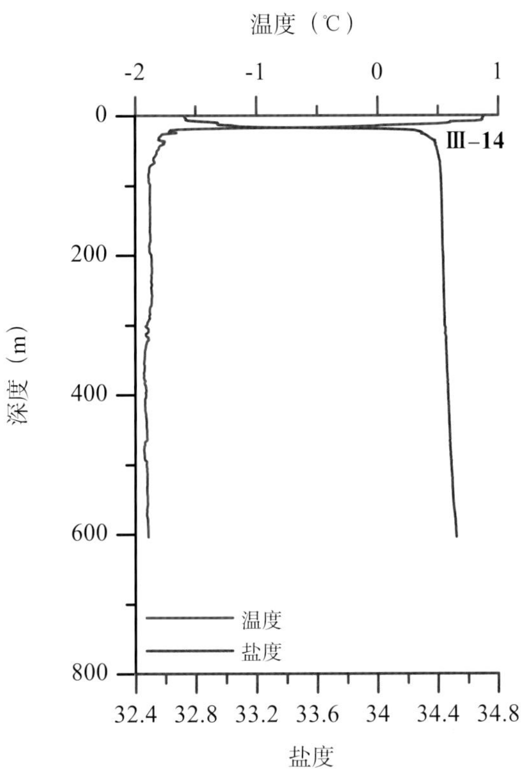
温度（℃）
-2
-1
0
1
Ⅲ-14
深度（m）
0
200
400
600
800
温度
盐度
32.4
32.8
33.2
33.6
34
34.4
34.8
盐度

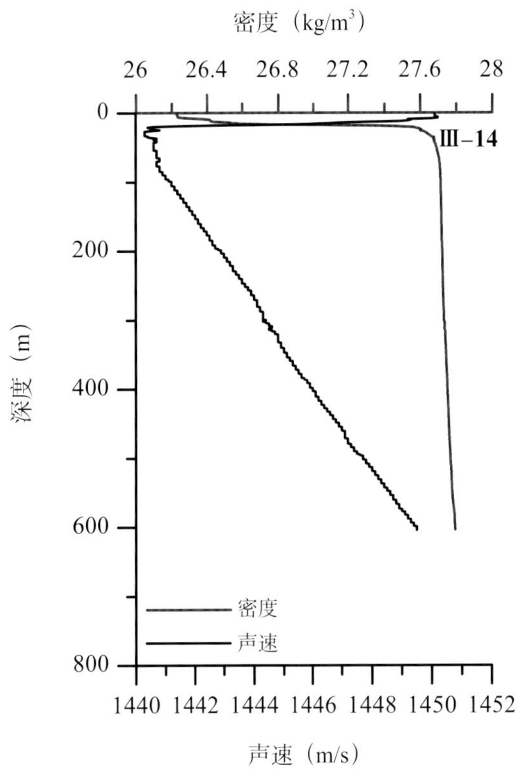
密度（kg/m³）
26
26.4
26.8
27.2
27.6
28
Ⅲ-14
深度（m）
0
200
400
600
800
密度
声速
1440
1442
1444
1446
1448
1450
1452
声速（m/s）

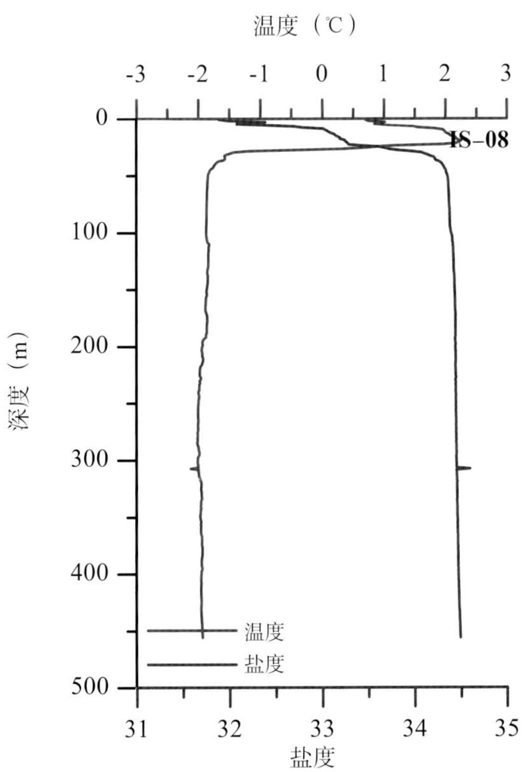
温度（℃）
-3
-2
-1
0
1
2
3
IS-08
深度（m）
0
100
200
300
400
500
温度
盐度
31
32
33
34
35
盐度

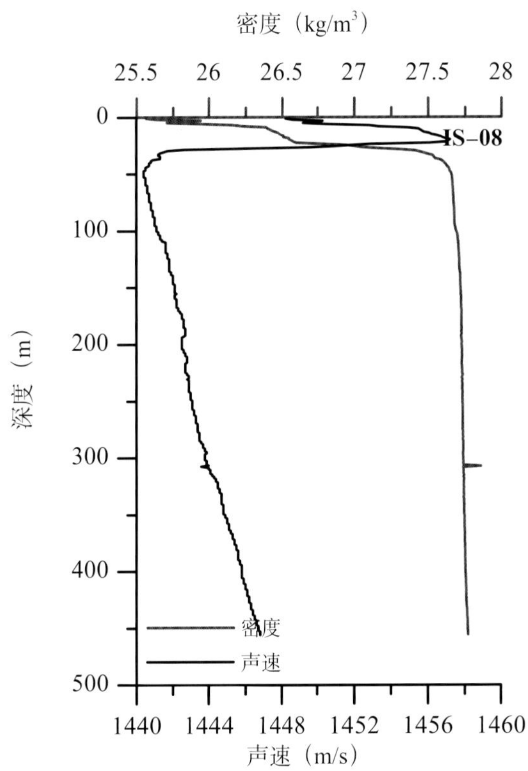
密度（kg/m³）
25.5
26
26.5
27
27.5
28
IS-08
深度（m）
0
100
200
300
400
500
密度
声速
1440
1444
1448
1452
1456
1460
声速（m/s）

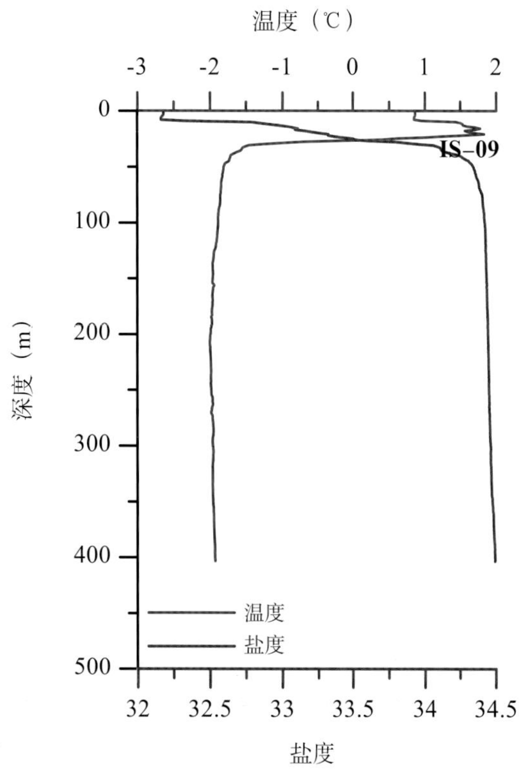
温度（℃）
-3
-2
-1
0
1
2
0
100
200
300
400
500
深度（m）
IS-09
温度
盐度
32
32.5
33
33.5
34
34.5
盐度

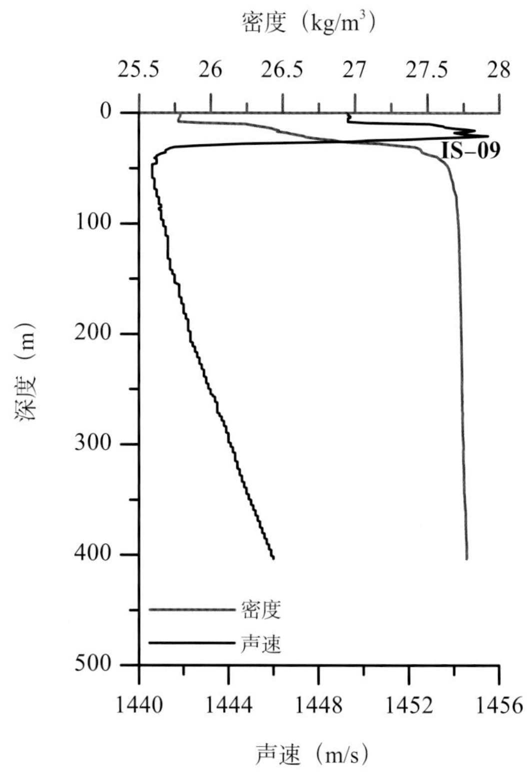
密度（kg/m³）
25.5
26
26.5
27
27.5
28
0
100
200
300
400
500
深度（m）
IS-09
密度
声速
1440
1444
1448
1452
1456
声速（m/s）

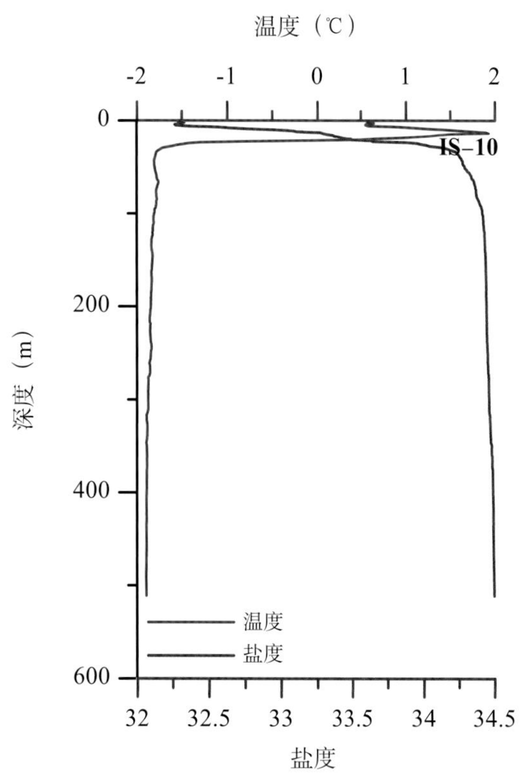
温度（℃）
-2
-1
0
1
2
0
200
400
600
深度（m）
IS-10
温度
盐度
32
32.5
33
33.5
34
34.5
盐度

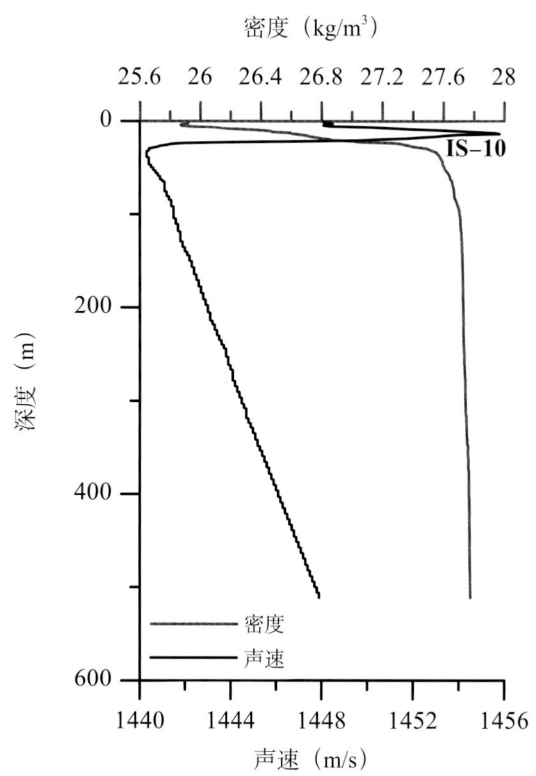
密度（kg/m³）
25.6
26
26.4
26.8
27.2
27.6
28
0
200
400
600
深度（m）
IS-10
密度
声速
1440
1444
1448
1452
1456
声速（m/s）

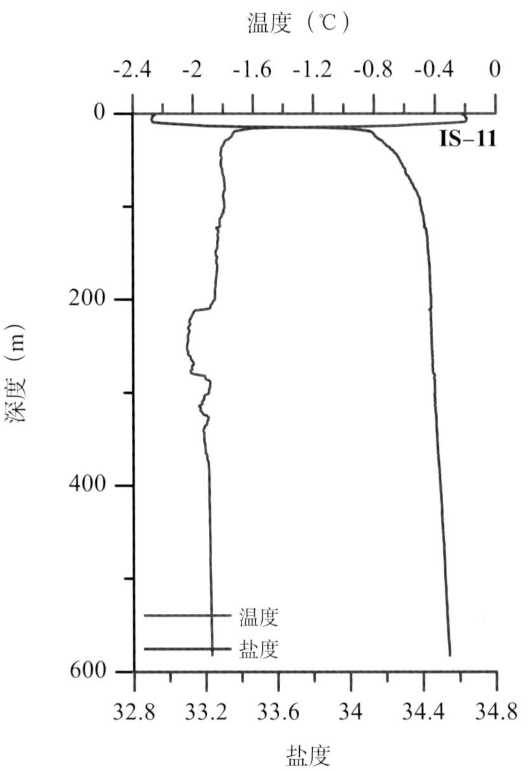
温度（℃）
-2.4 -2 -1.6 -1.2 -0.8 -0.4 0
IS-11
深度（m）
0 200 400 600
温度
盐度
32.8 33.2 33.6 34 34.4 34.8
盐度

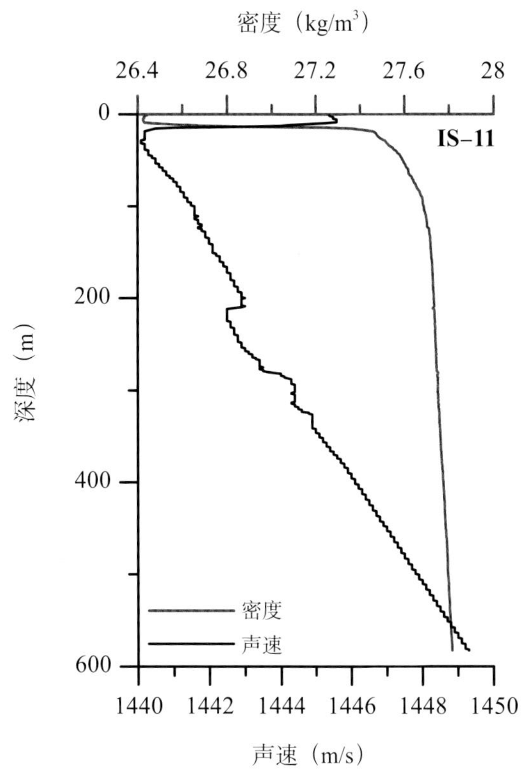
密度（kg/m³）
26.4 26.8 27.2 27.6 28
IS-11
深度（m）
0 200 400 600
密度
声速
1440 1442 1444 1446 1448 1450
声速（m/s）

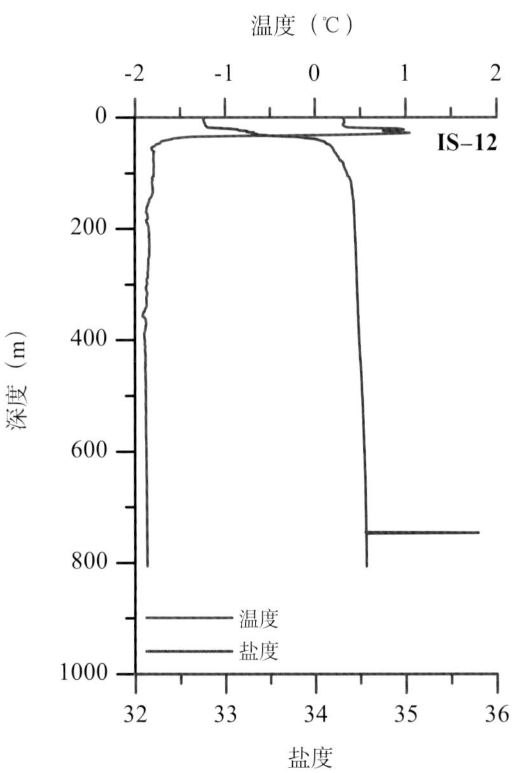
温度（℃）
-2 -1 0 1 2
IS-12
深度（m）
0 200 400 600 800 1000
温度
盐度
32 33 34 35 36
盐度

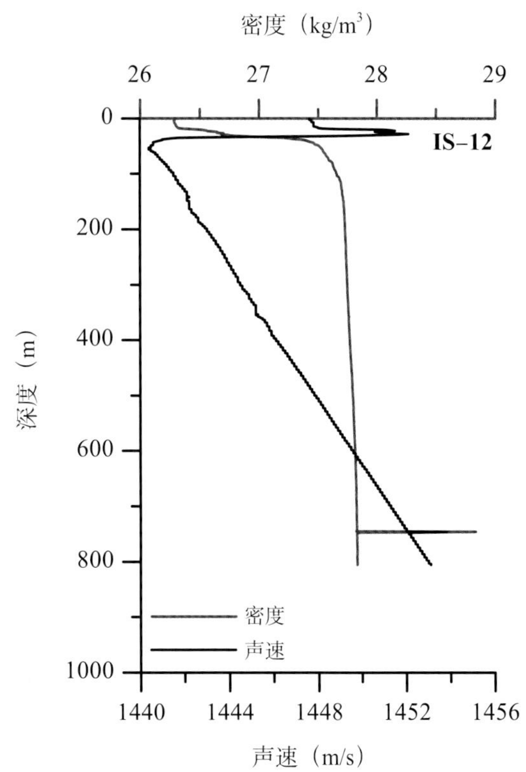
密度（kg/m³）
26 27 28 29
IS-12
深度（m）
0 200 400 600 800 1000
密度
声速
1440 1444 1448 1452 1456
声速（m/s）

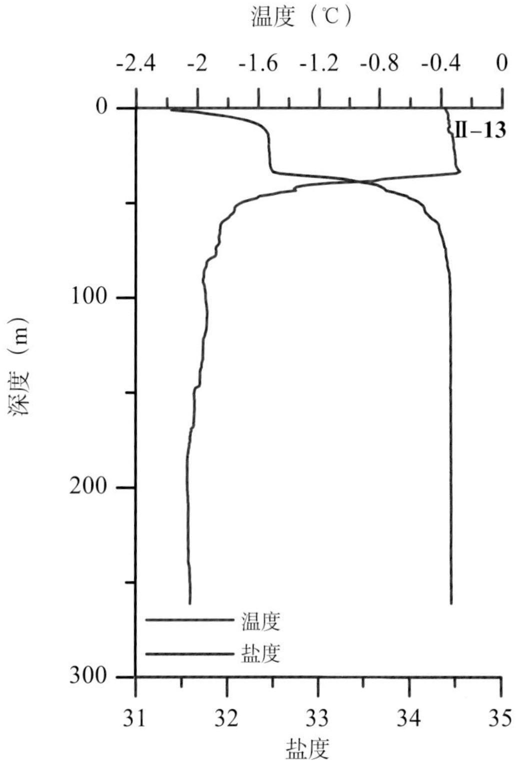
温度（℃）
-2.4 -2 -1.6 -1.2 -0.8 -0.4 0
Ⅱ-13
深度（m）
0
100
200
300
温度
盐度
31 32 33 34 35
盐度

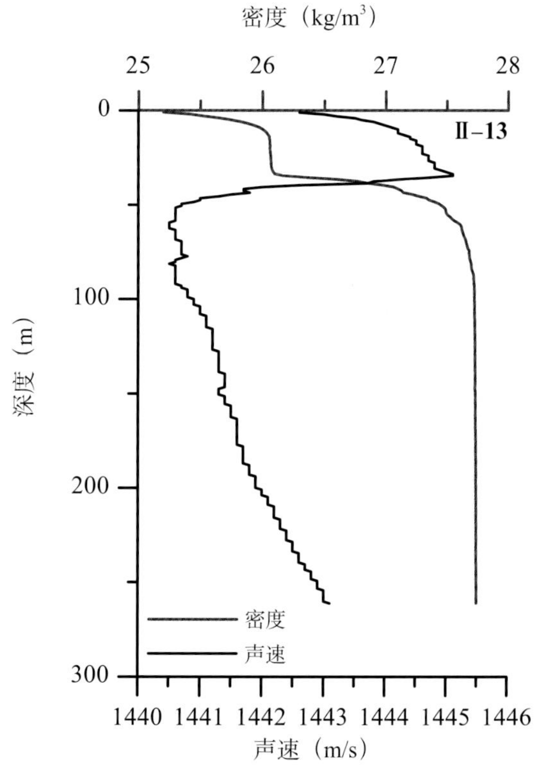
密度（kg/m³）
25 26 27 28
Ⅱ-13
深度（m）
0
100
200
300
密度
声速
1440 1441 1442 1443 1444 1445 1446
声速（m/s）

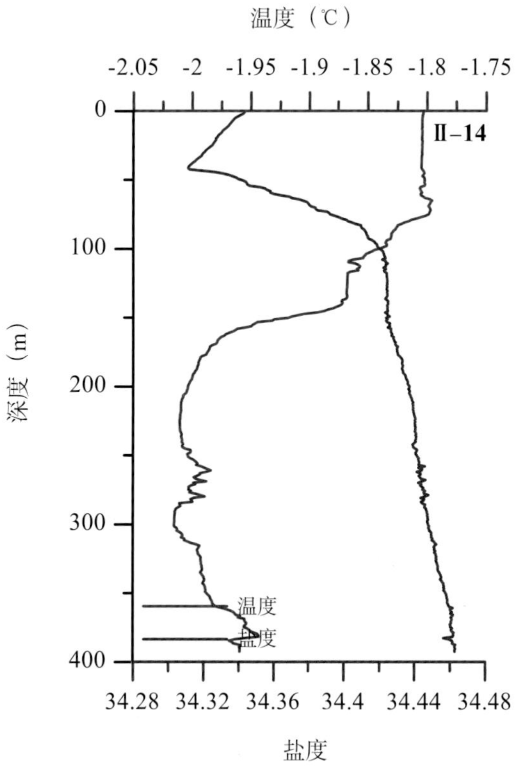
温度（℃）
-2.05 -2 -1.95 -1.9 -1.85 -1.8 -1.75
Ⅱ-14
深度（m）
0
100
200
300
400
温度
盐度
34.28 34.32 34.36 34.4 34.44 34.48
盐度

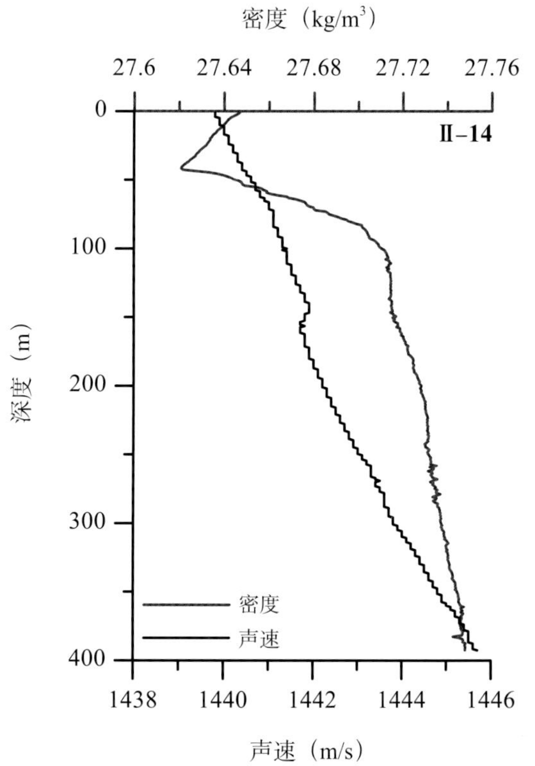
密度（kg/m³）
27.6 27.64 27.68 27.72 27.76
Ⅱ-14
深度（m）
0
100
200
300
400
密度
声速
1438 1440 1442 1444 1446
声速（m/s）

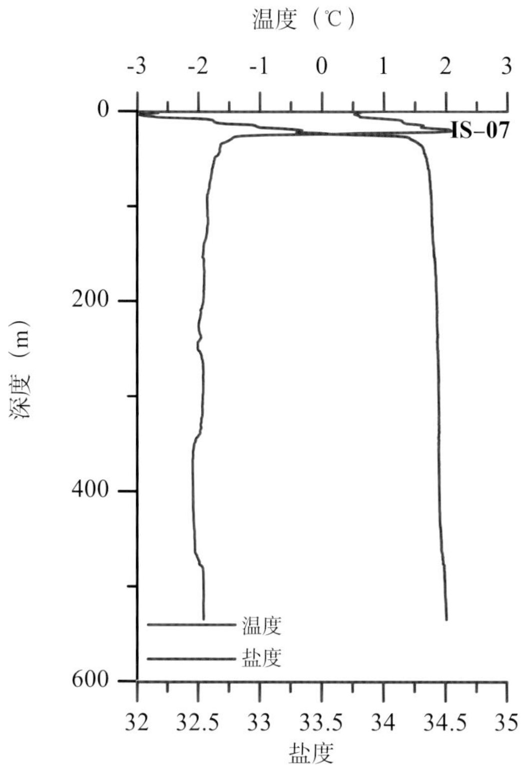
温度（℃）
-3 -2 -1 0 1 2 3
0 200 400 600
深度（m）
IS-07
温度
盐度
32 32.5 33 33.5 34 34.5 35
盐度

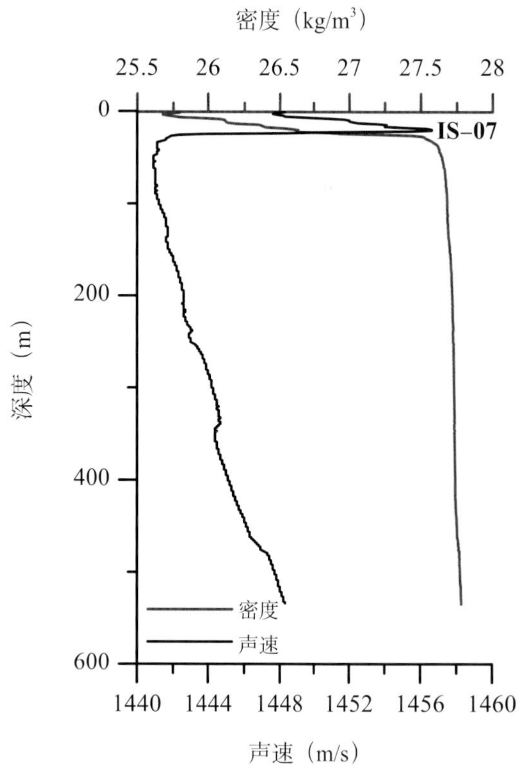
密度（kg/m³）
25.5 26 26.5 27 27.5 28
0 200 400 600
深度（m）
IS-07
密度
声速
1440 1444 1448 1452 1456 1460
声速（m/s）

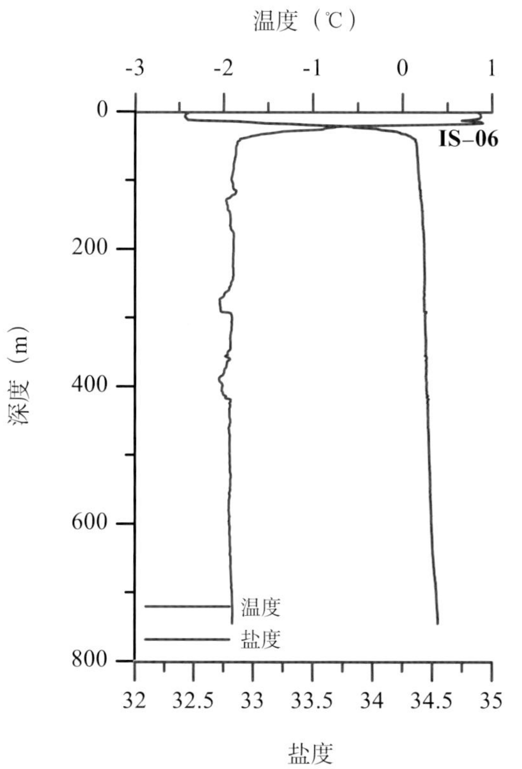
温度（℃）
-3 -2 -1 0 1
0 200 400 600 800
深度（m）
IS-06
温度
盐度
32 32.5 33 33.5 34 34.5 35
盐度

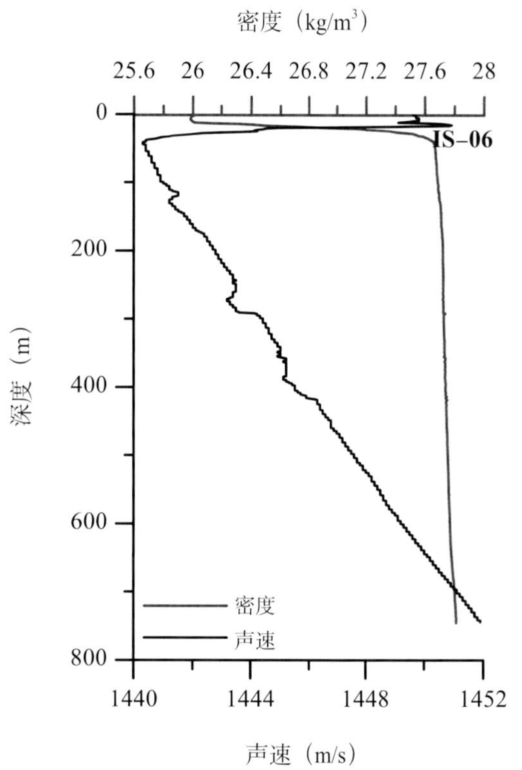
密度（kg/m³）
25.6 26 26.4 26.8 27.2 27.6 28
0 200 400 600 800
深度（m）
IS-06
密度
声速
1440 1444 1448 1452
声速（m/s）

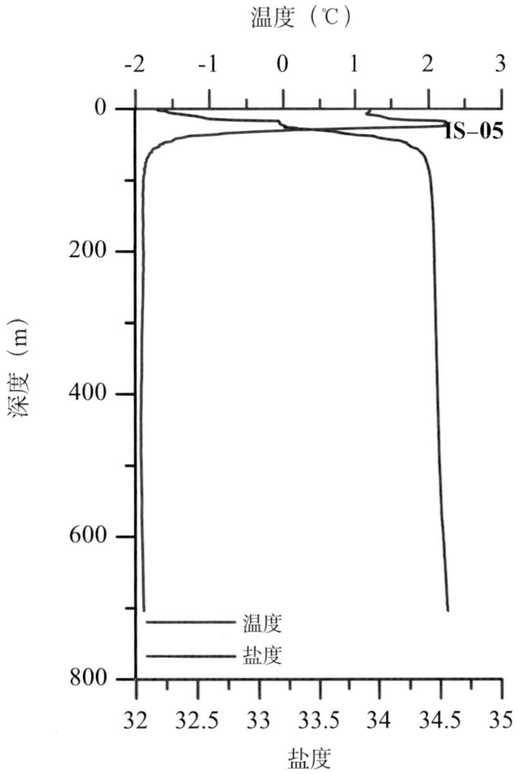
温度（℃）
-2 -1 0 1 2 3
IS-05
深度（m）
0 200 400 600 800
温度
盐度
32 32.5 33 33.5 34 34.5 35
盐度

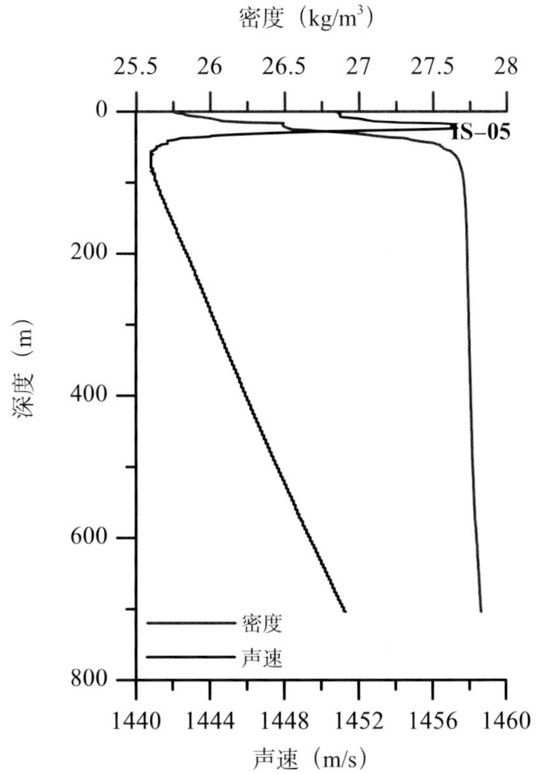
密度（kg/m3）
25.5 26 26.5 27 27.5 28
IS-05
深度（m）
0 200 400 600 800
密度
声速
1440 1444 1448 1452 1456 1460
声速（m/s）

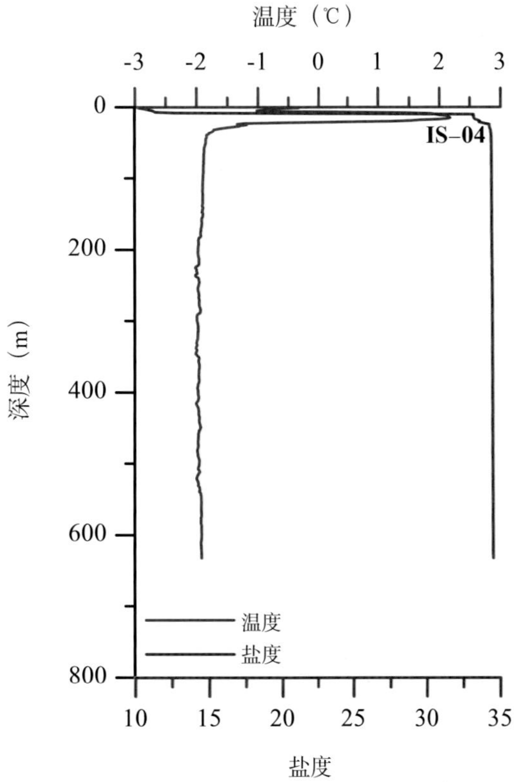
温度（℃）
-3 -2 -1 0 1 2 3
IS-04
深度（m）
0 200 400 600 800
温度
盐度
10 15 20 25 30 35
盐度

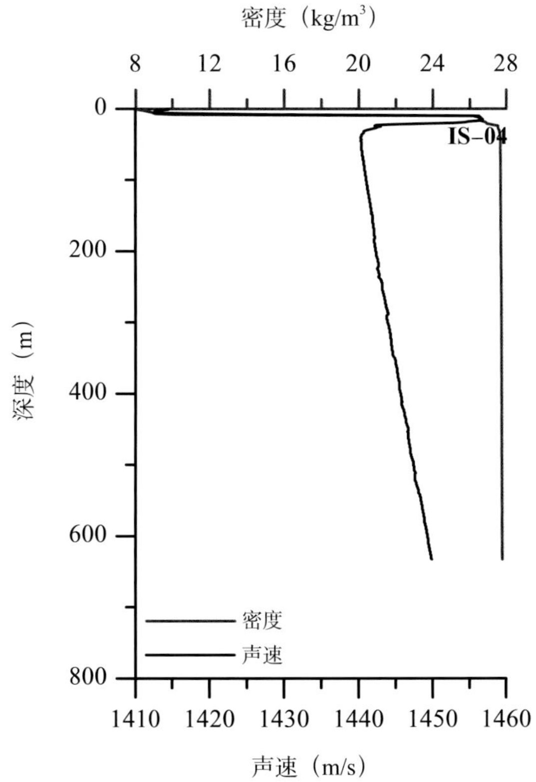
密度（kg/m3）
8 12 16 20 24 28
IS-04
深度（m）
0 200 400 600 800
密度
声速
1410 1420 1430 1440 1450 1460
声速（m/s）

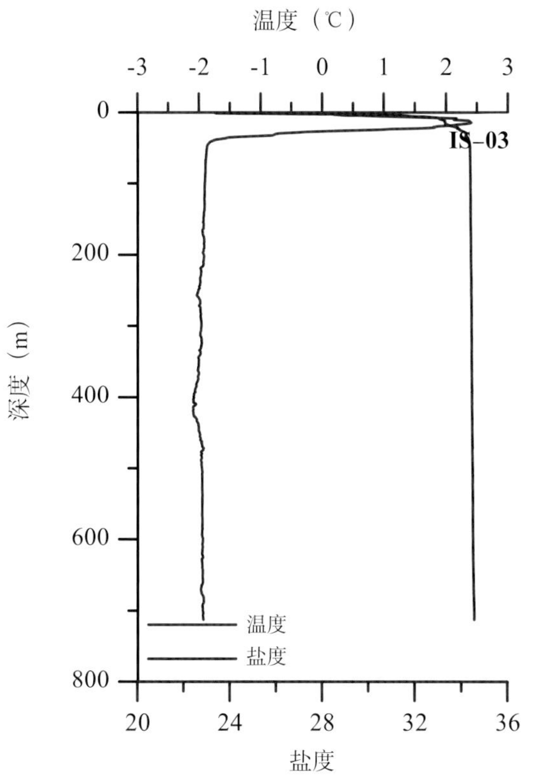
温度（℃）
-3 -2 -1 0 1 2 3
0 200 400 600 800
深度（m）
IS-03
温度
盐度
20 24 28 32 36
盐度

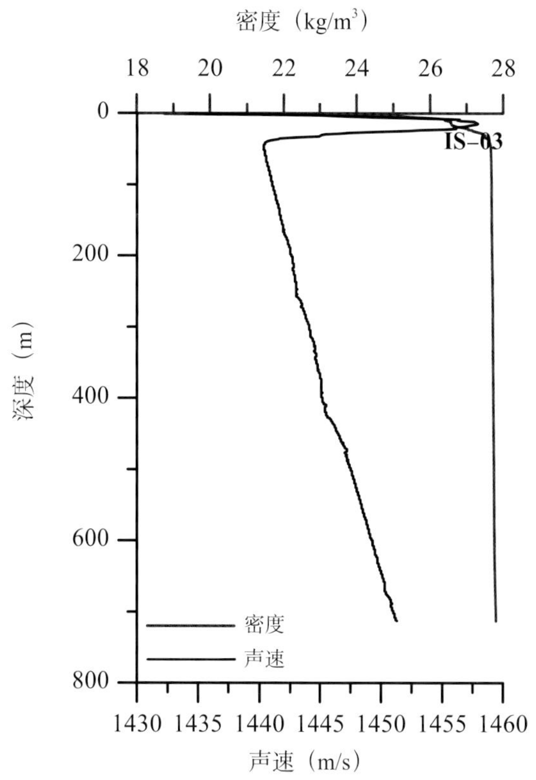
密度（kg/m3）
18 20 22 24 26 28
0 200 400 600 800
深度（m）
IS-03
密度
声速
1430 1435 1440 1445 1450 1455 1460
声速（m/s）

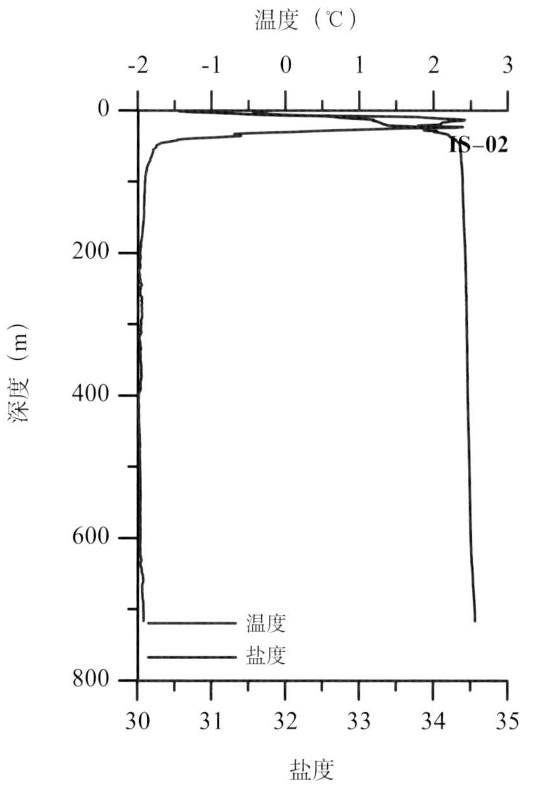
温度（℃）
-2 -1 0 1 2 3
0 200 400 600 800
深度（m）
IS-02
温度
盐度
30 31 32 33 34 35
盐度

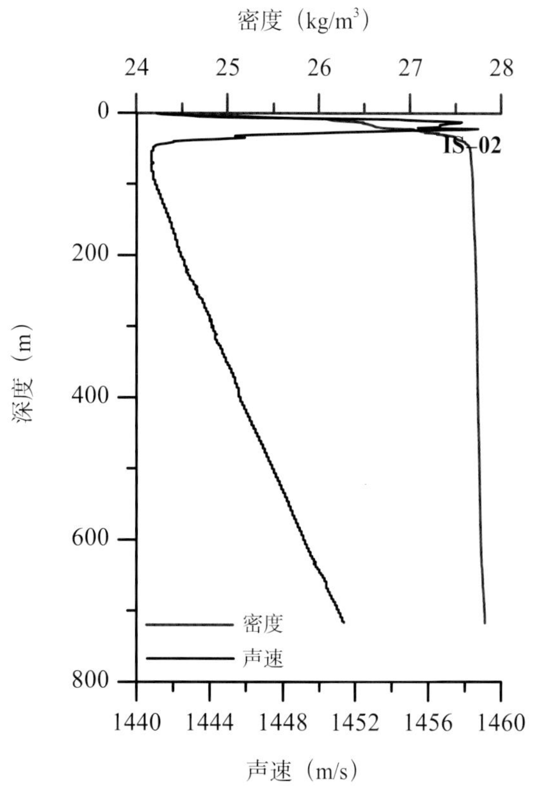
密度（kg/m3）
24 25 26 27 28
0 200 400 600 800
深度（m）
IS-02
密度
声速
1440 1444 1448 1452 1456 1460
声速（m/s）

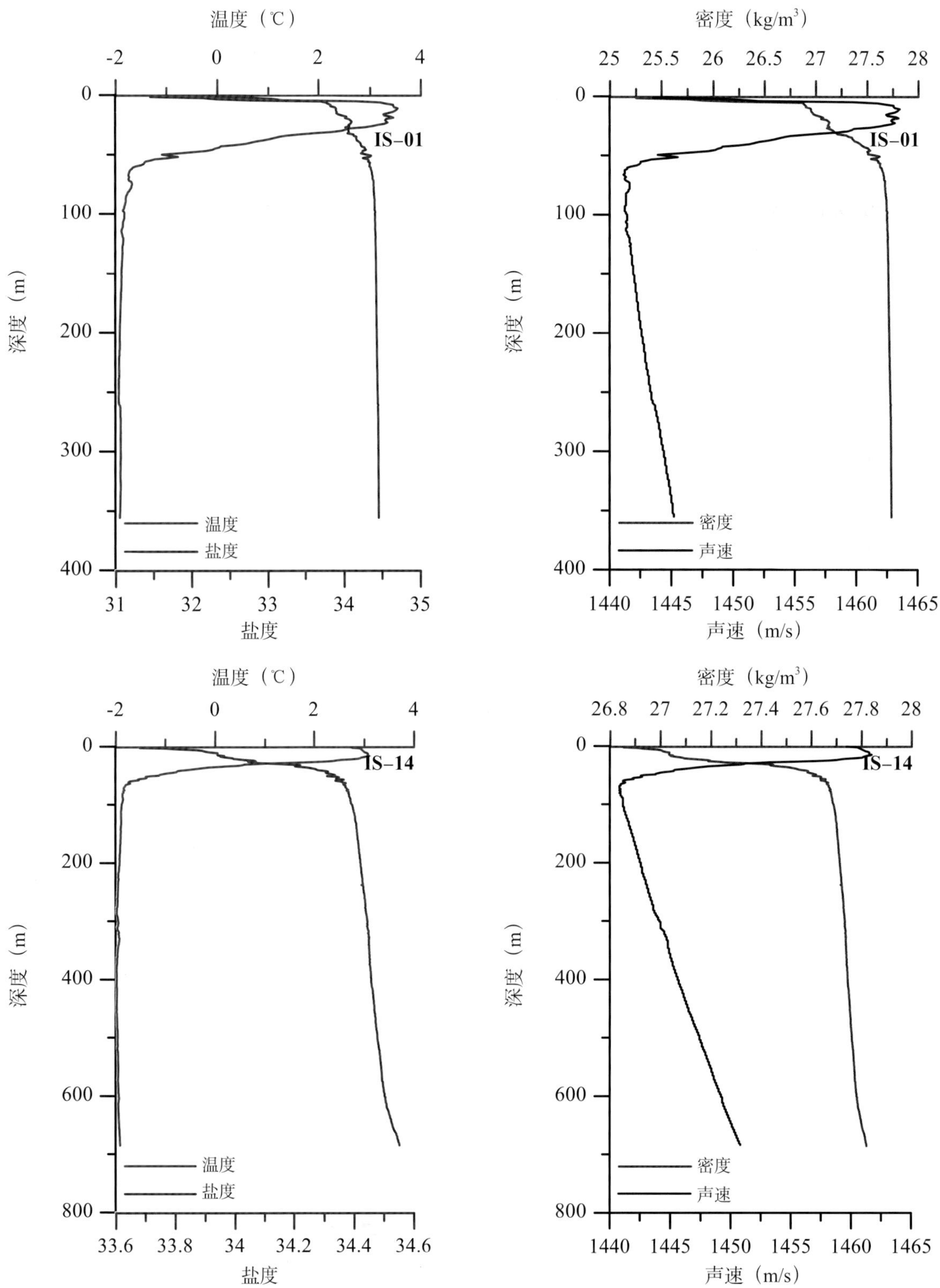

图4.2 CTD 测量要素温度、盐度、密度、声速剖面分布图

第三节 航次断面图

依据断面的走向，本航次站位可以构成4条横跨深水海盆、陆坡、陆架的准经向断面和冰架前缘断面，依次为断面Ⅰ、断面Ⅱ、断面Ⅲ、断面IS。这些断面上全深度和500 m以上的温度、盐度、密度、声速断面分布如图4.3至图4.6所示。

（1）断面Ⅰ温度、盐度、密度、声速分布图

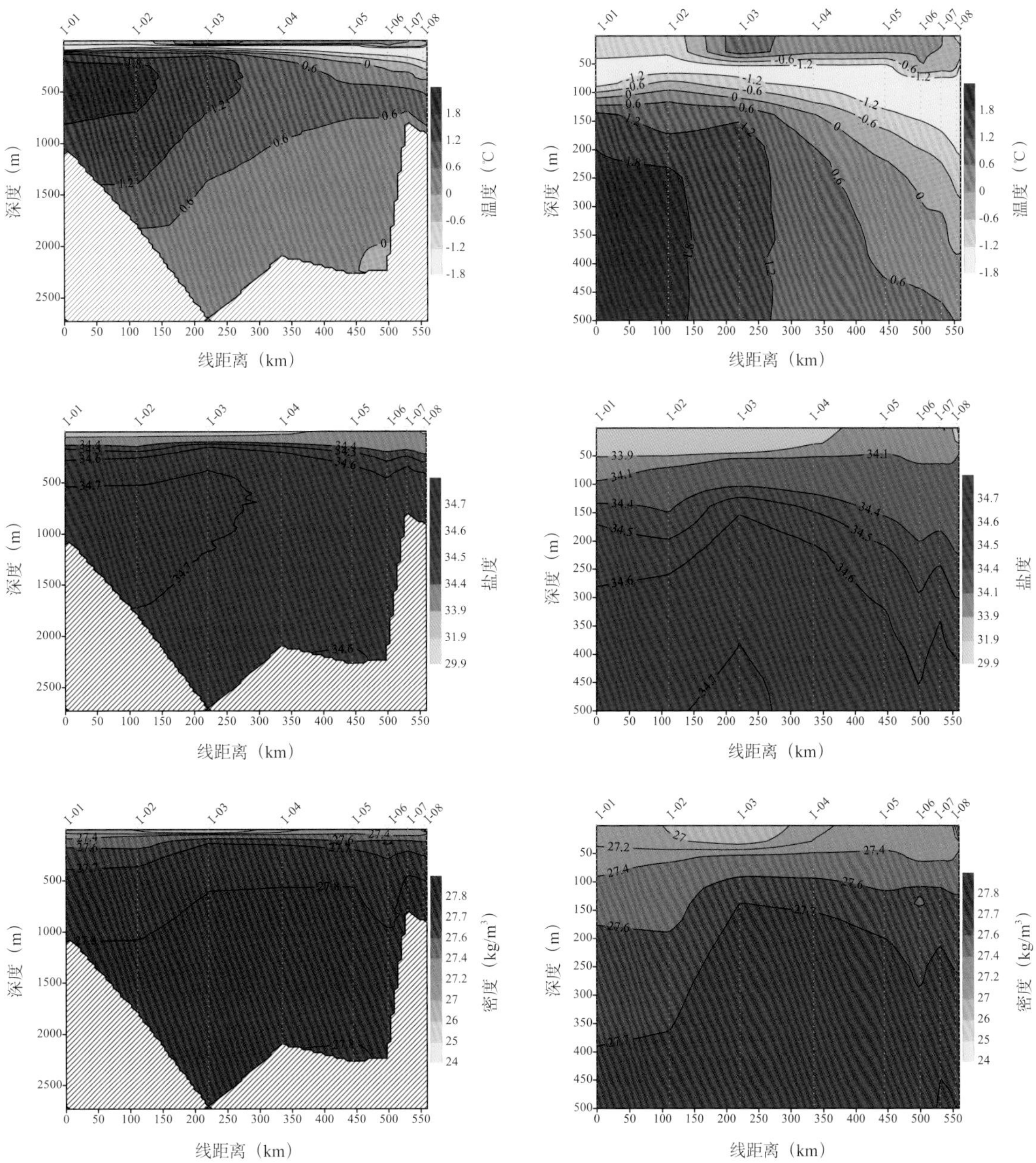

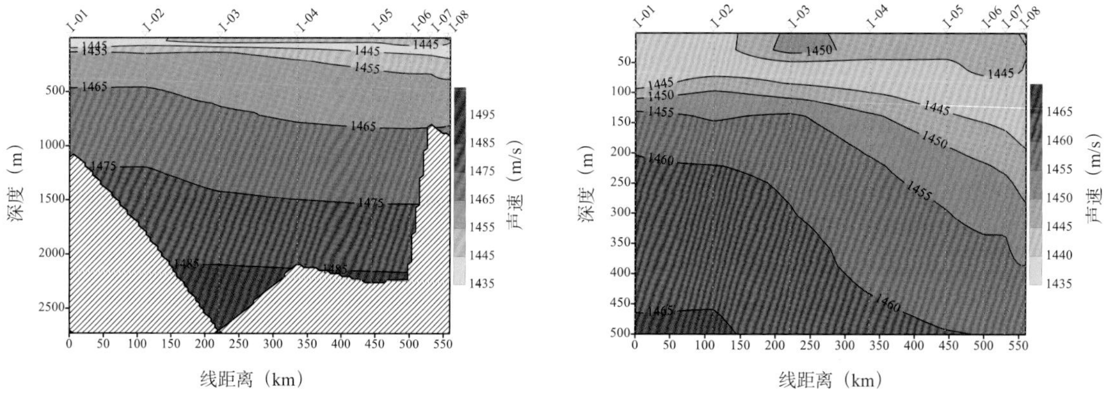

图4.3　断面Ⅰ温度、盐度、密度、声速分布图

（2）断面Ⅱ温度、盐度、密度、声速分布图

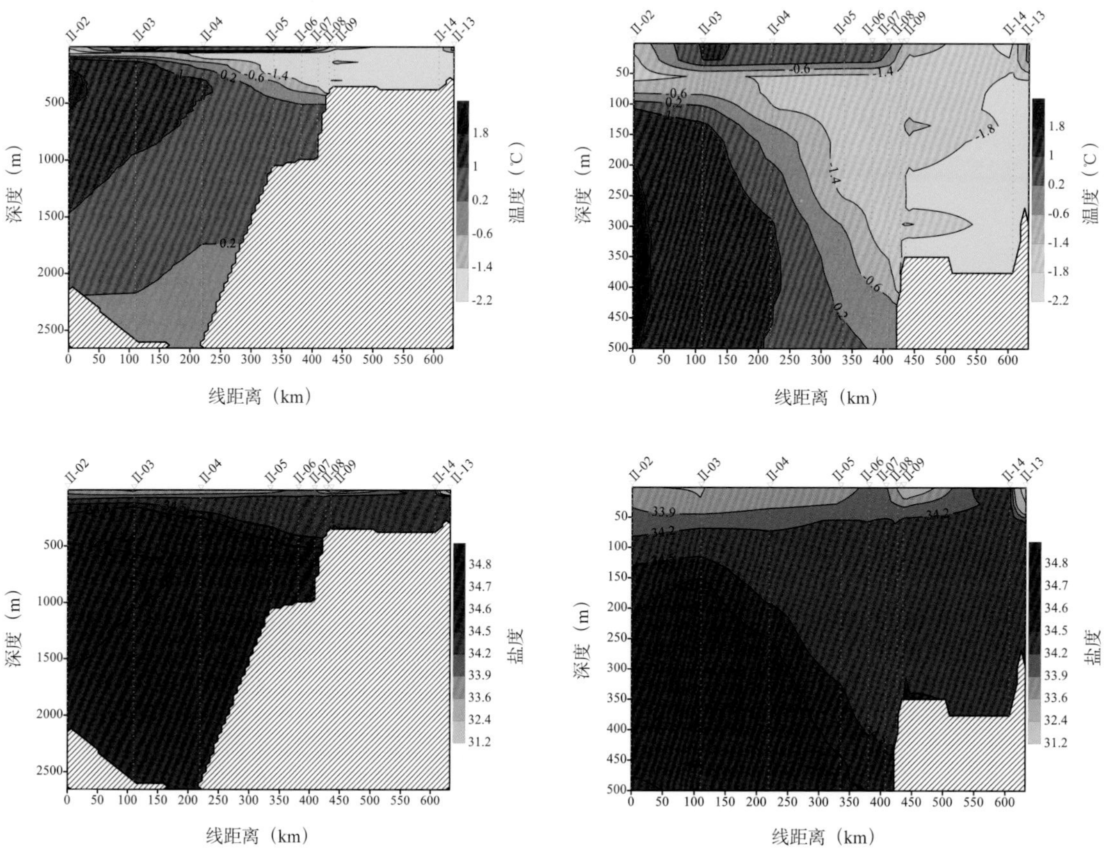

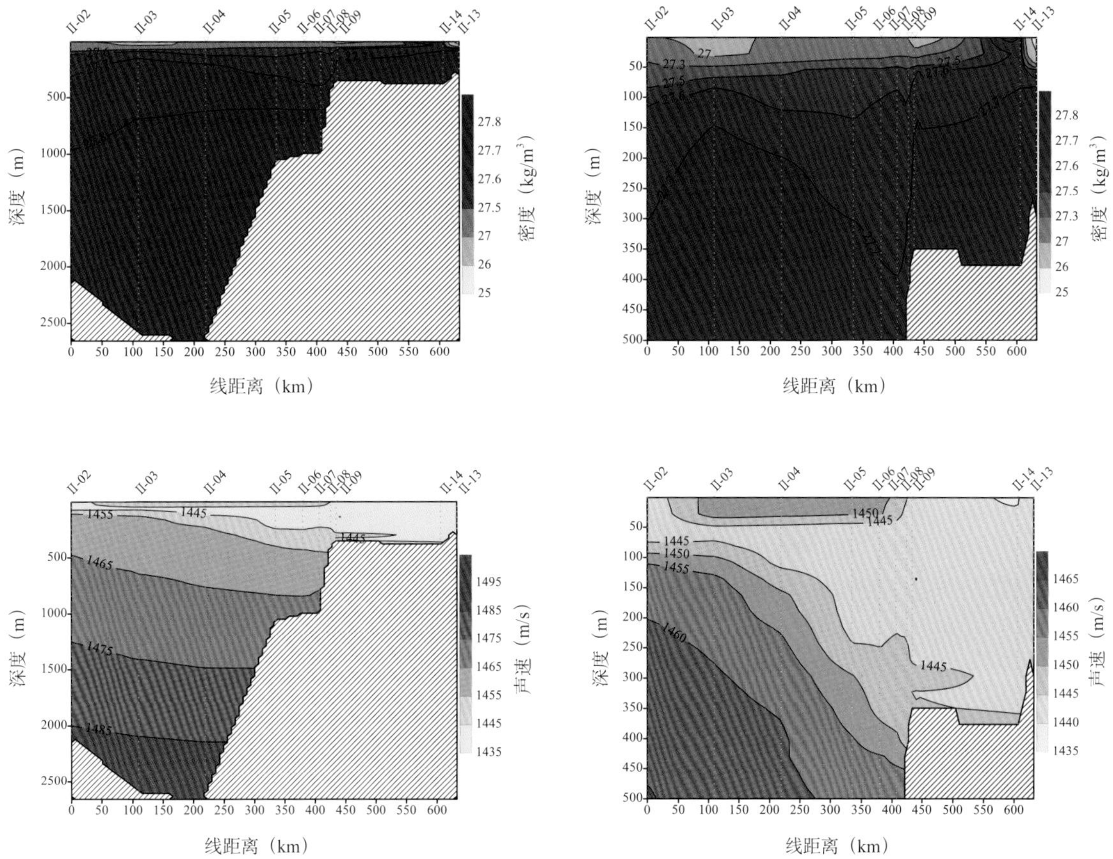

图4.4　断面Ⅱ温度、盐度、密度、声速分布图

（3）断面Ⅲ温度、盐度、密度、声速分布图

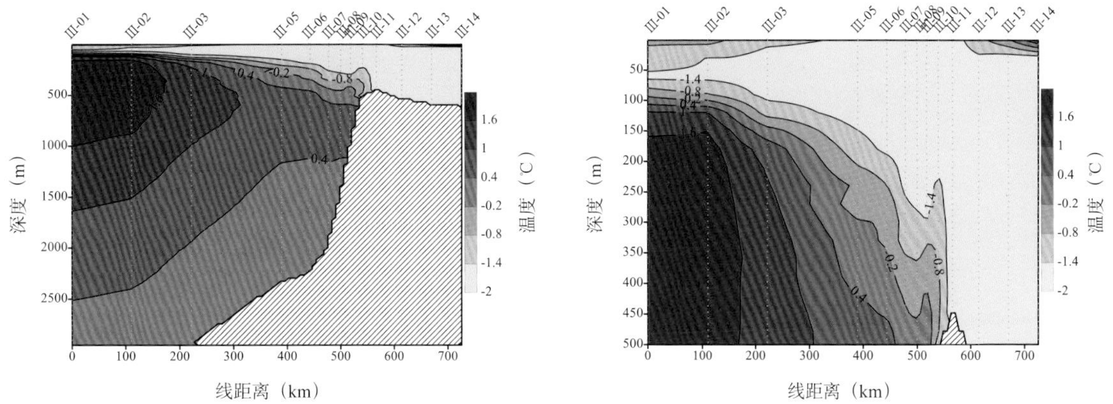

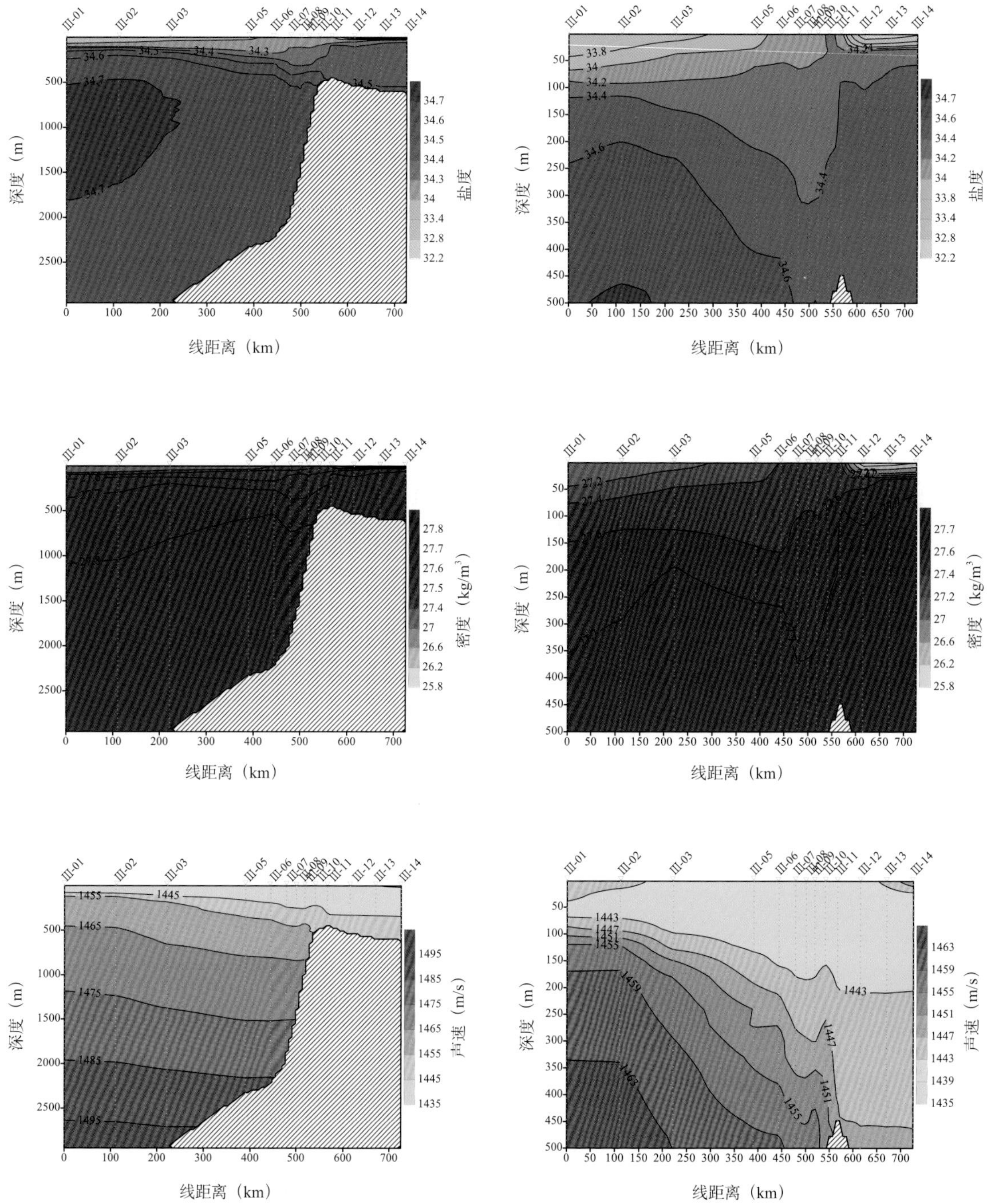

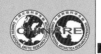

图4.5 断面Ⅲ温度、盐度、密度、声速分布图

(4) 断面IS温度、盐度、密度、声速分布图

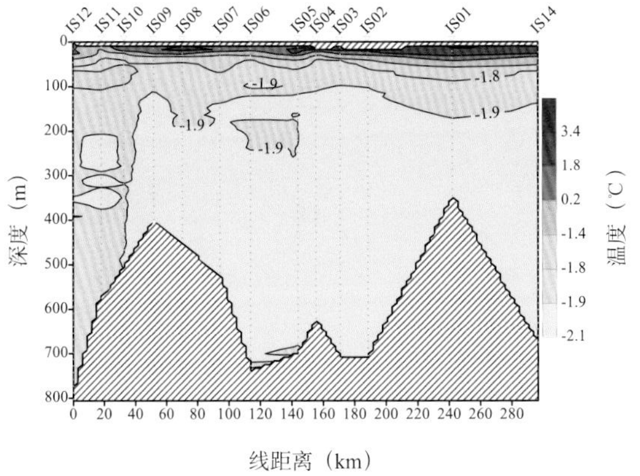

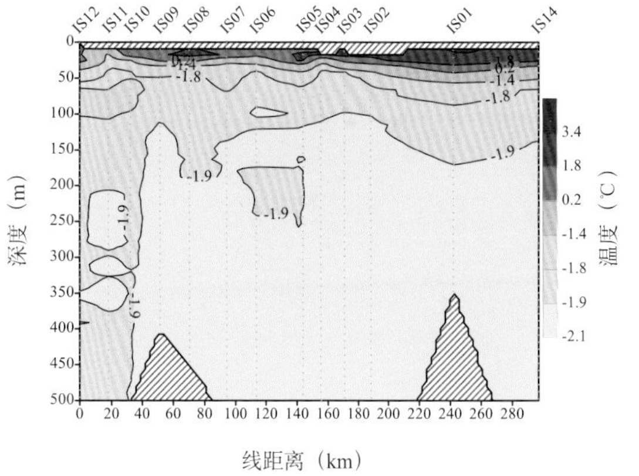

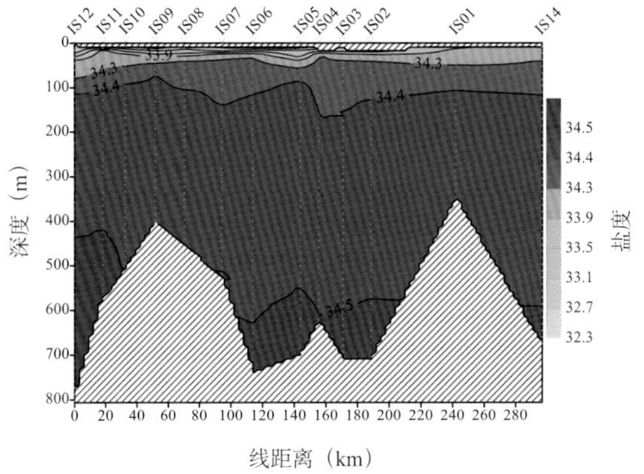

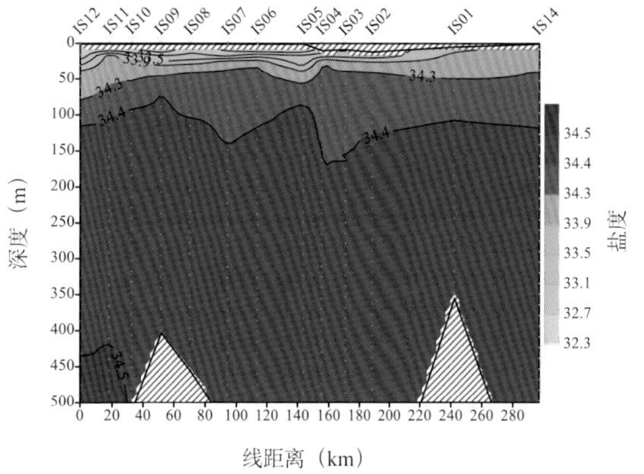

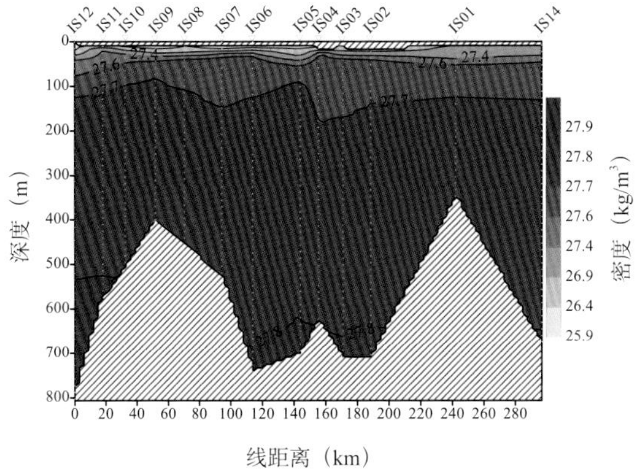

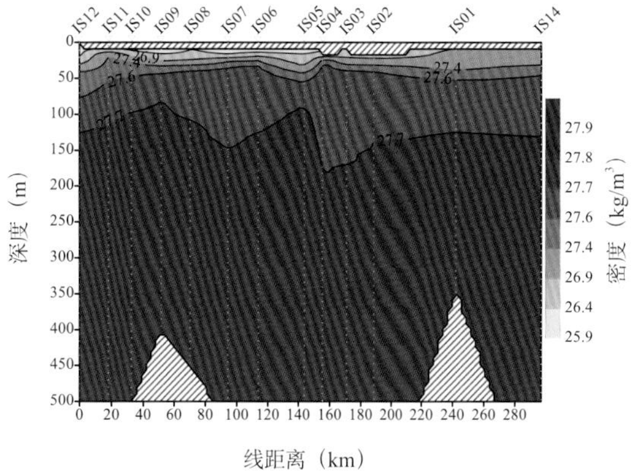

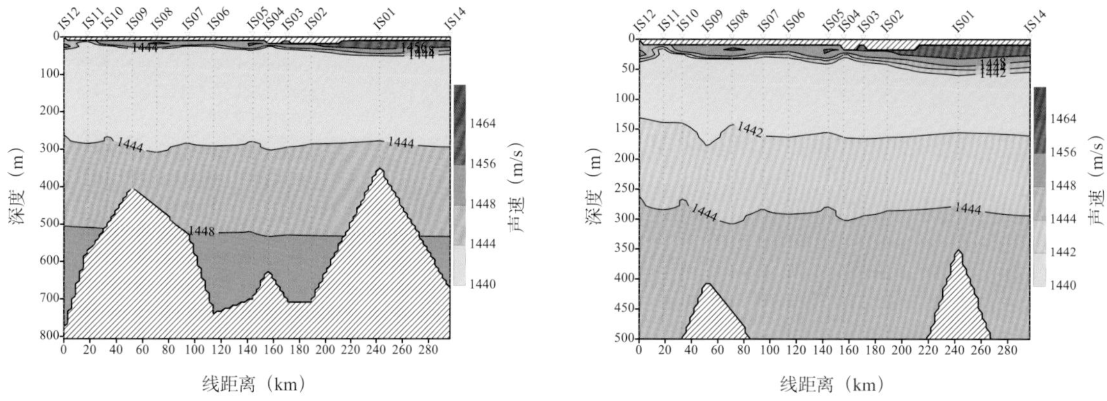

图4.6 断面IS温度、盐度、密度、声速分布图

第四节 航次大面剖面图

本航次 4 条平行的断面和其他站位可以构成普里兹湾附近海域的大面观测，10 m 层、50 m 层、100 m 层、500 m 层上的温度、盐度、密度、声速分布情况如图 4.7 至图 4.10 所示。

（1）10 m 层温度、盐度、密度、声速分布图（等值线间隔依次为 0.5，0.2，0.2，4）

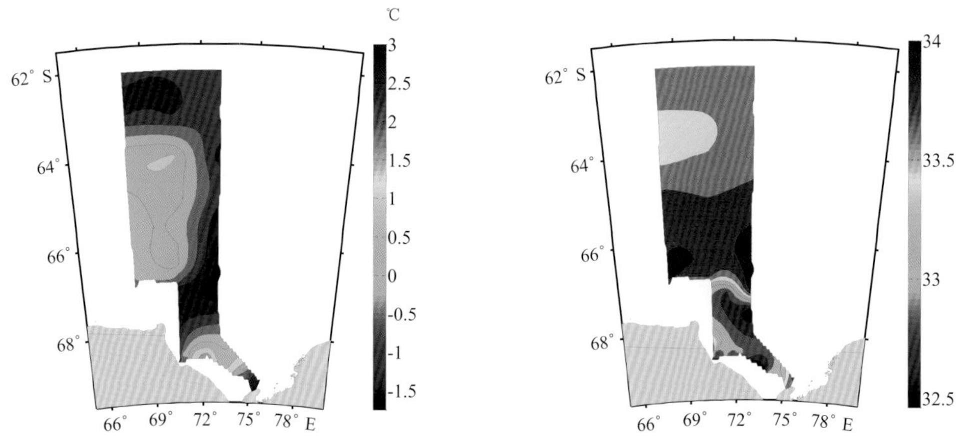

a. 温度

b. 盐度

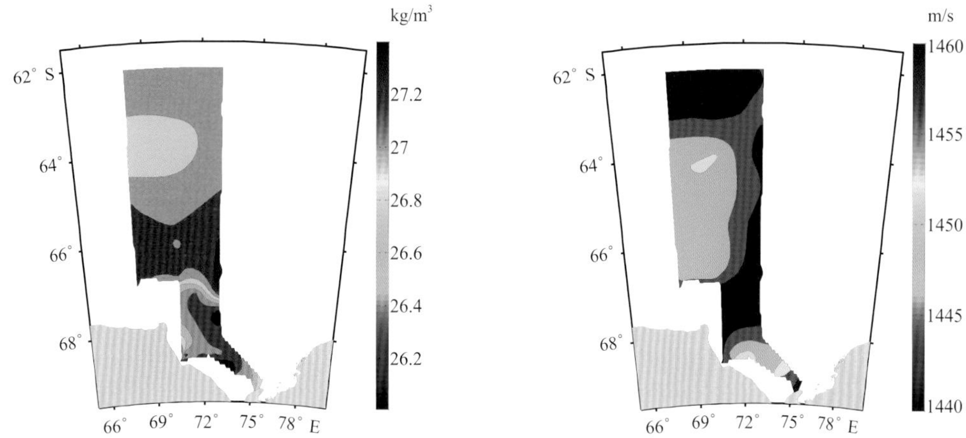

c. 密度　　d. 声速

图4.7　10 m层温度、盐度、密度、声速分布图

（2）50 m层温度、盐度、密度、声速分布图（等值线间隔依次为0.2，0.05，0.05，1）

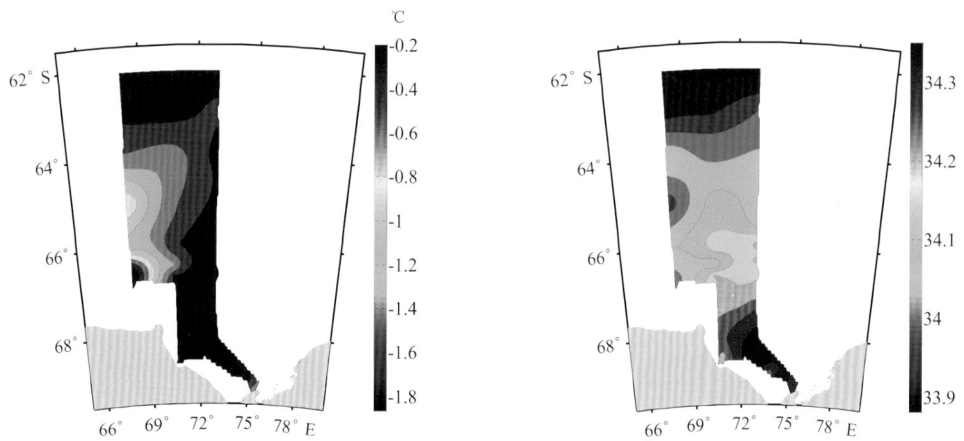

a. 温度　　b. 盐度

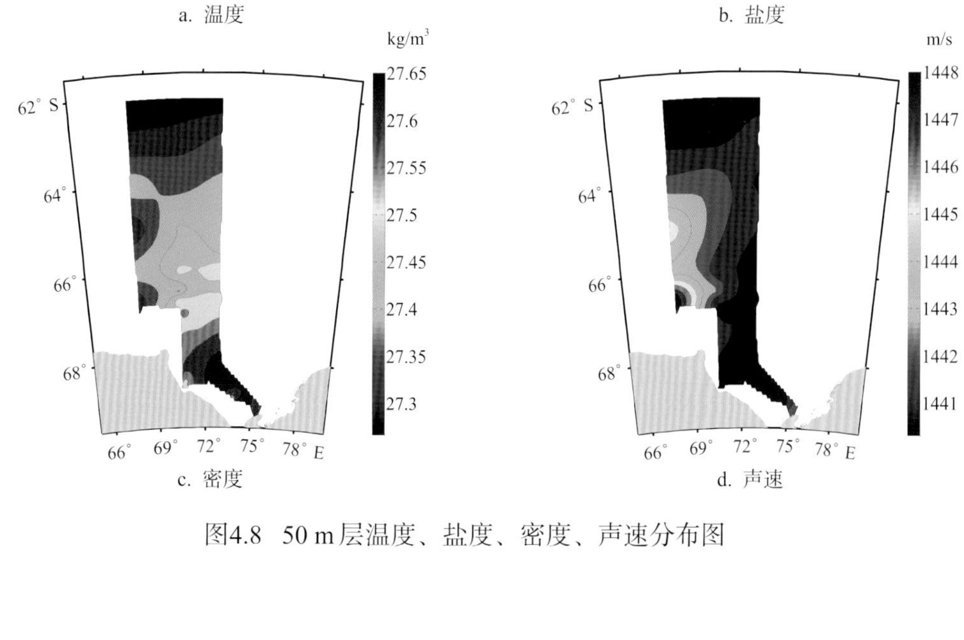

c. 密度　　d. 声速

图4.8　50 m层温度、盐度、密度、声速分布图

（3）100 m层温度、盐度、密度、声速分布图（等值线间隔依次为0.2，0.05，0.05，1）

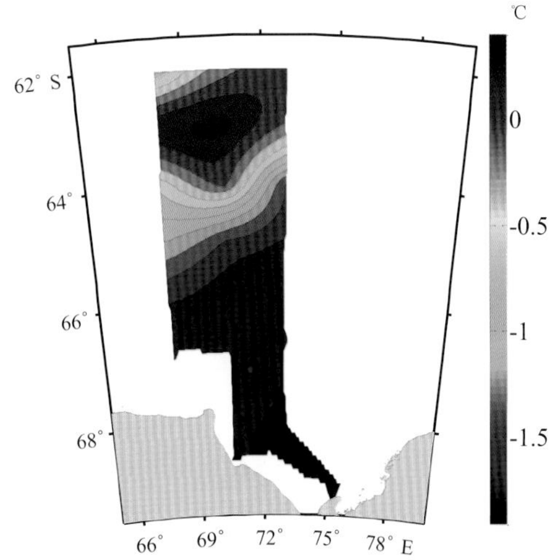

a. 温度

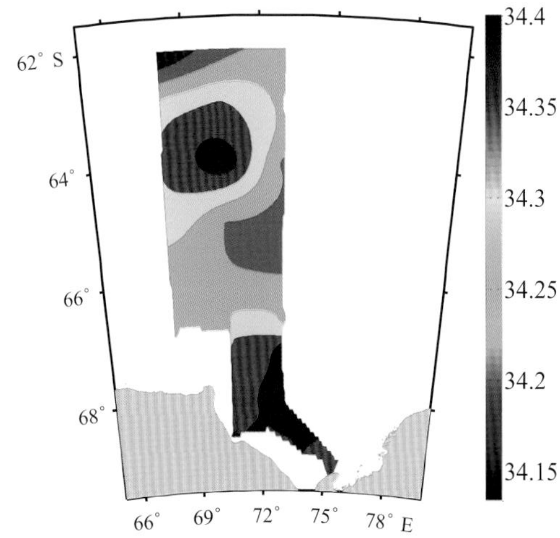

b. 盐度

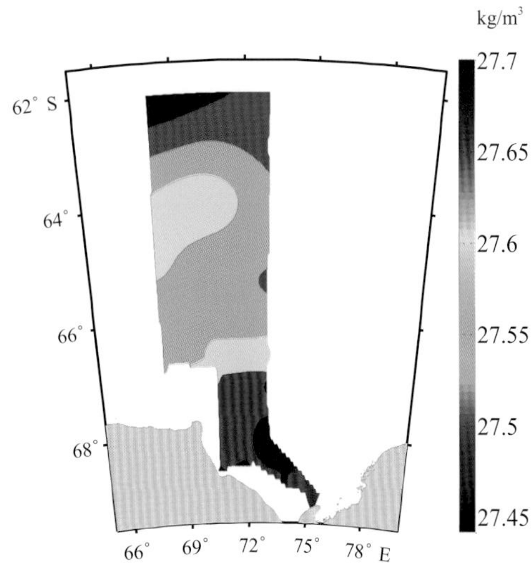

c. 密度

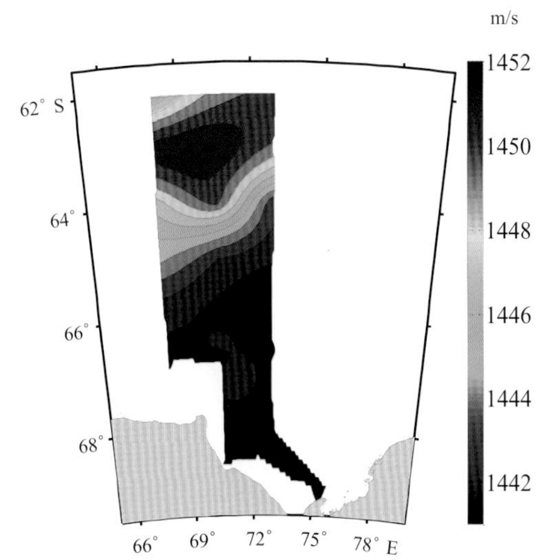

d. 声速

图4.9 100 m层温度、盐度、密度、声速分布图

（4）500 m层温度、盐度、密度、声速分布图（等值线间隔依次为0.2，0.05，0.01，1）

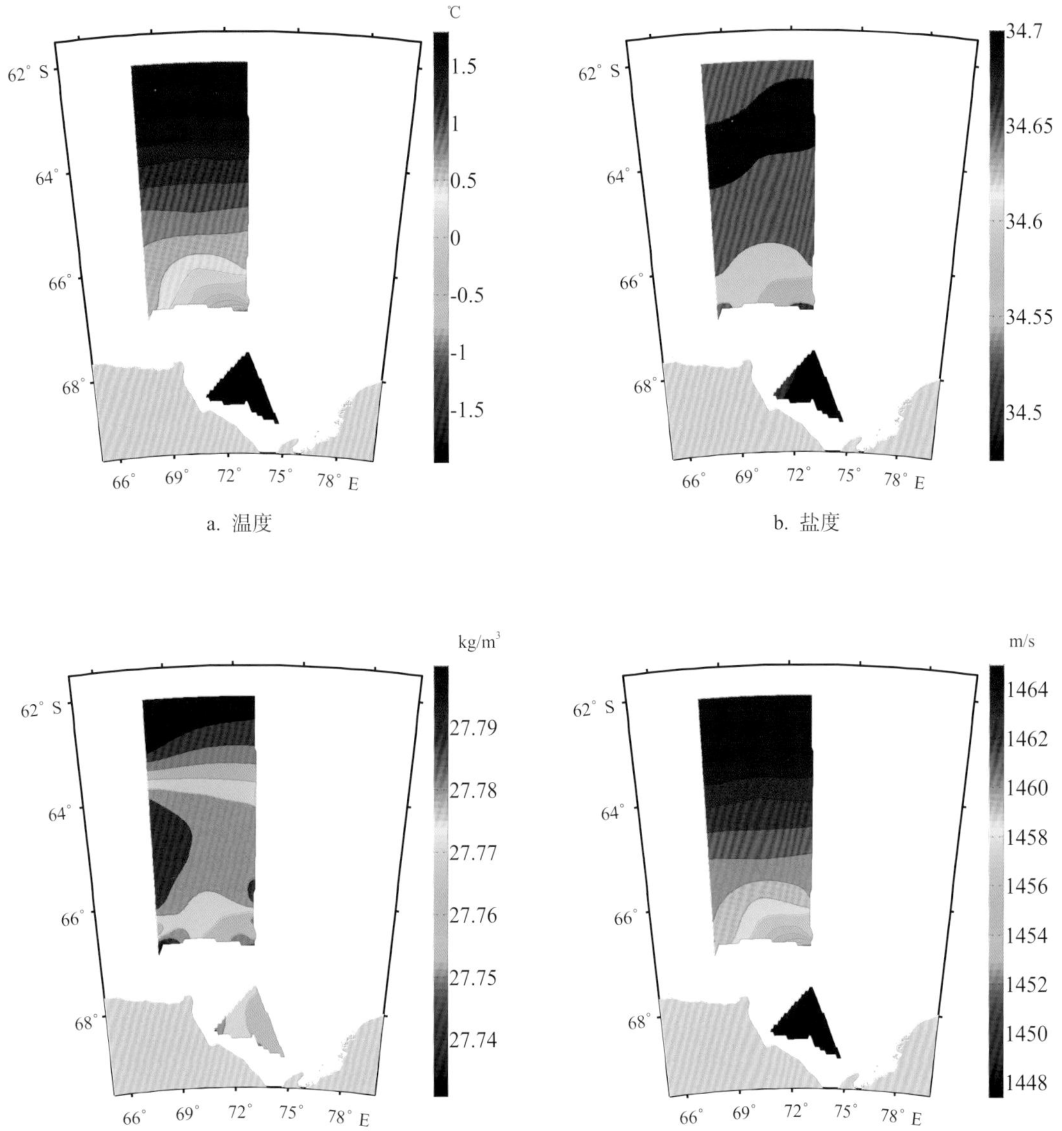

a. 温度 b. 盐度

c. 密度 d. 声速

图4.10 500 m层温度、盐度、密度、声速分布图

第五章

中国第22次南极科学考察水文图集

第一节　航次站位情况及TS点聚图

中国第 22 次南极科学考察共完成海洋考察 CTD 站位 93 个，站位信息见表 5.1。

表5.1　中国第22次南极考察CTD观测站位信息表

序号	站位	日期	时间	纬度 (° S)	经度 (° W)	水深 (m)	最大观测深度 (m)
1	IS-01	2006-01-16	09:53	69.249 8	75.442 8	478	426
2	IS-02	2006-01-16	11:51	69.245 7	74.98	855	814
3	IS-03	2006-01-16	13:39	69.278	74.521 5	819	776
4	IS-04	2006-01-16	16:51	69.173 7	74.195 7	696	649
5	IS-05	2006-01-16	19:10	68.967 7	74.016	686	628
6	IS-06	2006-01-16	23:36	68.444 7	73.160 3	751	697
7	IS-07	2006-01-17	02:11	68.389 2	72.736 3	841	802
8	IS-08	2006-01-17	04:35	68.3	72.281	753	709
9	IS-09	2006-01-17	06:02	68.285 7	71.853	573	525
10	IS-10	2006-01-17	08:36	68.335	71.417 3	750	699
11	A2-10	2006-01-17	10:36	68.141	70.537 8	364	315
12	IS-13	2006-01-17	13:55	68.275	70.173 8	246	204
13	A2-12	2006-01-17	16:02	68.631 5	70.515 5	477	426
14	A2-05	2006-01-19	06:43	66.665 2	70.500 3	1 911	1 013
15	A2-06	2006-01-19	08:45	66.831 8	70.506 3	472	417
16	A2-07	2006-01-19	11:52	66.994 3	70.530 8	330	281
17	A1-09	2006-01-19	18:40	67.503 7	68.024 7	240	191
18	A1-08	2006-01-19	21:25	67.246 5	67.987 2	175	139
19	A1-07	2006-01-19	23:04	66.999 3	68.003	1 600	1 015
20	A1-06	2006-01-20	01:41	66.915 3	68.016 3	1 810	1 014
21	A1-05	2006-01-20	03:27	66.749	68.003 2	2 000	1 014
22	A1-04	2006-01-20	05:47	66.499 3	68.000 2	2 800	1 012
23	A1-03	2006-01-20	09:55	65.999 8	68.000 3	2 500	1 048
24	A1-02	2006-01-20	16:05	64.995 3	67.997 3	3 000	1 015
25	A1-01	2006-01-20	22:25	64.003 2	67.986 7	3 250	1 015
26	A2-01	2006-01-21	04:59	63.997 7	70.525	3 500	1 012
27	A2-02	2006-01-21	11:02	65.005 3	70.51	3 100	1 014

续 表

序号	站位	日期	时间	纬度 (° S)	经度 (° W)	水深 (m)	最大观测深度 (m)
28	A2-03	2006-01-21	17:07	65.999 2	70.500 7	2 300	1 015
29	A2-04	2006-01-21	20:06	66.411 3	70.497 7	2 200	1 013
30	A3-01	2006-01-22	08:27	63.968	72.998 5	3 500	1 013
31	A3-02	2006-01-22	16:18	65.005 7	72.995 2	3 500	1 015
32	A3-03	2006-01-22	21:39	65.514 3	72.993 7	3 000	1 013
33	A3-04	2006-01-23	00:45	66.002 7	73.001 8	2 300	1 038
34	A3-05	2006-01-23	05:38	66.334 7	72.999 3	1 800	1 014
35	A3-06	2006-01-23	07:15	66.503 7	72.993	1 533	1 015
36	A3-07	2006-01-23	09:24	66.676 8	73.047	948	892
37	A3-08	2006-01-23	11:02	66.845 8	72.999 5	530	487
38	A3-09	2006-01-23	12:56	67.006 7	72.998 8	521	478
39	A3-10	2006-01-23	18:12	67.528 8	72.992 2	611	566
40	A3-11	2006-01-23	23:19	68.012 8	73.004 2	664	619
41	A4-07	2006-01-24	09:10	67.571 3	75.975 2	420	359
42	A4-08	2006-01-24	13:56	68.017 2	76.026 2	468	417
43	A4-09	2006-01-24	18:51	68.504	76.002 3	626	568
44	A4-10	2006-01-24	21:41	68.996 8	76.015 7	844	789
45	IS02A	2006-01-14	17:00	69.241 3	74.991 5	855	813
46	IS02B	2006-01-14	18:02	69.246 3	75.002 7	855	810
47	IS02C	2006-01-14	18:58	69.247 2	75.000 8	852	812
48	IS02D	2006-01-14	20:03	69.247	74.994 3	850	809
49	IS02E	2006-01-14	20:59	69.243 7	74.983 7	850	812
50	IS02F	2006-01-14	21:58	69.236 7	74.980 3	850	814
51	IS02G	2006-01-14	23:00	69.228 2	74.977 5	850	811
52	IS02H	2006-01-15	00:08	69.241 2	75.003 5	850	812
53	IS02I	2006-01-15	01:00	69.230 7	74.994 5	850	810
54	IS02J	2006-01-15	01:59	69.224 2	74.978 5	851	811
55	IS02K	2006-01-15	03:15	69.239 3	75.006 5	853	812
56	IS02L	2006-01-15	04:10	69.244 8	75.013 8	852	813
57	IS02M	2006-01-15	04:52	69.246 7	74.979 7	853	812
58	IS02N	2006-01-15	05:59	69.246	75.030 7	844	810
59	IS02O	2006-01-15	07:00	69.246	74.983 5	853	812
60	IS02P	2006-01-15	08:14	69.257 2	75.077	845	810
61	IS02Q	2006-01-15	09:02	69.261	75.057 7	846	810

续表

序号	站位	日期	时间	纬度 (° S)	经度 (° W)	水深 (m)	最大观测深度 (m)
62	IS02R	2006-01-15	09:55	69.264 3	75.031 2	850	810
63	IS02S	2006-01-15	11:11	69.237 2	75.050 2	827	806
64	IS02T	2006-01-15	12:00	69.234 3	75.039	830	782
65	IS02U	2006-01-15	12:59	69.235 2	75.024 5	823	790
66	IS02V	2006-01-15	14:00	69.231 7	75.013 2	837	791
67	IS02W	2006-01-15	15:01	69.229 3	74.996 2	841	803
68	IS02X	2006-01-15	15:57	69.228 7	74.980 3	843	802
69	IS02Y	2006-01-15	16:58	69.229 3	74.961 8	847	793
70	IS11A	2006-01-17	19:40	68.618 2	71.037 5	540	494
71	IS11B	2006-01-17	20:41	68.605	71.071	524	465
72	IS11C	2006-01-17	21:40	68.593 8	71.103	513	447
73	IS11D	2006-01-17	22:46	68.585	71.149 2	513	467
74	IS11E	2006-01-17	23:58	68.613 5	71.054	541	476
75	IS11G	2006-01-18	01:52	68.591 2	71.136 3	526	471
76	IS11H	2006-01-18	02:46	68.582 3	71.172 3	526	461
77	IS11I	2006-01-18	03:46	68.615 8	71.056 8	546	493
78	IS11J	2006-01-18	04:48	68.603 5	71.100 8	513	456
79	IS11K	2006-01-18	05:48	68.595 3	71.145	527	477
80	IS11L	2006-01-18	06:44	68.59	71.188 5	522	477
81	IS11M	2006-01-18	07:50	68.621 3	71.030 3	558	507
82	IS11N	2006-01-18	08:44	68.609 5	71.057 7	532	477
83	IS11O	2006-01-18	09:46	68.602	71.081 7	519	476
84	IS11P	2006-01-18	10:46	68.599 7	71.083 8	518	461
85	IS11Q	2006-01-18	11:43	68.595 8	71.083 7	504	459
86	IS11R	2006-01-18	12:45	68.592 5	71.081 5	501	458
87	IS11S	2006-01-18	13:41	68.589 2	71.078 8	494	446
88	IS11T	2006-01-18	14:55	68.627 3	71.020 2	575	517
89	IS11U	2006-01-18	15:41	68.618 5	71.047 5	548	494
90	IS11V	2006-01-18	16:43	68.613 7	71.072 5	537	476
91	IS11W	2006-01-18	17:43	68.610 7	71.081 2	527	474
92	IS11X	2006-01-18	18:48	68.605 5	71.087	516	457
93	IS11Y	2006-01-18	19:45	68.600 3	71.089 5	505	457

本航次的 TS 点聚图如图 5.1 所示。

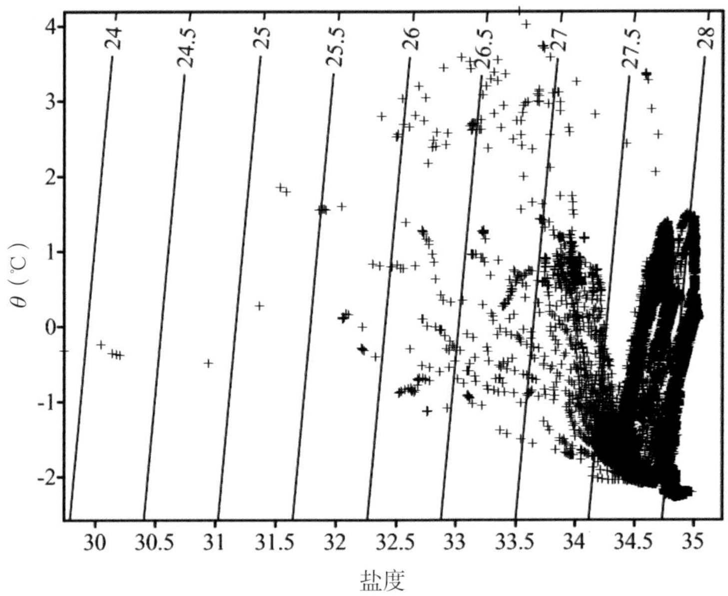

图5.1　中国第22次南极考察TS点聚图

第二节　航次站点剖面图

本航次各站点的 CTD 测量要素温度、盐度、密度、声速剖面分布如图 5.2 所示。

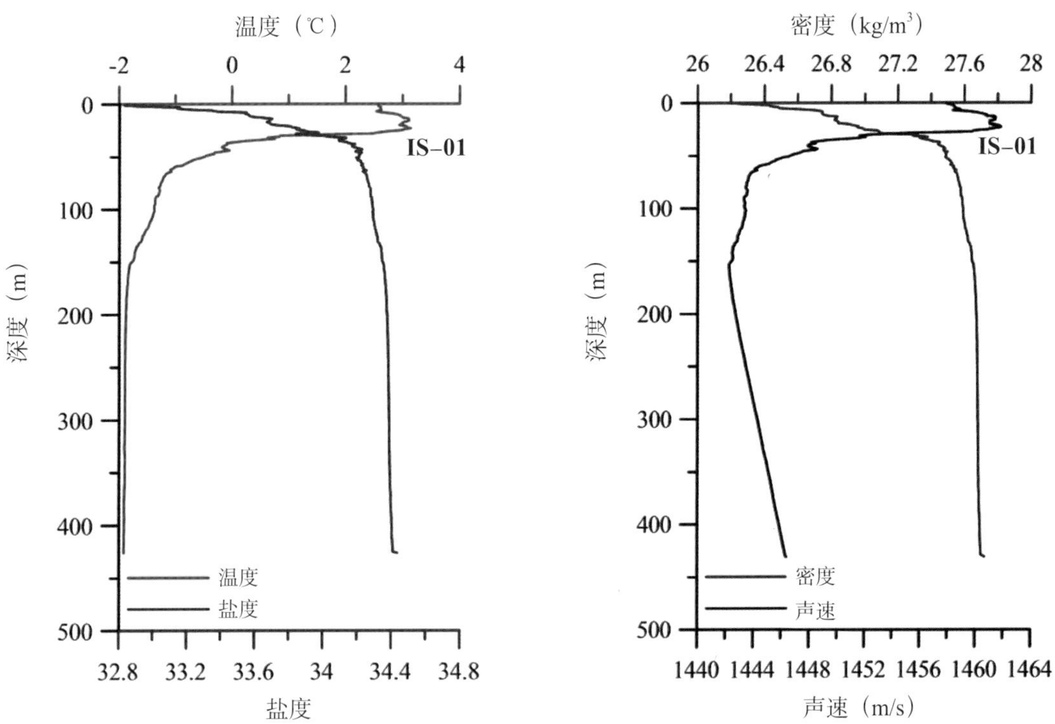

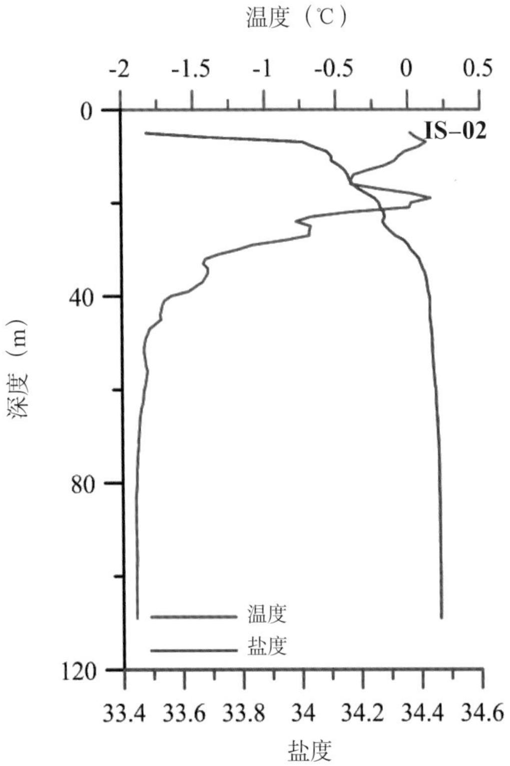
温度（℃）
-2
-1.5
-1
-0.5
0
0.5
0
40
80
120
深度（m）
IS–02
温度
盐度
33.4
33.6
33.8
34
34.2
34.4
34.6
盐度

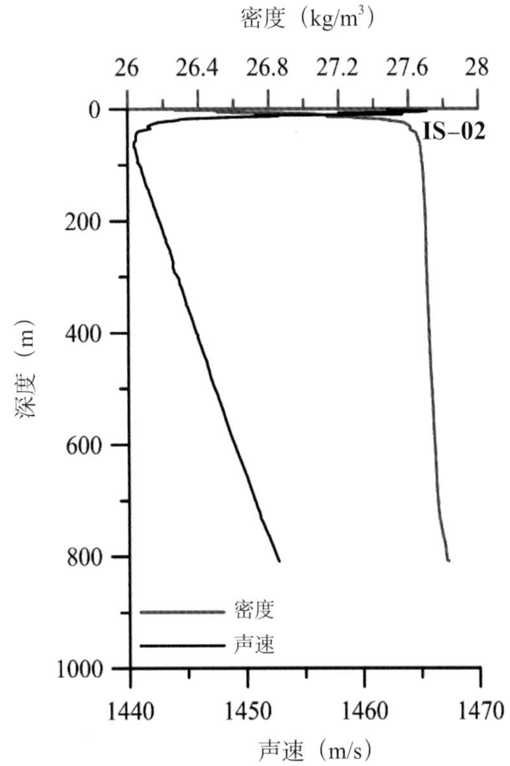
密度（kg/m³）
26
26.4
26.8
27.2
27.6
28
0
200
400
600
800
1000
深度（m）
IS–02
密度
声速
1440
1450
1460
1470
声速（m/s）

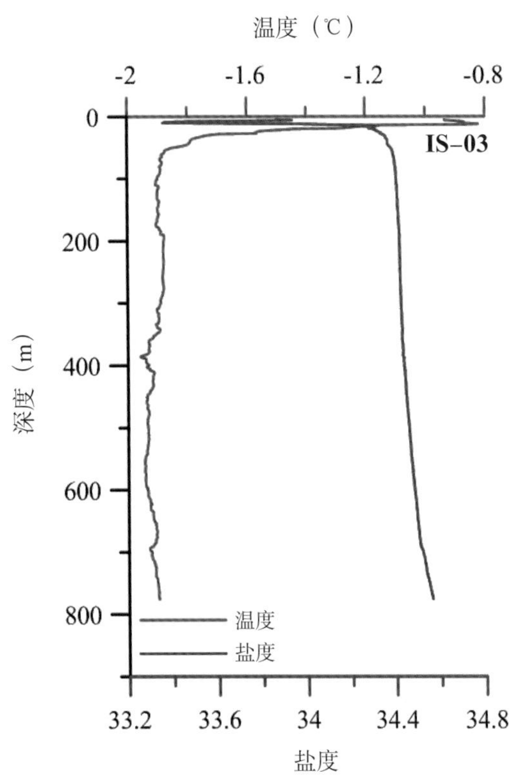
温度（℃）
-2
-1.6
-1.2
-0.8
0
200
400
600
800
深度（m）
IS–03
温度
盐度
33.2
33.6
34
34.4
34.8
盐度

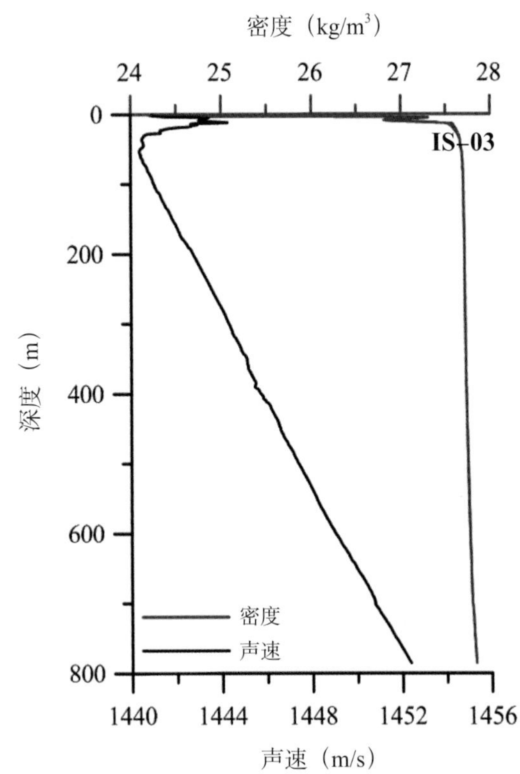
密度（kg/m³）
24
25
26
27
28
0
200
400
600
800
深度（m）
IS–03
密度
声速
1440
1444
1448
1452
1456
声速（m/s）

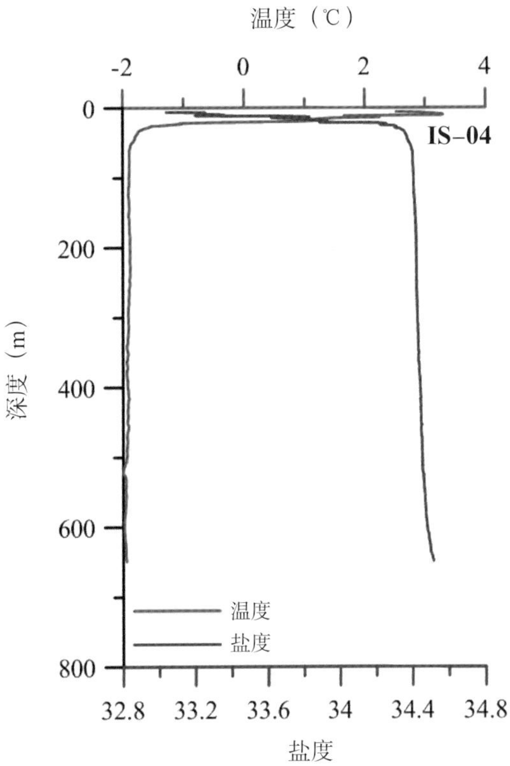
温度（℃）
-2
0
2
4
IS-04
0
200
400
600
800
深度（m）
温度
盐度
32.8
33.2
33.6
34
34.4
34.8
盐度

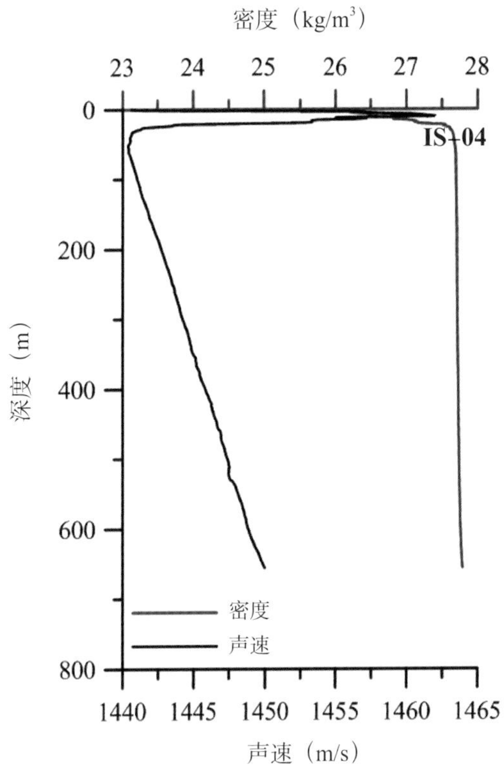
密度（kg/m³）
23
24
25
26
27
28
IS-04
0
200
400
600
800
深度（m）
密度
声速
1440
1445
1450
1455
1460
1465
声速（m/s）

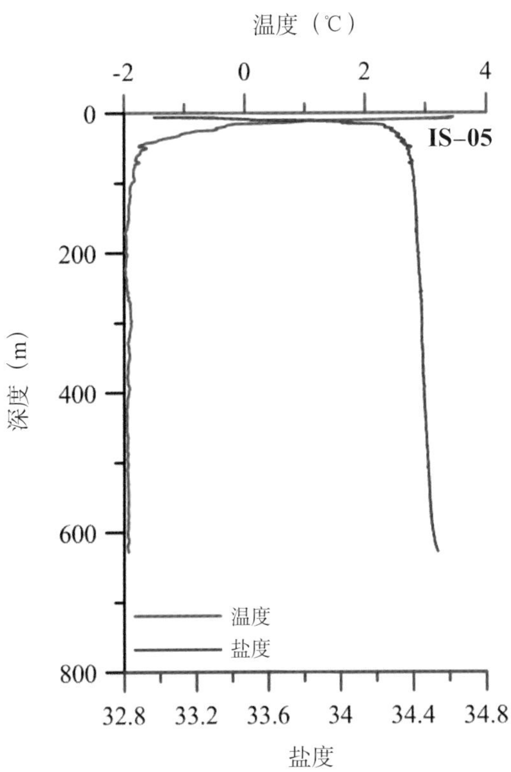
温度（℃）
-2
0
2
4
IS-05
0
200
400
600
800
深度（m）
温度
盐度
32.8
33.2
33.6
34
34.4
34.8
盐度

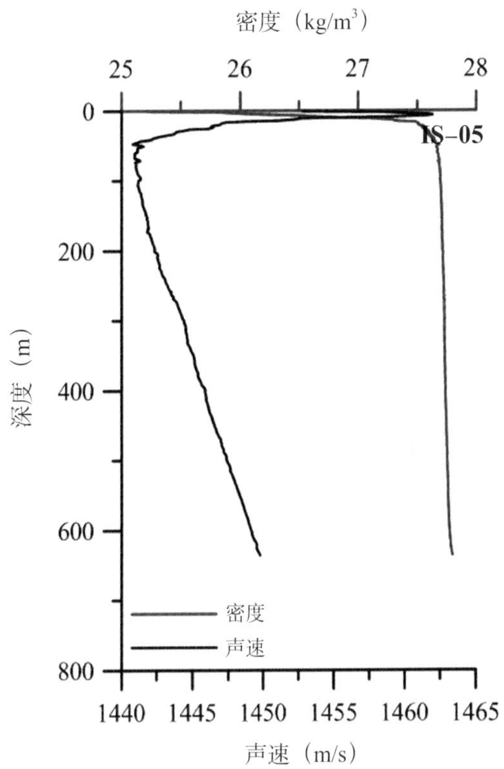
密度（kg/m³）
25
26
27
28
IS-05
0
200
400
600
800
深度（m）
密度
声速
1440
1445
1450
1455
1460
1465
声速（m/s）

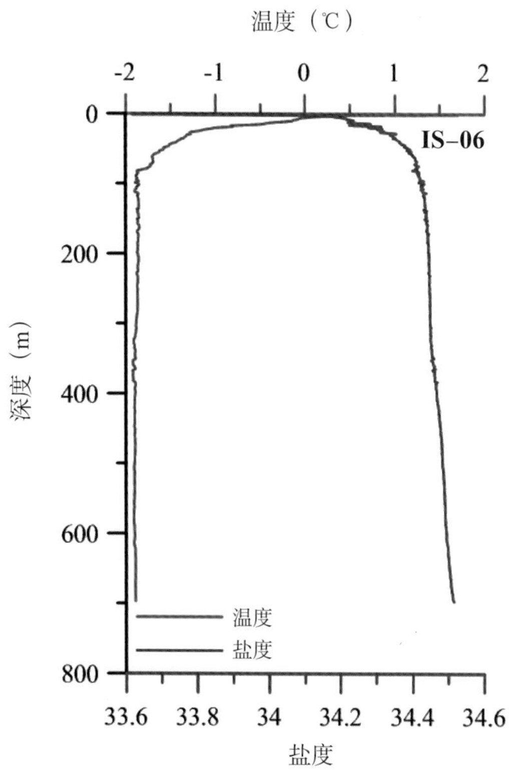
温度（℃）
-2
-1
0
1
2
0
200
400
600
800
深度（m）
IS–06
温度
盐度
33.6
33.8
34
34.2
34.4
34.6
盐度

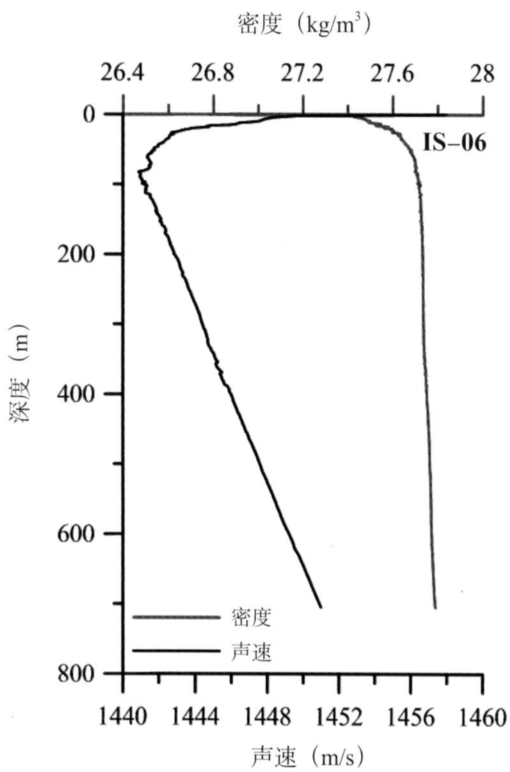
密度（kg/m³）
26.4
26.8
27.2
27.6
28
0
200
400
600
800
深度（m）
IS–06
密度
声速
1440
1444
1448
1452
1456
1460
声速（m/s）

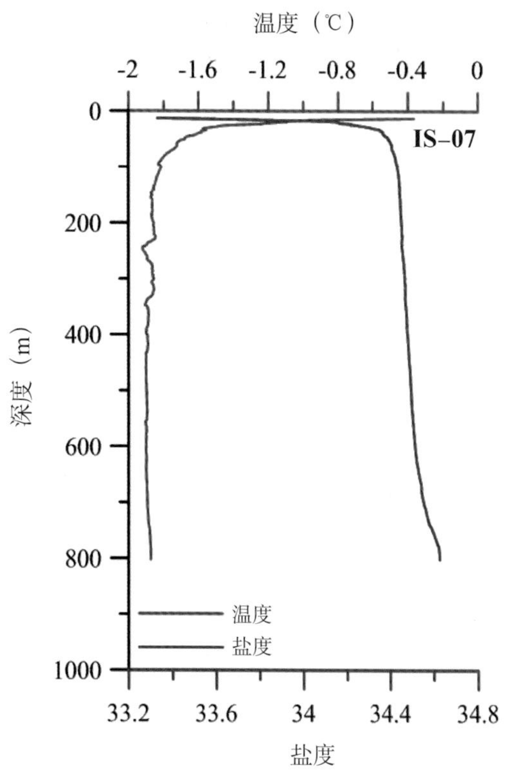
温度（℃）
-2
-1.6
-1.2
-0.8
-0.4
0
0
200
400
600
800
1000
深度（m）
IS–07
温度
盐度
33.2
33.6
34
34.4
34.8
盐度

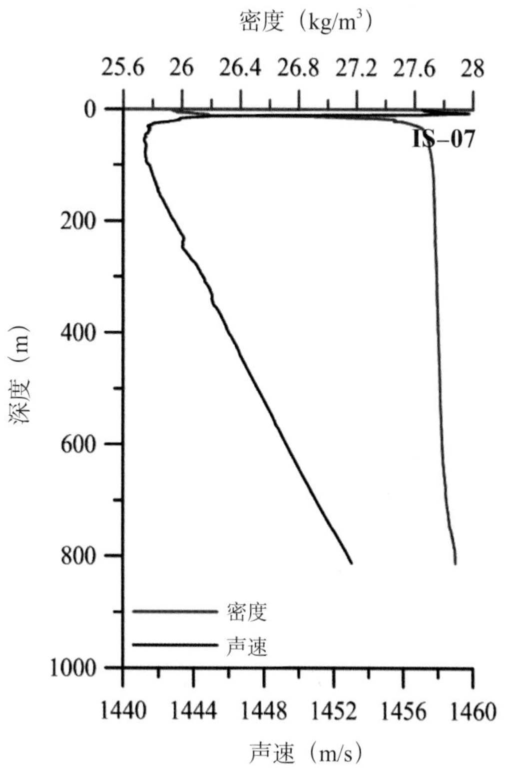
密度（kg/m³）
25.6
26
26.4
26.8
27.2
27.6
28
0
200
400
600
800
1000
深度（m）
IS–07
密度
声速
1440
1444
1448
1452
1456
1460
声速（m/s）

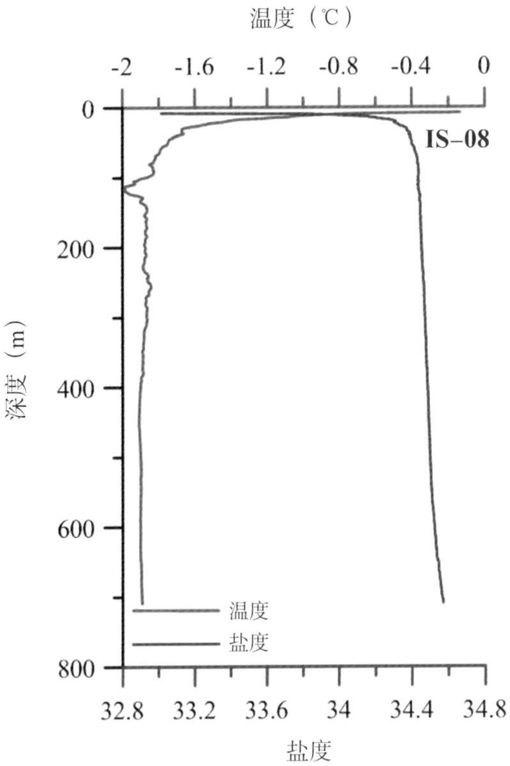
温度（℃）
-2
-1.6
-1.2
-0.8
-0.4
0
IS–08
深度（m）
0
200
400
600
800
温度
盐度
32.8
33.2
33.6
34
34.4
34.8
盐度

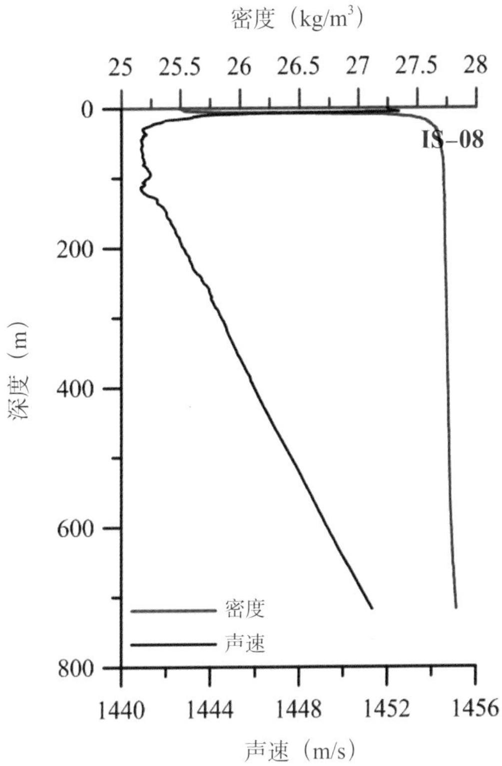
密度（kg/m³）
25
25.5
26
26.5
27
27.5
28
IS–08
深度（m）
0
200
400
600
800
密度
声速
1440
1444
1448
1452
1456
声速（m/s）

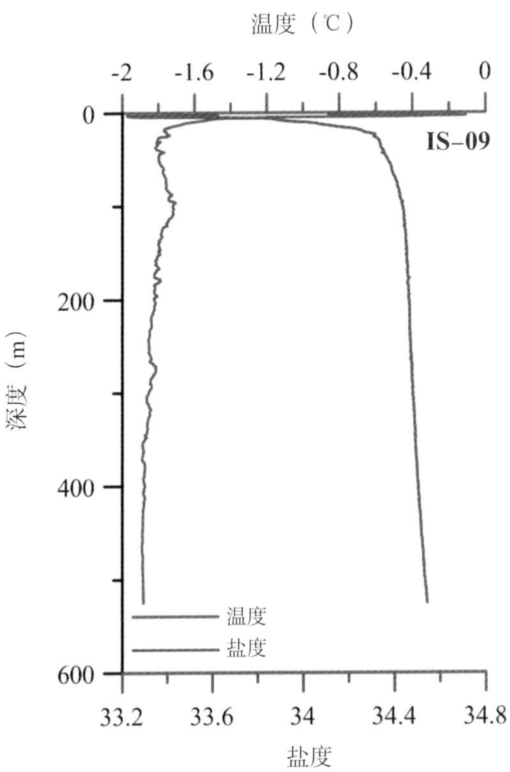
温度（℃）
-2
-1.6
-1.2
-0.8
-0.4
0
IS–09
深度（m）
0
200
400
600
温度
盐度
33.2
33.6
34
34.4
34.8
盐度

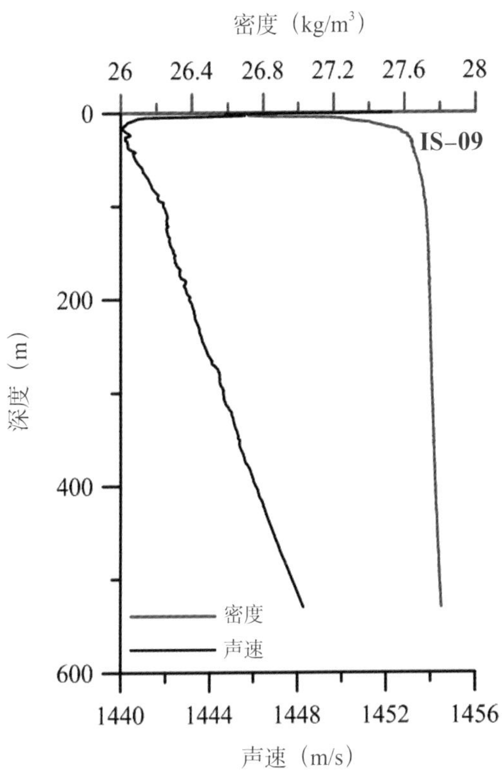
密度（kg/m³）
26
26.4
26.8
27.2
27.6
28
IS–09
深度（m）
0
200
400
600
密度
声速
1440
1444
1448
1452
1456
声速（m/s）

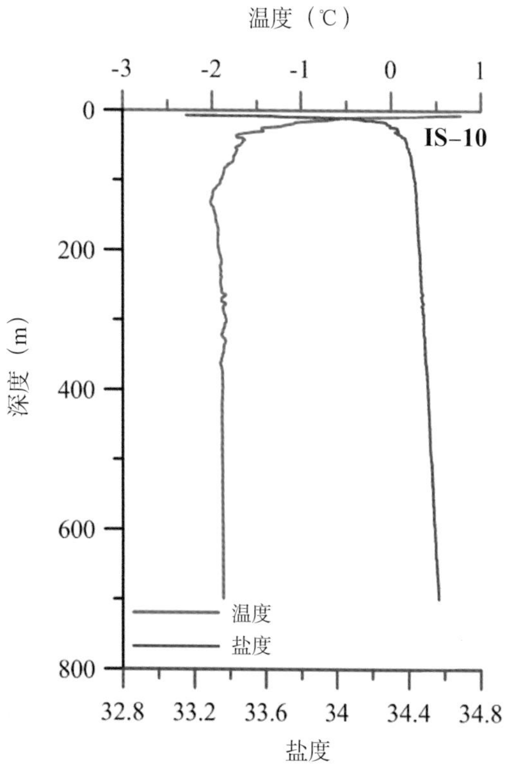
温度（℃）
-3
-2
-1
0
1
0
200
400
600
800
深度（m）
IS–10
温度
盐度
32.8
33.2
33.6
34
34.4
34.8
盐度

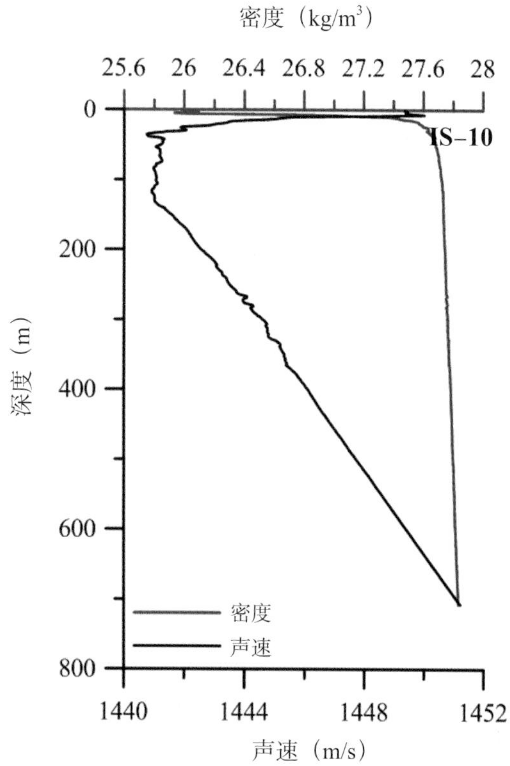
密度（kg/m³）
25.6
26
26.4
26.8
27.2
27.6
28
0
200
400
600
800
深度（m）
IS–10
密度
声速
1440
1444
1448
1452
声速（m/s）

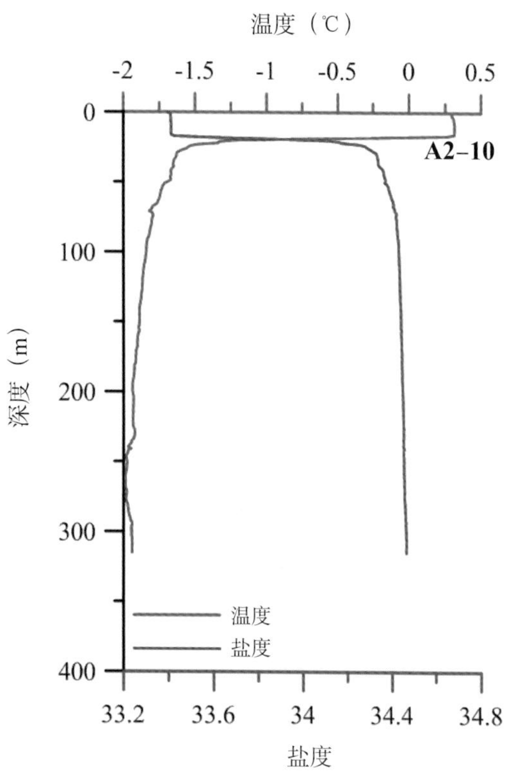
温度（℃）
-2
-1.5
-1
-0.5
0
0.5
0
100
200
300
400
深度（m）
A2–10
温度
盐度
33.2
33.6
34
34.4
34.8
盐度

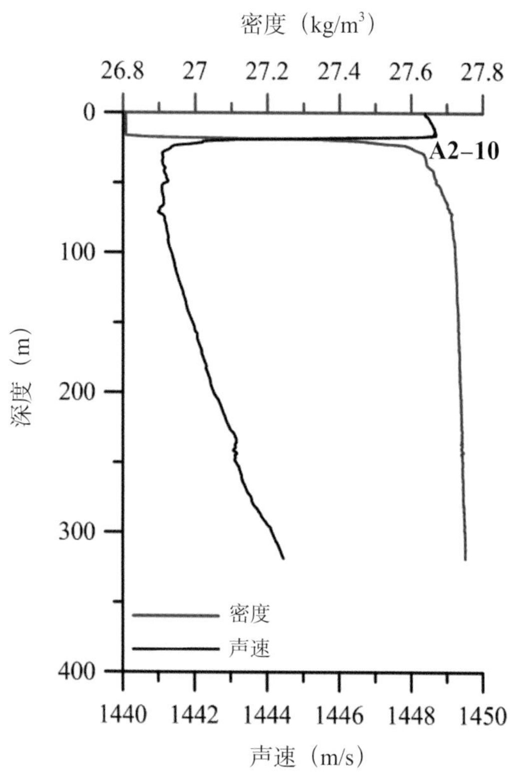
密度（kg/m³）
26.8
27
27.2
27.4
27.6
27.8
0
100
200
300
400
深度（m）
A2–10
密度
声速
1440
1442
1444
1446
1448
1450
声速（m/s）

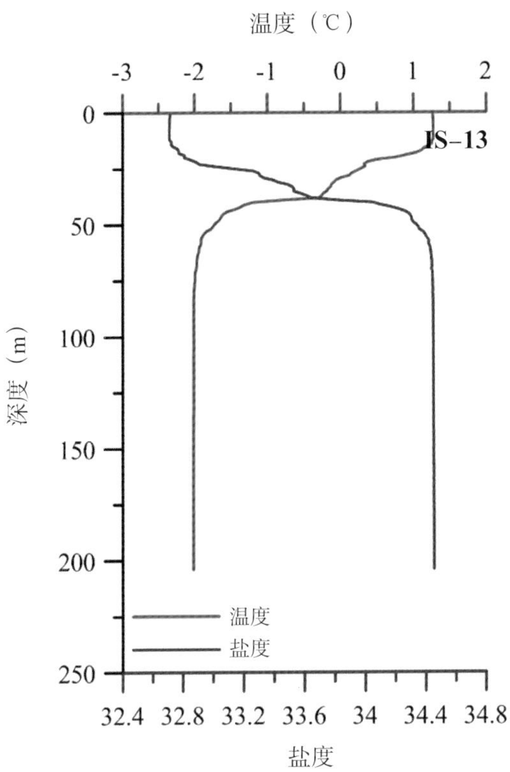
温度（℃）
-3 -2 -1 0 1 2
IS-13
深度（m）
0 50 100 150 200 250
温度
盐度
32.4 32.8 33.2 33.6 34 34.4 34.8
盐度

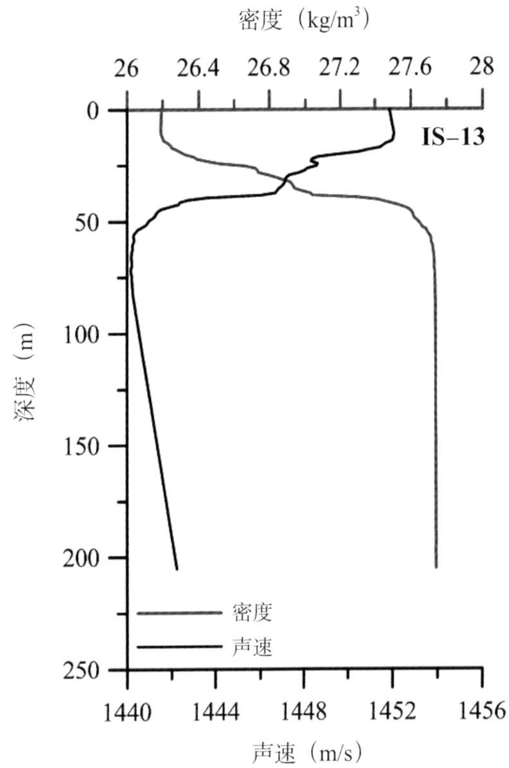
密度（kg/m³）
26 26.4 26.8 27.2 27.6 28
IS-13
深度（m）
0 50 100 150 200 250
密度
声速
1440 1444 1448 1452 1456
声速（m/s）

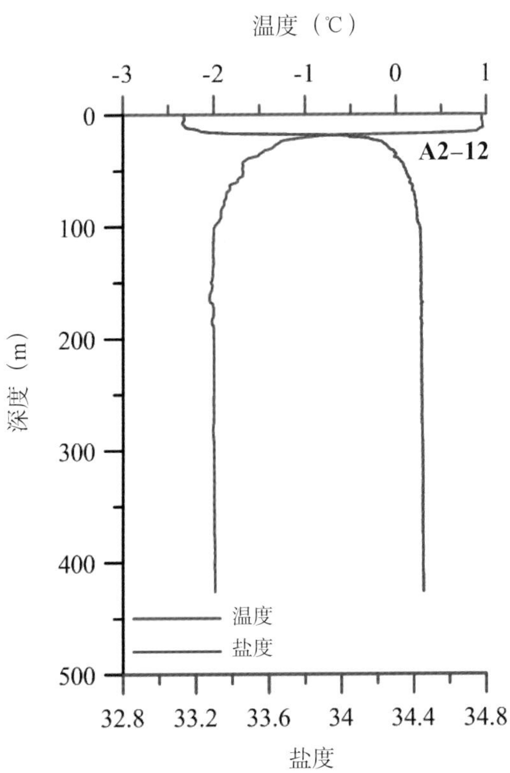
温度（℃）
-3 -2 -1 0 1
A2-12
深度（m）
0 100 200 300 400 500
温度
盐度
32.8 33.2 33.6 34 34.4 34.8
盐度

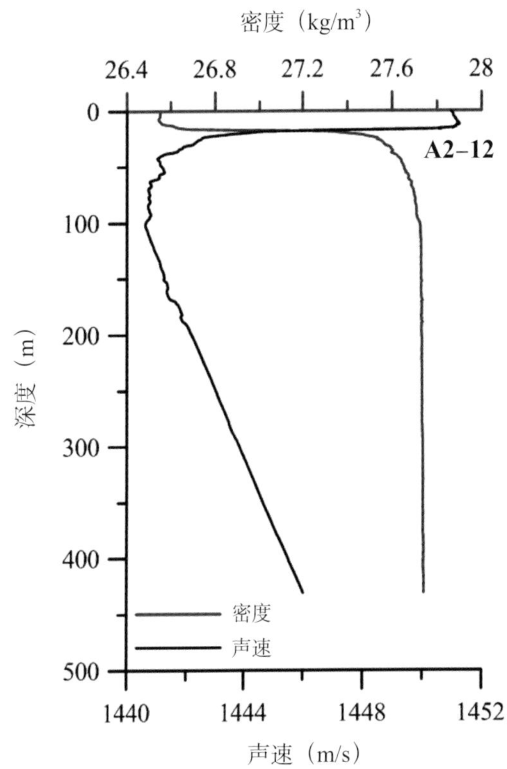
密度（kg/m³）
26.4 26.8 27.2 27.6 28
A2-12
深度（m）
0 100 200 300 400 500
密度
声速
1440 1444 1448 1452
声速（m/s）

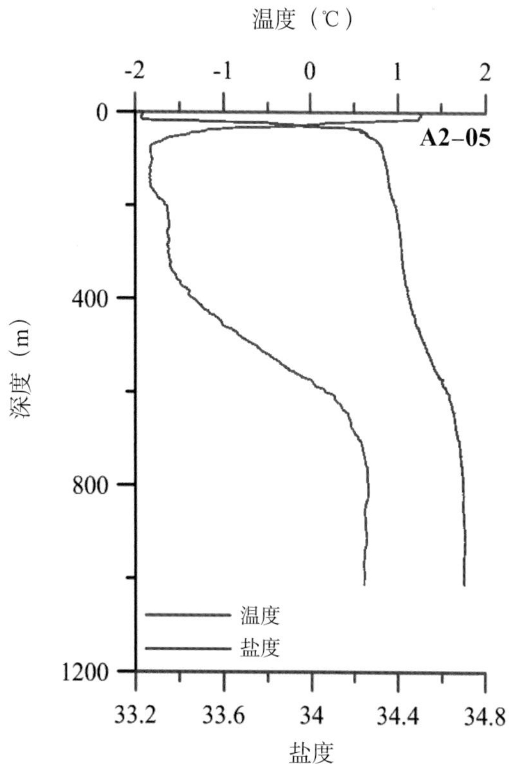
温度（℃）
-2
-1
0
1
2
0
400
800
1200
深度（m）
A2-05
温度
盐度
33.2
33.6
34
34.4
34.8
盐度

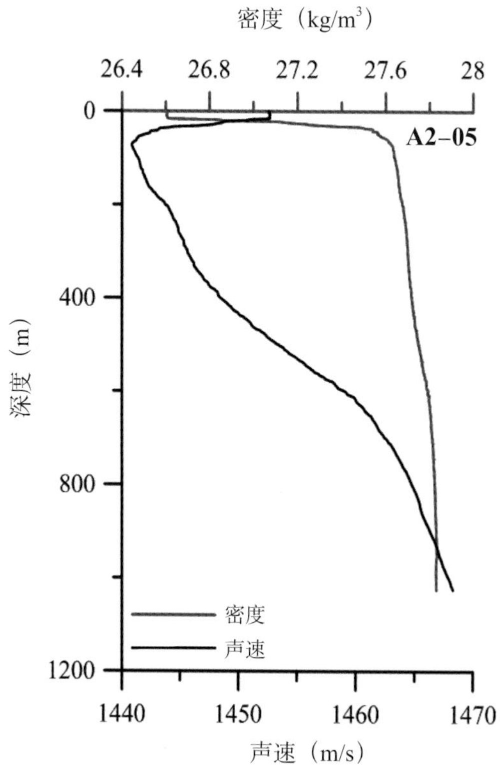
密度（kg/m³）
26.4
26.8
27.2
27.6
28
0
400
800
1200
深度（m）
A2-05
密度
声速
1440
1450
1460
1470
声速（m/s）

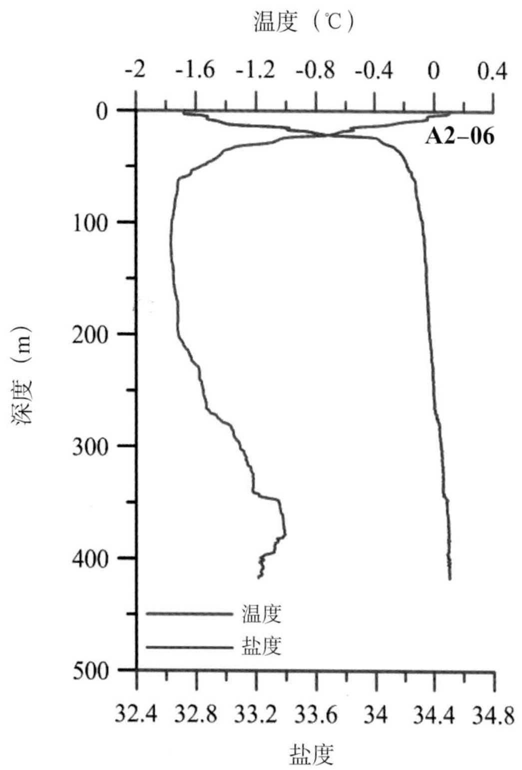
温度（℃）
-2
-1.6
-1.2
-0.8
-0.4
0
0.4
0
100
200
300
400
500
深度（m）
A2-06
温度
盐度
32.4
32.8
33.2
33.6
34
34.4
34.8
盐度

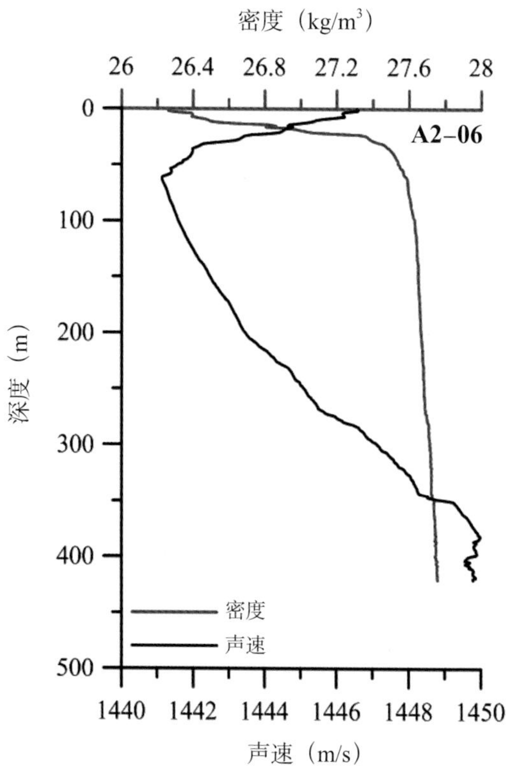
密度（kg/m³）
26
26.4
26.8
27.2
27.6
28
0
100
200
300
400
500
深度（m）
A2-06
密度
声速
1440
1442
1444
1446
1448
1450
声速（m/s）

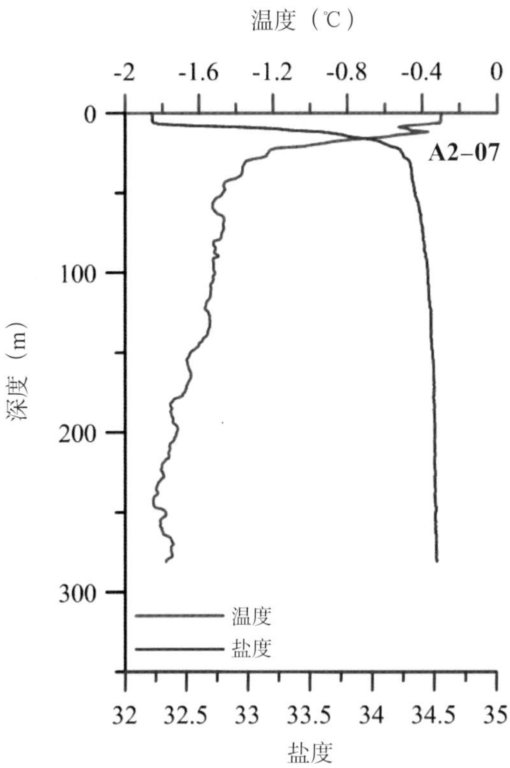
温度（℃）
-2 -1.6 -1.2 -0.8 -0.4 0
0 100 200 300
深度（m）
A2-07
温度
盐度
32 32.5 33 33.5 34 34.5 35
盐度

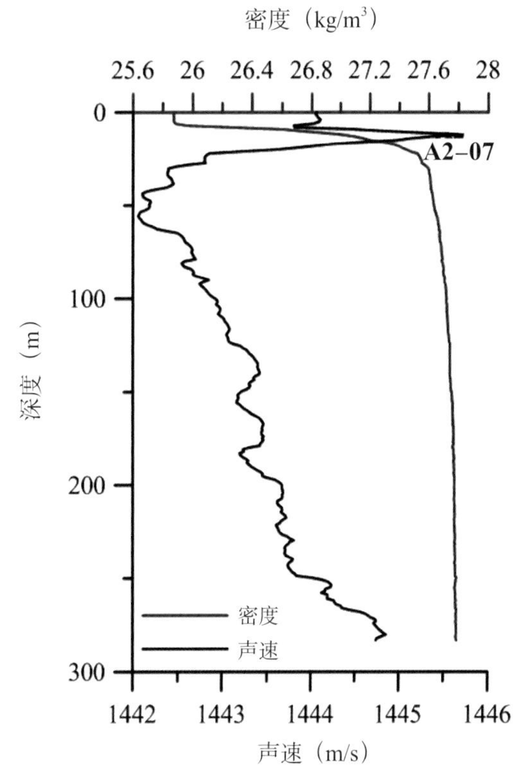
密度（kg/m³）
25.6 26 26.4 26.8 27.2 27.6 28
0 100 200 300
深度（m）
A2-07
密度
声速
1442 1443 1444 1445 1446
声速（m/s）

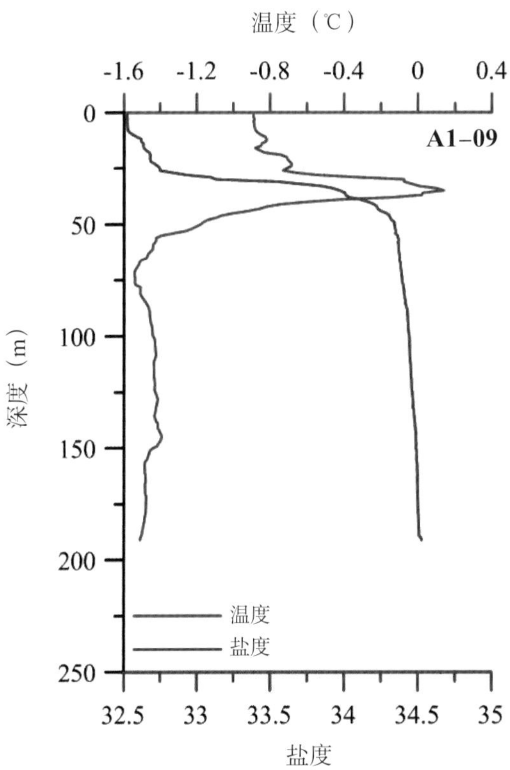
温度（℃）
-1.6 -1.2 -0.8 -0.4 0 0.4
0 50 100 150 200 250
深度（m）
A1-09
温度
盐度
32.5 33 33.5 34 34.5 35
盐度

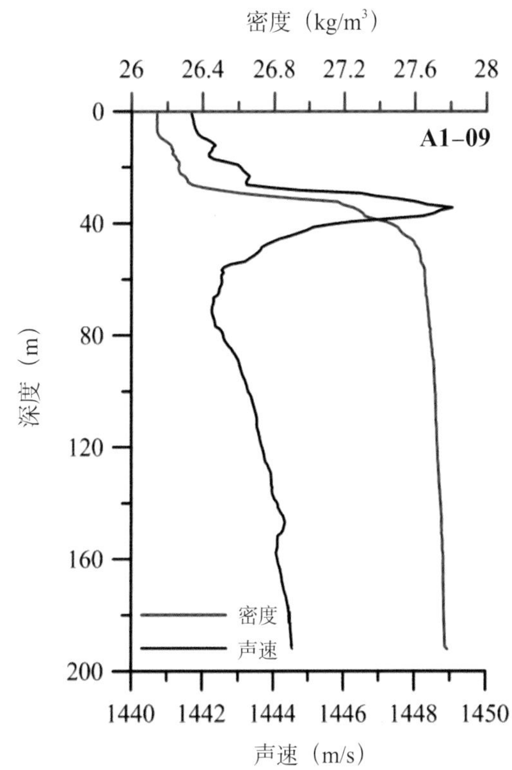
密度（kg/m³）
26 26.4 26.8 27.2 27.6 28
0 40 80 120 160 200
深度（m）
A1-09
密度
声速
1440 1442 1444 1446 1448 1450
声速（m/s）

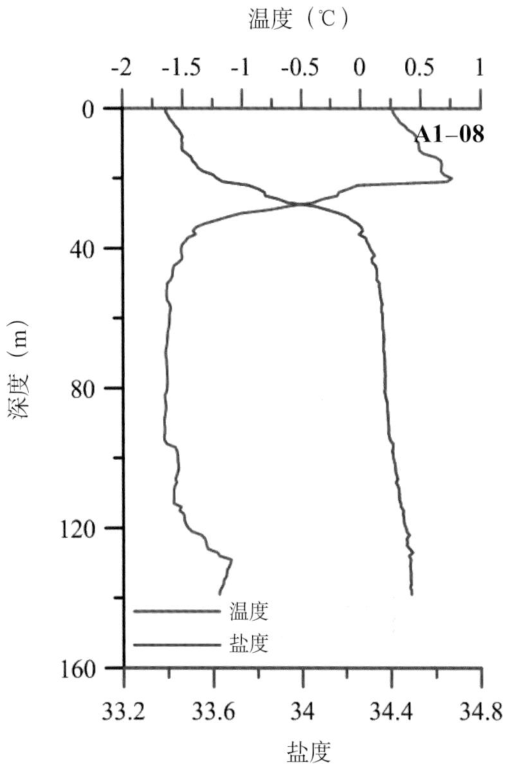
温度（℃）
-2 -1.5 -1 -0.5 0 0.5 1
0
40
80
120
160
深度（m）
A1–08
温度
盐度
33.2 33.6 34 34.4 34.8
盐度

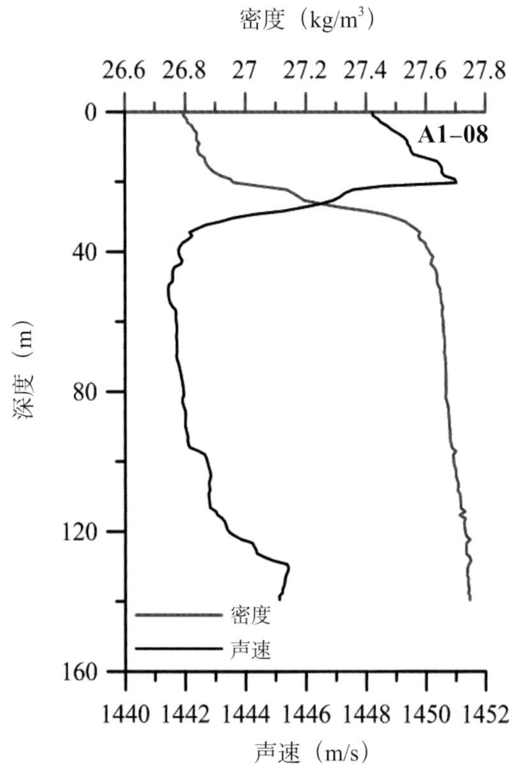
密度（kg/m³）
26.6 26.8 27 27.2 27.4 27.6 27.8
0
40
80
120
160
深度（m）
A1–08
密度
声速
1440 1442 1444 1446 1448 1450 1452
声速（m/s）

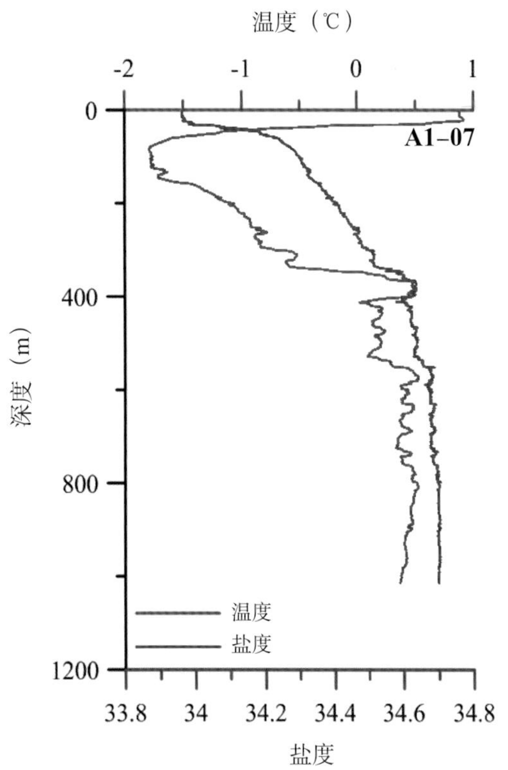
温度（℃）
-2 -1 0 1
0
400
800
1200
深度（m）
A1–07
温度
盐度
33.8 34 34.2 34.4 34.6 34.8
盐度

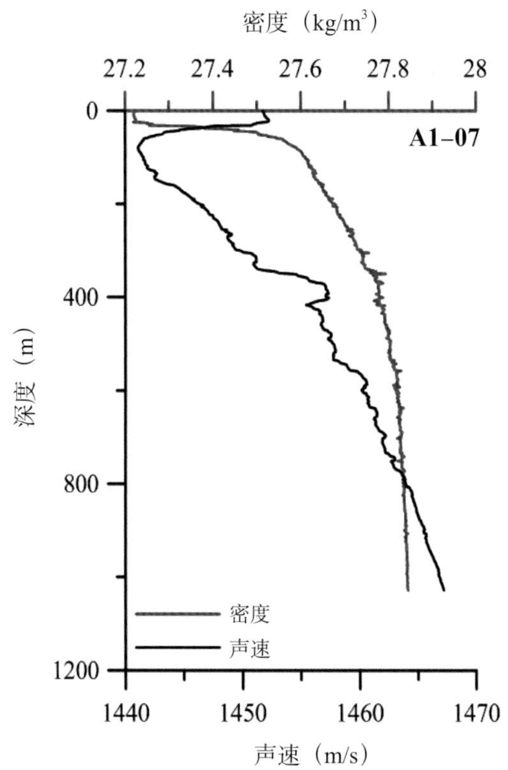
密度（kg/m³）
27.2 27.4 27.6 27.8 28
0
400
800
1200
深度（m）
A1–07
密度
声速
1440 1450 1460 1470
声速（m/s）

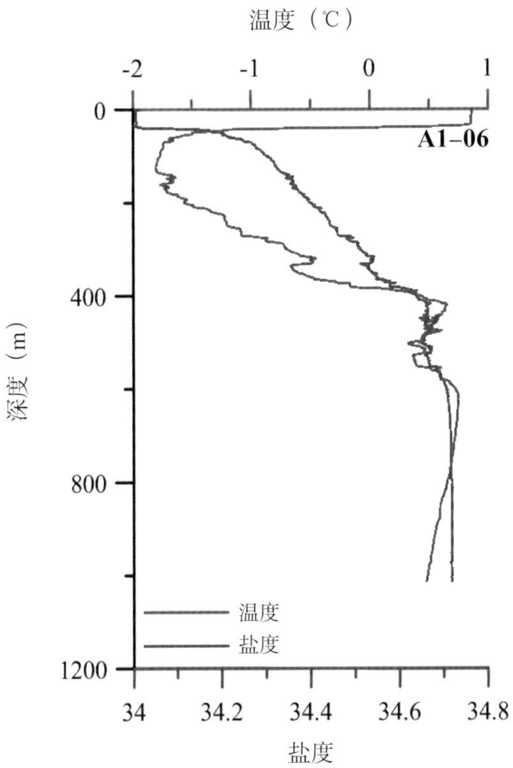
温度（℃）
-2
-1
0
1
A1-06
0
400
800
1200
深度（m）
温度
盐度
34
34.2
34.4
34.6
34.8
盐度

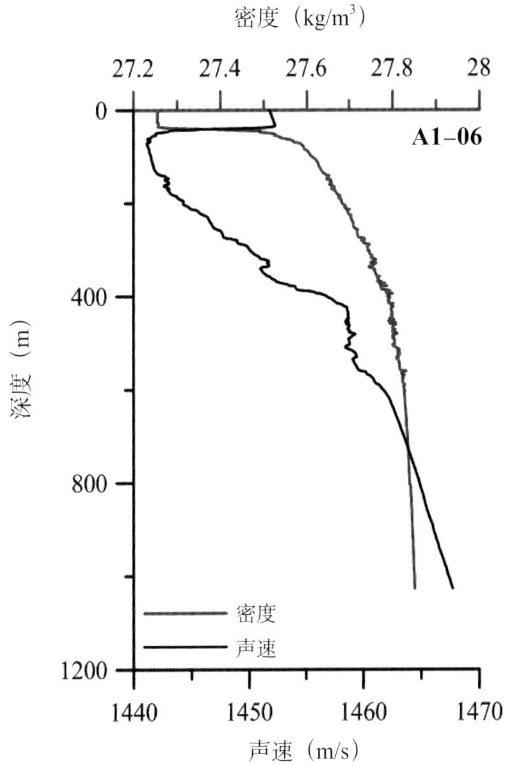
密度（kg/m³）
27.2
27.4
27.6
27.8
28
A1-06
0
400
800
1200
深度（m）
密度
声速
1440
1450
1460
1470
声速（m/s）

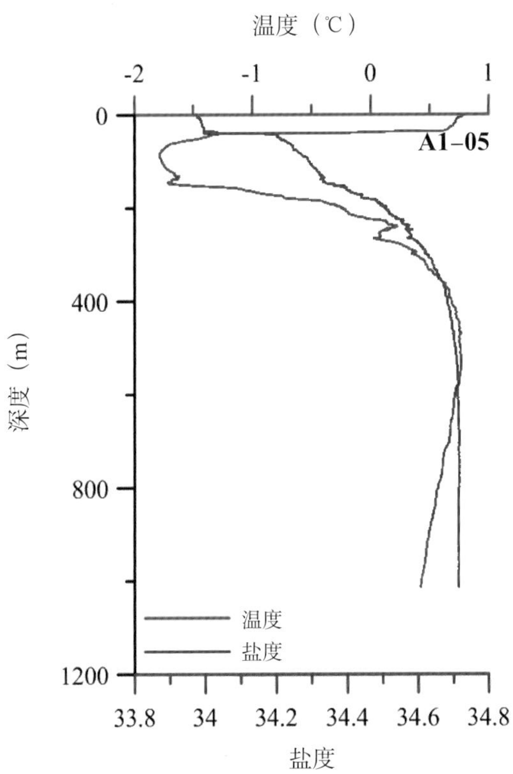
温度（℃）
-2
-1
0
1
A1-05
0
400
800
1200
深度（m）
温度
盐度
33.8
34
34.2
34.4
34.6
34.8
盐度

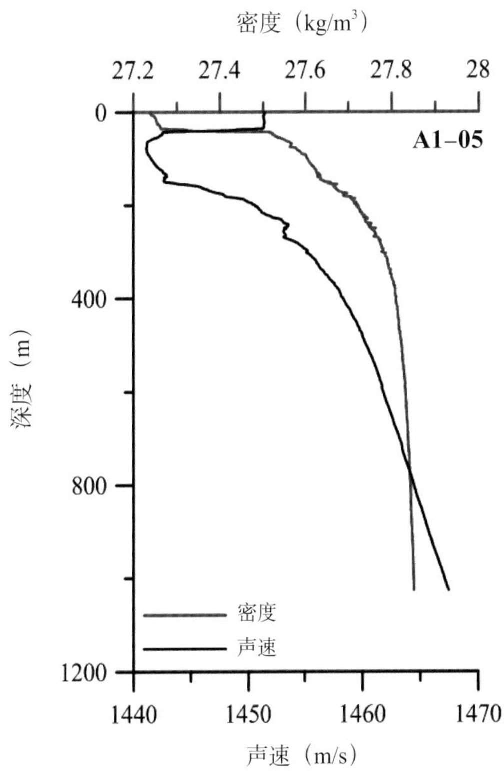
密度（kg/m³）
27.2
27.4
27.6
27.8
28
A1-05
0
400
800
1200
深度（m）
密度
声速
1440
1450
1460
1470
声速（m/s）

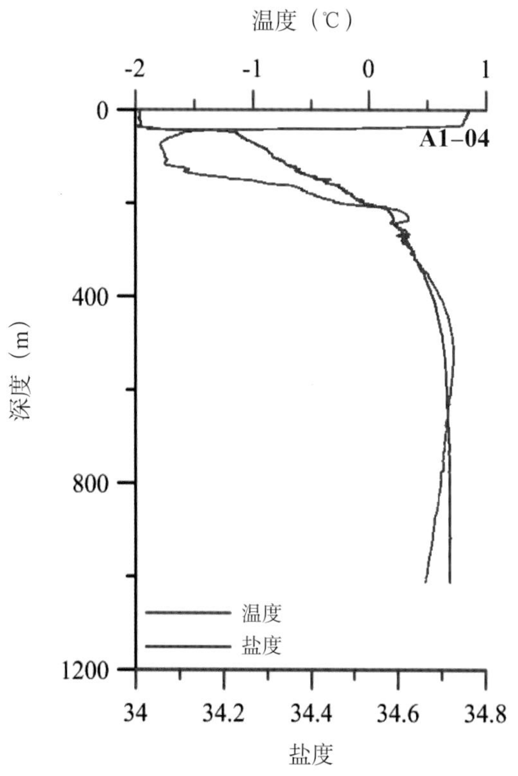
温度（℃）
-2
-1
0
1
0
400
800
1200
深度（m）
A1-04
温度
盐度
34
34.2
34.4
34.6
34.8
盐度

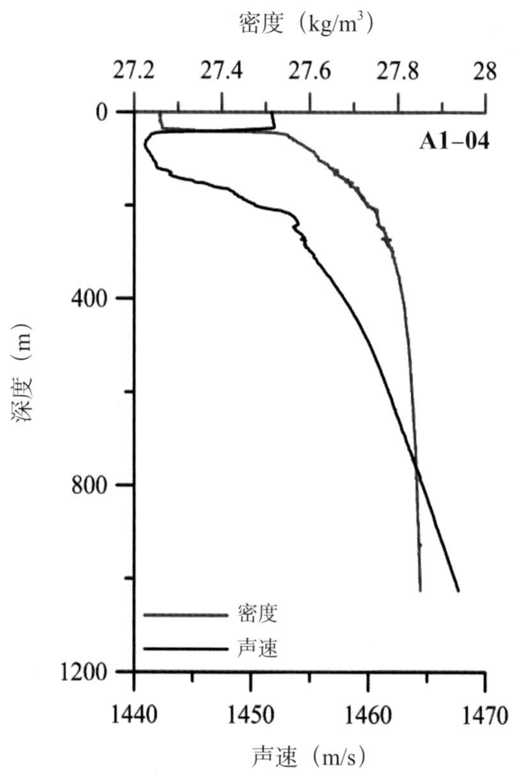
密度（kg/m3）
27.2
27.4
27.6
27.8
28
0
400
800
1200
深度（m）
A1-04
密度
声速
1440
1450
1460
1470
声速（m/s）

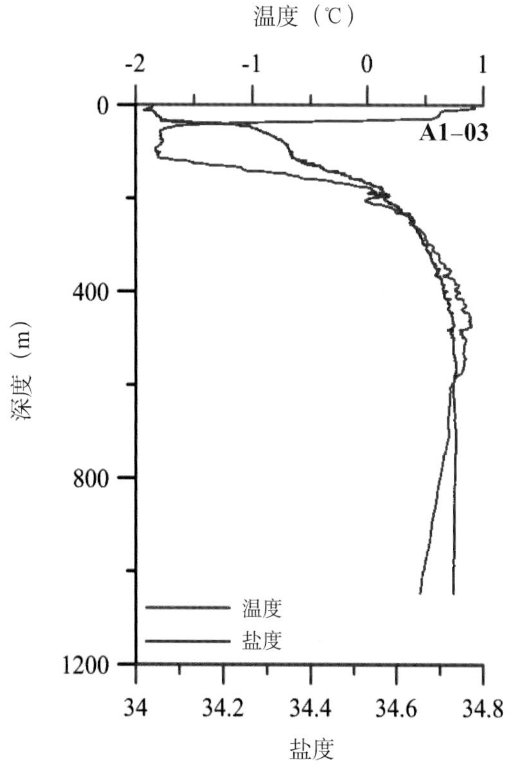
温度（℃）
-2
-1
0
1
0
400
800
1200
深度（m）
A1-03
温度
盐度
34
34.2
34.4
34.6
34.8
盐度

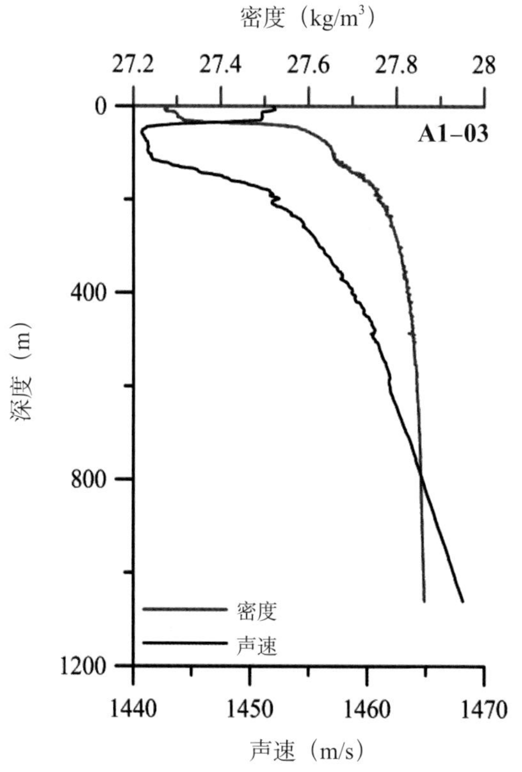
密度（kg/m3）
27.2
27.4
27.6
27.8
28
0
400
800
1200
深度（m）
A1-03
密度
声速
1440
1450
1460
1470
声速（m/s）

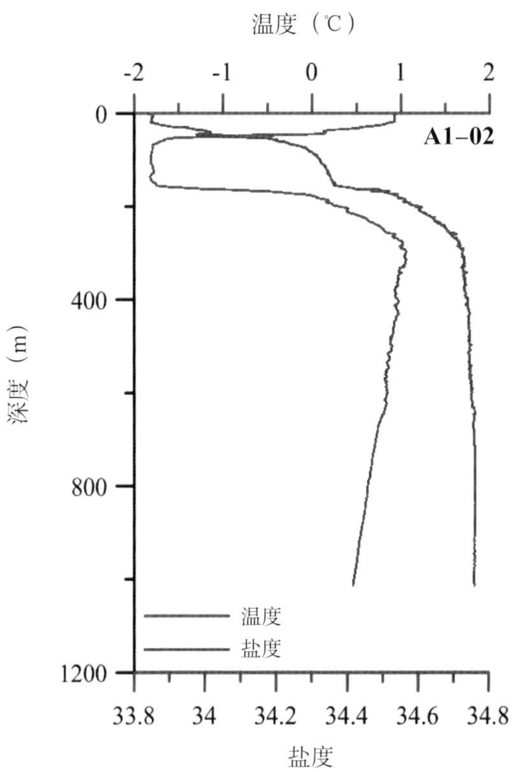
温度（℃）
-2
-1
0
1
2
0
400
800
1200
A1-02
深度（m）
温度
盐度
33.8
34
34.2
34.4
34.6
34.8
盐度

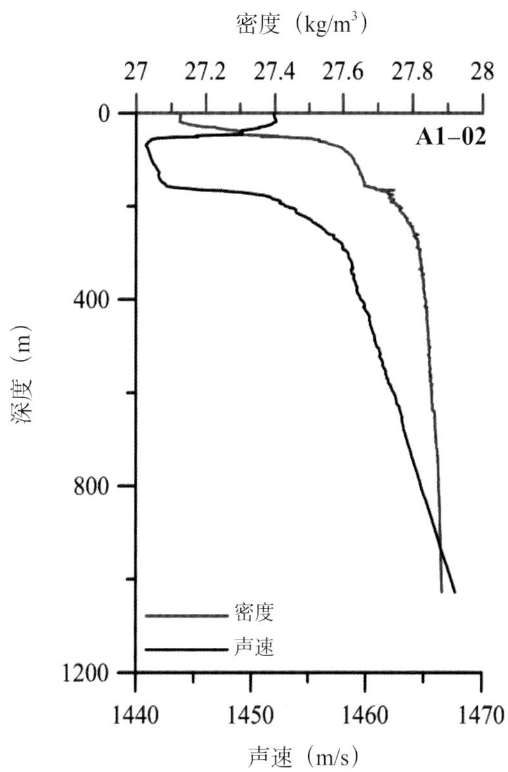
密度（kg/m3）
27
27.2
27.4
27.6
27.8
28
0
400
800
1200
A1-02
深度（m）
密度
声速
1440
1450
1460
1470
声速（m/s）

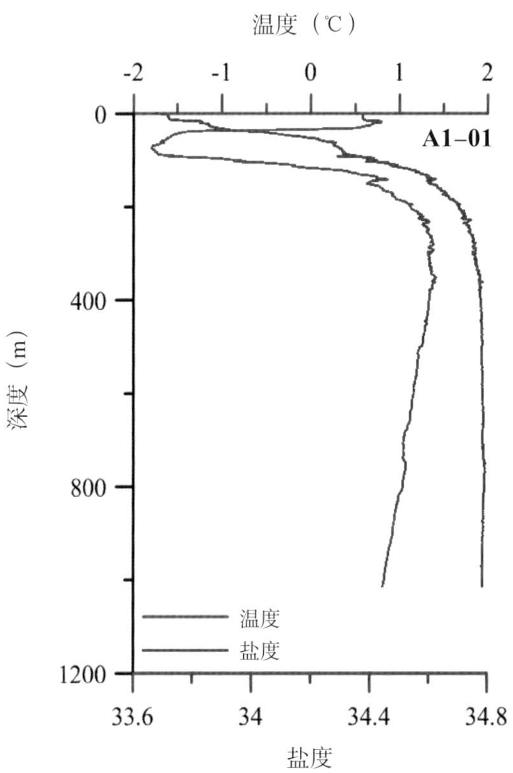
温度（℃）
-2
-1
0
1
2
0
400
800
1200
A1-01
深度（m）
温度
盐度
33.6
34
34.4
34.8
盐度

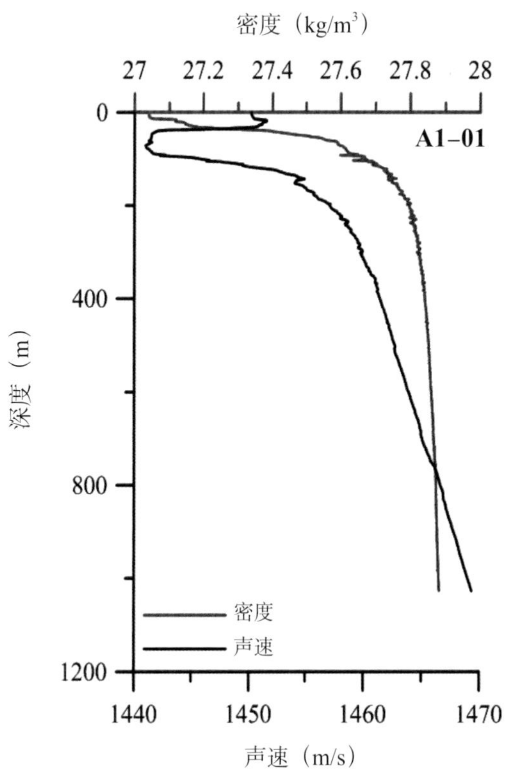
密度（kg/m3）
27
27.2
27.4
27.6
27.8
28
0
400
800
1200
A1-01
深度（m）
密度
声速
1440
1450
1460
1470
声速（m/s）

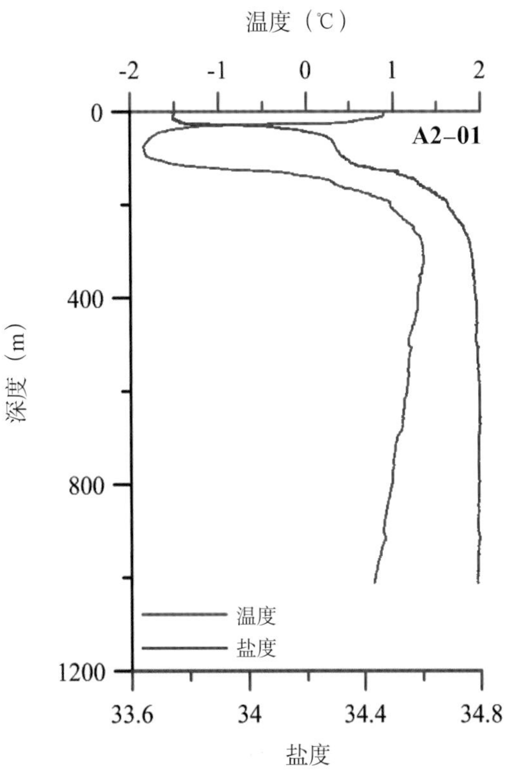
温度（℃）
-2
-1
0
1
2
A2-01
0
400
800
1200
深度（m）
温度
盐度
33.6
34
34.4
34.8
盐度

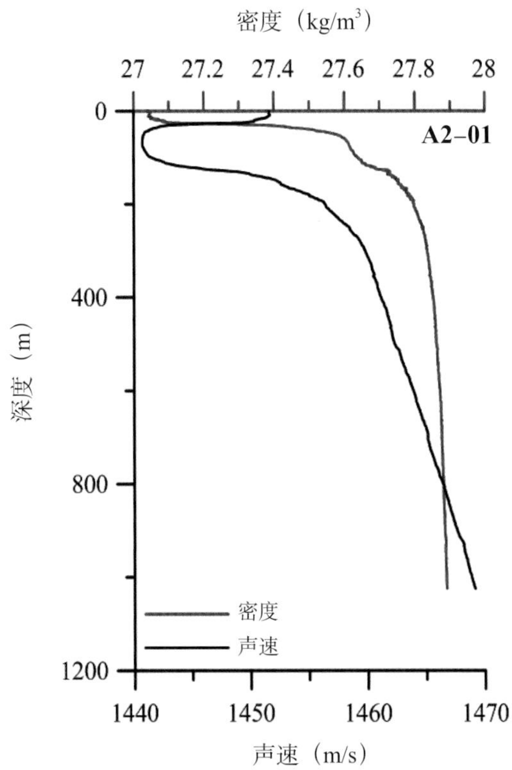
密度（kg/m³）
27
27.2
27.4
27.6
27.8
28
A2-01
0
400
800
1200
深度（m）
密度
声速
1440
1450
1460
1470
声速（m/s）

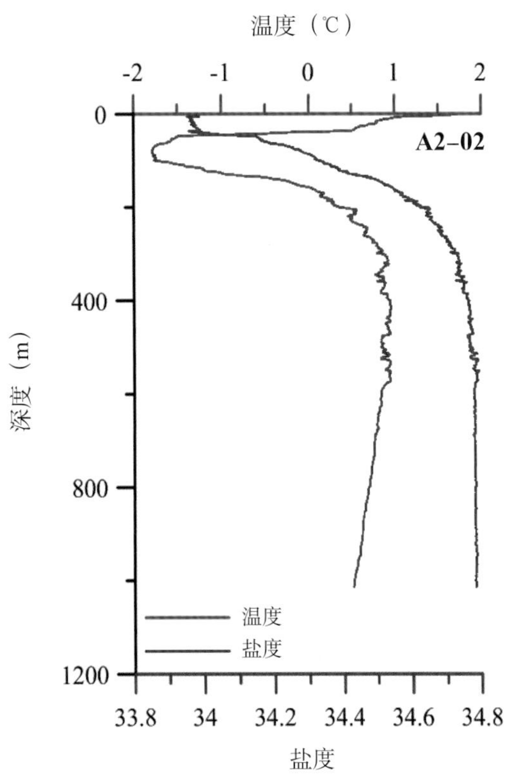
温度（℃）
-2
-1
0
1
2
A2-02
0
400
800
1200
深度（m）
温度
盐度
33.8
34
34.2
34.4
34.6
34.8
盐度

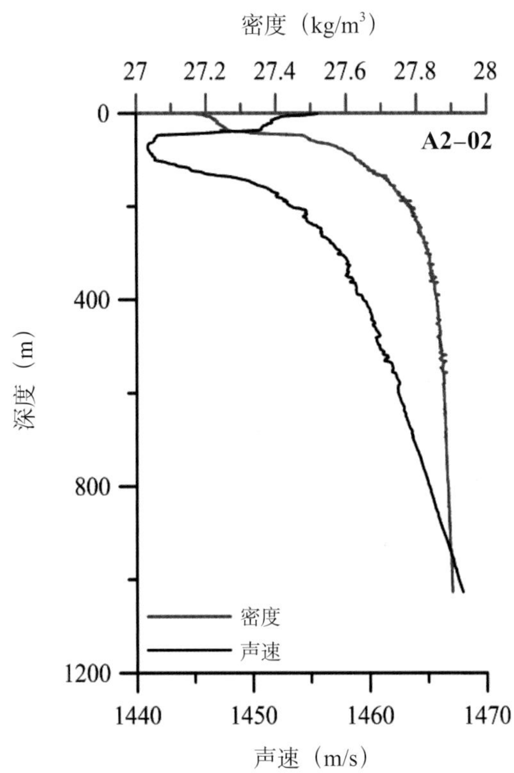
密度（kg/m³）
27
27.2
27.4
27.6
27.8
28
A2-02
0
400
800
1200
深度（m）
密度
声速
1440
1450
1460
1470
声速（m/s）

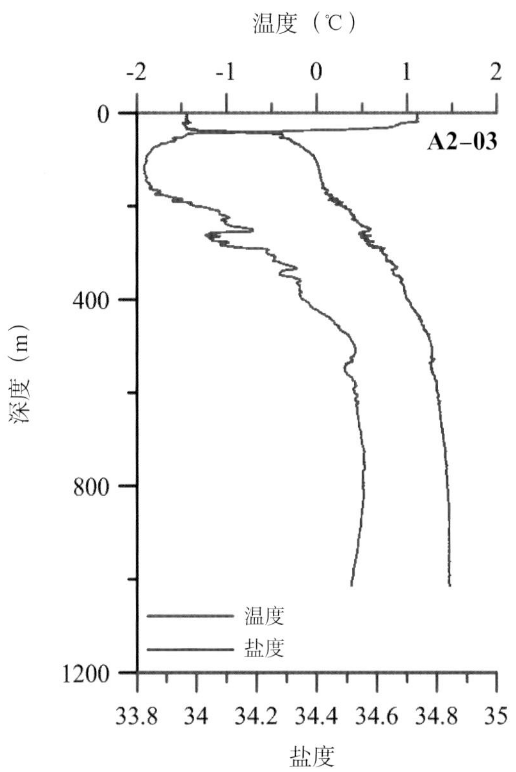
温度（℃）
-2
-1
0
1
2
0
400
800
1200
A2-03
深度（m）
温度
盐度
33.8
34
34.2
34.4
34.6
34.8
35
盐度

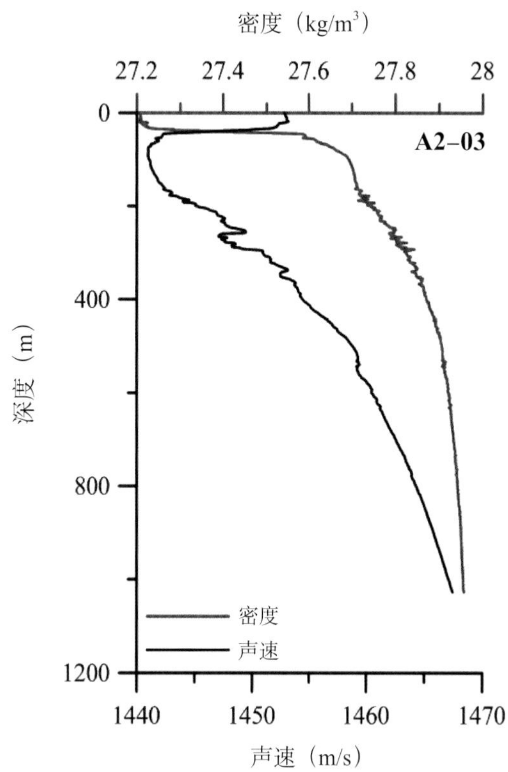
密度（kg/m3）
27.2
27.4
27.6
27.8
28
0
400
800
1200
A2-03
深度（m）
密度
声速
1440
1450
1460
1470
声速（m/s）

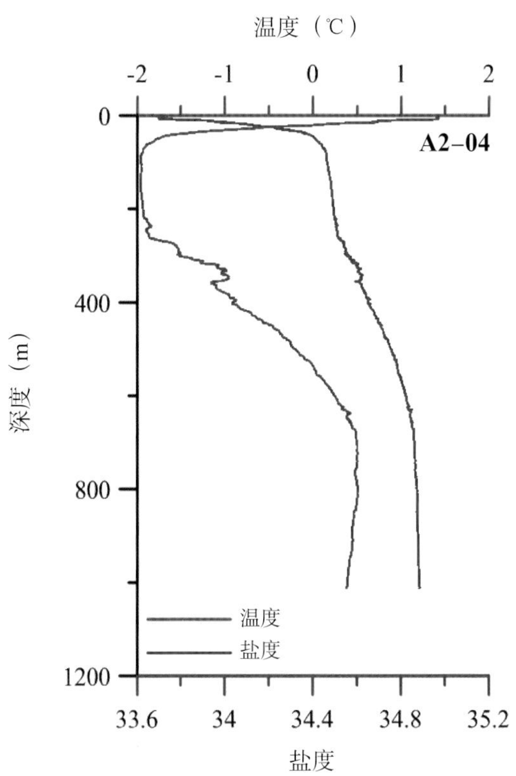
温度（℃）
-2
-1
0
1
2
0
400
800
1200
A2-04
深度（m）
温度
盐度
33.6
34
34.4
34.8
35.2
盐度

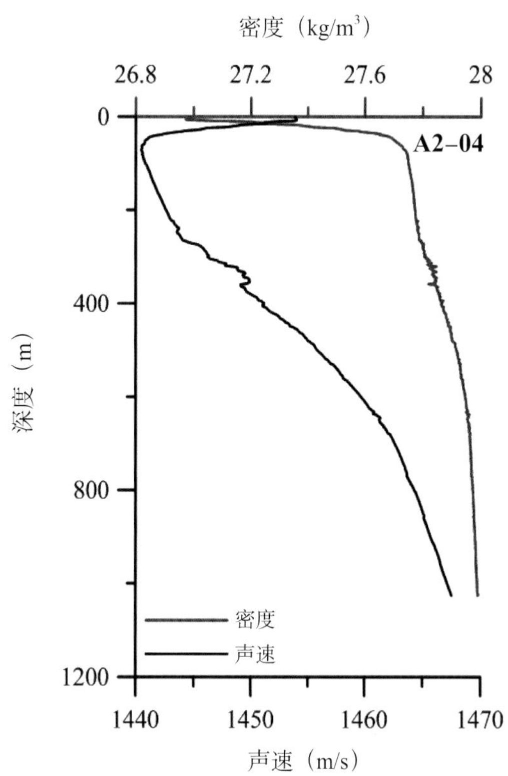
密度（kg/m3）
26.8
27.2
27.6
28
0
400
800
1200
A2-04
深度（m）
密度
声速
1440
1450
1460
1470
声速（m/s）

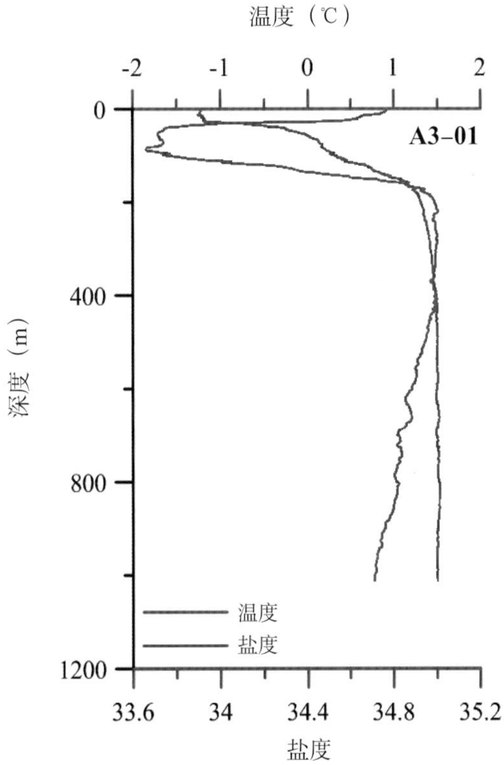
温度（℃）
-2
-1
0
1
2
0
400
800
1200
A3-01
深度（m）
温度
盐度
33.6
34
34.4
34.8
35.2
盐度

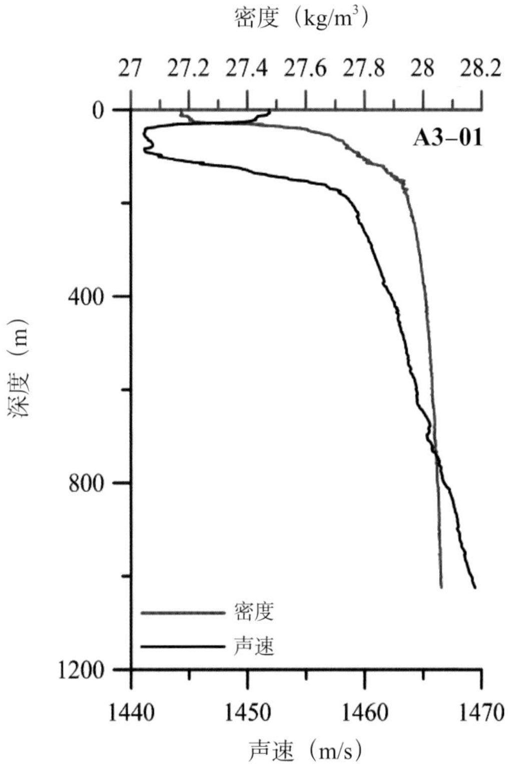
密度（kg/m³）
27
27.2
27.4
27.6
27.8
28
28.2
0
400
800
1200
A3-01
深度（m）
密度
声速
1440
1450
1460
1470
声速（m/s）

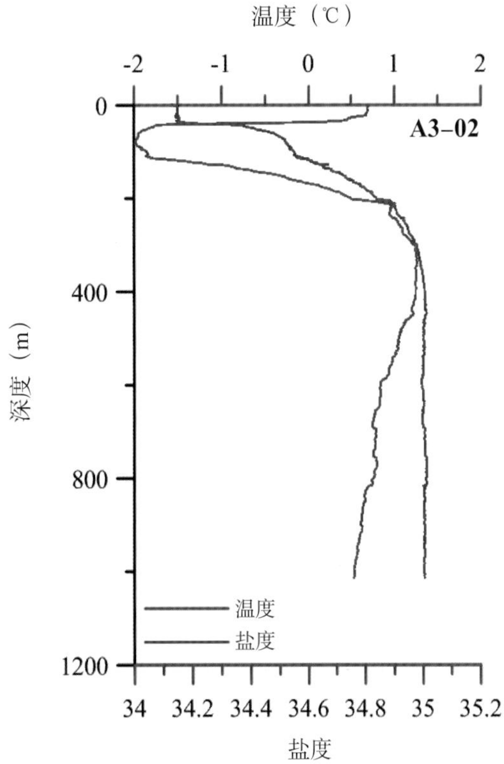
温度（℃）
-2
-1
0
1
2
0
400
800
1200
A3-02
深度（m）
温度
盐度
34
34.2
34.4
34.6
34.8
35
35.2
盐度

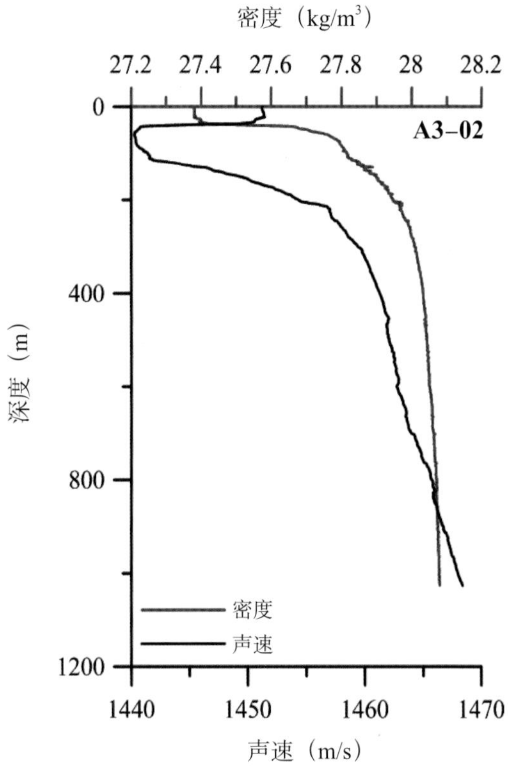
密度（kg/m³）
27.2
27.4
27.6
27.8
28
28.2
0
400
800
1200
A3-02
深度（m）
密度
声速
1440
1450
1460
1470
声速（m/s）

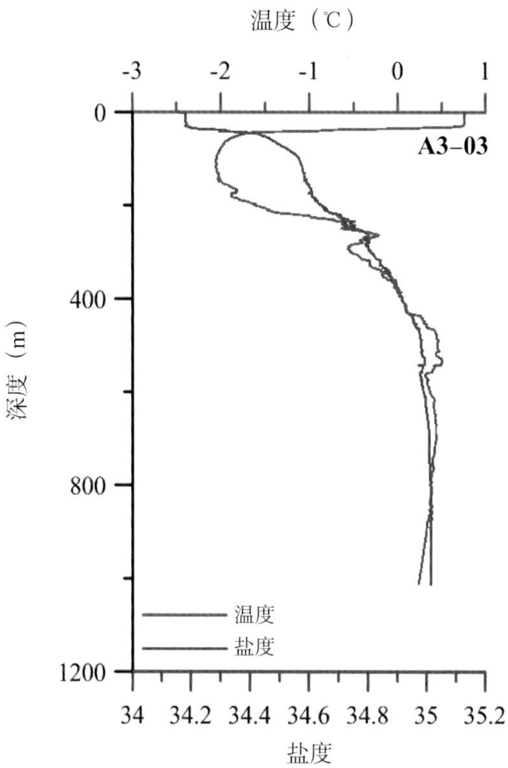
温度（℃）
-3
-2
-1
0
1
0
400
800
1200
深度（m）
A3-03
温度
盐度
34
34.2
34.4
34.6
34.8
35
35.2
盐度

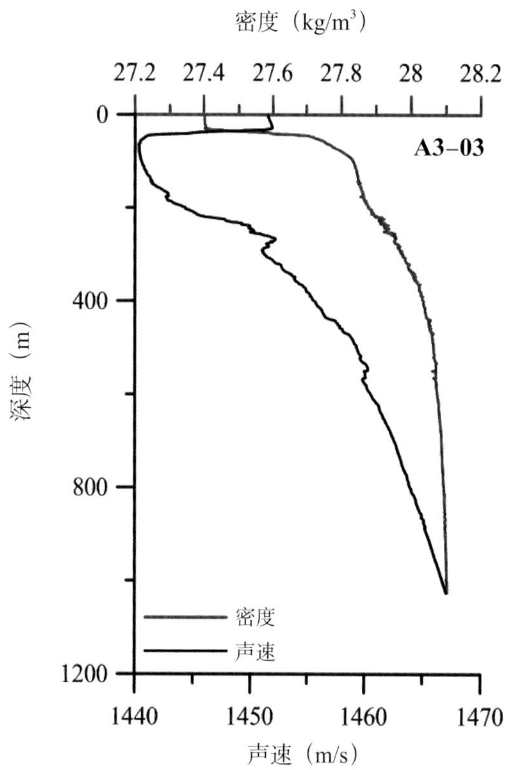
密度（kg/m³）
27.2
27.4
27.6
27.8
28
28.2
0
400
800
1200
深度（m）
A3-03
密度
声速
1440
1450
1460
1470
声速（m/s）

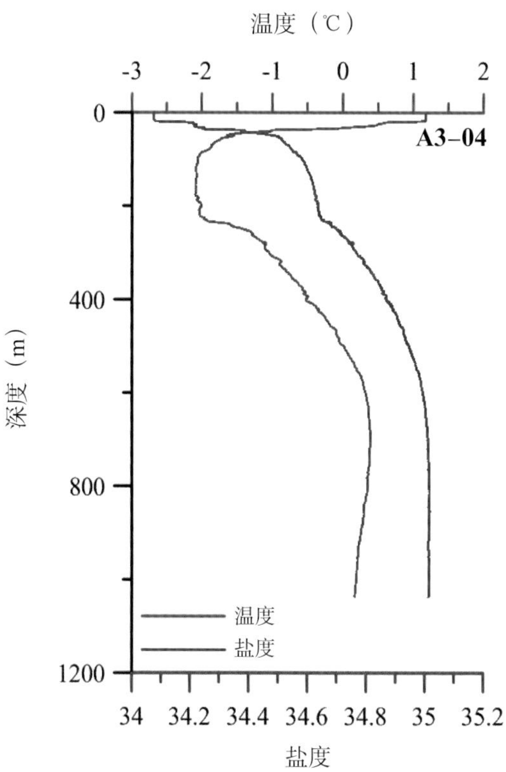
温度（℃）
-3
-2
-1
0
1
2
0
400
800
1200
深度（m）
A3-04
温度
盐度
34
34.2
34.4
34.6
34.8
35
35.2
盐度

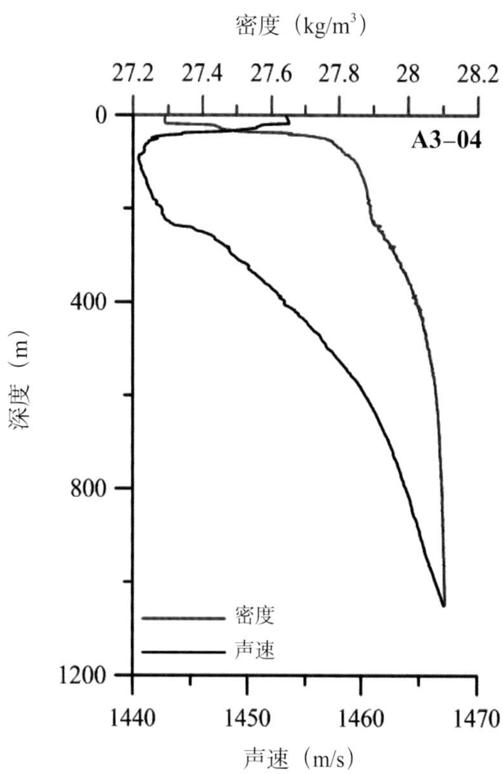
密度（kg/m³）
27.2
27.4
27.6
27.8
28
28.2
0
400
800
1200
深度（m）
A3-04
密度
声速
1440
1450
1460
1470
声速（m/s）

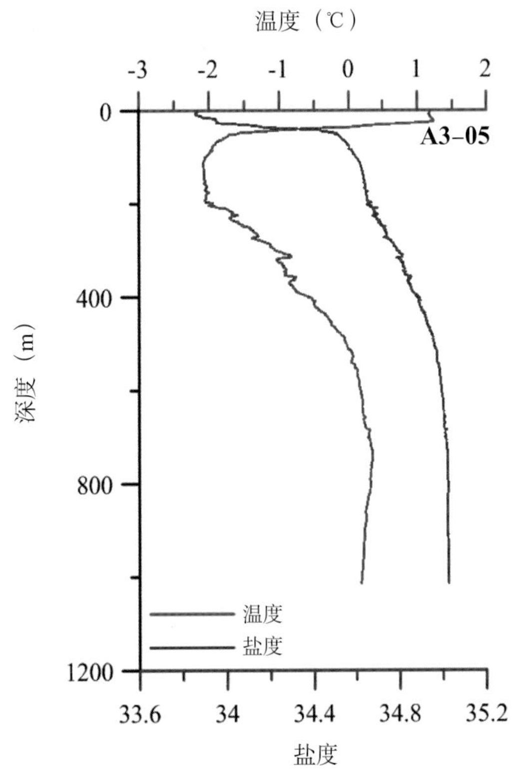
温度（℃）
-3 -2 -1 0 1 2
0 400 800 1200
深度（m）
A3-05
温度
盐度
33.6 34 34.4 34.8 35.2
盐度

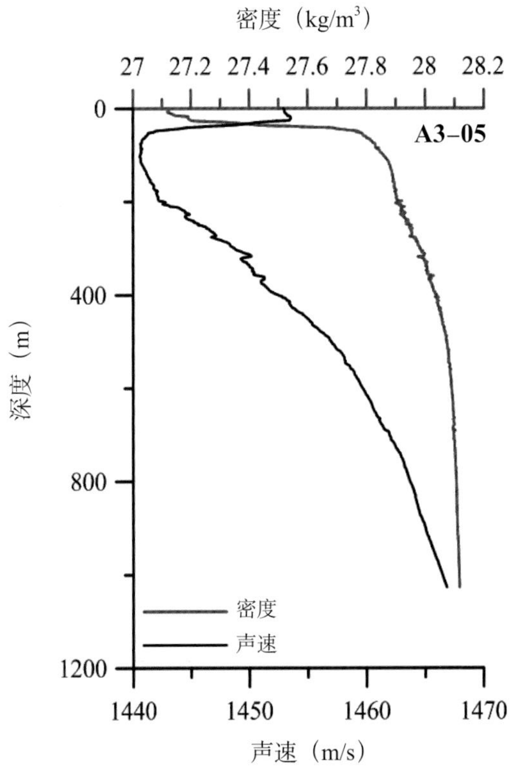
密度（kg/m3）
27 27.2 27.4 27.6 27.8 28 28.2
0 400 800 1200
深度（m）
A3-05
密度
声速
1440 1450 1460 1470
声速（m/s）

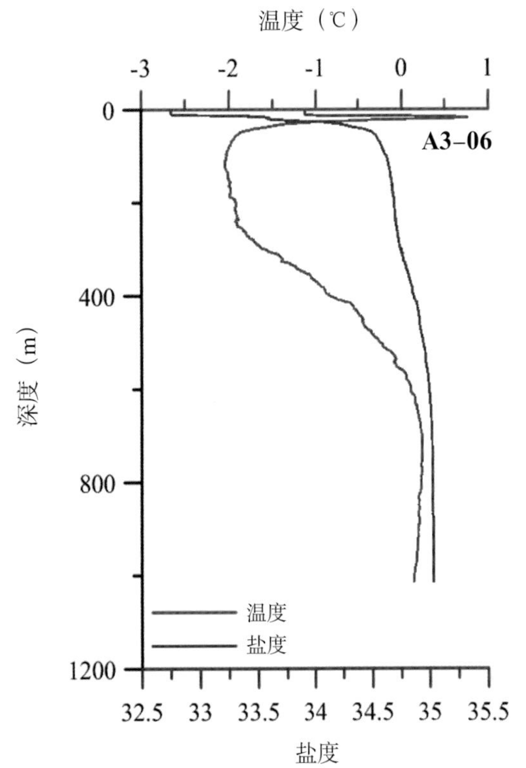
温度（℃）
-3 -2 -1 0 1
0 400 800 1200
深度（m）
A3-06
温度
盐度
32.5 33 33.5 34 34.5 35 35.5
盐度

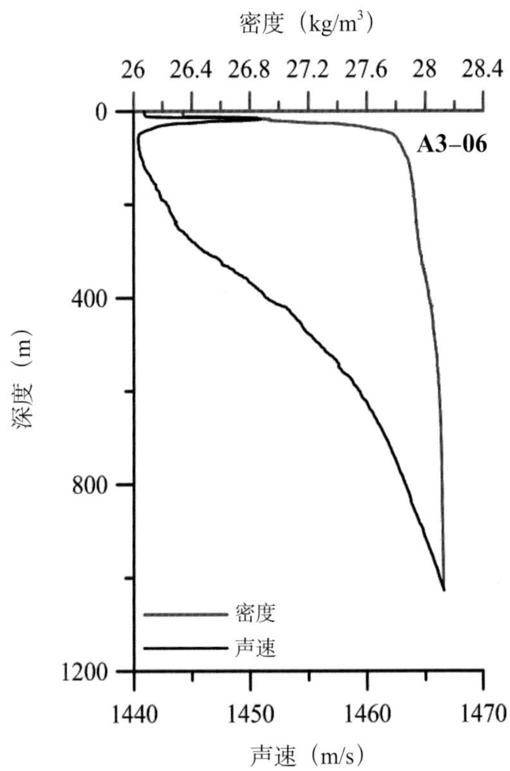
密度（kg/m3）
26 26.4 26.8 27.2 27.6 28 28.4
0 400 800 1200
深度（m）
A3-06
密度
声速
1440 1450 1460 1470
声速（m/s）

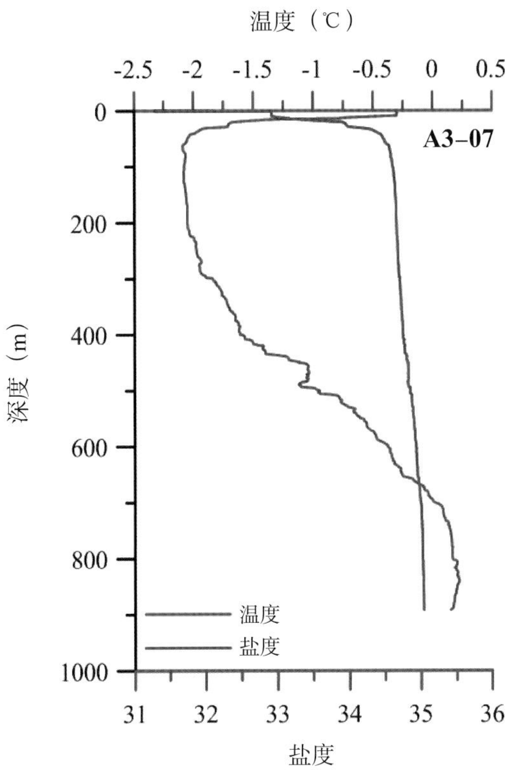
温度（℃）
-2.5 -2 -1.5 -1 -0.5 0 0.5
A3-07
0 200 400 600 800 1000
深度（m）
温度
盐度
31 32 33 34 35 36
盐度

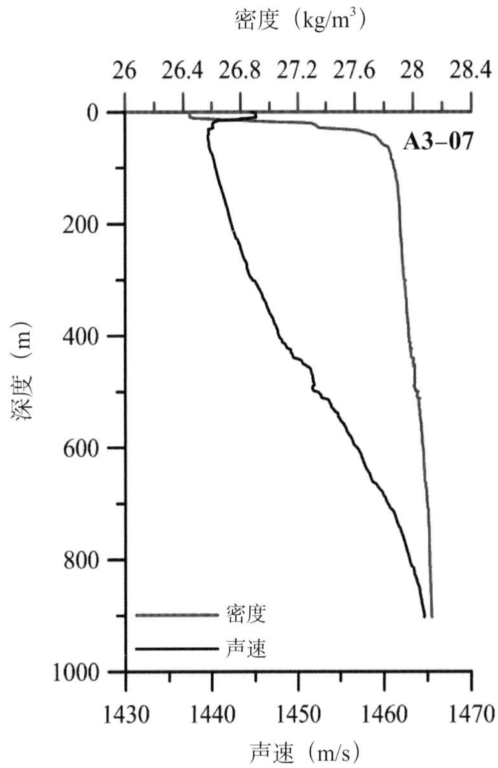
密度（kg/m³）
26 26.4 26.8 27.2 27.6 28 28.4
A3-07
0 200 400 600 800 1000
深度（m）
密度
声速
1430 1440 1450 1460 1470
声速（m/s）

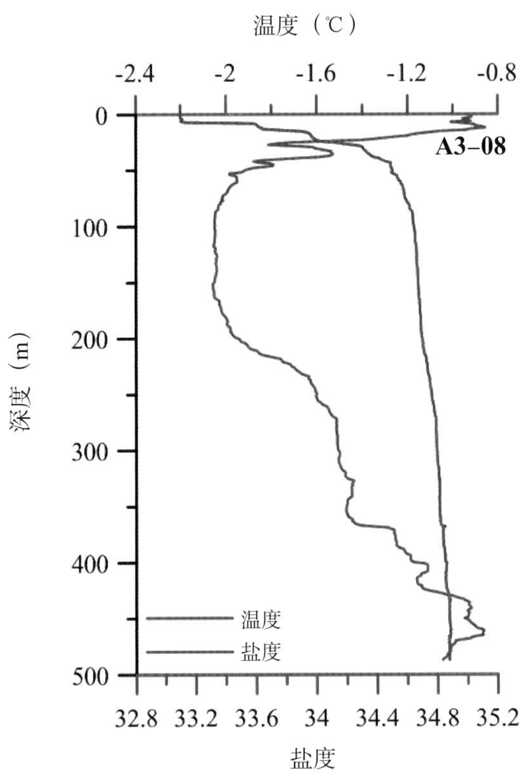
温度（℃）
-2.4 -2 -1.6 -1.2 -0.8
A3-08
0 100 200 300 400 500
深度（m）
温度
盐度
32.8 33.2 33.6 34 34.4 34.8 35.2
盐度

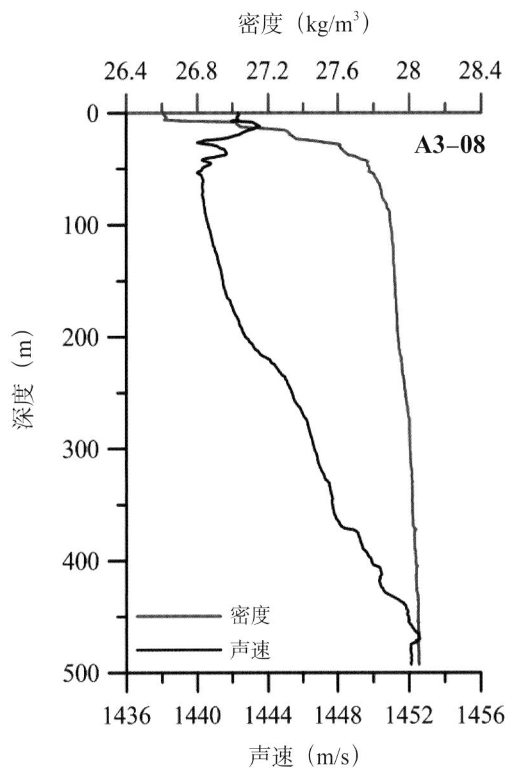
密度（kg/m³）
26.4 26.8 27.2 27.6 28 28.4
A3-08
0 100 200 300 400 500
深度（m）
密度
声速
1436 1440 1444 1448 1452 1456
声速（m/s）

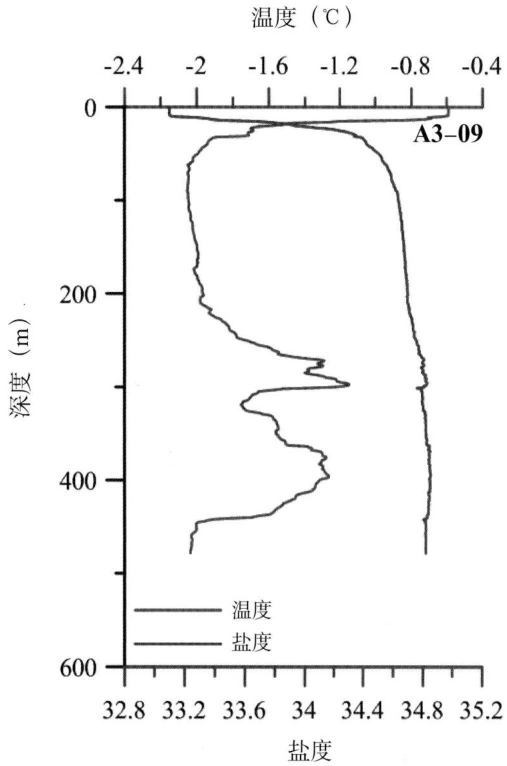
温度（℃）
-2.4 -2 -1.6 -1.2 -0.8 -0.4
A3-09
0 200 400 600
深度（m）
温度
盐度
32.8 33.2 33.6 34 34.4 34.8 35.2
盐度

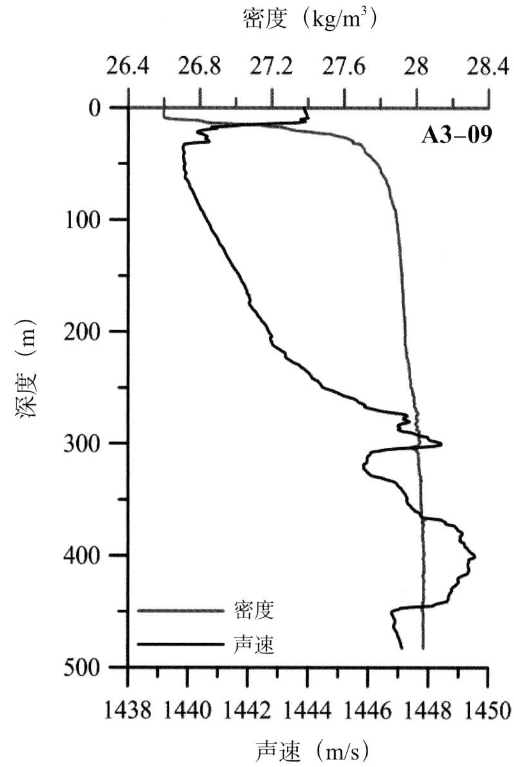
密度（kg/m³）
26.4 26.8 27.2 27.6 28 28.4
A3-09
0 100 200 300 400 500
深度（m）
密度
声速
1438 1440 1442 1444 1446 1448 1450
声速（m/s）

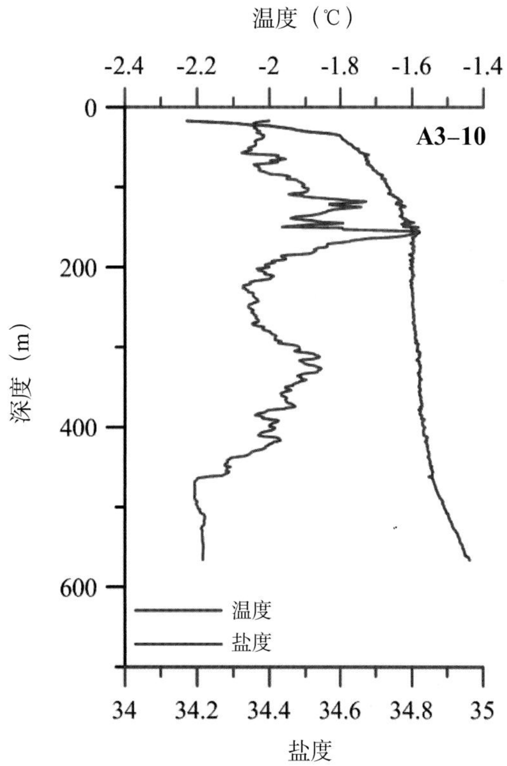
温度（℃）
-2.4 -2.2 -2 -1.8 -1.6 -1.4
A3-10
0 200 400 600
深度（m）
温度
盐度
34 34.2 34.4 34.6 34.8 35
盐度

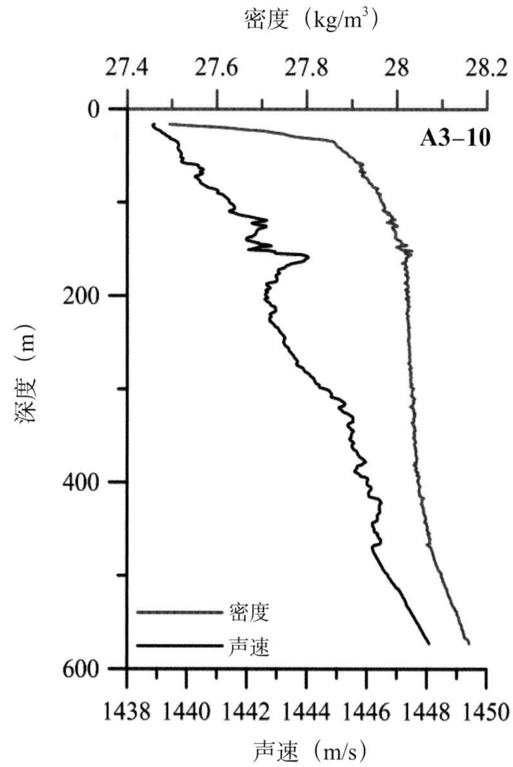
密度（kg/m³）
27.4 27.6 27.8 28 28.2
A3-10
0 200 400 600
深度（m）
密度
声速
1438 1440 1442 1444 1446 1448 1450
声速（m/s）

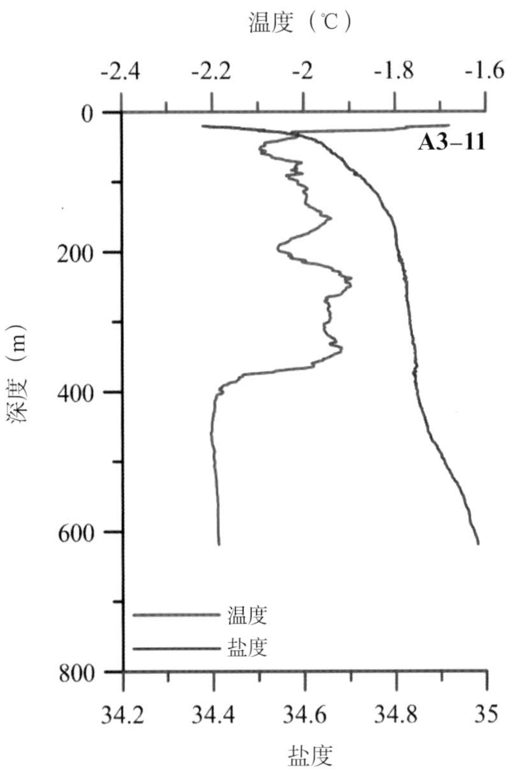
温度（℃）
-2.4
-2.2
-2
-1.8
-1.6
0
200
400
600
800
深度（m）
A3–11
温度
盐度
34.2
34.4
34.6
34.8
35
盐度

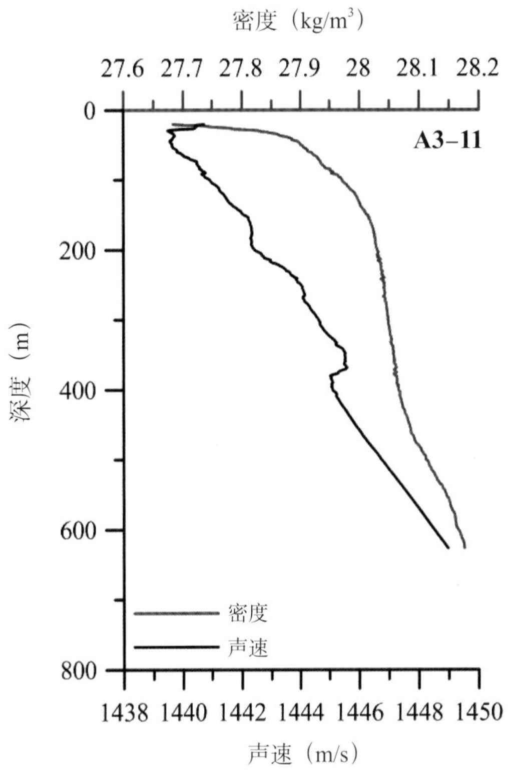
密度（kg/m3）
27.6
27.7
27.8
27.9
28
28.1
28.2
0
200
400
600
800
深度（m）
A3–11
密度
声速
1438
1440
1442
1444
1446
1448
1450
声速（m/s）

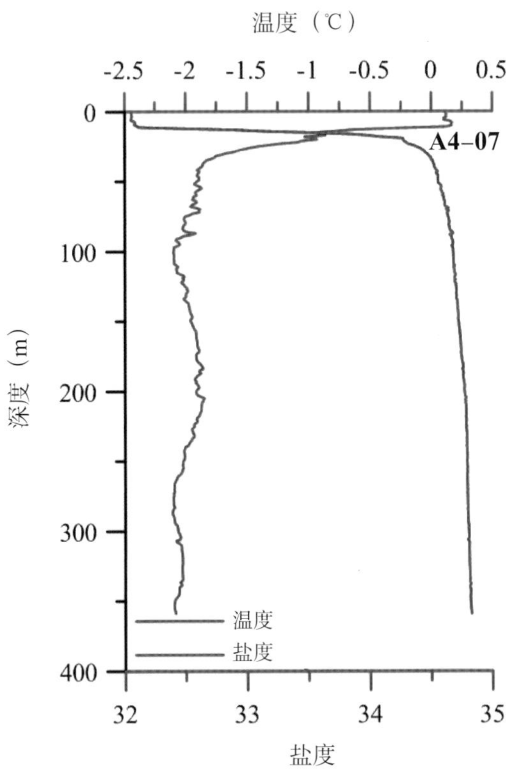
温度（℃）
-2.5
-2
-1.5
-1
-0.5
0
0.5
0
100
200
300
400
深度（m）
A4–07
温度
盐度
32
33
34
35
盐度

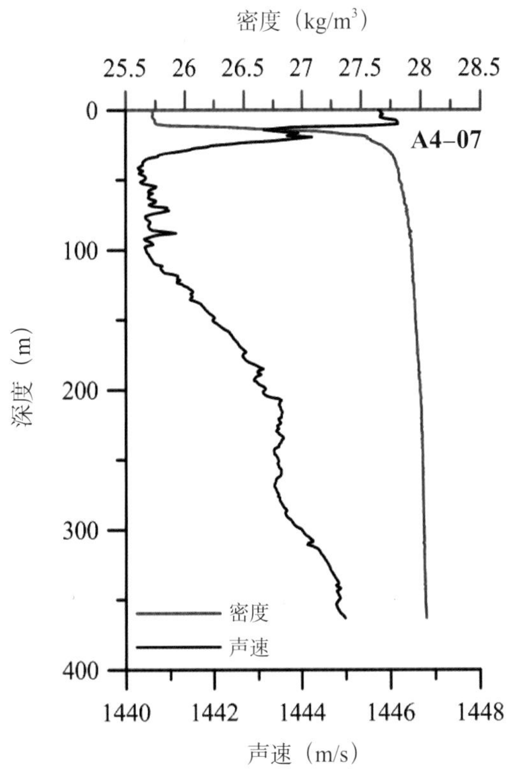
密度（kg/m3）
25.5
26
26.5
27
27.5
28
28.5
0
100
200
300
400
深度（m）
A4–07
密度
声速
1440
1442
1444
1446
1448
声速（m/s）

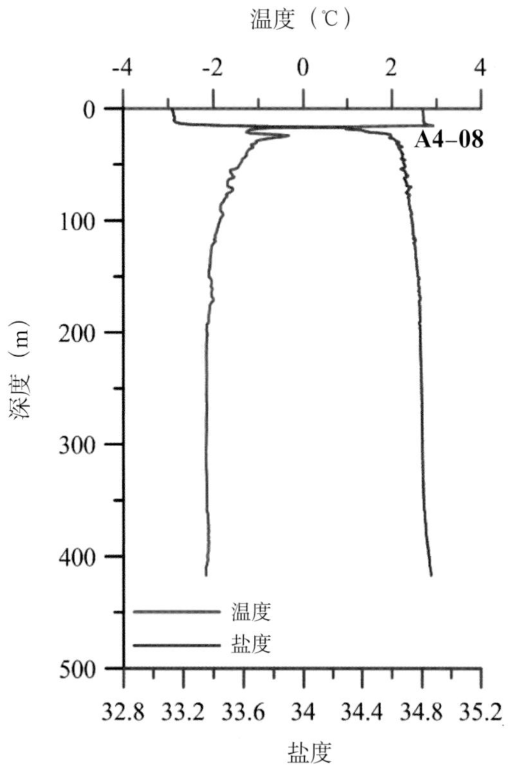
温度（℃）
-4
-2
0
2
4
0
100
200
300
400
500
深度（m）
A4-08
温度
盐度
32.8
33.2
33.6
34
34.4
34.8
35.2
盐度

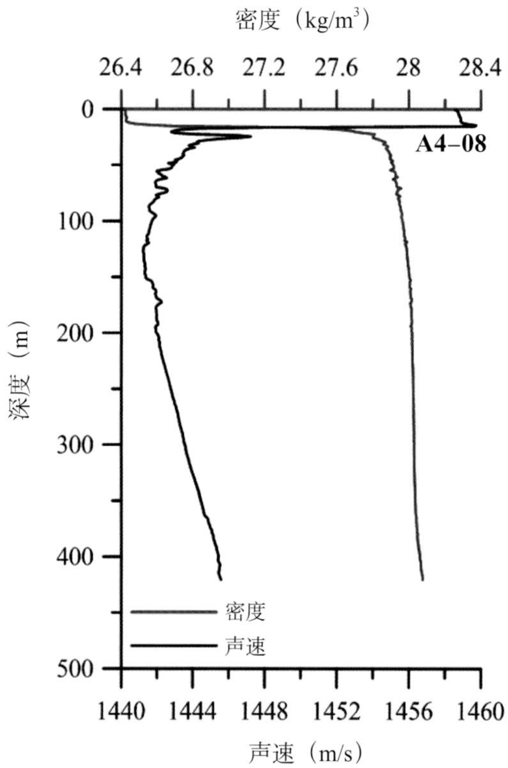
密度（kg/m³）
26.4
26.8
27.2
27.6
28
28.4
0
100
200
300
400
500
深度（m）
A4-08
密度
声速
1440
1444
1448
1452
1456
1460
声速（m/s）

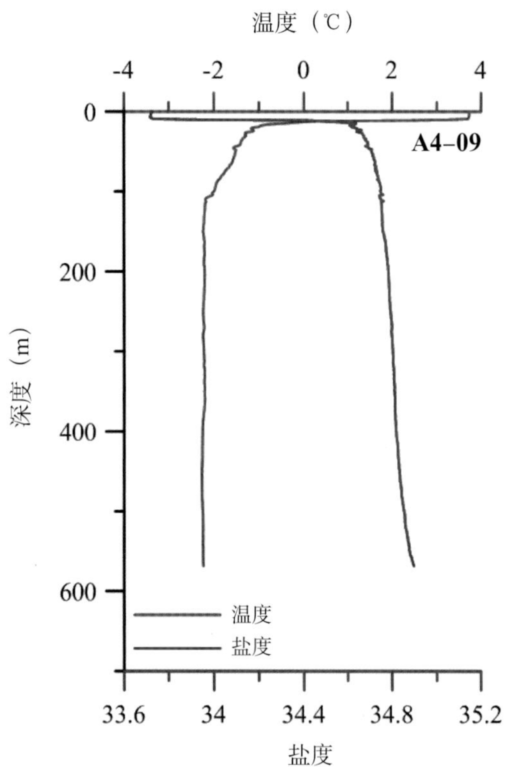
温度（℃）
-4
-2
0
2
4
0
200
400
600
深度（m）
A4-09
温度
盐度
33.6
34
34.4
34.8
35.2
盐度

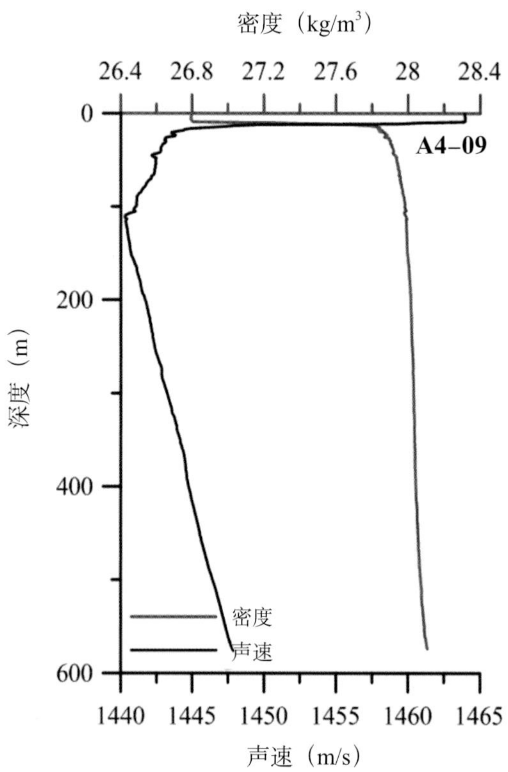
密度（kg/m³）
26.4
26.8
27.2
27.6
28
28.4
0
200
400
600
深度（m）
A4-09
密度
声速
1440
1445
1450
1455
1460
1465
声速（m/s）

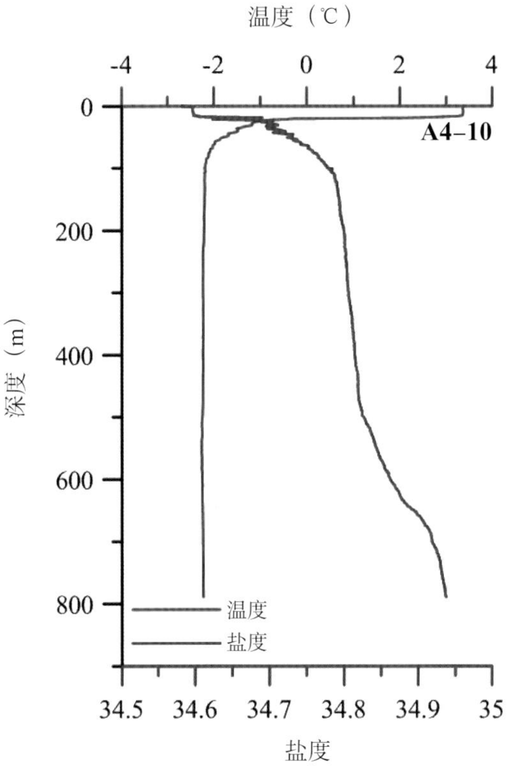
温度（℃）
-4
-2
0
2
4
A4-10
0
200
400
600
800
深度（m）
温度
盐度
34.5
34.6
34.7
34.8
34.9
35
盐度

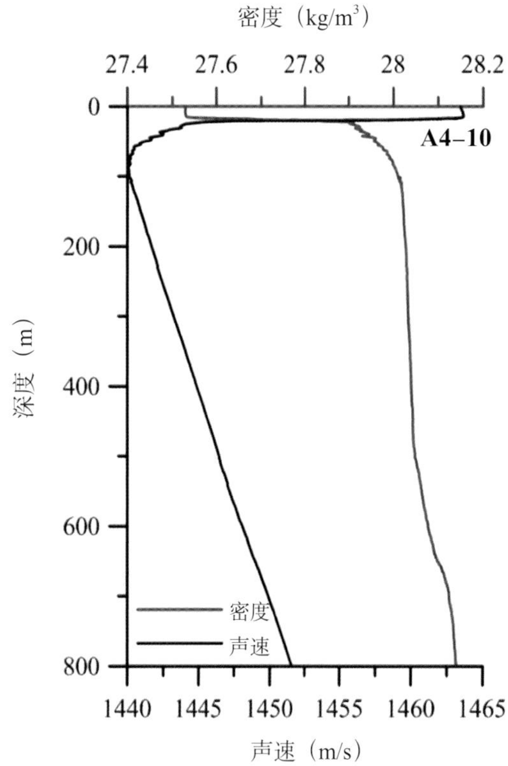
密度（kg/m³）
27.4
27.6
27.8
28
28.2
A4-10
0
200
400
600
800
深度（m）
密度
声速
1440
1445
1450
1455
1460
1465
声速（m/s）

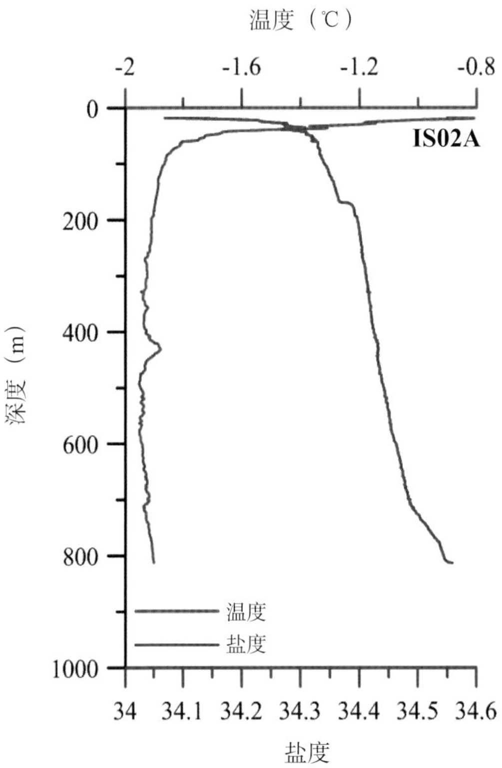
温度（℃）
-2
-1.6
-1.2
-0.8
IS02A
0
200
400
600
800
1000
深度（m）
温度
盐度
34
34.1
34.2
34.3
34.4
34.5
34.6
盐度

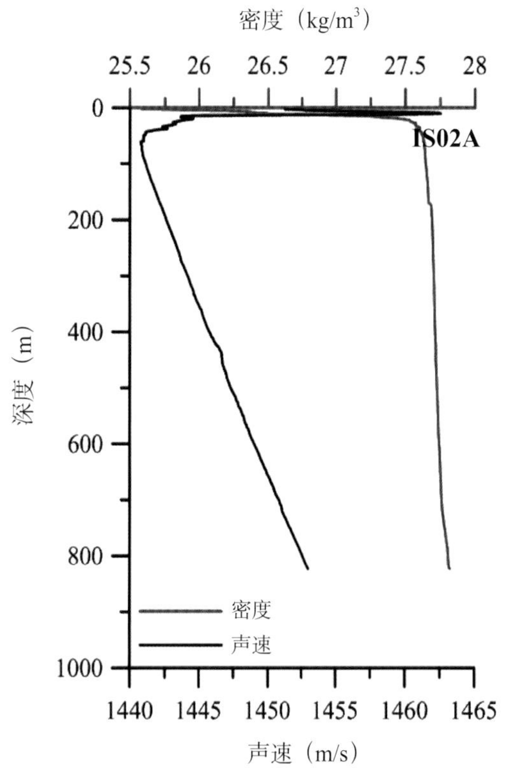
密度（kg/m³）
25.5
26
26.5
27
27.5
28
IS02A
0
200
400
600
800
1000
深度（m）
密度
声速
1440
1445
1450
1455
1460
1465
声速（m/s）

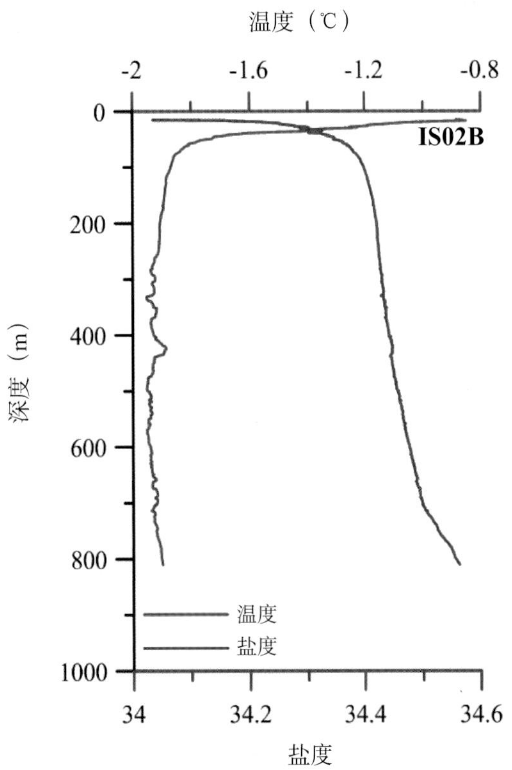
温度（℃）
-2
-1.6
-1.2
-0.8
IS02B
深度（m）
温度
盐度
34
34.2
34.4
34.6
盐度

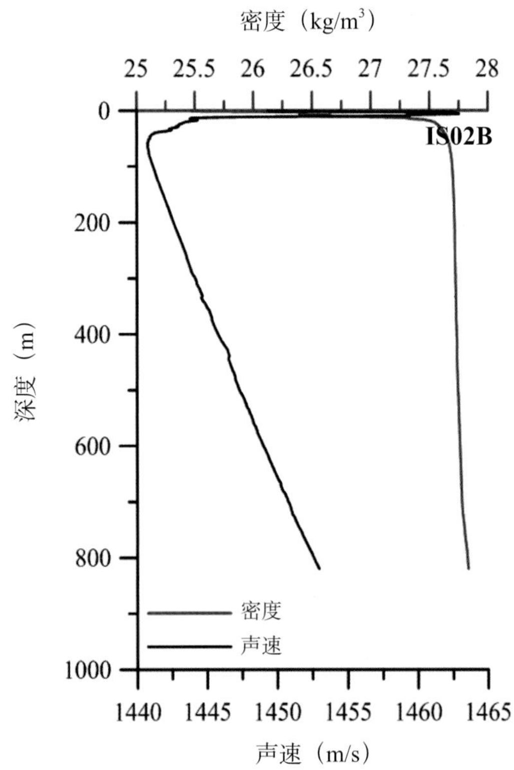
密度（kg/m³）
25
25.5
26
26.5
27
27.5
28
IS02B
深度（m）
密度
声速
1440
1445
1450
1455
1460
1465
声速（m/s）

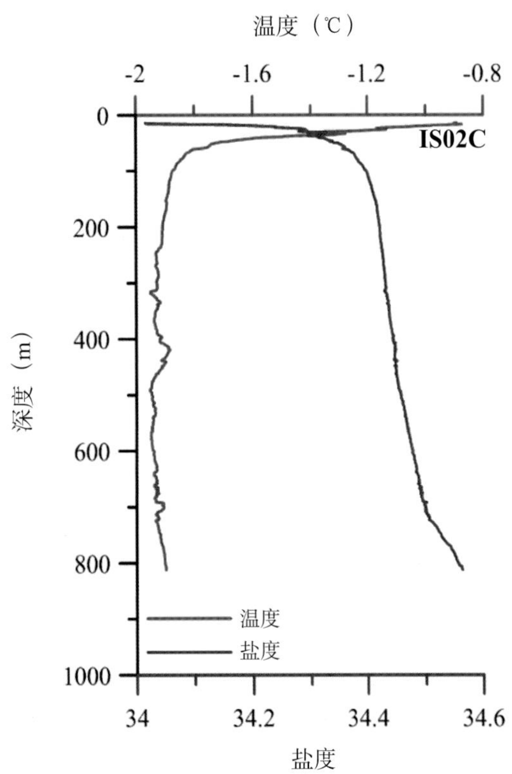
温度（℃）
-2
-1.6
-1.2
-0.8
IS02C
深度（m）
温度
盐度
34
34.2
34.4
34.6
盐度

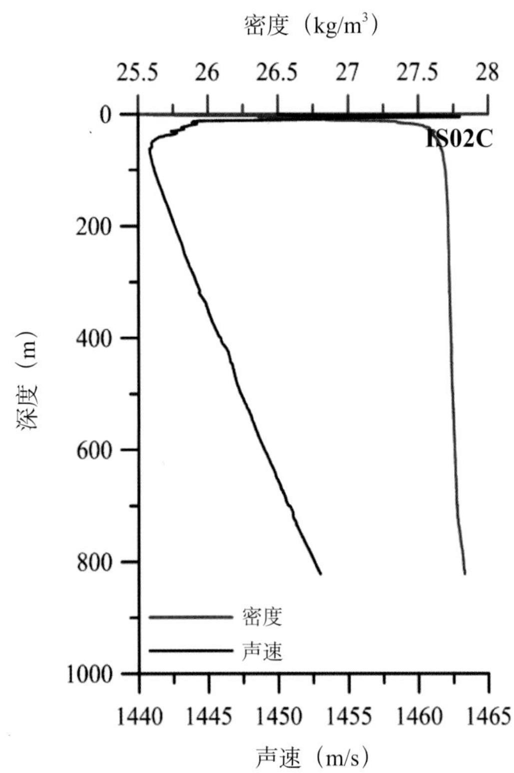
密度（kg/m³）
25.5
26
26.5
27
27.5
28
IS02C
深度（m）
密度
声速
1440
1445
1450
1455
1460
1465
声速（m/s）

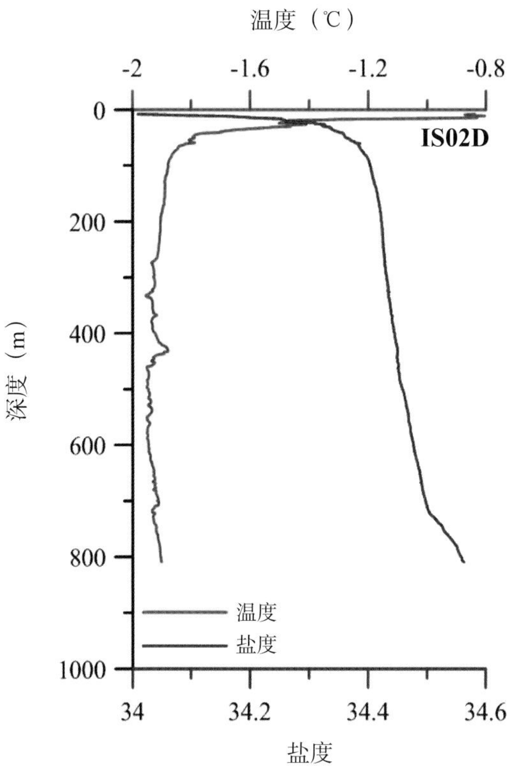
温度（℃）
-2
-1.6
-1.2
-0.8
IS02D
0
200
400
600
800
1000
深度（m）
温度
盐度
34
34.2
34.4
34.6
盐度

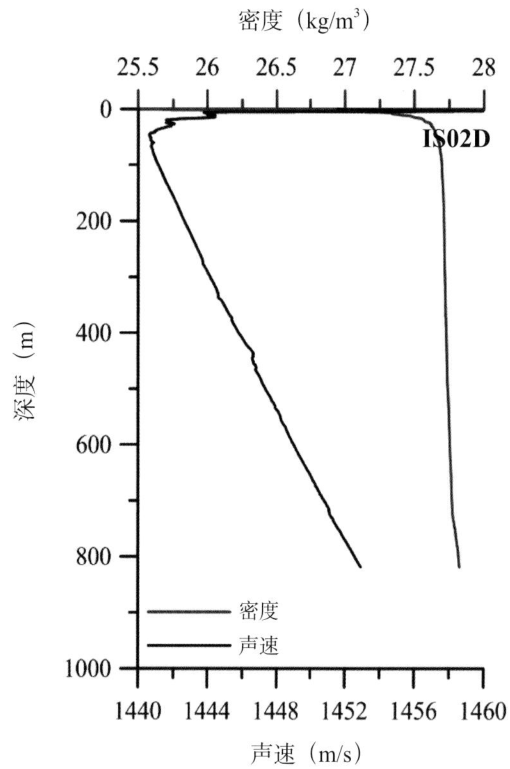
密度（kg/m³）
25.5
26
26.5
27
27.5
28
IS02D
0
200
400
600
800
1000
深度（m）
密度
声速
1440
1444
1448
1452
1456
1460
声速（m/s）

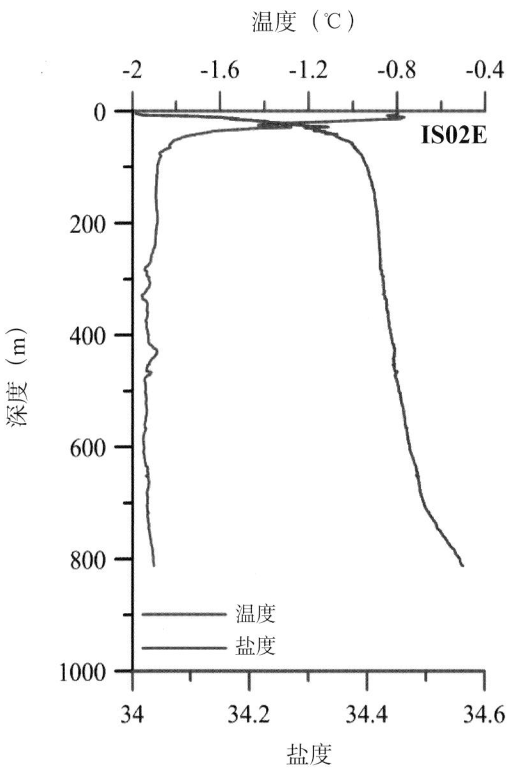
温度（℃）
-2
-1.6
-1.2
-0.8
-0.4
IS02E
0
200
400
600
800
1000
深度（m）
温度
盐度
34
34.2
34.4
34.6
盐度

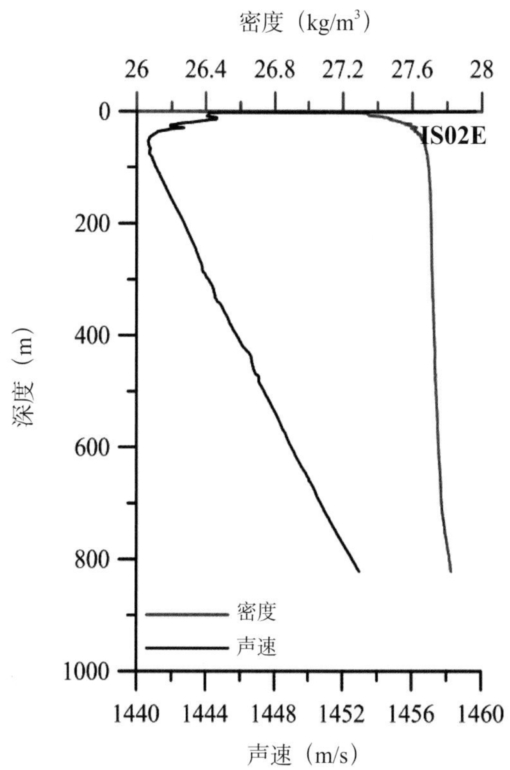
密度（kg/m³）
26
26.4
26.8
27.2
27.6
28
IS02E
0
200
400
600
800
1000
深度（m）
密度
声速
1440
1444
1448
1452
1456
1460
声速（m/s）

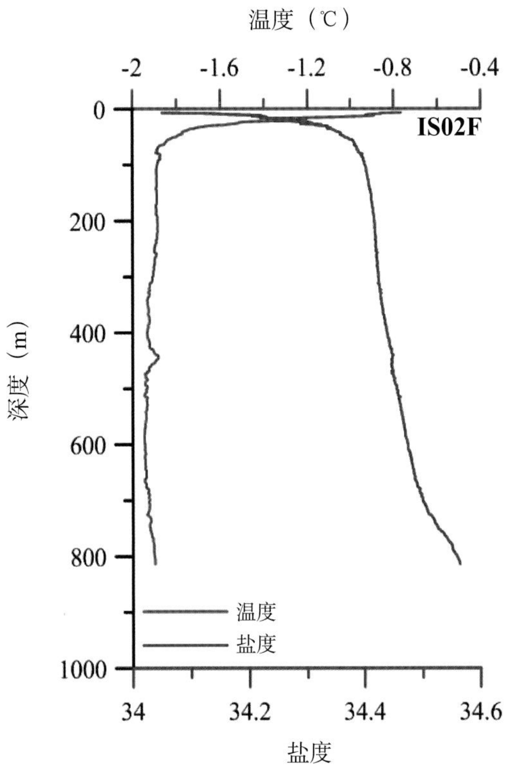
温度（℃）
-2
-1.6
-1.2
-0.8
-0.4
0
200
400
600
800
1000
深度（m）
IS02F
温度
盐度
34
34.2
34.4
34.6
盐度

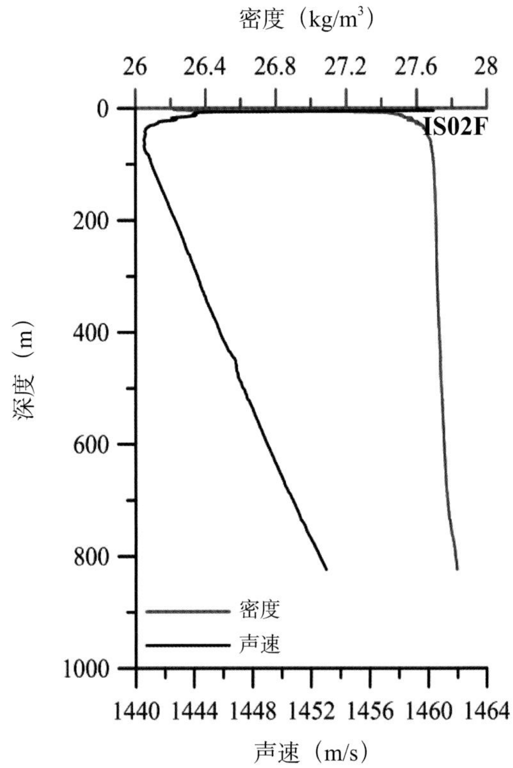
密度（kg/m3）
26
26.4
26.8
27.2
27.6
28
0
200
400
600
800
1000
深度（m）
IS02F
密度
声速
1440
1444
1448
1452
1456
1460
1464
声速（m/s）

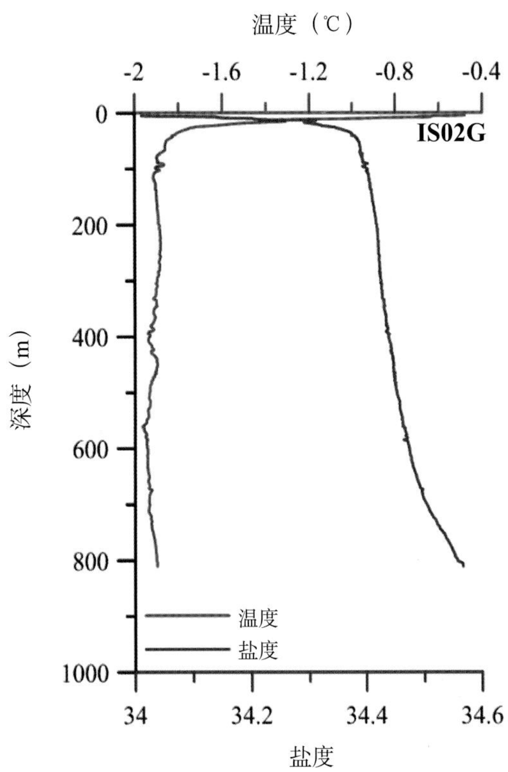
温度（℃）
-2
-1.6
-1.2
-0.8
-0.4
0
200
400
600
800
1000
深度（m）
IS02G
温度
盐度
34
34.2
34.4
34.6
盐度

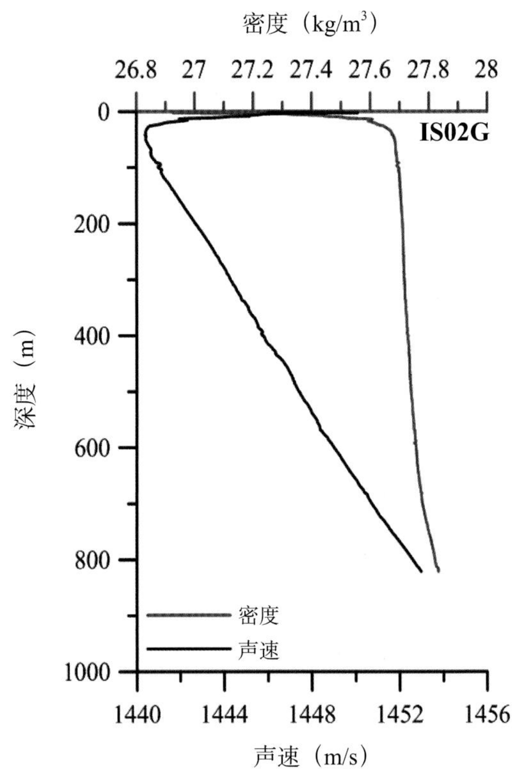
密度（kg/m3）
26.8
27
27.2
27.4
27.6
27.8
28
0
200
400
600
800
1000
深度（m）
IS02G
密度
声速
1440
1444
1448
1452
1456
声速（m/s）

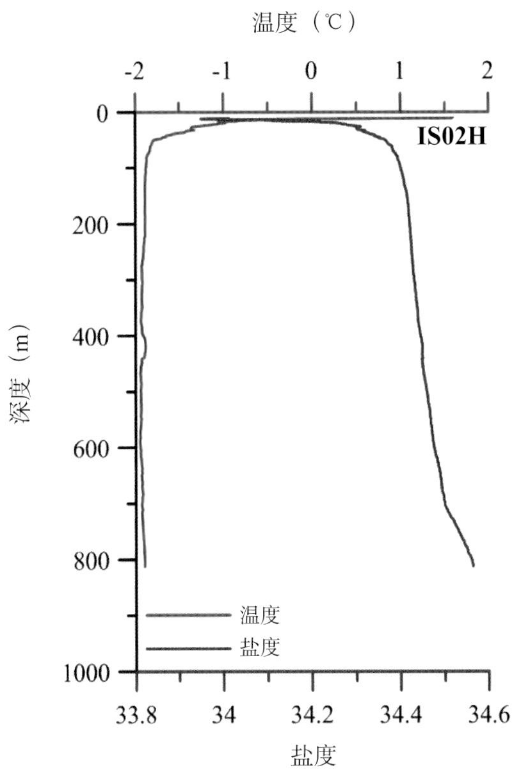
温度（℃）
-2
-1
0
1
2
IS02H
深度（m）
0
200
400
600
800
1000
温度
盐度
33.8
34
34.2
34.4
34.6
盐度

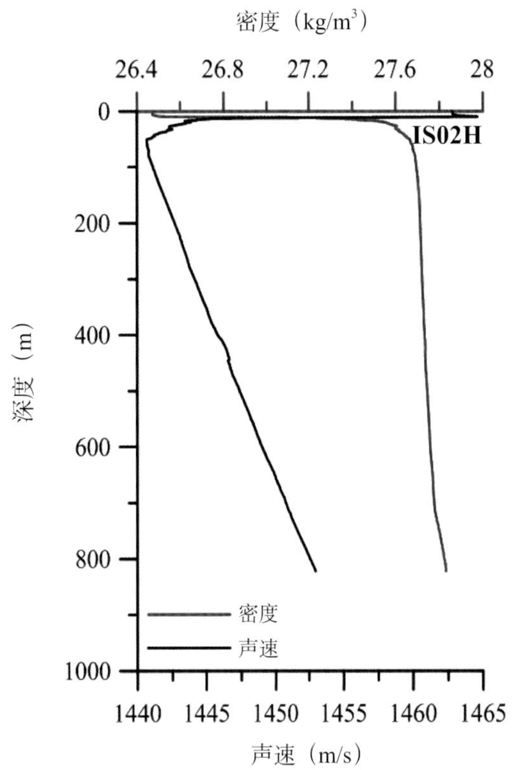
密度（kg/m³）
26.4
26.8
27.2
27.6
28
IS02H
深度（m）
0
200
400
600
800
1000
密度
声速
1440
1445
1450
1455
1460
1465
声速（m/s）

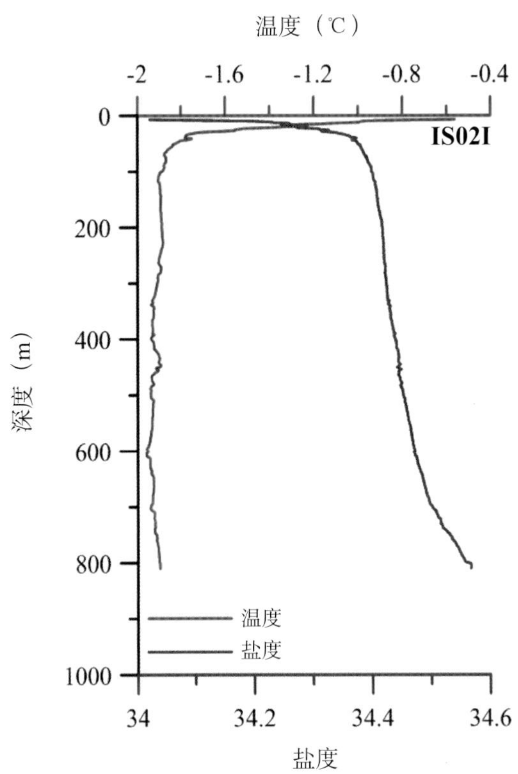
温度（℃）
-2
-1.6
-1.2
-0.8
-0.4
IS02I
深度（m）
0
200
400
600
800
1000
温度
盐度
34
34.2
34.4
34.6
盐度

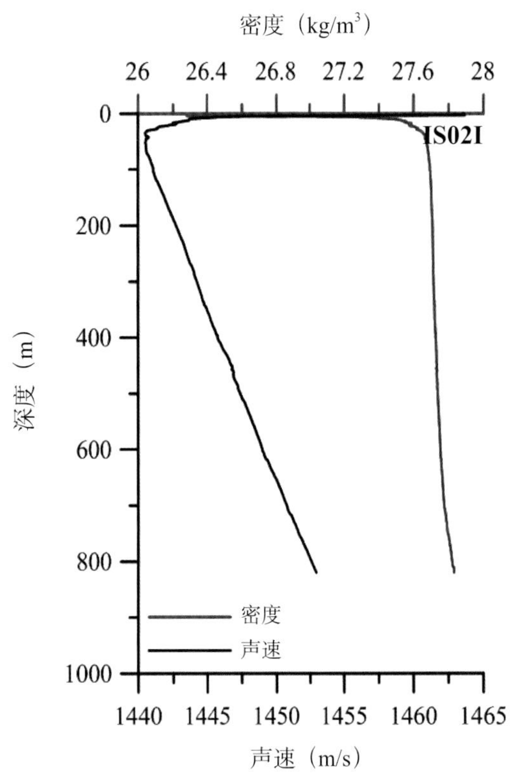
密度（kg/m³）
26
26.4
26.8
27.2
27.6
28
IS02I
深度（m）
0
200
400
600
800
1000
密度
声速
1440
1445
1450
1455
1460
1465
声速（m/s）

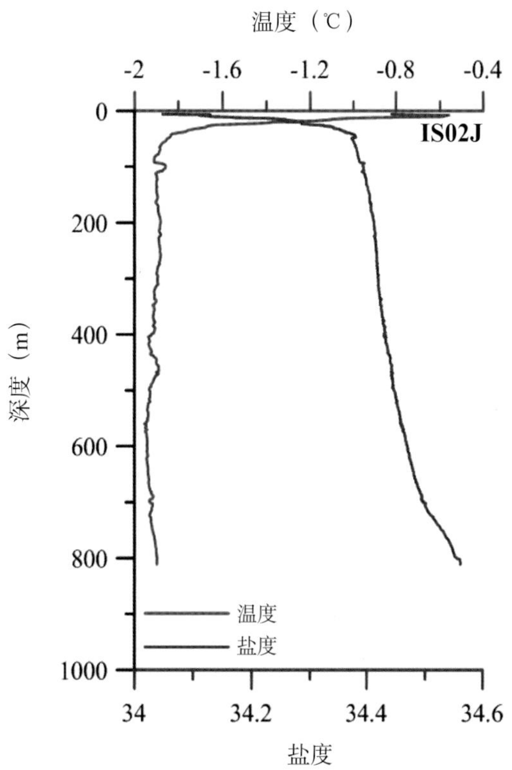
温度（℃）
-2
-1.6
-1.2
-0.8
-0.4
IS02J
0
200
400
600
800
1000
深度（m）
温度
盐度
34
34.2
34.4
34.6
盐度

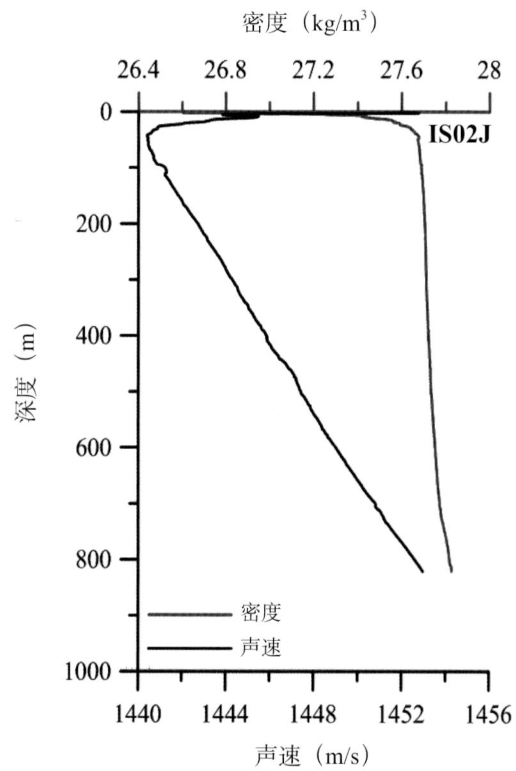
密度（kg/m³）
26.4
26.8
27.2
27.6
28
IS02J
0
200
400
600
800
1000
深度（m）
密度
声速
1440
1444
1448
1452
1456
声速（m/s）

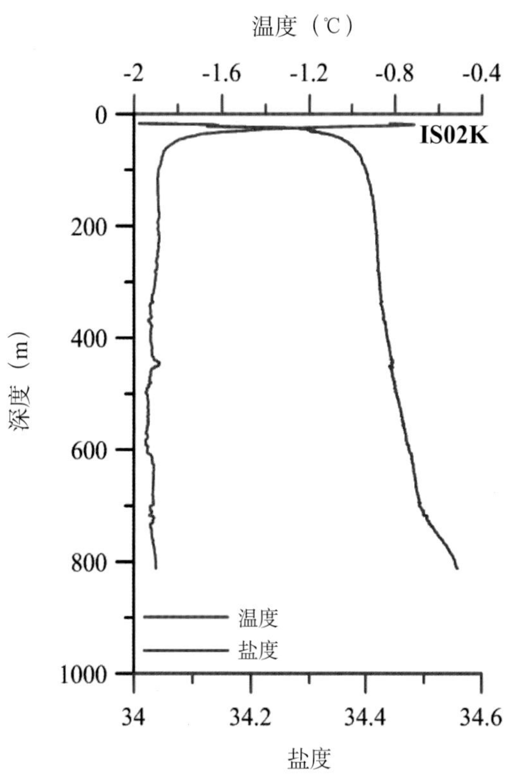
温度（℃）
-2
-1.6
-1.2
-0.8
-0.4
IS02K
0
200
400
600
800
1000
深度（m）
温度
盐度
34
34.2
34.4
34.6
盐度

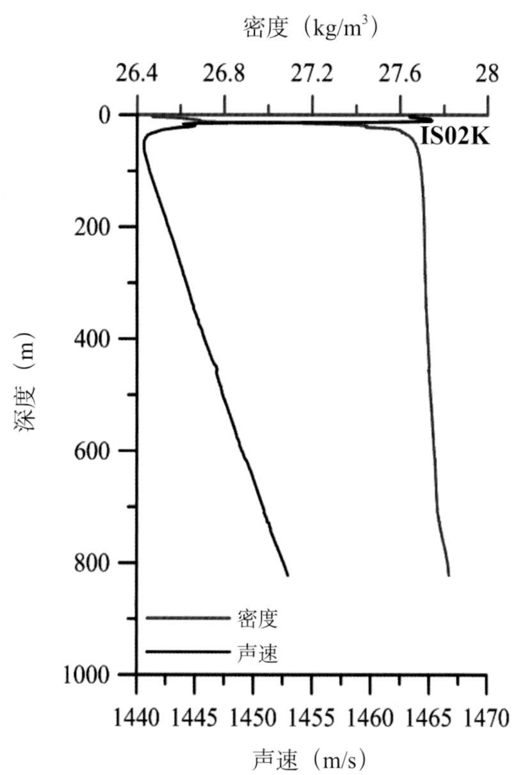
密度（kg/m³）
26.4
26.8
27.2
27.6
28
IS02K
0
200
400
600
800
1000
深度（m）
密度
声速
1440
1445
1450
1455
1460
1465
1470
声速（m/s）

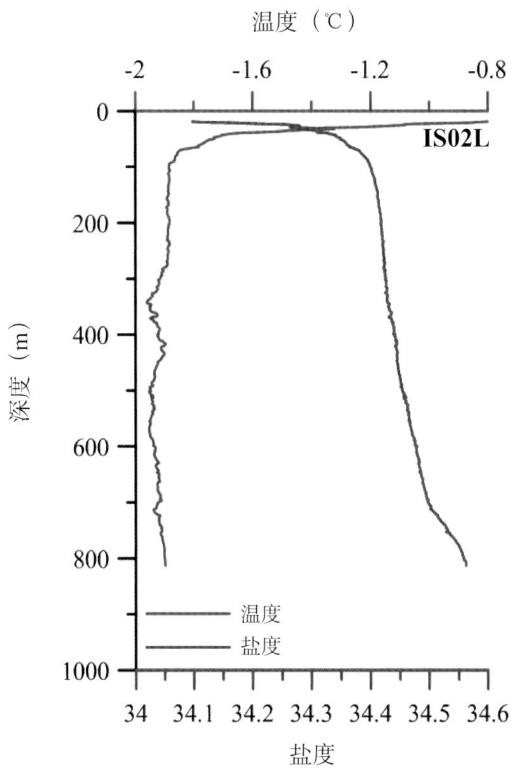
温度（℃）
-2
-1.6
-1.2
-0.8
0
200
400
600
800
1000
IS02L
深度（m）
温度
盐度
34
34.1
34.2
34.3
34.4
34.5
34.6
盐度

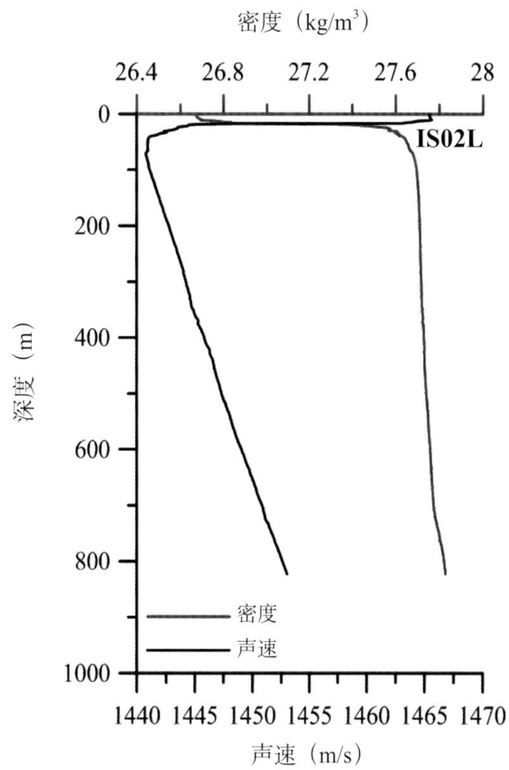
密度（kg/m³）
26.4
26.8
27.2
27.6
28
0
200
400
600
800
1000
IS02L
深度（m）
密度
声速
1440
1445
1450
1455
1460
1465
1470
声速（m/s）

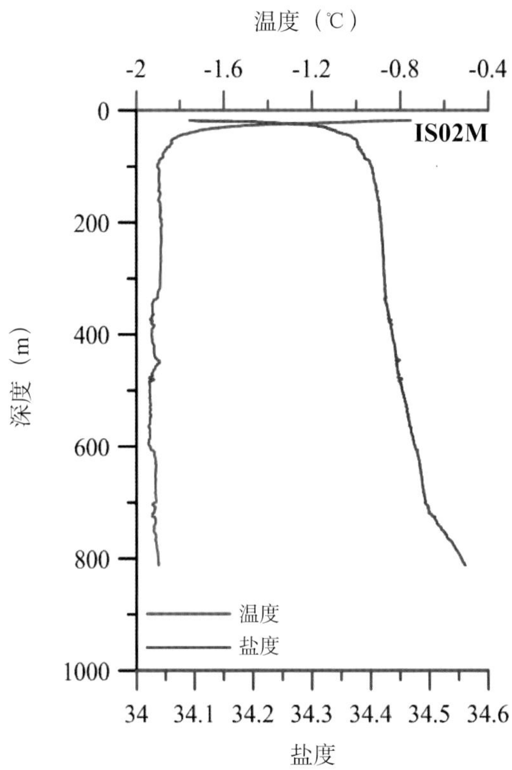
温度（℃）
-2
-1.6
-1.2
-0.8
-0.4
0
200
400
600
800
1000
IS02M
深度（m）
温度
盐度
34
34.1
34.2
34.3
34.4
34.5
34.6
盐度

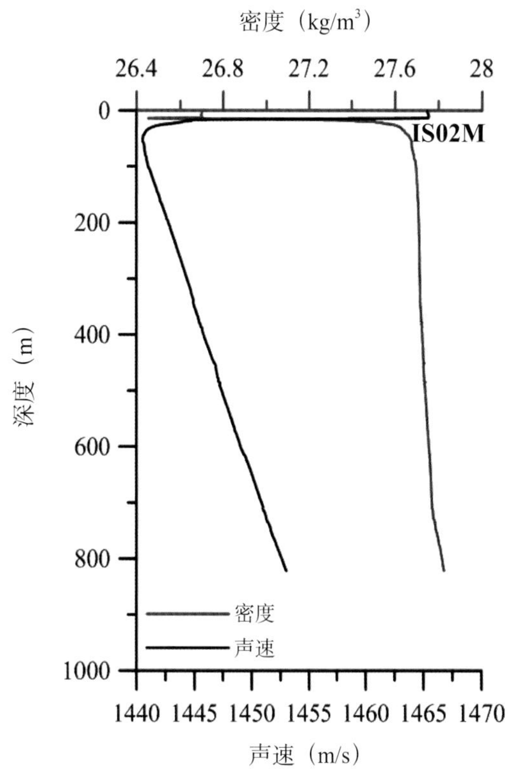
密度（kg/m³）
26.4
26.8
27.2
27.6
28
0
200
400
600
800
1000
IS02M
深度（m）
密度
声速
1440
1445
1450
1455
1460
1465
1470
声速（m/s）

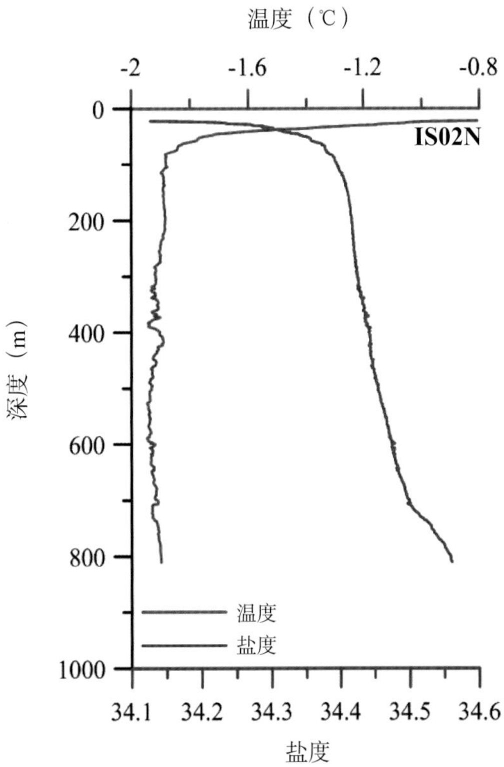
温度（℃）
-2
-1.6
-1.2
-0.8
IS02N
0
200
400
600
800
1000
深度（m）
温度
盐度
34.1
34.2
34.3
34.4
34.5
34.6
盐度

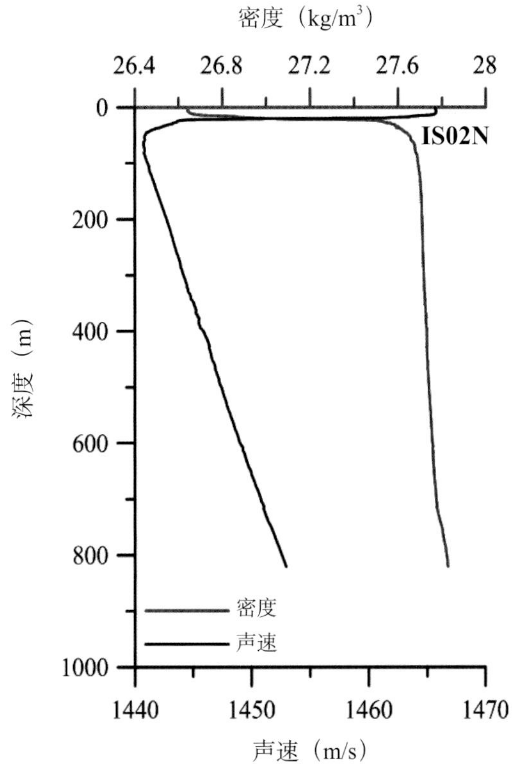
密度（kg/m³）
26.4
26.8
27.2
27.6
28
IS02N
0
200
400
600
800
1000
深度（m）
密度
声速
1440
1450
1460
1470
声速（m/s）

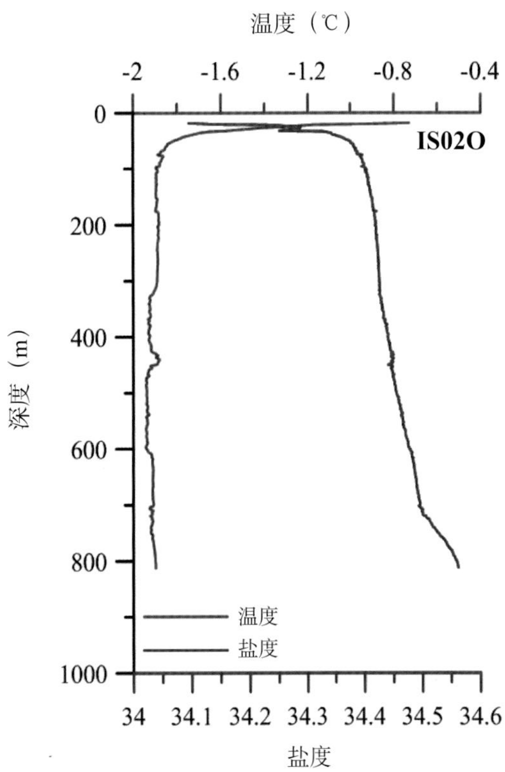
温度（℃）
-2
-1.6
-1.2
-0.8
-0.4
IS02O
0
200
400
600
800
1000
深度（m）
温度
盐度
34
34.1
34.2
34.3
34.4
34.5
34.6
盐度

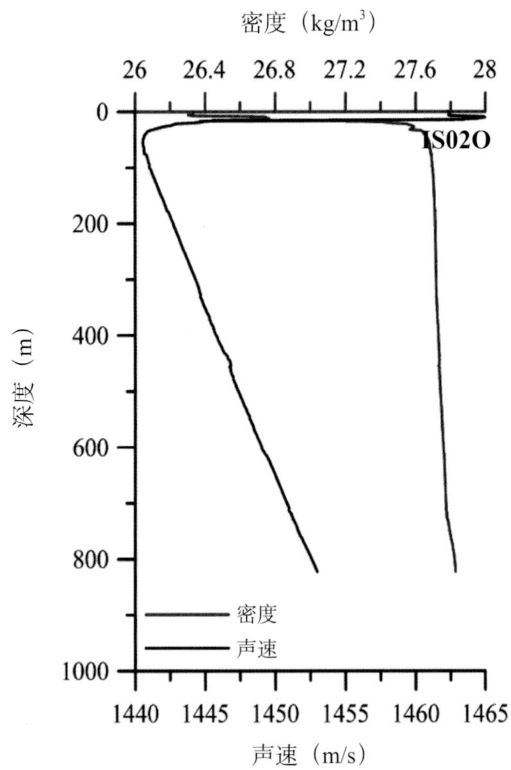
密度（kg/m³）
26
26.4
26.8
27.2
27.6
28
IS02O
0
200
400
600
800
1000
深度（m）
密度
声速
1440
1445
1450
1455
1460
1465
声速（m/s）

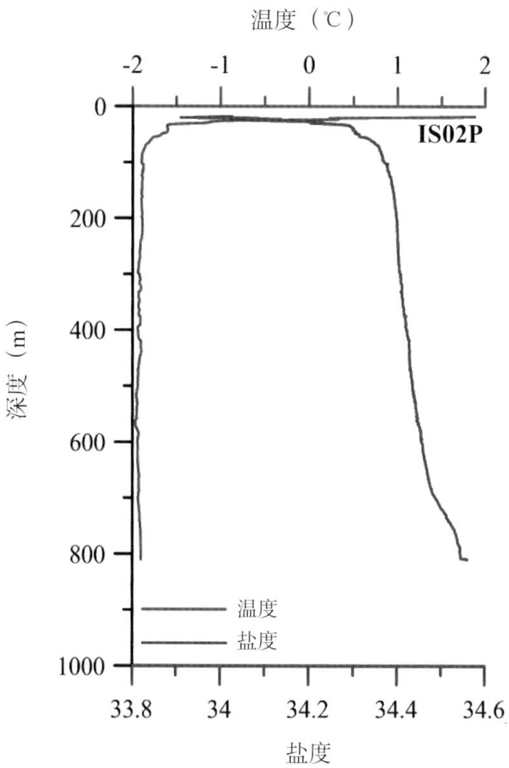
温度（℃）
-2
-1
0
1
2
IS02P
深度（m）
0
200
400
600
800
1000
温度
盐度
33.8
34
34.2
34.4
34.6
盐度

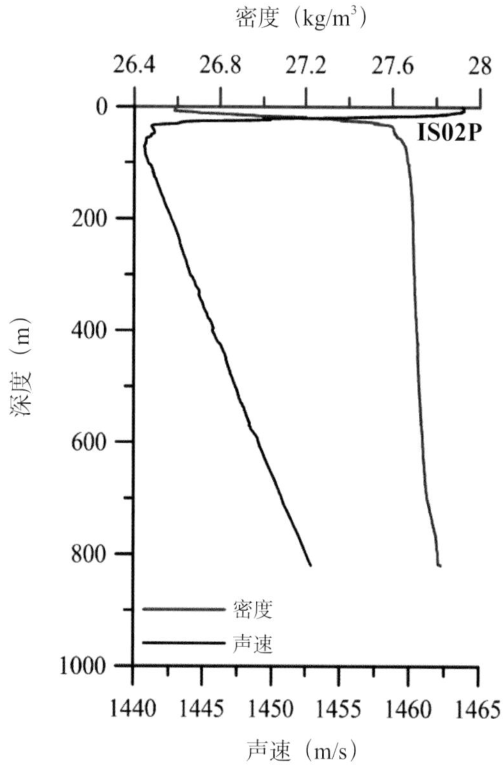
密度（kg/m³）
26.4
26.8
27.2
27.6
28
IS02P
深度（m）
0
200
400
600
800
1000
密度
声速
1440
1445
1450
1455
1460
1465
声速（m/s）

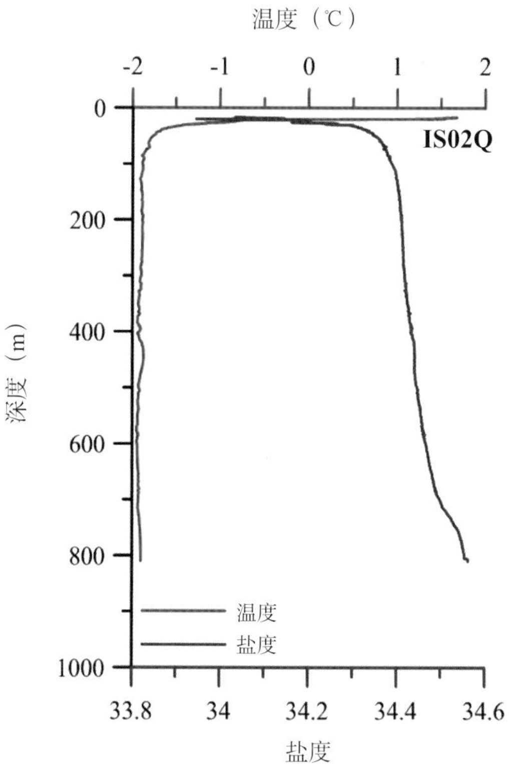
温度（℃）
-2
-1
0
1
2
IS02Q
深度（m）
0
200
400
600
800
1000
温度
盐度
33.8
34
34.2
34.4
34.6
盐度

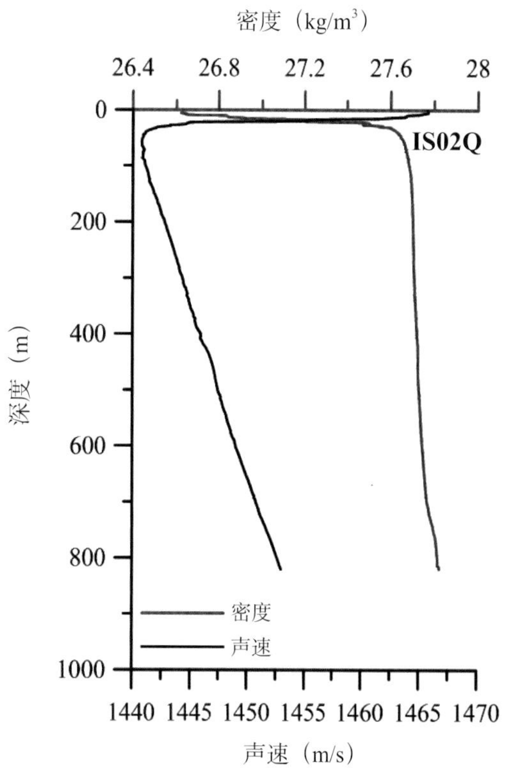
密度（kg/m³）
26.4
26.8
27.2
27.6
28
IS02Q
深度（m）
0
200
400
600
800
1000
密度
声速
1440
1445
1450
1455
1460
1465
1470
声速（m/s）

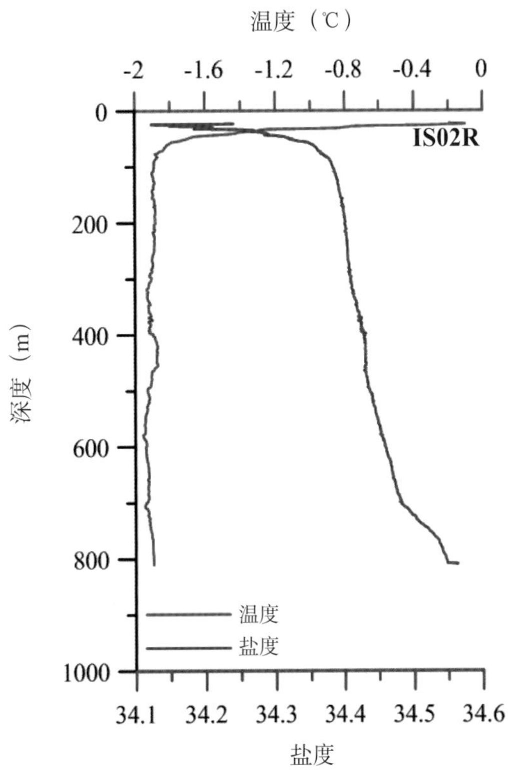
温度（℃）
-2 -1.6 -1.2 -0.8 -0.4 0
IS02R
深度（m）
0 200 400 600 800 1000
温度
盐度
34.1 34.2 34.3 34.4 34.5 34.6
盐度

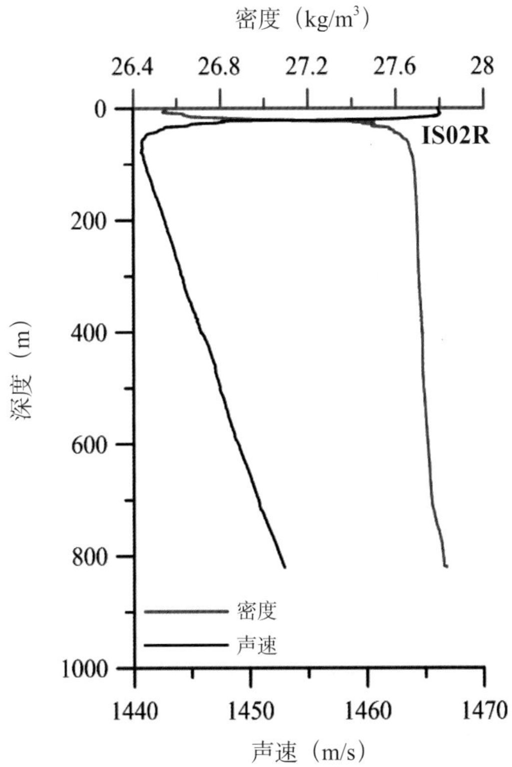
密度（kg/m³）
26.4 26.8 27.2 27.6 28
IS02R
深度（m）
0 200 400 600 800 1000
密度
声速
1440 1450 1460 1470
声速（m/s）

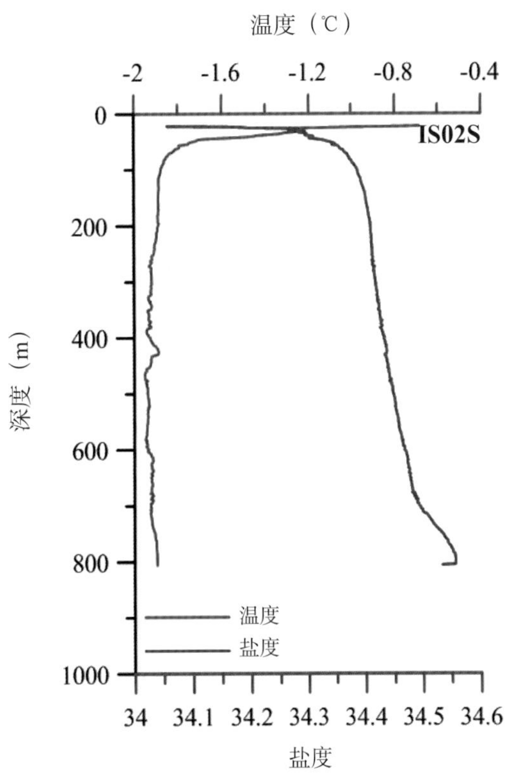
温度（℃）
-2 -1.6 -1.2 -0.8 -0.4
IS02S
深度（m）
0 200 400 600 800 1000
温度
盐度
34 34.1 34.2 34.3 34.4 34.5 34.6
盐度

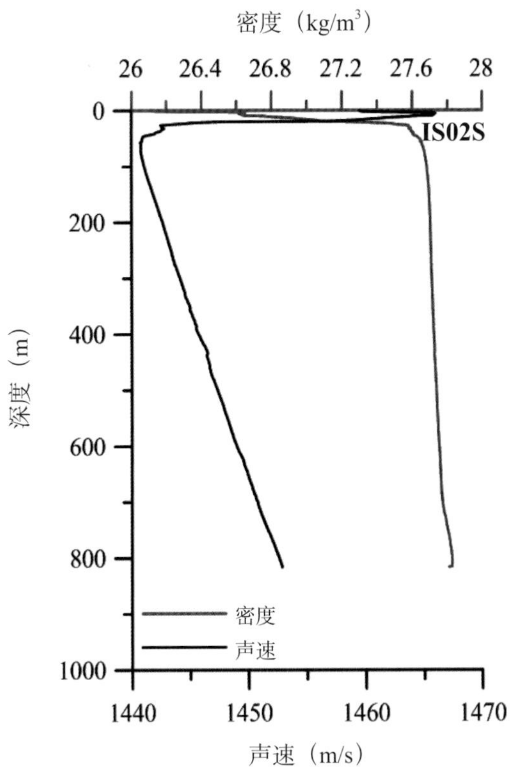
密度（kg/m³）
26 26.4 26.8 27.2 27.6 28
IS02S
深度（m）
0 200 400 600 800 1000
密度
声速
1440 1450 1460 1470
声速（m/s）

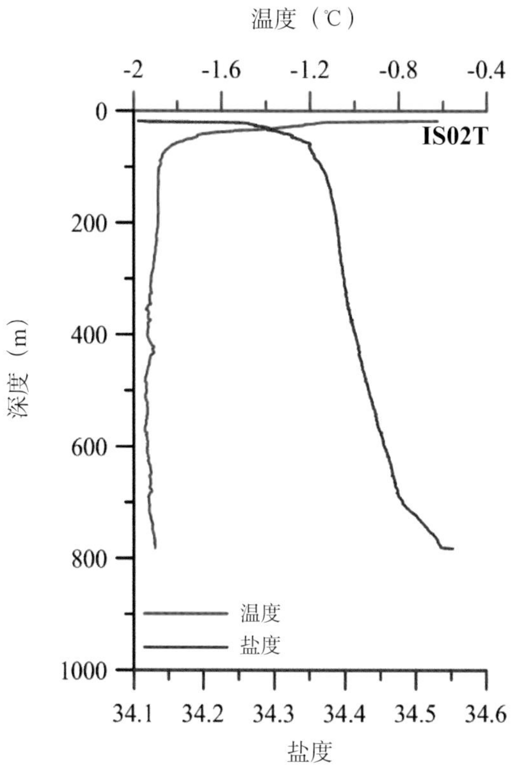
温度（℃）
-2
-1.6
-1.2
-0.8
-0.4
0
200
400
600
800
1000
深度（m）
IS02T
温度
盐度
34.1
34.2
34.3
34.4
34.5
34.6
盐度

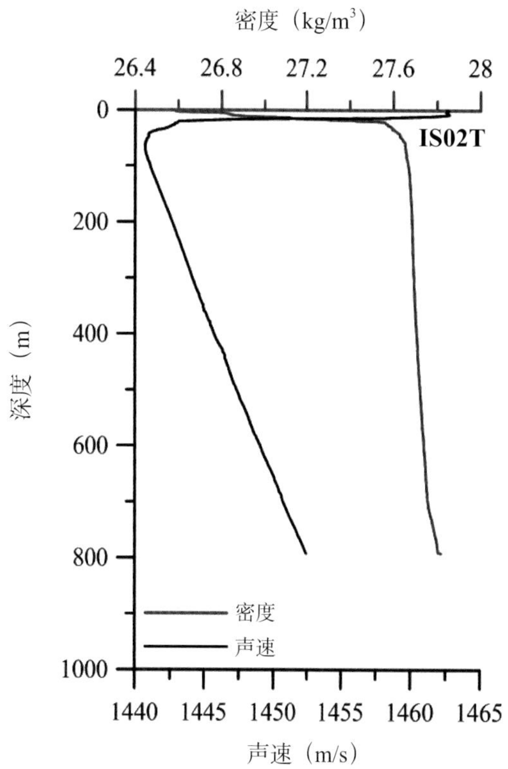
密度（kg/m3）
26.4
26.8
27.2
27.6
28
0
200
400
600
800
1000
深度（m）
IS02T
密度
声速
1440
1445
1450
1455
1460
1465
声速（m/s）

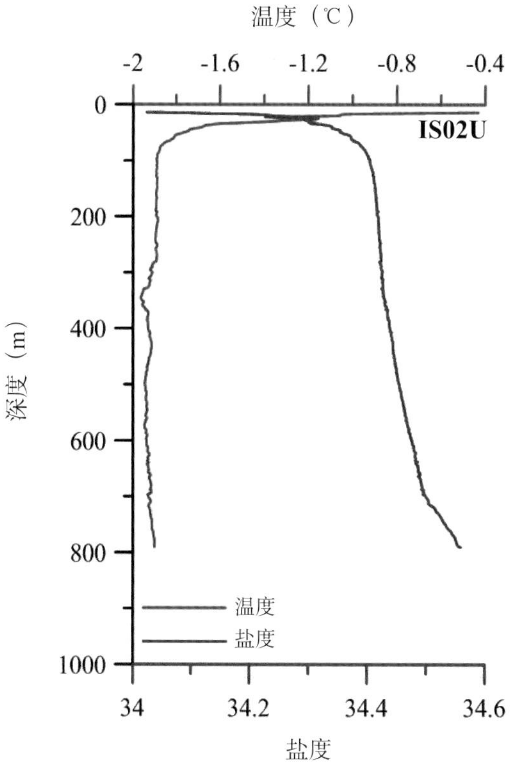
温度（℃）
-2
-1.6
-1.2
-0.8
-0.4
0
200
400
600
800
1000
深度（m）
IS02U
温度
盐度
34
34.2
34.4
34.6
盐度

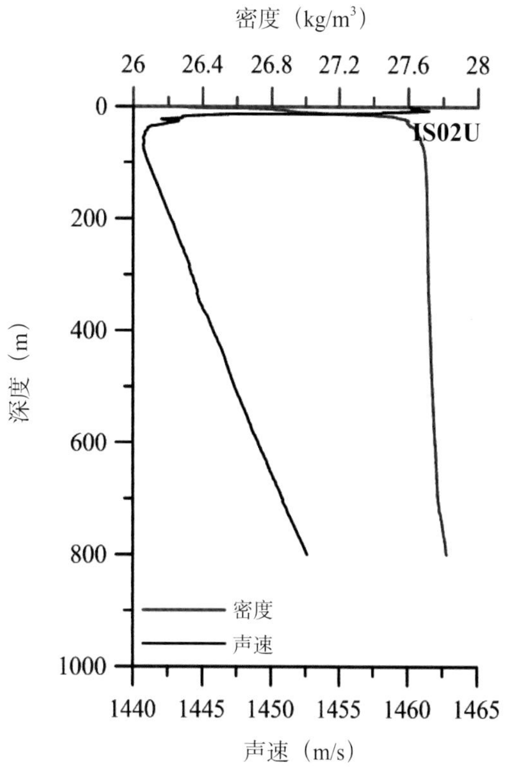
密度（kg/m3）
26
26.4
26.8
27.2
27.6
28
0
200
400
600
800
1000
深度（m）
IS02U
密度
声速
1440
1445
1450
1455
1460
1465
声速（m/s）

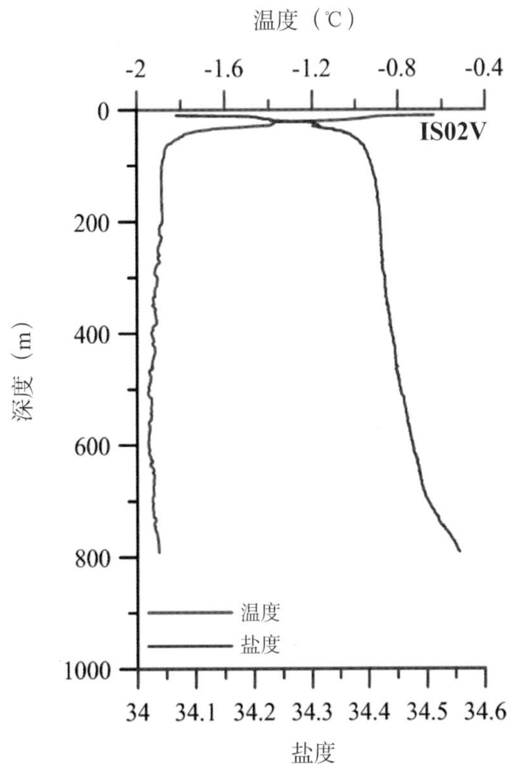
温度（℃）
-2
-1.6
-1.2
-0.8
-0.4
0
200
400
600
800
1000
IS02V
深度（m）
温度
盐度
34
34.1
34.2
34.3
34.4
34.5
34.6
盐度

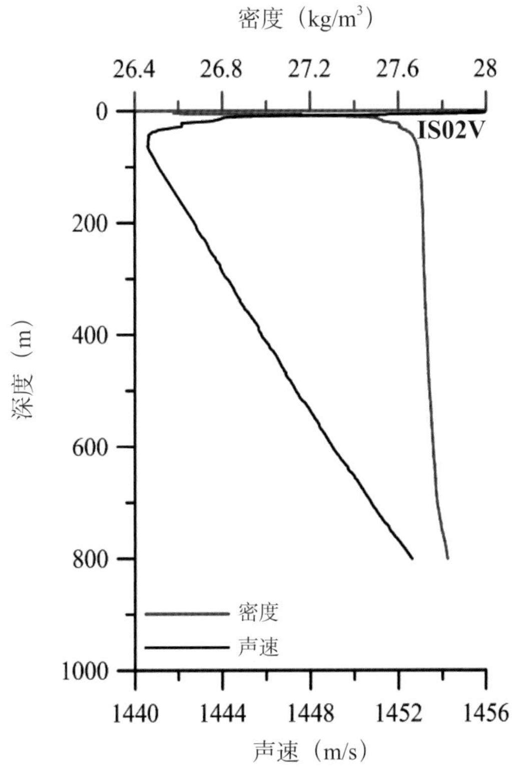
密度（kg/m3）
26.4
26.8
27.2
27.6
28
0
200
400
600
800
1000
IS02V
深度（m）
密度
声速
1440
1444
1448
1452
1456
声速（m/s）

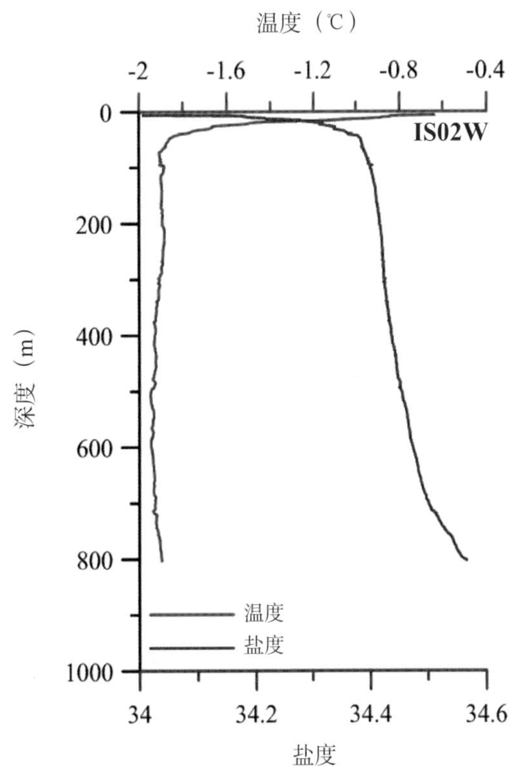
温度（℃）
-2
-1.6
-1.2
-0.8
-0.4
0
200
400
600
800
1000
IS02W
深度（m）
温度
盐度
34
34.2
34.4
34.6
盐度

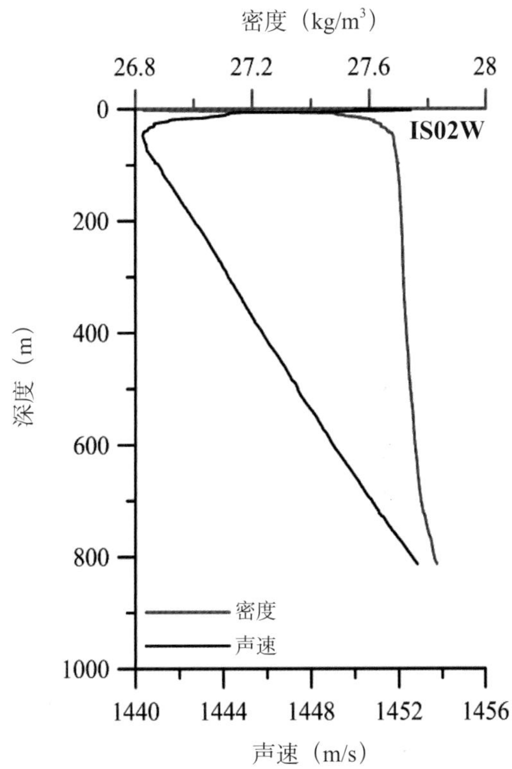
密度（kg/m3）
26.8
27.2
27.6
28
0
200
400
600
800
1000
IS02W
深度（m）
密度
声速
1440
1444
1448
1452
1456
声速（m/s）

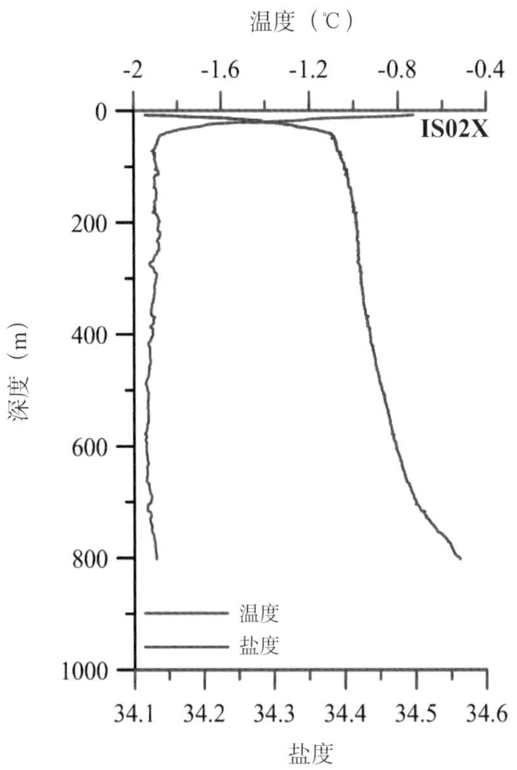
温度（℃）
-2
-1.6
-1.2
-0.8
-0.4
0
200
400
600
800
1000
IS02X
深度（m）
温度
盐度
34.1
34.2
34.3
34.4
34.5
34.6
盐度

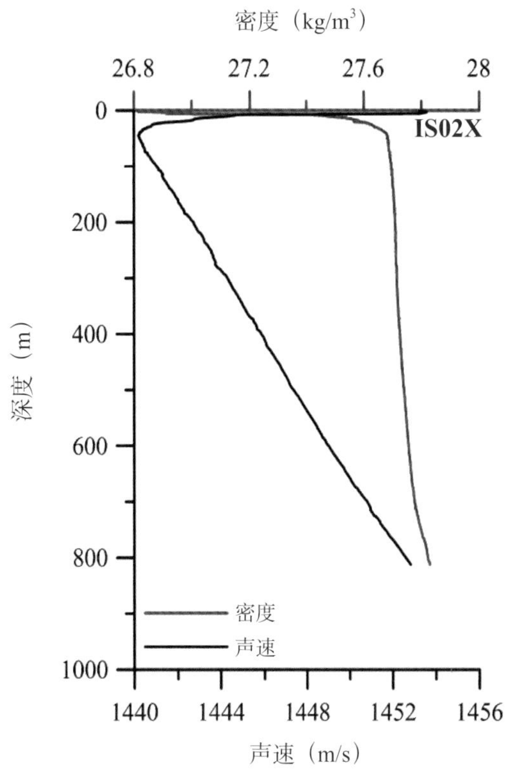
密度（kg/m³）
26.8
27.2
27.6
28
0
200
400
600
800
1000
IS02X
深度（m）
密度
声速
1440
1444
1448
1452
1456
声速（m/s）

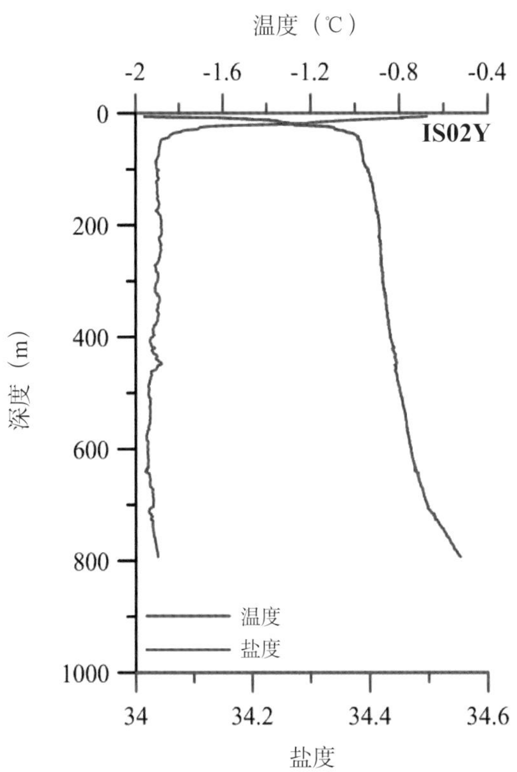
温度（℃）
-2
-1.6
-1.2
-0.8
-0.4
0
200
400
600
800
1000
IS02Y
深度（m）
温度
盐度
34
34.2
34.4
34.6
盐度

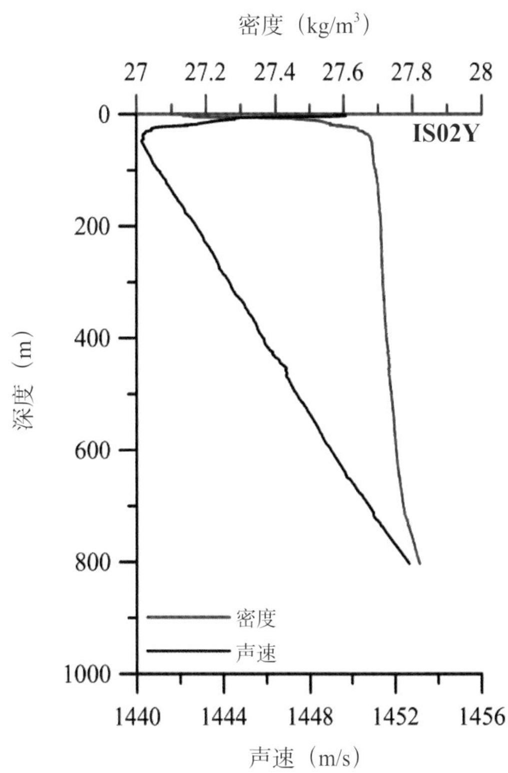
密度（kg/m³）
27
27.2
27.4
27.6
27.8
28
0
200
400
600
800
1000
IS02Y
深度（m）
密度
声速
1440
1444
1448
1452
1456
声速（m/s）

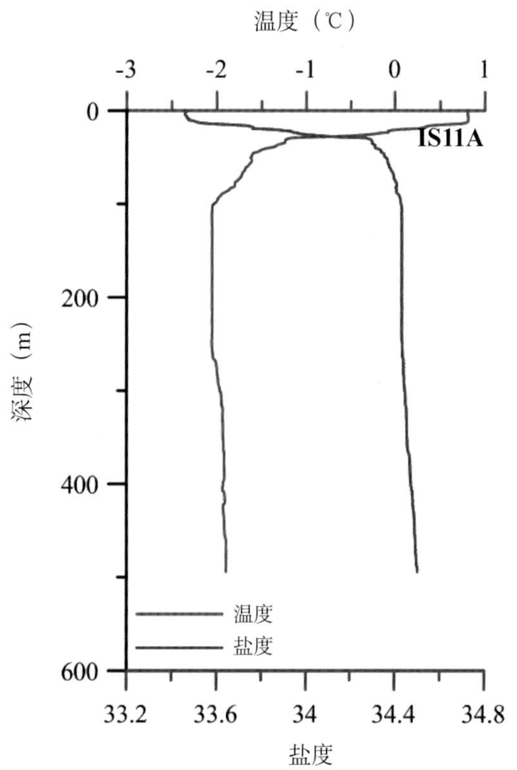
温度（℃）
-3 -2 -1 0 1
0 200 400 600
深度（m）
IS11A
温度
盐度
33.2 33.6 34 34.4 34.8
盐度

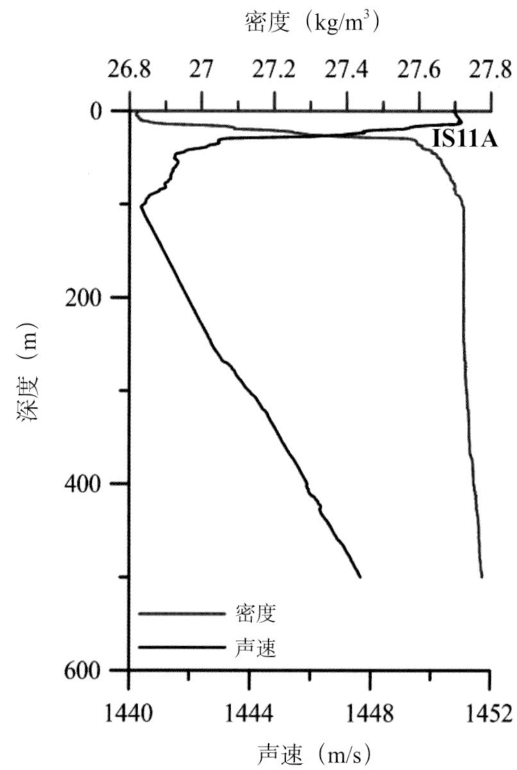
密度（kg/m³）
26.8 27 27.2 27.4 27.6 27.8
0 200 400 600
深度（m）
IS11A
密度
声速
1440 1444 1448 1452
声速（m/s）

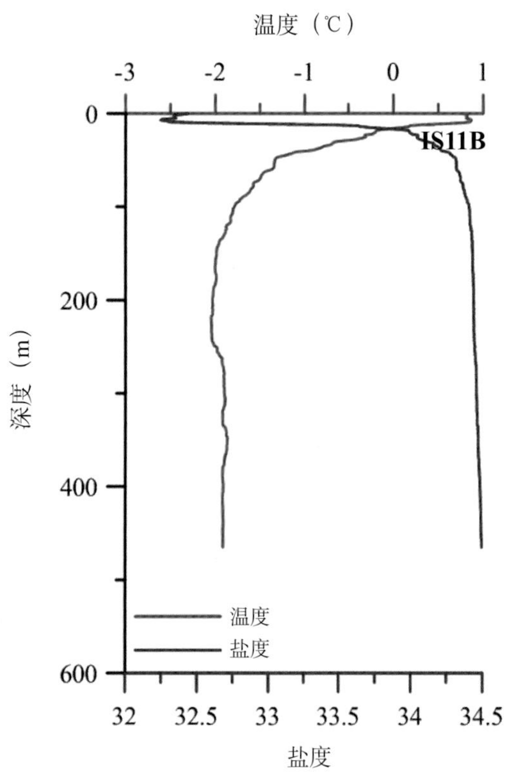
温度（℃）
-3 -2 -1 0 1
0 200 400 600
深度（m）
IS11B
温度
盐度
32 32.5 33 33.5 34 34.5
盐度

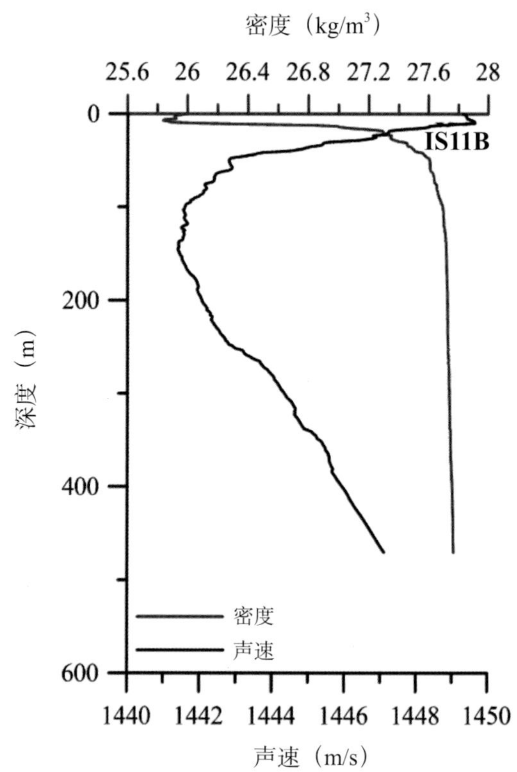
密度（kg/m³）
25.6 26 26.4 26.8 27.2 27.6 28
0 200 400 600
深度（m）
IS11B
密度
声速
1440 1442 1444 1446 1448 1450
声速（m/s）

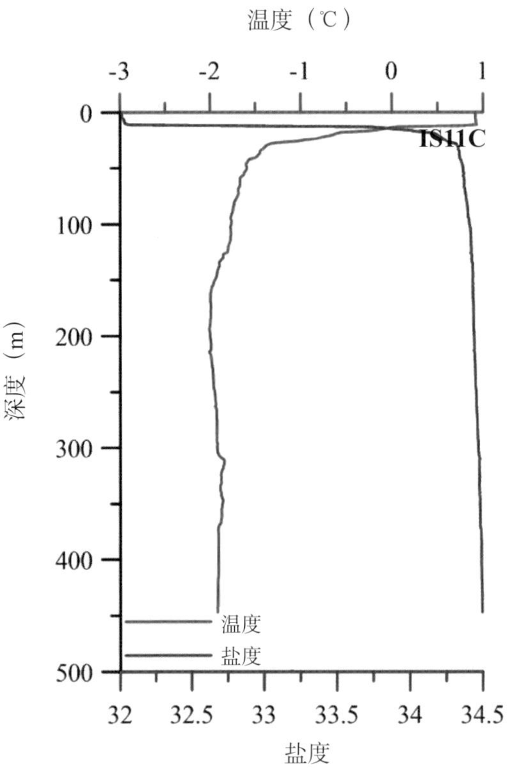
温度（℃）
-3
-2
-1
0
1
0
100
200
300
400
500
深度（m）
IS11C
温度
盐度
32
32.5
33
33.5
34
34.5
盐度

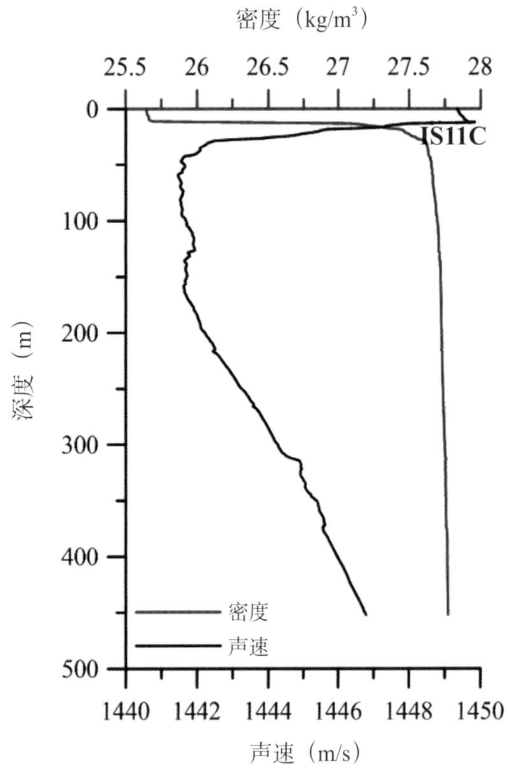
密度（kg/m³）
25.5
26
26.5
27
27.5
28
0
100
200
300
400
500
深度（m）
IS11C
密度
声速
1440
1442
1444
1446
1448
1450
声速（m/s）

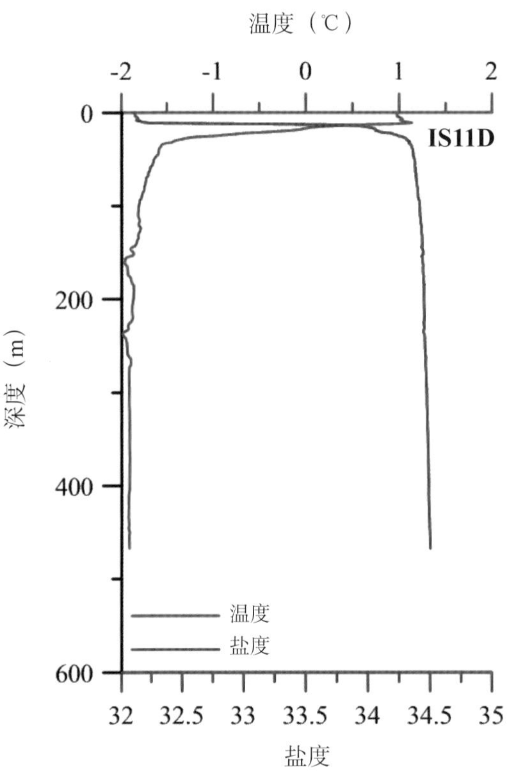
温度（℃）
-2
-1
0
1
2
0
200
400
600
深度（m）
IS11D
温度
盐度
32
32.5
33
33.5
34
34.5
35
盐度

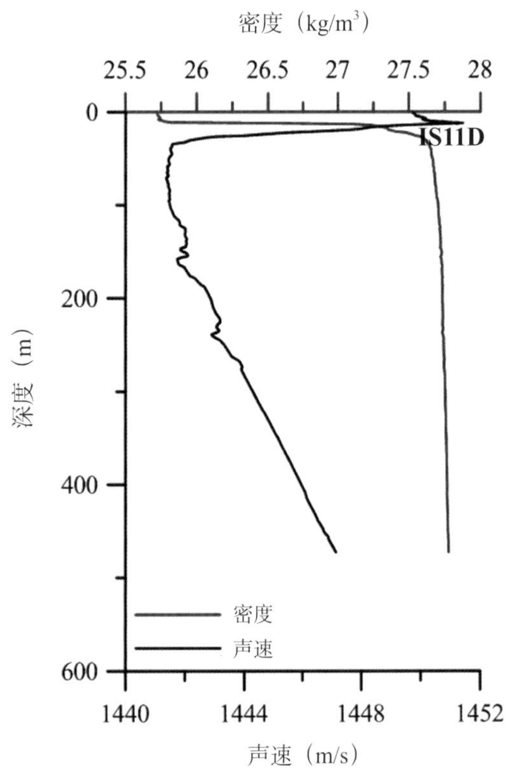
密度（kg/m³）
25.5
26
26.5
27
27.5
28
0
200
400
600
深度（m）
IS11D
密度
声速
1440
1444
1448
1452
声速（m/s）

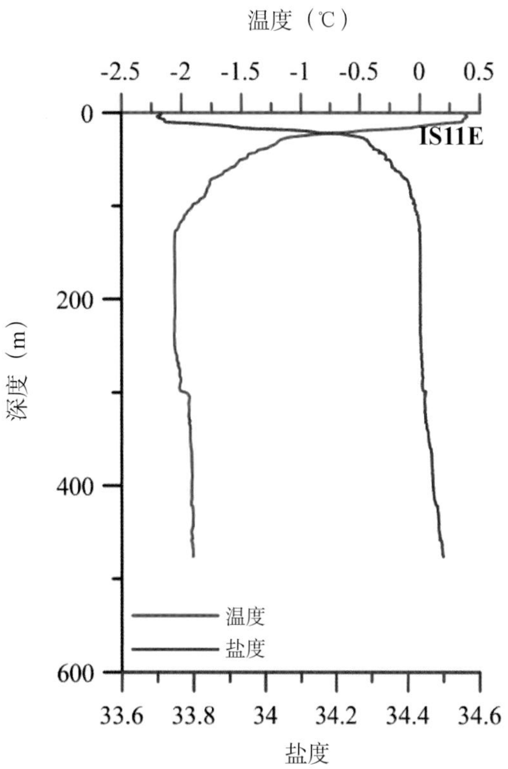
温度（℃）
-2.5 -2 -1.5 -1 -0.5 0 0.5
IS11E
深度（m）
0 200 400 600
温度
盐度
33.6 33.8 34 34.2 34.4 34.6
盐度

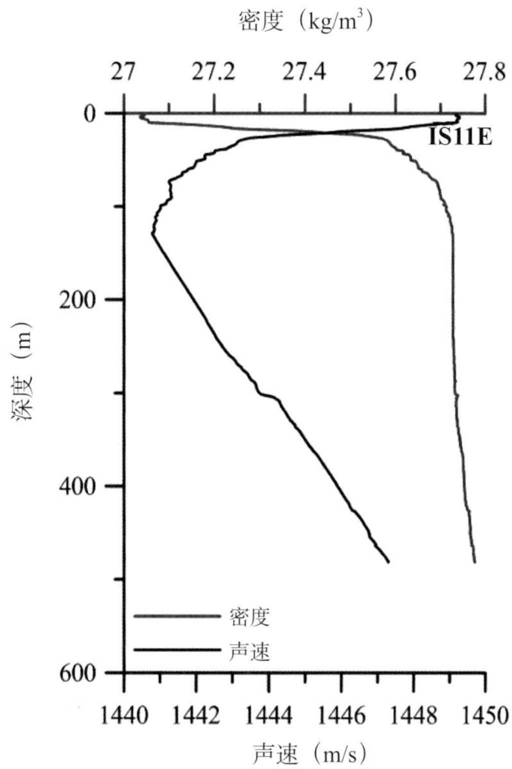
密度（kg/m3）
27 27.2 27.4 27.6 27.8
IS11E
深度（m）
0 200 400 600
密度
声速
1440 1442 1444 1446 1448 1450
声速（m/s）

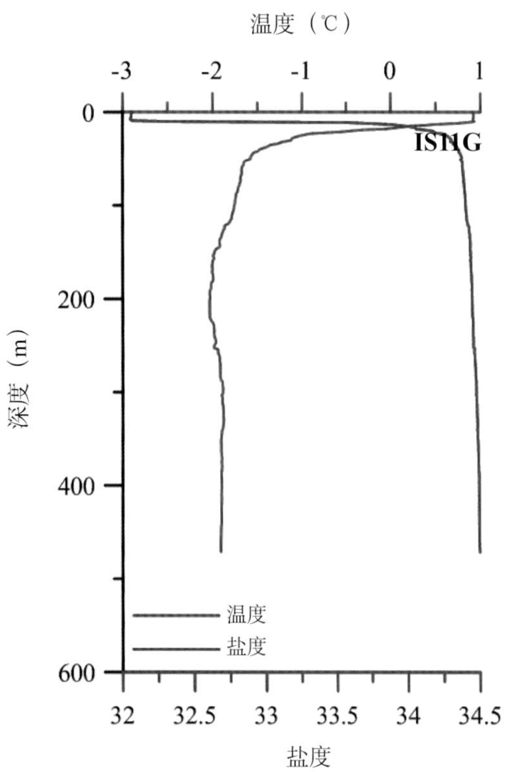
温度（℃）
-3 -2 -1 0 1
IS11G
深度（m）
0 200 400 600
温度
盐度
32 32.5 33 33.5 34 34.5
盐度

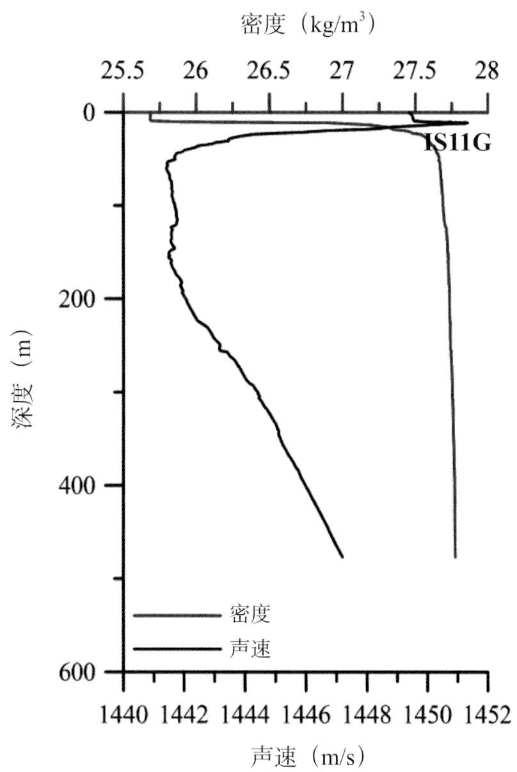
密度（kg/m3）
25.5 26 26.5 27 27.5 28
IS11G
深度（m）
0 200 400 600
密度
声速
1440 1442 1444 1446 1448 1450 1452
声速（m/s）

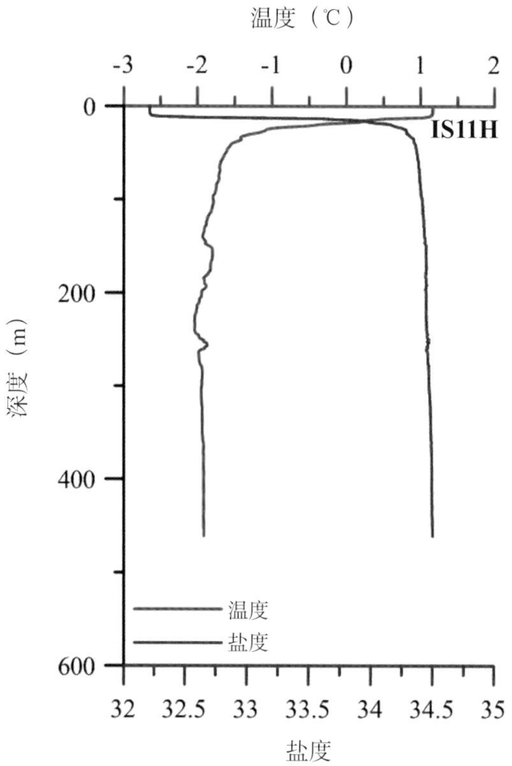
温度（℃）
-3
-2
-1
0
1
2
0
200
400
600
深度（m）
IS11H
温度
盐度
32
32.5
33
33.5
34
34.5
35
盐度

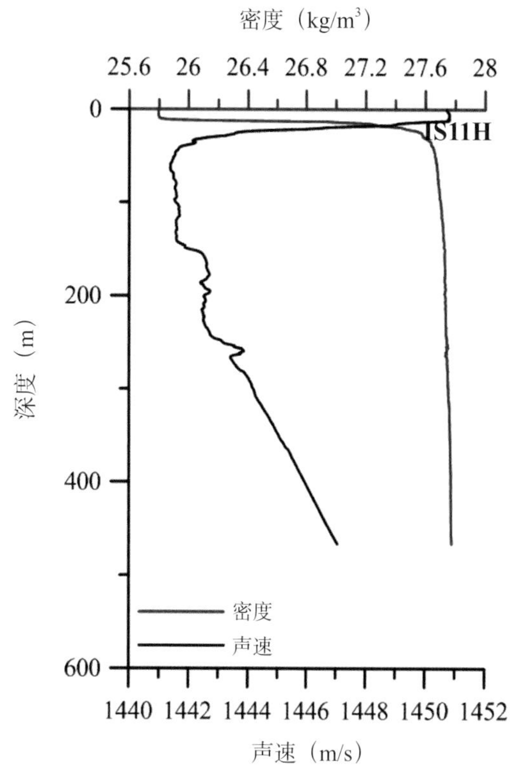
密度（kg/m3）
25.6
26
26.4
26.8
27.2
27.6
28
0
200
400
600
深度（m）
IS11H
密度
声速
1440
1442
1444
1446
1448
1450
1452
声速（m/s）

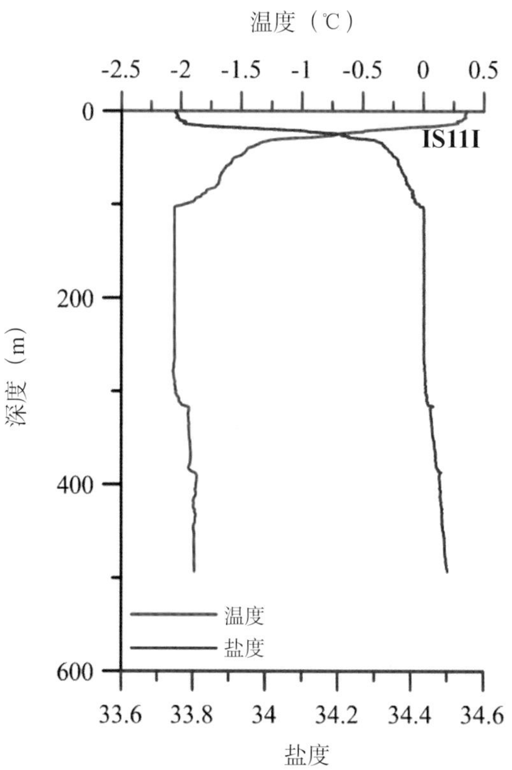
温度（℃）
-2.5
-2
-1.5
-1
-0.5
0
0.5
0
200
400
600
深度（m）
IS11I
温度
盐度
33.6
33.8
34
34.2
34.4
34.6
盐度

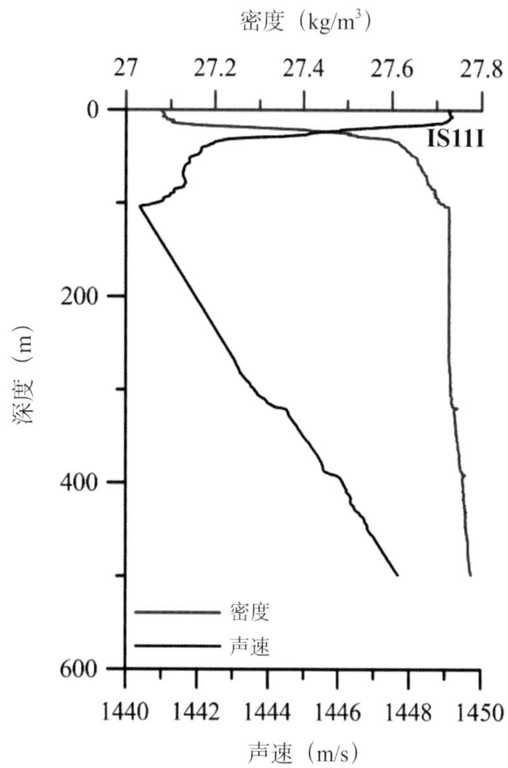
密度（kg/m3）
27
27.2
27.4
27.6
27.8
0
200
400
600
深度（m）
IS11I
密度
声速
1440
1442
1444
1446
1448
1450
声速（m/s）

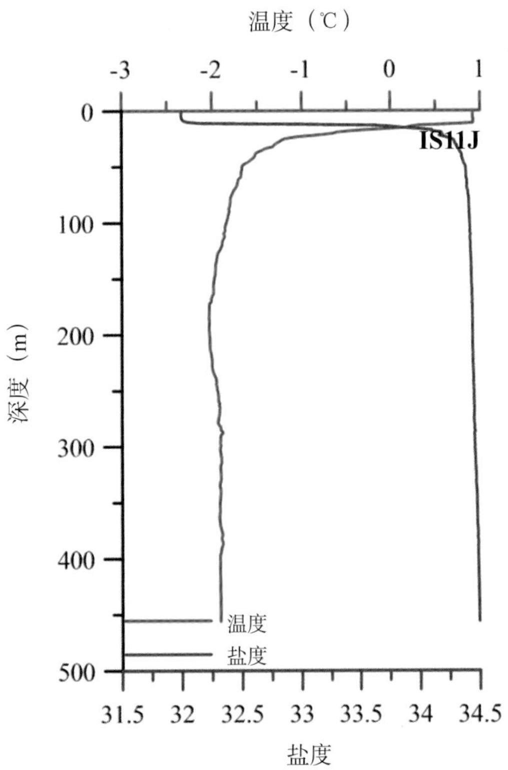
温度（℃）
-3 -2 -1 0 1
IS11J
深度（m）
0 100 200 300 400 500
温度
盐度
31.5 32 32.5 33 33.5 34 34.5
盐度

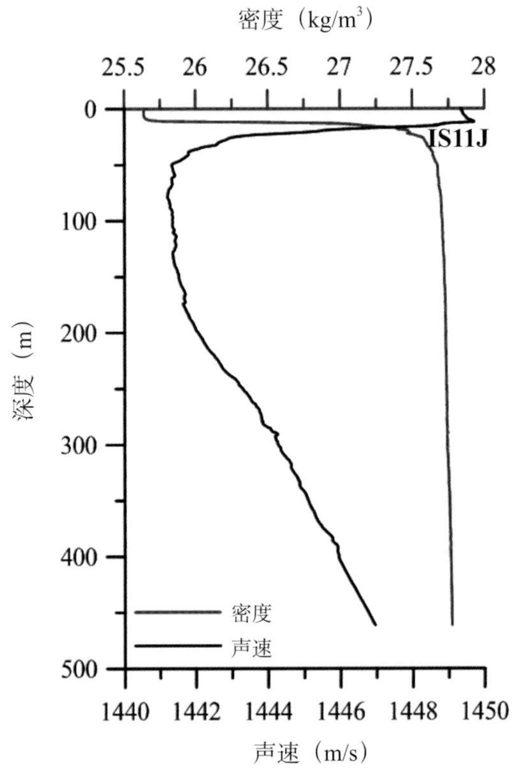
密度（kg/m3）
25.5 26 26.5 27 27.5 28
IS11J
深度（m）
0 100 200 300 400 500
密度
声速
1440 1442 1444 1446 1448 1450
声速（m/s）

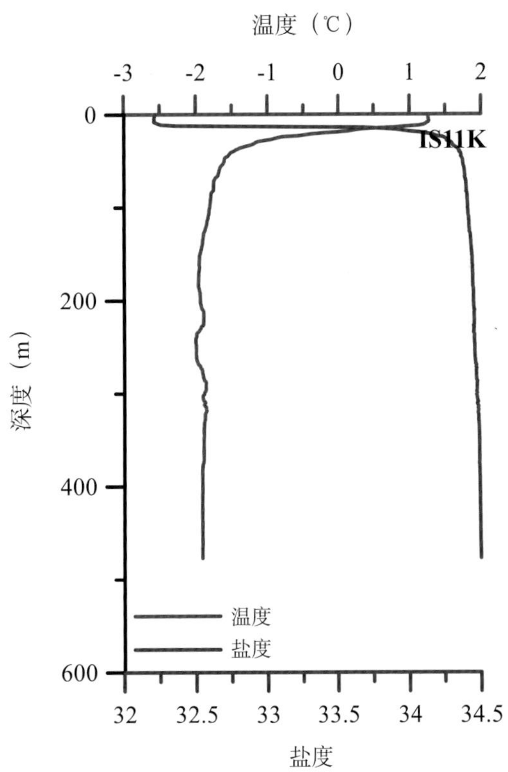
温度（℃）
-3 -2 -1 0 1 2
IS11K
深度（m）
0 200 400 600
温度
盐度
32 32.5 33 33.5 34 34.5
盐度

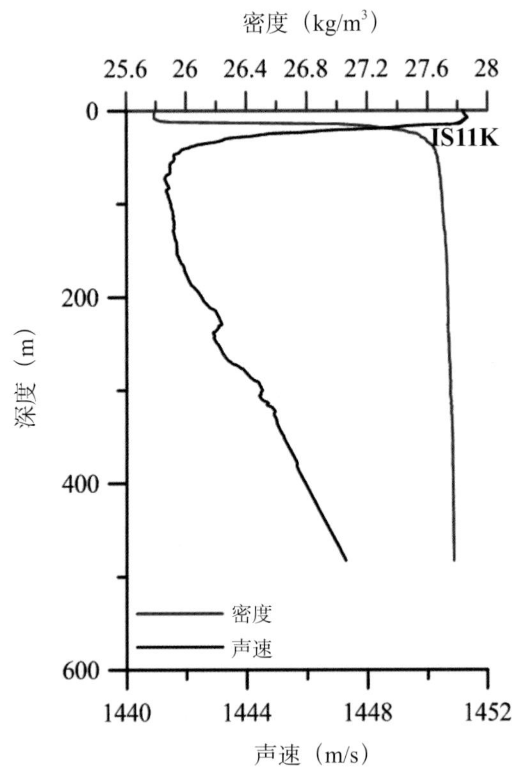
密度（kg/m3）
25.6 26 26.4 26.8 27.2 27.6 28
IS11K
深度（m）
0 200 400 600
密度
声速
1440 1444 1448 1452
声速（m/s）

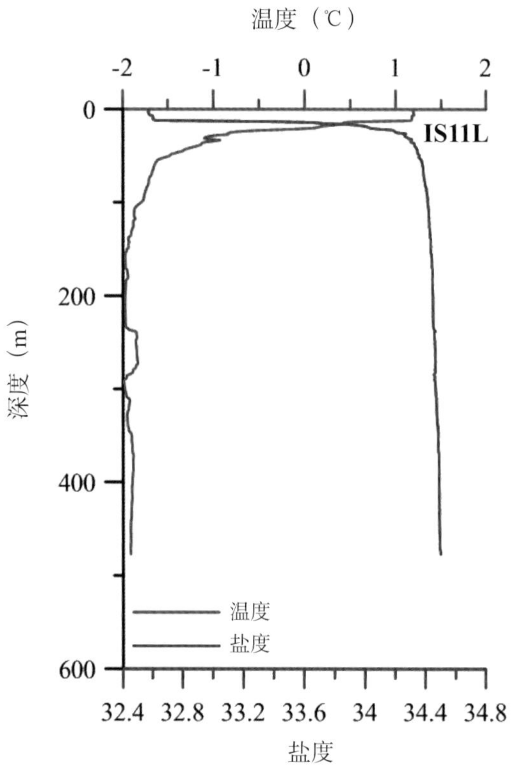
温度（℃）
-2
-1
0
1
2
0
200
400
600
深度（m）
IS11L
温度
盐度
32.4
32.8
33.2
33.6
34
34.4
34.8
盐度

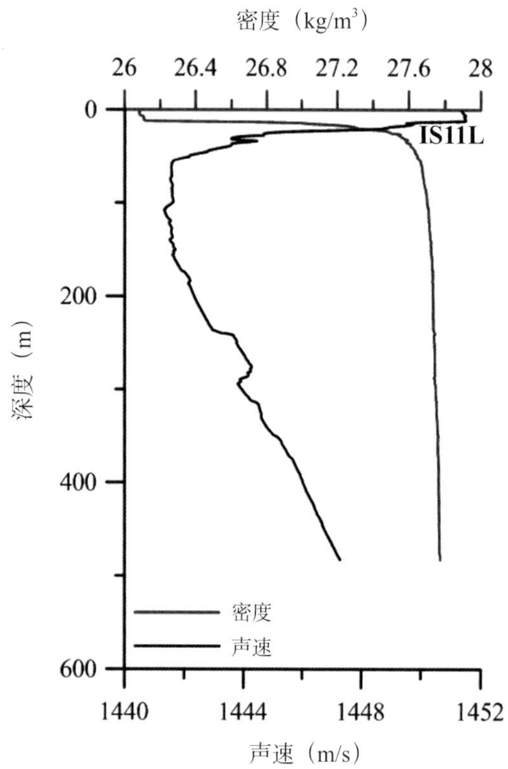
密度（kg/m³）
26
26.4
26.8
27.2
27.6
28
0
200
400
600
深度（m）
IS11L
密度
声速
1440
1444
1448
1452
声速（m/s）

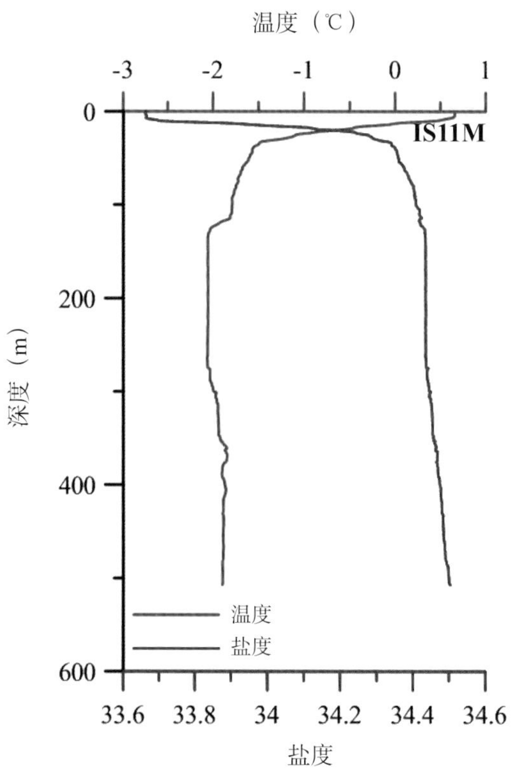
温度（℃）
-3
-2
-1
0
1
0
200
400
600
深度（m）
IS11M
温度
盐度
33.6
33.8
34
34.2
34.4
34.6
盐度

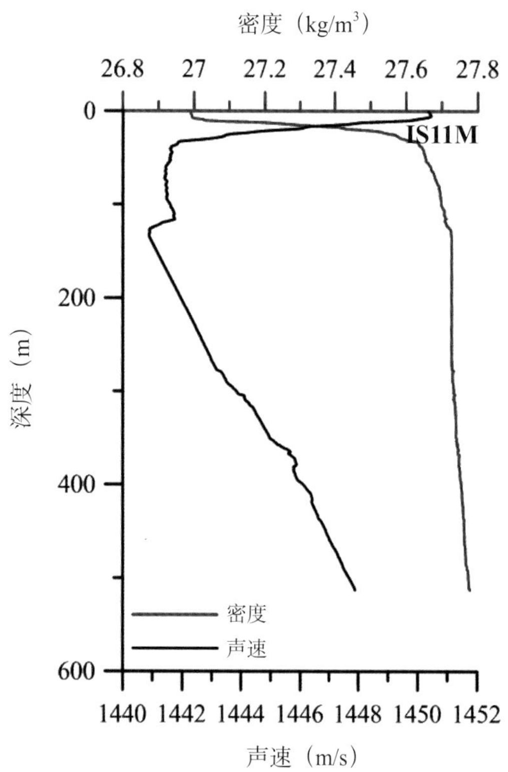
密度（kg/m³）
26.8
27
27.2
27.4
27.6
27.8
0
200
400
600
深度（m）
IS11M
密度
声速
1440
1442
1444
1446
1448
1450
1452
声速（m/s）

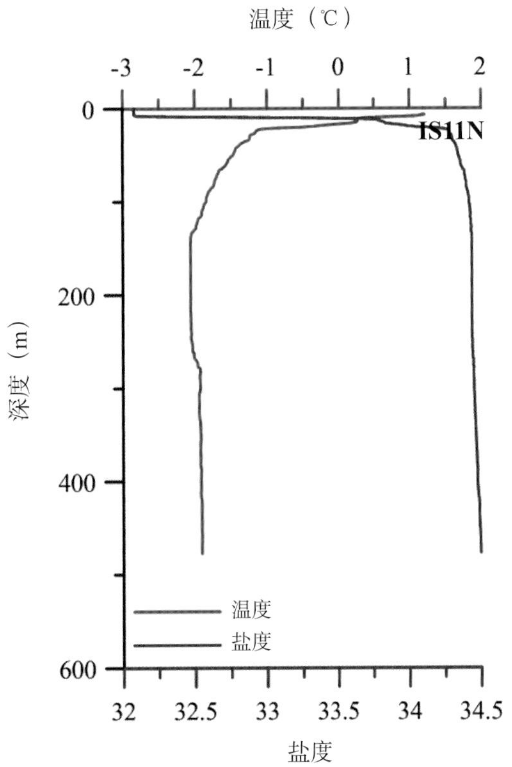
温度（℃）
-3
-2
-1
0
1
2
0
200
400
600
深度（m）
IS11N
温度
盐度
32
32.5
33
33.5
34
34.5
盐度

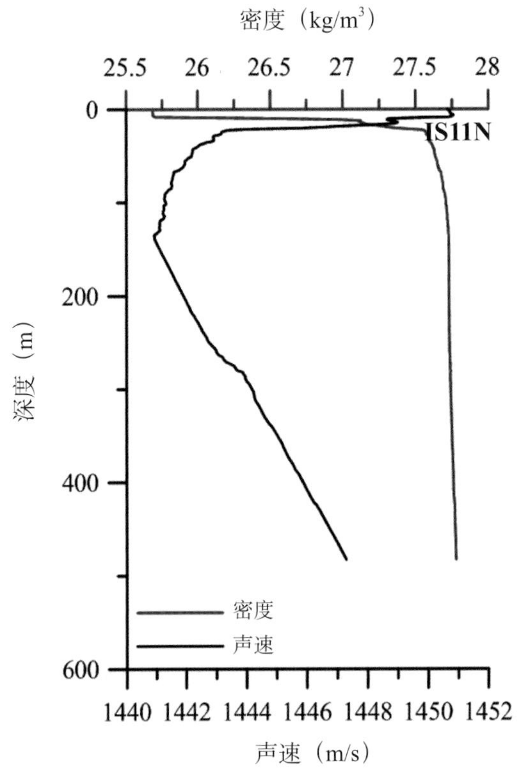
密度（kg/m³）
25.5
26
26.5
27
27.5
28
0
200
400
600
深度（m）
IS11N
密度
声速
1440
1442
1444
1446
1448
1450
1452
声速（m/s）

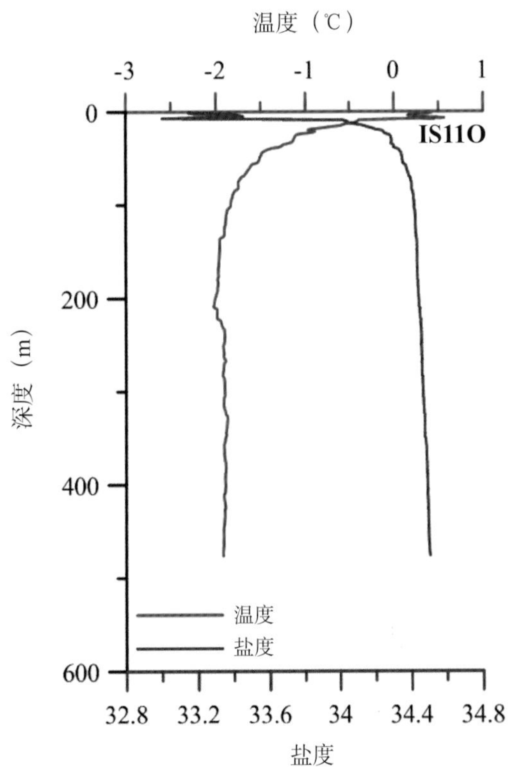
温度（℃）
-3
-2
-1
0
1
0
200
400
600
深度（m）
IS11O
温度
盐度
32.8
33.2
33.6
34
34.4
34.8
盐度

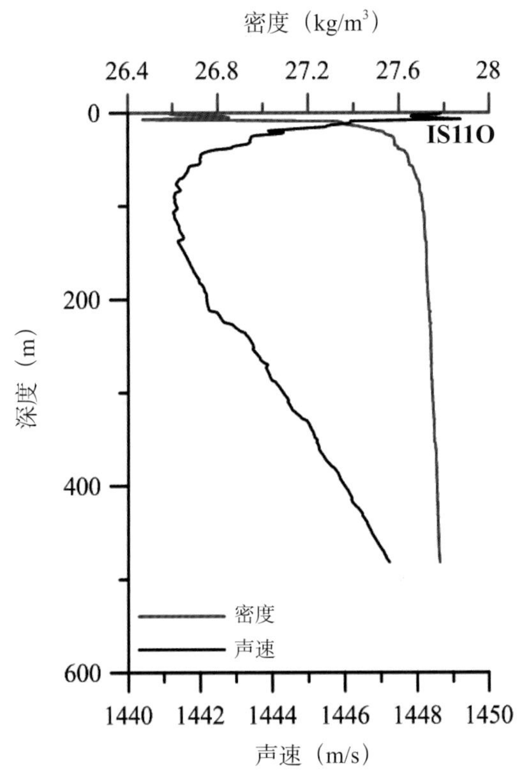
密度（kg/m³）
26.4
26.8
27.2
27.6
28
0
200
400
600
深度（m）
IS11O
密度
声速
1440
1442
1444
1446
1448
1450
声速（m/s）

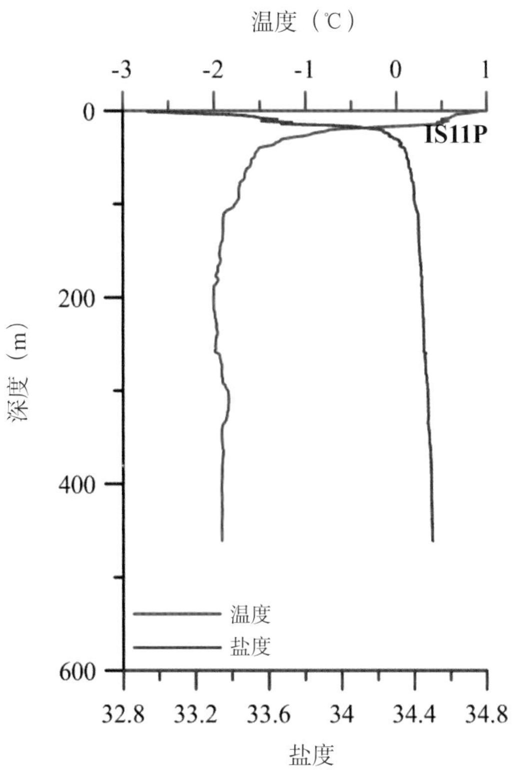
温度（℃）
-3
-2
-1
0
1
0
200
400
600
深度（m）
IS11P
温度
盐度
32.8
33.2
33.6
34
34.4
34.8
盐度

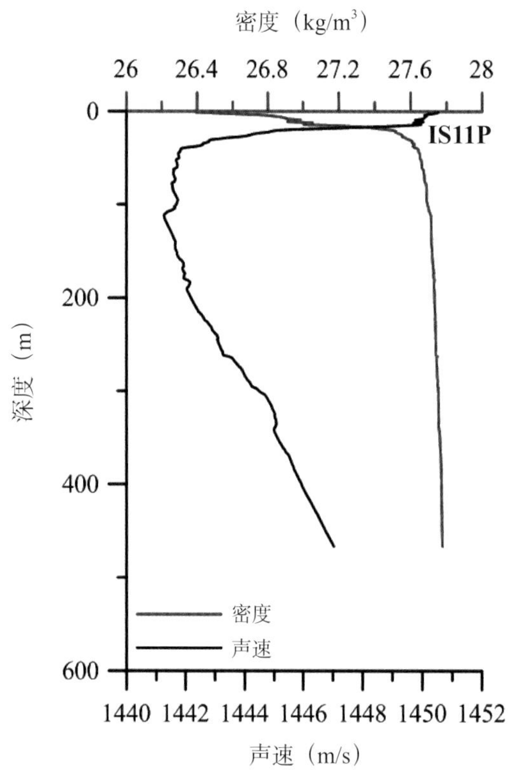
密度（kg/m³）
26
26.4
26.8
27.2
27.6
28
0
200
400
600
深度（m）
IS11P
密度
声速
1440
1442
1444
1446
1448
1450
1452
声速（m/s）

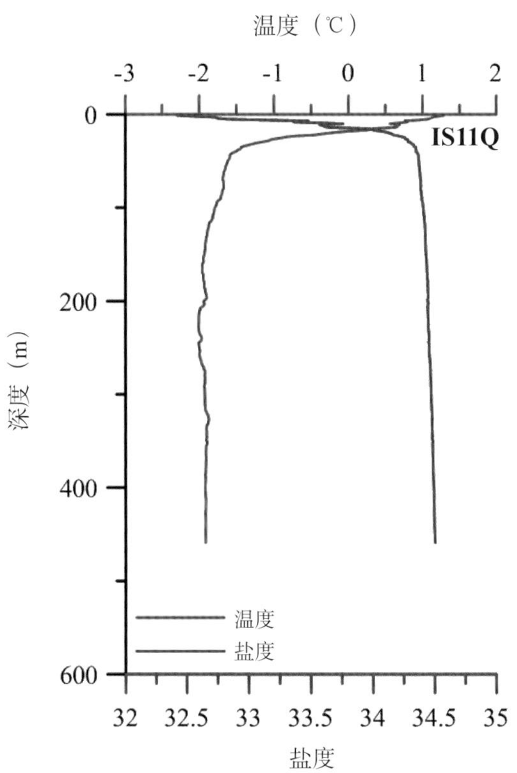
温度（℃）
-3
-2
-1
0
1
2
0
200
400
600
深度（m）
IS11Q
温度
盐度
32
32.5
33
33.5
34
34.5
35
盐度

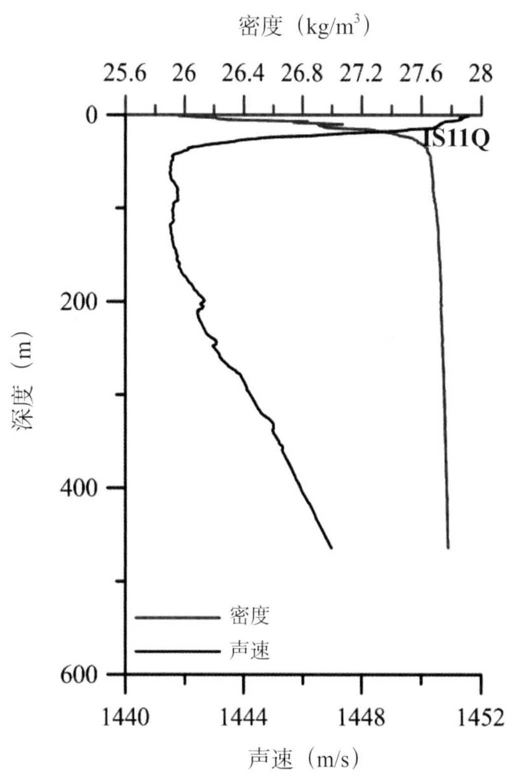
密度（kg/m³）
25.6
26
26.4
26.8
27.2
27.6
28
0
200
400
600
深度（m）
IS11Q
密度
声速
1440
1444
1448
1452
声速（m/s）

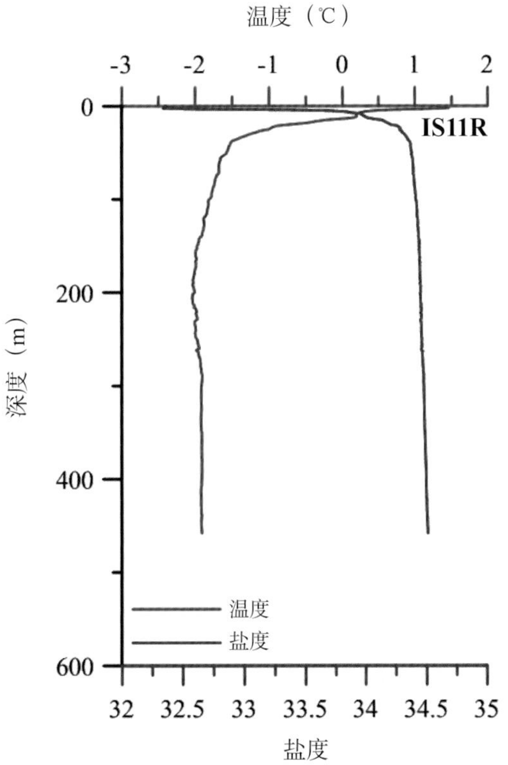
温度（℃）
-3 -2 -1 0 1 2
IS11R
深度（m）
0 200 400 600
温度
盐度
32 32.5 33 33.5 34 34.5 35
盐度

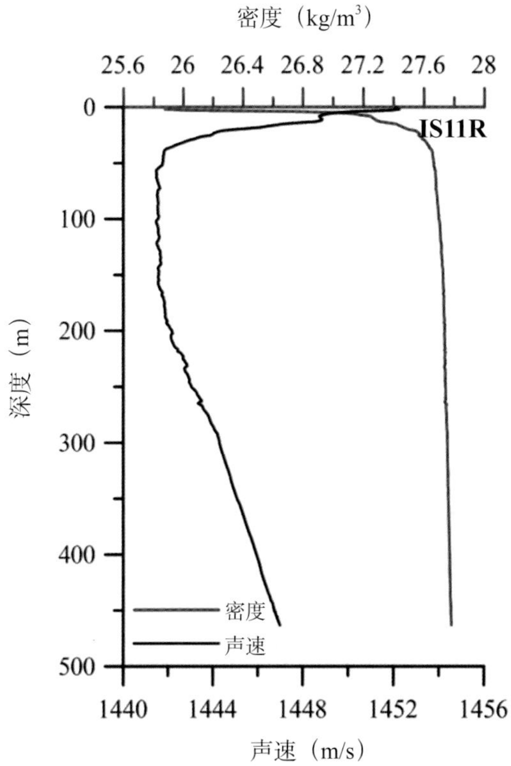
密度（kg/m3）
25.6 26 26.4 26.8 27.2 27.6 28
IS11R
深度（m）
0 100 200 300 400 500
密度
声速
1440 1444 1448 1452 1456
声速（m/s）

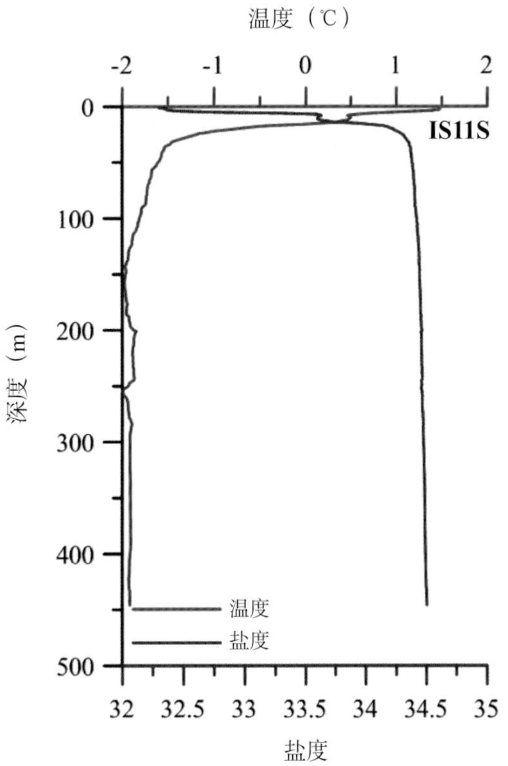
温度（℃）
-2 -1 0 1 2
IS11S
深度（m）
0 100 200 300 400 500
温度
盐度
32 32.5 33 33.5 34 34.5 35
盐度

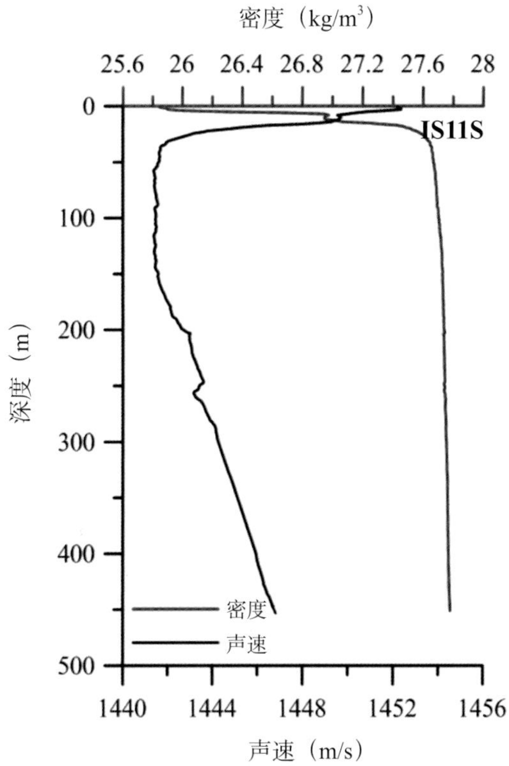
密度（kg/m3）
25.6 26 26.4 26.8 27.2 27.6 28
IS11S
深度（m）
0 100 200 300 400 500
密度
声速
1440 1444 1448 1452 1456
声速（m/s）

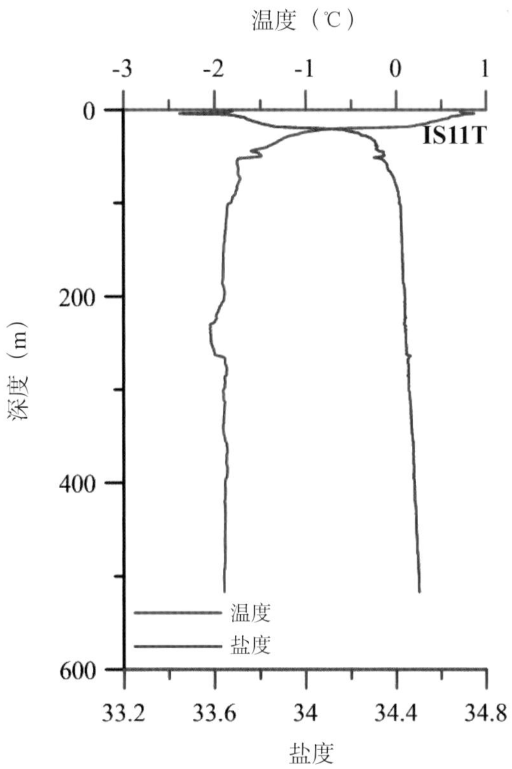
温度（℃）
-3 -2 -1 0 1
0 200 400 600
深度（m）
IS11T
温度
盐度
33.2 33.6 34 34.4 34.8
盐度

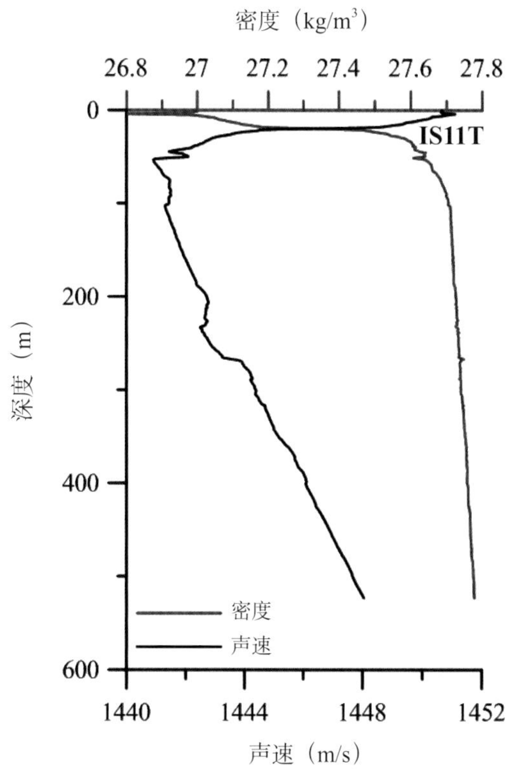
密度（kg/m³）
26.8 27 27.2 27.4 27.6 27.8
0 200 400 600
深度（m）
IS11T
密度
声速
1440 1444 1448 1452
声速（m/s）

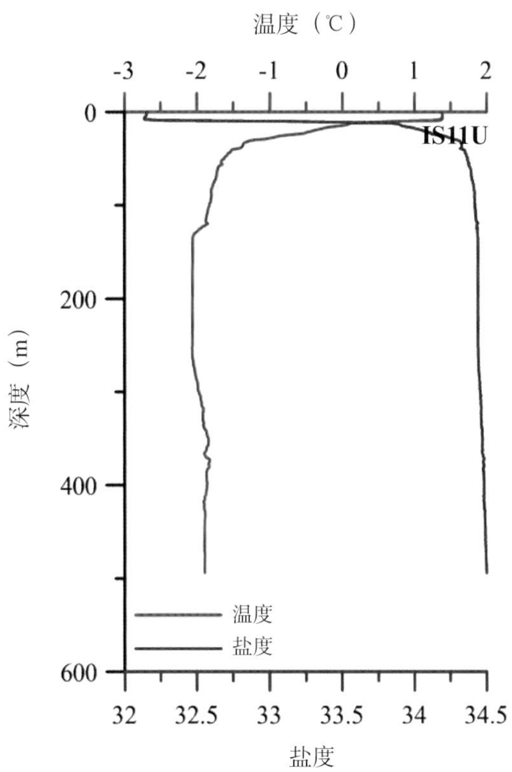
温度（℃）
-3 -2 -1 0 1 2
0 200 400 600
深度（m）
IS11U
温度
盐度
32 32.5 33 33.5 34 34.5
盐度

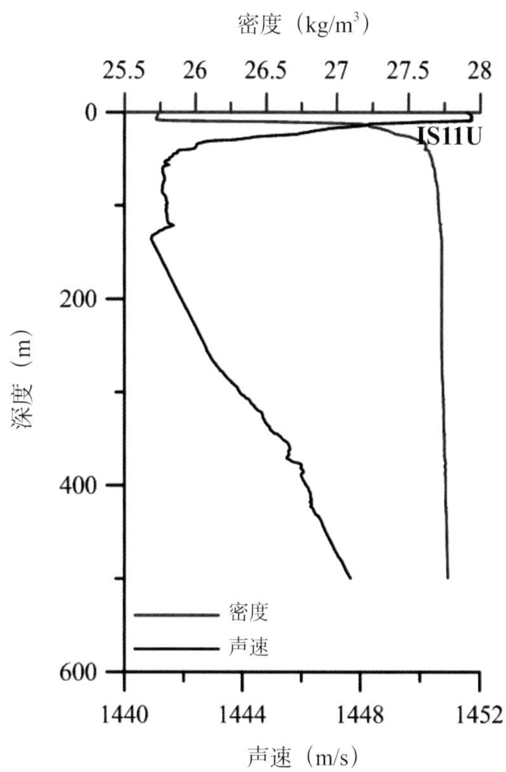
密度（kg/m³）
25.5 26 26.5 27 27.5 28
0 200 400 600
深度（m）
IS11U
密度
声速
1440 1444 1448 1452
声速（m/s）

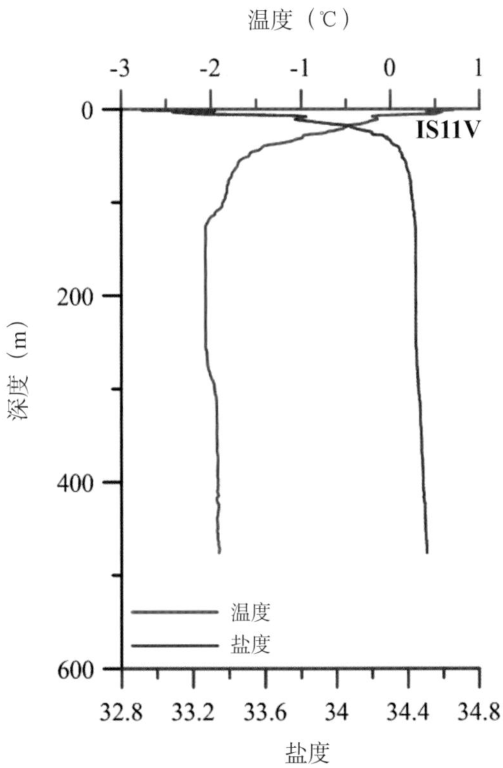
温度（℃）
-3 -2 -1 0 1
IS11V
深度（m）
0 200 400 600
温度
盐度
32.8 33.2 33.6 34 34.4 34.8
盐度

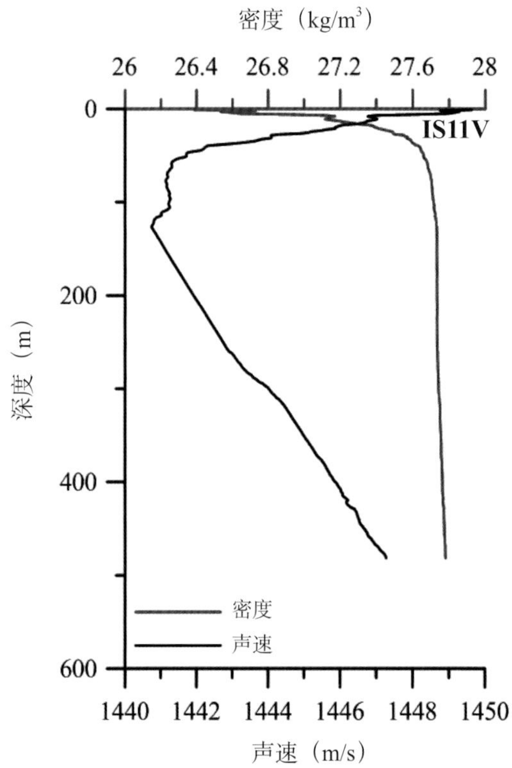
密度（kg/m3）
26 26.4 26.8 27.2 27.6 28
IS11V
深度（m）
0 200 400 600
密度
声速
1440 1442 1444 1446 1448 1450
声速（m/s）

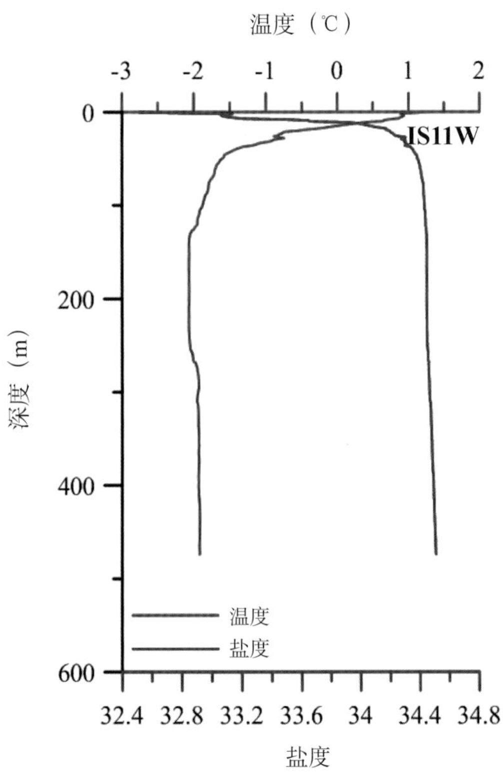
温度（℃）
-3 -2 -1 0 1 2
IS11W
深度（m）
0 200 400 600
温度
盐度
32.4 32.8 33.2 33.6 34 34.4 34.8
盐度

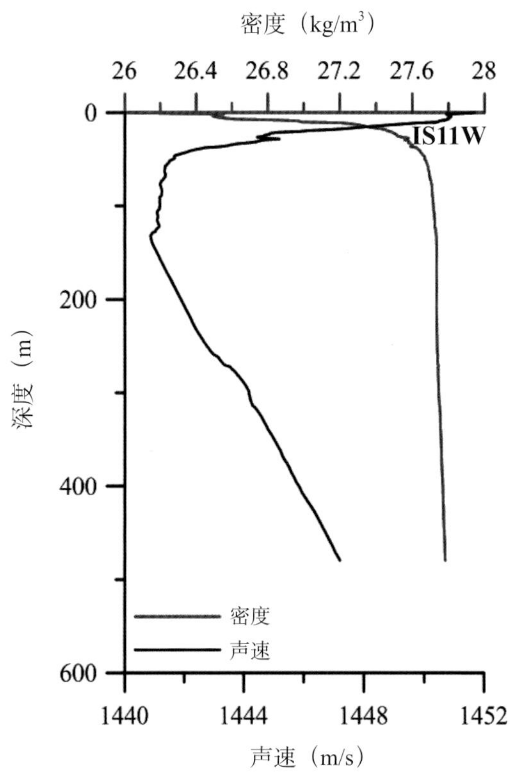
密度（kg/m3）
26 26.4 26.8 27.2 27.6 28
IS11W
深度（m）
0 200 400 600
密度
声速
1440 1444 1448 1452
声速（m/s）

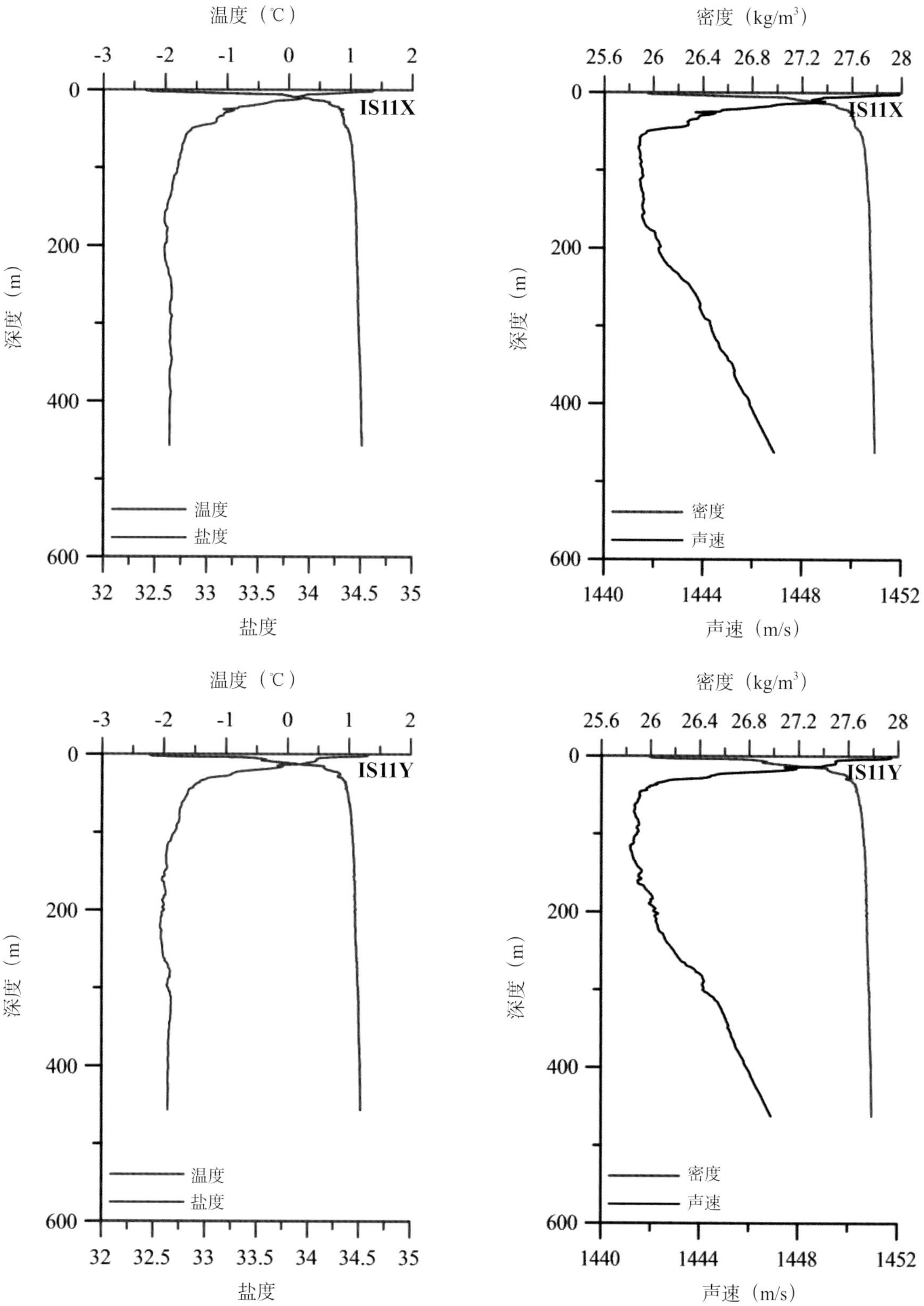

图5.2　CTD 测量要素温度、盐度、密度、声速剖面分布图

第三节　航次断面图

依据断面的走向，本航次站位可以构成4条横跨深水海盆、陆坡、陆架的准经向断面，依次为A1、A2、A3、A4断面以及冰架前缘IS断面。这些断面上全深度和500 m以上的温度、盐度、密度、声速断面分布如图5.3至图5.7所示。

（1）断面A1温度、盐度、密度、声速分布图

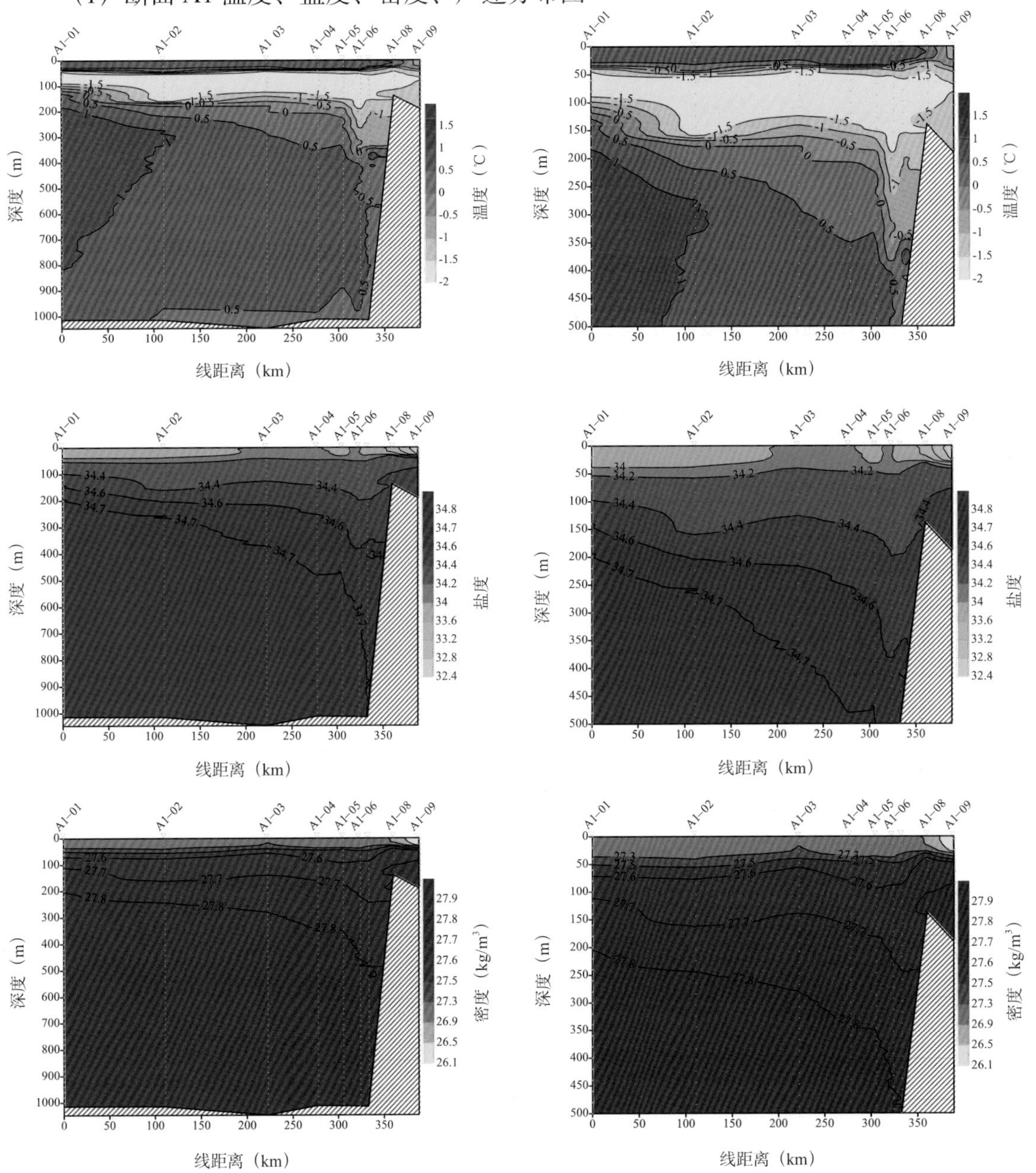

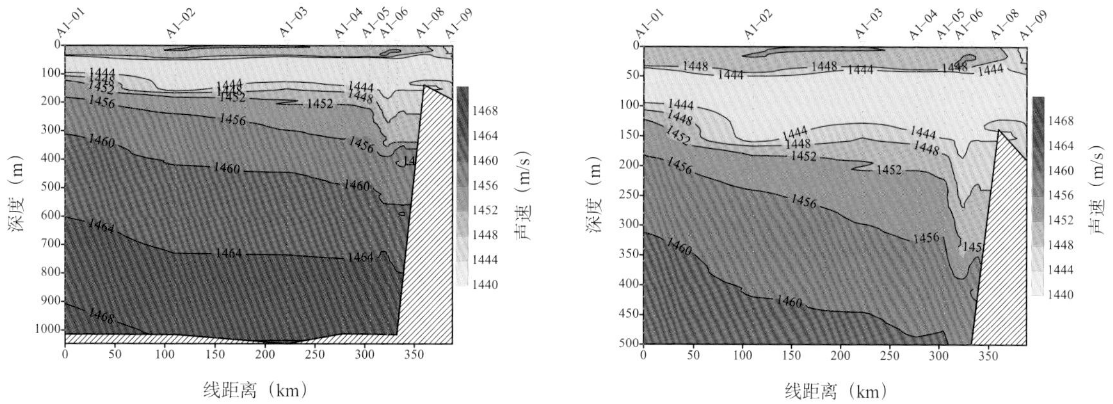

图5.3　断面A1温度、盐度、密度、声速分布图

（2）断面 A2 温度、盐度、密度、声速分布图

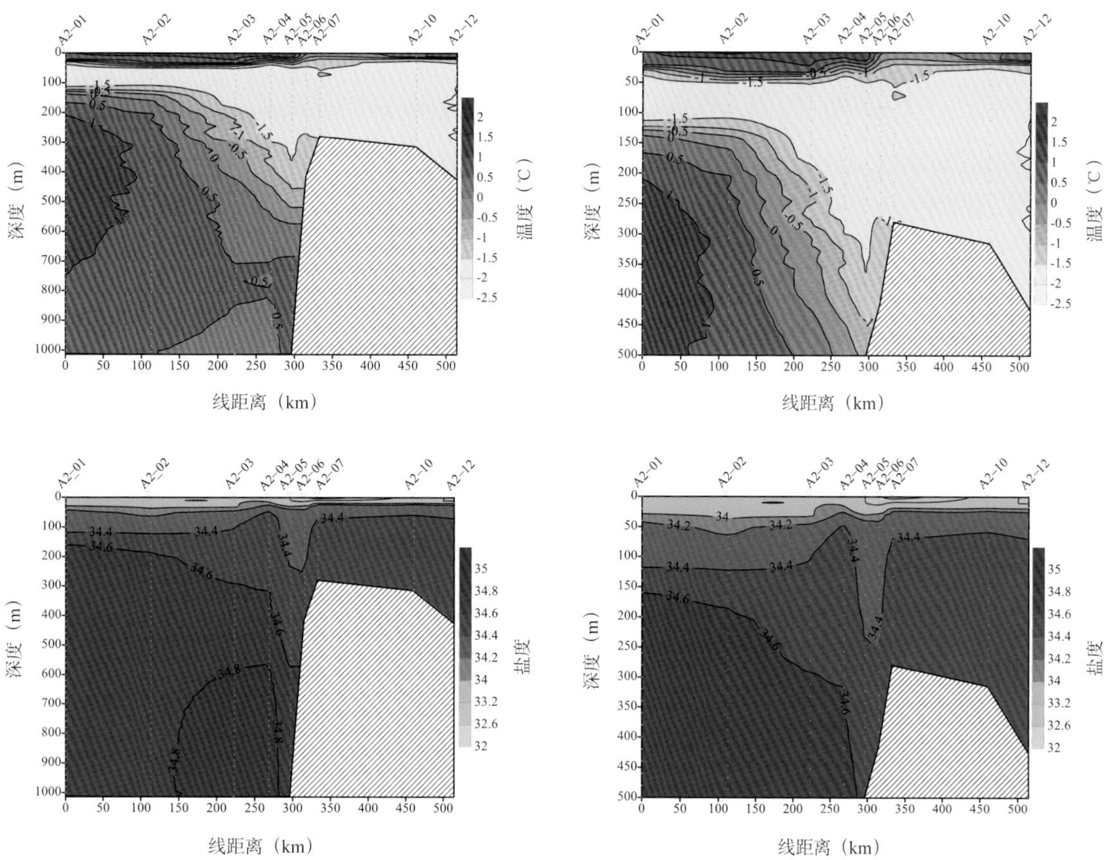

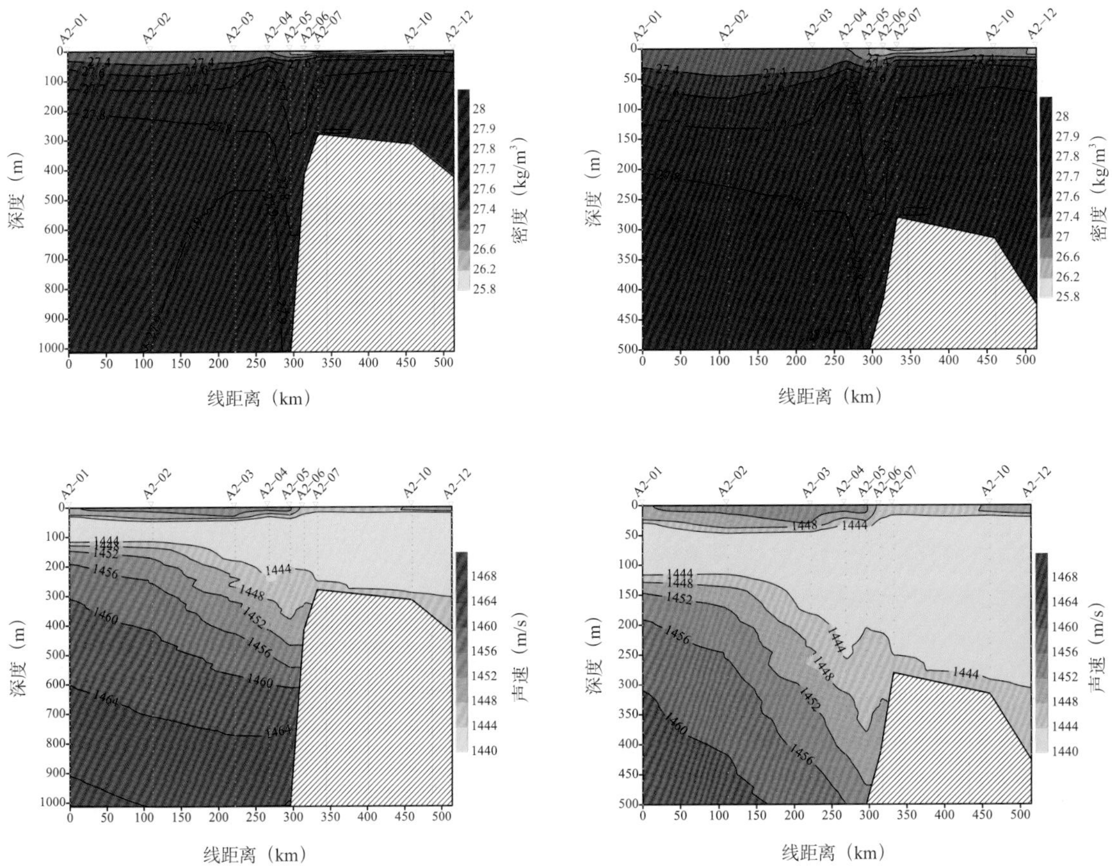

图5.4　断面A2温度、盐度、密度、声速分布图

（3）断面 A3 温度、盐度、密度、声速分布图

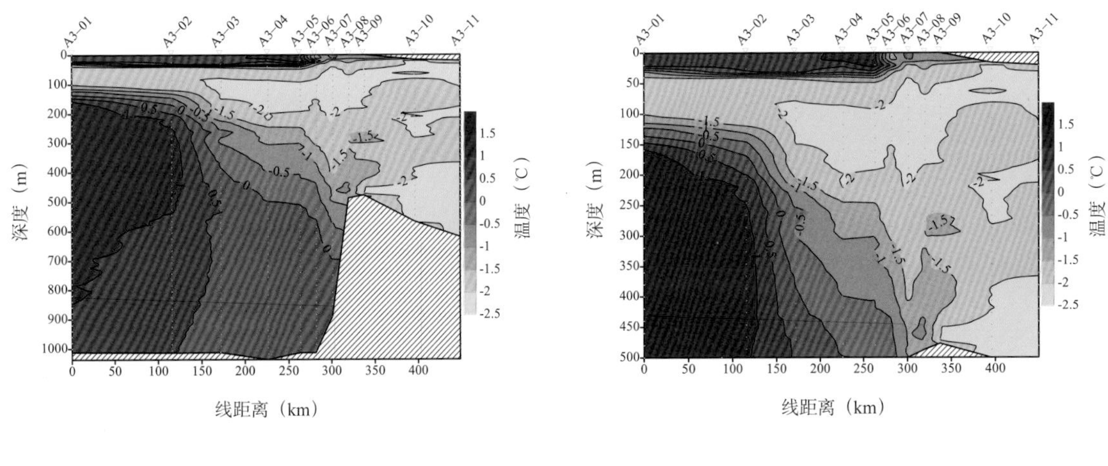

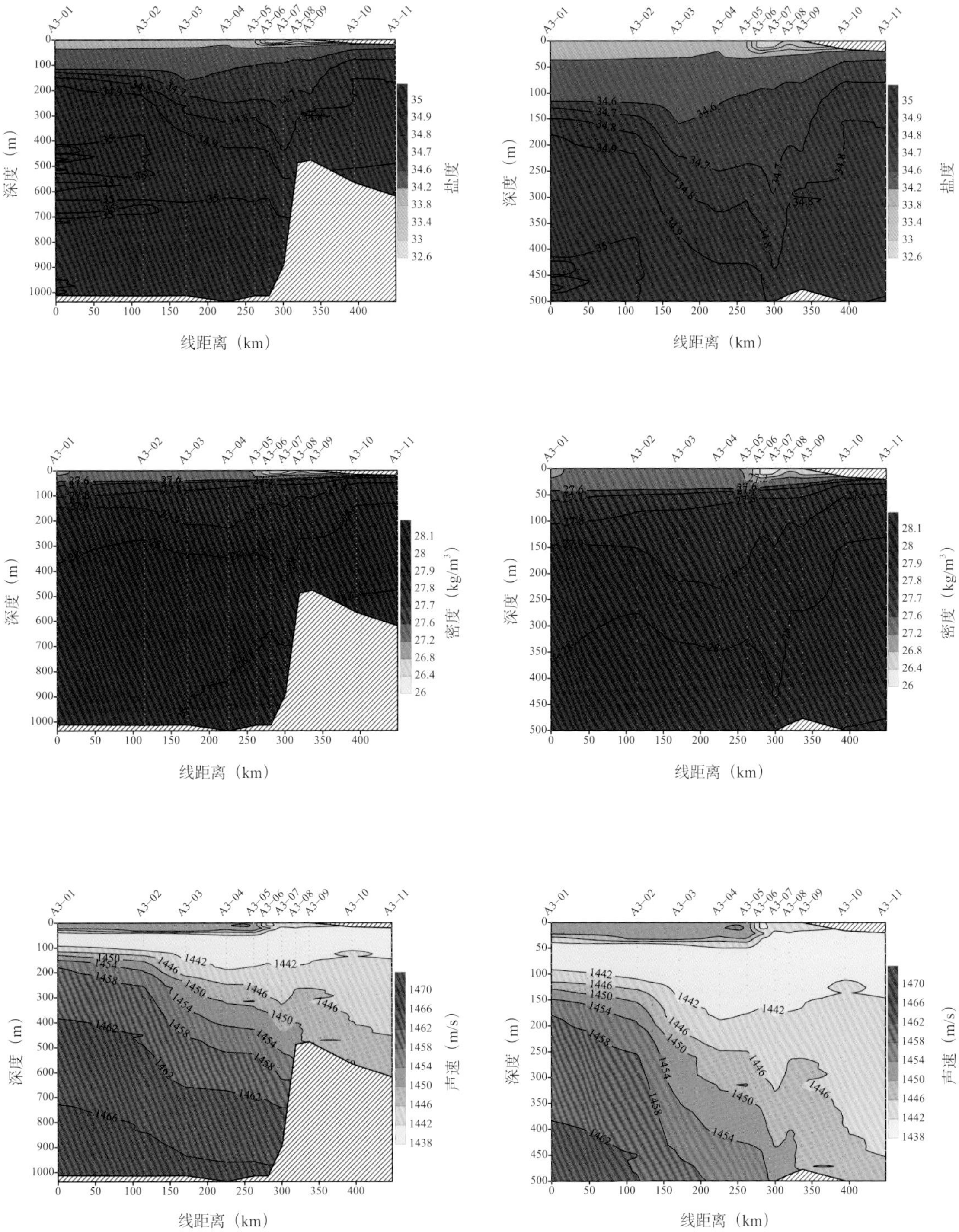

图5.5　断面A3温度、盐度、密度、声速分布图

（4）断面 A4 温度、盐度、密度、声速分布图

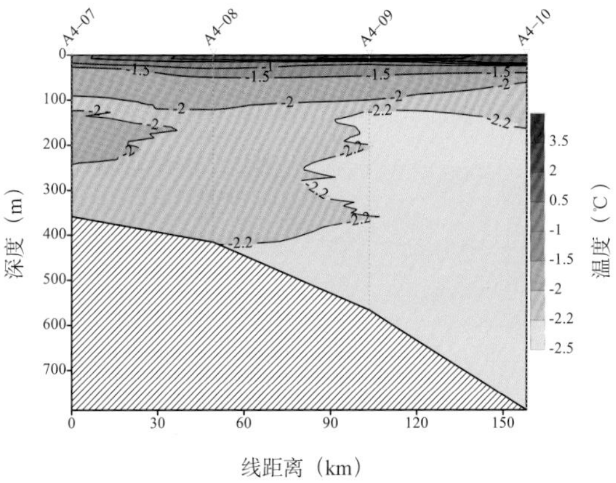

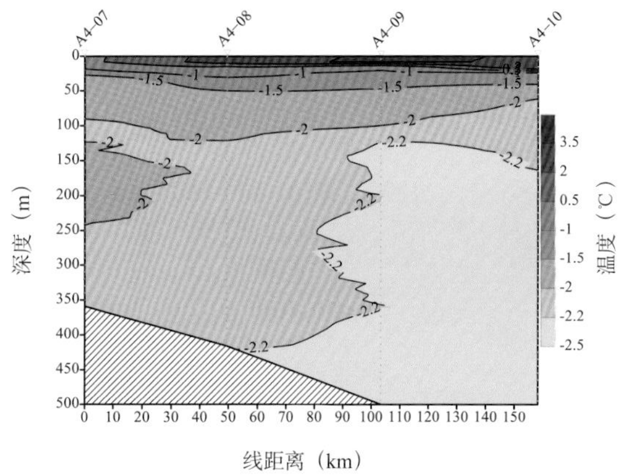

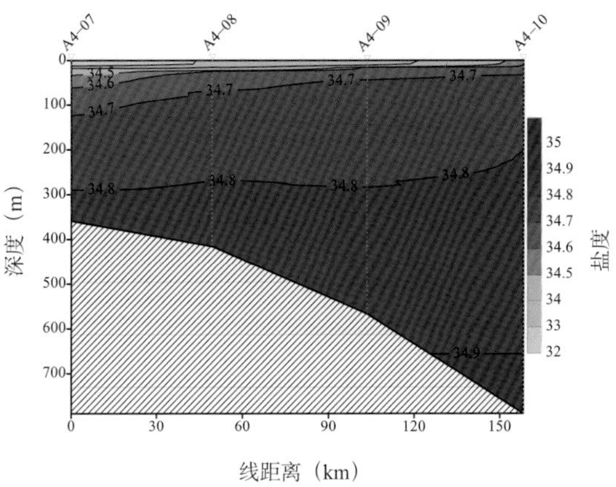

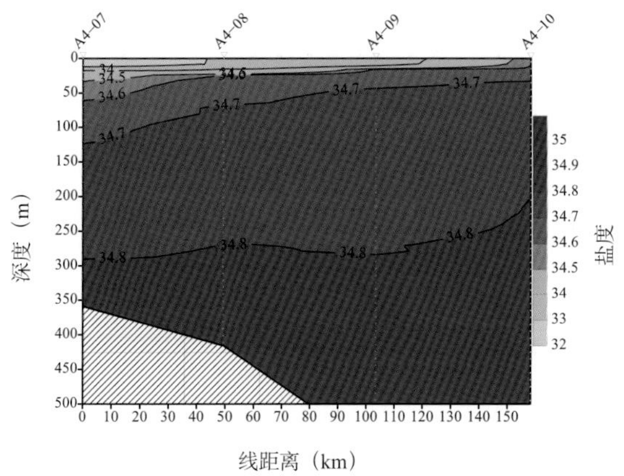

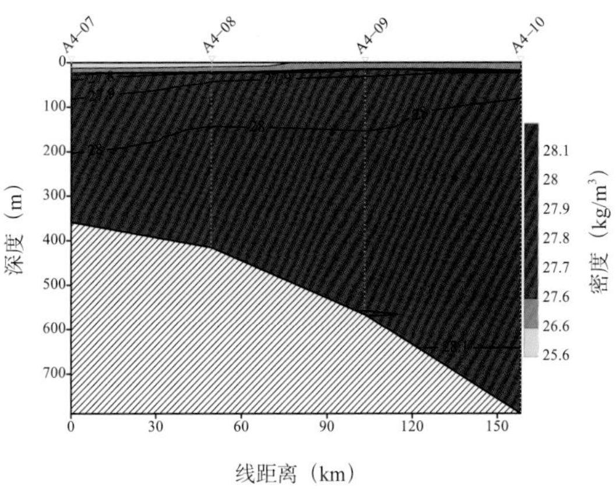

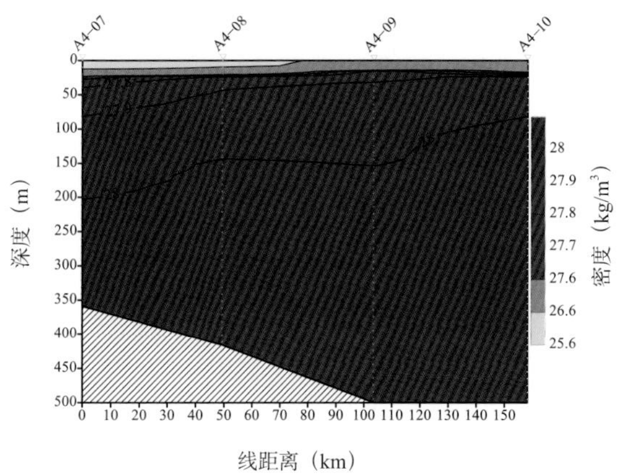

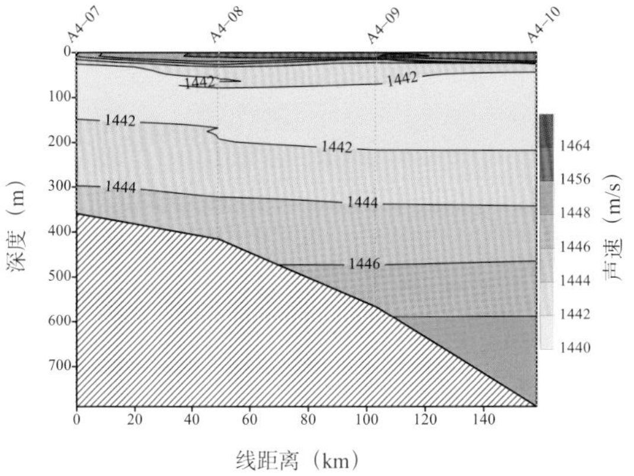

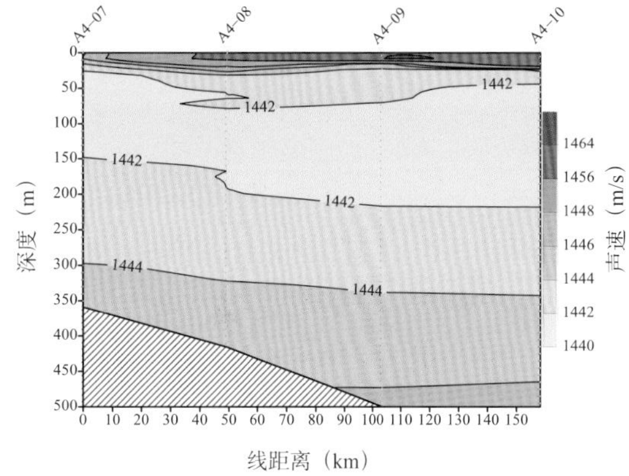

图5.6　断面A4温度、盐度、密度、声速分布图

（5）断面IS温度、盐度、密度、声速分布图

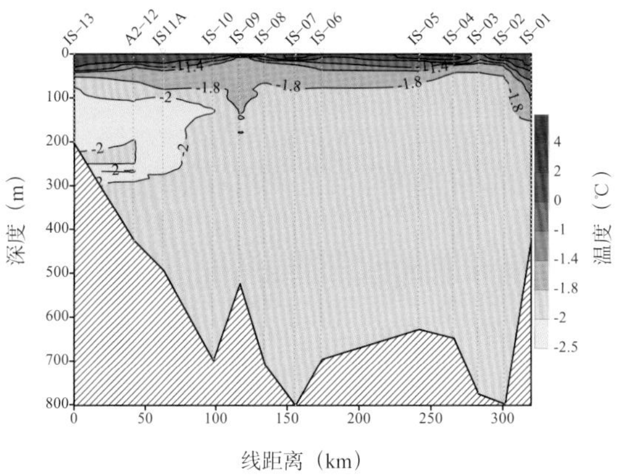

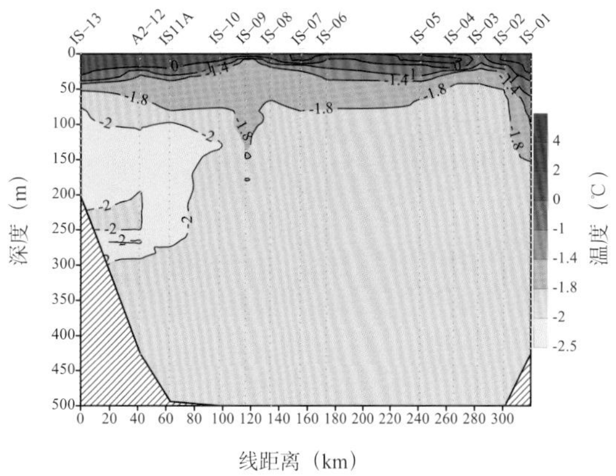

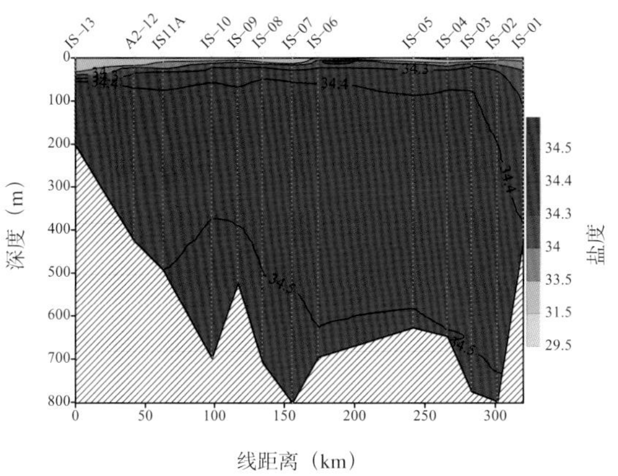

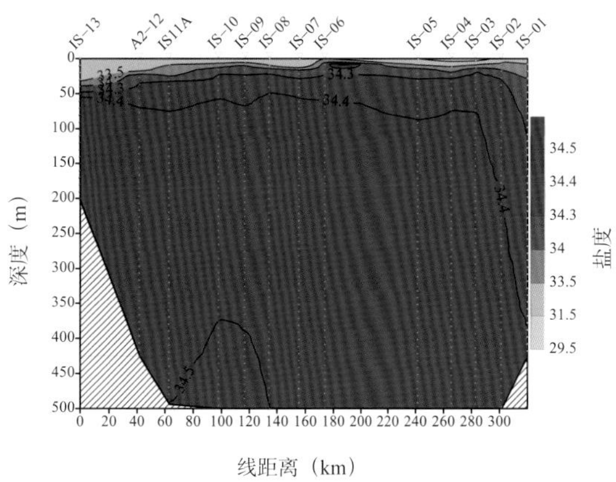

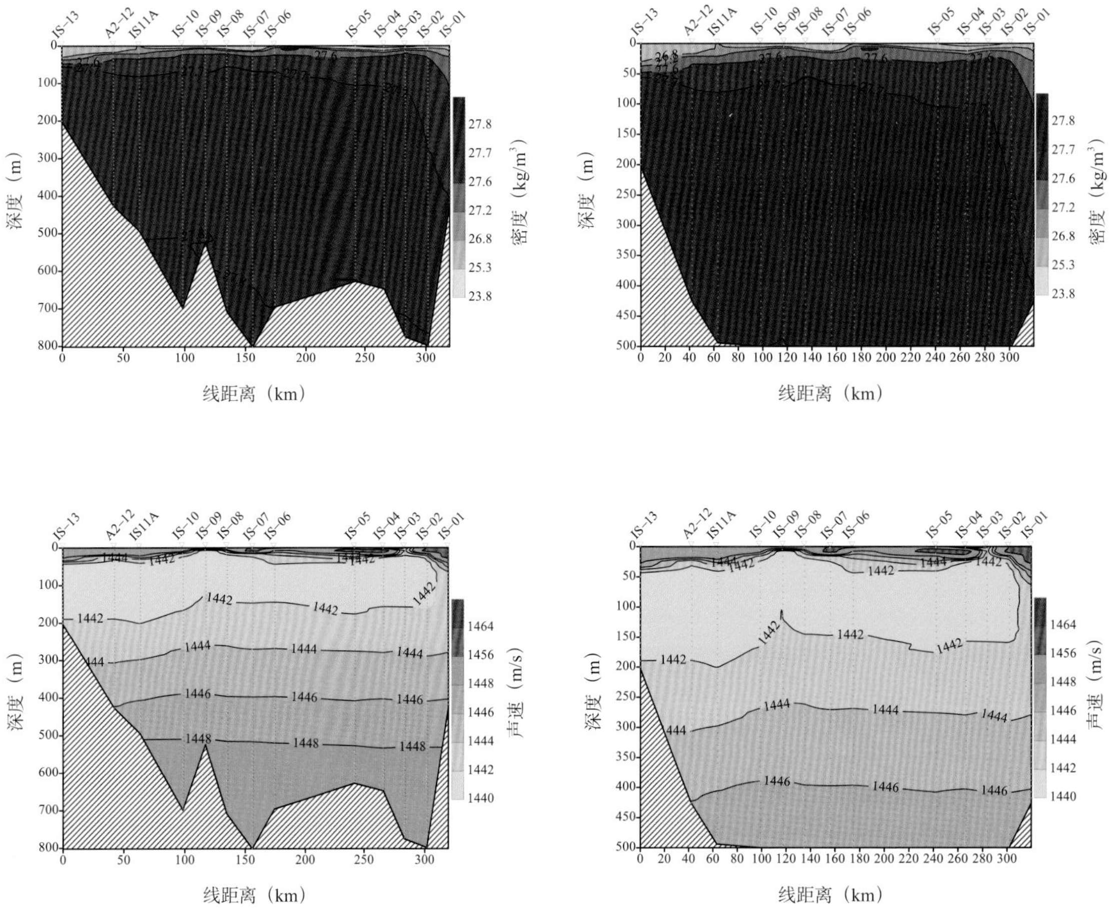

图5.7 断面IS温度、盐度、密度、声速分布图

第四节　航次大面剖面图

本航次4条平行的经向断面和冰架前缘站位可以构成普里兹湾附近海域的大面观测，10 m层、50 m层、100 m层、500 m层上的温度、盐度、密度、声速分布情况如图5.8至图5.11所示。

（1）10 m层温度、盐度、密度、声速分布图（等值线间隔依次为0.5，0.2，0.2，4）

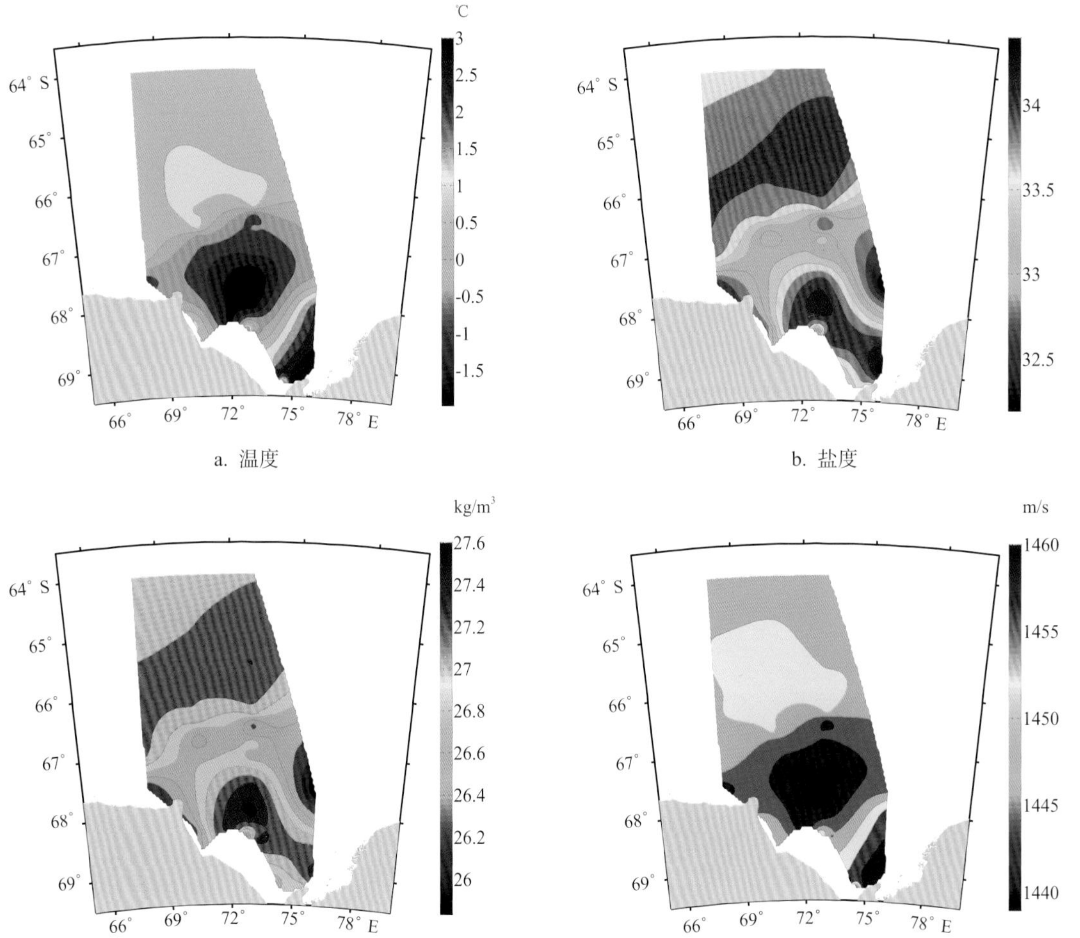

a. 温度　b. 盐度

c. 密度　d. 声速

图5.8　10 m层温度、盐度、密度、声速分布图

（2）50 m 层温度、盐度、密度、声速分布图（等值线间隔依次为 0.2，0.1，0.1，1）

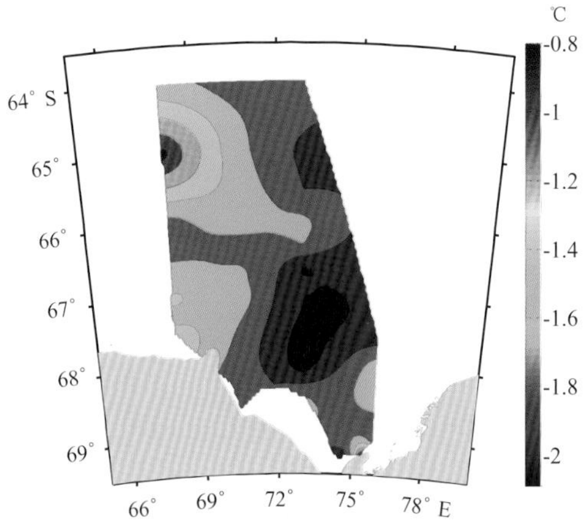

a. 温度

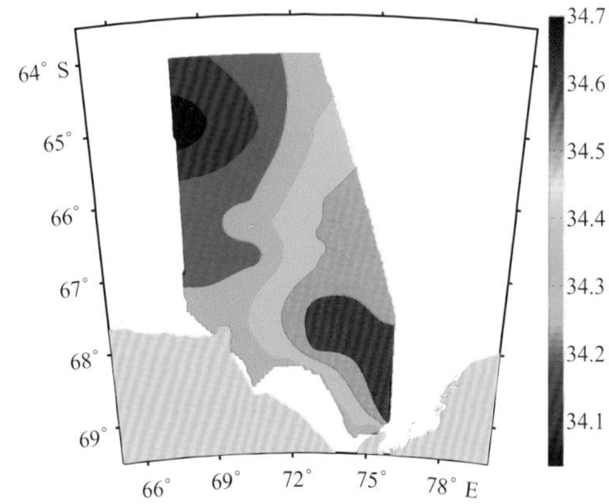

b. 盐度

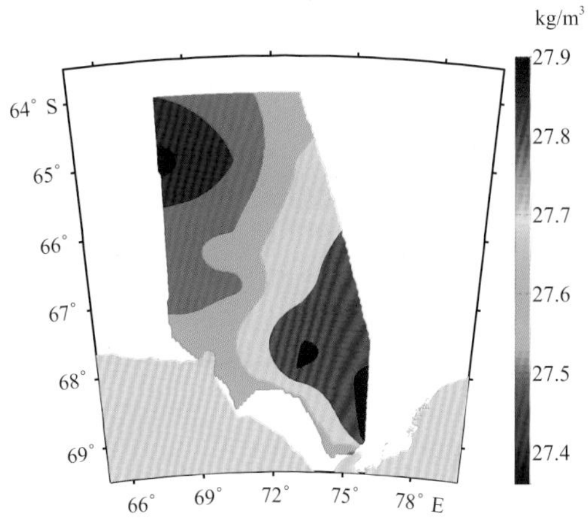

c. 密度

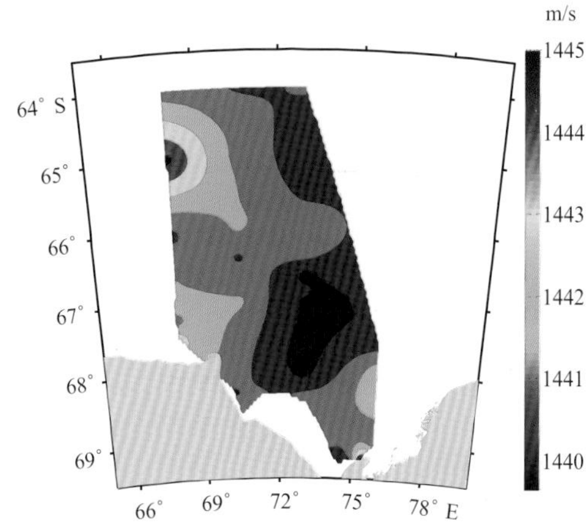

d. 声速

图5.9 50 m 层温度、盐度、密度、声速分布图

（3）100 m 层温度、盐度、密度、声速分布图（等值线间隔依次为 0.2，0.1，0.1，1）

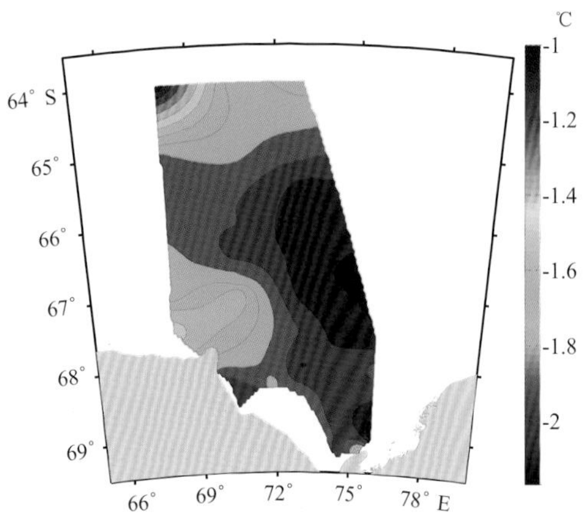

a. 温度

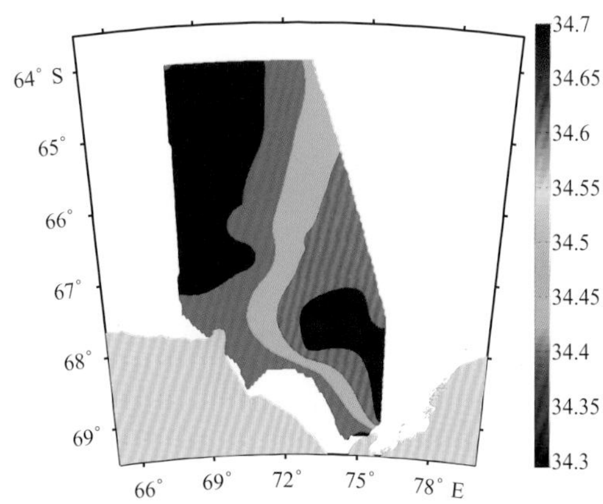

b. 盐度

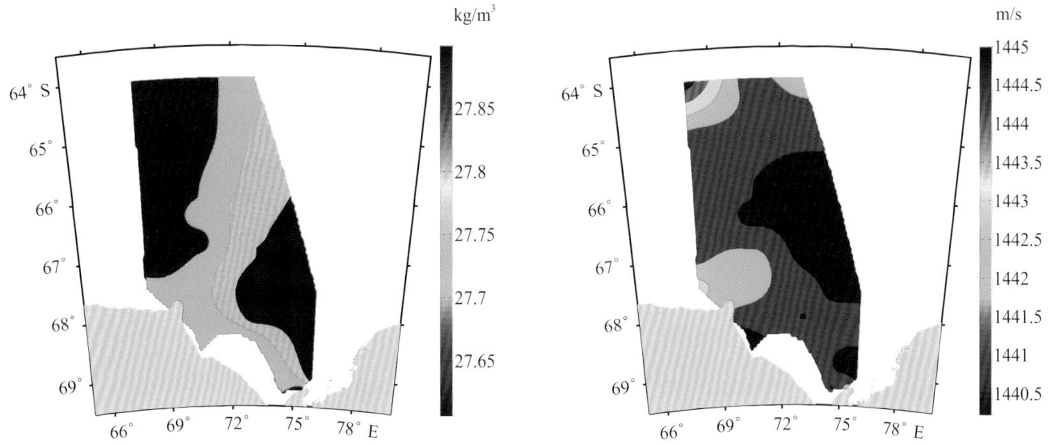

c. 密度　　d. 声速

图5.10 100 m层温度、盐度、密度、声速分布图

（4）500 m层温度、盐度、密度、声速分布图（等值线间隔依次为0.2，0.1，0.1，1）

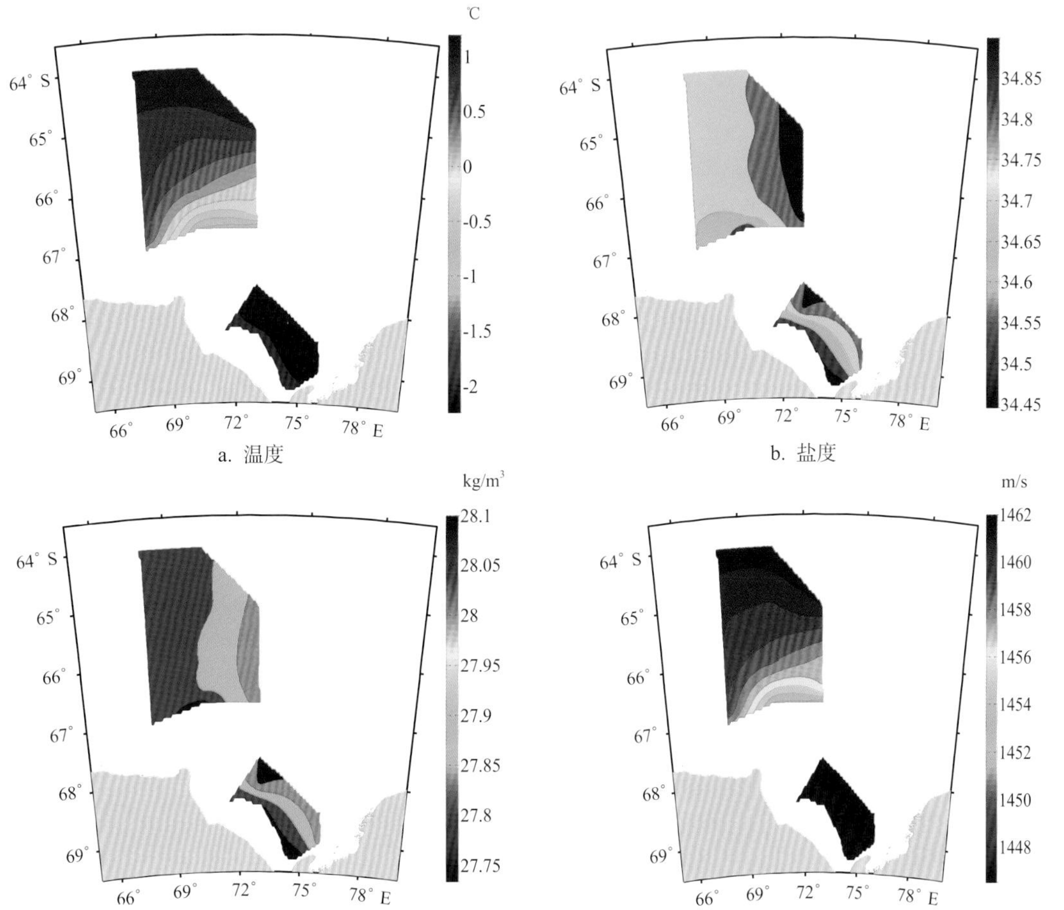

a. 温度　　b. 盐度

c. 密度　　d. 声速

图5.11 500 m层温度、盐度、密度、声速分布图

第六章

中国第24次南极科学考察水文图集

第一节　航次站位情况及TS点聚图

中国第 24 次南极科学考察共完成海洋考察 CTD 站位 57 个，站位信息见表 6.1。

表6.1　中国第24次南极考察CTD观测站位信息表

序号	站位	日期	时间	纬度 (° S)	经度 (° W)	水深 (m)	最大观测深度 (m)
1	ZS01A1	2007-12-16	05:04	-69.247 2	76.468 7	500	228
2	ZS01A2	2007-12-16	05:33	-69.247 2	76.468 7	500	224
3	ZS01A3	2007-12-16	05:49	-69.247 2	76.468 7	500	111
4	ZS01A4	2007-12-16	05:56	-69.247 2	76.468 7	500	24
5	ZS01B1	2007-12-16	14:08	-69.247 2	76.468 7	500	99
6	ZS01B2	2007-12-16	14:23	-69.247 2	76.468 7	500	96
7	ZS01B3	2007-12-16	15:15	-69.247 2	76.468 7	500	226
8	ZS01B4	2007-12-16	15:34	-69.247 2	76.468 7	500	226
9	ZS01C1	2007-12-16	19:57	-69.247 2	76.468 7	500	107
10	ZS01C2	2007-12-16	20:08	-69.247 2	76.468 7	500	105
11	ZS01D1	2007-12-17	03:27	-69.247 2	76.468 7	500	104
12	ZS01E1	2007-12-17	08:28	-69.247 2	76.468 7	500	108
13	ZS01F1	2007-12-18	12:52	-69.247 2	76.468 7	500	79
14	ZS01G1	2007-12-19	07:22	-69.247 2	76.468 7	500	103
15	ZS01H1	2007-12-19	11:16	-69.247 2	76.468 7	500	105
16	ZS01I1	2007-12-19	15:18	-69.247 2	76.468 7	500	85
17	ZS01J1	2007-12-19	19:29	-69.247 2	76.468 7	500	104
18	ZS01K1	2007-12-19	23:39	-69.247 2	76.468 7	500	104
19	ZS01L1	2007-12-20	01:02	-69.247 2	76.468 7	500	101
20	ZS01M1	2007-12-20	08:18	-69.247 2	76.468 7	500	102
21	GW01	2008-01-16	14:42	62.227	-58.931	75	70
22	GW01A	2008-01-16	14:59	62.227	-58.930	70	60
23	GW01B	2008-01-16	17:11	62.227	-58.931	64	64
24	B12	2008-02-12	09:54	64.2	-28.483	4 950	300
25	B12A	2008-02-12	09:54	64.2	-28.483	4 950	300
26	CS01	2008-02-18	06:00	68.288	36.966	1 000	140

续 表

序号	站位	日期	时间	纬度 (° S)	经度 (° W)	水深 (m)	最大观测深度 (m)
27	ZS02	2008-02-23	05:41	69.323	76.563	60	60
28	ZS02A	2008-02-23	12:40	69.35	76.405	360	87
29	IS21	2008-02-25	16:10	69.42	75.366	540	215
30	IS21A	2008-02-25	19:24	69.42	75.366	530	216
31	IS02	2008-02-26	12:30	69.268	74.973	870	535
32	IS03	2008-02-26	15:41	69.226	74.494	800	535
33	IS04	2008-02-26	17:42	69.119	74.110	690	506
34	IS05	2008-02-26	20:02	68.992	74.100	710	535
35	IS06	2008-02-26	23:43	68.794	73.584	780	530
36	IS08	2008-02-27	06:54	68.494	72.645	750	494
37	IS09	2008-02-27	11:25	68.431	72.059	510	492
38	IS10	2008-02-27	13:04	68.491	71.850	530	516
39	IS11	2008-02-27	14:26	68.445	71.696	470	415
40	IS11A	2008-02-27	16:45	68.403	71.709	600	540
41	IS12	2008-02-27	19:47	68.457	71.246	780	610
42	ZS03	2008-02-29	03:01	69.344	76.430	580	492
43	ZS03A	2008-02-29	14:08	69.222	76.463	920	528
44	ZS03B	2008-03-01	04:10	69.354	76.443	800	596
45	ZS04	2008-03-04	08:16	69.324	76.562	80	70
46	P315	2008-03-05	14:22	68.495	73.007	680	486
47	P314	2008-03-05	21:23	67.991	72.928	660	510
48	P3A1	2008-03-06	04:12	68.046	73.610	610	585
49	P411	2008-03-06	11:30	67.984	75.439	500	447
50	P412	2008-03-06	18:19	68.503	75.490	650	507
51	P413	2008-03-07	01:54	68.960	75.482	720	573
52	P4A1	2008-03-07	07:21	69.163	75.787	600	571
53	P4A2	2008-03-09	18:45	69.053	76.192	600	165
54	P4A3	2008-03-10	20:22	67.305	75.588	410	381
55	P308	2008-03-11	17:10	66.347	73.178	2 050	576
56	P308A	2008-03-11	21:10	66.352	73.164	2 000	1 982
57	P404	2008-03-12	12:27	65.452	75.759	3 300	456

本航次的 TS 点聚图如图 6.1 所示。

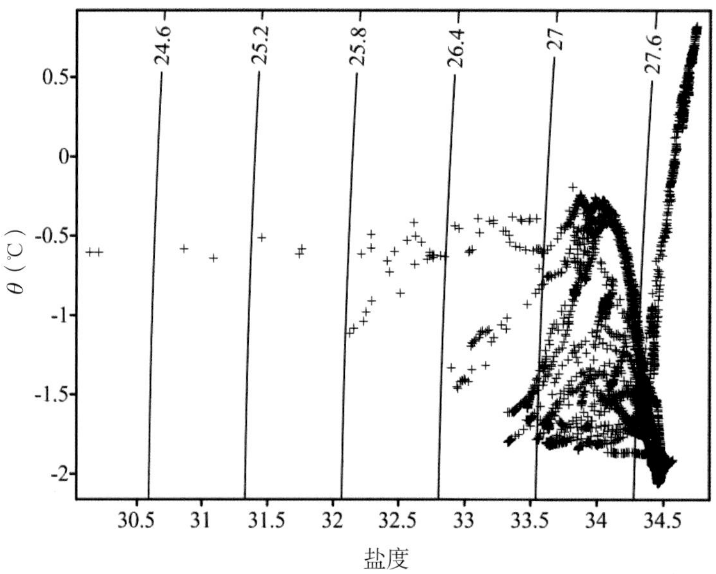

图6.1　中国第 24 次南极考察 TS 点聚图

第二节　航次站点剖面图

本航次各站点的 CTD 测量要素温度、盐度、密度、声速剖面分布如图 6.2 所示。

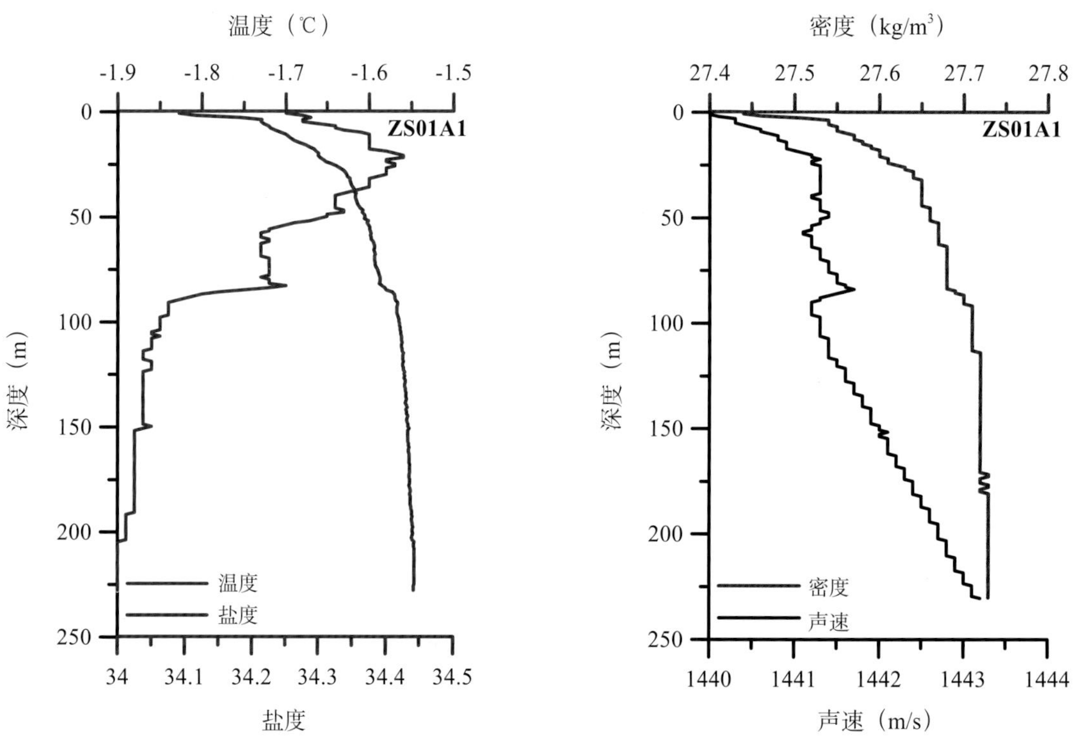

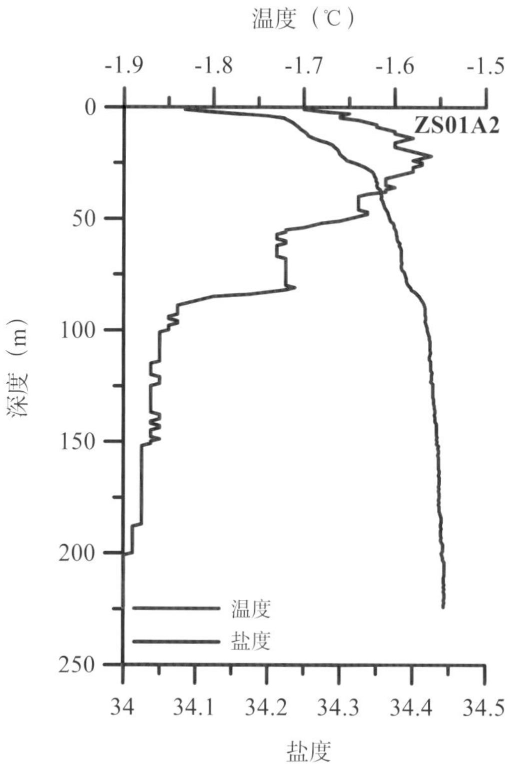
温度（℃）
-1.9 -1.8 -1.7 -1.6 -1.5
ZS01A2
深度（m）
0 50 100 150 200 250
温度
盐度
34 34.1 34.2 34.3 34.4 34.5
盐度

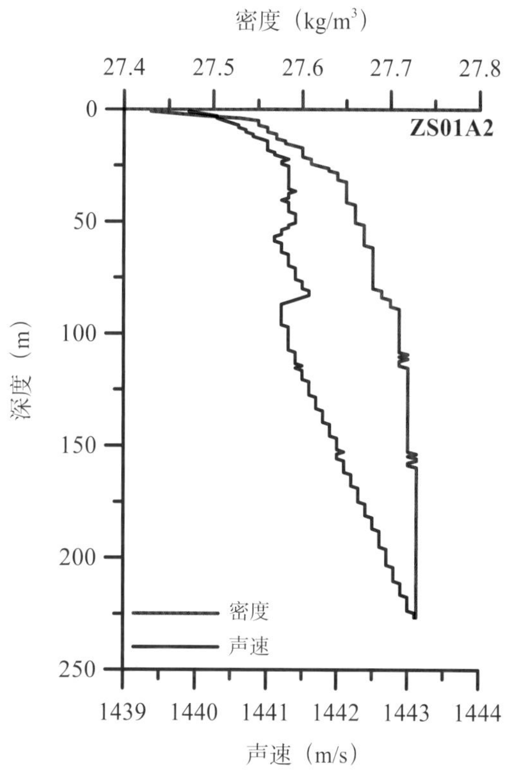
密度（kg/m³）
27.4 27.5 27.6 27.7 27.8
ZS01A2
深度（m）
0 50 100 150 200 250
密度
声速
1439 1440 1441 1442 1443 1444
声速（m/s）

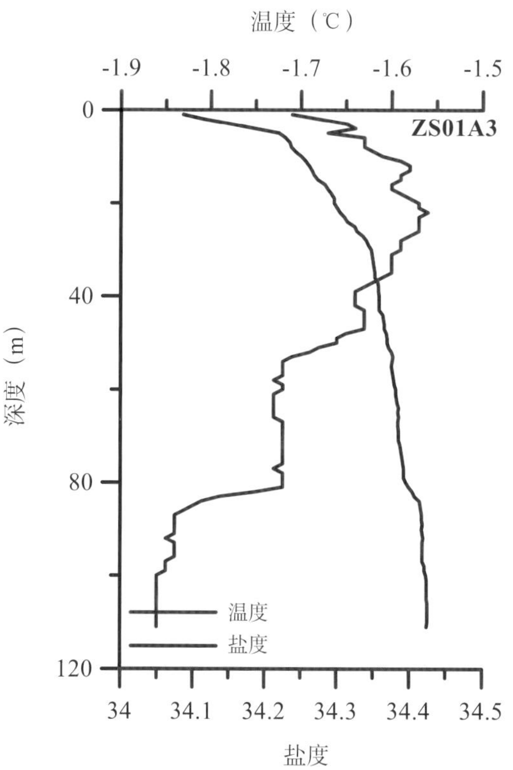
温度（℃）
-1.9 -1.8 -1.7 -1.6 -1.5
ZS01A3
深度（m）
0 40 80 120
温度
盐度
34 34.1 34.2 34.3 34.4 34.5
盐度

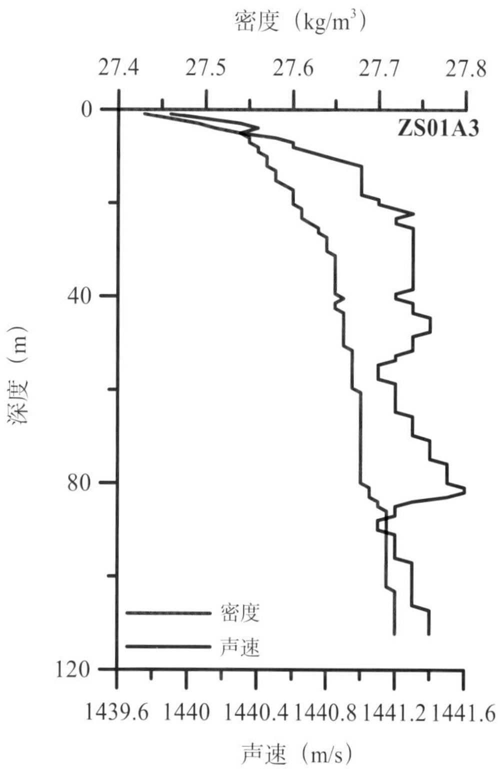
密度（kg/m³）
27.4 27.5 27.6 27.7 27.8
ZS01A3
深度（m）
0 40 80 120
密度
声速
1439.6 1440 1440.4 1440.8 1441.2 1441.6
声速（m/s）

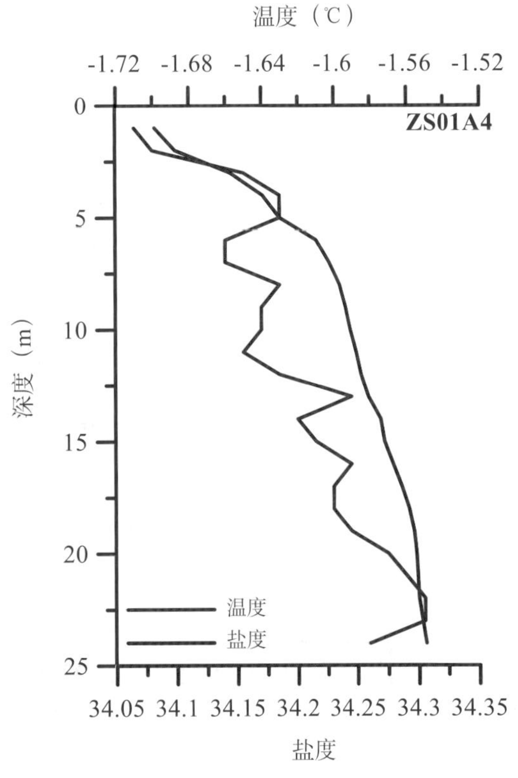
温度（℃）
-1.72 -1.68 -1.64 -1.6 -1.56 -1.52
ZS01A4
深度（m）
0 5 10 15 20 25
温度
盐度
34.05 34.1 34.15 34.2 34.25 34.3 34.35
盐度

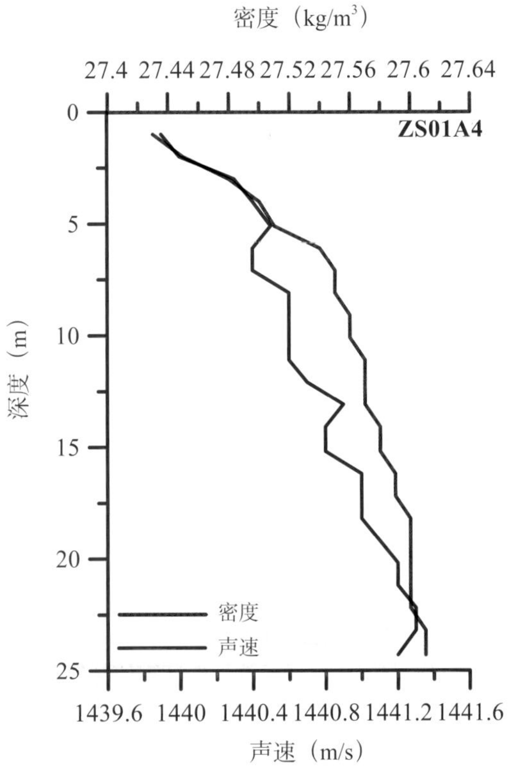
密度（kg/m3）
27.4 27.44 27.48 27.52 27.56 27.6 27.64
ZS01A4
深度（m）
0 5 10 15 20 25
密度
声速
1439.6 1440 1440.4 1440.8 1441.2 1441.6
声速（m/s）

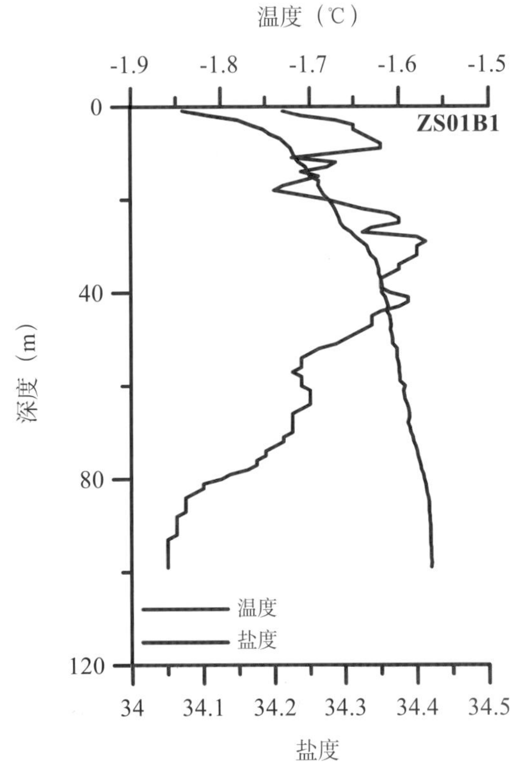
温度（℃）
-1.9 -1.8 -1.7 -1.6 -1.5
ZS01B1
深度（m）
0 40 80 120
温度
盐度
34 34.1 34.2 34.3 34.4 34.5
盐度

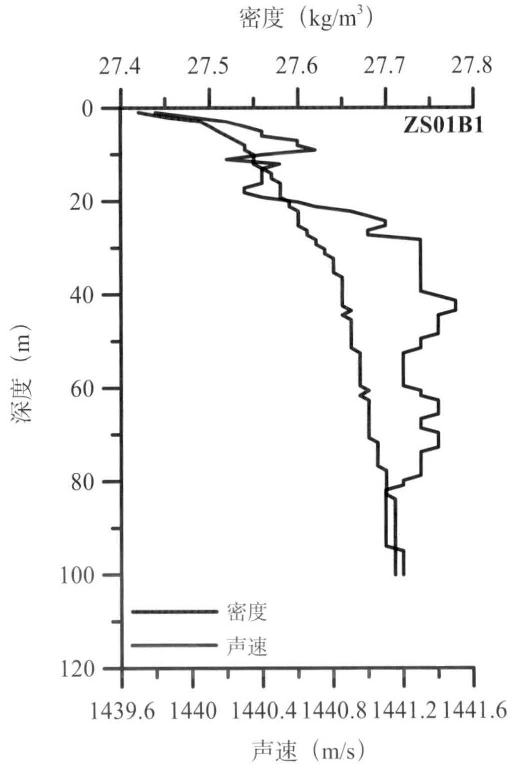
密度（kg/m3）
27.4 27.5 27.6 27.7 27.8
ZS01B1
深度（m）
0 20 40 60 80 100 120
密度
声速
1439.6 1440 1440.4 1440.8 1441.2 1441.6
声速（m/s）

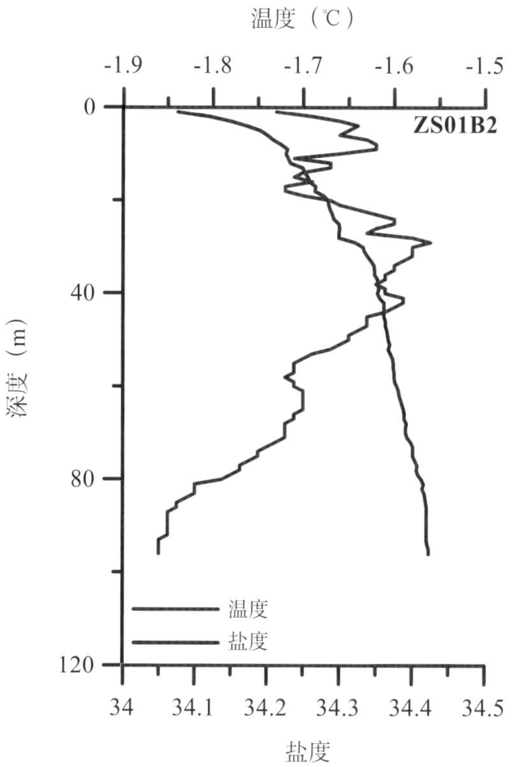
温度（℃）
-1.9
-1.8
-1.7
-1.6
-1.5
ZS01B2
0
40
80
120
深度（m）
温度
盐度
34
34.1
34.2
34.3
34.4
34.5
盐度

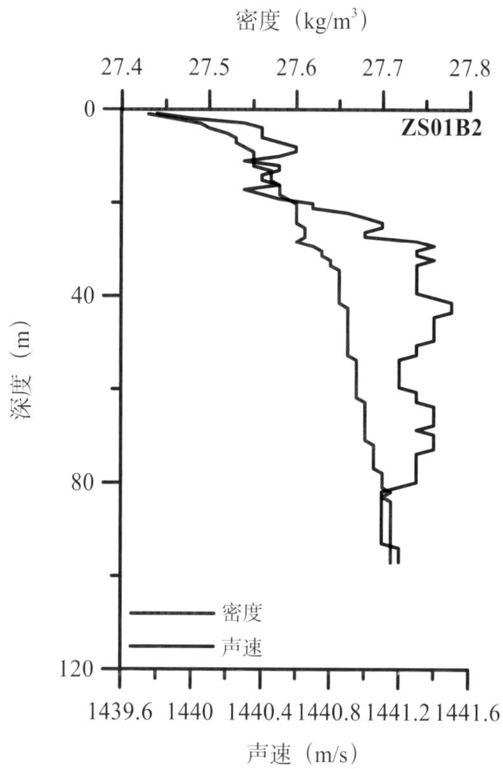
密度（kg/m³）
27.4
27.5
27.6
27.7
27.8
ZS01B2
0
40
80
120
深度（m）
密度
声速
1439.6
1440
1440.4
1440.8
1441.2
1441.6
声速（m/s）

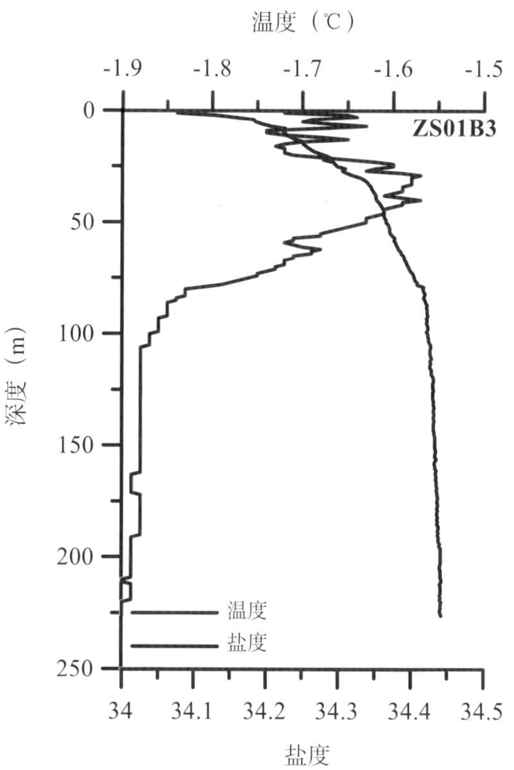
温度（℃）
-1.9
-1.8
-1.7
-1.6
-1.5
ZS01B3
0
50
100
150
200
250
深度（m）
温度
盐度
34
34.1
34.2
34.3
34.4
34.5
盐度

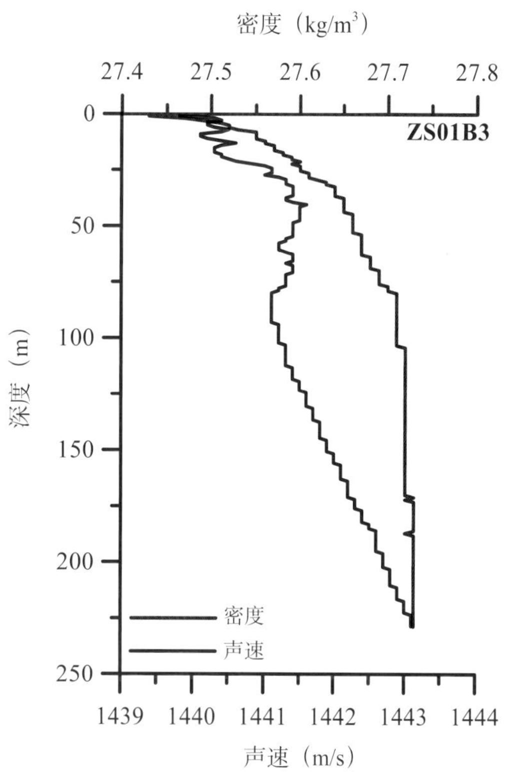
密度（kg/m³）
27.4
27.5
27.6
27.7
27.8
ZS01B3
0
50
100
150
200
250
深度（m）
密度
声速
1439
1440
1441
1442
1443
1444
声速（m/s）

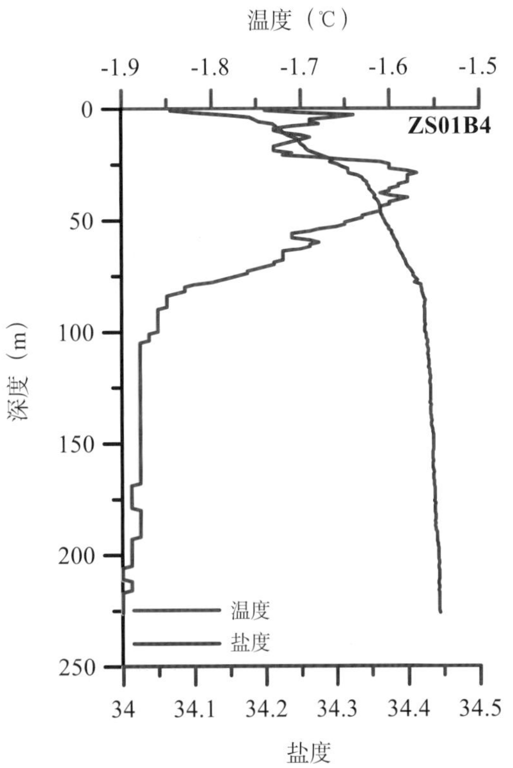
温度（℃）
-1.9
-1.8
-1.7
-1.6
-1.5
ZS01B4
0
50
100
150
200
250
深度（m）
温度
盐度
34
34.1
34.2
34.3
34.4
34.5
盐度

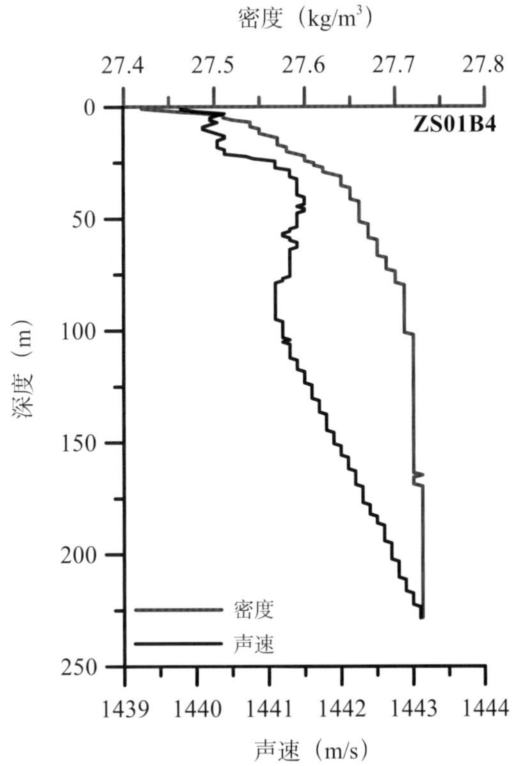
密度（kg/m³）
27.4
27.5
27.6
27.7
27.8
ZS01B4
0
50
100
150
200
250
深度（m）
密度
声速
1439
1440
1441
1442
1443
1444
声速（m/s）

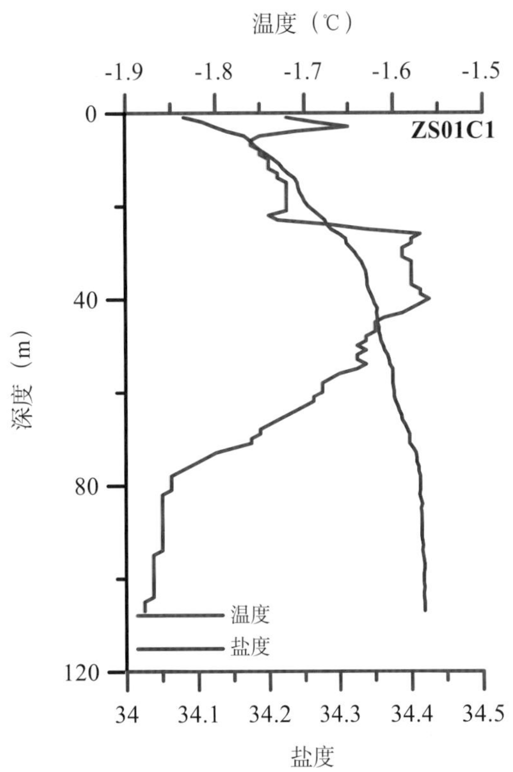
温度（℃）
-1.9
-1.8
-1.7
-1.6
-1.5
ZS01C1
0
40
80
120
深度（m）
温度
盐度
34
34.1
34.2
34.3
34.4
34.5
盐度

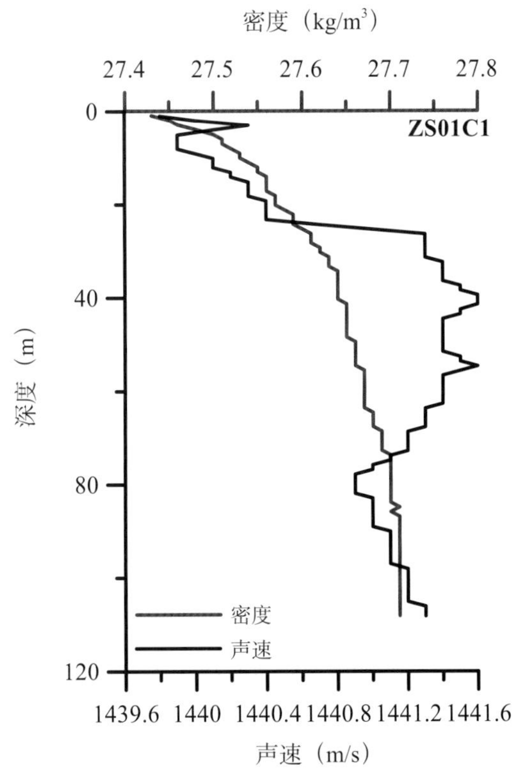
密度（kg/m³）
27.4
27.5
27.6
27.7
27.8
ZS01C1
0
40
80
120
深度（m）
密度
声速
1439.6
1440
1440.4
1440.8
1441.2
1441.6
声速（m/s）

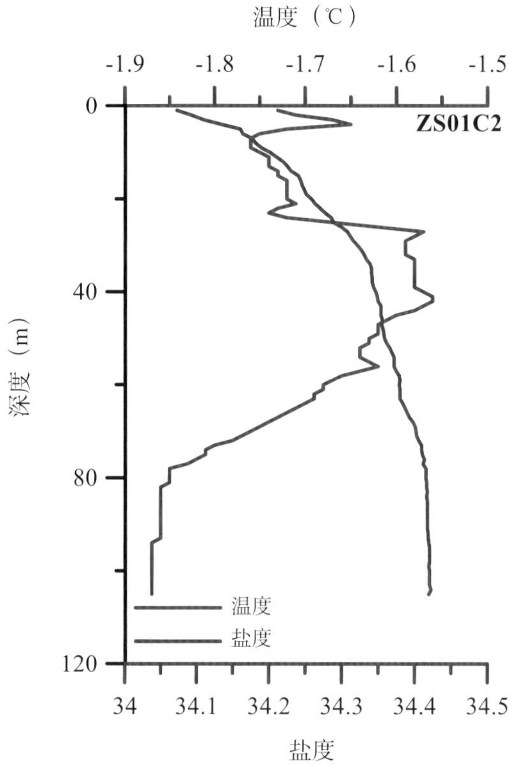
温度（℃）
-1.9 -1.8 -1.7 -1.6 -1.5
ZS01C2
深度（m）
0 40 80 120
温度
盐度
34 34.1 34.2 34.3 34.4 34.5
盐度

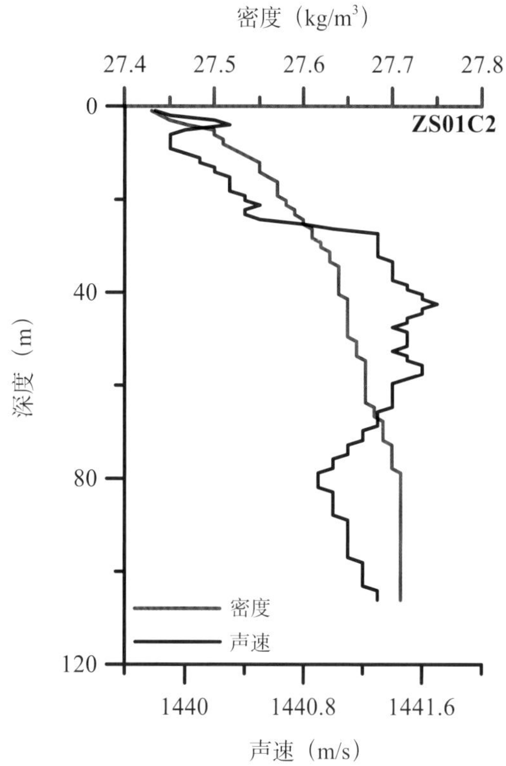
密度（kg/m³）
27.4 27.5 27.6 27.7 27.8
ZS01C2
深度（m）
0 40 80 120
密度
声速
1440 1440.8 1441.6
声速（m/s）

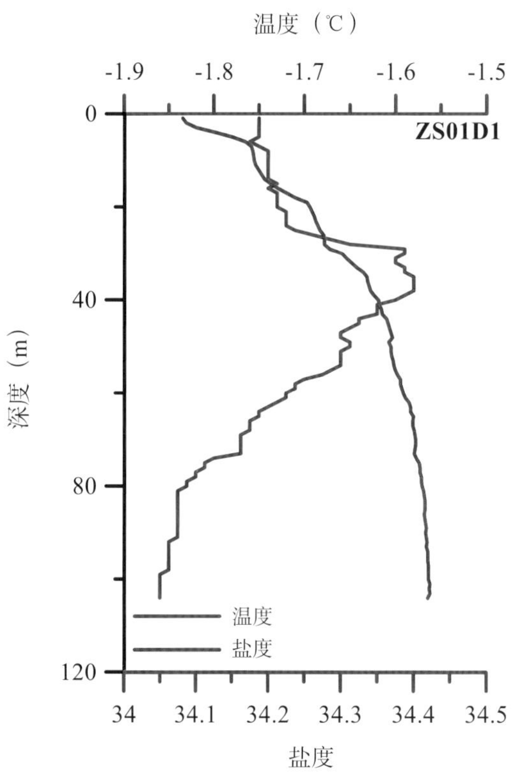
温度（℃）
-1.9 -1.8 -1.7 -1.6 -1.5
ZS01D1
深度（m）
0 40 80 120
温度
盐度
34 34.1 34.2 34.3 34.4 34.5
盐度

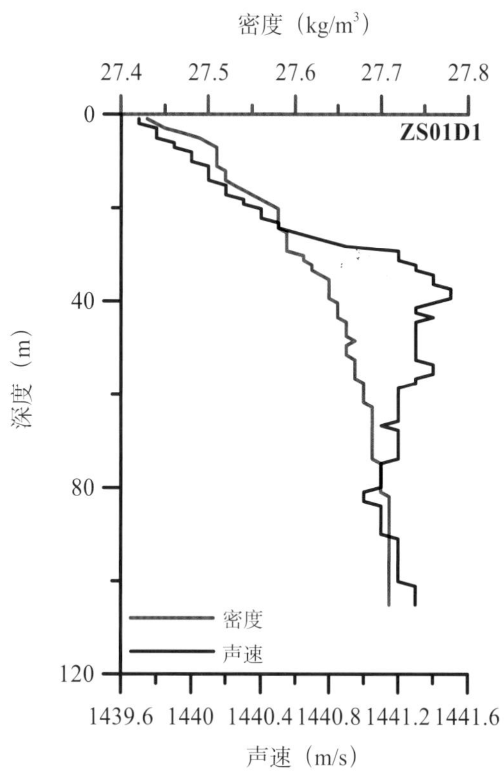
密度（kg/m³）
27.4 27.5 27.6 27.7 27.8
ZS01D1
深度（m）
0 40 80 120
密度
声速
1439.6 1440 1440.4 1440.8 1441.2 1441.6
声速（m/s）

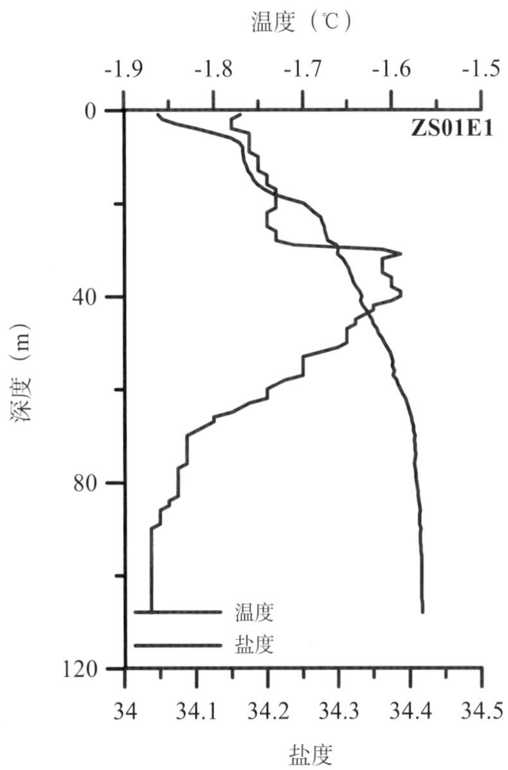
温度（℃）
-1.9
-1.8
-1.7
-1.6
-1.5
ZS01E1
0
40
80
120
深度（m）
温度
盐度
34
34.1
34.2
34.3
34.4
34.5
盐度

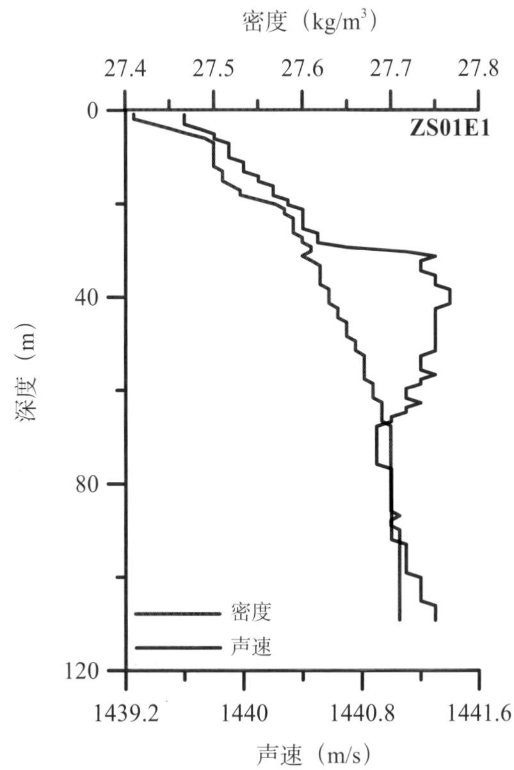
密度（kg/m³）
27.4
27.5
27.6
27.7
27.8
ZS01E1
0
40
80
120
深度（m）
密度
声速
1439.2
1440
1440.8
1441.6
声速（m/s）

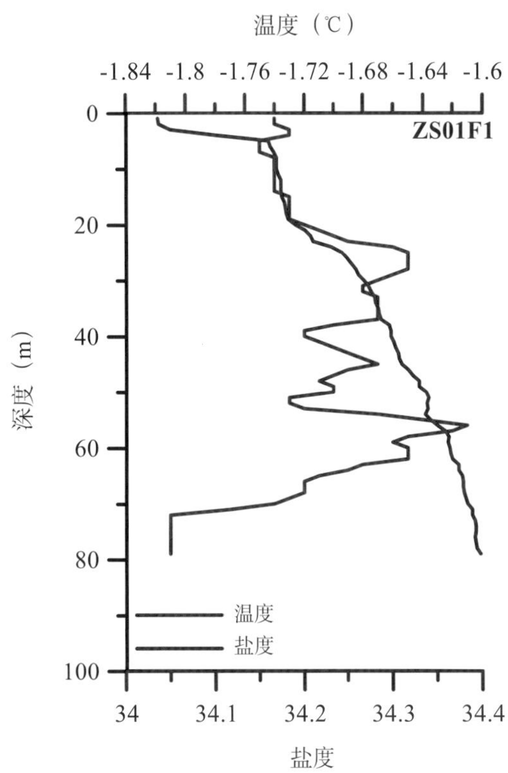
温度（℃）
-1.84
-1.8
-1.76
-1.72
-1.68
-1.64
-1.6
ZS01F1
0
20
40
60
80
100
深度（m）
温度
盐度
34
34.1
34.2
34.3
34.4
盐度

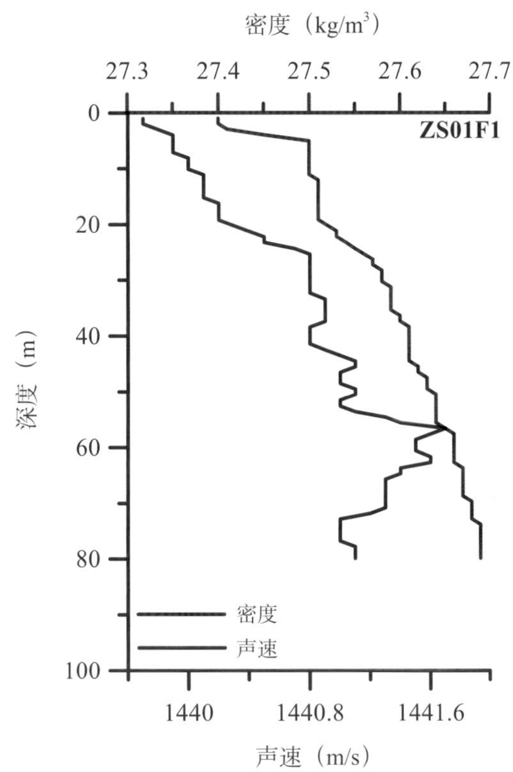
密度（kg/m³）
27.3
27.4
27.5
27.6
27.7
ZS01F1
0
20
40
60
80
100
深度（m）
密度
声速
1440
1440.8
1441.6
声速（m/s）

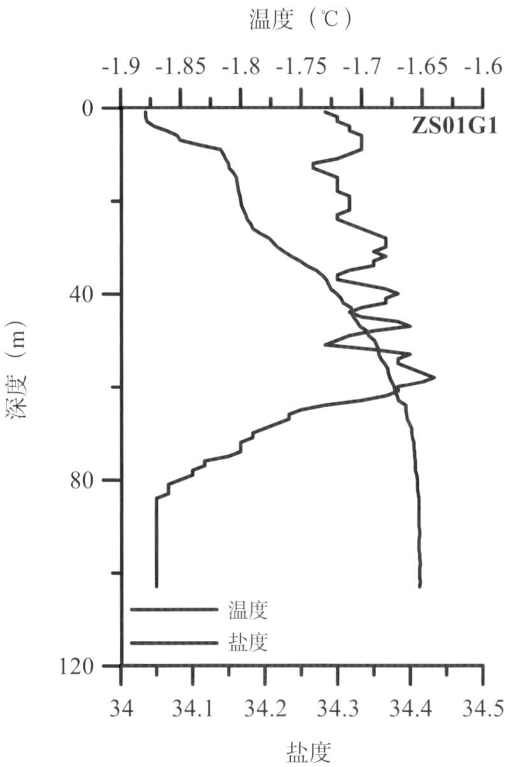
温度（℃）
-1.9 -1.85 -1.8 -1.75 -1.7 -1.65 -1.6
ZS01G1
0 40 80 120
深度（m）
温度
盐度
34 34.1 34.2 34.3 34.4 34.5
盐度

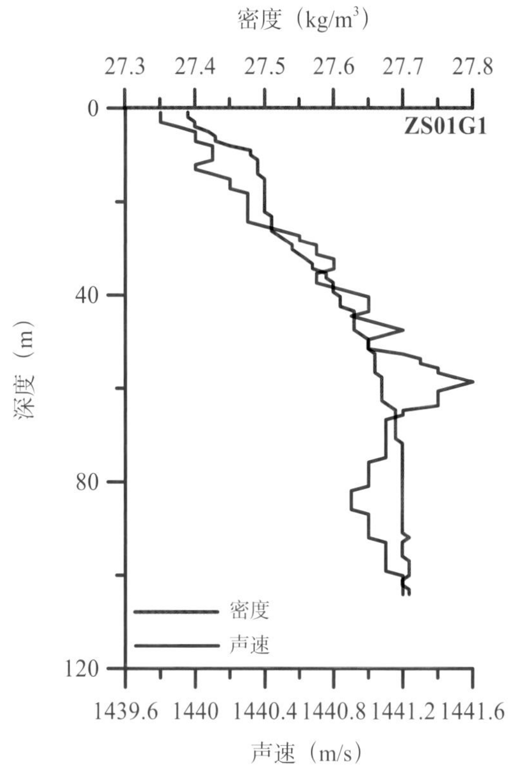
密度（kg/m³）
27.3 27.4 27.5 27.6 27.7 27.8
ZS01G1
0 40 80 120
深度（m）
密度
声速
1439.6 1440 1440.4 1440.8 1441.2 1441.6
声速（m/s）

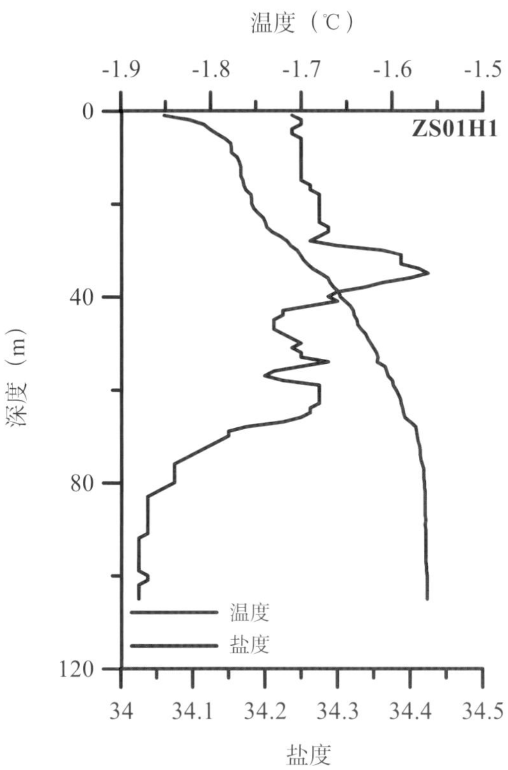
温度（℃）
-1.9 -1.8 -1.7 -1.6 -1.5
ZS01H1
0 40 80 120
深度（m）
温度
盐度
34 34.1 34.2 34.3 34.4 34.5
盐度

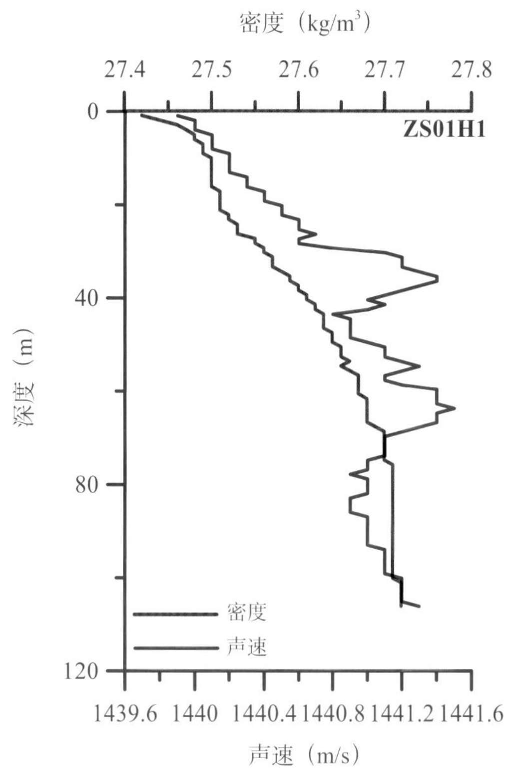
密度（kg/m³）
27.4 27.5 27.6 27.7 27.8
ZS01H1
0 40 80 120
深度（m）
密度
声速
1439.6 1440 1440.4 1440.8 1441.2 1441.6
声速（m/s）

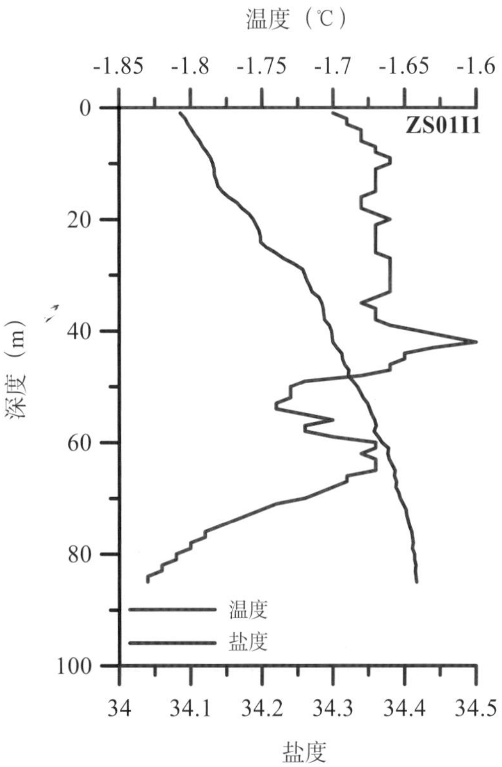
温度（℃）
-1.85 -1.8 -1.75 -1.7 -1.65 -1.6
ZS01I1
深度（m）
0 20 40 60 80 100
温度
盐度
34 34.1 34.2 34.3 34.4 34.5
盐度

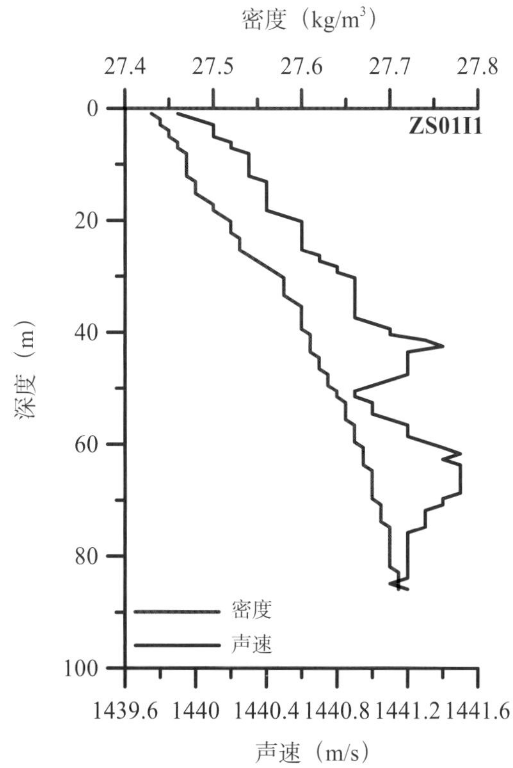
密度（kg/m³）
27.4 27.5 27.6 27.7 27.8
ZS01I1
深度（m）
0 20 40 60 80 100
密度
声速
1439.6 1440 1440.4 1440.8 1441.2 1441.6
声速（m/s）

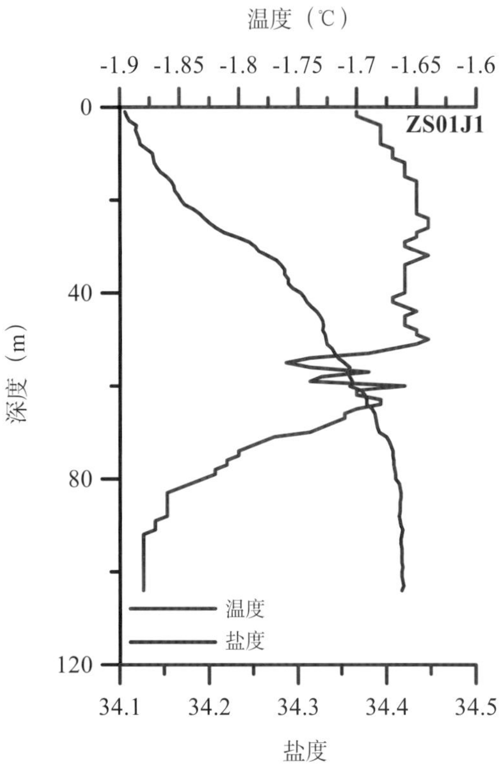
温度（℃）
-1.9 -1.85 -1.8 -1.75 -1.7 -1.65 -1.6
ZS01J1
深度（m）
0 40 80 120
温度
盐度
34.1 34.2 34.3 34.4 34.5
盐度

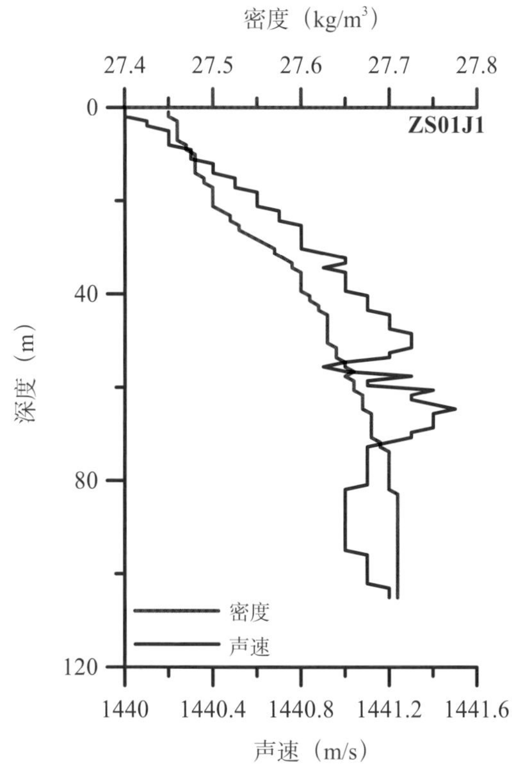
密度（kg/m³）
27.4 27.5 27.6 27.7 27.8
ZS01J1
深度（m）
0 40 80 120
密度
声速
1440 1440.4 1440.8 1441.2 1441.6
声速（m/s）

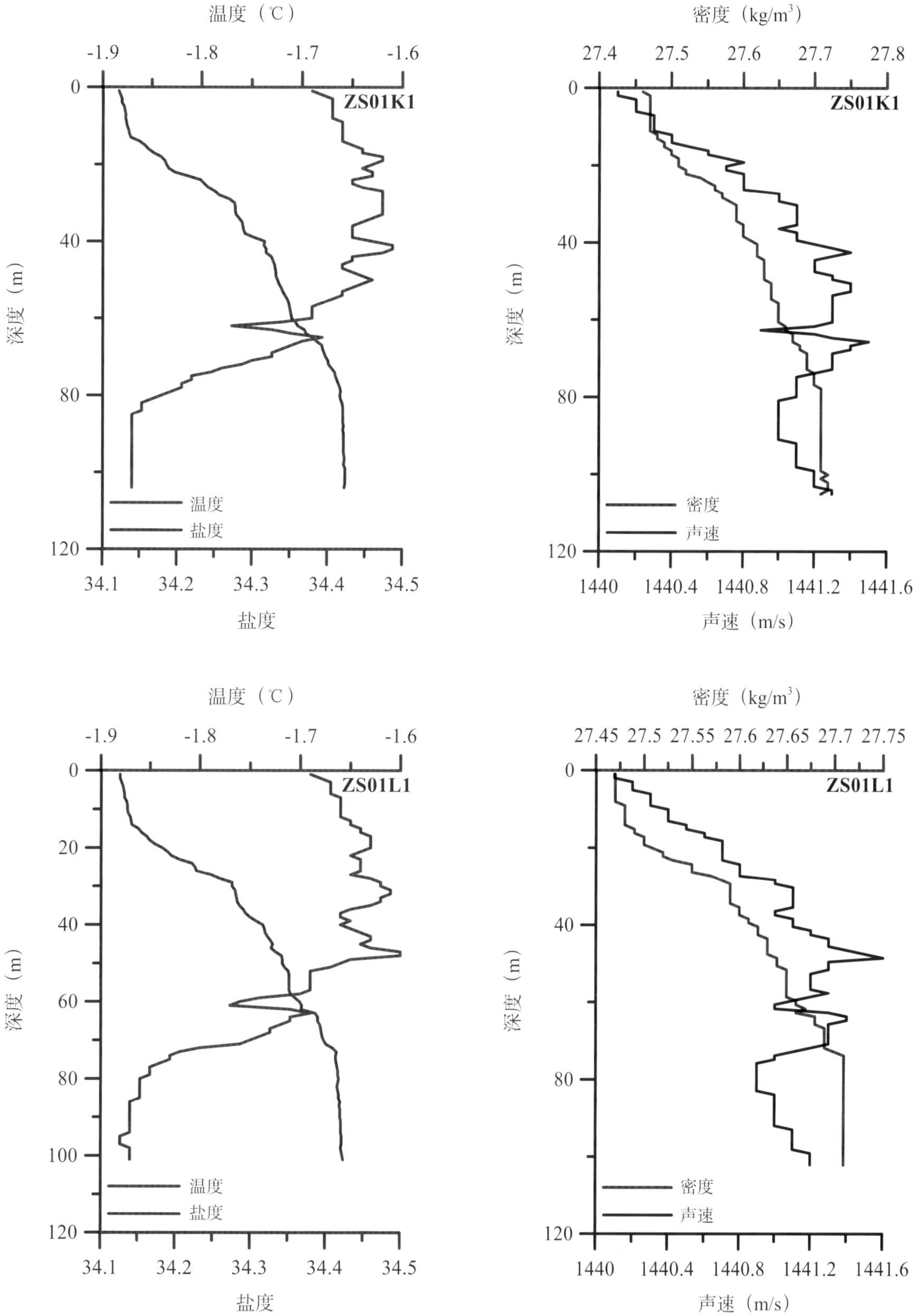
温度（℃）
-1.9 -1.8 -1.7 -1.6
ZS01K1
深度（m）
0 40 80 120
温度
盐度
34.1 34.2 34.3 34.4 34.5
盐度
密度（kg/m³）
27.4 27.5 27.6 27.7 27.8
ZS01K1
深度（m）
0 40 80 120
密度
声速
1440 1440.4 1440.8 1441.2 1441.6
声速（m/s）
温度（℃）
-1.9 -1.8 -1.7 -1.6
ZS01L1
深度（m）
0 20 40 60 80 100 120
温度
盐度
34.1 34.2 34.3 34.4 34.5
盐度
密度（kg/m³）
27.45 27.5 27.55 27.6 27.65 27.7 27.75
ZS01L1
深度（m）
0 40 80 120
密度
声速
1440 1440.4 1440.8 1441.2 1441.6
声速（m/s）

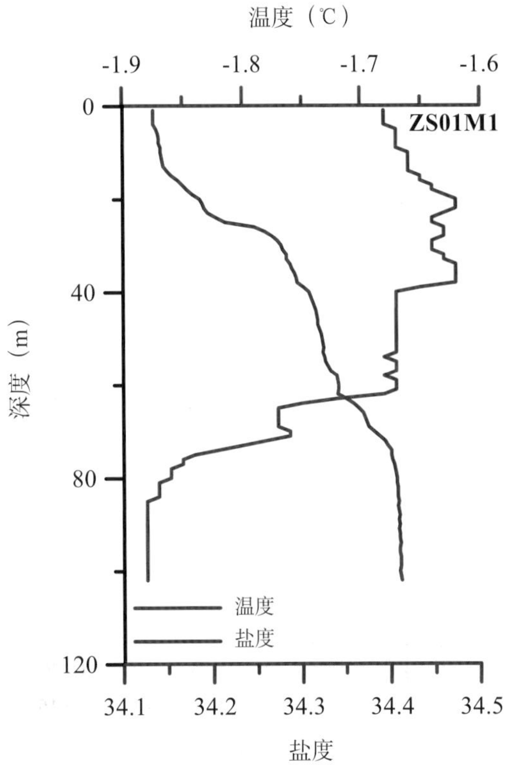
温度（℃）
-1.9 -1.8 -1.7 -1.6
ZS01M1
深度（m）
0 40 80 120
温度
盐度
34.1 34.2 34.3 34.4 34.5
盐度

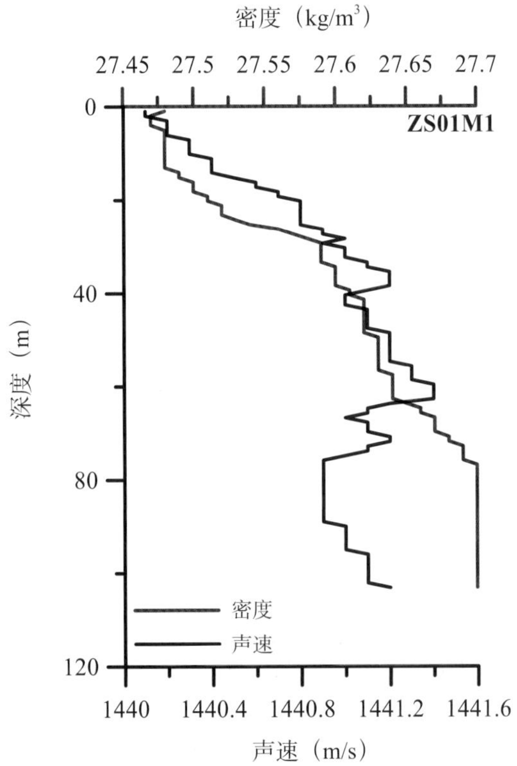
密度（kg/m³）
27.45 27.5 27.55 27.6 27.65 27.7
ZS01M1
深度（m）
0 40 80 120
密度
声速
1440 1440.4 1440.8 1441.2 1441.6
声速（m/s）

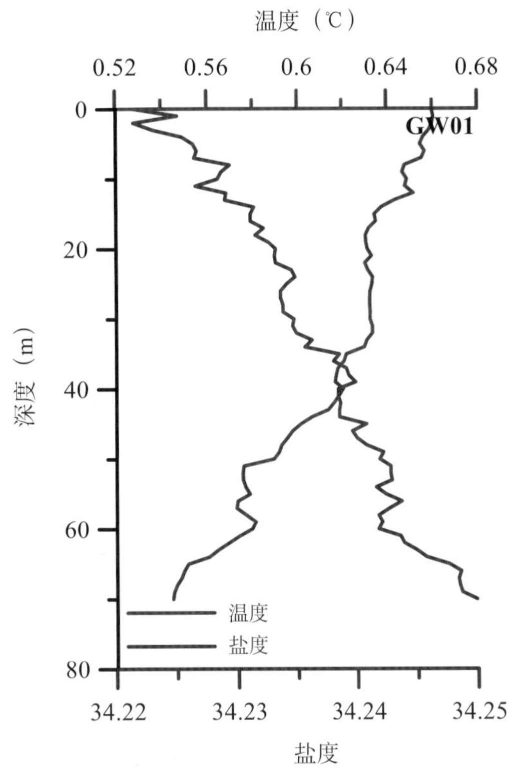
温度（℃）
0.52 0.56 0.6 0.64 0.68
GW01
深度（m）
0 20 40 60 80
温度
盐度
34.22 34.23 34.24 34.25
盐度

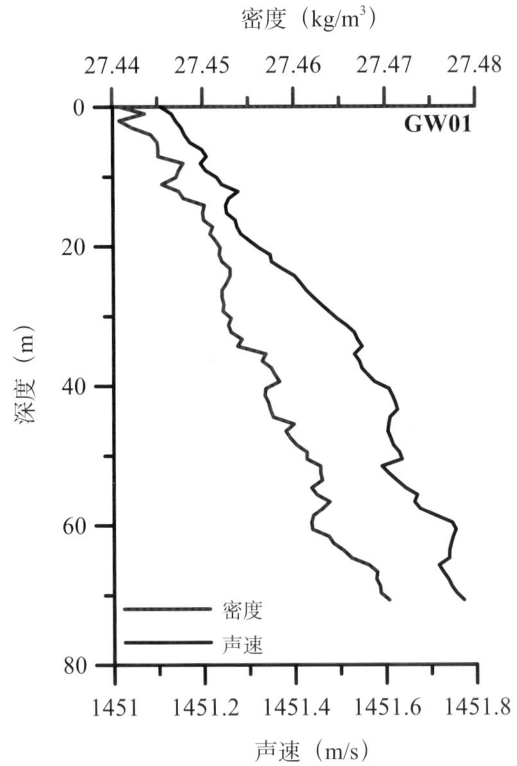
密度（kg/m³）
27.44 27.45 27.46 27.47 27.48
GW01
深度（m）
0 20 40 60 80
密度
声速
1451 1451.2 1451.4 1451.6 1451.8
声速（m/s）

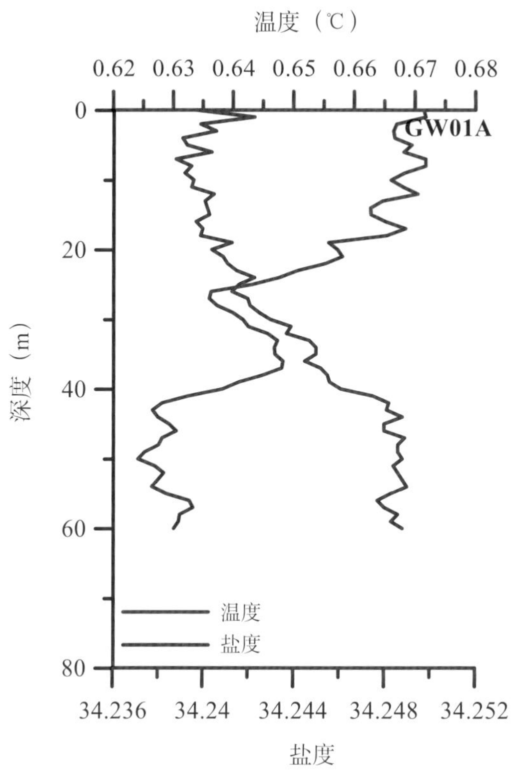
温度（℃）
0.62 0.63 0.64 0.65 0.66 0.67 0.68
GW01A
0
20
40
60
80
深度（m）
温度
盐度
34.236 34.24 34.244 34.248 34.252
盐度

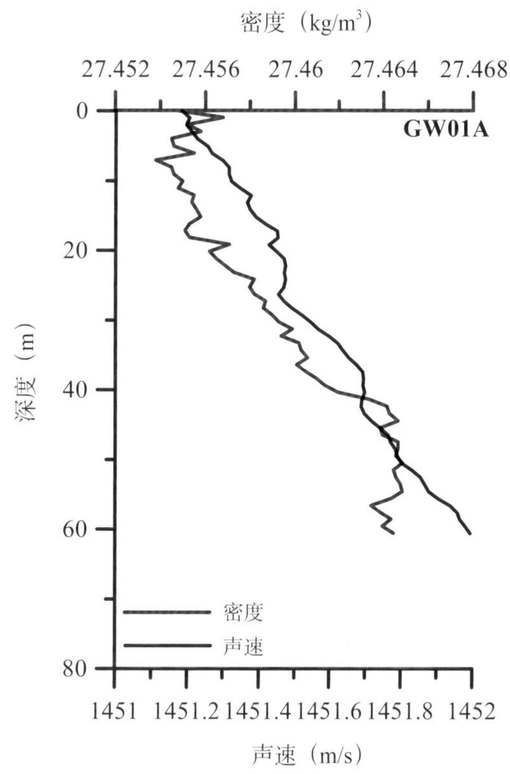
密度（kg/m3）
27.452 27.456 27.46 27.464 27.468
GW01A
0
20
40
60
80
深度（m）
密度
声速
1451 1451.2 1451.4 1451.6 1451.8 1452
声速（m/s）

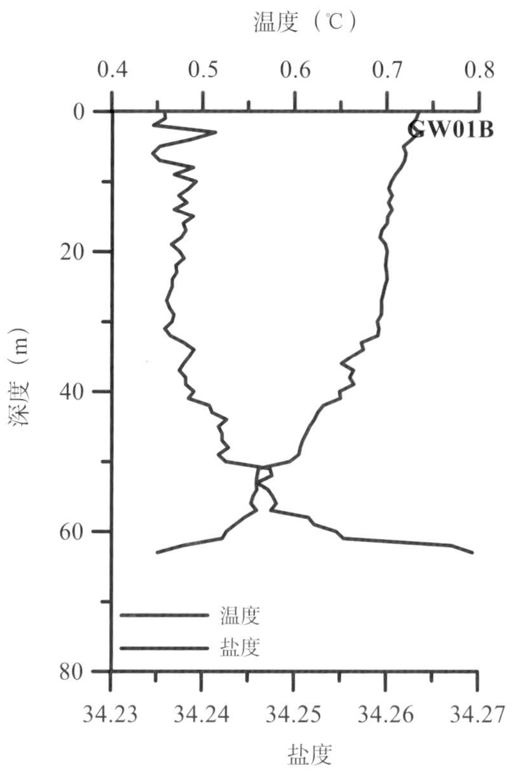
温度（℃）
0.4 0.5 0.6 0.7 0.8
GW01B
0
20
40
60
80
深度（m）
温度
盐度
34.23 34.24 34.25 34.26 34.27
盐度

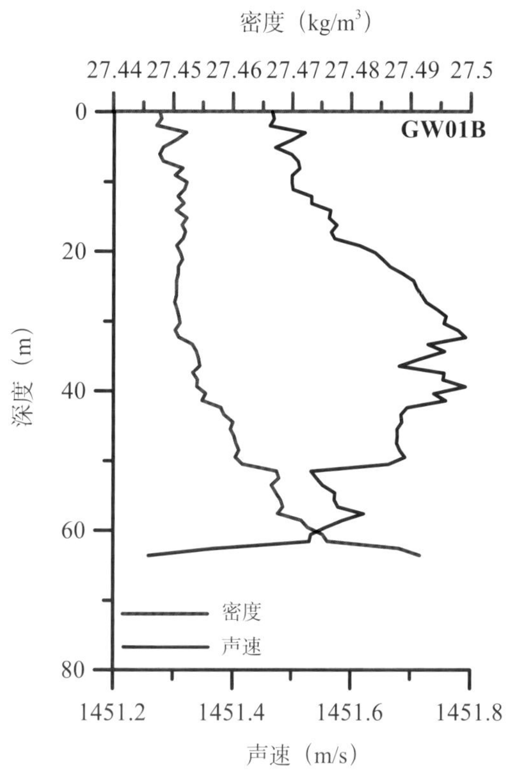
密度（kg/m3）
27.44 27.45 27.46 27.47 27.48 27.49 27.5
GW01B
0
20
40
60
80
深度（m）
密度
声速
1451.2 1451.4 1451.6 1451.8
声速（m/s）

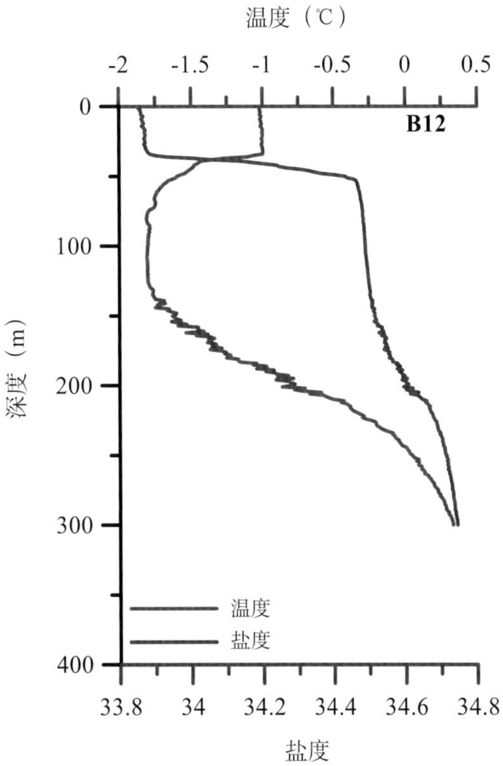
温度（℃）
-2
-1.5
-1
-0.5
0
0.5
B12
深度（m）
0
100
200
300
400
温度
盐度
33.8
34
34.2
34.4
34.6
34.8
盐度

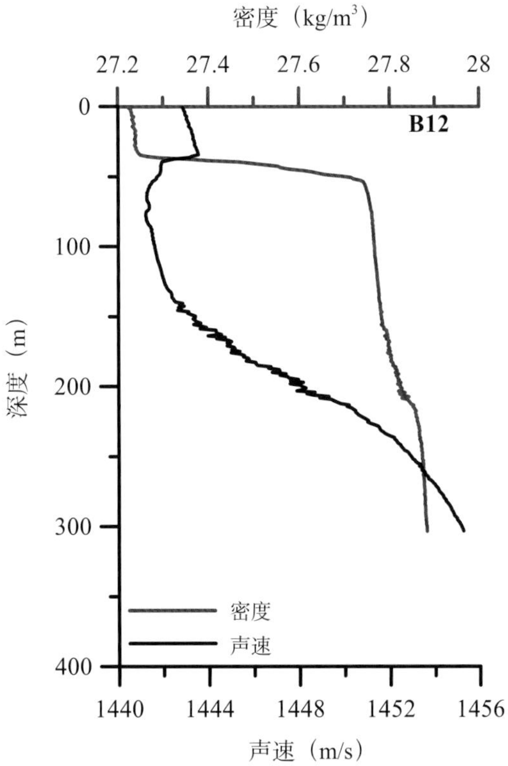
密度（kg/m³）
27.2
27.4
27.6
27.8
28
B12
深度（m）
0
100
200
300
400
密度
声速
1440
1444
1448
1452
1456
声速（m/s）

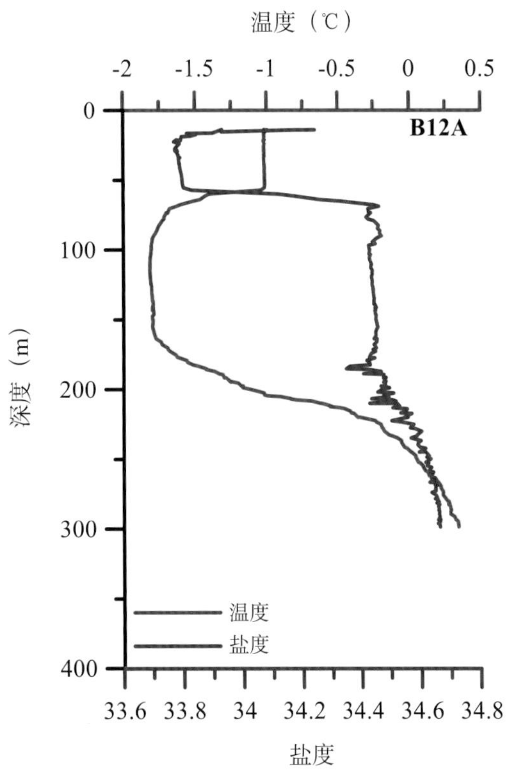
温度（℃）
-2
-1.5
-1
-0.5
0
0.5
B12A
深度（m）
0
100
200
300
400
温度
盐度
33.6
33.8
34
34.2
34.4
34.6
34.8
盐度

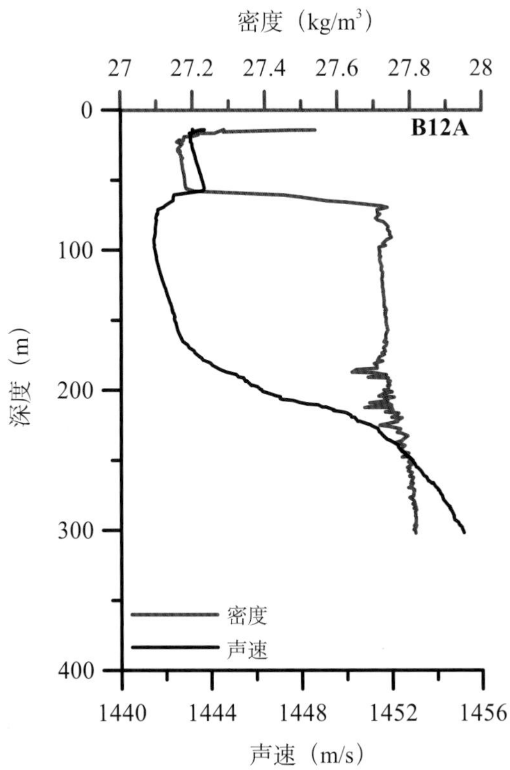
密度（kg/m³）
27
27.2
27.4
27.6
27.8
28
B12A
深度（m）
0
100
200
300
400
密度
声速
1440
1444
1448
1452
1456
声速（m/s）

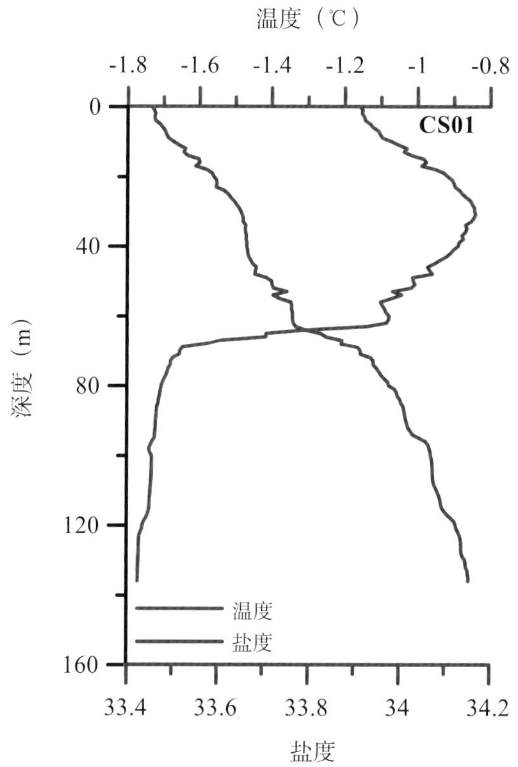
温度（℃）
-1.8 -1.6 -1.4 -1.2 -1 -0.8
CS01
0 40 80 120 160
深度（m）
温度
盐度
33.4 33.6 33.8 34 34.2
盐度

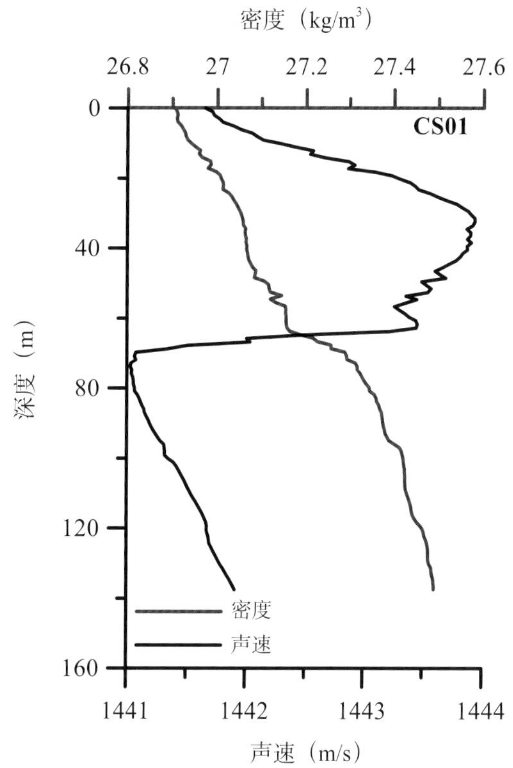
密度（kg/m³）
26.8 27 27.2 27.4 27.6
CS01
0 40 80 120 160
深度（m）
密度
声速
1441 1442 1443 1444
声速（m/s）

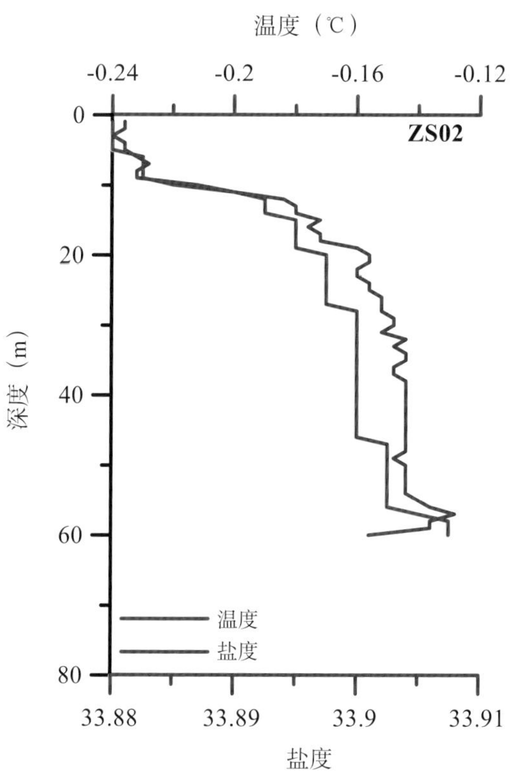
温度（℃）
-0.24 -0.2 -0.16 -0.12
ZS02
0 20 40 60 80
深度（m）
温度
盐度
33.88 33.89 33.9 33.91
盐度

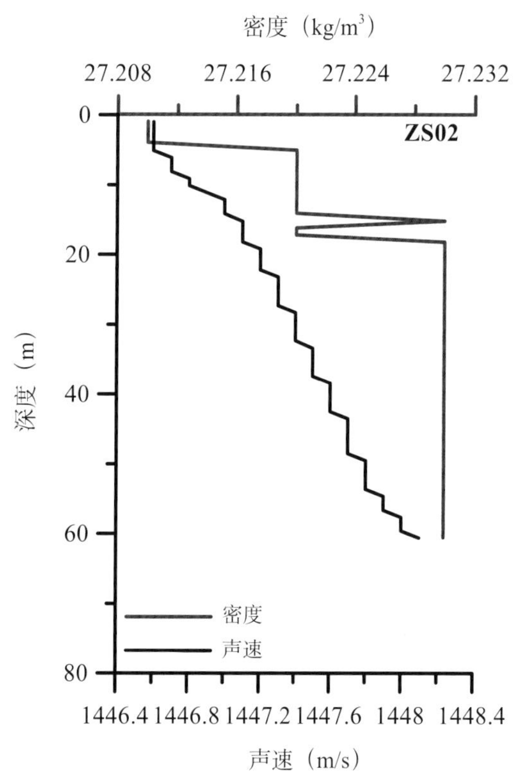
密度（kg/m³）
27.208 27.216 27.224 27.232
ZS02
0 20 40 60 80
深度（m）
密度
声速
1446.4 1446.8 1447.2 1447.6 1448 1448.4
声速（m/s）

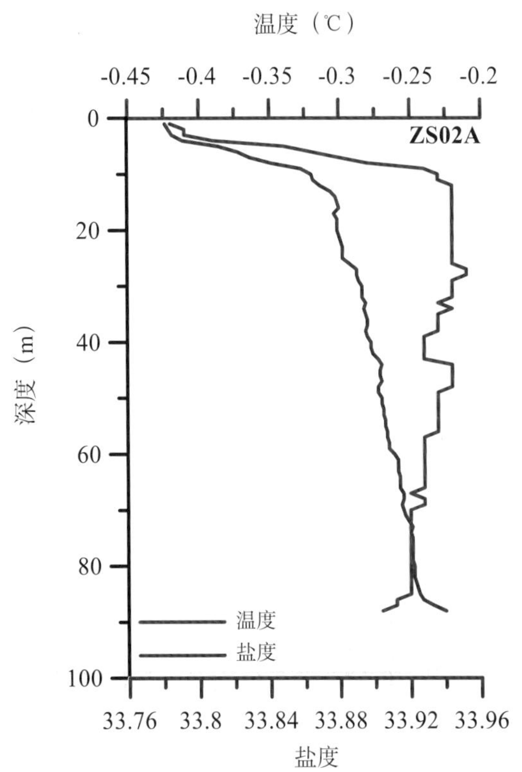
温度（℃）
-0.45 -0.4 -0.35 -0.3 -0.25 -0.2
ZS02A
深度（m）
0 20 40 60 80 100
温度
盐度
33.76 33.8 33.84 33.88 33.92 33.96
盐度

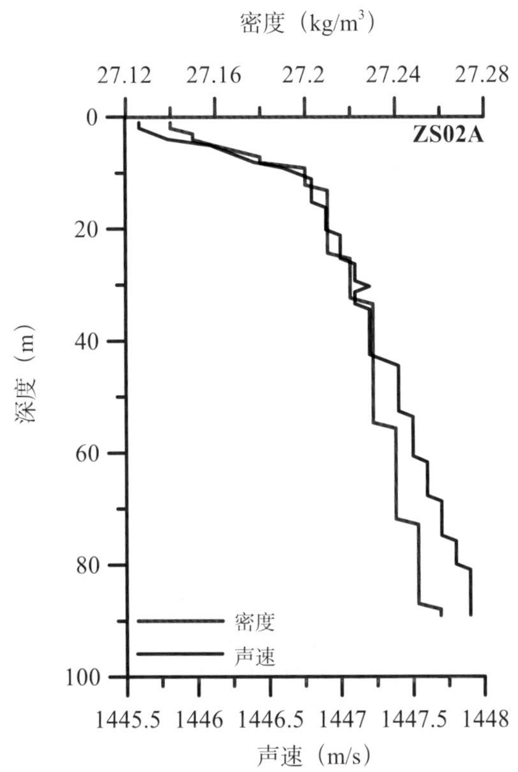
密度（kg/m³）
27.12 27.16 27.2 27.24 27.28
ZS02A
深度（m）
0 20 40 60 80 100
密度
声速
1445.5 1446 1446.5 1447 1447.5 1448
声速（m/s）

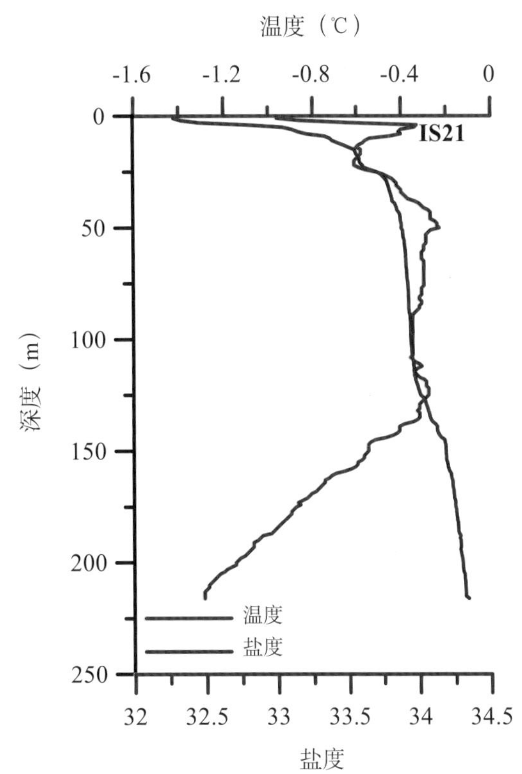
温度（℃）
-1.6 -1.2 -0.8 -0.4 0
IS21
深度（m）
0 50 100 150 200 250
温度
盐度
32 32.5 33 33.5 34 34.5
盐度

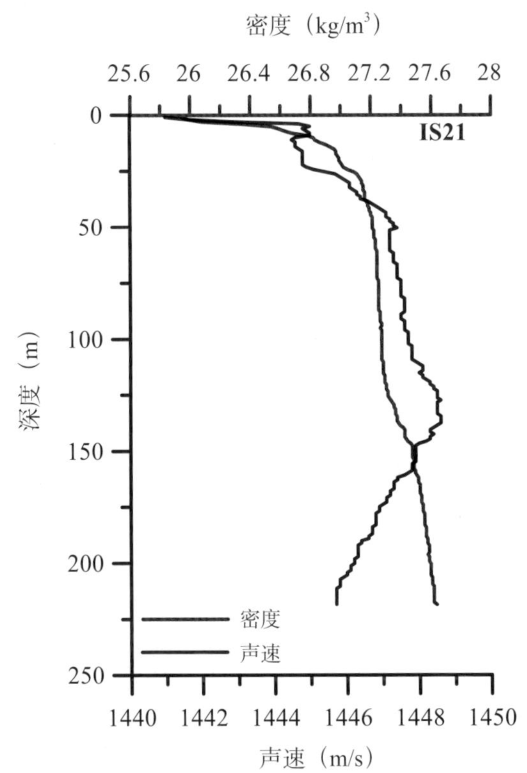
密度（kg/m³）
25.6 26 26.4 26.8 27.2 27.6 28
IS21
深度（m）
0 50 100 150 200 250
密度
声速
1440 1442 1444 1446 1448 1450
声速（m/s）

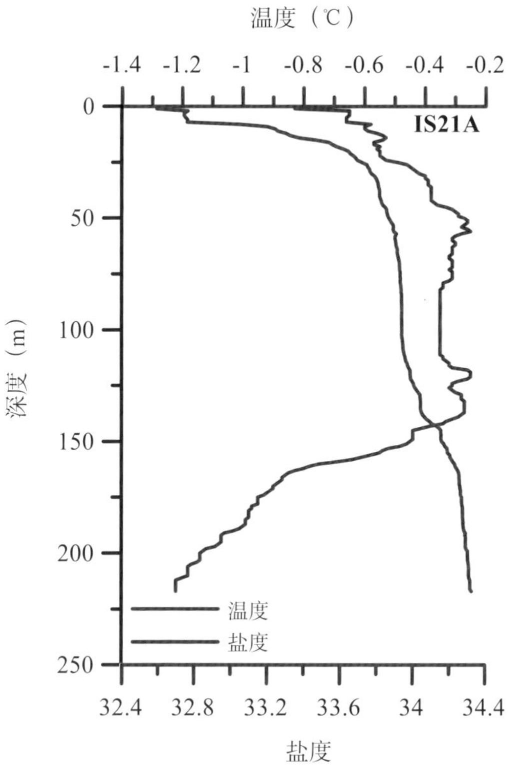
温度（℃）
-1.4 -1.2 -1 -0.8 -0.6 -0.4 -0.2
IS21A
深度（m）
0 50 100 150 200 250
温度
盐度
32.4 32.8 33.2 33.6 34 34.4
盐度

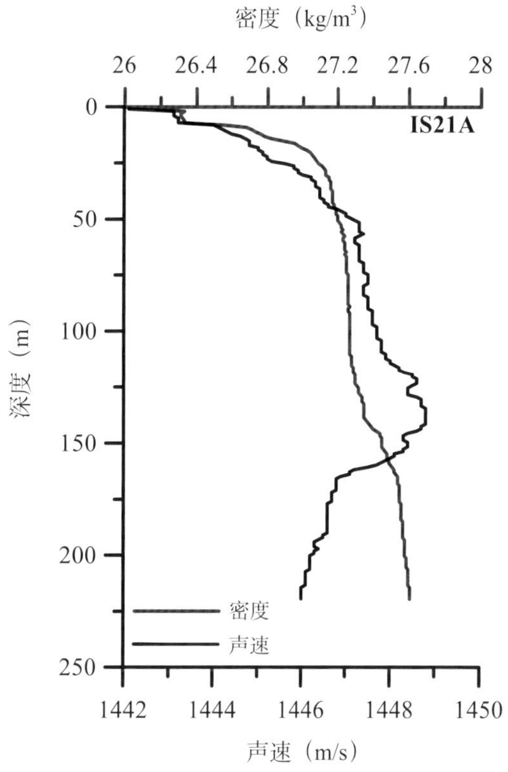
密度（kg/m³）
26 26.4 26.8 27.2 27.6 28
IS21A
深度（m）
0 50 100 150 200 250
密度
声速
1442 1444 1446 1448 1450
声速（m/s）

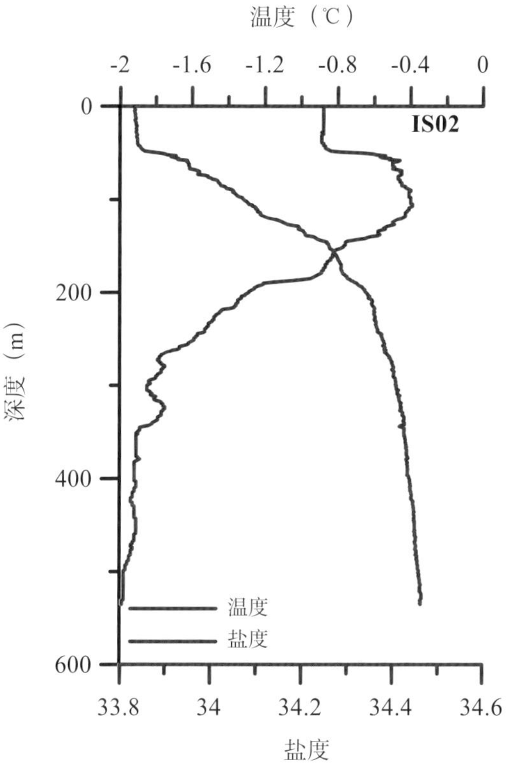
温度（℃）
-2 -1.6 -1.2 -0.8 -0.4 0
IS02
深度（m）
0 200 400 600
温度
盐度
33.8 34 34.2 34.4 34.6
盐度

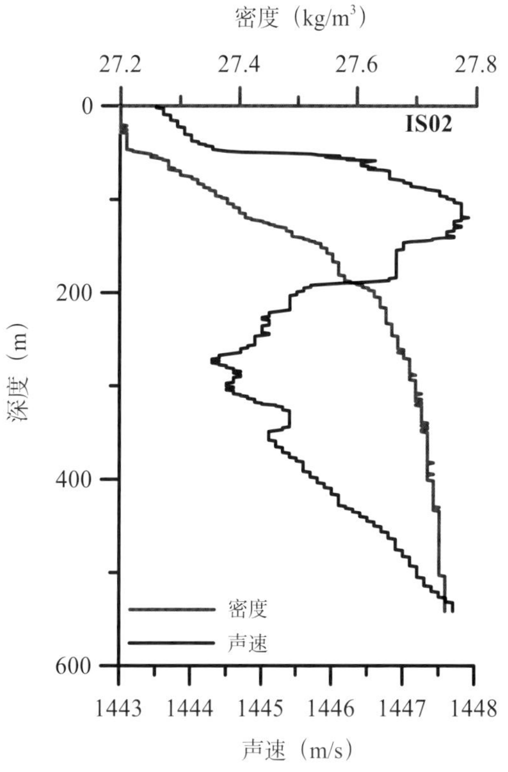
密度（kg/m³）
27.2 27.4 27.6 27.8
IS02
深度（m）
0 200 400 600
密度
声速
1443 1444 1445 1446 1447 1448
声速（m/s）

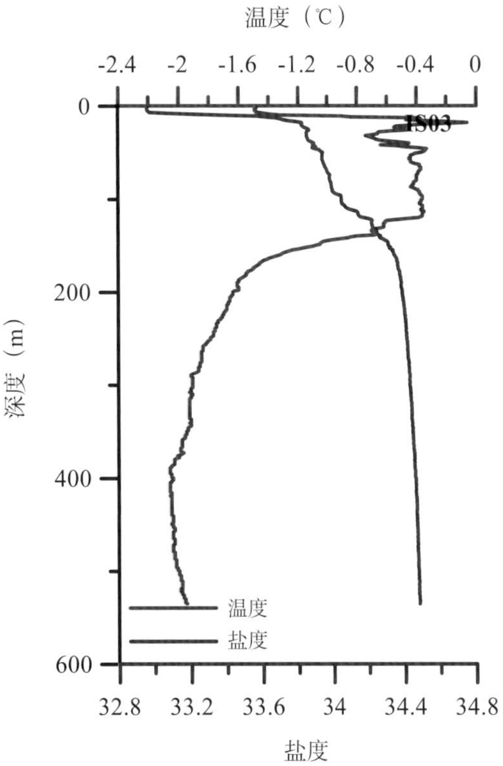
温度（℃）
-2.4 -2 -1.6 -1.2 -0.8 -0.4 0
0
200
400
600
IS03
深度（m）
温度
盐度
32.8 33.2 33.6 34 34.4 34.8
盐度

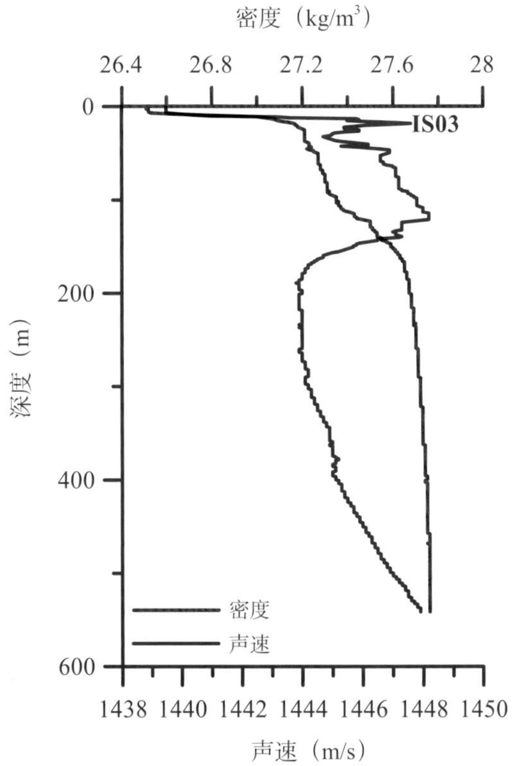
密度（kg/m³）
26.4 26.8 27.2 27.6 28
0
200
400
600
IS03
深度（m）
密度
声速
1438 1440 1442 1444 1446 1448 1450
声速（m/s）

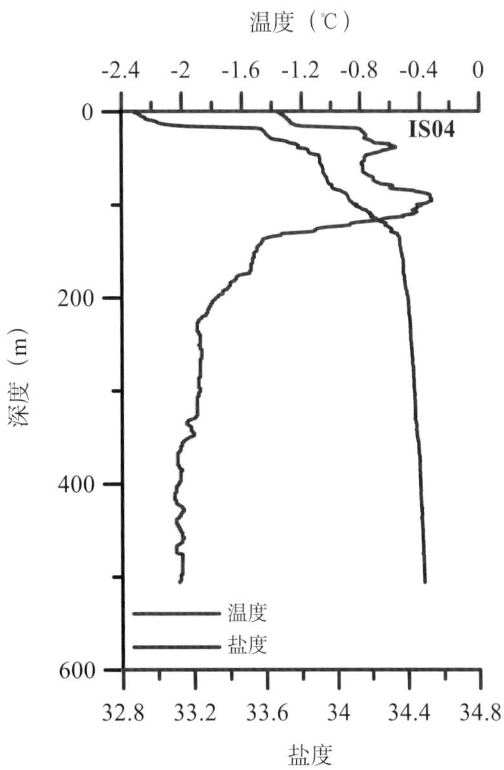
温度（℃）
-2.4 -2 -1.6 -1.2 -0.8 -0.4 0
0
200
400
600
IS04
深度（m）
温度
盐度
32.8 33.2 33.6 34 34.4 34.8
盐度

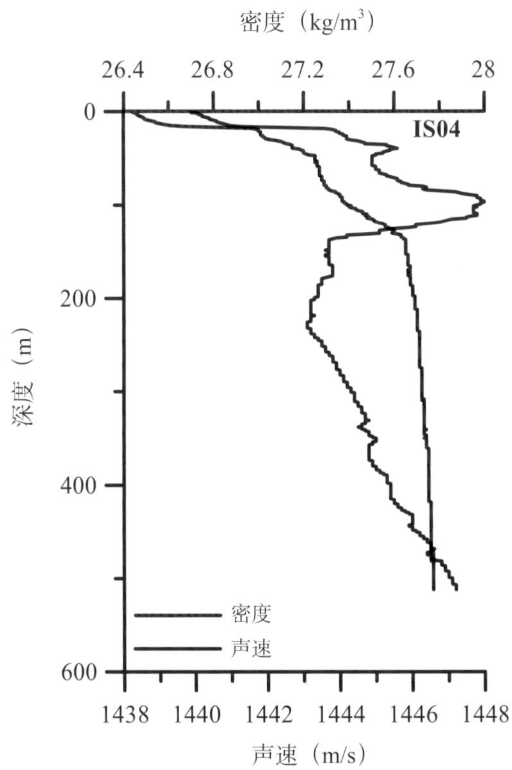
密度（kg/m³）
26.4 26.8 27.2 27.6 28
0
200
400
600
IS04
深度（m）
密度
声速
1438 1440 1442 1444 1446 1448
声速（m/s）

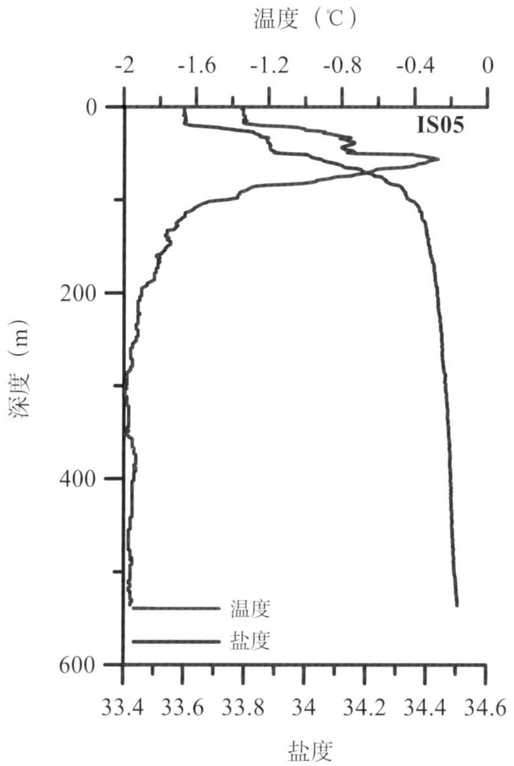
温度（℃）
-2 -1.6 -1.2 -0.8 -0.4 0
IS05
0 200 400 600
深度（m）
温度
盐度
33.4 33.6 33.8 34 34.2 34.4 34.6
盐度

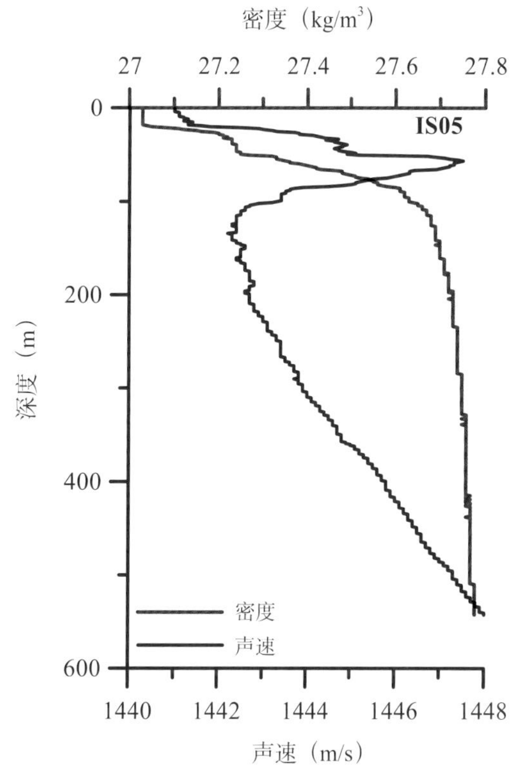
密度（kg/m³）
27 27.2 27.4 27.6 27.8
IS05
0 200 400 600
深度（m）
密度
声速
1440 1442 1444 1446 1448
声速（m/s）

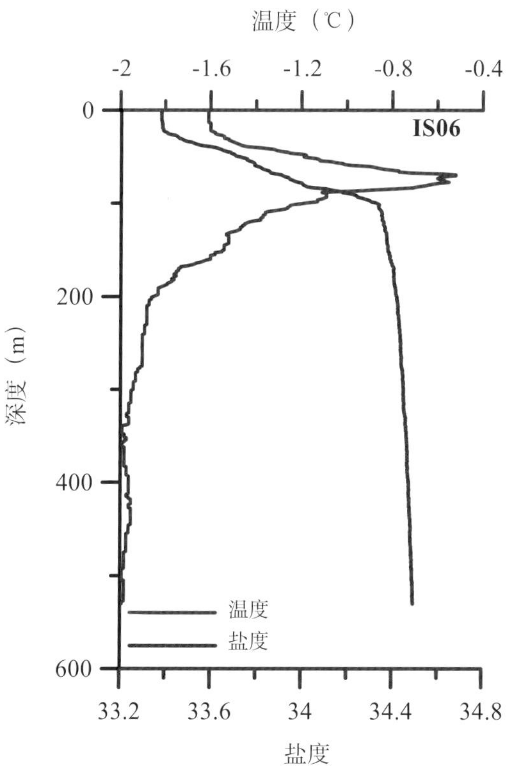
温度（℃）
-2 -1.6 -1.2 -0.8 -0.4
IS06
0 200 400 600
深度（m）
温度
盐度
33.2 33.6 34 34.4 34.8
盐度

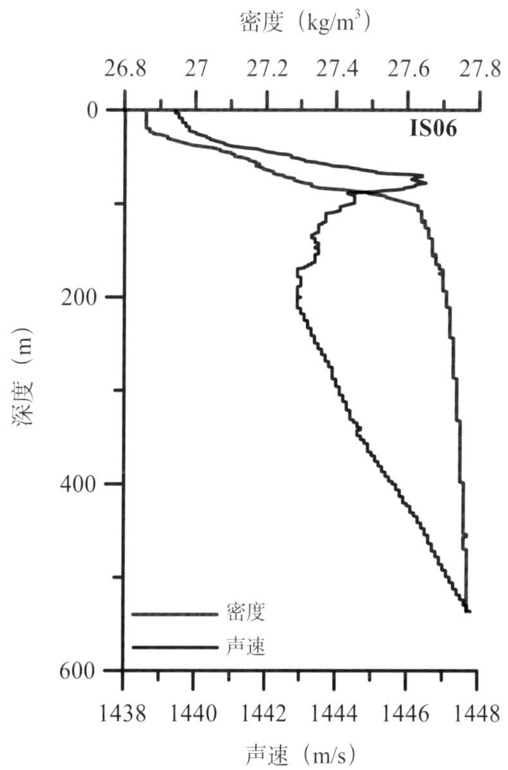
密度（kg/m³）
26.8 27 27.2 27.4 27.6 27.8
IS06
0 200 400 600
深度（m）
密度
声速
1438 1440 1442 1444 1446 1448
声速（m/s）

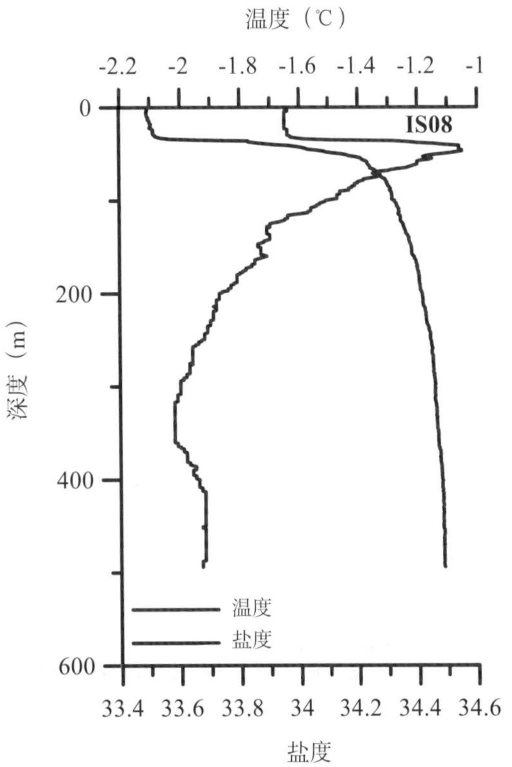
温度（℃）
-2.2
-2
-1.8
-1.6
-1.4
-1.2
-1
IS08
0
200
400
600
深度（m）
温度
盐度
33.4
33.6
33.8
34
34.2
34.4
34.6
盐度

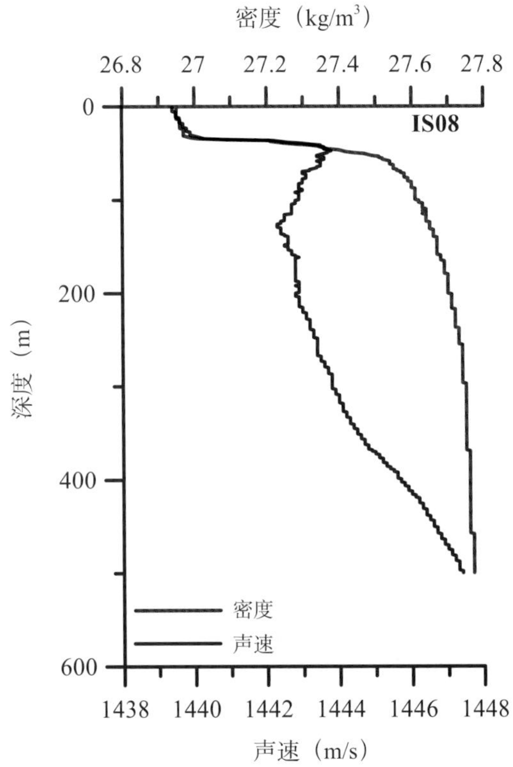
密度（kg/m3）
26.8
27
27.2
27.4
27.6
27.8
IS08
0
200
400
600
深度（m）
密度
声速
1438
1440
1442
1444
1446
1448
声速（m/s）

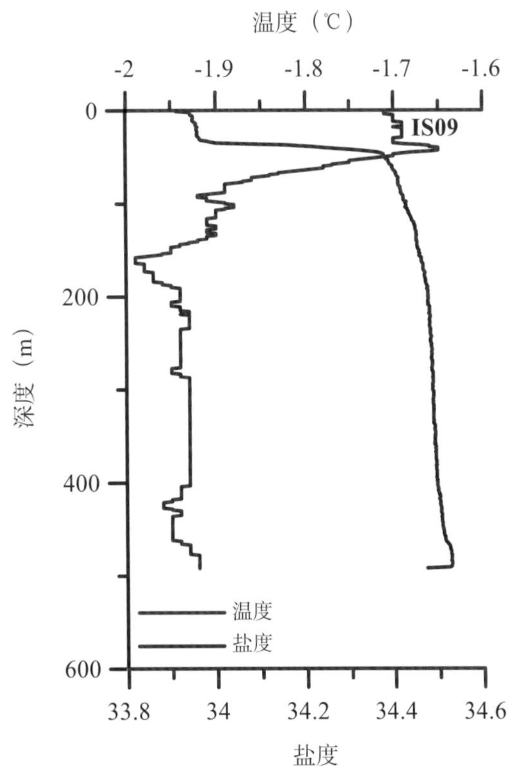
温度（℃）
-2
-1.9
-1.8
-1.7
-1.6
IS09
0
200
400
600
深度（m）
温度
盐度
33.8
34
34.2
34.4
34.6
盐度

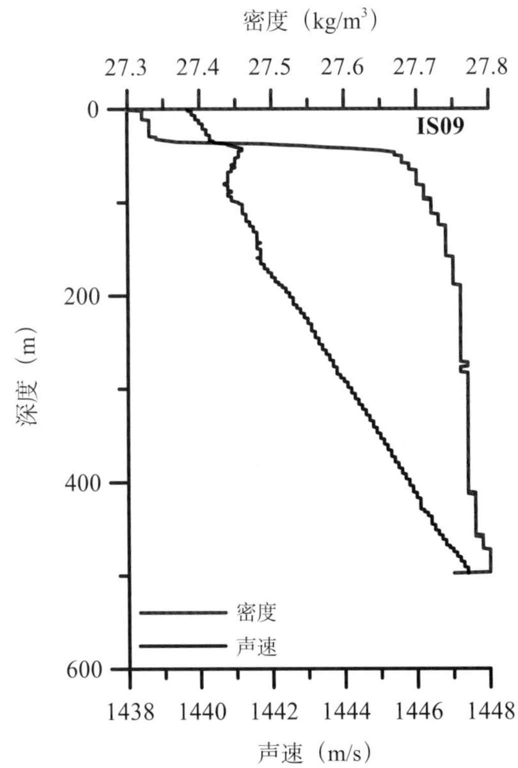
密度（kg/m3）
27.3
27.4
27.5
27.6
27.7
27.8
IS09
0
200
400
600
深度（m）
密度
声速
1438
1440
1442
1444
1446
1448
声速（m/s）

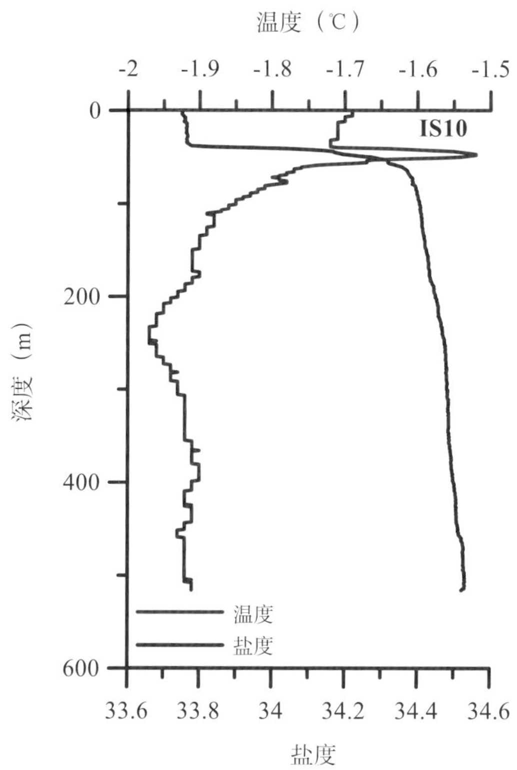
温度（℃）
-2
-1.9
-1.8
-1.7
-1.6
-1.5
IS10
0
200
400
600
深度（m）
温度
盐度
33.6
33.8
34
34.2
34.4
34.6
盐度

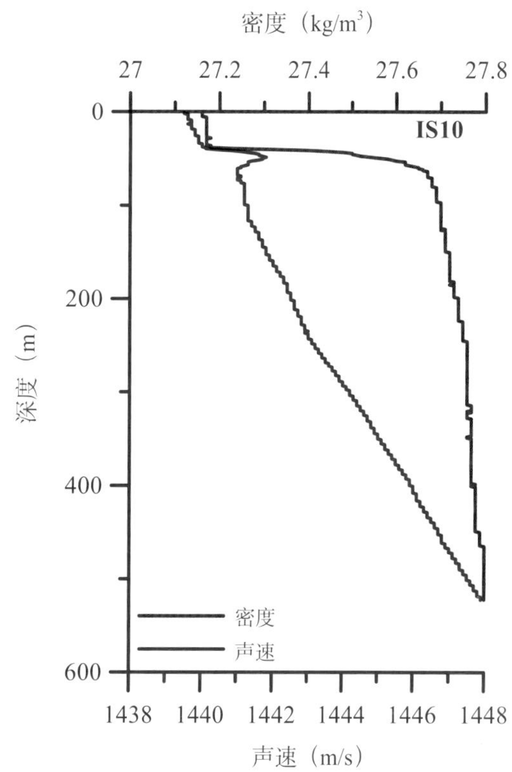
密度（kg/m3）
27
27.2
27.4
27.6
27.8
IS10
0
200
400
600
深度（m）
密度
声速
1438
1440
1442
1444
1446
1448
声速（m/s）

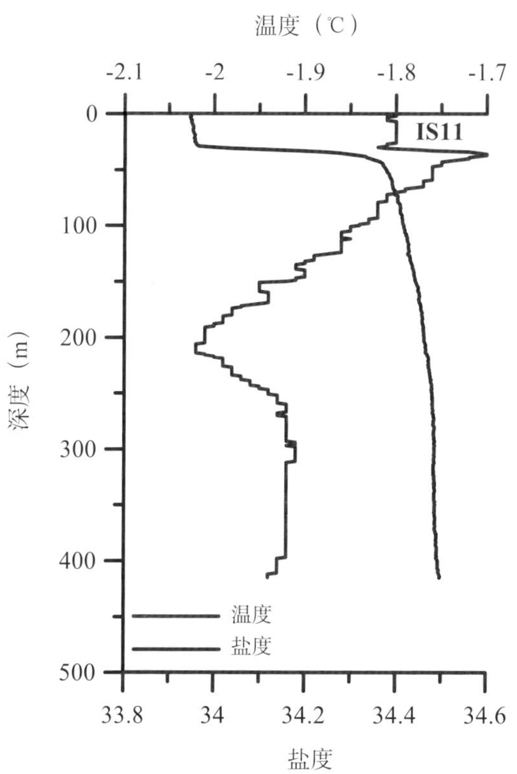
温度（℃）
-2.1
-2
-1.9
-1.8
-1.7
IS11
0
100
200
300
400
500
深度（m）
温度
盐度
33.8
34
34.2
34.4
34.6
盐度

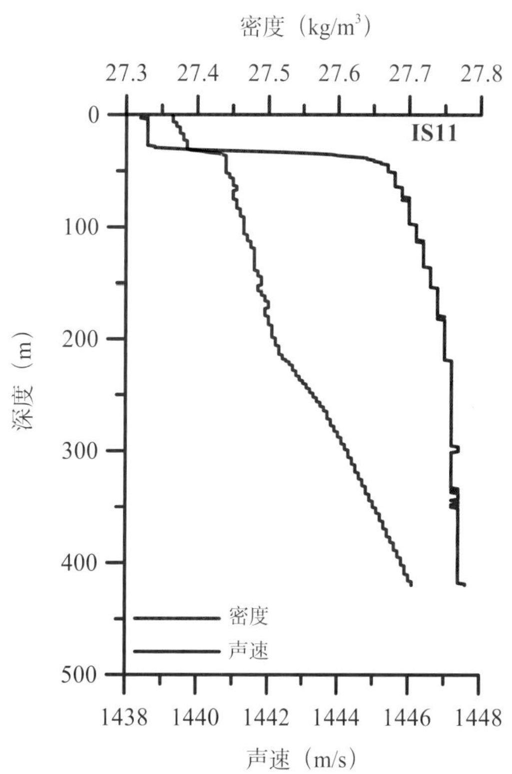
密度（kg/m3）
27.3
27.4
27.5
27.6
27.7
27.8
IS11
0
100
200
300
400
500
深度（m）
密度
声速
1438
1440
1442
1444
1446
1448
声速（m/s）

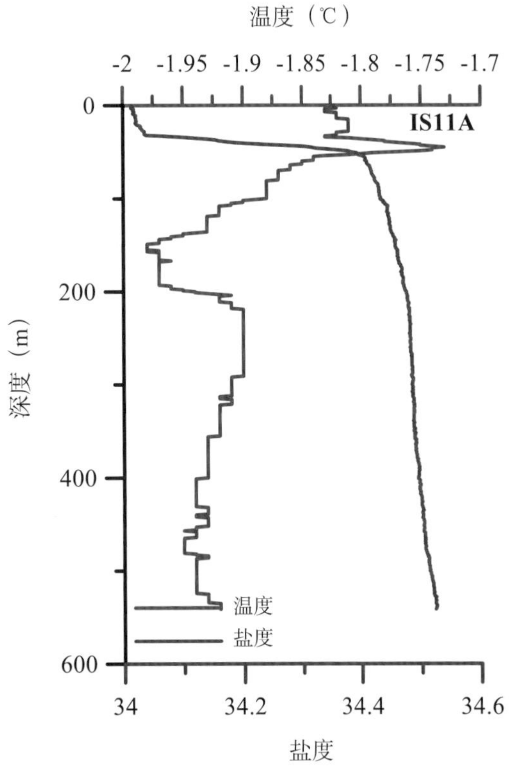
温度（℃）
-2 -1.95 -1.9 -1.85 -1.8 -1.75 -1.7
IS11A
深度（m）
0
200
400
600
温度
盐度
34 34.2 34.4 34.6
盐度

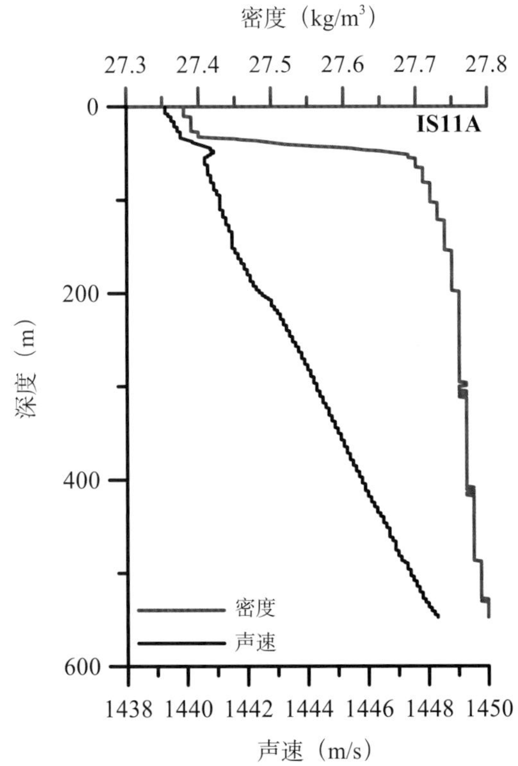
密度（kg/m³）
27.3 27.4 27.5 27.6 27.7 27.8
IS11A
深度（m）
0
200
400
600
密度
声速
1438 1440 1442 1444 1446 1448 1450
声速（m/s）

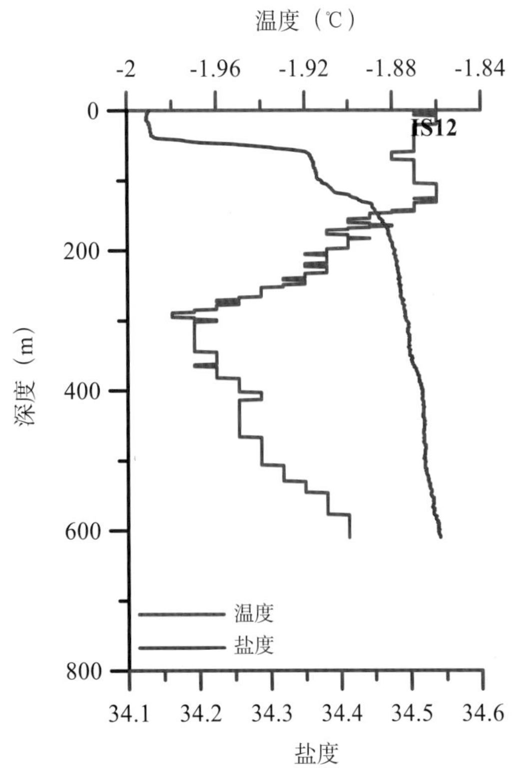
温度（℃）
-2 -1.96 -1.92 -1.88 -1.84
IS12
深度（m）
0
200
400
600
800
温度
盐度
34.1 34.2 34.3 34.4 34.5 34.6
盐度

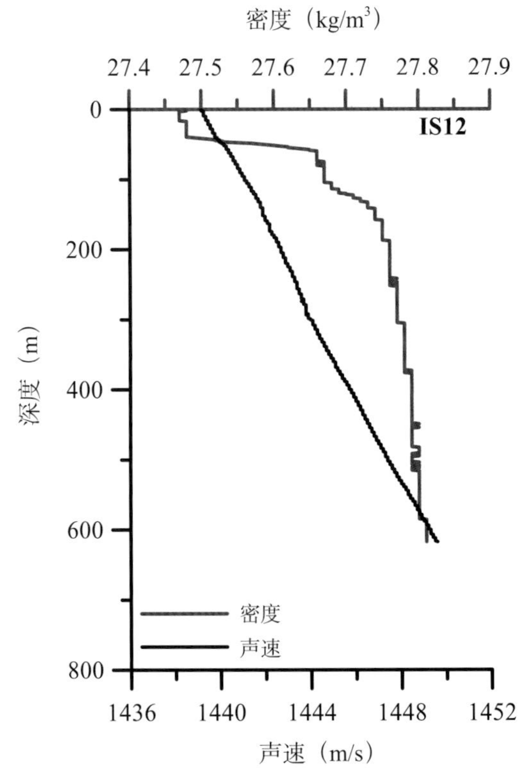
密度（kg/m³）
27.4 27.5 27.6 27.7 27.8 27.9
IS12
深度（m）
0
200
400
600
800
密度
声速
1436 1440 1444 1448 1452
声速（m/s）

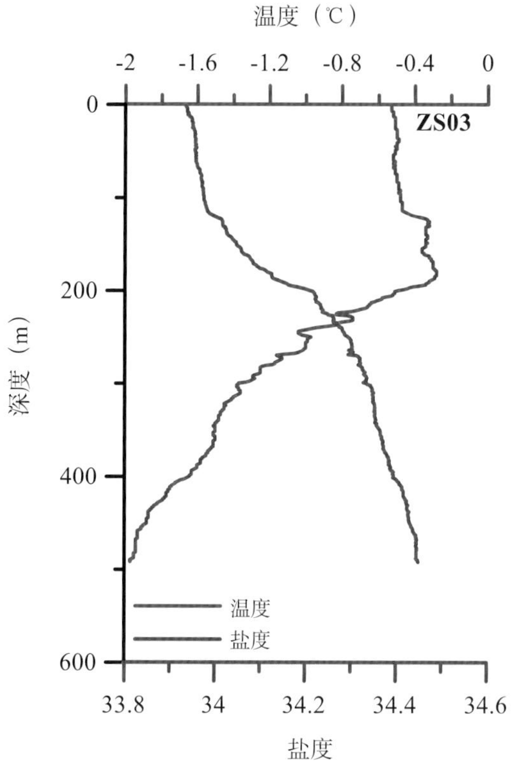
温度（℃）
-2 -1.6 -1.2 -0.8 -0.4 0
ZS03
深度（m）
0 200 400 600
温度
盐度
33.8 34 34.2 34.4 34.6
盐度

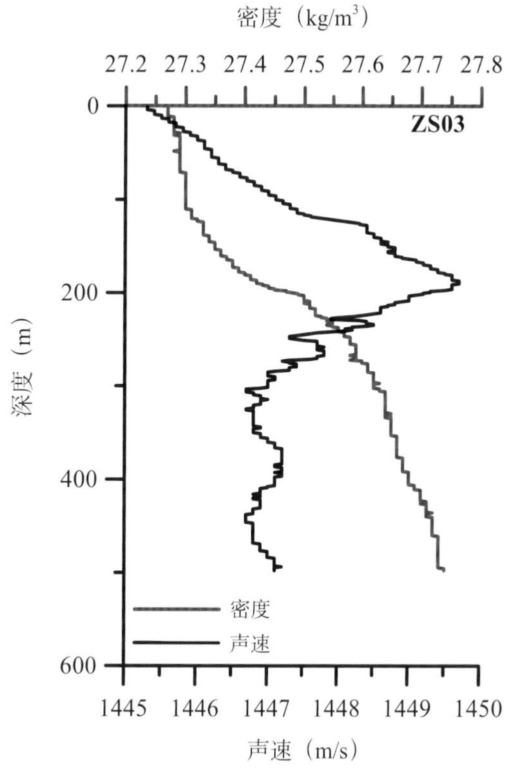
密度（kg/m³）
27.2 27.3 27.4 27.5 27.6 27.7 27.8
ZS03
深度（m）
0 200 400 600
密度
声速
1445 1446 1447 1448 1449 1450
声速（m/s）

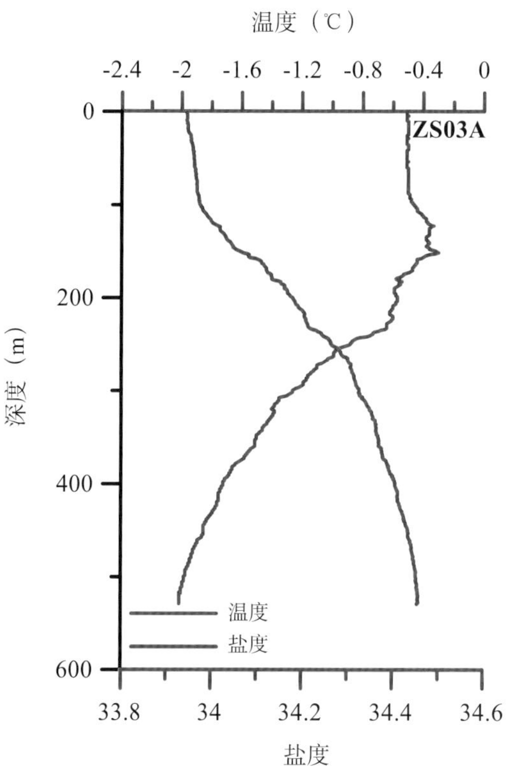
温度（℃）
-2.4 -2 -1.6 -1.2 -0.8 -0.4 0
ZS03A
深度（m）
0 200 400 600
温度
盐度
33.8 34 34.2 34.4 34.6
盐度

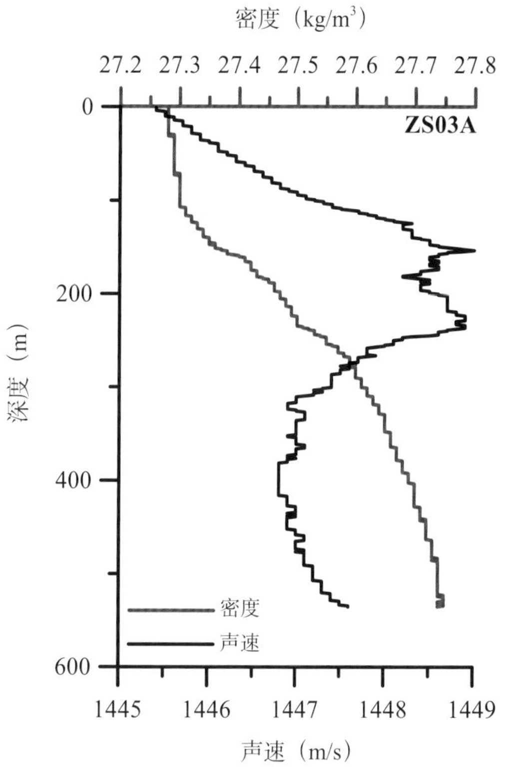
密度（kg/m³）
27.2 27.3 27.4 27.5 27.6 27.7 27.8
ZS03A
深度（m）
0 200 400 600
密度
声速
1445 1446 1447 1448 1449
声速（m/s）

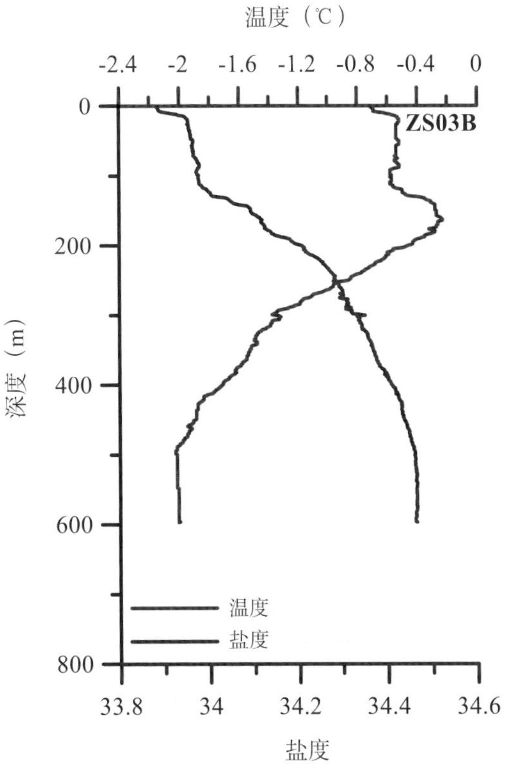
温度（℃）
-2.4 -2 -1.6 -1.2 -0.8 -0.4 0
ZS03B
0
200
400
600
800
深度（m）
温度
盐度
33.8 34 34.2 34.4 34.6
盐度

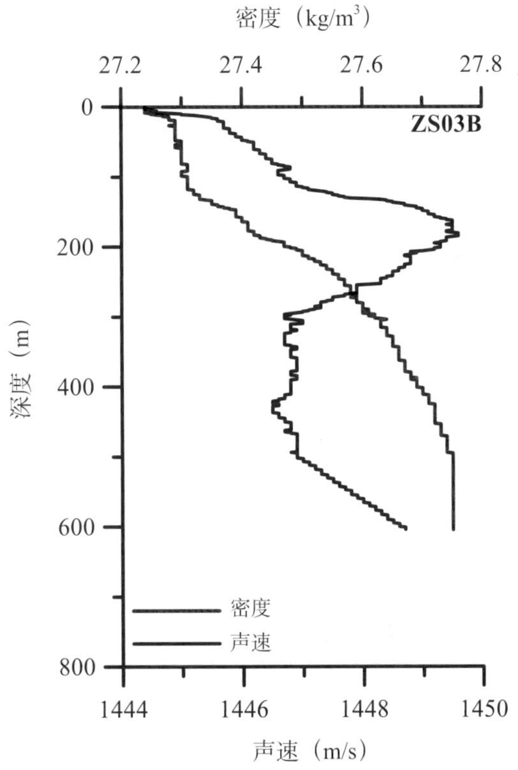
密度（kg/m³）
27.2 27.4 27.6 27.8
ZS03B
0
200
400
600
800
深度（m）
密度
声速
1444 1446 1448 1450
声速（m/s）

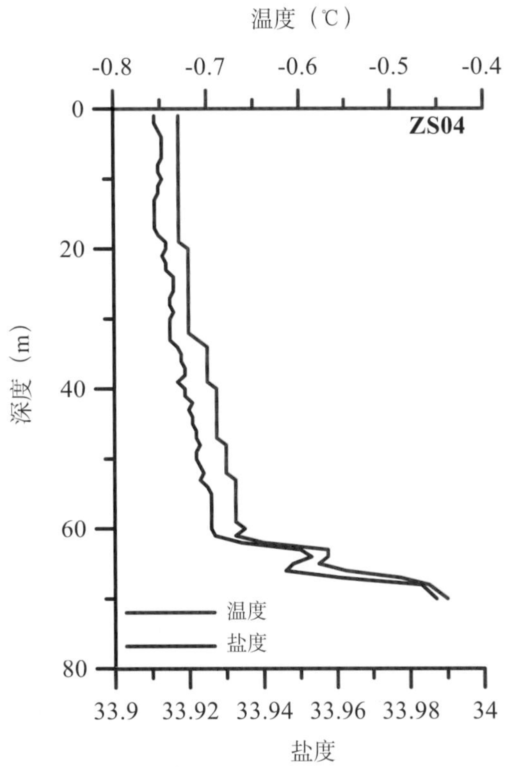
温度（℃）
-0.8 -0.7 -0.6 -0.5 -0.4
ZS04
0
20
40
60
80
深度（m）
温度
盐度
33.9 33.92 33.94 33.96 33.98 34
盐度

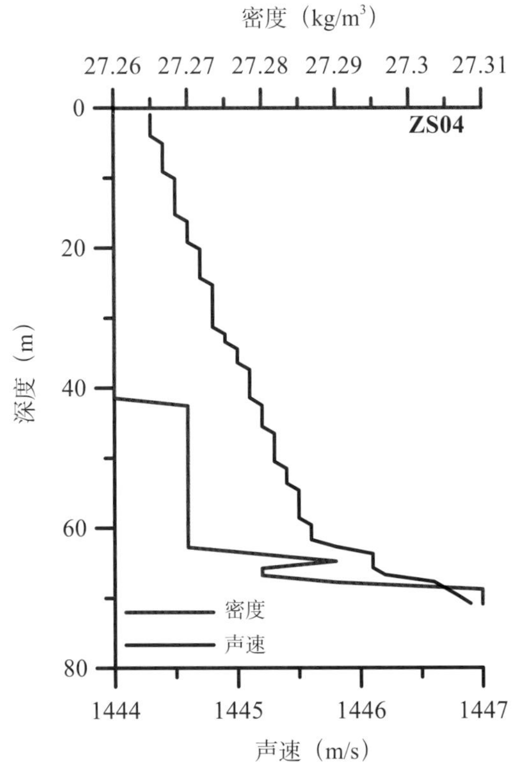
密度（kg/m³）
27.26 27.27 27.28 27.29 27.3 27.31
ZS04
0
20
40
60
80
深度（m）
密度
声速
1444 1445 1446 1447
声速（m/s）

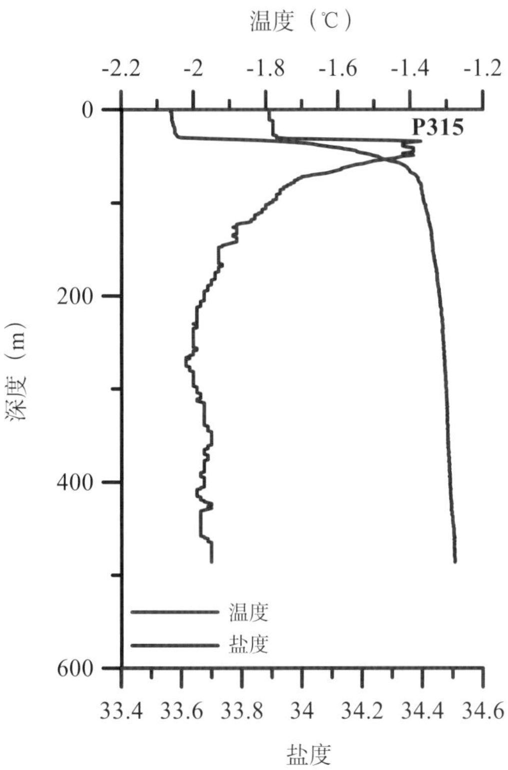
温度（℃）
-2.2 -2 -1.8 -1.6 -1.4 -1.2
P315
0
200
400
600
深度（m）
温度
盐度
33.4 33.6 33.8 34 34.2 34.4 34.6
盐度

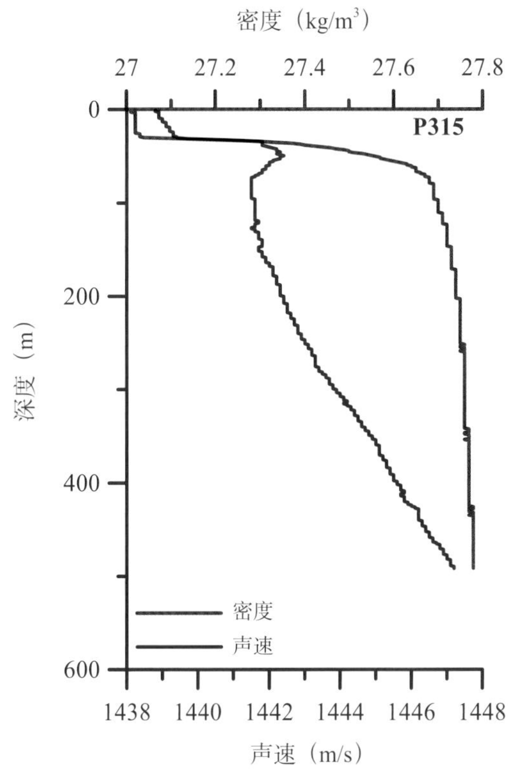
密度（kg/m³）
27 27.2 27.4 27.6 27.8
P315
0
200
400
600
深度（m）
密度
声速
1438 1440 1442 1444 1446 1448
声速（m/s）

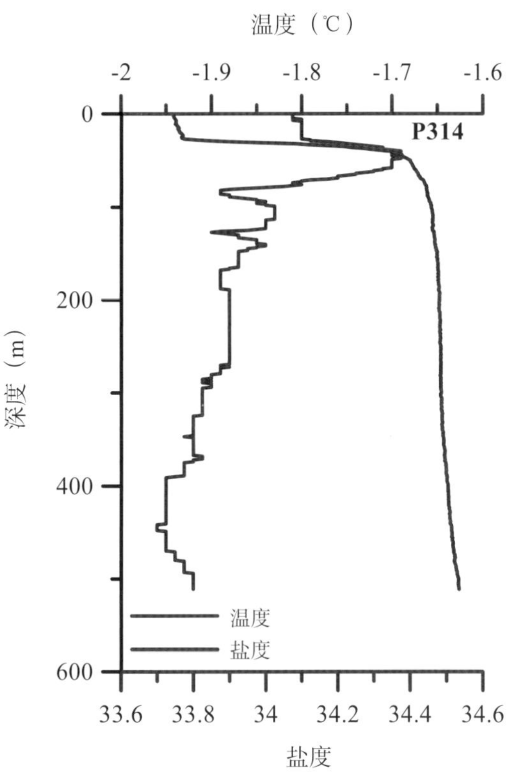
温度（℃）
-2 -1.9 -1.8 -1.7 -1.6
P314
0
200
400
600
深度（m）
温度
盐度
33.6 33.8 34 34.2 34.4 34.6
盐度

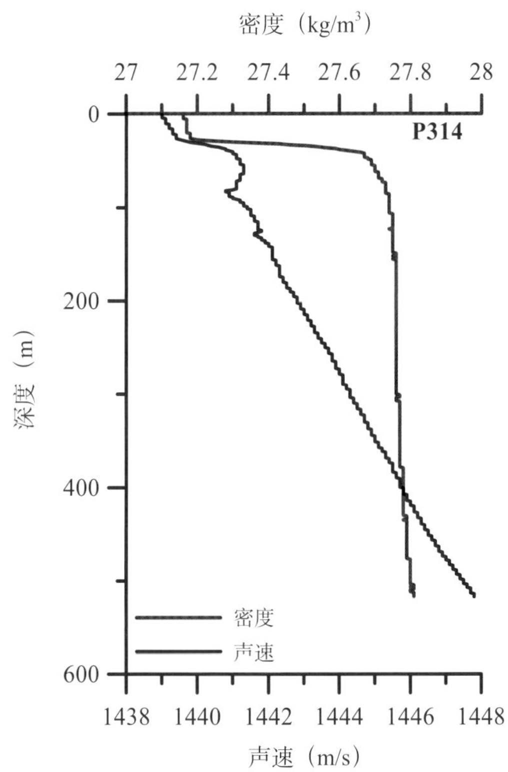
密度（kg/m³）
27 27.2 27.4 27.6 27.8 28
P314
0
200
400
600
深度（m）
密度
声速
1438 1440 1442 1444 1446 1448
声速（m/s）

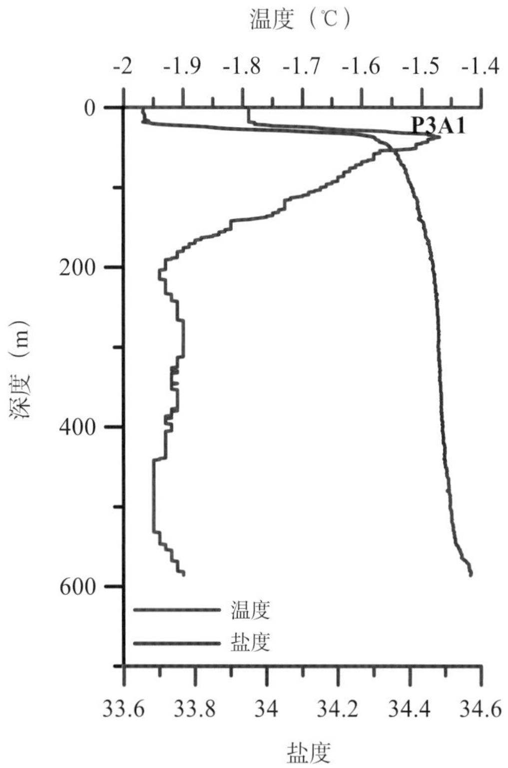
温度（℃）
-2 -1.9 -1.8 -1.7 -1.6 -1.5 -1.4
0 200 400 600
深度（m）
P3A1
温度
盐度
33.6 33.8 34 34.2 34.4 34.6
盐度

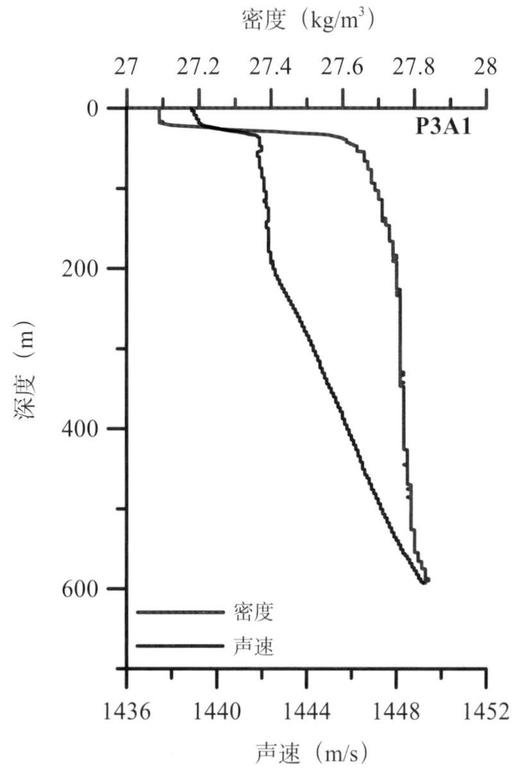
密度（kg/m³）
27 27.2 27.4 27.6 27.8 28
0 200 400 600
深度（m）
P3A1
密度
声速
1436 1440 1444 1448 1452
声速（m/s）

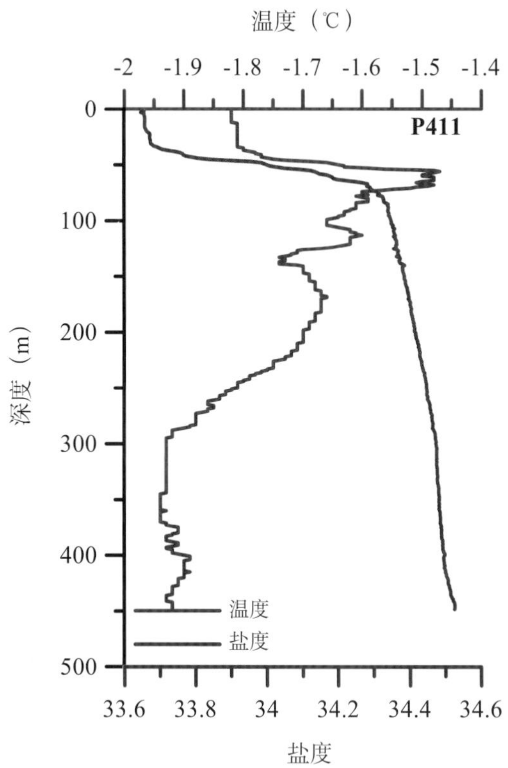
温度（℃）
-2 -1.9 -1.8 -1.7 -1.6 -1.5 -1.4
0 100 200 300 400 500
深度（m）
P411
温度
盐度
33.6 33.8 34 34.2 34.4 34.6
盐度

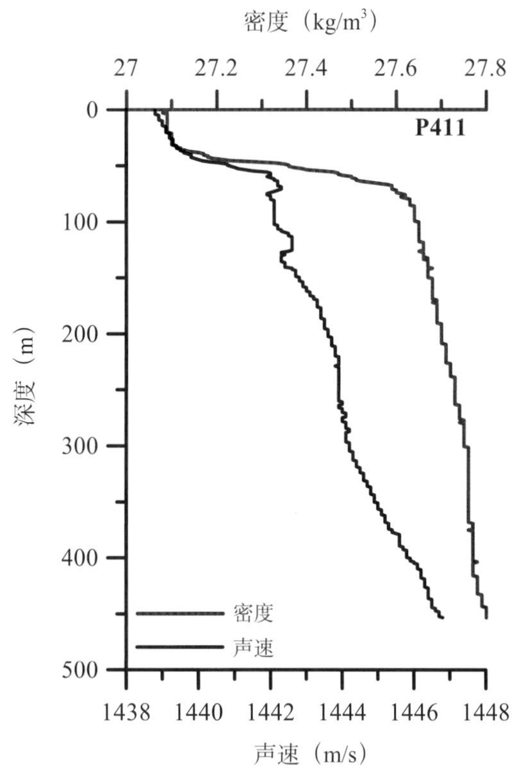
密度（kg/m³）
27 27.2 27.4 27.6 27.8
0 100 200 300 400 500
深度（m）
P411
密度
声速
1438 1440 1442 1444 1446 1448
声速（m/s）

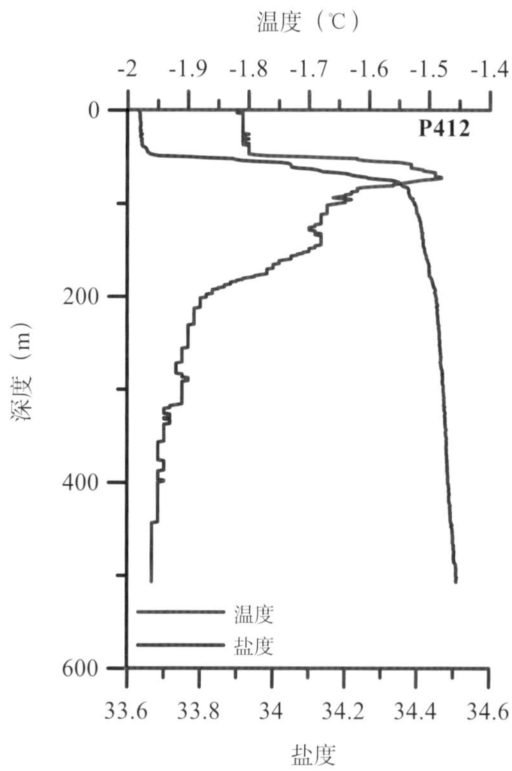
温度（℃）
-2 -1.9 -1.8 -1.7 -1.6 -1.5 -1.4
P412
0 200 400 600
深度（m）
温度
盐度
33.6 33.8 34 34.2 34.4 34.6
盐度

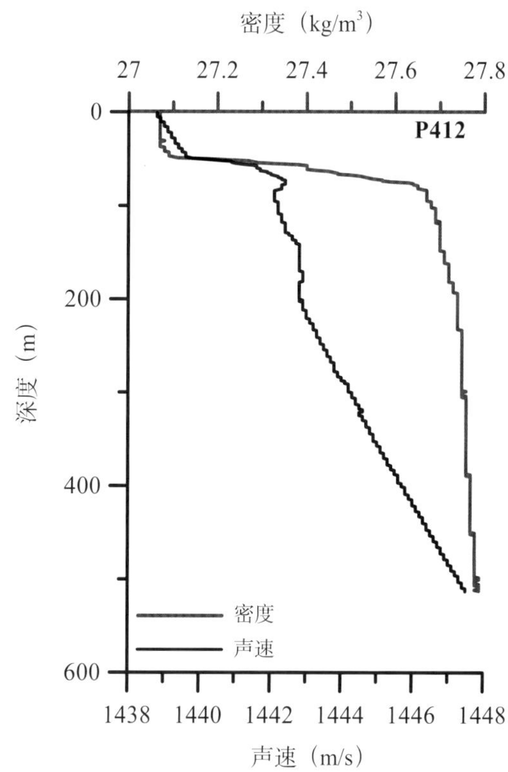
密度（kg/m3）
27 27.2 27.4 27.6 27.8
P412
0 200 400 600
深度（m）
密度
声速
1438 1440 1442 1444 1446 1448
声速（m/s）

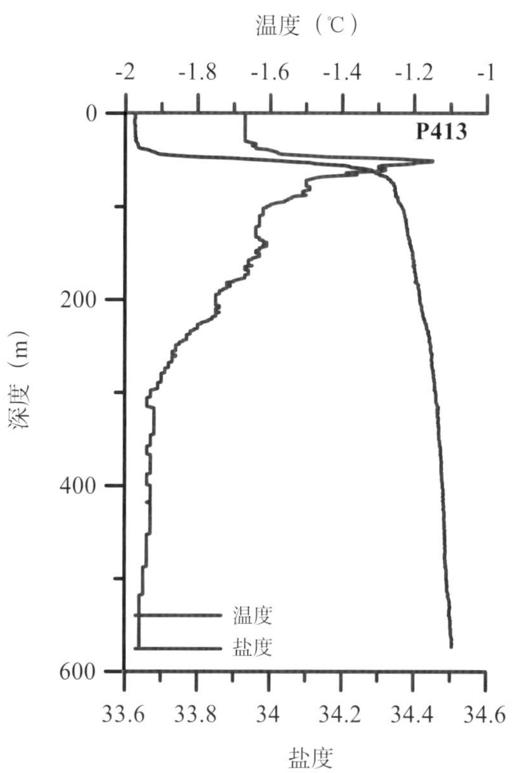
温度（℃）
-2 -1.8 -1.6 -1.4 -1.2 -1
P413
0 200 400 600
深度（m）
温度
盐度
33.6 33.8 34 34.2 34.4 34.6
盐度

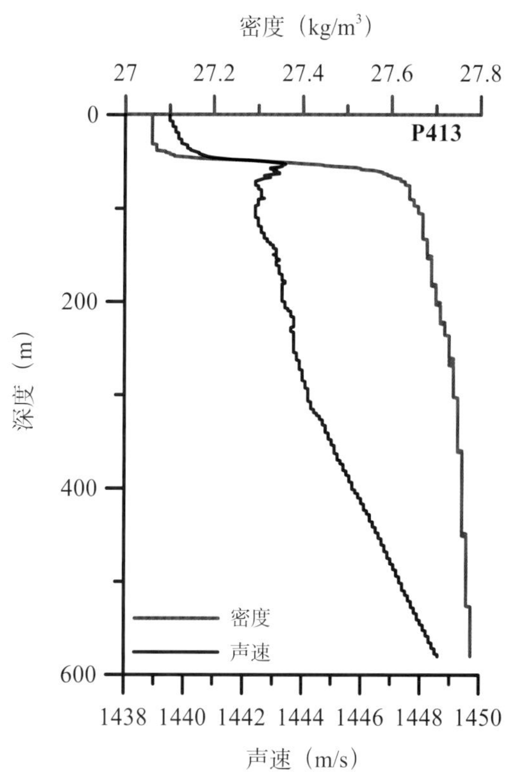
密度（kg/m3）
27 27.2 27.4 27.6 27.8
P413
0 200 400 600
深度（m）
密度
声速
1438 1440 1442 1444 1446 1448 1450
声速（m/s）

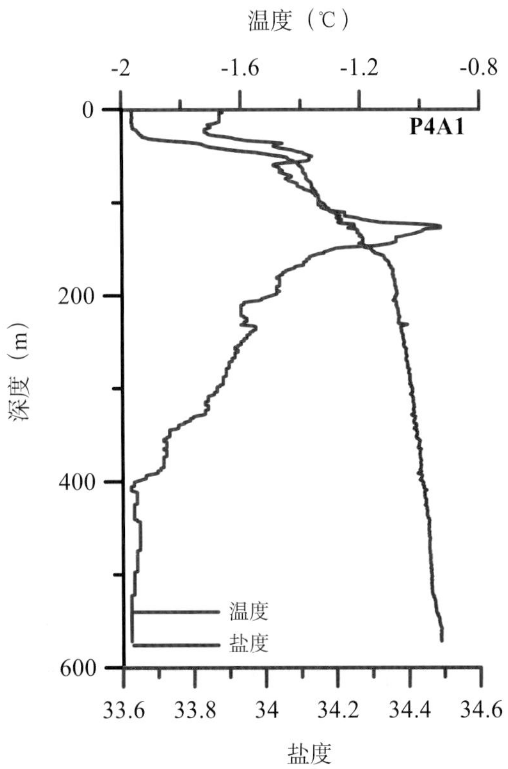
温度（℃）
-2
-1.6
-1.2
-0.8
P4A1
深度（m）
0
200
400
600
温度
盐度
33.6
33.8
34
34.2
34.4
34.6
盐度

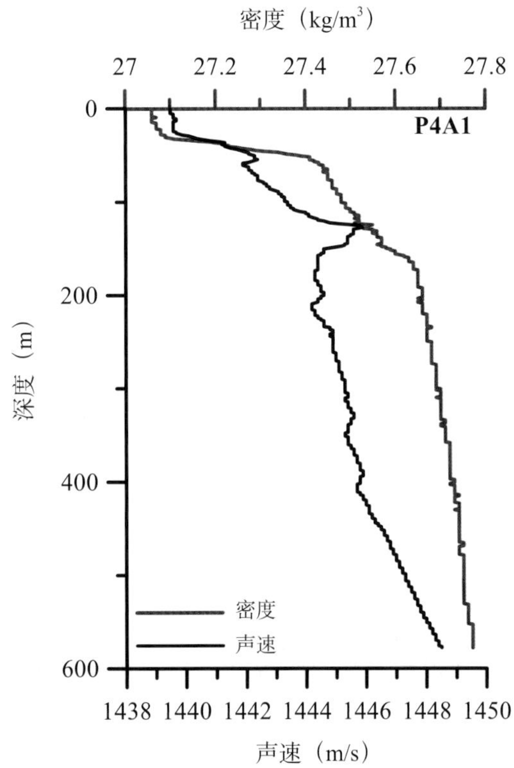
密度（kg/m³）
27
27.2
27.4
27.6
27.8
P4A1
深度（m）
0
200
400
600
密度
声速
1438
1440
1442
1444
1446
1448
1450
声速（m/s）

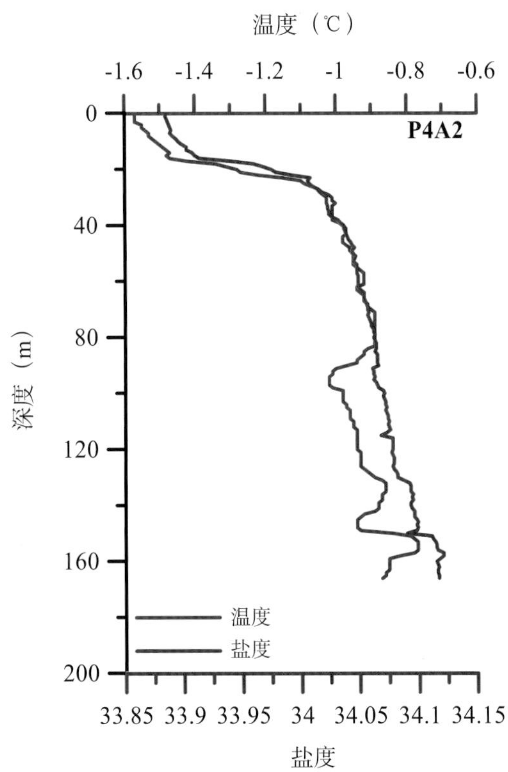
温度（℃）
-1.6
-1.4
-1.2
-1
-0.8
-0.6
P4A2
深度（m）
0
40
80
120
160
200
温度
盐度
33.85
33.9
33.95
34
34.05
34.1
34.15
盐度

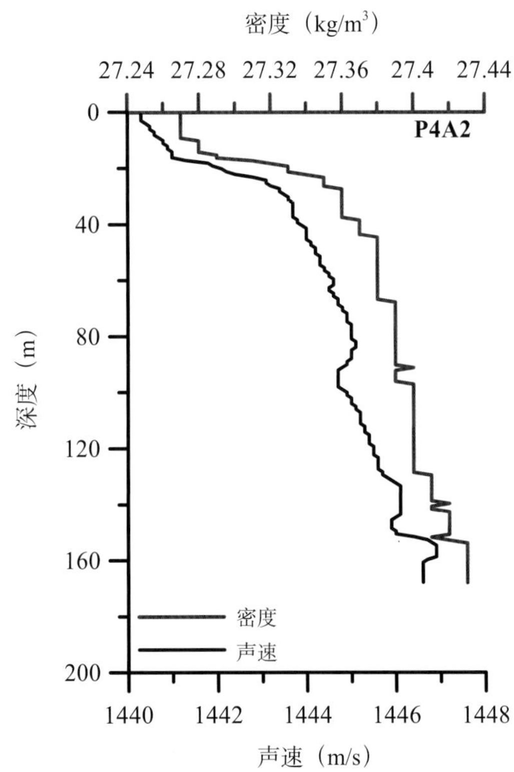
密度（kg/m³）
27.24
27.28
27.32
27.36
27.4
27.44
P4A2
深度（m）
0
40
80
120
160
200
密度
声速
1440
1442
1444
1446
1448
声速（m/s）

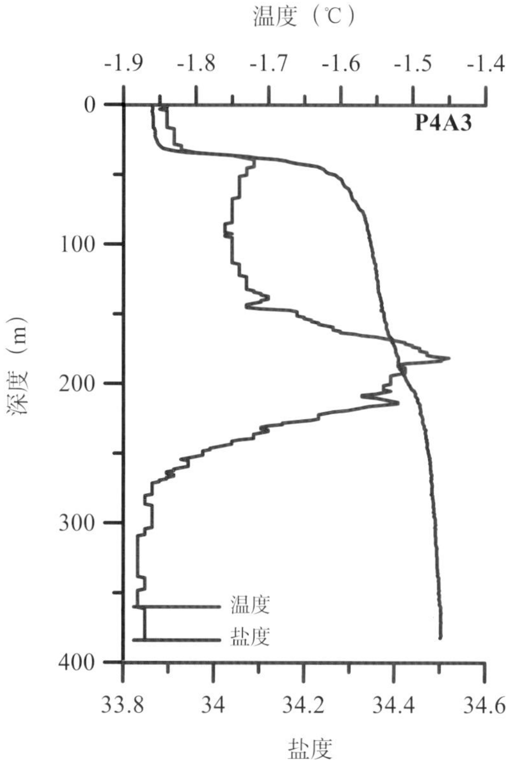
温度（℃）
-1.9 -1.8 -1.7 -1.6 -1.5 -1.4
0 100 200 300 400
P4A3
深度（m）
温度
盐度
33.8 34 34.2 34.4 34.6
盐度

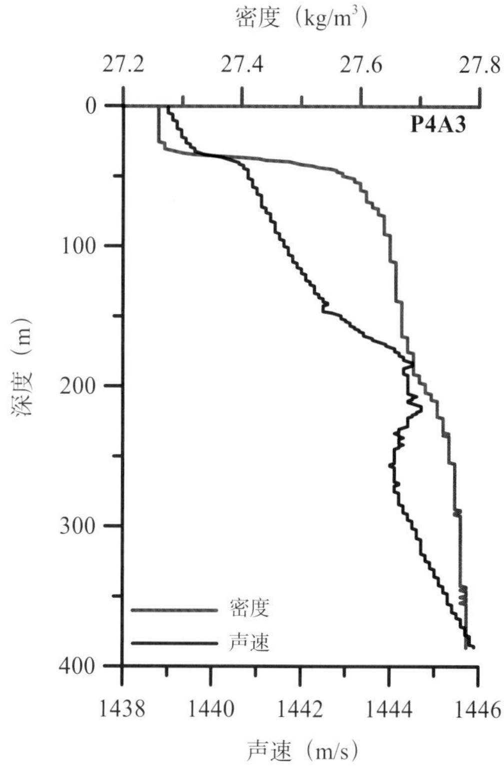
密度（kg/m3）
27.2 27.4 27.6 27.8
0 100 200 300 400
P4A3
深度（m）
密度
声速
1438 1440 1442 1444 1446
声速（m/s）

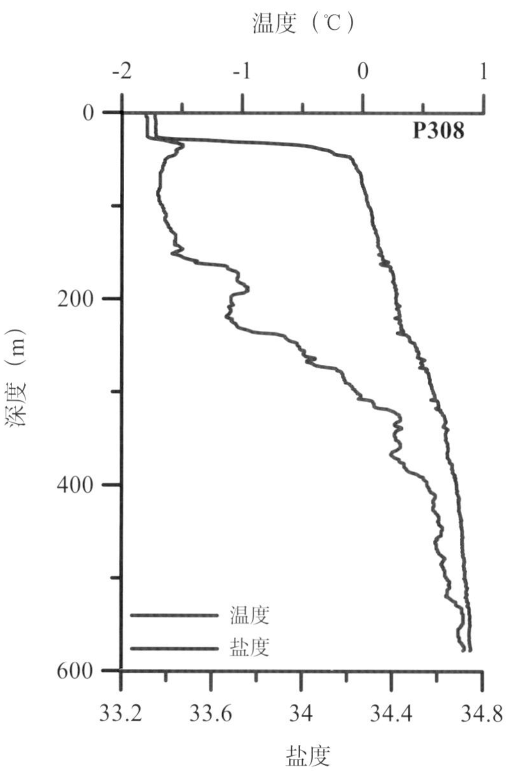
温度（℃）
-2 -1 0 1
0 200 400 600
P308
深度（m）
温度
盐度
33.2 33.6 34 34.4 34.8
盐度

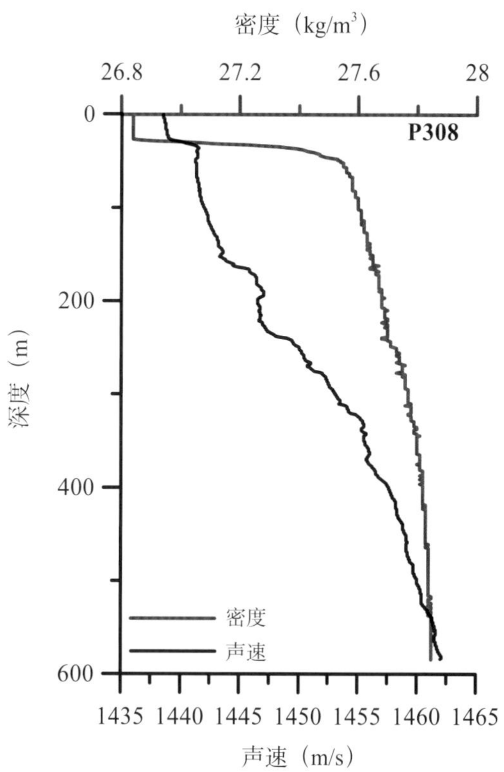
密度（kg/m3）
26.8 27.2 27.6 28
0 200 400 600
P308
深度（m）
密度
声速
1435 1440 1445 1450 1455 1460 1465
声速（m/s）

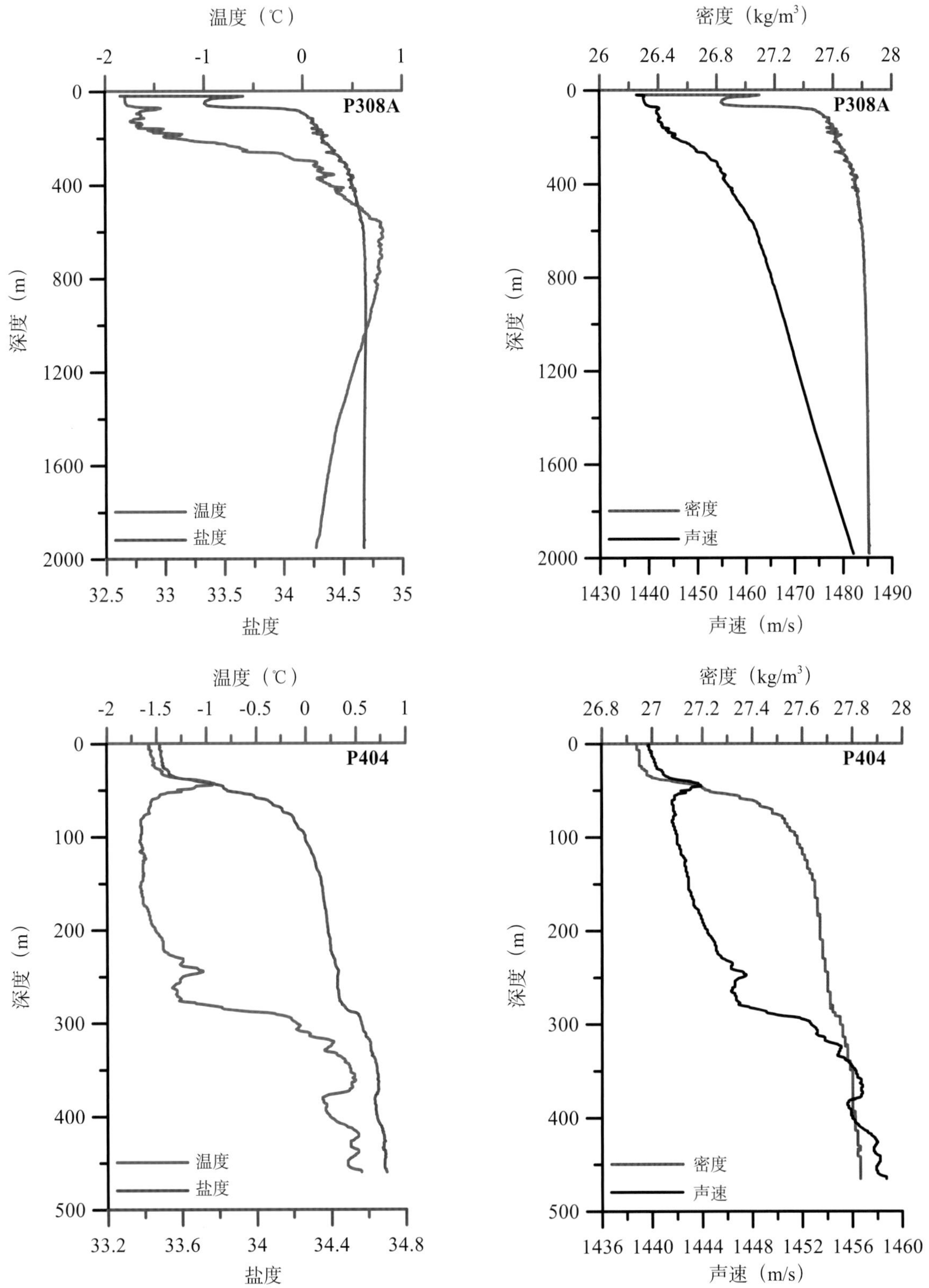

图6.2 CTD 测量要素温度、盐度、密度、声速剖面分布图

第三节 航次断面图

依据断面的走向，本航次站位可以构成1条冰架前缘断面和2条横跨深水海盆、陆坡、陆架的准经向断面，依次为IS、P3、P4断面。这些断面上全深度和500 m以上的温度、盐度、密度、声速断面分布如图6.3至图6.5所示。

（1）断面IS温度、盐度、密度、声速分布图

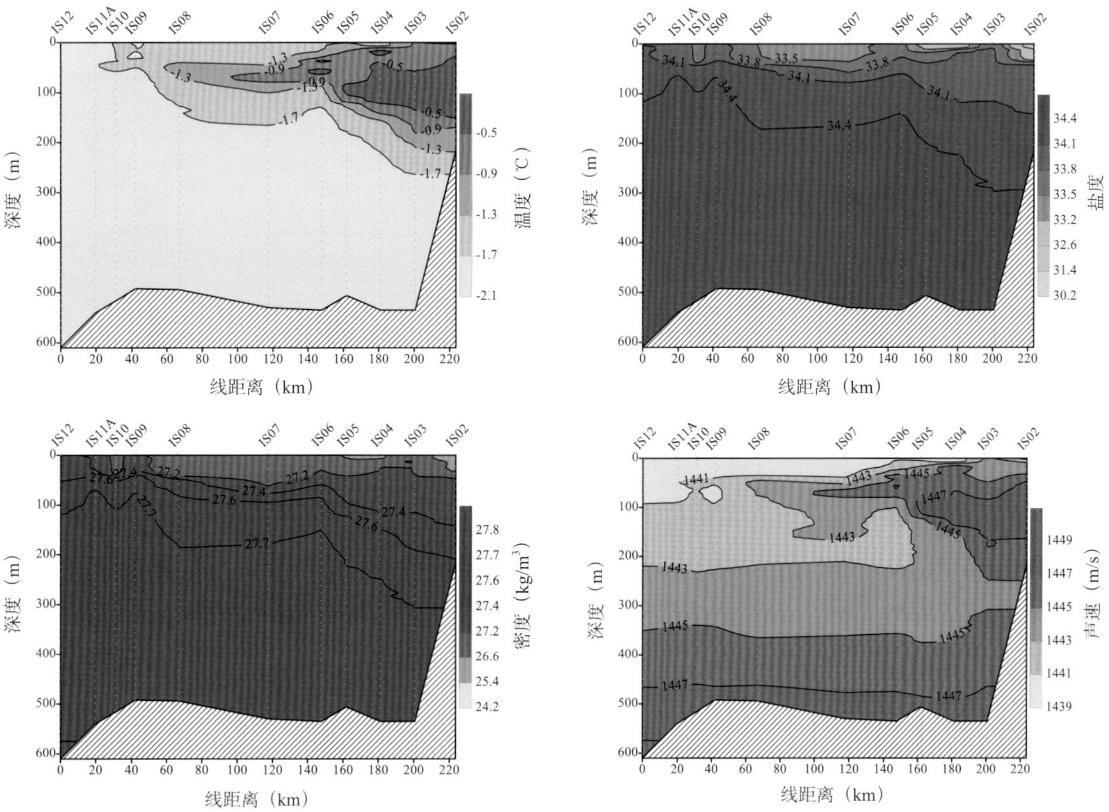

图6.3 断面IS温度、盐度、密度、声速分布图

（2）断面P3温度、盐度、密度、声速分布图

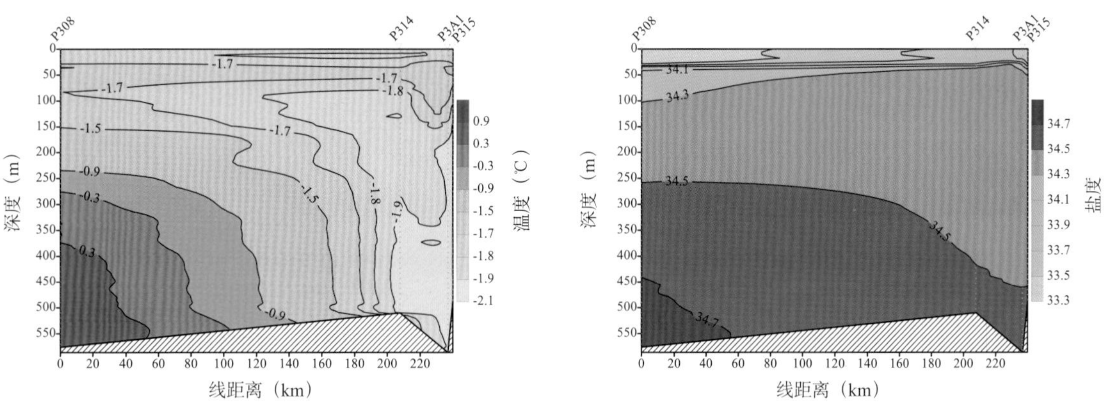

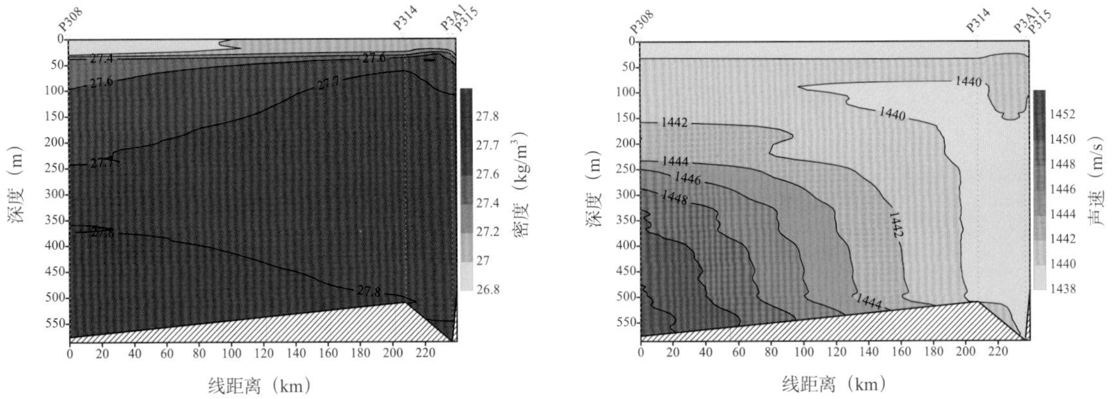

图6.4 断面P3温度、盐度、密度、声速分布图

（3）断面P4温度、盐度、密度、声速分布图

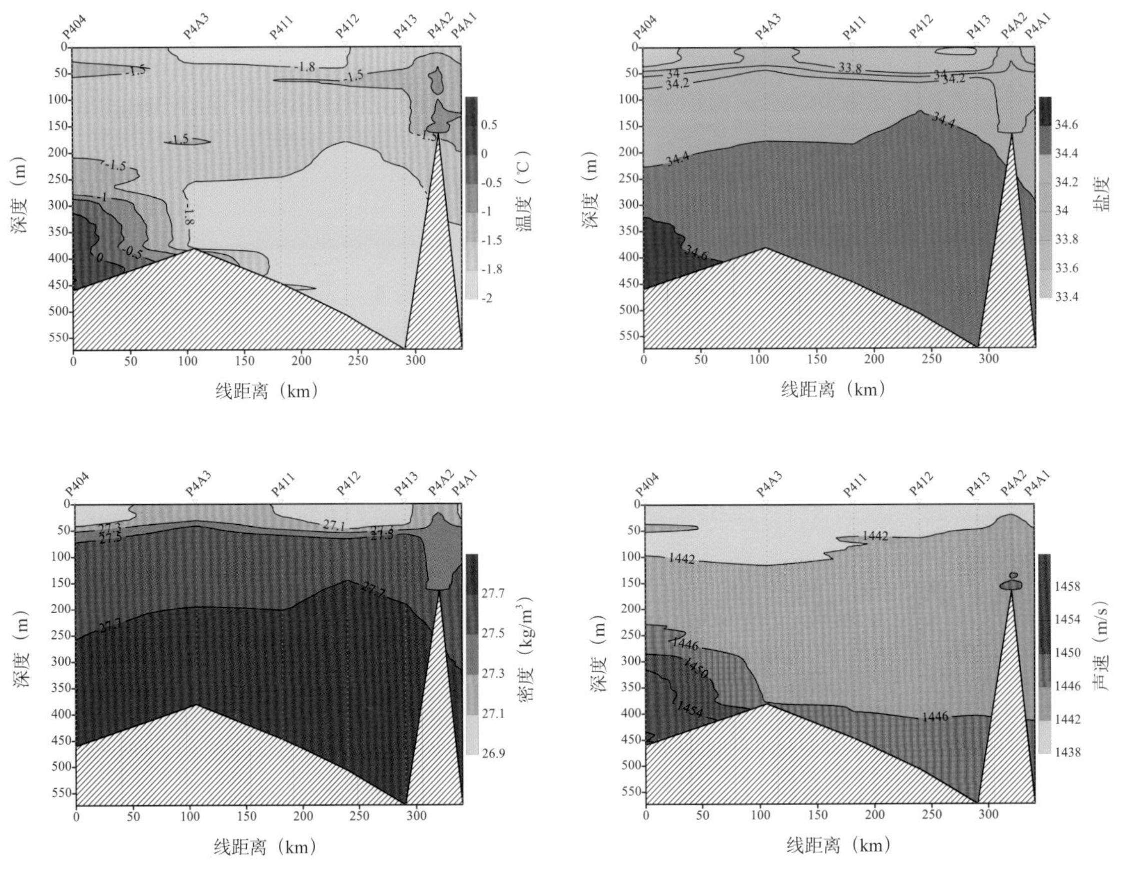

图6.5 断面P4温度、盐度、密度、声速分布图

第四节 航次大面剖面图

本航次4条平行的断面和其他站位可以构成南极半岛附近海域的大面观测，10 m层、50 m层、100 m层、500 m层上的温度、盐度、密度、声速分布情况如图6.6至图6.9所示。

（1）10 m层温度、盐度、密度、声速分布图（等值线间隔依次为0.1，0.1，0.1，1）

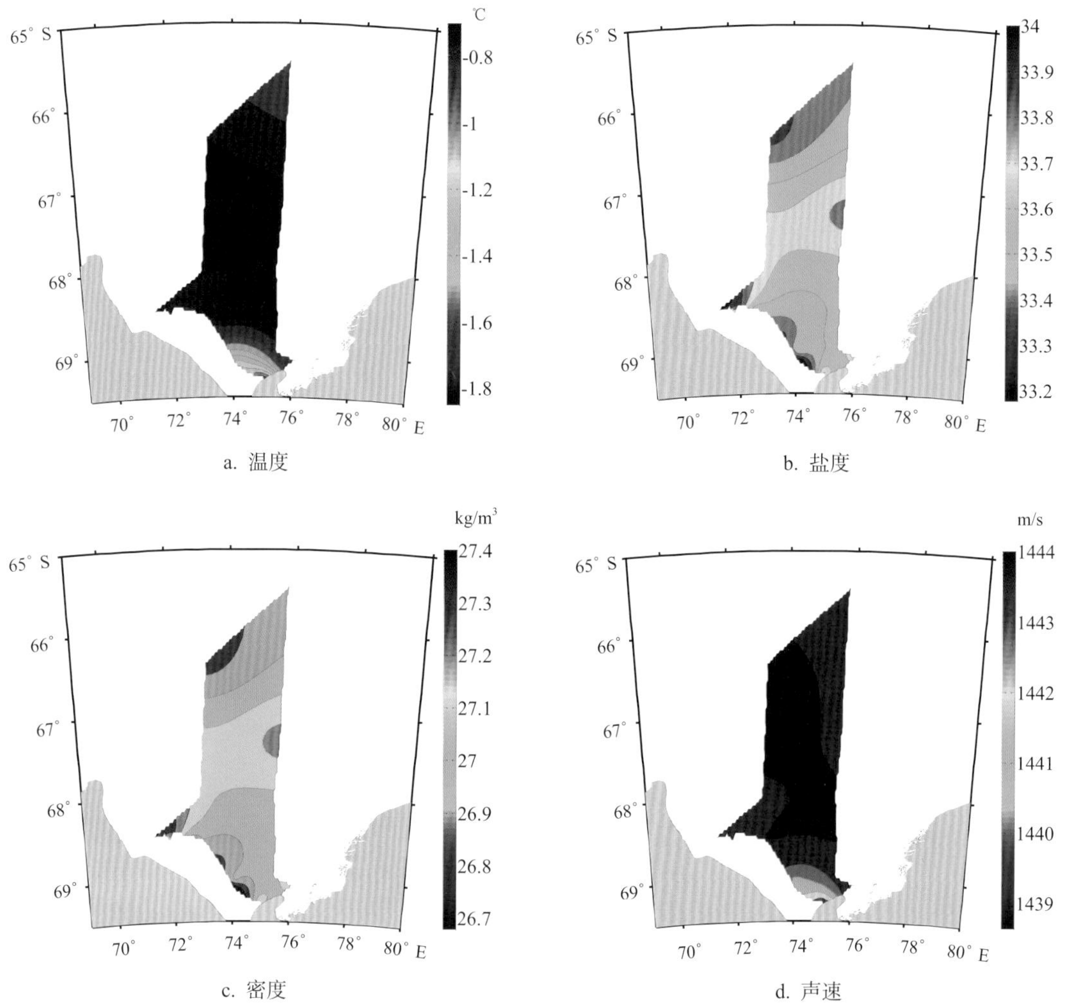

a. 温度　b. 盐度　c. 密度　d. 声速

图6.6 10 m层温度、盐度、密度、声速分布图

（2）50 m 层温度、盐度、密度、声速分布图（等值线间隔依次为 0.1，0.1，0.1，1）

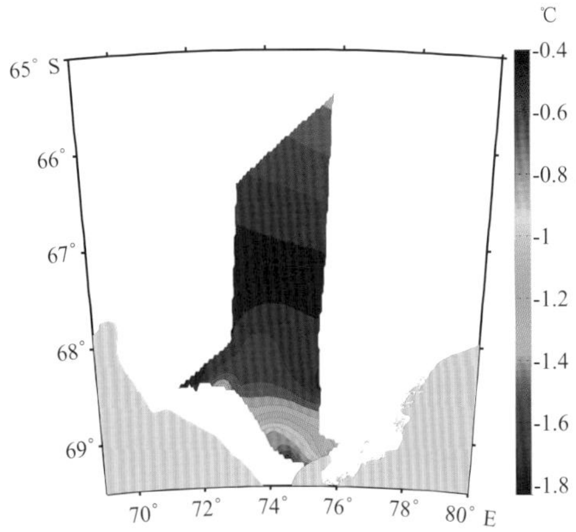

a. 温度

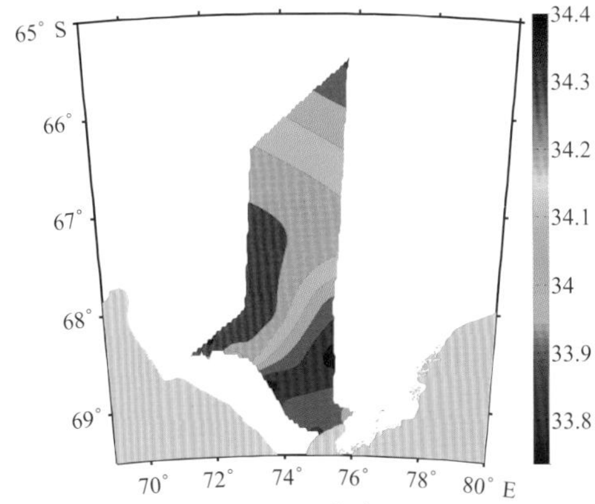

b. 盐度

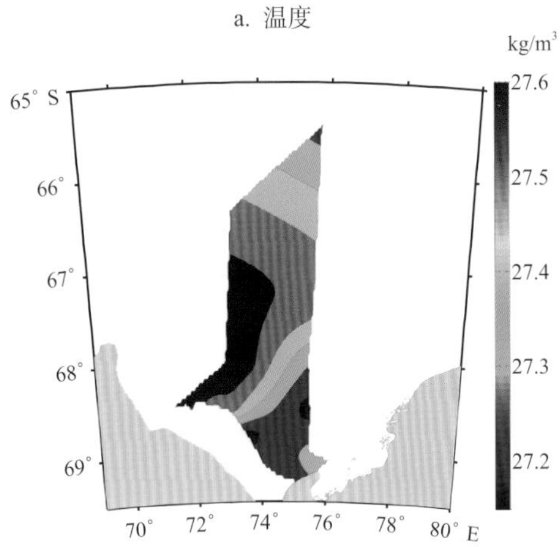

c. 密度

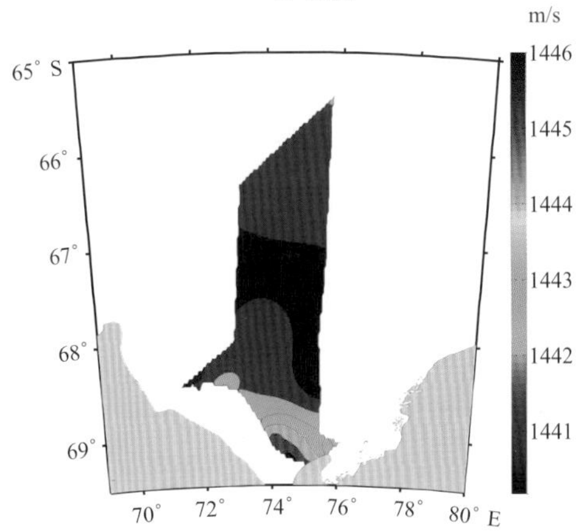

d. 声速

图6.7　50 m层温度、盐度、密度、声速分布图

（3）100 m 层温度、盐度、密度、声速分布图（等值线间隔依次为 0.1，0.1，0.1，1）

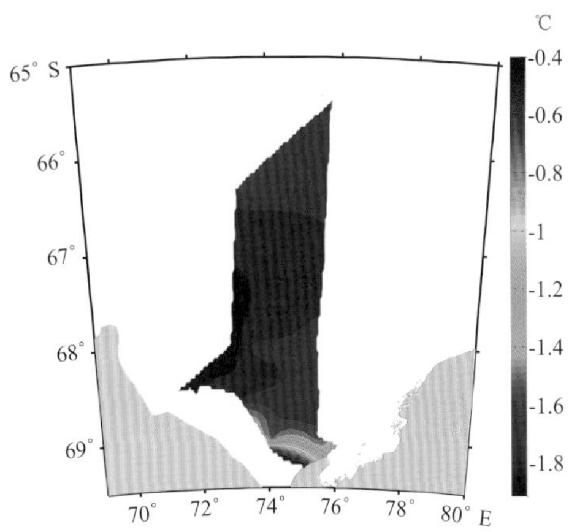

a. 温度

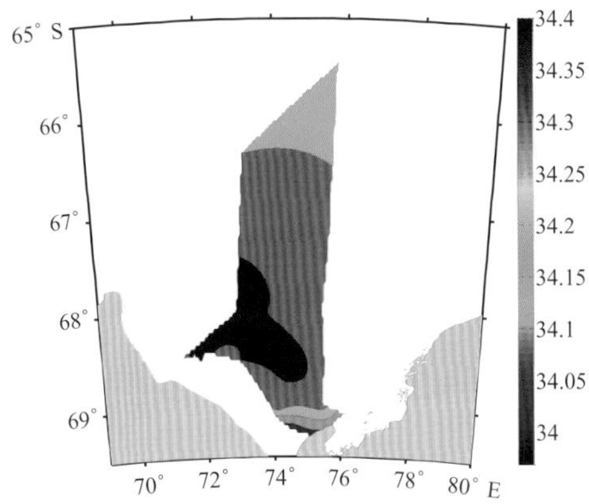

b. 盐度

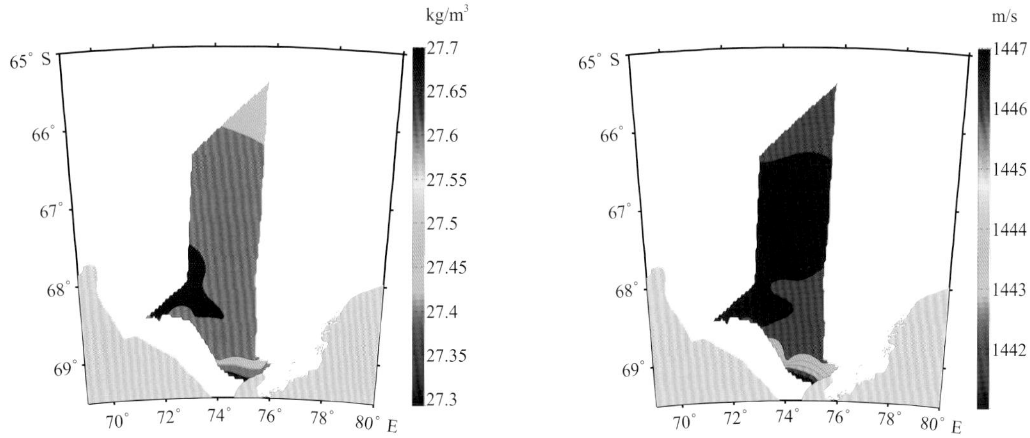

c. 密度　　d. 声速

图6.8 100 m层温度、盐度、密度、声速分布图

（4）500 m层温度、盐度、密度、声速分布图（等值线间隔依次为0.02，0.02，0.01，0.1）

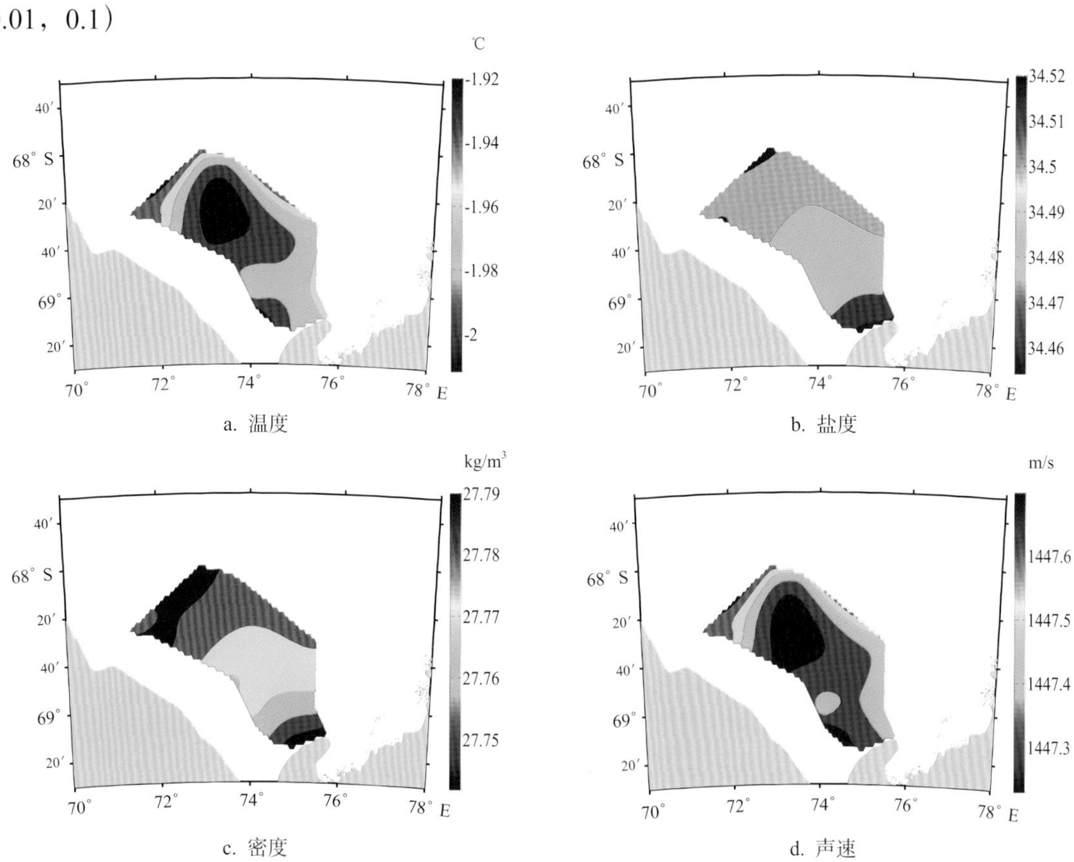

a. 温度　　b. 盐度

c. 密度　　d. 声速

图6.9 500 m层温度、盐度、密度、声速分布图

第七章

中国第25次南极科学考察水文图集

第一节　航次站位情况及TS点聚图

中国第 25 次南极科学考察共完成海洋考察 CTD 站位 57 个，站位信息见表 7.1。

表7.1　中国第25次南极考察CTD观测站位信息表

序号	站位	日期	时间	纬度 (° S)	经度 (° W)	水深 (m)	最大观测深度 (m)
1	IS-00	2009-01-23	18:06:23	68.365	72.488	828	799
2	IS-01	2009-02-07	09:10:25	69.327	75.345	638	631
3	IS-02	2009-02-07	12:03:25	69.247	74.993	848	812
4	IS-03	2009-02-07	14:42:45	69.258	74.482	819	786
5	IS-04	2009-02-07	17:04:47	69.078	74.133	690	660
6	IS-05	2009-02-07	18:56:41	68.912	73.848	720	691
7	IS-06	2009-02-07	21:03:18	68.745	73.553	762	731
8	IS-07	2009-02-07	23:02:07	68.582	73.182	758	729
9	IS-08	2009-02-08	02:09:23	68.473	72.719	711	685
10	IS-09	2009-02-08	03:45:07	68.482	72.303	506	491
11	IS-10	2009-02-08	05:46:33	68.513	71.85	494	476
12	IS-11	2009-02-08	07:07:19	68.525	71.507	380	364
13	IS-12	2009-02-08	09:35:07	68.502	71.083	780	747
14	IS-14	2009-02-08	11:58:55	68.472	70.57	987	890
15	IS-13	2009-02-08	13:18:19	68.488	70.647	921	954
16	P4-13	2009-02-11	13:14:16	69.000	75.5	744	719
17	P4-12	2009-02-11	16:17:57	68.497	75	642	611
18	P4-11	2009-02-11	19:42:56	68	75.498	494	459
19	P4-10	2009-02-13	05:01:07	67.5	75.5	415	381
20	P4-09	2009-02-13	08:33:43	67	75.503	380	342
21	P4-08	2009-02-13	10:28:33	66.842	75.498	1 651	1 100
22	P4-07	2009-02-13	11:29:34	66.667	75.5	2 305	2 219
23	P4-06	2009-02-13	14:21:40	66.497	75.5	2 474	2 380
24	P4-05	2009-02-13	18:39:57	66	75.492	3 028	2 959
25	P4-04	2009-02-13	23:15:36	65.503	75.498	3 263	3 203
26	P3-05	2009-02-14	06:24:38	65	73.003	3 414	3 342

续 表

序号	站位	日期	时间	纬度 (° S)	经度 (° W)	水深 (m)	最大观测深度 (m)
27	P3-06	2009-02-14	11:08:05	65.507	72.992	2 975	2 912
28	P3-07	2009-02-14	18:14:28	66.003	73	2 600	2 523
29	P3-08	2009-02-14	21:24:01	66.332	73.005	2 000	1 930
30	P3-09	2009-02-15	00:07:41	66.497	72.992	1 563	1 506
31	P3-10	2009-02-15	07:17:50	66.65	73.148	1 075	1 090
32	P3-11	2009-02-15	09:39:35	66.822	73.003	526	475
33	P3-12	2009-02-15	12:00:07	66.997	73.008	514	402
34	P3-13	2009-02-15	16:58:55	67.5	72.993	604	580
35	P3-14	2009-02-15	20:47:56	68.002	73.01	653	623
36	P3-15	2009-02-16	00:27:27	68.503	73 .005	674	645
37	P2-16a	2009-02-16	16:31:55	68.437	70.507	871	786
38	P2-16b	2009-02-16	20:05:27	68.437	70.507	871	437
39	P2-16c	2009-02-16	23:58:57	68.437	70.507	871	328
40	P2-16d	2009-02-17	04:04:52	68.437	70.507	871	341
41	P2-16e	2009-02-17	07:51:31	68.437	70.507	871	360
42	P2-16f	2009-02-17	12:00:11	68.437	70.507	871	351
43	P2-15	2009-02-17	15:53:31	68.328	70.568	331	302
44	P2-14	2009-02-17	18:01:11	68.012	70.515	496	453
45	P2-13	2009-02-17	22:13:08	67.44	70.512	114	101
46	P2-12	2009-02-18	00:20:08	67.175	70.507	241	221
47	P2-11	2009-02-18	01:36:46	67.003	70.503	303	269
48	P2-10	2009-02-18	03:49:52	66.833	70.5	447	474
49	P2-09	2009-02-18	04:56:35	66.717	70.507	1 743	1 100
50	P2-08	2009-02-18	06:12:46	66.497	70.5	2 128	1 994
51	P1-06	2009-02-18	13:53:05	66.5	67.968	2 910	1 100
52	P1-07	2009-02-18	15:11:59	66.717	67.975	2 217	1 100
53	P1-08	2009-02-18	16:05:46	66.917	68	1 680	1 100
54	P1-09	2009-02-18	16:40:22	67	68	1 200	1 100
55	P1-10	2009-02-19	04:25:00	67.242	67.975	188	178
56	P1-11	2009-02-19	06:55:23	67.503	68.038	264	260
57	ZS001	2009-02-27	13:05:04	69.203	76.447	406	428

本航次的 TS 点聚图如图 7.1 所示。

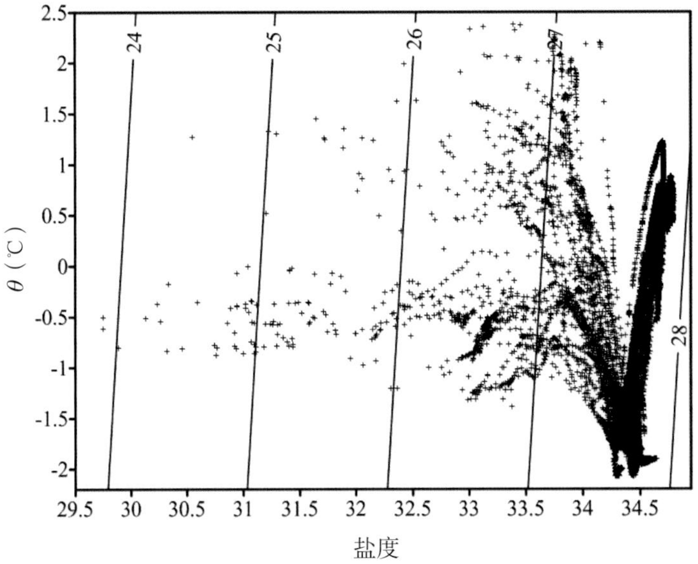

图7.1 中国第25次南极考察TS点聚图

第二节 航次站点剖面图

本航次各站点的 CTD 测量要素温度、盐度、密度、声速剖面分布如图 7.2 所示。

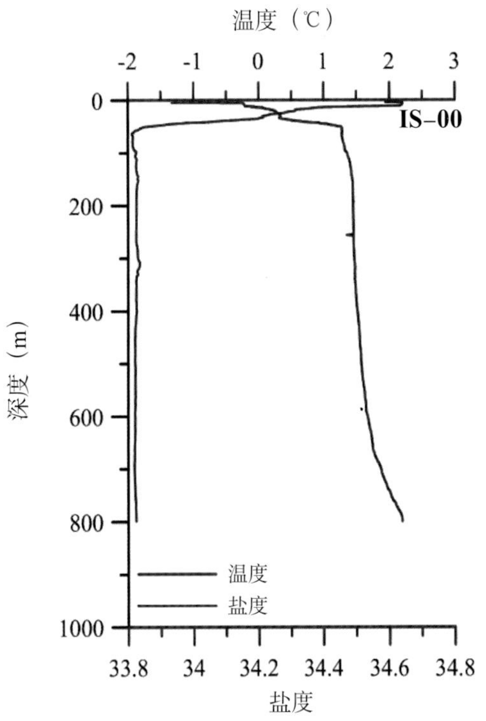

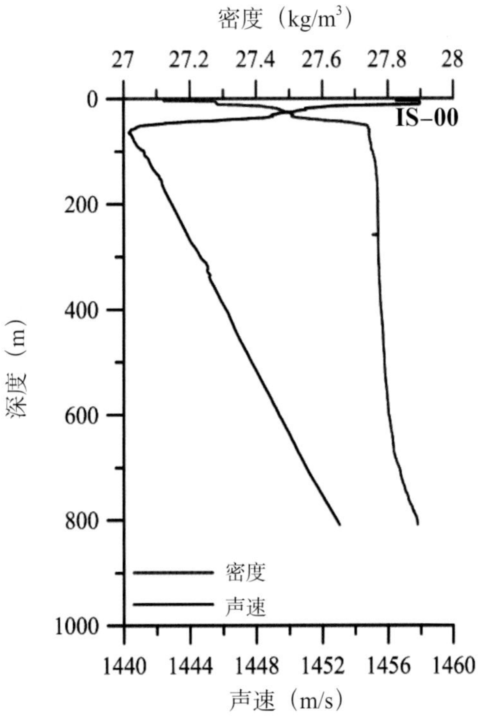

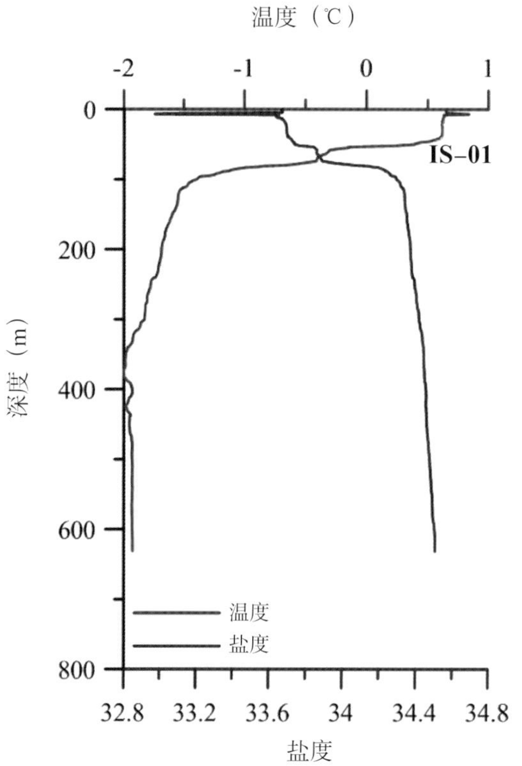
温度（℃）
-2
-1
0
1
0
200
400
600
800
深度（m）
IS-01
温度
盐度
32.8
33.2
33.6
34
34.4
34.8
盐度

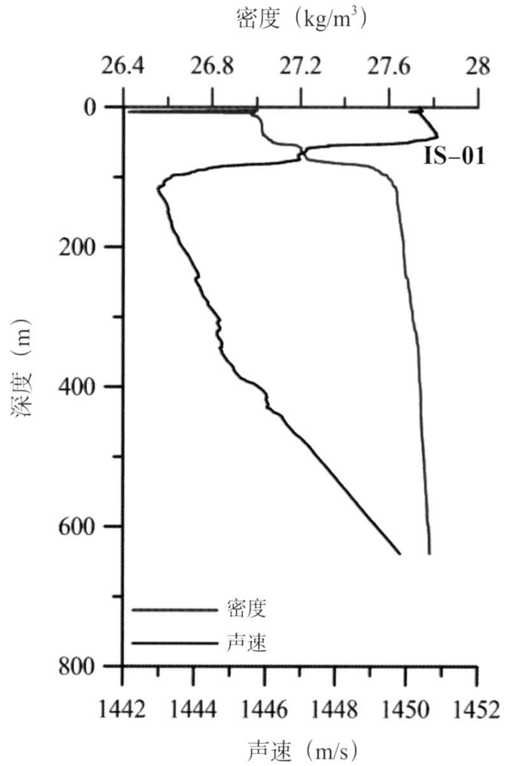
密度（kg/m³）
26.4
26.8
27.2
27.6
28
0
200
400
600
800
深度（m）
IS-01
密度
声速
1442
1444
1446
1448
1450
1452
声速（m/s）

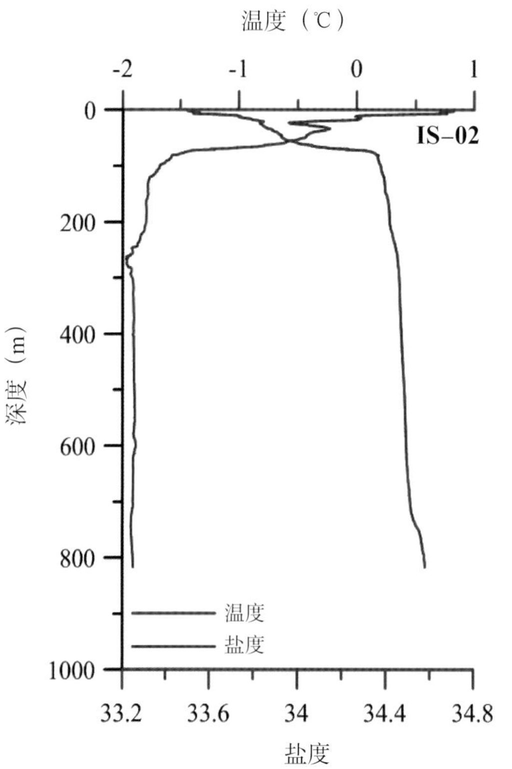
温度（℃）
-2
-1
0
1
0
200
400
600
800
1000
深度（m）
IS-02
温度
盐度
33.2
33.6
34
34.4
34.8
盐度

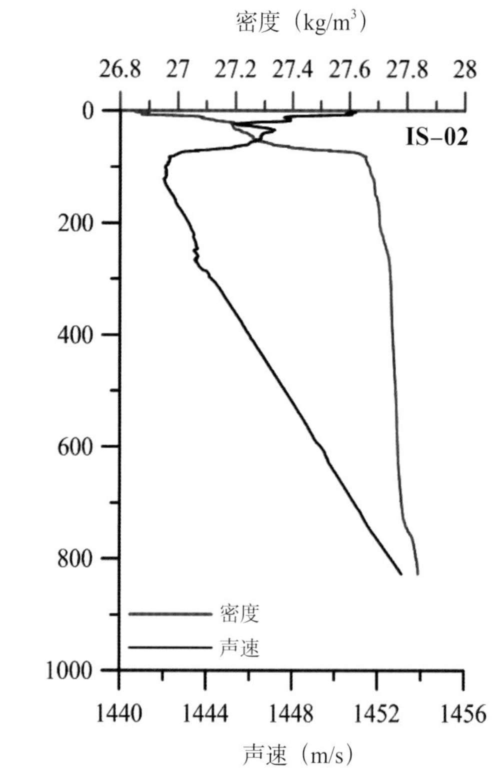
密度（kg/m³）
26.8
27
27.2
27.4
27.6
27.8
28
0
200
400
600
800
1000
深度（m）
IS-02
密度
声速
1440
1444
1448
1452
1456
声速（m/s）

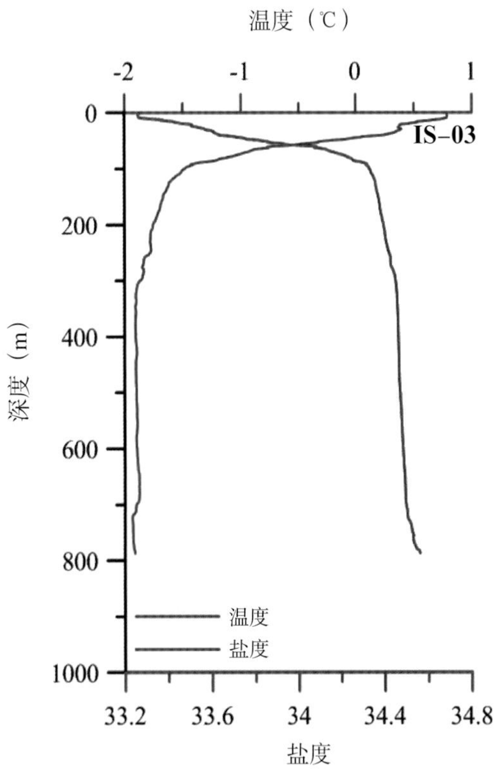
温度（℃）
-2
-1
0
1
IS-03
深度（m）
0
200
400
600
800
1000
温度
盐度
33.2
33.6
34
34.4
34.8
盐度

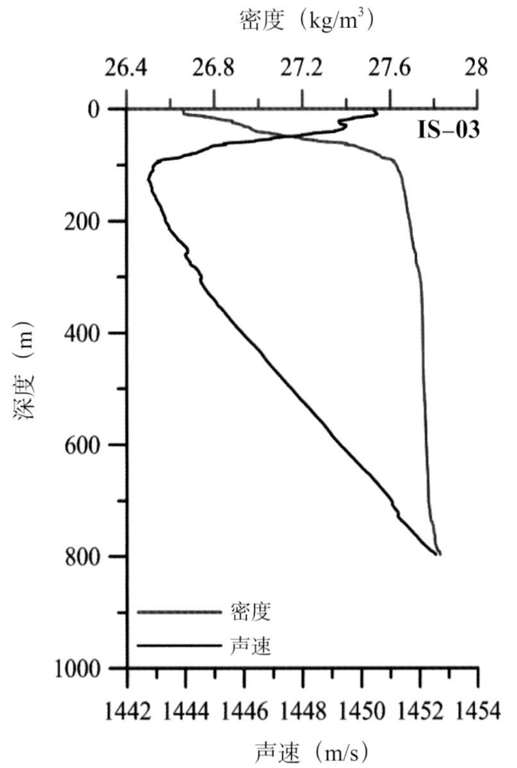
密度（kg/m³）
26.4
26.8
27.2
27.6
28
IS-03
深度（m）
0
200
400
600
800
1000
密度
声速
1442
1444
1446
1448
1450
1452
1454
声速（m/s）

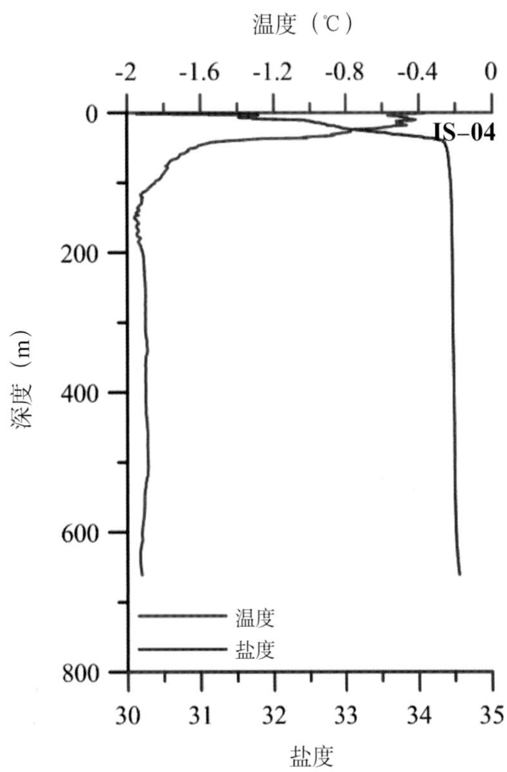
温度（℃）
-2
-1.6
-1.2
-0.8
-0.4
0
IS-04
深度（m）
0
200
400
600
800
温度
盐度
30
31
32
33
34
35
盐度

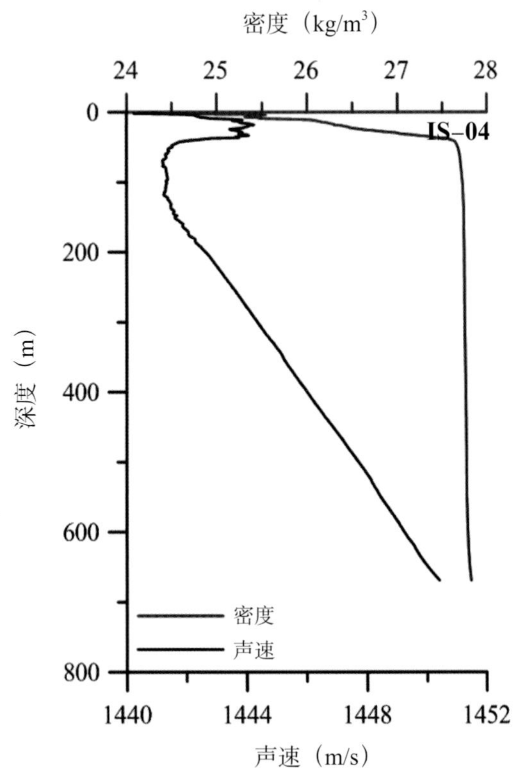
密度（kg/m³）
24
25
26
27
28
IS-04
深度（m）
0
200
400
600
800
密度
声速
1440
1444
1448
1452
声速（m/s）

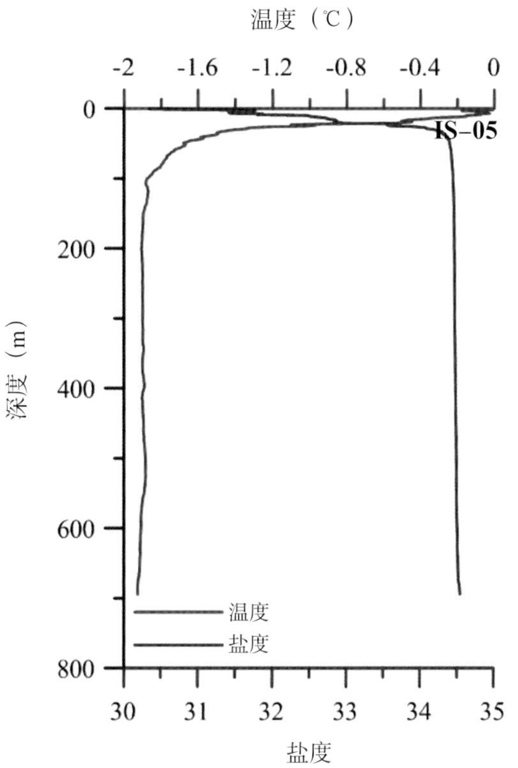
温度（℃）
-2
-1.6
-1.2
-0.8
-0.4
0
IS-05
深度（m）
0
200
400
600
800
温度
盐度
30
31
32
33
34
35
盐度

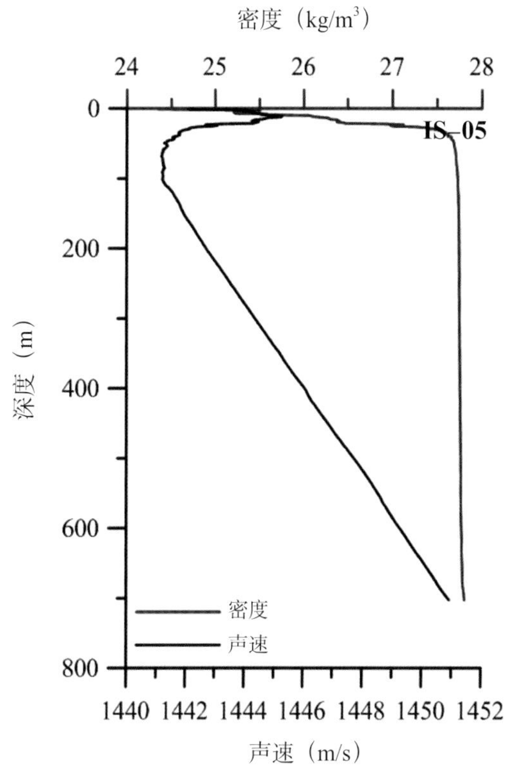
密度（kg/m3）
24
25
26
27
28
IS-05
深度（m）
0
200
400
600
800
密度
声速
1440
1442
1444
1446
1448
1450
1452
声速（m/s）

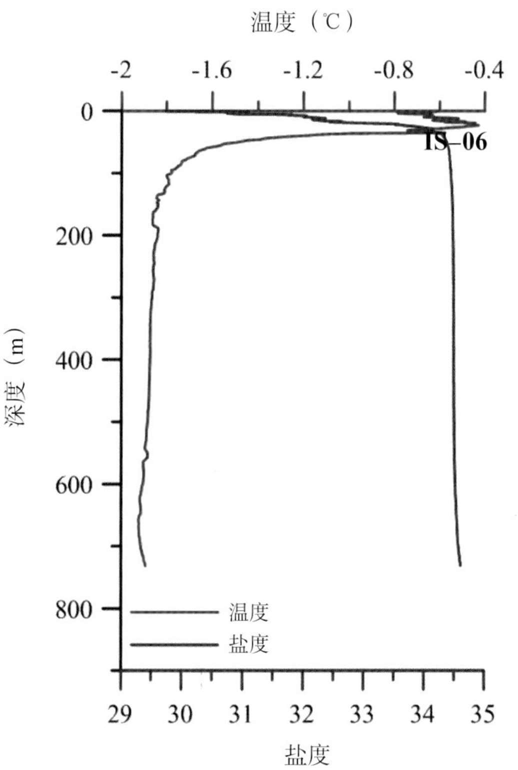
温度（℃）
-2
-1.6
-1.2
-0.8
-0.4
IS-06
深度（m）
0
200
400
600
800
温度
盐度
29
30
31
32
33
34
35
盐度

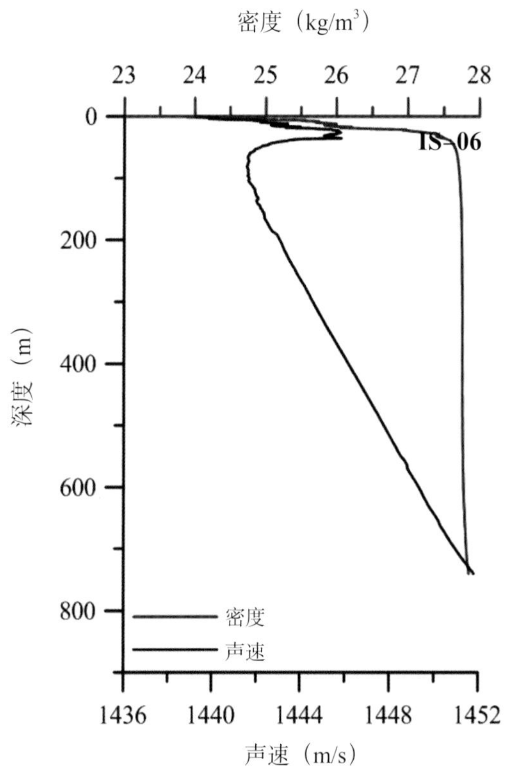
密度（kg/m3）
23
24
25
26
27
28
IS-06
深度（m）
0
200
400
600
800
密度
声速
1436
1440
1444
1448
1452
声速（m/s）

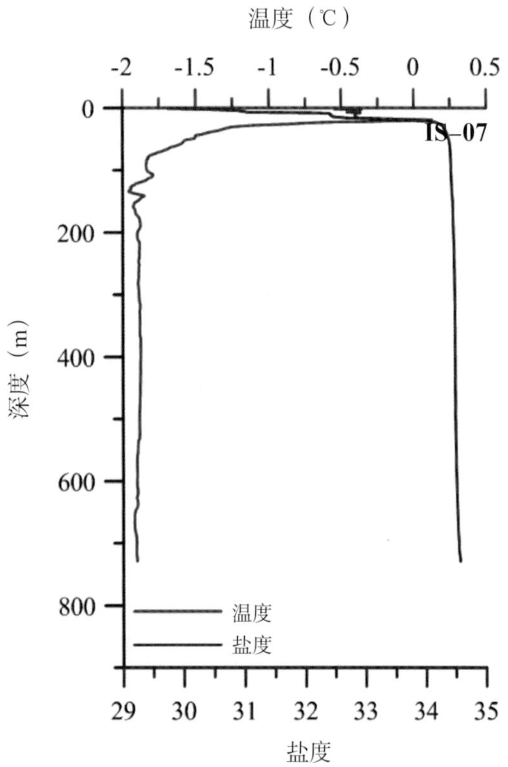
温度（℃）
-2 -1.5 -1 -0.5 0 0.5
IS–07
深度（m）
0 200 400 600 800
温度
盐度
29 30 31 32 33 34 35
盐度

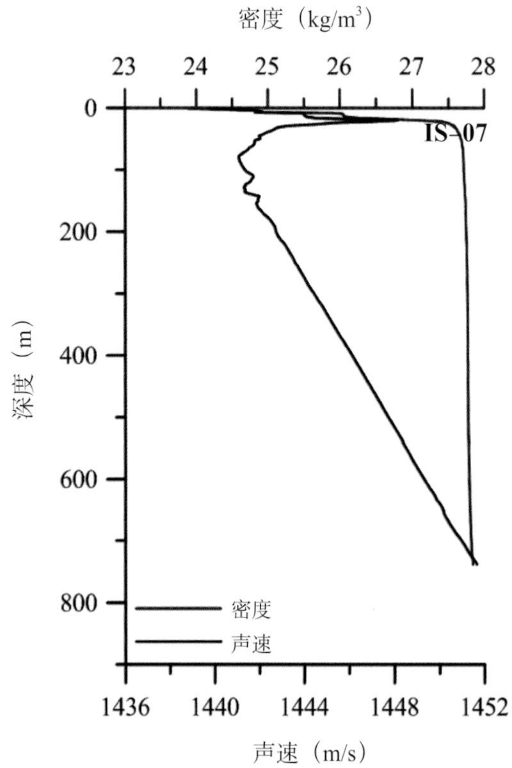
密度（kg/m³）
23 24 25 26 27 28
IS–07
深度（m）
0 200 400 600 800
密度
声速
1436 1440 1444 1448 1452
声速（m/s）

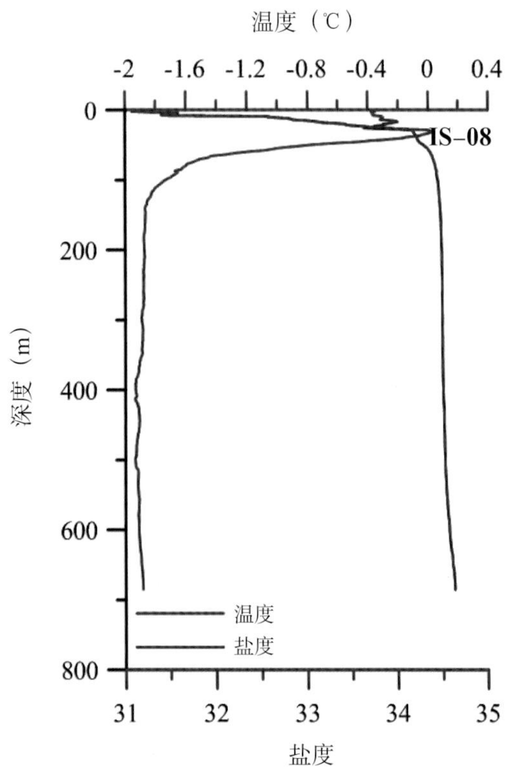
温度（℃）
-2 -1.6 -1.2 -0.8 -0.4 0 0.4
IS–08
深度（m）
0 200 400 600 800
温度
盐度
31 32 33 34 35
盐度

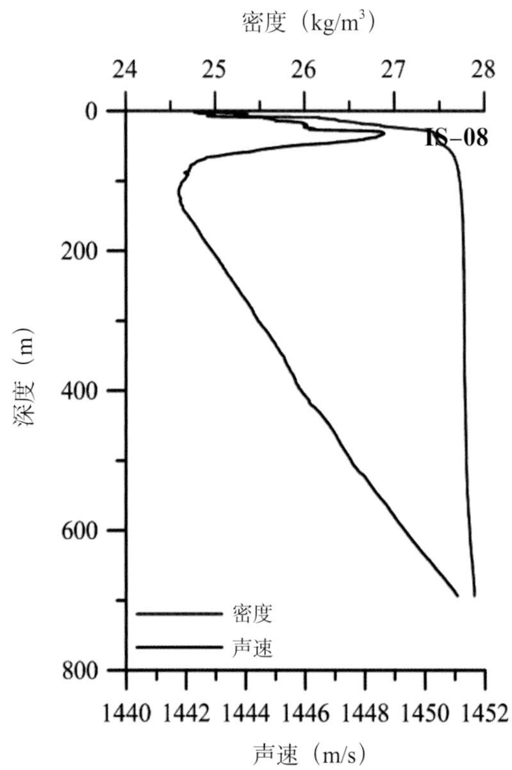
密度（kg/m³）
24 25 26 27 28
IS–08
深度（m）
0 200 400 600 800
密度
声速
1440 1442 1444 1446 1448 1450 1452
声速（m/s）

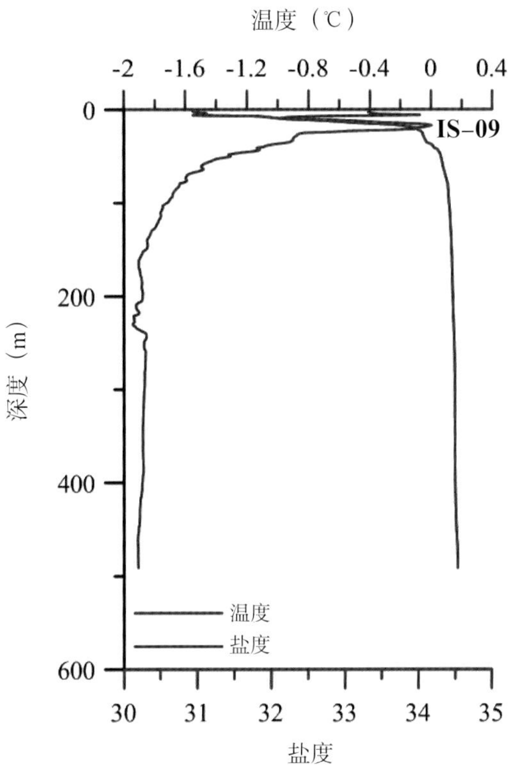
温度（℃）
-2 -1.6 -1.2 -0.8 -0.4 0 0.4
IS-09
深度（m）
0 200 400 600
温度
盐度
30 31 32 33 34 35
盐度

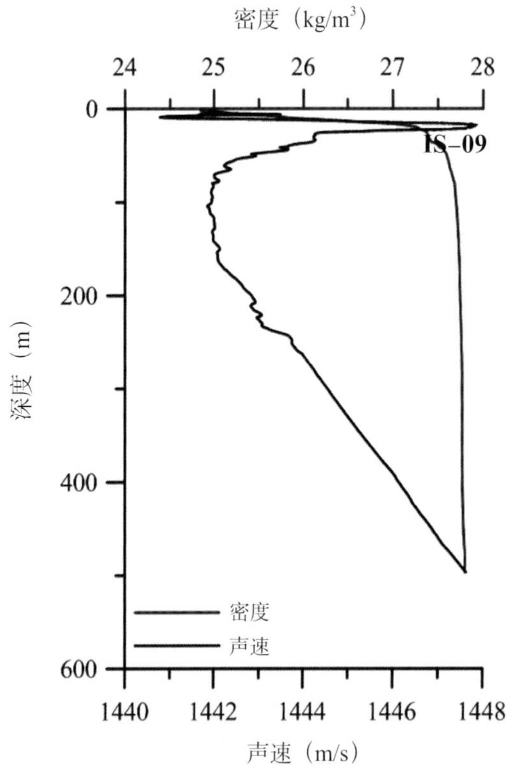
密度（kg/m³）
24 25 26 27 28
IS-09
深度（m）
0 200 400 600
密度
声速
1440 1442 1444 1446 1448
声速（m/s）

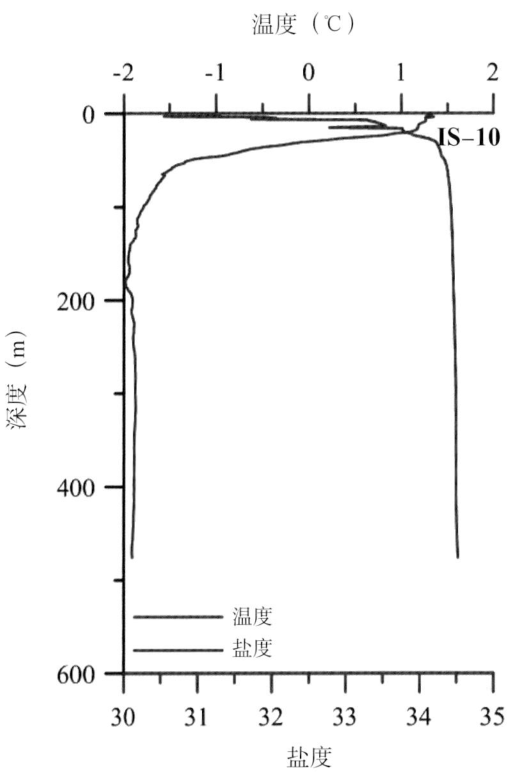
温度（℃）
-2 -1 0 1 2
IS-10
深度（m）
0 200 400 600
温度
盐度
30 31 32 33 34 35
盐度

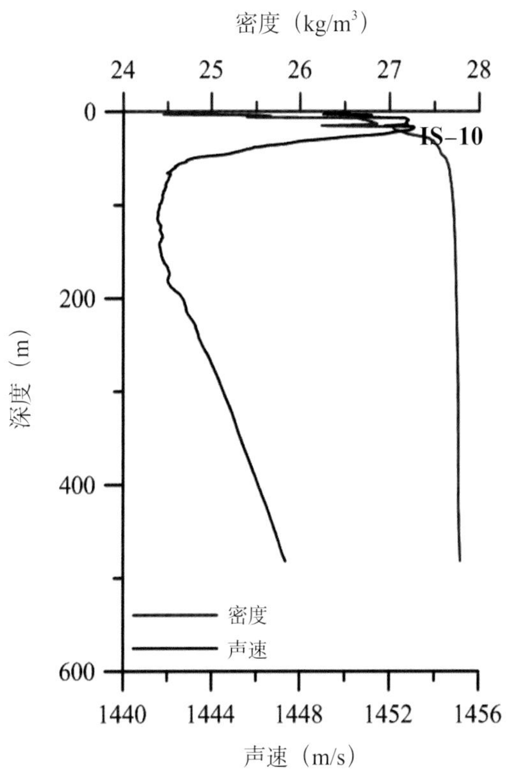
密度（kg/m³）
24 25 26 27 28
IS-10
深度（m）
0 200 400 600
密度
声速
1440 1444 1448 1452 1456
声速（m/s）

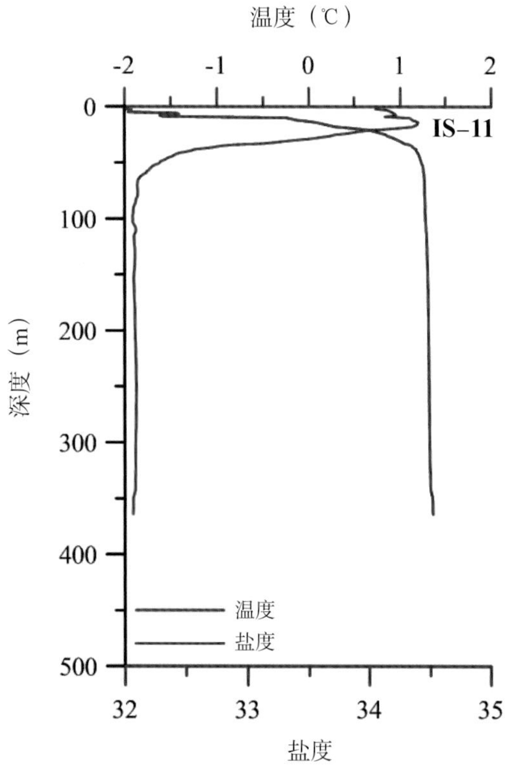
温度（℃）
-2 -1 0 1 2
IS-11
深度（m）
0 100 200 300 400 500
温度
盐度
32 33 34 35
盐度

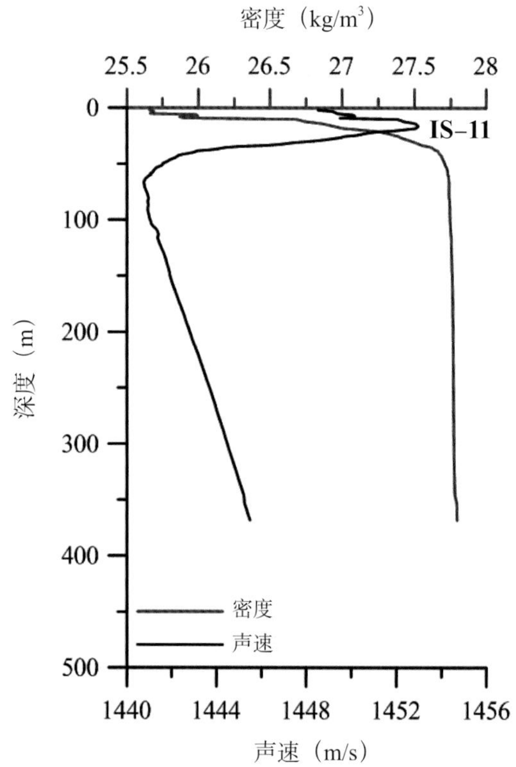
密度（kg/m³）
25.5 26 26.5 27 27.5 28
IS-11
深度（m）
0 100 200 300 400 500
密度
声速
1440 1444 1448 1452 1456
声速（m/s）

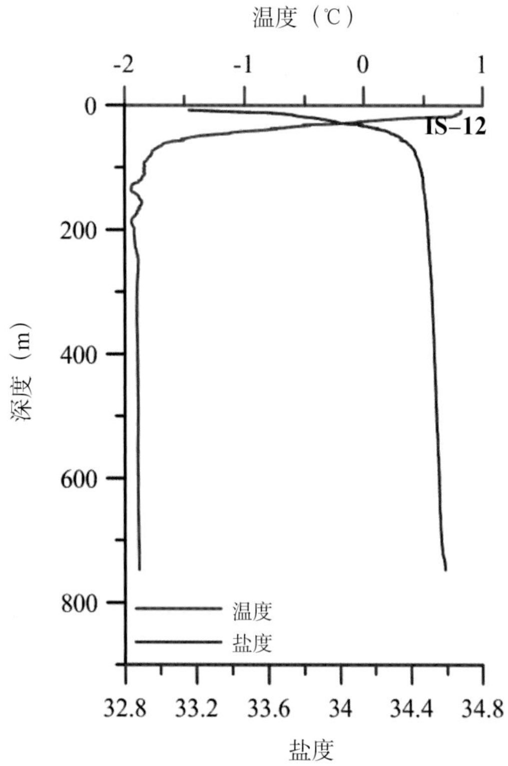
温度（℃）
-2 -1 0 1
IS-12
深度（m）
0 200 400 600 800
温度
盐度
32.8 33.2 33.6 34 34.4 34.8
盐度

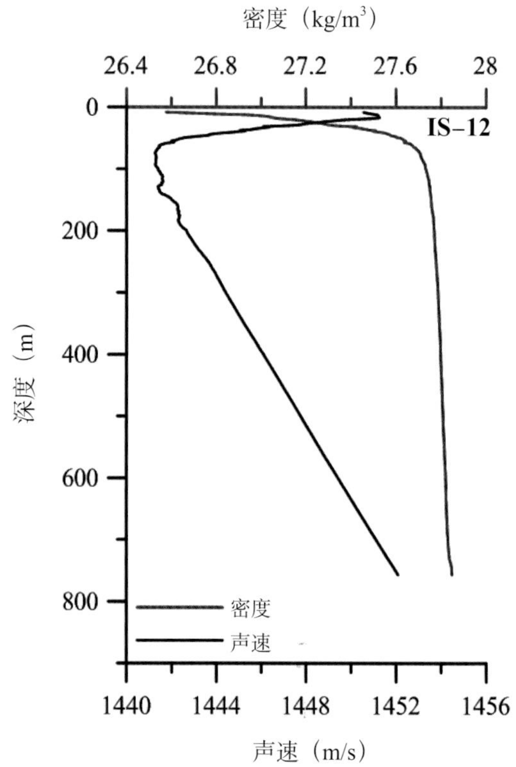
密度（kg/m³）
26.4 26.8 27.2 27.6 28
IS-12
深度（m）
0 200 400 600 800
密度
声速
1440 1444 1448 1452 1456
声速（m/s）

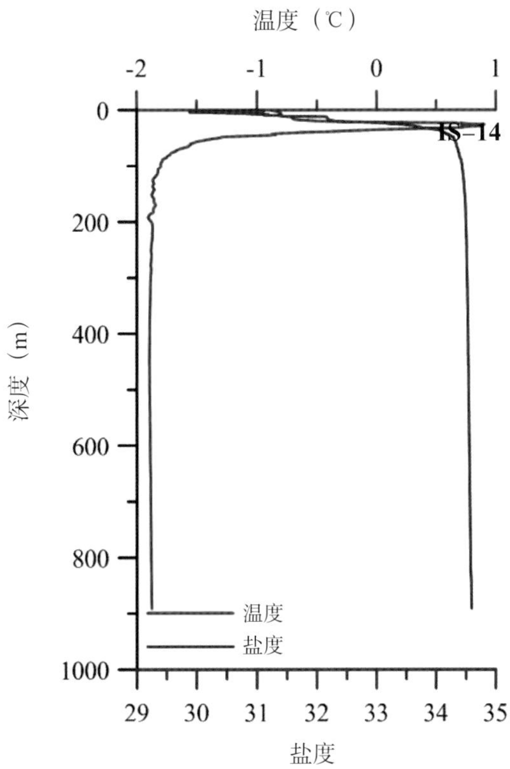
温度（℃）
-2 -1 0 1
IS-14
深度（m）
0 200 400 600 800 1000
温度
盐度
29 30 31 32 33 34 35
盐度

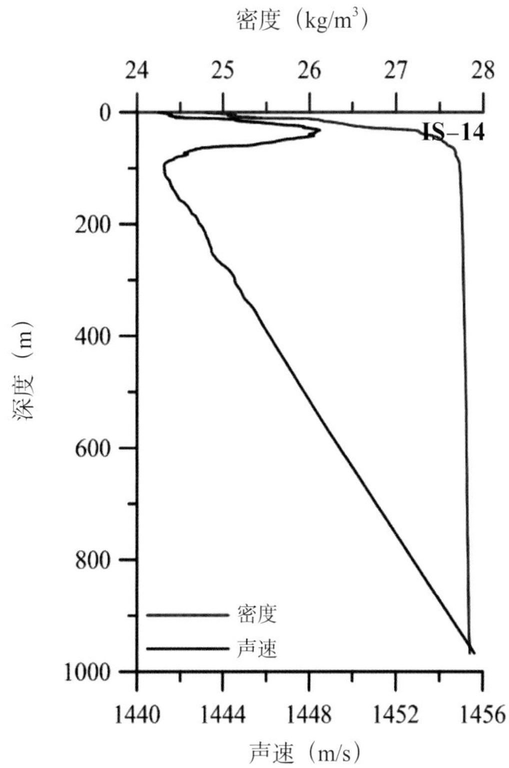
密度（kg/m³）
24 25 26 27 28
IS-14
深度（m）
0 200 400 600 800 1000
密度
声速
1440 1444 1448 1452 1456
声速（m/s）

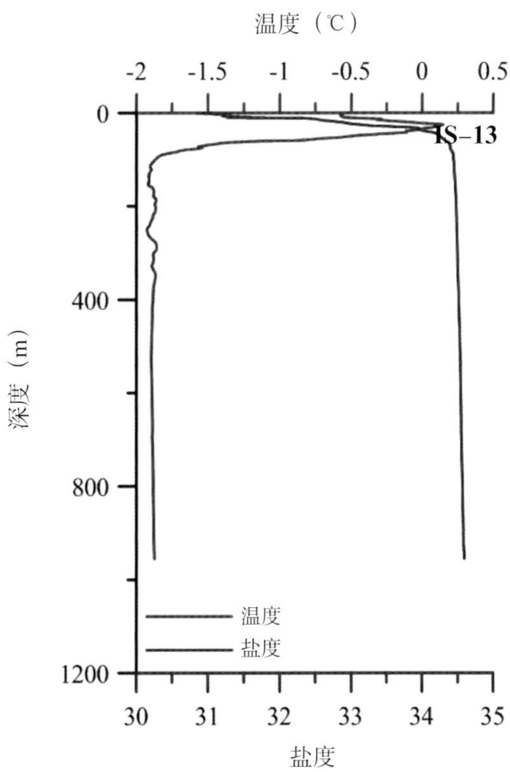
温度（℃）
-2 -1.5 -1 -0.5 0 0.5
IS-13
深度（m）
0 400 800 1200
温度
盐度
30 31 32 33 34 35
盐度

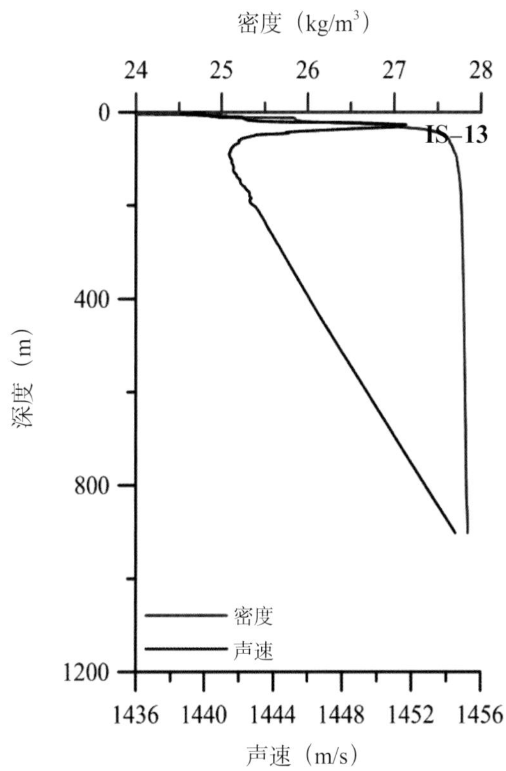
密度（kg/m³）
24 25 26 27 28
IS-13
深度（m）
0 400 800 1200
密度
声速
1436 1440 1444 1448 1452 1456
声速（m/s）

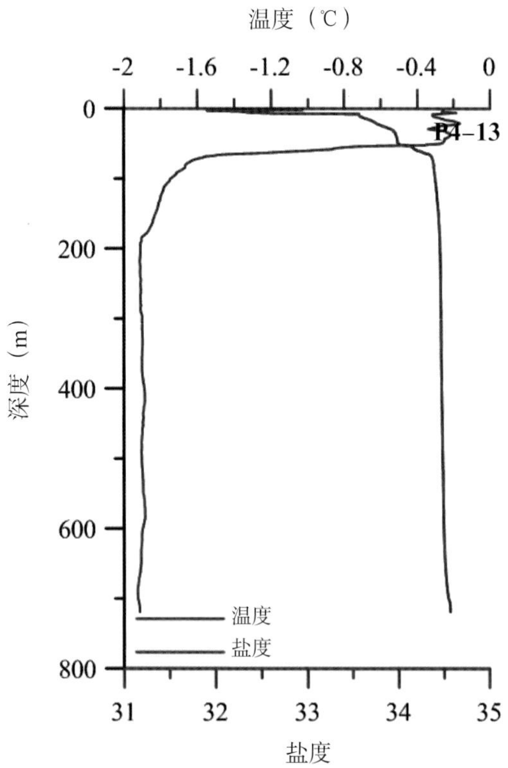
温度（℃）
-2 -1.6 -1.2 -0.8 -0.4 0
0
200
400
600
800
深度（m）
P4-13
温度
盐度
31 32 33 34 35
盐度

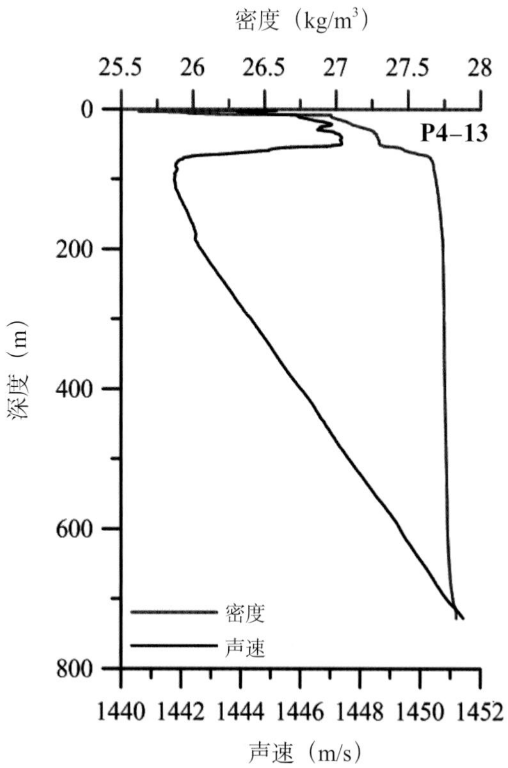
密度（kg/m³）
25.5 26 26.5 27 27.5 28
0
200
400
600
800
深度（m）
P4-13
密度
声速
1440 1442 1444 1446 1448 1450 1452
声速（m/s）

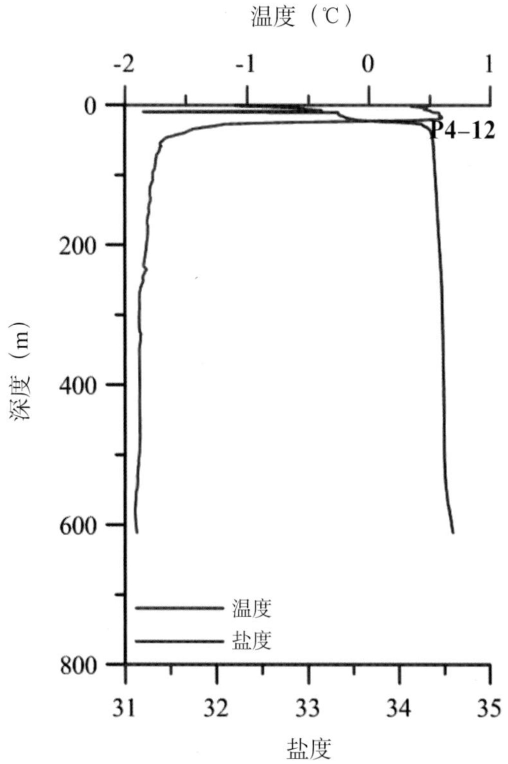
温度（℃）
-2 -1 0 1
0
200
400
600
800
深度（m）
P4-12
温度
盐度
31 32 33 34 35
盐度

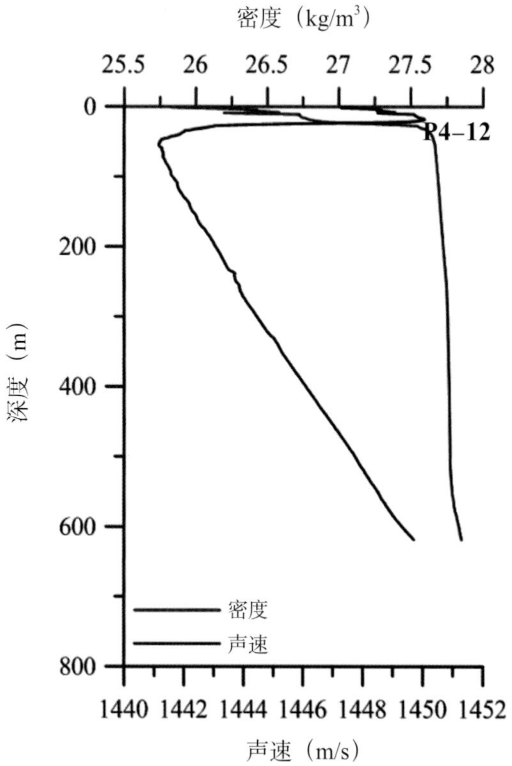
密度（kg/m³）
25.5 26 26.5 27 27.5 28
0
200
400
600
800
深度（m）
P4-12
密度
声速
1440 1442 1444 1446 1448 1450 1452
声速（m/s）

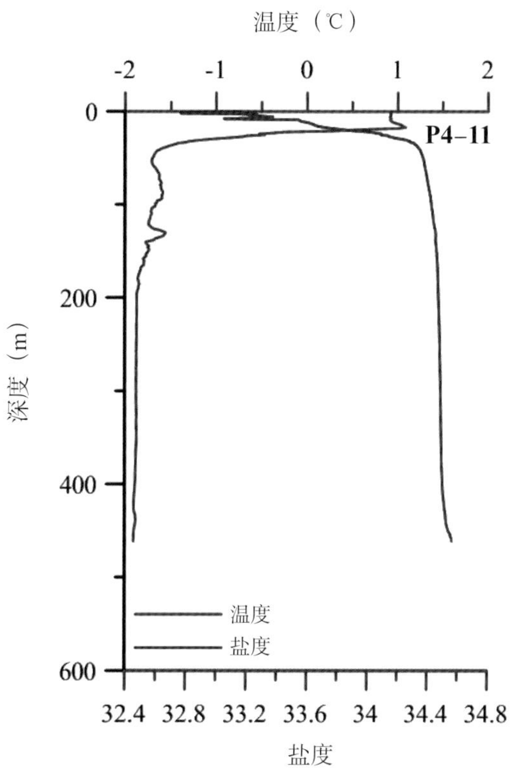
温度（℃）
-2
-1
0
1
2
0
200
400
600
深度（m）
P4-11
温度
盐度
32.4
32.8
33.2
33.6
34
34.4
34.8
盐度

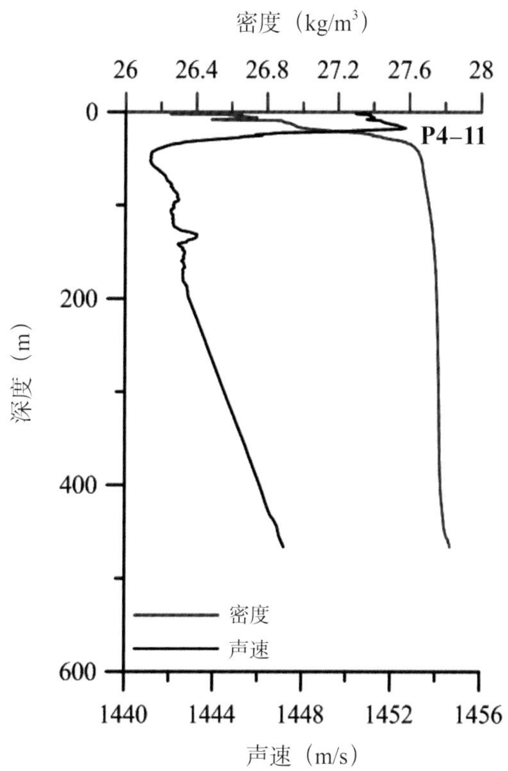
密度（kg/m³）
26
26.4
26.8
27.2
27.6
28
0
200
400
600
深度（m）
P4-11
密度
声速
1440
1444
1448
1452
1456
声速（m/s）

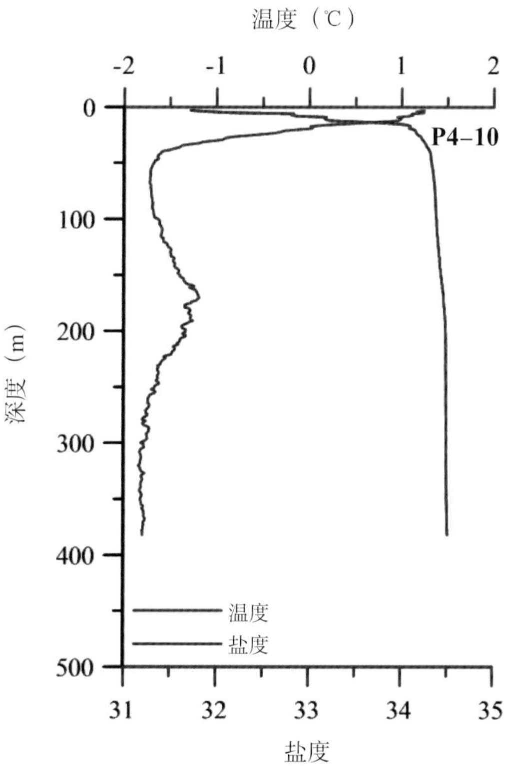
温度（℃）
-2
-1
0
1
2
0
100
200
300
400
500
深度（m）
P4-10
温度
盐度
31
32
33
34
35
盐度

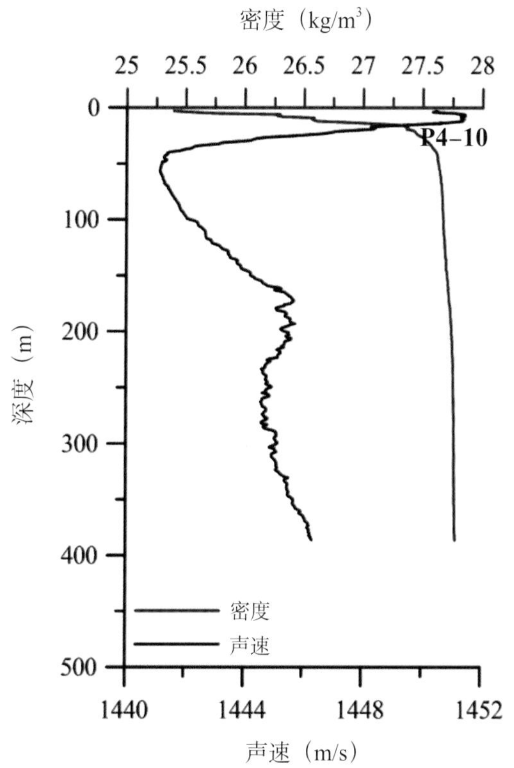
密度（kg/m³）
25
25.5
26
26.5
27
27.5
28
0
100
200
300
400
500
深度（m）
P4-10
密度
声速
1440
1444
1448
1452
声速（m/s）

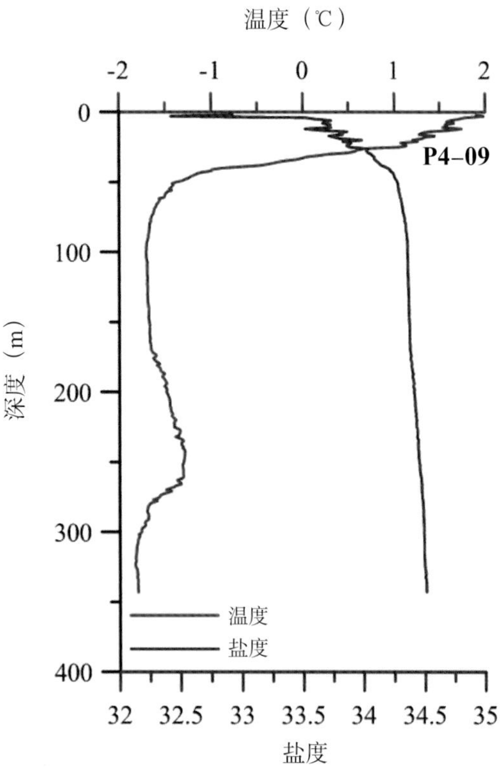
温度（℃）
-2
-1
0
1
2
0
100
200
300
400
深度（m）
P4–09
温度
盐度
32
32.5
33
33.5
34
34.5
35
盐度

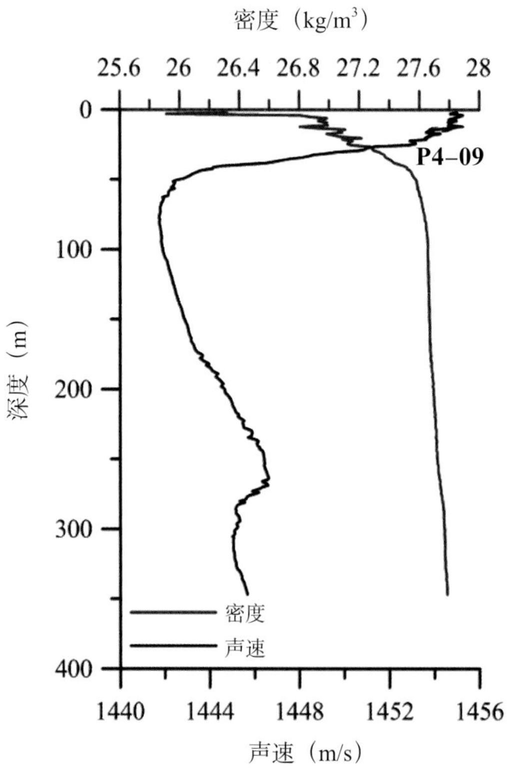
密度（kg/m³）
25.6
26
26.4
26.8
27.2
27.6
28
0
100
200
300
400
深度（m）
P4–09
密度
声速
1440
1444
1448
1452
1456
声速（m/s）

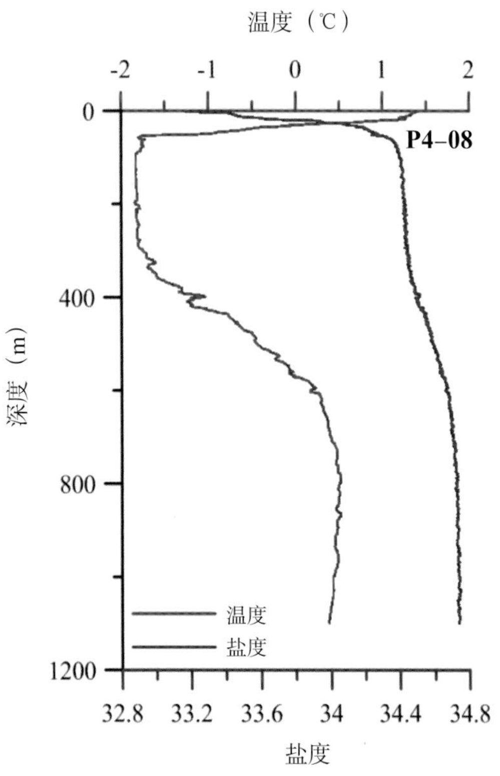
温度（℃）
-2
-1
0
1
2
0
400
800
1200
深度（m）
P4–08
温度
盐度
32.8
33.2
33.6
34
34.4
34.8
盐度

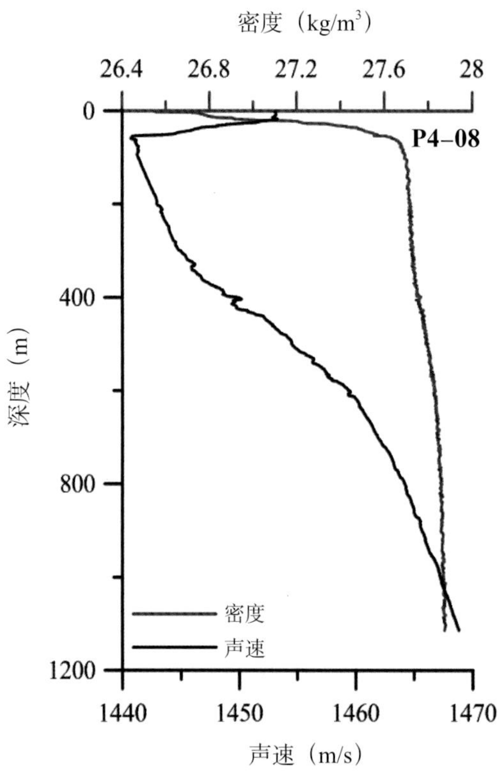
密度（kg/m³）
26.4
26.8
27.2
27.6
28
0
400
800
1200
深度（m）
P4–08
密度
声速
1440
1450
1460
1470
声速（m/s）

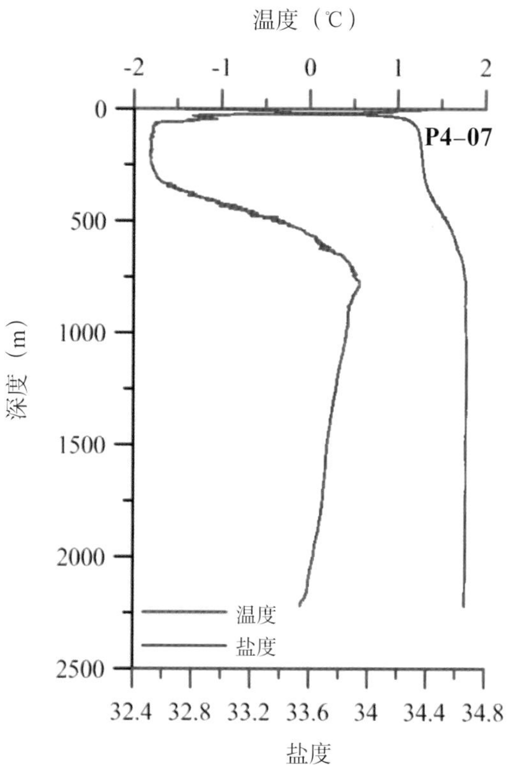
温度（℃）
-2 -1 0 1 2
0 500 1000 1500 2000 2500
深度（m）
P4-07
温度
盐度
32.4 32.8 33.2 33.6 34 34.4 34.8
盐度

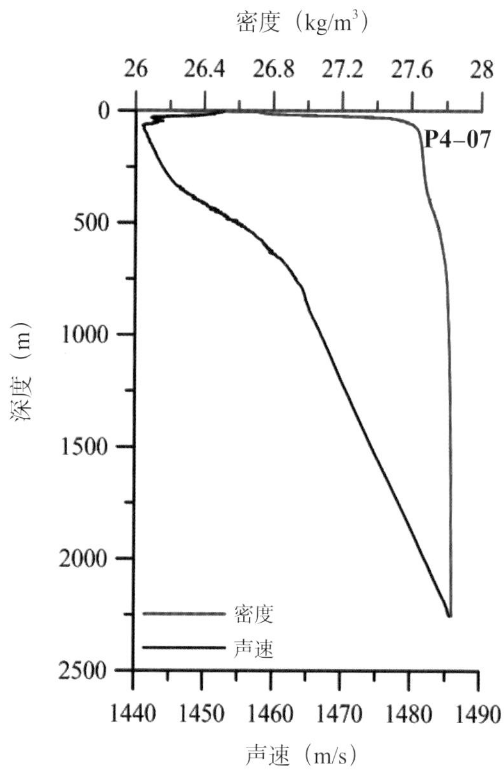
密度（kg/m³）
26 26.4 26.8 27.2 27.6 28
0 500 1000 1500 2000 2500
深度（m）
P4-07
密度
声速
1440 1450 1460 1470 1480 1490
声速（m/s）

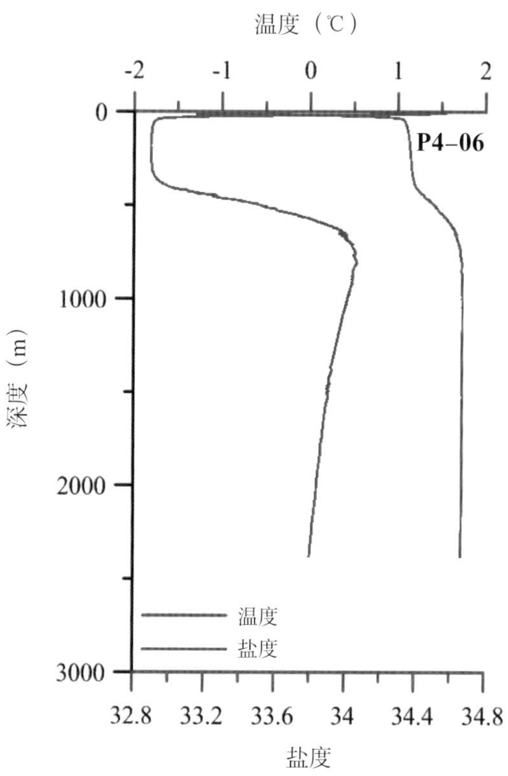
温度（℃）
-2 -1 0 1 2
0 1000 2000 3000
深度（m）
P4-06
温度
盐度
32.8 33.2 33.6 34 34.4 34.8
盐度

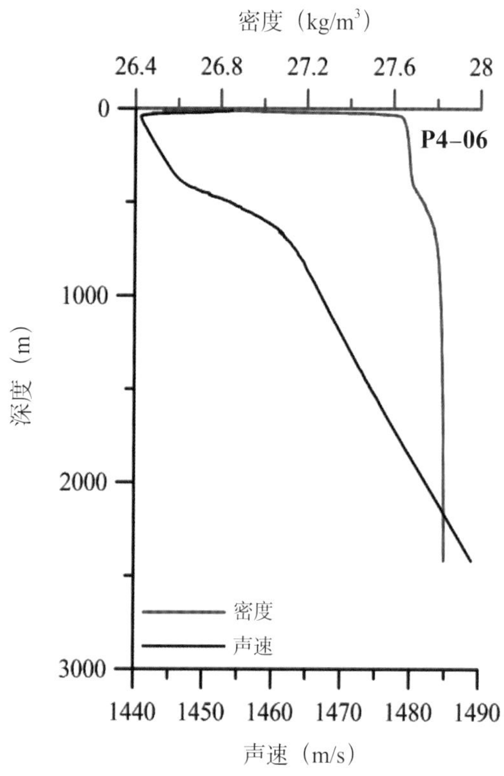
密度（kg/m³）
26.4 26.8 27.2 27.6 28
0 1000 2000 3000
深度（m）
P4-06
密度
声速
1440 1450 1460 1470 1480 1490
声速（m/s）

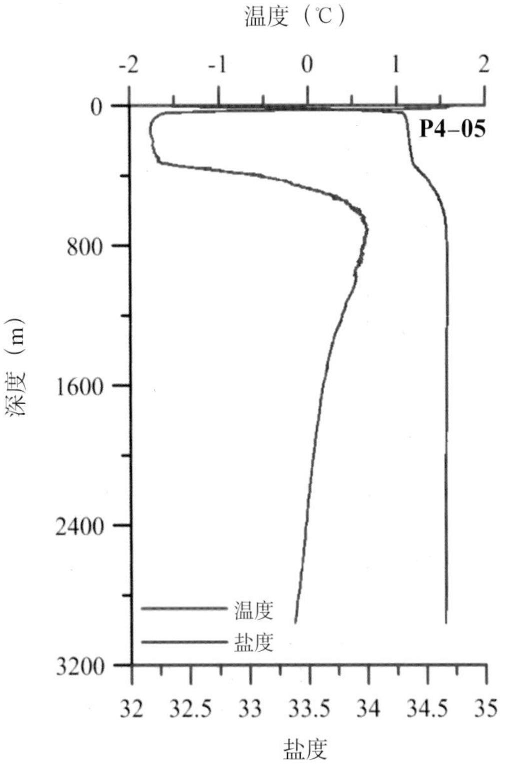
温度（℃）
-2 -1 0 1 2
0 800 1600 2400 3200
深度（m）
P4-05
温度
盐度
32 32.5 33 33.5 34 34.5 35
盐度

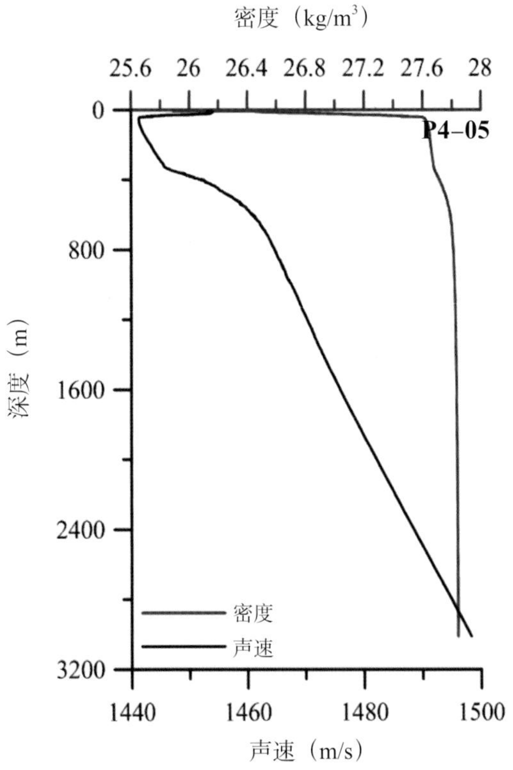
密度（kg/m³）
25.6 26 26.4 26.8 27.2 27.6 28
0 800 1600 2400 3200
深度（m）
P4-05
密度
声速
1440 1460 1480 1500
声速（m/s）

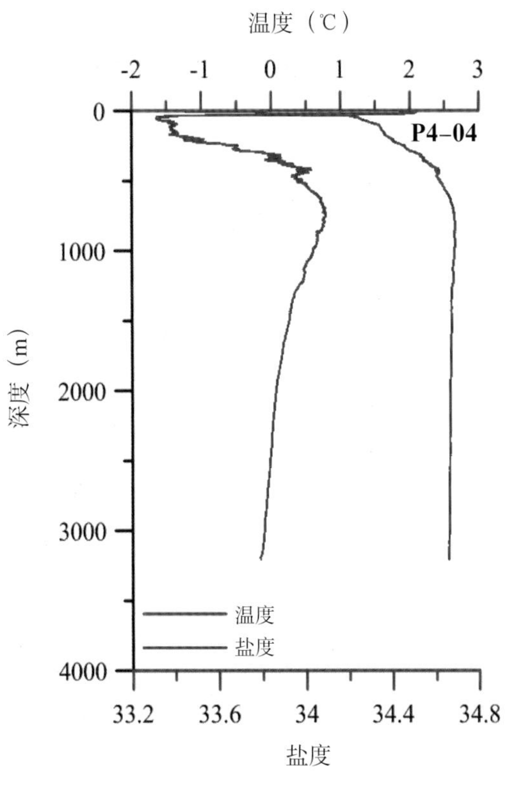
温度（℃）
-2 -1 0 1 2 3
0 1000 2000 3000 4000
深度（m）
P4-04
温度
盐度
33.2 33.6 34 34.4 34.8
盐度

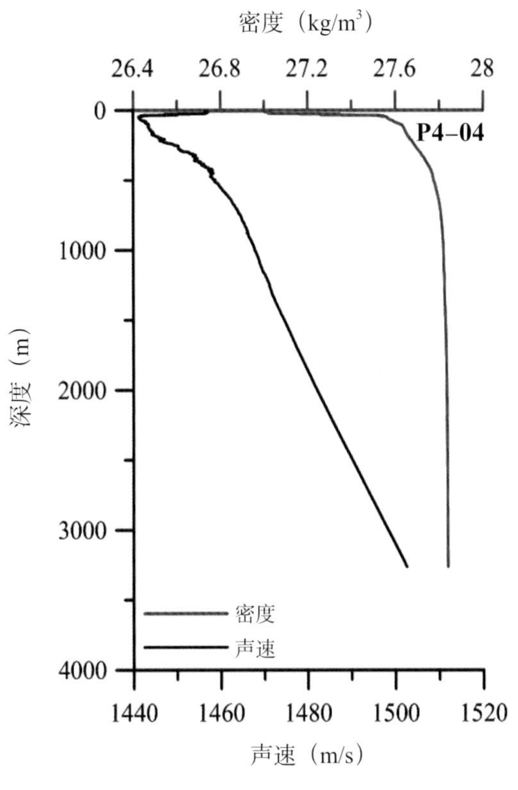
密度（kg/m³）
26.4 26.8 27.2 27.6 28
0 1000 2000 3000 4000
深度（m）
P4-04
密度
声速
1440 1460 1480 1500 1520
声速（m/s）

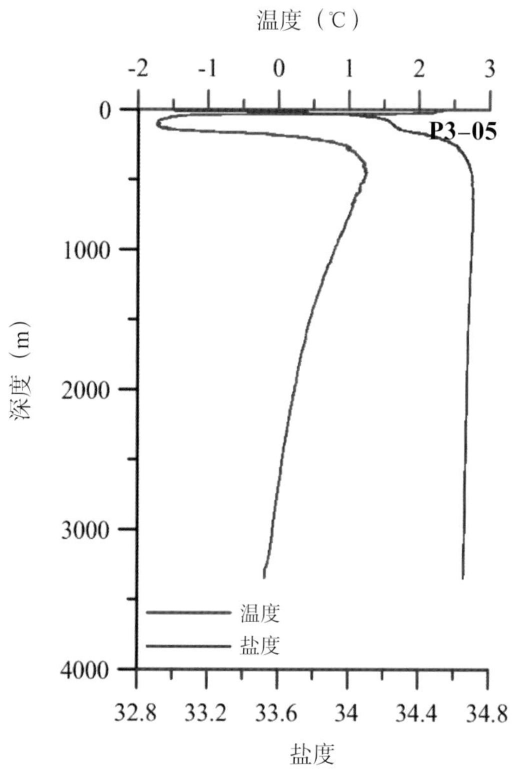
温度（℃）
-2 -1 0 1 2 3
P3-05
深度（m）
0 1000 2000 3000 4000
温度
盐度
32.8 33.2 33.6 34 34.4 34.8
盐度

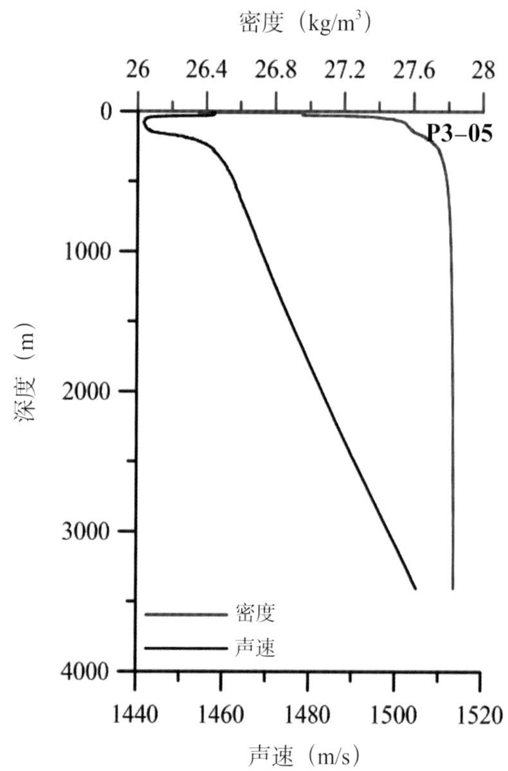
密度（kg/m³）
26 26.4 26.8 27.2 27.6 28
P3-05
深度（m）
0 1000 2000 3000 4000
密度
声速
1440 1460 1480 1500 1520
声速（m/s）

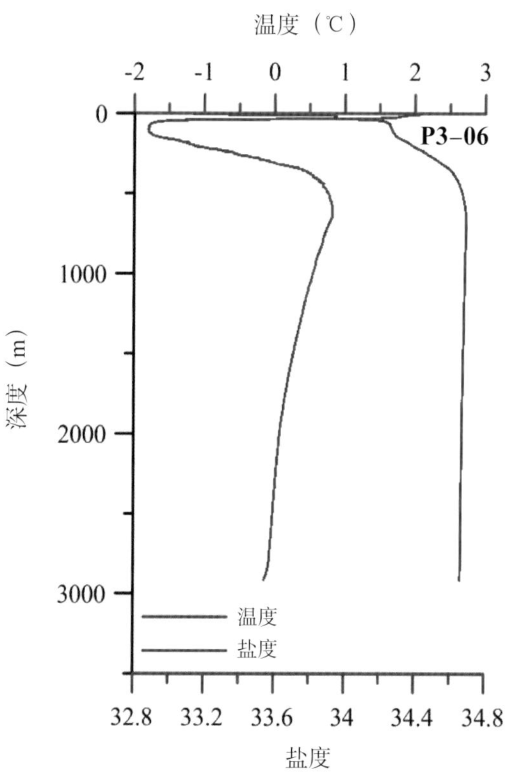
温度（℃）
-2 -1 0 1 2 3
P3-06
深度（m）
0 1000 2000 3000
温度
盐度
32.8 33.2 33.6 34 34.4 34.8
盐度

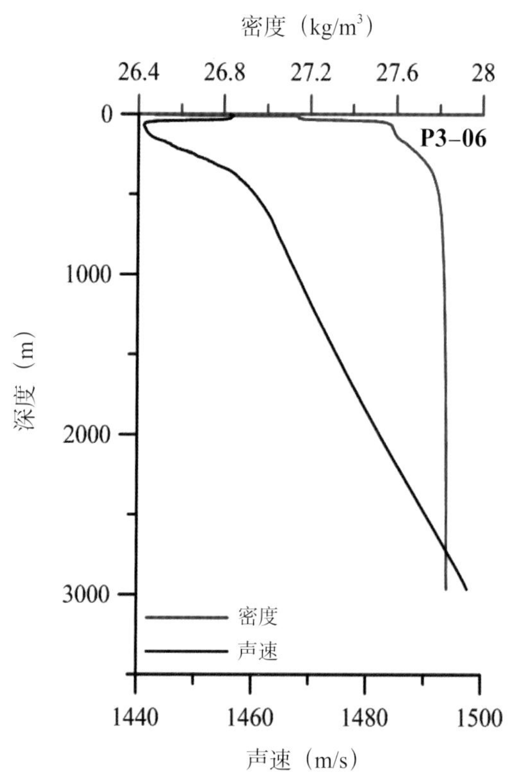
密度（kg/m³）
26.4 26.8 27.2 27.6 28
P3-06
深度（m）
0 1000 2000 3000
密度
声速
1440 1460 1480 1500
声速（m/s）

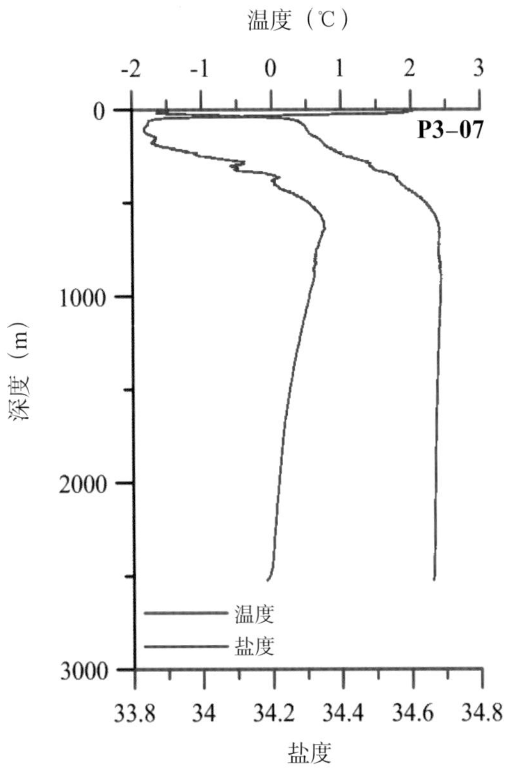
温度（℃）
-2 -1 0 1 2 3
P3–07
深度（m）
0 1000 2000 3000
温度
盐度
33.8 34 34.2 34.4 34.6 34.8
盐度

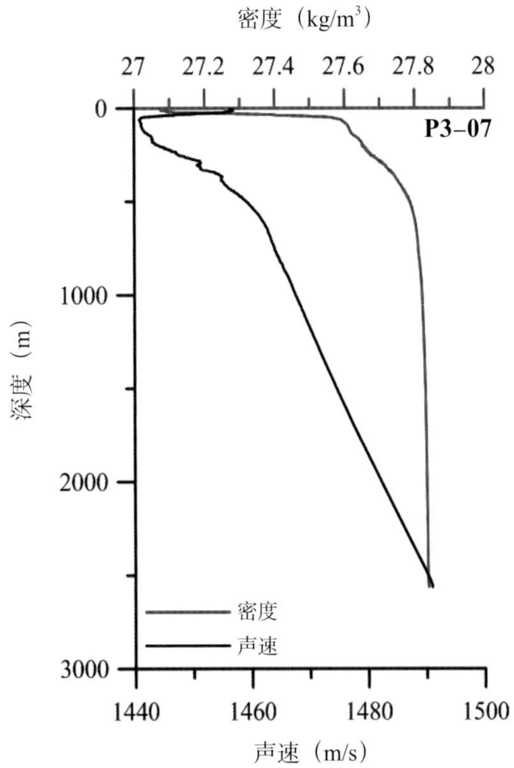
密度（kg/m³）
27 27.2 27.4 27.6 27.8 28
P3–07
深度（m）
0 1000 2000 3000
密度
声速
1440 1460 1480 1500
声速（m/s）

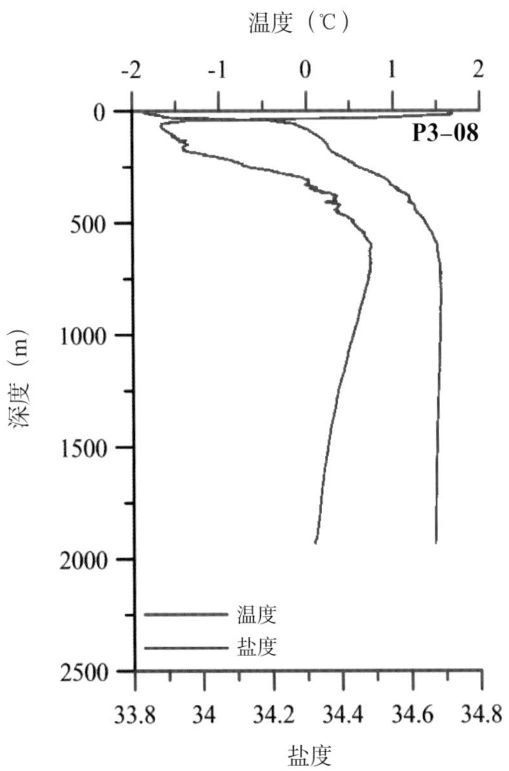
温度（℃）
-2 -1 0 1 2
P3–08
深度（m）
0 500 1000 1500 2000 2500
温度
盐度
33.8 34 34.2 34.4 34.6 34.8
盐度

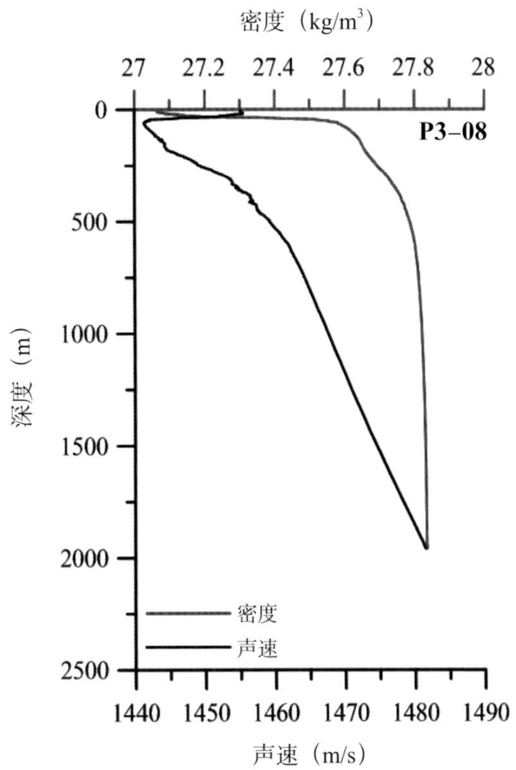
密度（kg/m³）
27 27.2 27.4 27.6 27.8 28
P3–08
深度（m）
0 500 1000 1500 2000 2500
密度
声速
1440 1450 1460 1470 1480 1490
声速（m/s）

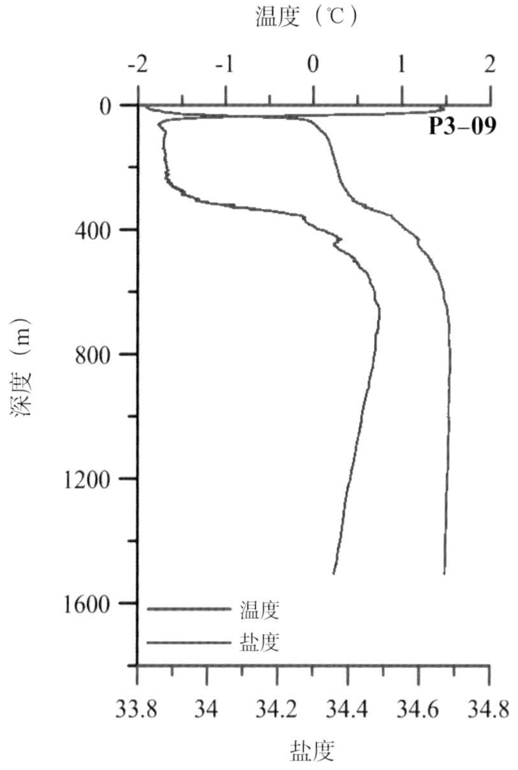
温度（℃）
-2
-1
0
1
2
P3-09
0
400
800
1200
1600
深度（m）
温度
盐度
33.8
34
34.2
34.4
34.6
34.8
盐度

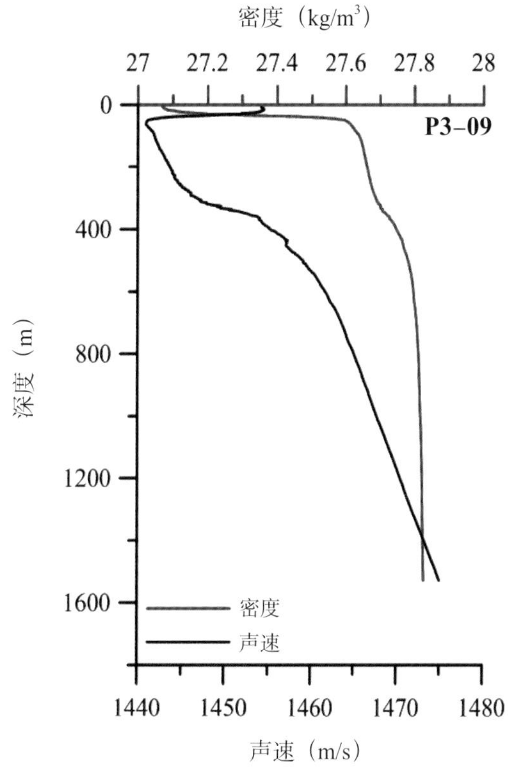
密度（kg/m³）
27
27.2
27.4
27.6
27.8
28
P3-09
0
400
800
1200
1600
深度（m）
密度
声速
1440
1450
1460
1470
1480
声速（m/s）

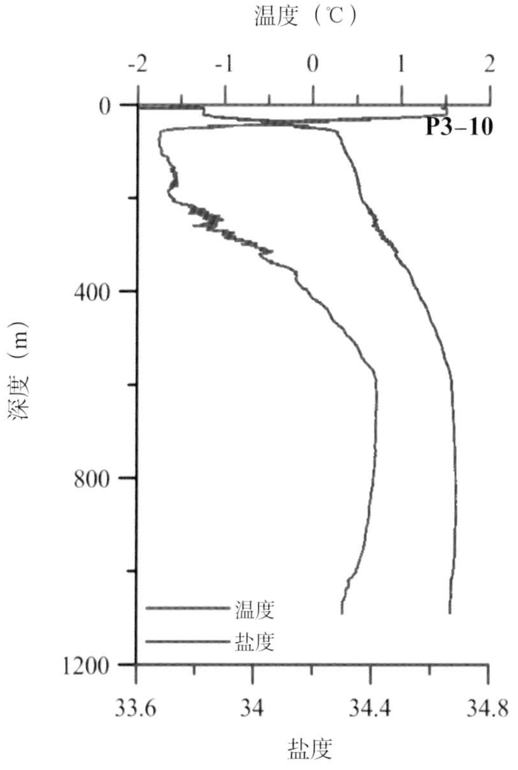
温度（℃）
-2
-1
0
1
2
P3-10
0
400
800
1200
深度（m）
温度
盐度
33.6
34
34.4
34.8
盐度

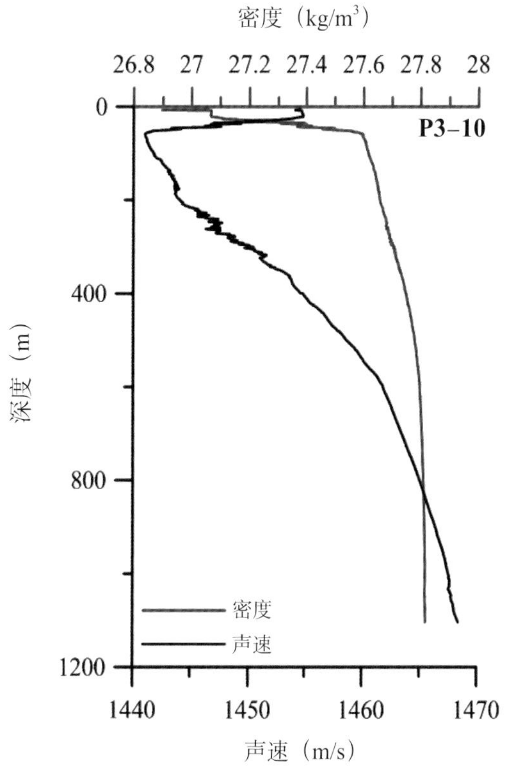
密度（kg/m³）
26.8
27
27.2
27.4
27.6
27.8
28
P3-10
0
400
800
1200
深度（m）
密度
声速
1440
1450
1460
1470
声速（m/s）

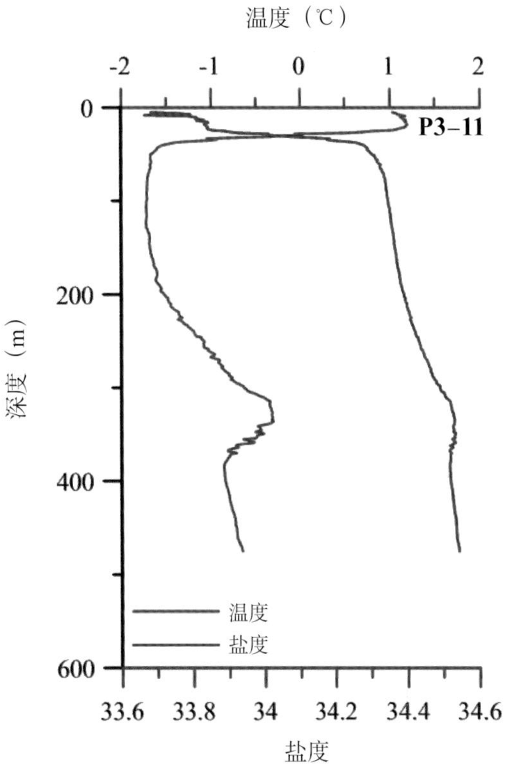
温度（℃）
-2
-1
0
1
2
0
200
400
600
深度（m）
P3-11
温度
盐度
33.6
33.8
34
34.2
34.4
34.6
盐度

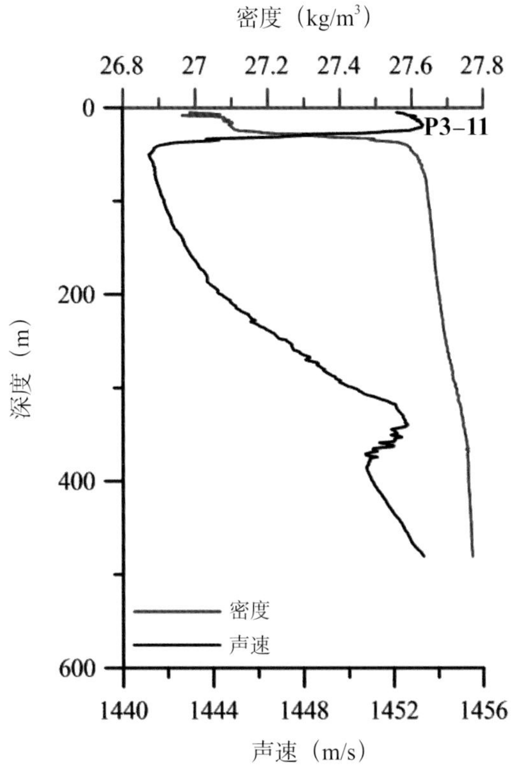
密度（kg/m³）
26.8
27
27.2
27.4
27.6
27.8
0
200
400
600
深度（m）
P3-11
密度
声速
1440
1444
1448
1452
1456
声速（m/s）

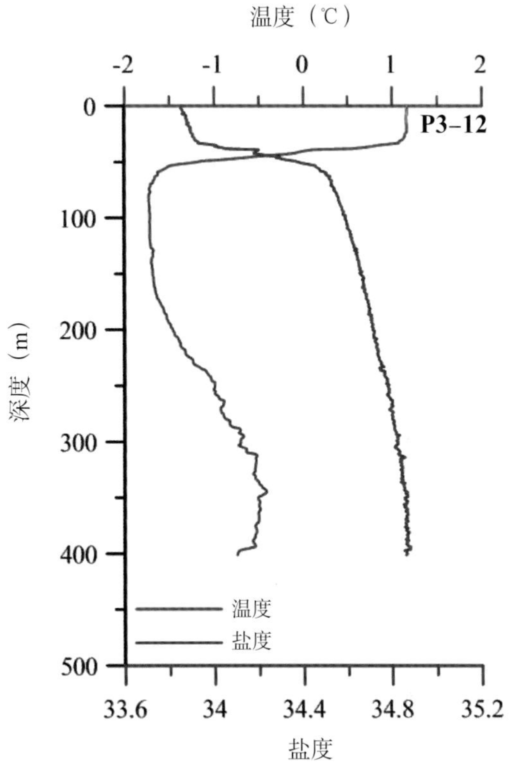
温度（℃）
-2
-1
0
1
2
0
100
200
300
400
500
深度（m）
P3-12
温度
盐度
33.6
34
34.4
34.8
35.2
盐度

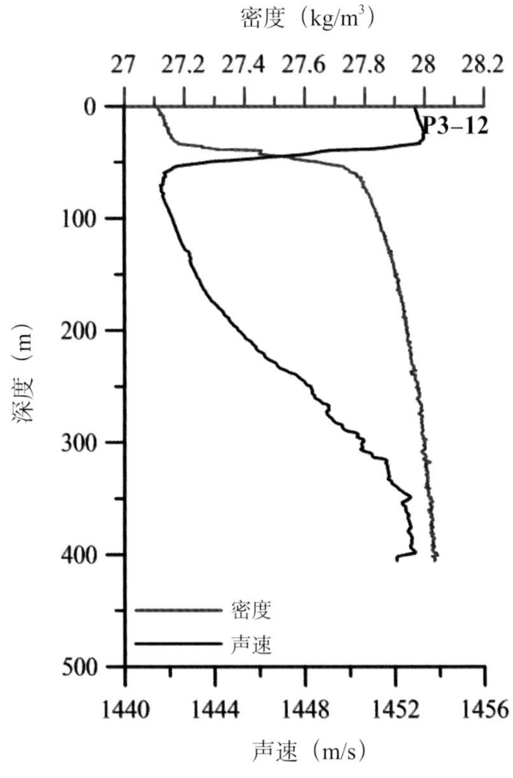
密度（kg/m³）
27
27.2
27.4
27.6
27.8
28
28.2
0
100
200
300
400
500
深度（m）
P3-12
密度
声速
1440
1444
1448
1452
1456
声速（m/s）

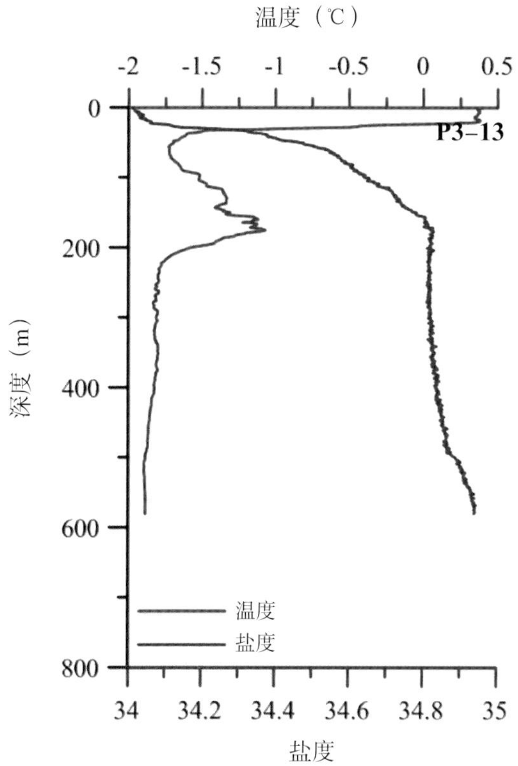
温度（℃）
-2 -1.5 -1 -0.5 0 0.5
0 200 400 600 800
深度（m）
P3-13
温度
盐度
34 34.2 34.4 34.6 34.8 35
盐度

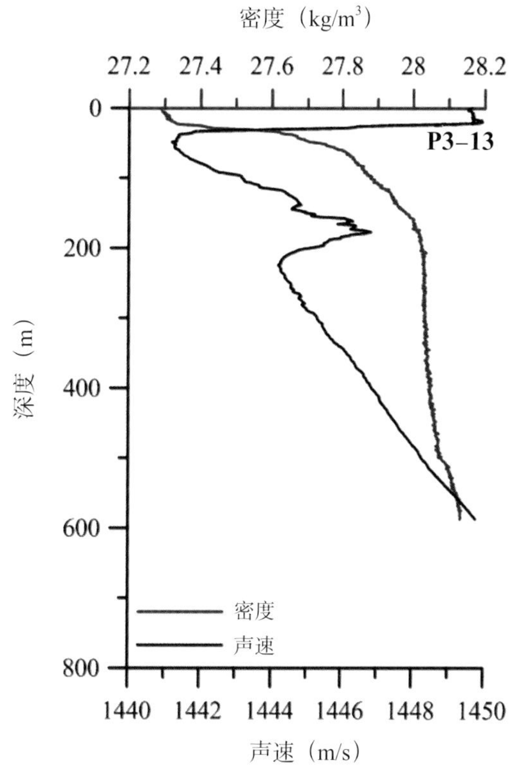
密度（kg/m3）
27.2 27.4 27.6 27.8 28 28.2
0 200 400 600 800
深度（m）
P3-13
密度
声速
1440 1442 1444 1446 1448 1450
声速（m/s）

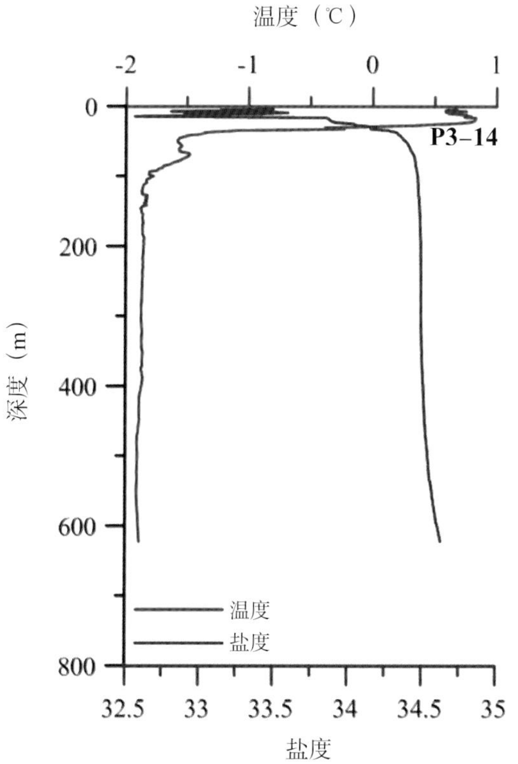
温度（℃）
-2 -1 0 1
0 200 400 600 800
深度（m）
P3-14
温度
盐度
32.5 33 33.5 34 34.5 35
盐度

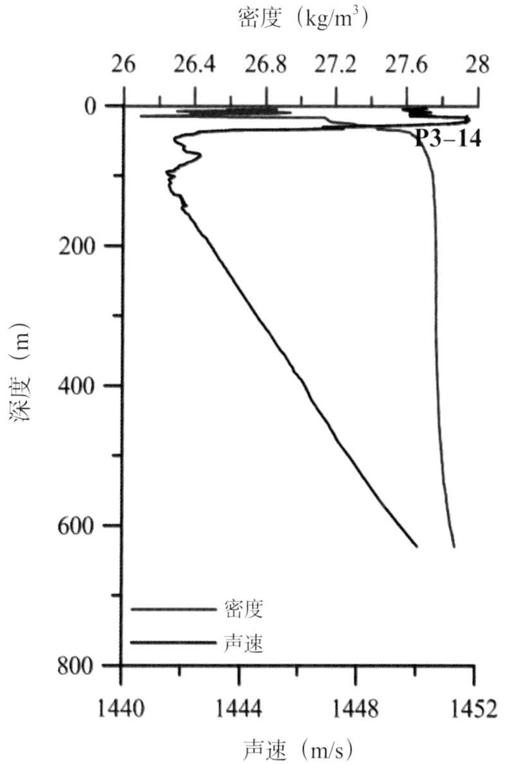
密度（kg/m3）
26 26.4 26.8 27.2 27.6 28
0 200 400 600 800
深度（m）
P3-14
密度
声速
1440 1444 1448 1452
声速（m/s）

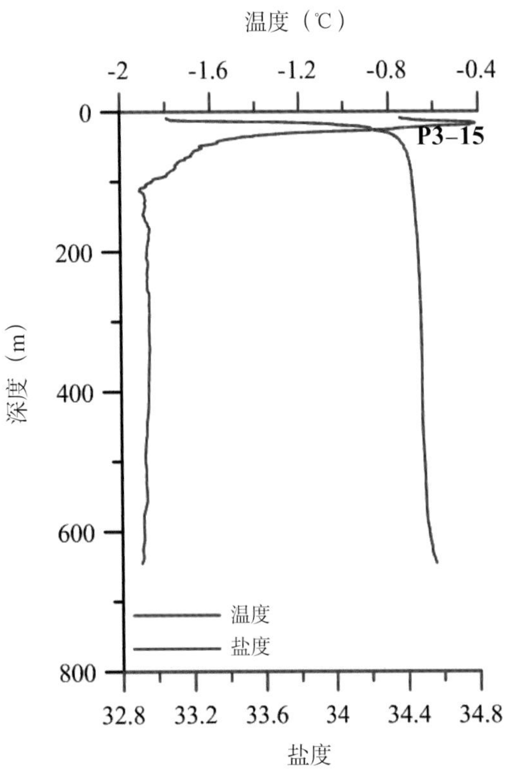
温度（℃）
-2
-1.6
-1.2
-0.8
-0.4
P3–15
深度（m）
0
200
400
600
800
温度
盐度
32.8
33.2
33.6
34
34.4
34.8
盐度

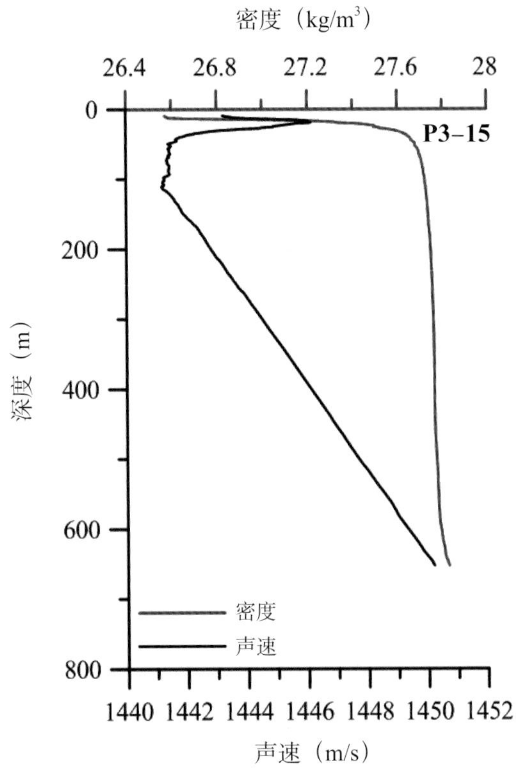
密度（kg/m³）
26.4
26.8
27.2
27.6
28
P3–15
深度（m）
0
200
400
600
800
密度
声速
1440
1442
1444
1446
1448
1450
1452
声速（m/s）

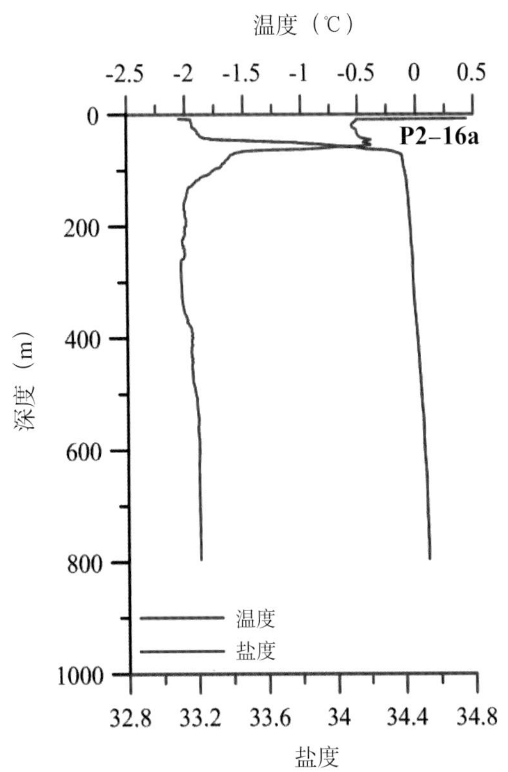
温度（℃）
-2.5
-2
-1.5
-1
-0.5
0
0.5
P2–16a
深度（m）
0
200
400
600
800
1000
温度
盐度
32.8
33.2
33.6
34
34.4
34.8
盐度

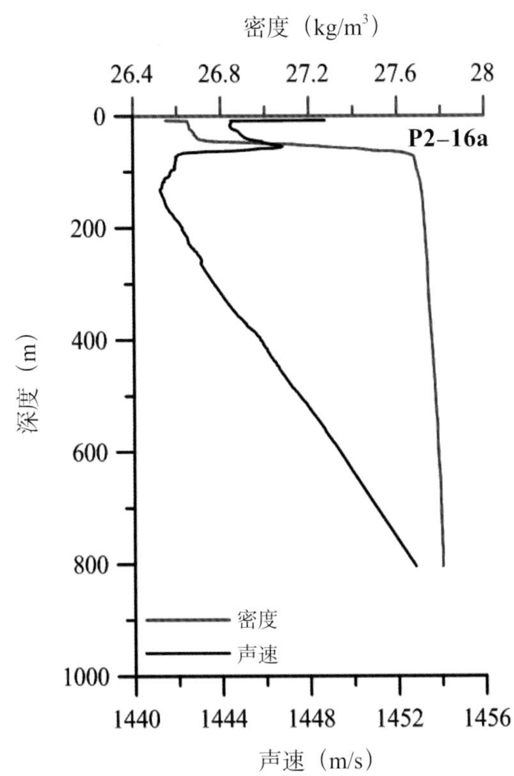
密度（kg/m³）
26.4
26.8
27.2
27.6
28
P2–16a
深度（m）
0
200
400
600
800
1000
密度
声速
1440
1444
1448
1452
1456
声速（m/s）

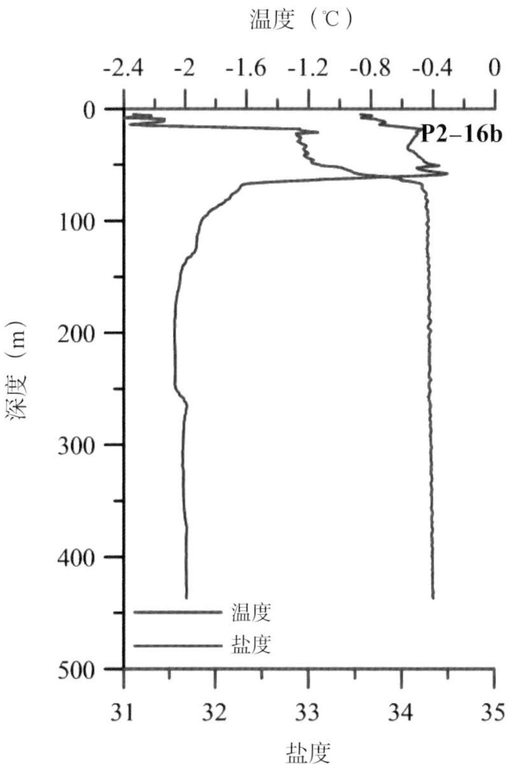
温度（℃）
-2.4 -2 -1.6 -1.2 -0.8 -0.4 0
P2–16b
深度（m）
0 100 200 300 400 500
温度
盐度
31 32 33 34 35
盐度

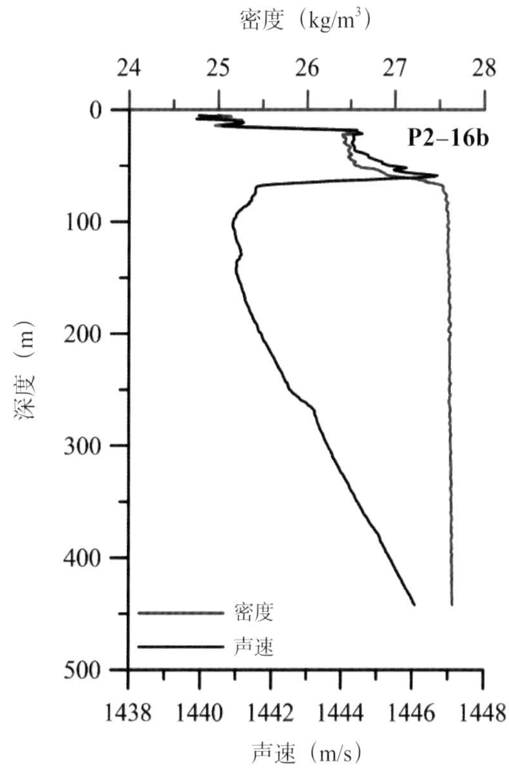
密度（kg/m³）
24 25 26 27 28
P2–16b
深度（m）
0 100 200 300 400 500
密度
声速
1438 1440 1442 1444 1446 1448
声速（m/s）

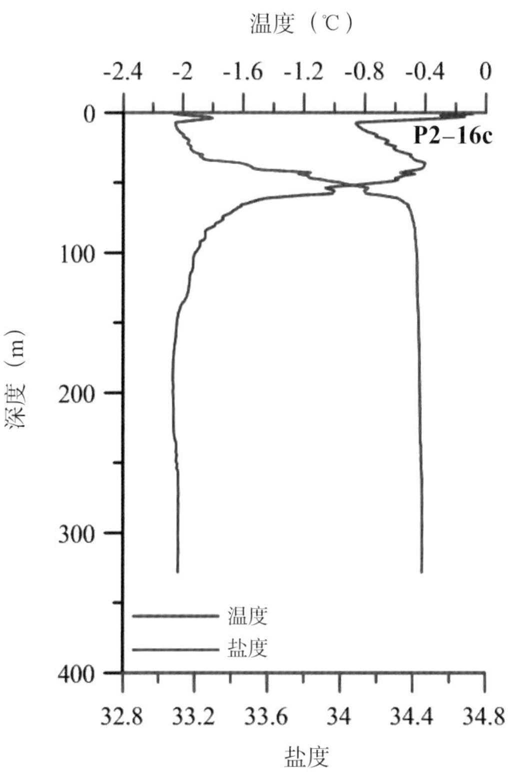
温度（℃）
-2.4 -2 -1.6 -1.2 -0.8 -0.4 0
P2–16c
深度（m）
0 100 200 300 400
温度
盐度
32.8 33.2 33.6 34 34.4 34.8
盐度

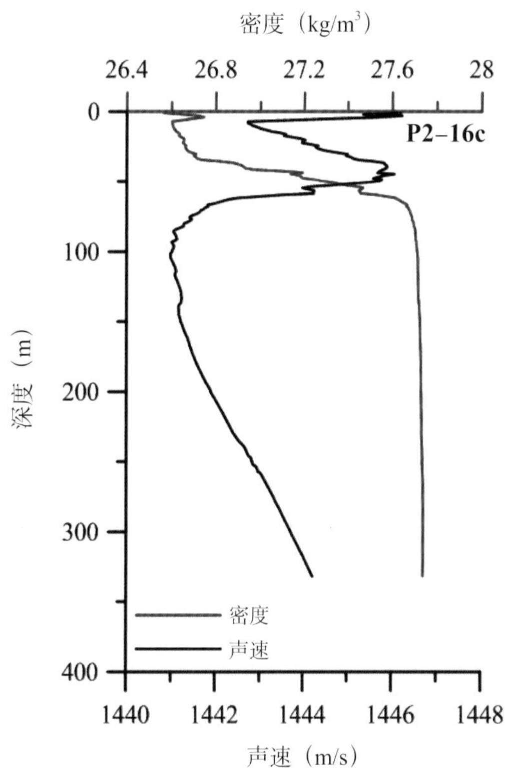
密度（kg/m³）
26.4 26.8 27.2 27.6 28
P2–16c
深度（m）
0 100 200 300 400
密度
声速
1440 1442 1444 1446 1448
声速（m/s）

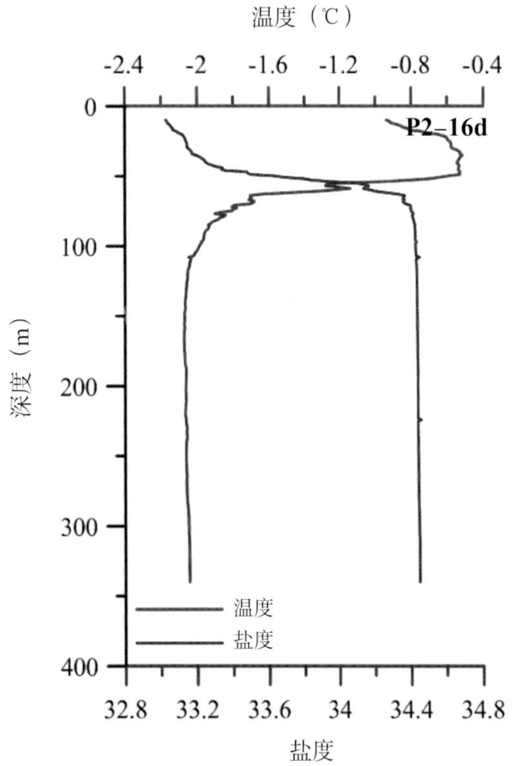
温度（℃）
-2.4 -2 -1.6 -1.2 -0.8 -0.4
P2–16d
深度（m）
0 100 200 300 400
温度
盐度
32.8 33.2 33.6 34 34.4 34.8
盐度

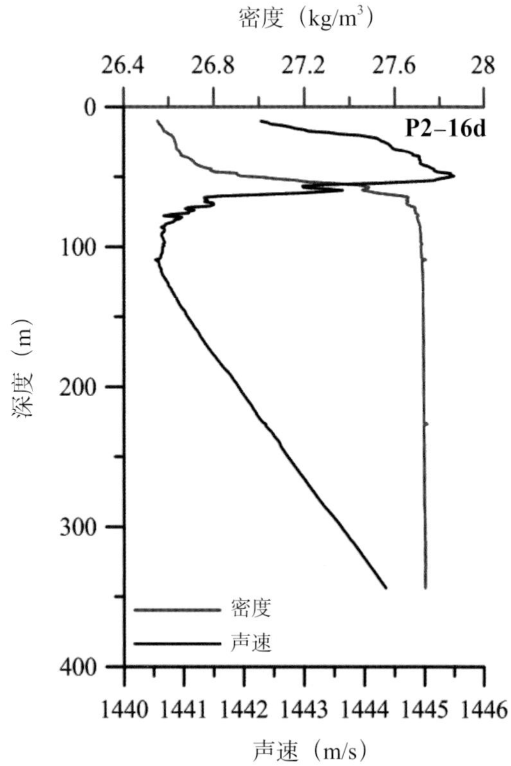
密度（kg/m³）
26.4 26.8 27.2 27.6 28
P2–16d
深度（m）
0 100 200 300 400
密度
声速
1440 1441 1442 1443 1444 1445 1446
声速（m/s）

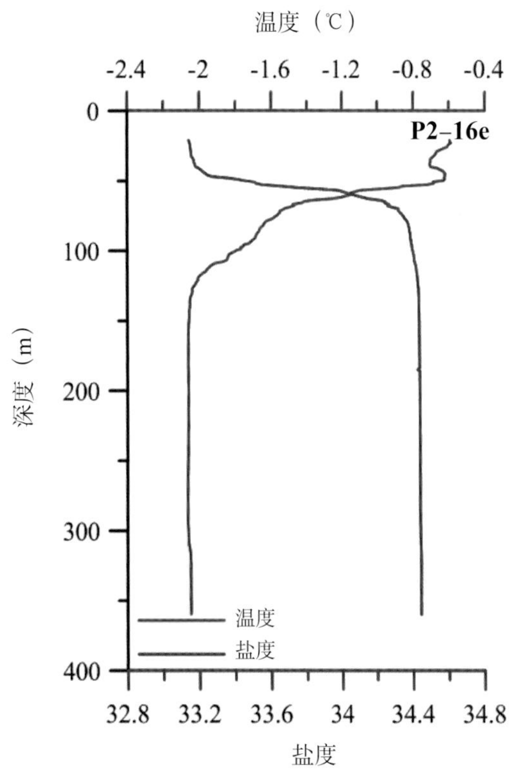
温度（℃）
-2.4 -2 -1.6 -1.2 -0.8 -0.4
P2–16e
深度（m）
0 100 200 300 400
温度
盐度
32.8 33.2 33.6 34 34.4 34.8
盐度

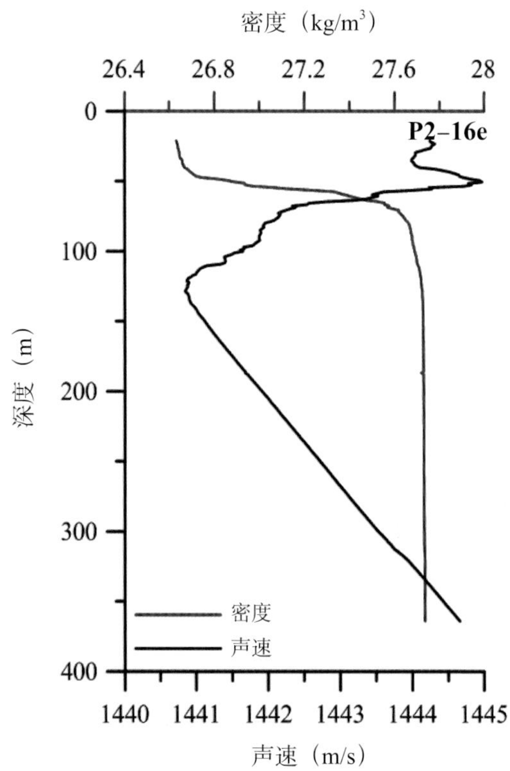
密度（kg/m³）
26.4 26.8 27.2 27.6 28
P2–16e
深度（m）
0 100 200 300 400
密度
声速
1440 1441 1442 1443 1444 1445
声速（m/s）

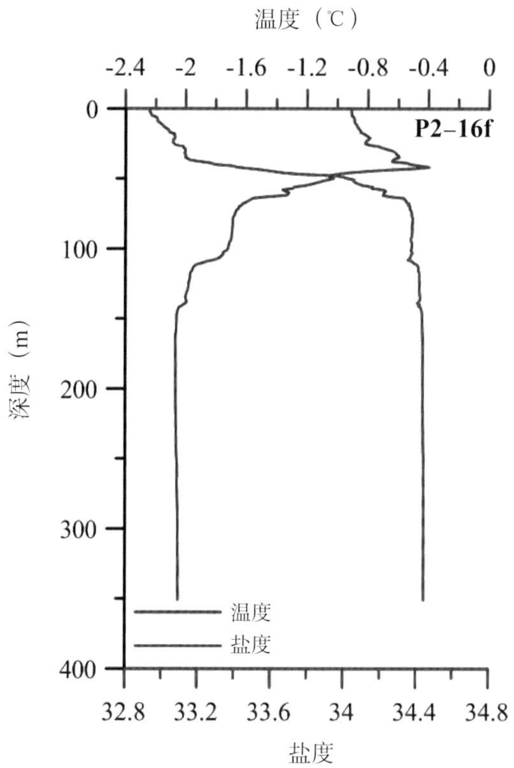
温度（℃）
-2.4 -2 -1.6 -1.2 -0.8 -0.4 0
P2–16f
深度（m）
0 100 200 300 400
温度
盐度
32.8 33.2 33.6 34 34.4 34.8
盐度

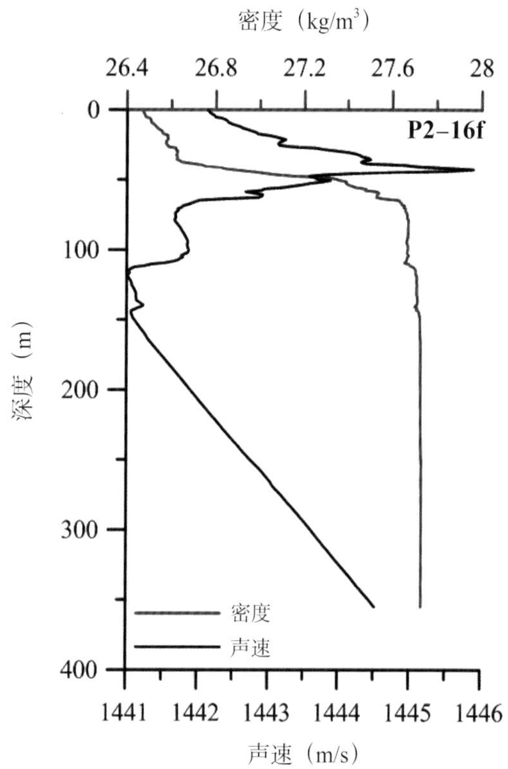
密度（kg/m³）
26.4 26.8 27.2 27.6 28
P2–16f
深度（m）
0 100 200 300 400
密度
声速
1441 1442 1443 1444 1445 1446
声速（m/s）

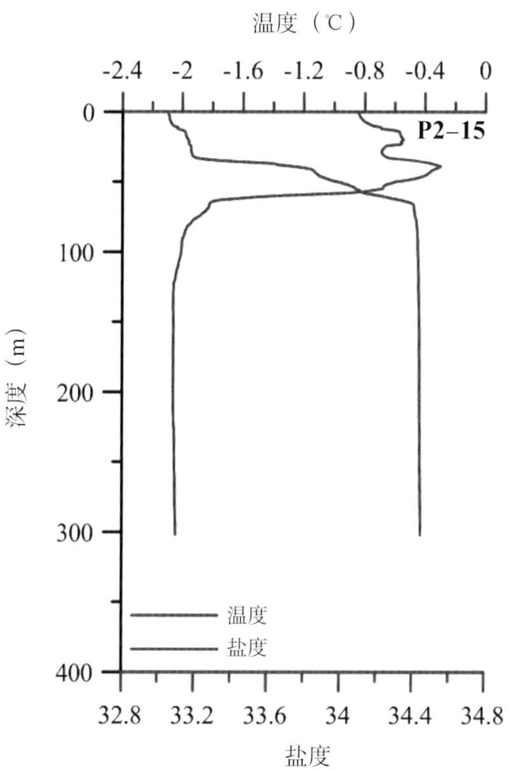
温度（℃）
-2.4 -2 -1.6 -1.2 -0.8 -0.4 0
P2–15
深度（m）
0 100 200 300 400
温度
盐度
32.8 33.2 33.6 34 34.4 34.8
盐度

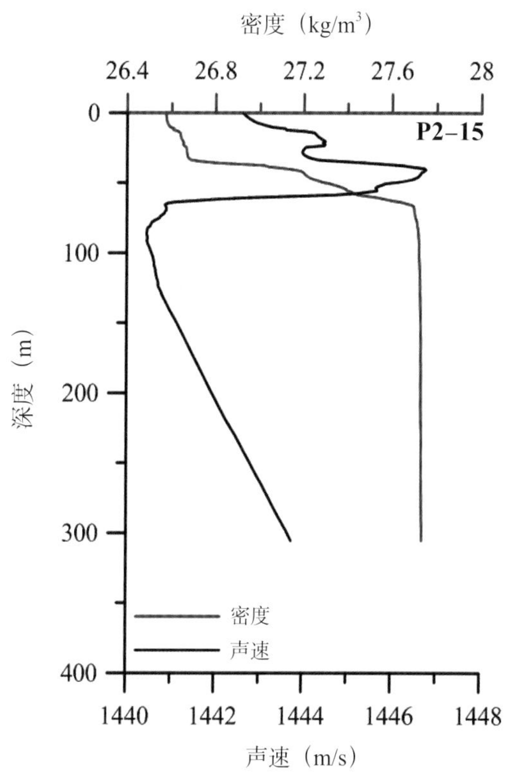
密度（kg/m³）
26.4 26.8 27.2 27.6 28
P2–15
深度（m）
0 100 200 300 400
密度
声速
1440 1442 1444 1446 1448
声速（m/s）

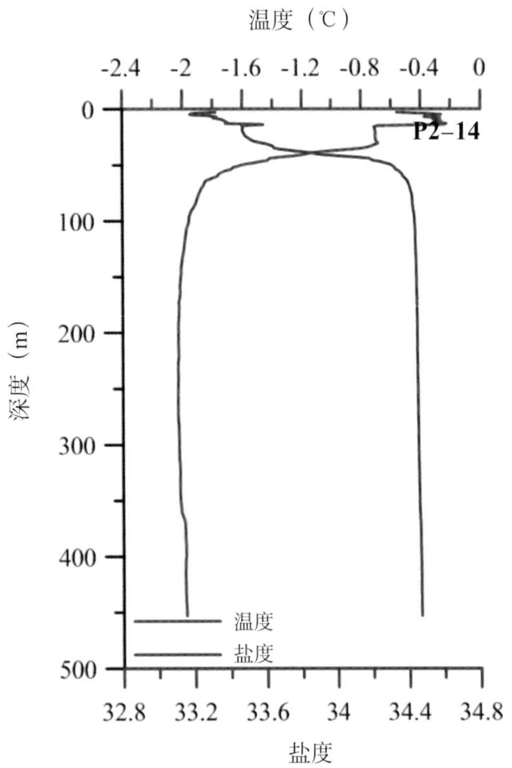
温度（℃）
-2.4 -2 -1.6 -1.2 -0.8 -0.4 0
P2-14
深度（m）
0 100 200 300 400 500
温度
盐度
32.8 33.2 33.6 34 34.4 34.8
盐度

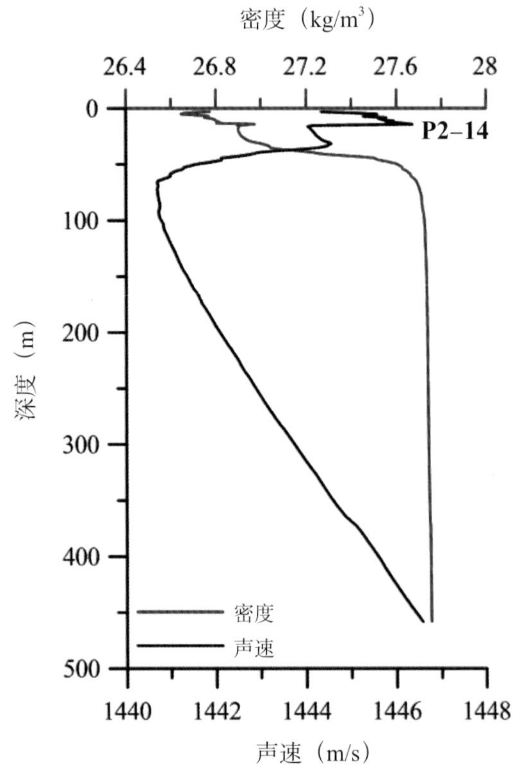
密度（kg/m³）
26.4 26.8 27.2 27.6 28
P2-14
深度（m）
0 100 200 300 400 500
密度
声速
1440 1442 1444 1446 1448
声速（m/s）

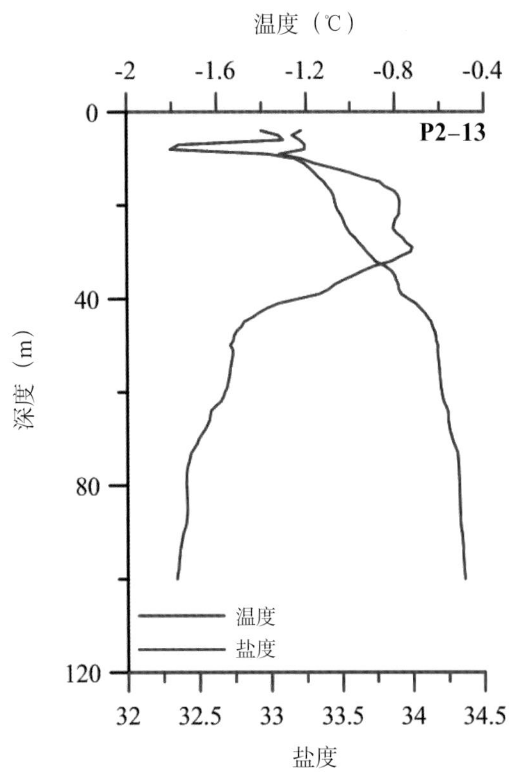
温度（℃）
-2 -1.6 -1.2 -0.8 -0.4
P2-13
深度（m）
0 40 80 120
温度
盐度
32 32.5 33 33.5 34 34.5
盐度

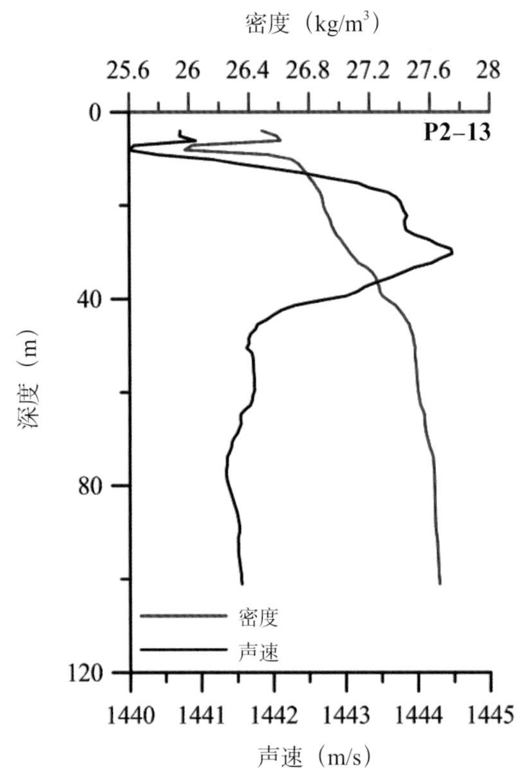
密度（kg/m³）
25.6 26 26.4 26.8 27.2 27.6 28
P2-13
深度（m）
0 40 80 120
密度
声速
1440 1441 1442 1443 1444 1445
声速（m/s）

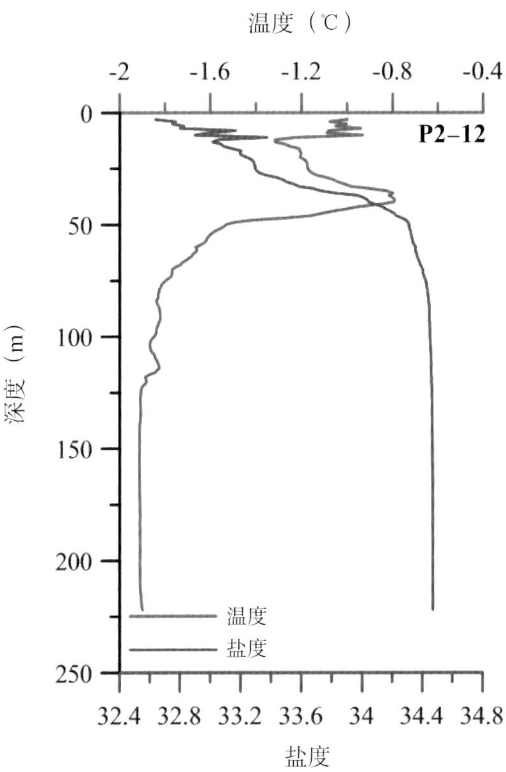
温度（℃）
-2 -1.6 -1.2 -0.8 -0.4
P2–12
深度（m）
0 50 100 150 200 250
温度
盐度
32.4 32.8 33.2 33.6 34 34.4 34.8
盐度

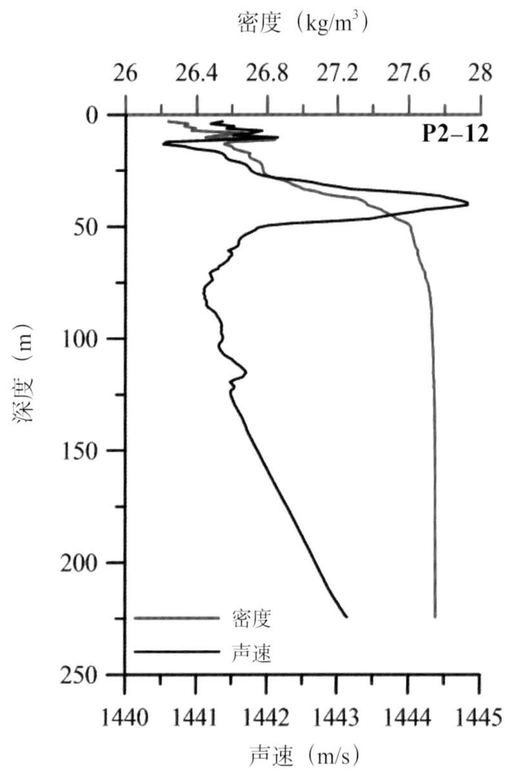
密度（kg/m³）
26 26.4 26.8 27.2 27.6 28
P2–12
深度（m）
0 50 100 150 200 250
密度
声速
1440 1441 1442 1443 1444 1445
声速（m/s）

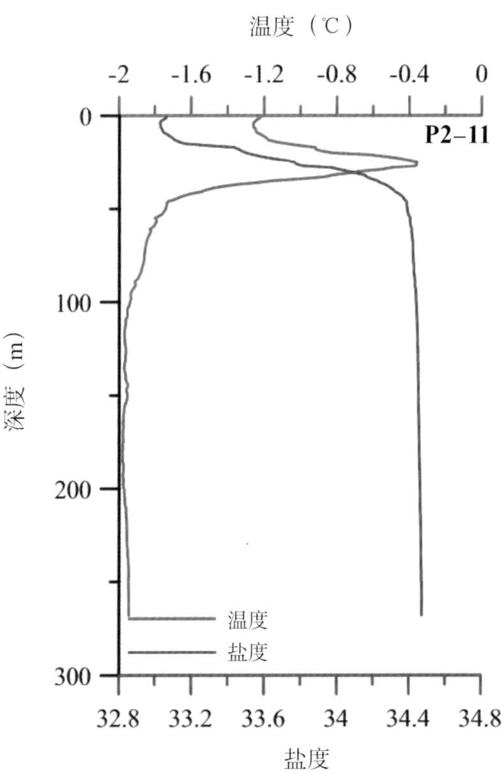
温度（℃）
-2 -1.6 -1.2 -0.8 -0.4 0
P2–11
深度（m）
0 100 200 300
温度
盐度
32.8 33.2 33.6 34 34.4 34.8
盐度

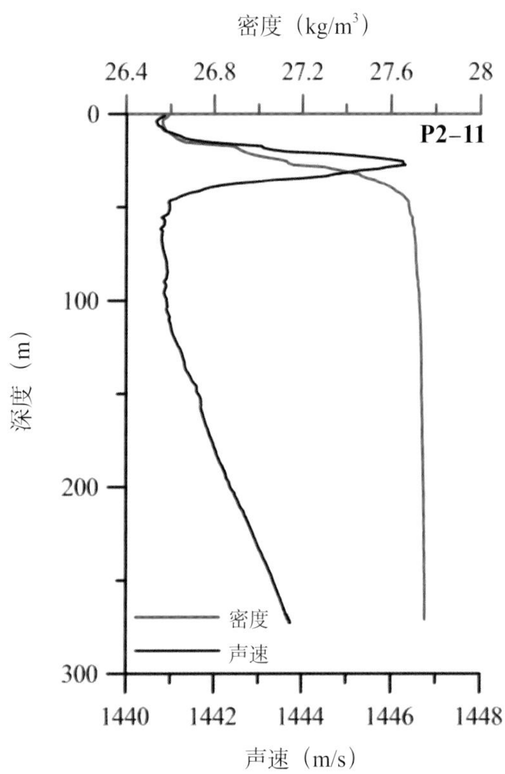
密度（kg/m³）
26.4 26.8 27.2 27.6 28
P2–11
深度（m）
0 100 200 300
密度
声速
1440 1442 1444 1446 1448
声速（m/s）

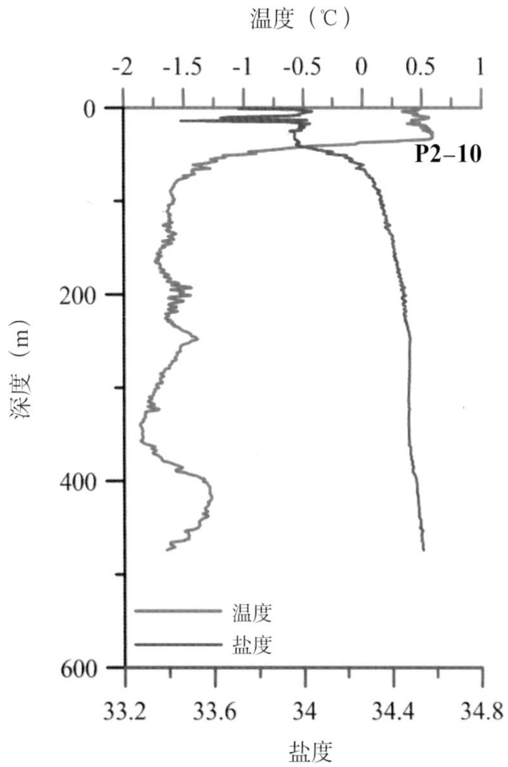
温度（℃）
-2 -1.5 -1 -0.5 0 0.5 1
0
200
400
600
深度（m）
P2-10
温度
盐度
33.2 33.6 34 34.4 34.8
盐度

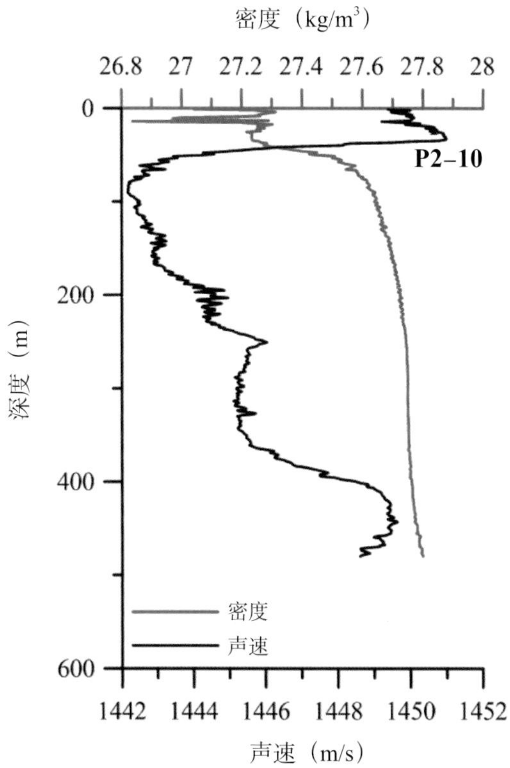
密度（kg/m³）
26.8 27 27.2 27.4 27.6 27.8 28
0
200
400
600
深度（m）
P2-10
密度
声速
1442 1444 1446 1448 1450 1452
声速（m/s）

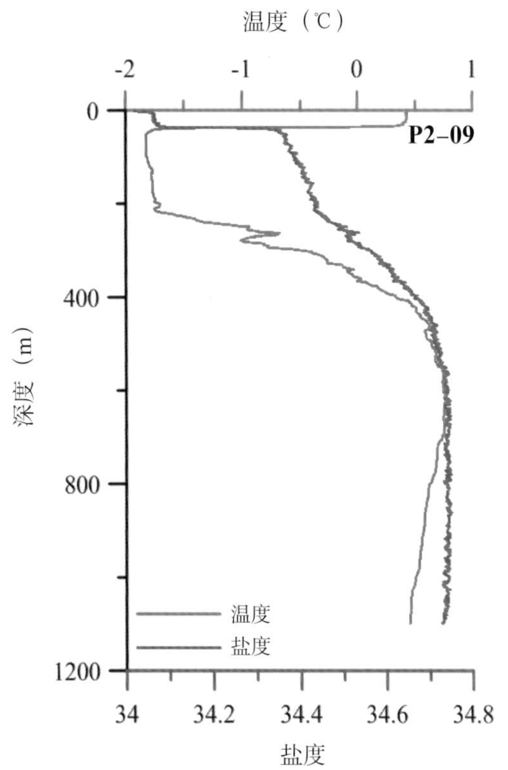
温度（℃）
-2 -1 0 1
0
400
800
1200
深度（m）
P2-09
温度
盐度
34 34.2 34.4 34.6 34.8
盐度

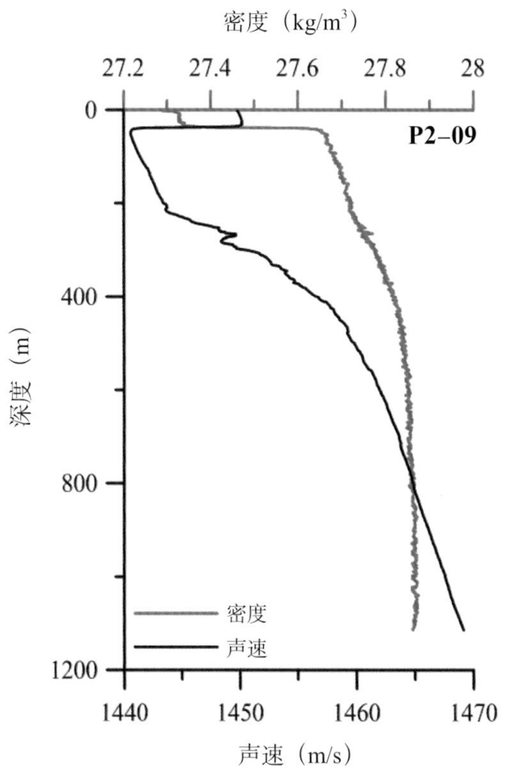
密度（kg/m³）
27.2 27.4 27.6 27.8 28
0
400
800
1200
深度（m）
P2-09
密度
声速
1440 1450 1460 1470
声速（m/s）

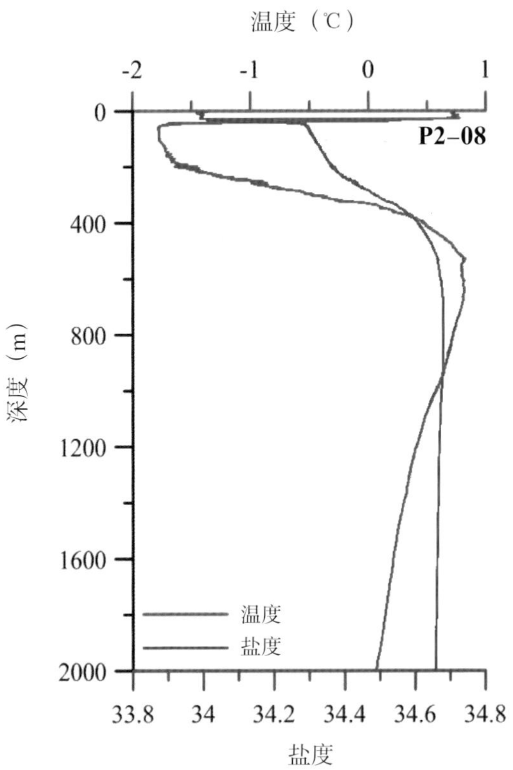
温度（℃）
-2
-1
0
1
0
400
800
1200
1600
2000
深度（m）
P2-08
温度
盐度
33.8
34
34.2
34.4
34.6
34.8
盐度

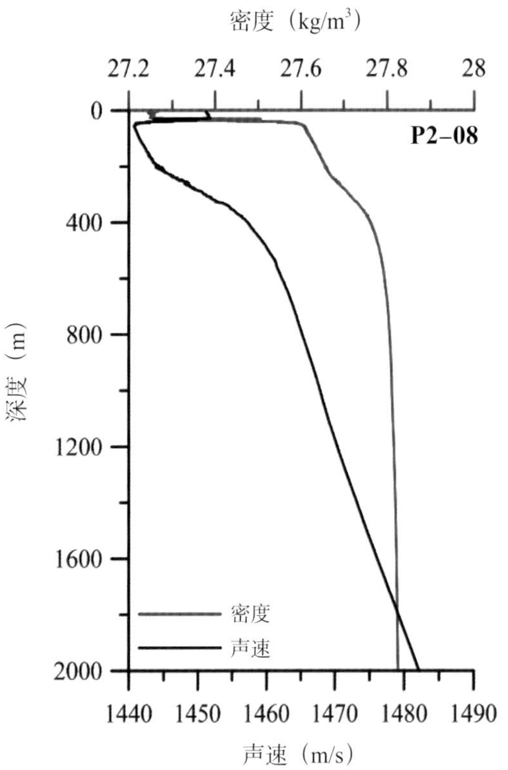
密度（kg/m³）
27.2
27.4
27.6
27.8
28
0
400
800
1200
1600
2000
深度（m）
P2-08
密度
声速
1440
1450
1460
1470
1480
1490
声速（m/s）

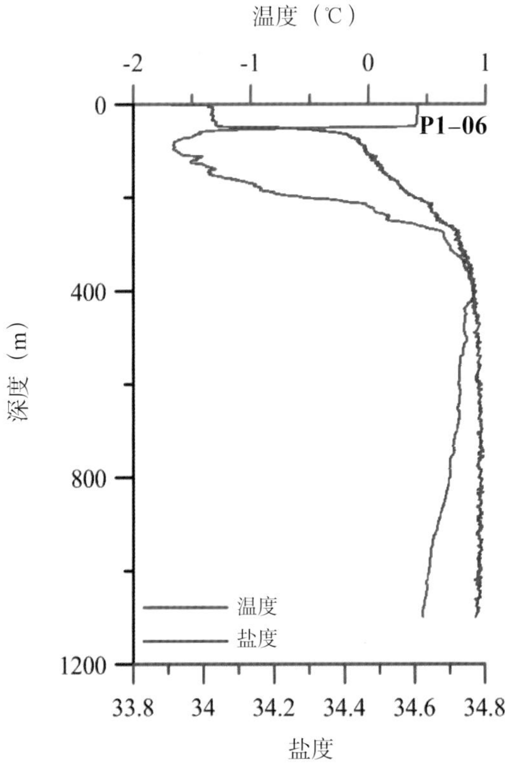
温度（℃）
-2
-1
0
1
0
400
800
1200
深度（m）
P1-06
温度
盐度
33.8
34
34.2
34.4
34.6
34.8
盐度

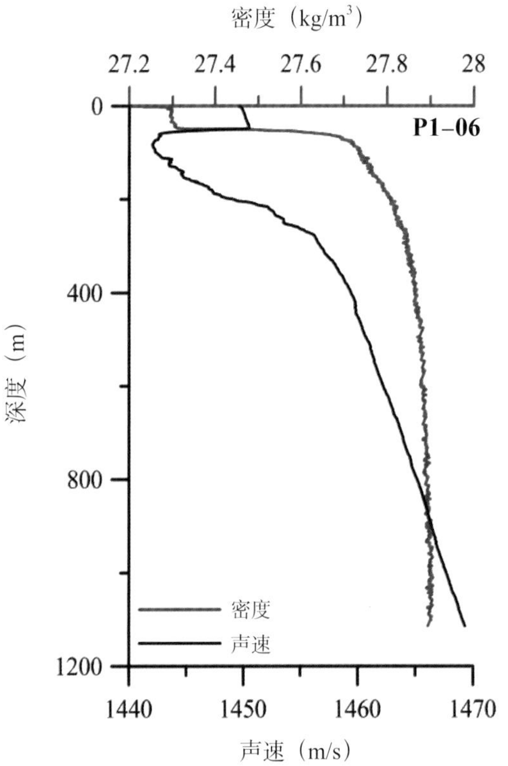
密度（kg/m³）
27.2
27.4
27.6
27.8
28
0
400
800
1200
深度（m）
P1-06
密度
声速
1440
1450
1460
1470
声速（m/s）

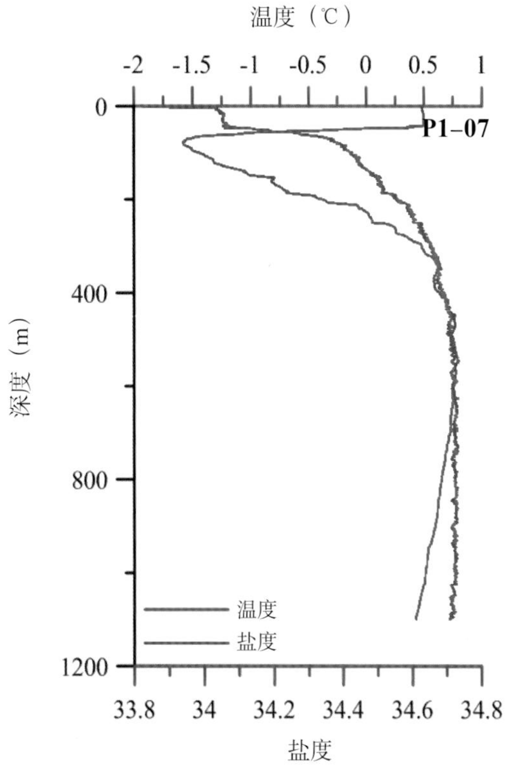
温度（℃）
-2 -1.5 -1 -0.5 0 0.5 1
P1-07
深度（m）
0 400 800 1200
温度
盐度
33.8 34 34.2 34.4 34.6 34.8
盐度

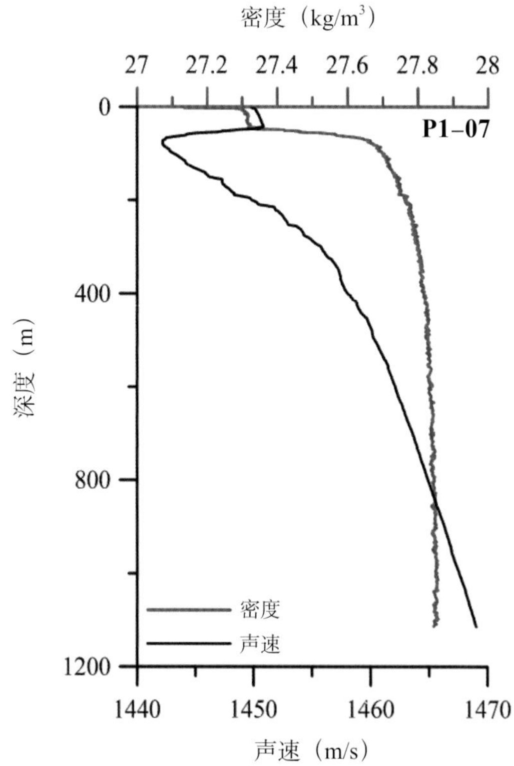
密度（kg/m³）
27 27.2 27.4 27.6 27.8 28
P1-07
深度（m）
0 400 800 1200
密度
声速
1440 1450 1460 1470
声速（m/s）

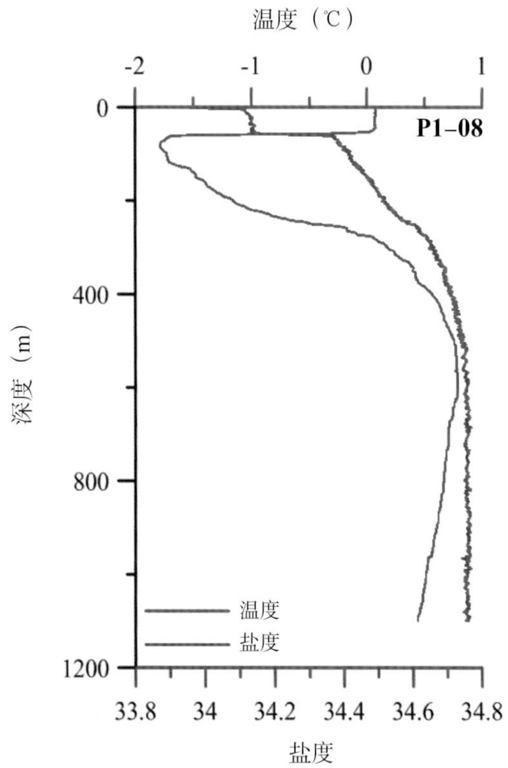
温度（℃）
-2 -1 0 1
P1-08
深度（m）
0 400 800 1200
温度
盐度
33.8 34 34.2 34.4 34.6 34.8
盐度

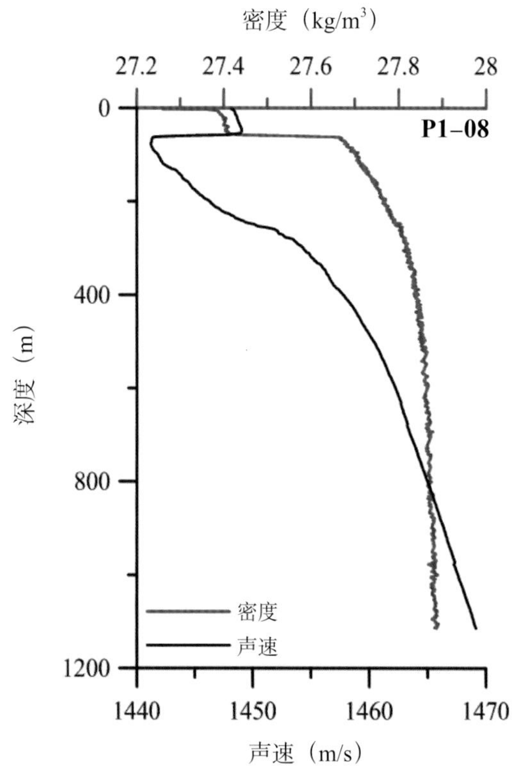
密度（kg/m³）
27.2 27.4 27.6 27.8 28
P1-08
深度（m）
0 400 800 1200
密度
声速
1440 1450 1460 1470
声速（m/s）

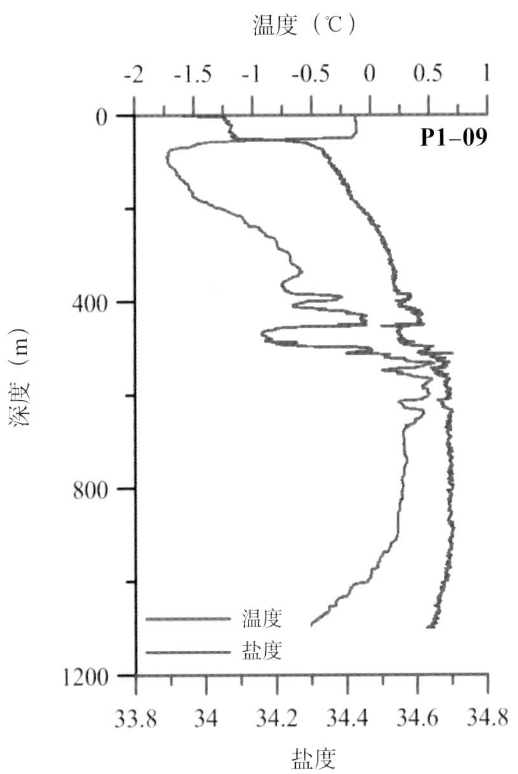
温度（℃）
-2 -1.5 -1 -0.5 0 0.5 1
P1-09
深度（m）
0 400 800 1200
温度
盐度
33.8 34 34.2 34.4 34.6 34.8
盐度

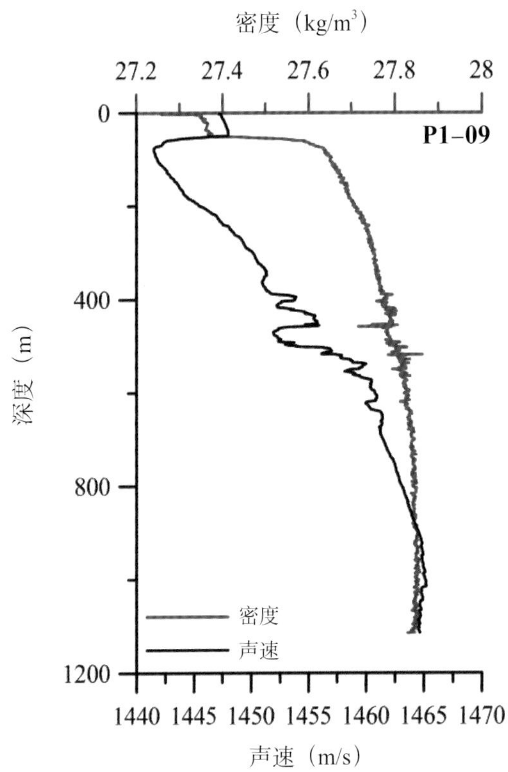
密度（kg/m³）
27.2 27.4 27.6 27.8 28
P1-09
深度（m）
0 400 800 1200
密度
声速
1440 1445 1450 1455 1460 1465 1470
声速（m/s）

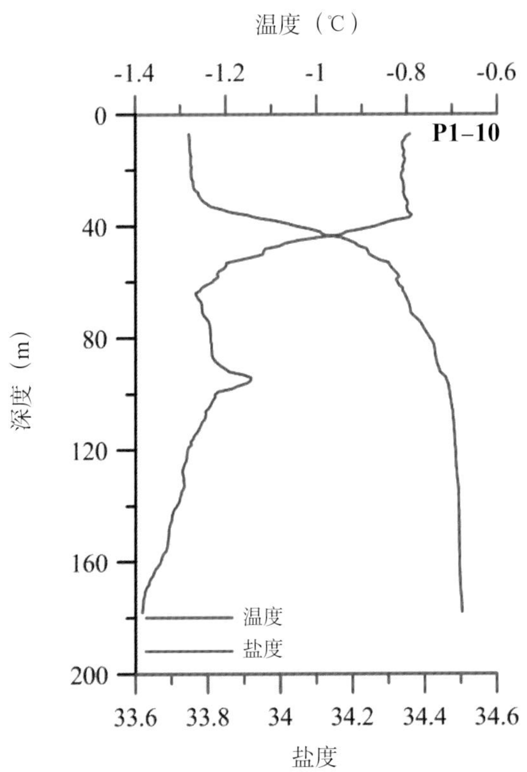
温度（℃）
-1.4 -1.2 -1 -0.8 -0.6
P1-10
深度（m）
0 40 80 120 160 200
温度
盐度
33.6 33.8 34 34.2 34.4 34.6
盐度

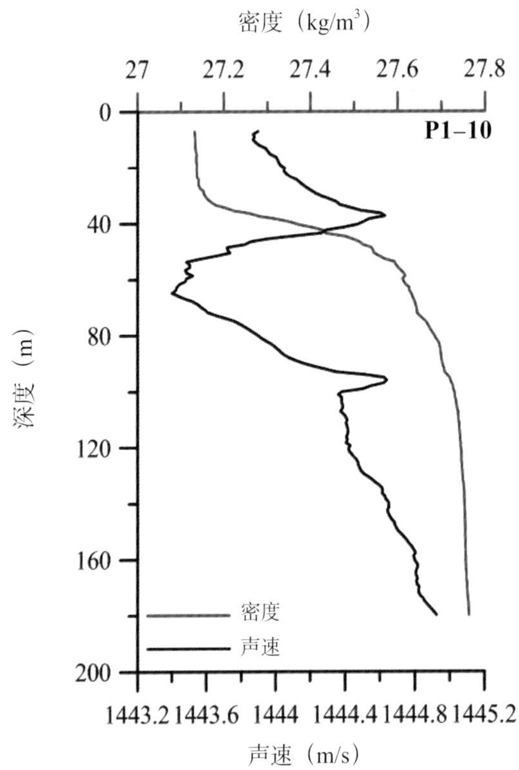
密度（kg/m³）
27 27.2 27.4 27.6 27.8
P1-10
深度（m）
0 40 80 120 160 200
密度
声速
1443.2 1443.6 1444 1444.4 1444.8 1445.2
声速（m/s）

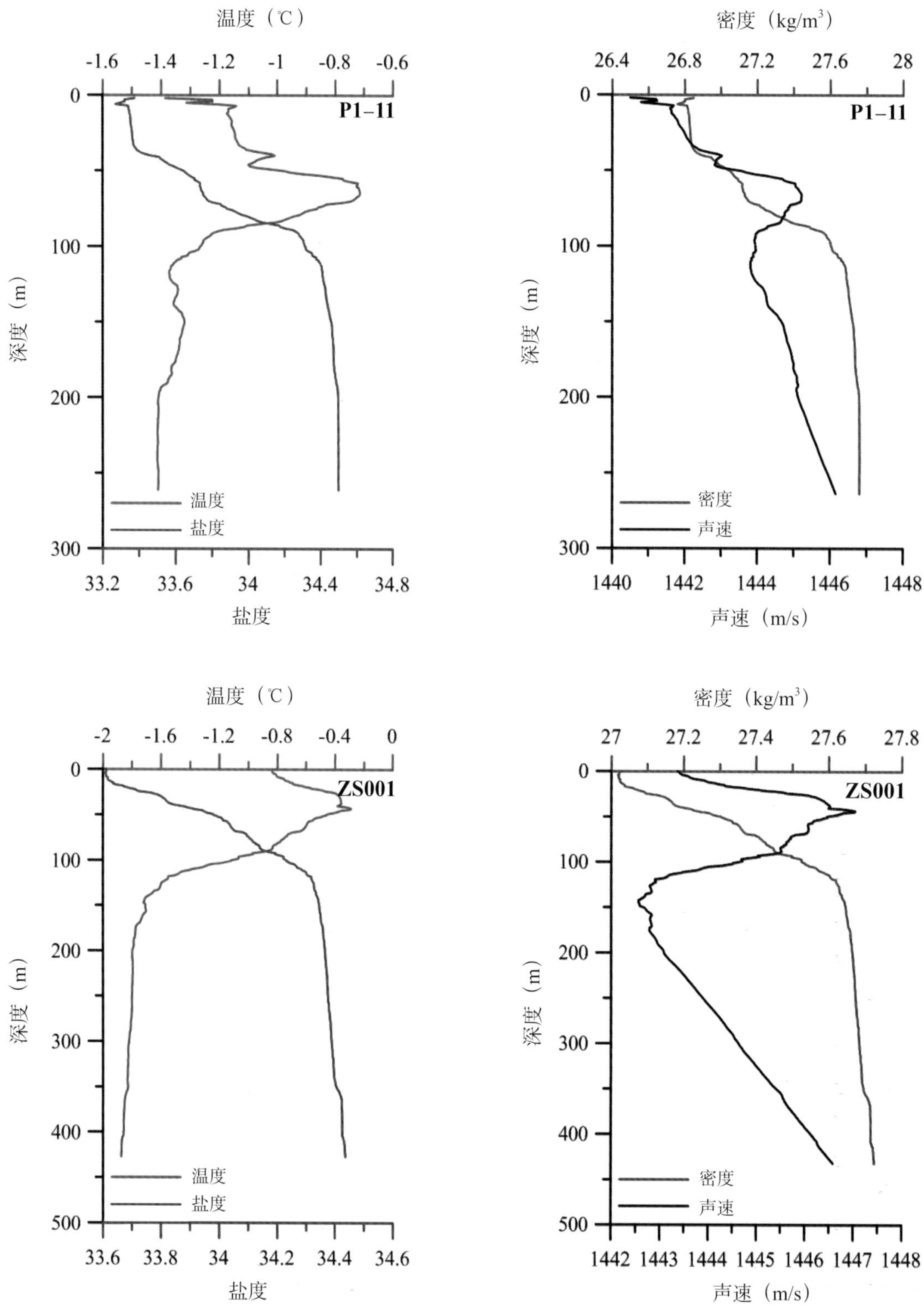

图7.2 CTD测量要素温度、盐度、密度、声速剖面分布图

第三节 航次断面图

依据断面的走向，本航次站位可以构成4条横跨深水海盆、陆坡、陆架的经向断面和1条冰架前缘断面，依次为P1、P2、P3、P4、IS断面。这些断面上全深度和500 m以上的温度、盐度、密度、声速断面分布如图7.3至图7.7所示。

（1）断面P1温度、盐度、密度、声速分布图

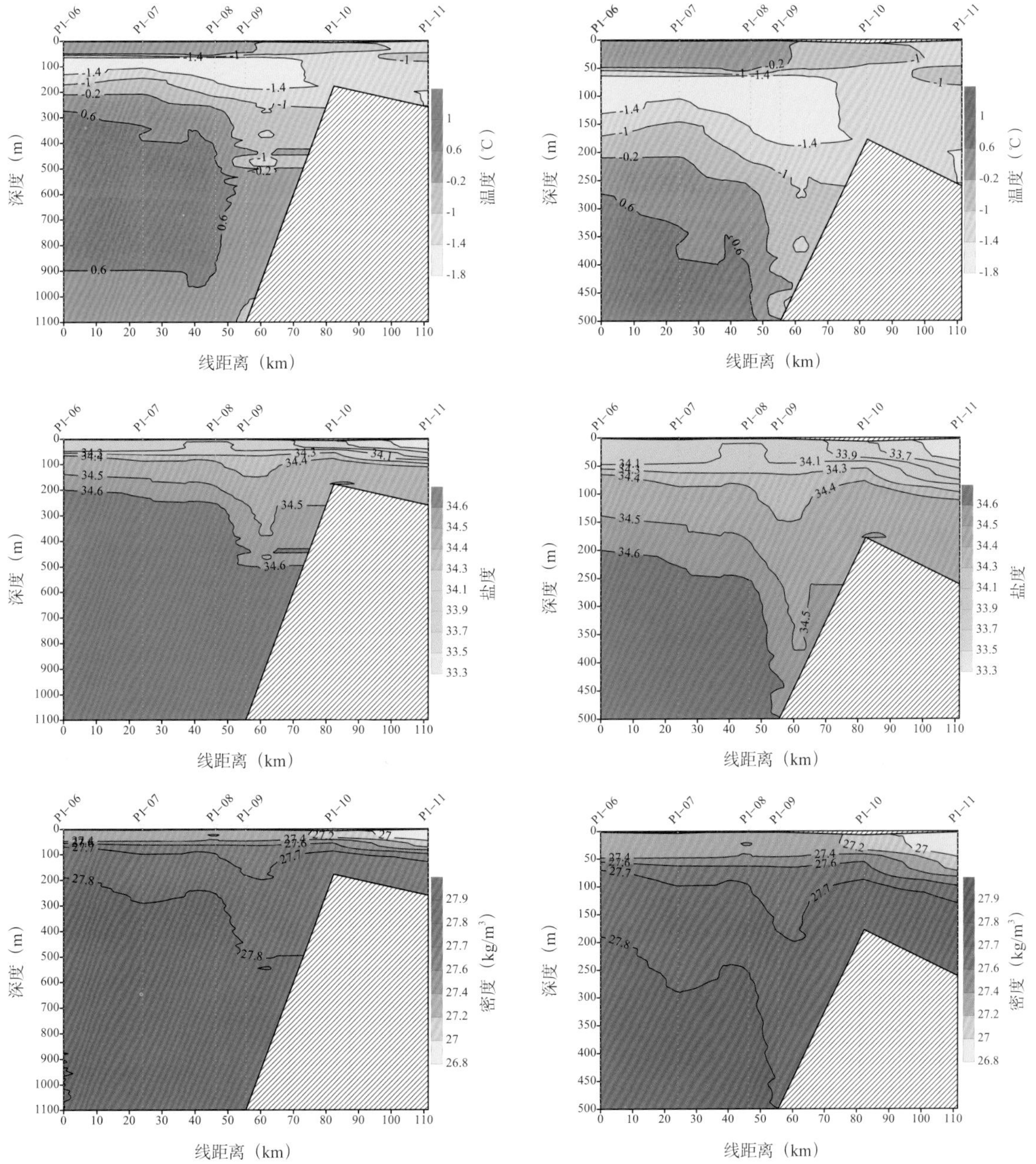

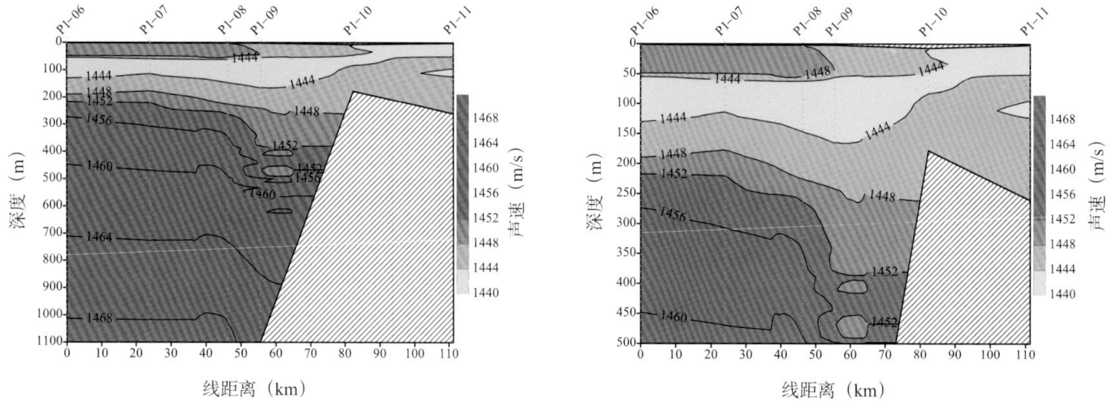

图7.3 断面P1温度、盐度、密度、声速分布图

（2）断面P2温度、盐度、密度、声速分布图

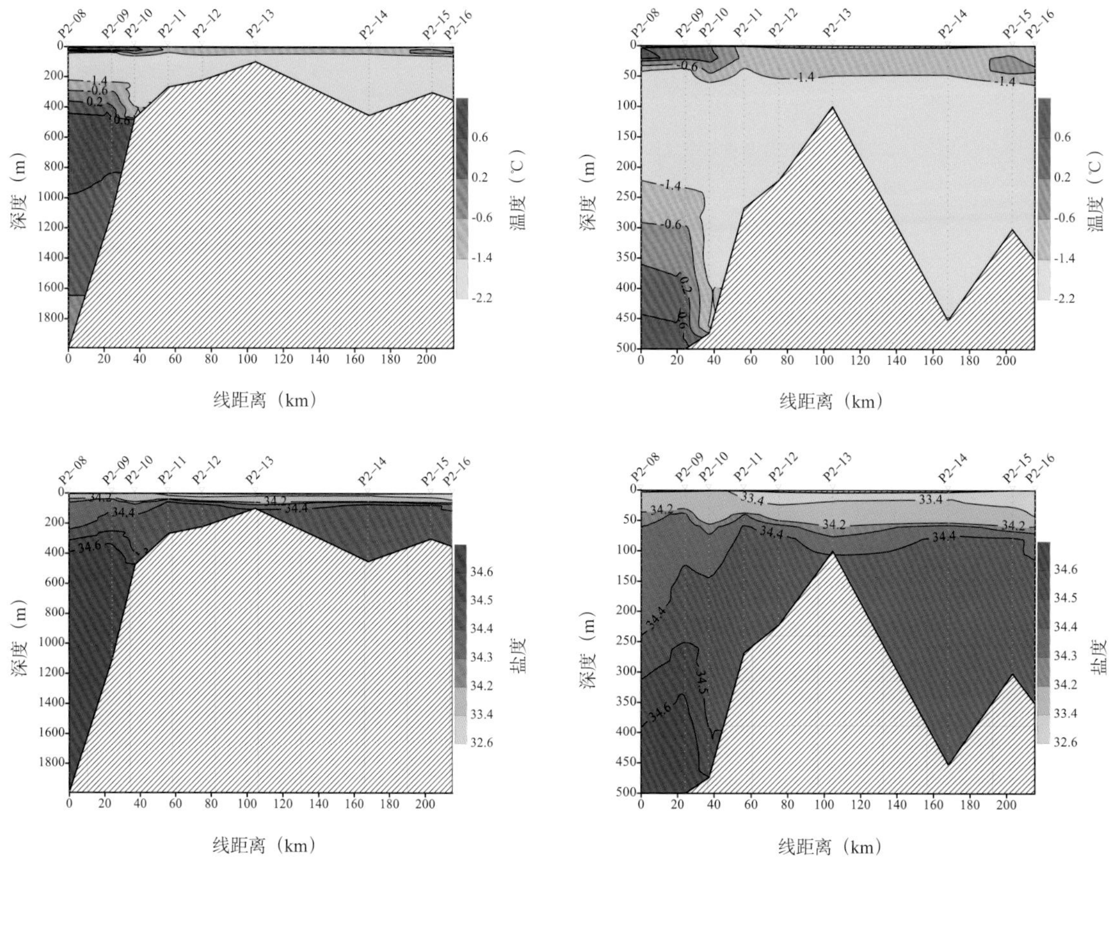

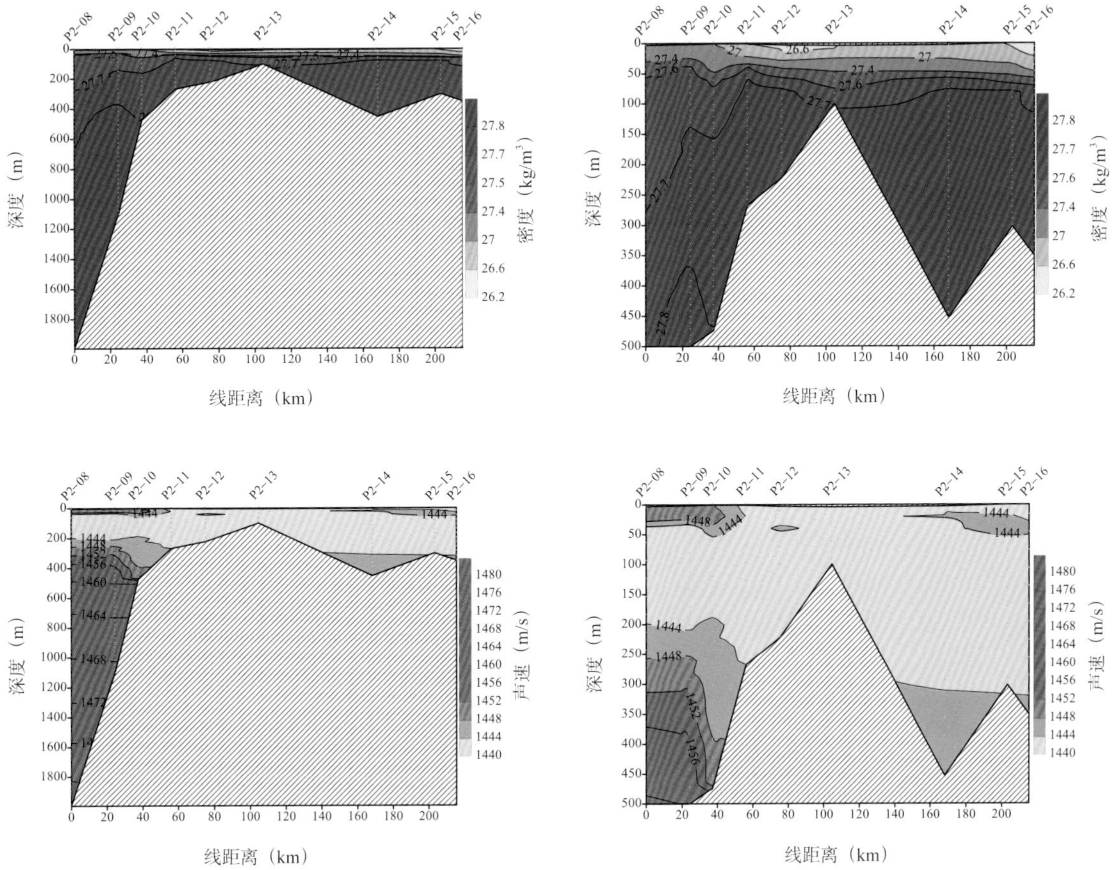

图7.4　断面P2温度、盐度、密度、声速分布图

（3）断面P3温度、盐度、密度、声速分布图

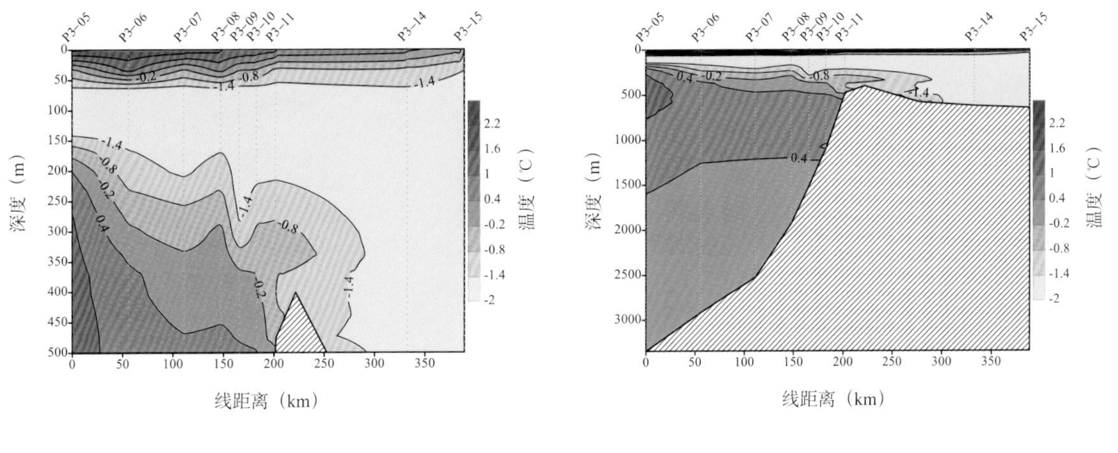

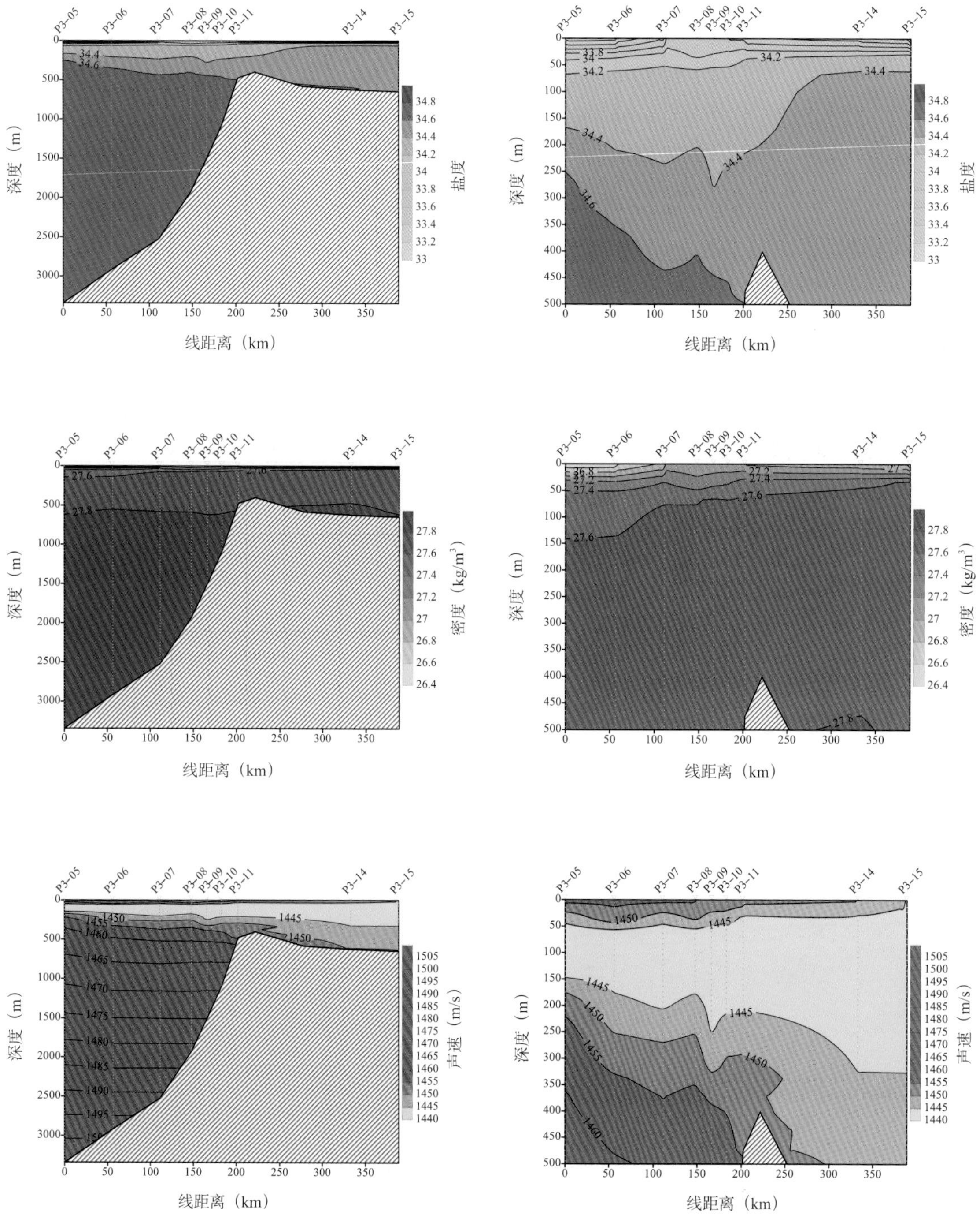

图7.5 断面P3温度、盐度、密度、声速分布图

（4）断面 P4 温度、盐度、密度、声速分布图

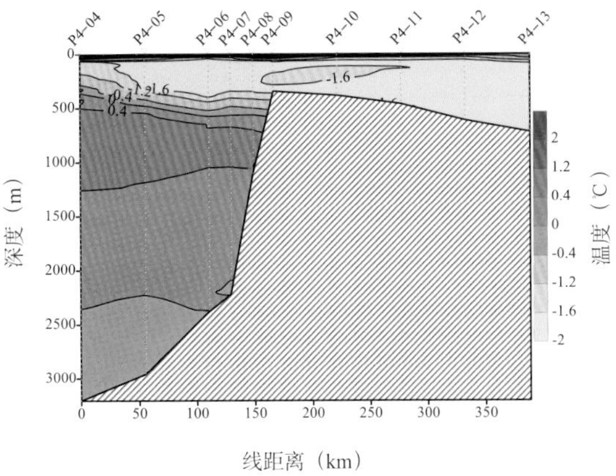

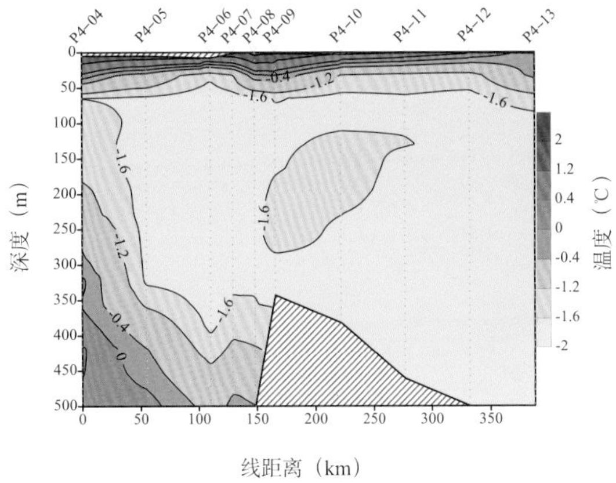

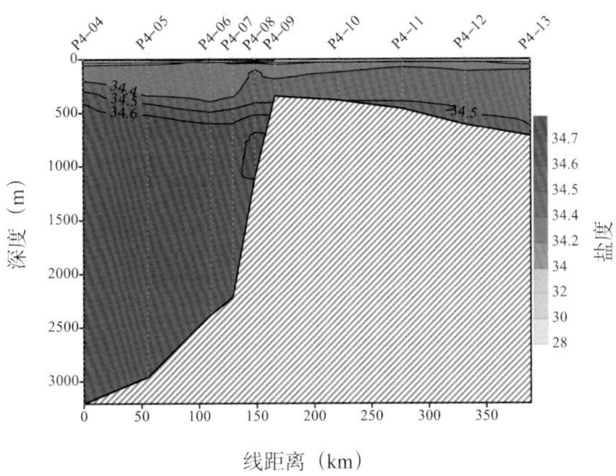

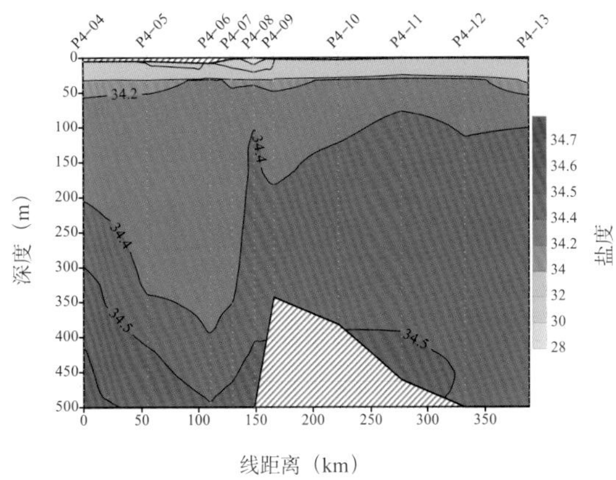

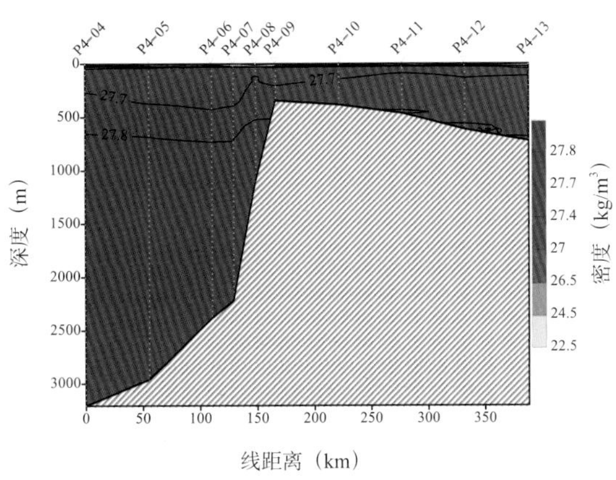

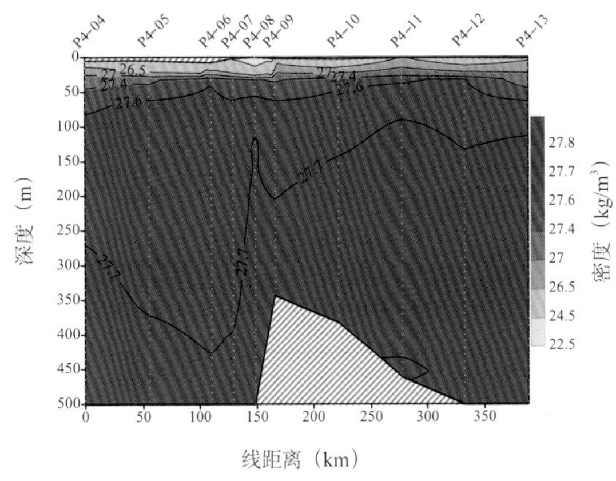

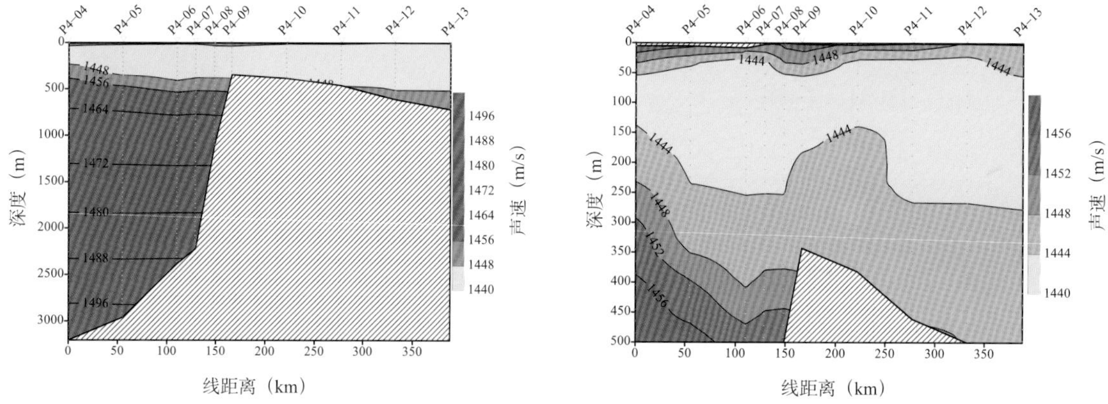

图7.6　断面P4温度、盐度、密度、声速分布图

（5）断面IS温度、盐度、密度、声速分布图

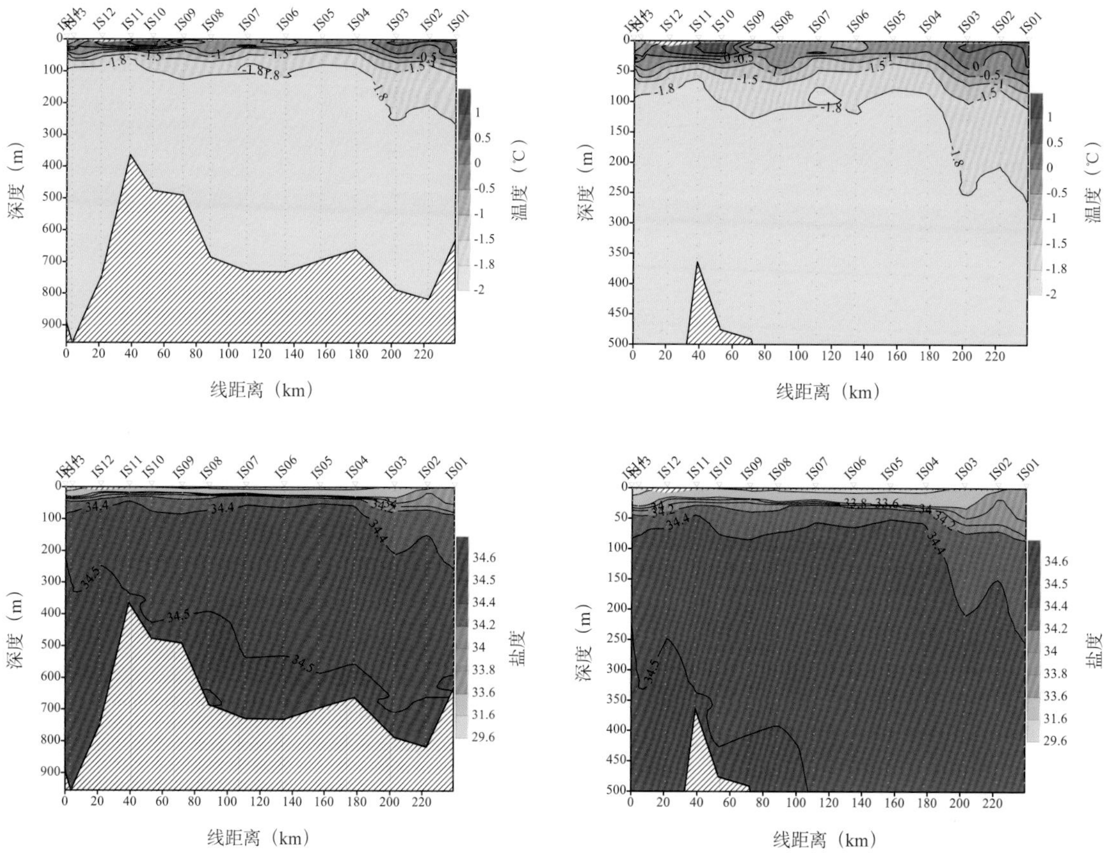

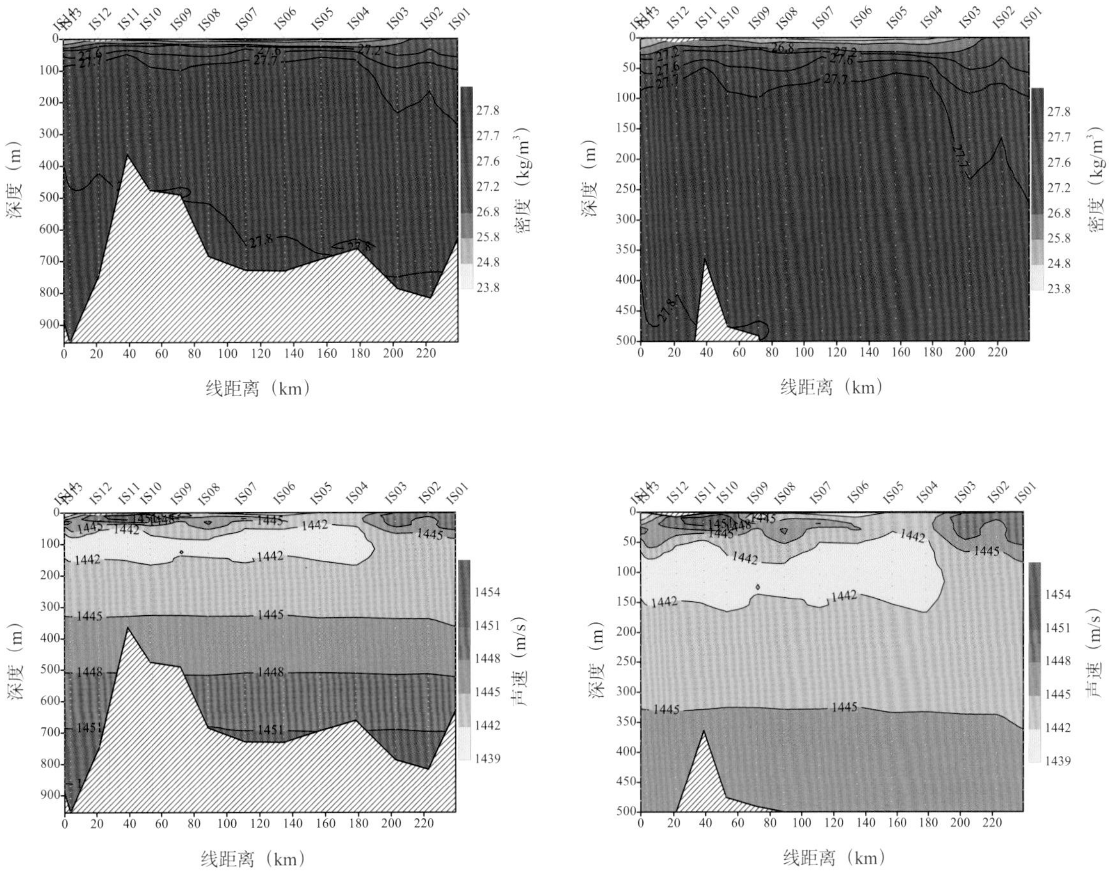

图7.7 断面IS温度、盐度、密度、声速分布图

第四节 航次大面剖面图

本航次 4 条平行的断面和冰架前缘断面可以构成普里兹湾附近海域的大面观测，10 m 层、50 m 层、100 m 层、500 m 层上的温度、盐度、密度、声速分布情况如图 7.8 至图 7.11 所示。

（1）10 m 层温度、盐度、密度、声速分布图（等值线间隔依次为 0.5，0.2，0.2，4）

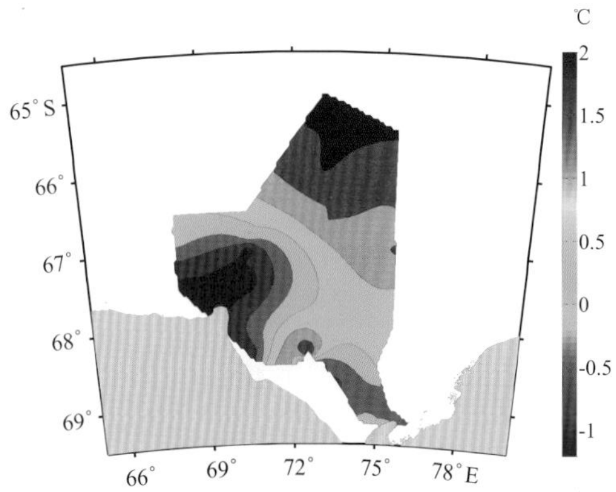

a. 温度

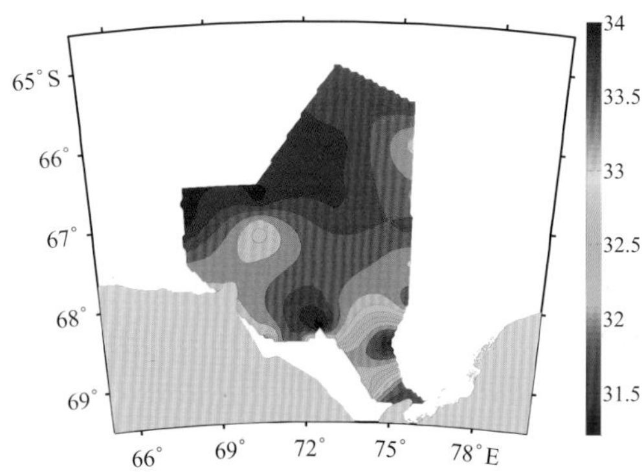

b. 盐度

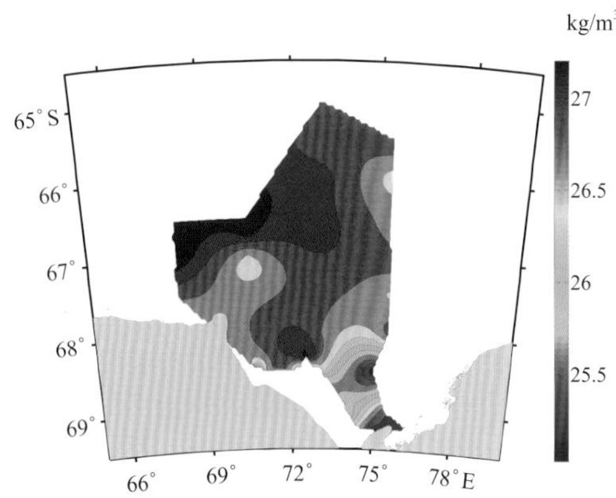

c. 密度

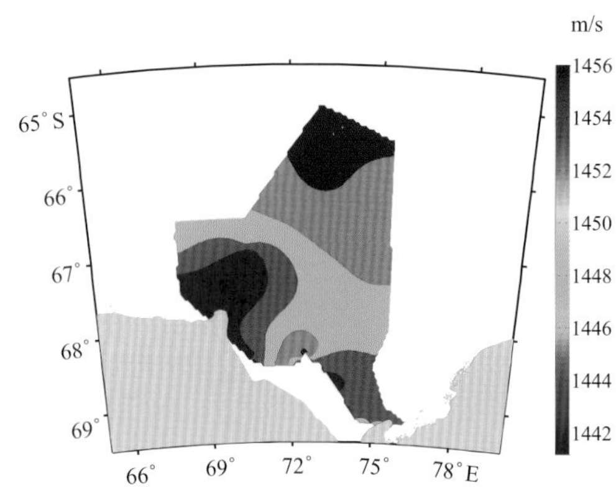

d. 声速

图7.8 10 m 层温度、盐度、密度、声速分布图

（2）50 m层温度、盐度、密度、声速分布图（等值线间隔依次为0.2，0.1，0.1，1）

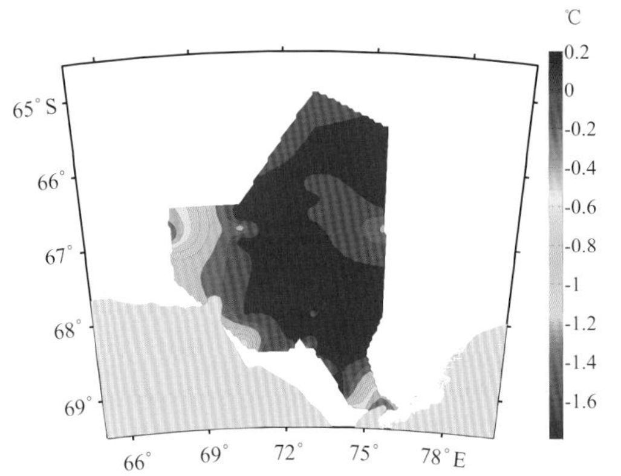

a. 温度

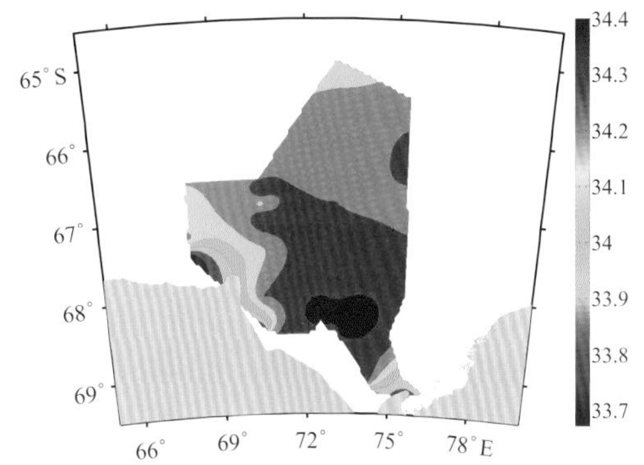

b. 盐度

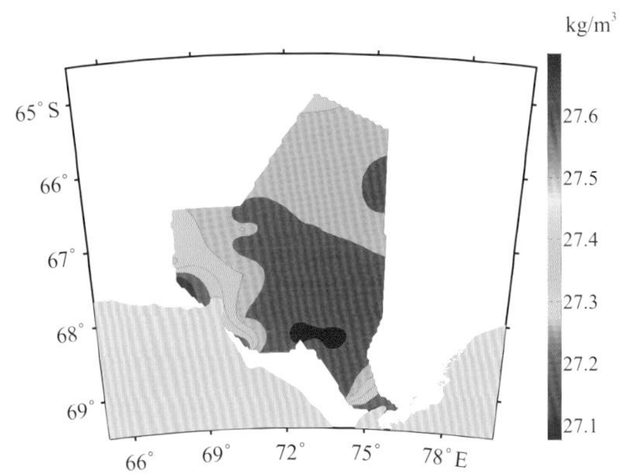

c. 密度

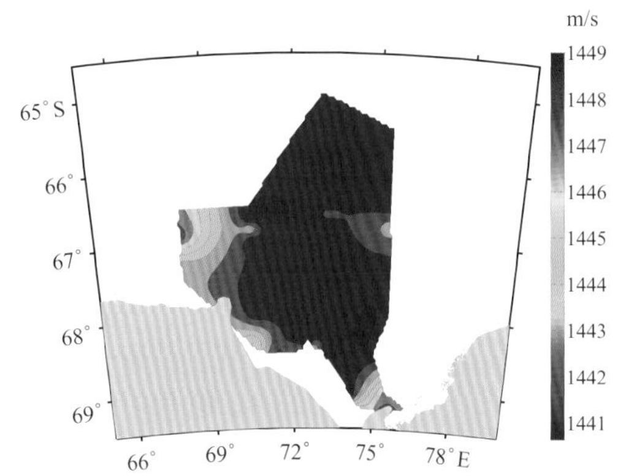

d. 声速

图7.9 50 m层温度、盐度、密度、声速分布图

（3）100 m层温度、盐度、密度、声速分布图（等值线间隔依次为0.05，0.05，0.05，0.5）

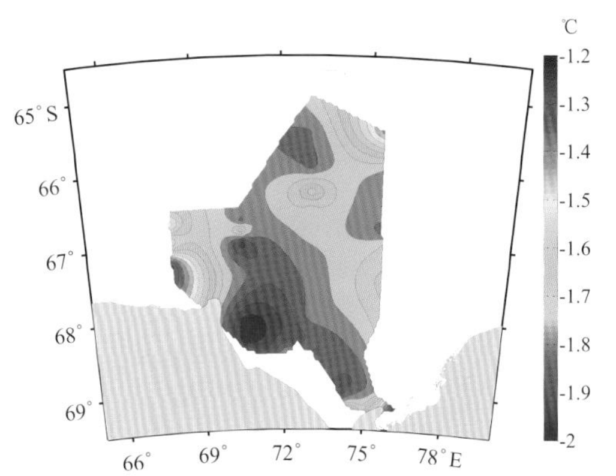

a. 温度

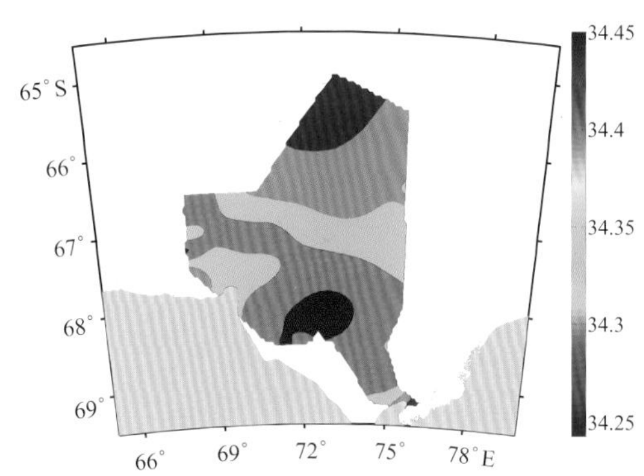

b. 盐度

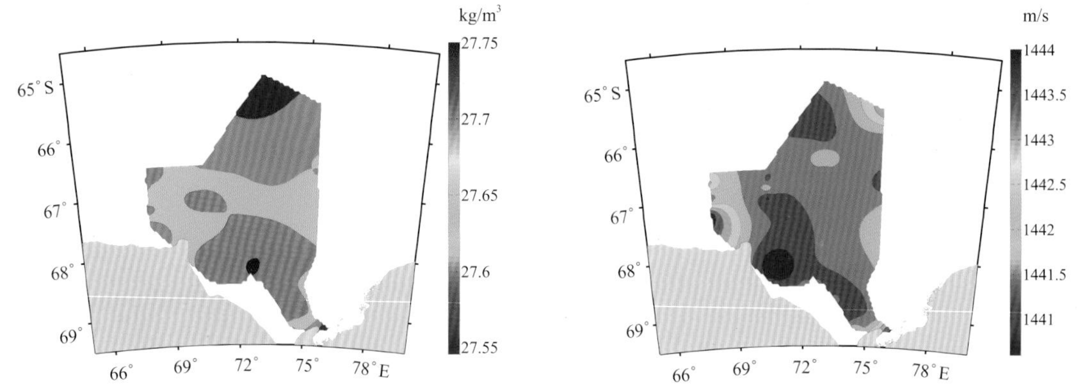

c. 密度　　d. 声速

图7.10　100 m 层温度、盐度、密度、声速分布图

（4）500 m 层温度、盐度、密度、声速分布图（等值线间隔依次为 0.2，0.1，0.05，1）

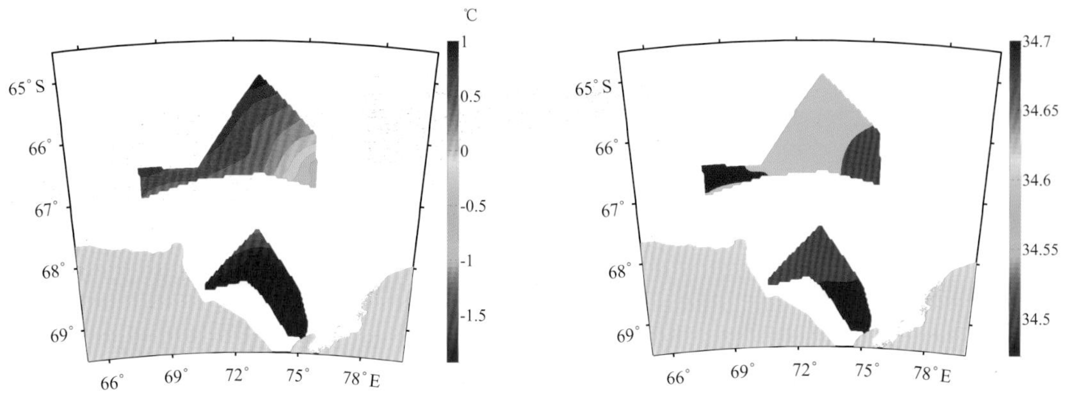

a. 温度　　b. 盐度

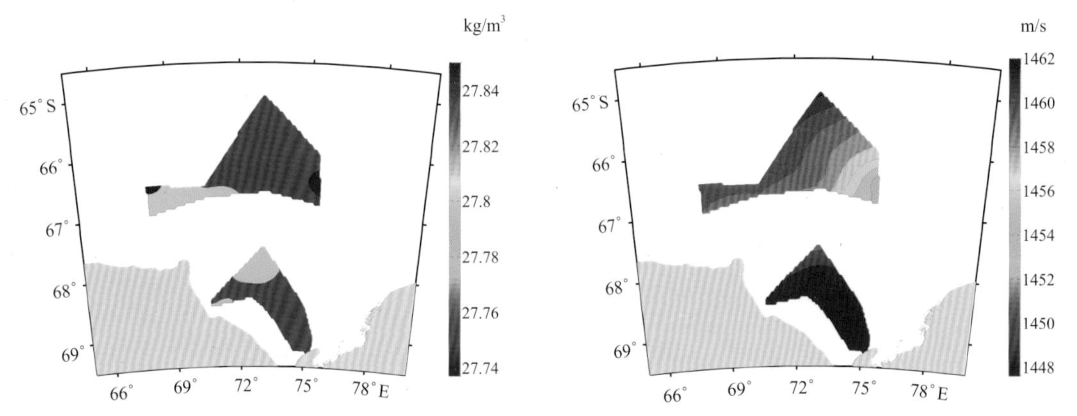

c. 密度　　d. 声速

图7.11　500 m 层温度、盐度、密度、声速分布图